Vahlens Handbücher
der Wirtschafts- und Sozialwissenschaften

Supply Chain Management

von

Prof. Dr. Michael Eßig,

Prof. Dr. Erik Hofmann, Assistenzprofessor

und

Prof. Dr. Wolfgang Stölzle

Verlag Franz Vahlen München

Prof. Dr. Michael Eßig ist Inhaber des Lehrstuhls für Materialwirtschaft und Distribution an der Universität der Bundeswehr in München.

Prof. Dr. Erik Hofmann ist Assistenzprofessor mit den Schwerpunkten Strategien, Märkte und Performance Measurement in Logistik und Supply Chain Management an der Universität St. Gallen.

Prof. Dr. Wolfgang Stölzle ist Ordinarius des Lehrstuhls für Logistikmanagement an der Universität St. Gallen.

ISBN 978 3 8006 3478 1

Wilhelmstr. 9, 80801 München
Satz: Fotosatz Buck
Zweikirchener Straße 7, 84036 Kumhausen
Druck und Bindung: Beltz Bad Langensalza GmbH
Neustädter Str. 1–4, 99947 Bad Langensalza
Gedruckt auf säurefreiem, alterungsbeständigem Papier
(hergestellt aus chlorfrei gebleichtem Zellstoff)

Vorwort

Adam Smith beschrieb bereits 1776 in seinem Buch „Der Wohlstand der Nationen" die Vorteile arbeitsteiligen Wirtschaftens. Auf eine Aufgabe fokussierte (Zuliefer-) Unternehmen können sich spezialisieren und so Wissens- ebenso wie Kostenvorteile aufgrund von Spezialisierungs- und Skaleneffekten erreichen. Diese relativ „einfache" Erkenntnis treibt im Wesentlichen bis heute die Produktivitätsfortschritte hochentwickelter Volkswirtschaften.

Damit steigt einerseits die Notwendigkeit, die immer weiter spezialisierten Wertschöpfungsnetzwerke zielgerichtet zu steuern, andererseits wächst der damit verbundene Aufwand. Hohe Arbeitsteilung hat einen „Preis". Die Steuerungsnotwendigkeit führt zum Konzept des Supply Chain Managements; die Frage nach dem möglichst geringen „Preis" verlangt geeignete Managementinstrumente und Führungsstrukturen. Das vorliegende Lehrbuch geht diesen Aufgabenstellungen nach. Es weist folgende Merkmale auf:

- Eine klare und strukturierte Herangehensweise mit Konzeptentwicklung, Bezugspunkten und Supply Chain Management-Instrumenten,
- eine Einordnung des Konzepts in die „Landkarte" betriebswirtschaftlichen Supply Chain Management-Wissens,
- eine konsequente Anwendungsorientierung mit vielen Fallbeispielen,
- das Verständnis, Management in und von Supply Chains anzustreben – und die damit verbundene Entwicklung eines (Supply Chain-) Management-Navigators,
- eine Einordung in ein betriebswirtschaftliches Grundverständnis des „Wirtschaftens in Netzwerken",
- einen expliziten Lehrbuchcharakter mit Lernzielen, Übersichtsaufbau, Exkursen und Anwendungsfällen in jedem Kapitel sowie
- einen Forschungsbezug mit der Einarbeitung neuester Erkenntnisse zum Supply Chain Management und der Adaption des Management-Navigators auf unternehmensübergreifende Netzwerke.

Wir hoffen, dass Studierende wie interessierte Praktiker mit diesem Lehrbuch einen strukturierten Einblick in das Management in und von Supply Chains bekommen. Wir sind der Überzeugung, dass auch Wissenschaftler/innen und Berater/innen fruchtbare Anregungen für ihre Forschungs- und Beratungstätigkeit erhalten. Über Anregungen und Verbesserungsvorschläge freuen wir uns.

Es gilt, Dank zu sagen an alle, die dieses arbeitsteilige Buchprojekt über seine komplexe Entstehungsgeschichte hinweg unterstützt haben – nicht zuletzt unsere Familien, die so manche Stunde auf uns verzichten mussten.

München und St. Gallen, im Mai 2013

Michael Eßig,
Erik Hofmann und
Wolfgang Stölzle

Inhaltsübersicht

Inhaltsverzeichnis

1 Einführung in das Management von Supply Chains

1.1 Entwicklung des Supply Chain Managements

LERNZIELE

Am Ende dieses Kapitels sollten Sie in der Lage sein,

- den Erfahrungs- und Erkenntnisgegenstand des SCM zu kennen,
- die (ökonomische) Notwendigkeit eines SCM erklären zu können,
- den Zusammenhang zwischen Netzwerken und SCM zu erkennen,
- konstituierende Merkmale von Netzwerken aufzuzählen,
- die Besonderheiten des Wirtschaftlichkeitsprinzips im Netzwerkkontext zu bewerten,
- den Handlungsbedarf für ein Management von Supply Chains zu erkennen.

Der Aufbau dieses Kapitels gestaltet sich wie folgt:

Wissenschaftsebene des SCM	Inhalte/Fragestellungen	Abschnitt des Kapitels	Ergebnis
Erfahrungsgegenstand des SCM	Frage nach dem für das SCM relevanten „Ausschnitt der Realität“: a) Notwendigkeit der Koordination ökonomischer Aktivitäten und Entstehung von Netzwerken b) Rolle des Unternehmens als Akteur im Netzwerk	1.1.1 1.1.2	Einordnung des SCM … a) … als Konzept zur Überwindung des Koordinationsdefizits b) … in die „Dualität“ von Akteurs- und Netzwerkebene
↓ Identitätsprinzip des SCM			
Erkenntnisgegenstand des SCM	Frage nach dem Analyseobjekt des SCM: a) Was ist der Gegenstand des SCM? b) Wie ist der Stand des SCM in Wissenschaft und Praxis bzw. ist SCM eine „anerkannte“ Teildisziplin der BWL?	1.1.3 1.1.4	a) SCM als „Wirtschaften in Netzwerken“ b) Analyse einschlägiger Studien (Ergebnisdarstellung in Form eines Erkenntnisdefizits)
↓ Wirtschaftliche Ergiebigkeitsfragen des SCM			
Problembereiche des SCM	Frage nach der Notwendigkeit eines Managements von Supply Chains im Sinne von Beschreibung, Erklärung, Prognose und Gestaltung	1.1.5	Handlungsbedarf für ein Management von Supply Chains (sowohl auf Akteurs- als auch auf Netzwerkebne)

Abbildung 1.1-1: Aufbau von Kapitel 1.1[1]

[1] Zur Wissenschaftsebene des SCM vgl. Schweitzer (1992), S. 54.

1.1.1 Problemrelevanz aus betriebswirtschaftlicher Sicht

Fallbeispiel: Warum Supply Chain Management? Flextronics als „Contract Manufacturer".

Contract Manufacturer profitieren in den letzten Jahren (bzw. Jahrzehnten) vom weltweiten Trend zum Outsourcing und es wird ein weiter rapides Wachstum erwartet. So werden bisher ca. 15–20 % aller Elektrogeräte weltweit von Auftragsfertigern produziert, in naher Zukunft sind es über 50 %. Viele Konsum- und Industriegüterunternehmen produzieren heute, v. a. in der Elektronikbranche, die Marken und Produkte, die sie verkaufen, nicht mehr selbst. So stellt Apple den Großteil der iMacs, iPhones und iPads nicht selbst her, Hewlett-Packard fertigt keine Drucker und Cisco produziert die digitalen Router, die wichtige Komponenten des Internet darstellen, nicht selbst. Stattdessen nutzen diese Unternehmen ihre Ressourcen für F&E, Design sowie Marketing. Im Sinne eines virtuellen Unternehmens werden dabei zahlreiche Aktivitäten ausgegliedert; lediglich diejenigen Aktivitäten, die Kernkompetenzen darstellen, werden noch selbst durchgeführt.

Die Branche der Contract Manufacturer ist sehr kompetitiv und sie bedient mittlerweile „Hersteller" zahlreicher Produktbereiche, wie z. B. Unterhaltungselektronik, Telekommunikation, Netzwerktechnik, Medizin, Automobil, Textil und Bekleidung u.v.m. Eine sehr weite Verbreitung hat diese Branche v. a. in der Elektro- und Elektronikindustrie, sodass sie oft auch unter der Bezeichnung EMS (Electronics Manufacturing Services) beschrieben wird.

Flextronics International Ltd., mit Hauptsitz in Singapur und einem weiteren Sitz in San Jose/Kalifornien, ist eines der weltweit führenden Unternehmen, die sich auf Contract Manufacturing spezialisiert haben. Flextronics beschäftigt heute fast 100.000 Mitarbeiter in etwa 80 Produktionsstätten in 29 Ländern auf fünf Kontinenten.

Von den Vorteilen des Contract Manufacturing konnte Flextronics in den letzten Jahren zahlreiche Markenanbieter überzeugen. Flextronics stellt u. a. die Xbox von Microsoft her, Mobiltelefone für Alcatel und Ericsson, Palm Pilots, Server Boards für Compaq, Satelliten-Decoder für Motorola und Pace, Server und Router für Cisco und Drucker für Hewlett-Packard und Epson.

Bzgl. der Wertschöpfungstiefe der Auftraggeber und der Contract Manufacturer zeigt sich ein klarer Trend. In vielen Fällen wird heute noch die Produktion komplexerer Güter final vom Anbieter selbst vorgenommen, nur die Komponentenproduktion übernehmen Auftragfertiger (noch heute kommen über 80 % der Umsätze der meisten Contract Manufacturer aus dieser traditionellen Form der Auftragsfertigung). Einhergehend mit einer immer geringeren Wertschöpfungstiefe der Auftraggeber ist aber für die Contract Manufacturer (und hier insbesondere Flextronics) ein umgekehrter Trend hin zu einer wesentlichen Ausweitung der Wertschöpfungstiefe zu beobachten.

Flextronics strebt dabei an, sich als Komplettlösungs-Anbieter zu positionieren, und neben den klassischen Funktionen eines Auftragsfertigers auch die Herstellung der Komponenten und Teile stärker zu übernehmen, die Qualitätskontrolle und Tests, aber auch die Distribution, Logistik, Installation, Wartungs- und Reparaturarbeiten. Dieses hohe Maß an Integration wird als ein wesentliches Differenzierungsmerkmal von der Konkurrenz angesehen. Als Vorteil gegenüber anderen Contract Manufacturer würde Flextronics dabei einerseits eine vollständigere Leistungspalette auf hohem Qualitätsstandard anbieten können; zugleich könne man so die Margenvorteile, die man auf Grund der Economies of Scale (über die Produkte vieler Unternehmen hinweg) erziele, noch in anderen Wertschöpfungsaktivitäten realisieren.

Immer wichtiger wird es in der Branche, dass die Contract Manufacturer direkt die Kunden ihrer Auftraggeber bedienen können, also bspw. eine Bestellung einer Microsoft Xbox durch ein Handelsunternehmen vollständig von Flextronics abgewickelt wird. Durch die hohe Integration der Wertschöpfungskette bei Flextronics sind umfassende Supply-Chain-Lösungen möglich. Flextronics bietet seinen Kunden – aus eigener Hand – weltweit bspw. Speditionsleistungen, Lagerhaltung, Bestandsmanagement und Distributionslogistik inklusive E-Commerce, wobei auch fortgeschrittene Logistiklösungen wie Vendor Managed Inventory und komplexe Built-to-order-Programme angeboten werden, bei denen die Produktion bestimmter Produkte erst nach einer spezifischen Kundenbestellung ausgelöst wird. Dabei geht man deutlich weiter als andere Auftragsfertiger und übernimmt die Kontrolle über die Logistikaktivitäten vollständig selbst.

Contract Manufacturers werden im Kern von ihren Auftraggebern eingesetzt, weil sie billiger produzieren können, sodass die internationale Produktionskonfiguration an diesem Ziel ausgerichtet werden muss. Zum Ausnutzen der jeweiligen Länderunterschiede ist Flextronics in zahlreichen Ländern vertreten. Mehr als 60 % der Produktionskapazität liegt dabei in Niedriglohnstandorten wie Asien und Osteuropa. Zugleich sind hierbei jedoch die Anforderungen der zu fertigenden Produkte zu beachten. Von Beginn an platzierte Flextronics seine Fabriken so, dass sie von niedrigen Lohnkosten in Niedriglohnländen wie China für einfache Massenprodukte profitieren konnten, während kompliziertere Produkte in weiterentwickelten Ländern Asiens oder in Europa hergestellt wurden.

Diese Differenzierung wird aber im Zeitablauf immer wieder überprüft und eine dynamische Rekonfiguration wird immer wichtiger. So veränderte sich bspw. die Konfiguration innerhalb Chinas dahingehend, dass man auch Kostenunterschiede innerhalb des Landes ausnutzt. Relativ einfache Aktivitäten (PDA- und Mobiltelefon-Montage) werden in Südchina vorgenommen, während kompliziertere Ingenieur- und Fertigungsaktivitäten in Shanghai durchgeführt werden.

Dabei ist die Konfiguration nicht nur hinsichtlich der Lohnkosten, sondern auch bzgl. der Nähe zu den Abnehmerländern zu optimieren. So produziert das Unternehmen auch an Standorten in Europa, um so schneller und effizienter auf Kundenwünsche reagieren zu können. Auch osteuropäische Standorte haben diesen Vorteil. So führt Flextronics aus, dass die Fabriken in den osteuropäischen Niedriglohnländern dazu geeignet sind, die Konsumenten in Westeuropa mit um Wochen kürzeren Lieferzeiten zu beliefern als aus asiatischen oder lateinamerikanischen Fabriken. Bei Flextronics ermöglicht die internationale Dislozierung von Produktionsstandorten, die jeweiligen Vorteile auch dynamisch zu nutzen.

Unter anderem, um sich von der Schwäche von Niedriglohnländern zu befreien, die oft in der schlechten Infrastruktur liegt, begann Flextronics, seine eigene Infrastruktur zu errichten. Jeder seiner derzeit acht Industrieparks, die das Ergebnis einer Konsolidierung der weilweiten Produktionsstandorte sind, verfügt über Anlagen zur Herstellung von Platinen, Komponenten, Kabeln, Plastik- und Metallgehäusen, und kann so für Elektronikgeräte die vollständige Produktion durchführen. Für die Errichtung dieser Industrieparks kaufte Flextronics neben dem Gelände für seine eigenen Fabriken auch zusätzliches Land, sodass Zulieferer sich in der Nähe ansiedeln können. Flextronics stellt dabei die Infrastruktur für Wasserleitungen, Stromleitungen und Internet-Verbindungen; man baut sogar die Gebäude und verleast sie an die Zulieferer, wenn dies gewünscht wird. Die sog. „Supersites" nehmen einen immer größeren Anteil an der gesamten Produktionskapazität Flextronics ein und sind über vier Kontinente verteilt.

Die Industrieparks sind an Niedrigkostenstandorten angesiedelt und helfen dabei, Produktionskosten niedrig zu halten. Endprodukte können von hier direkt zu den Käufern transportiert werden, zugleich werden Transportkosten für Komponenten und Vormaterialien durch die Ansiedlung der Zulieferer auf dem Campus stark reduziert. Darüber hinaus verfügt Flextronics meistens über regionale Netzwerke von Produktionseinheiten in der Nähe der Industrieparks. Diese liegen dann oft in noch günstigeren Bereichen.

Eng verbunden mit der Konfiguration der Produktionsstätten ist auch die Logistikkonfiguration. Flextronics betreibt derzeit weltweit rund 18 primäre Logistikzentren mit insgesamt ca. 1 Mio. m² Fläche. Diese sind entweder Teil der Industrieparks oder zentral in den wichtigsten Konsumentenmärkten der Flextronics-Kunden platziert.

Der Industriepark-Ansatz von Flextronics als Konfiguration der Aktivitäten ist zugleich Teil einer ausgereiften Koordinationsstrategie. Die Flextronics-Industrieparks in den verschiedenen Ländern „ähneln sich aufs Haar". Produktionsaufträge können damit sehr schnell von einem Produktionsstandort an den anderen verlagert werden, Benchmarking ist sehr einfach, Prozessverbesserungen können schnell von einem Standort auf einen anderen übertragen werden. Alle Fabriken nutzen das gleiche ERP-System mit der gleichen Konfiguration, was – weil darin auch die Produktionsprozesse hinterlegt sind – als wichtiges Mittel zur Sicherung der Konsistenz angesehen wird.

Quelle: Mit leichten Änderungen entnommen Morschett/Schramm-Klein (2004), S. 279–294.

Am Beispiel Flextronics wird deutlich, wie Produkte im Zusammenspiel mehrerer Unternehmen entstehen. Der Endkonsument kauft ein Produkt, welches in der Regel das Logo eines Unternehmens trägt. Wie stark dieses Produkt aber nicht nur Ergebnis der Leistungen dieses Unternehmens, sondern einer ganzen „Kette" von beteiligten Unternehmen ist, erschließt sich erst bei einer differenzierten Analyse. Um eine X-Box 360-Spielekonsole von Microsoft erwerben und in der Folge nutzen zu können, sind vielfältige Aktivitäten entlang dieser Kette erforderlich. Flextronics ist offensichtlich wichtiger Bestandteil dieser Kette, da es die X-Box fertigt. Gleichzeitig ist Flextronics selbst eine Art „Ketten-System", bestehend aus Industrieparks mit Zulieferern an verschiedenen Standorten. So ist der Standort Gdansk in Polen mit über 45.000 m² weniger eine monolithische Fabrik, als eine Agglomeration von Subzulieferern, welche gemeinsam mit Flextronics X-Boxen fertigen.

Der Begriff der „Kette" – im Englischen „Chain" – ist somit konstituierend für das, was in diesem Lehrbuch diskutiert wird. Auch wenn die Kettensymbolik semantisch nicht ganz korrekt sein mag – wie wir im Folgenden noch ausführlich erläutern werden –, so steht sie doch für den (unternehmens-) übergreifenden Charakter, der Gegenstand des Supply Chain Managements und damit dieses Lehrbuchs ist. Übergeordnete Aufgabe und Ziel der Kette ist die Belieferung (englisch „Supply") des Endkonsumenten.

Am Beispiel von Flextronics lassen sich auch unterschiedliche Formen von Belieferungsketten im Sinne einer Supply Chain darstellen (vgl. Abbildung 1.1-2):

- Die Basis aller übergeordneten Kettenmodelle stellt die innerbetriebliche Belieferungskette aus Einkauf, Produktion und Absatz dar – sie hat jedoch keinen unternehmensübergreifenden Charakter im Sinne des Supply Chain Managements.
- Die **Basic Supply Chain** umfasst das Unternehmen, einen direkten Lieferanten und einen direkten Kunden. Diese sind durch Produkt-, Service-, Informations- und/ oder Finanzflüsse miteinander verbunden. Aus Sicht des Beispielfalles Flextronics umfasst eine Basic Supply Chain den Kunden Microsoft für die X-Box und den Lieferanten für die Kunststoffgehäuse dieses Produkts.
- Erweitert man diese trilaterale Kette nach oben und unten um jeweils einen Lieferanten des direkten Lieferanten und einen Kunden des direkten Kunden, spricht man von der **Extended Supply Chain**. Im Beispiel Flextronics könnte BASF der Lieferant von Kunststoffgranulat für den Gehäuselieferanten sein und MediaMarkt (Handels-) Kunde von Microsoft für die Distribution der X-Box.

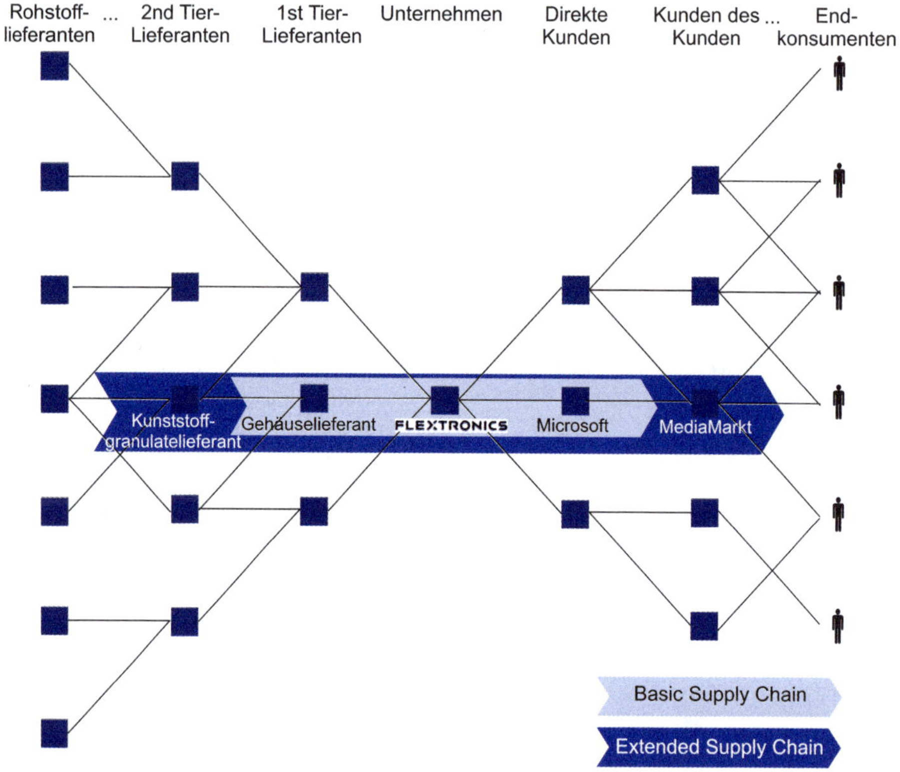

Abbildung 1.1-2: Beispielhafte Darstellung einer Supply Chain[2]

- Die „eigentliche" – sprich **Ultimate-Supply Chain** umfasst das gesamte System mit allen Beteiligten von der Rohstoffgewinnung bis zum Endkonsum. Und spätestens an dieser Stelle zeigt das Bild der Kette ihre Grenzen: Ist die eigentliche Supply Chain nun die konkrete Kette Rohölgewinnung – Kunststoffherstellung – Kunststoffweiterverarbeitung/Gehäuseherstellung – Gesamtprodukterstellung – Endproduktdistribution – Endkonsum? Damit wäre aber nur ein Teil der an der Erstellung der X-Box beteiligten Unternehmen berücksichtigt. Die Kette der Erstellung von Speicherchips, der Festplatte etc., welche bei Flextronics mit der „Gehäusekette" zusammengeführt wird, bliebe außen vor. Zudem sind Aspekte der Entwicklung und Vermarktung – obwohl für den Gesamtprodukterfolg möglicherweise entscheidend – mit hochspezialisierten Unternehmen wie Werbeagenturen, Entwicklungsdienstleistern etc. nicht berücksichtigt.

Das diskutierte Beispiel verdeutlicht, dass es sich bei einer umfassenden Supply Chain weniger um eine Kette, sondern vielmehr um ein Netzwerk handelt. Zulieferunternehmen stehen mit mehreren Kunden in Kontakt, deren Produkte in einer späteren Stufe wiederum zusammengeführt werden. Kunststoffgranulate können Bestandteil des Gehäuses, ebenso aber der Verpackung oder einer Leiterplatte sein.

2 Vgl. Mentzer et al. (2001a), S. 2.

Exkurs: Der „Bullwhip-Effekt" als Begründung für eine Kettenbetrachtung.

Das „Denken in Ketten" wird häufig auf den sogenannten „Bullwhip Effekt" – nach seinem „Entdecker" auch „Forrester-Effekt" genannt – zurückgeführt.[3] Diese bereits 1958 von Forrester erklärte Effekt besagt, dass bei „(...) lokal begrenzten Informationen und lokalen Entscheidungen kleinere Schwankungen der Kundenbedarfe auf jeder weiteren Stufe der Supply Chain zu immer größeren Streuungen der Bedarfsmengen führen, d. h. kleine Veränderungen der Endnachfrage verstärken sich in rückwärtiger Richtung."[4] Eine kleine Steigerung der Kundennachfrage führt also bei Informationsasymmetrien zu einem überproportionalen und verzögertem Anstieg der Bestellmengen und Lagerbestände, vom Einzelhändler über den Großhändler zum Hersteller und schließlich an die Zulieferer, gewissermaßen entlang einer Belieferungskette.[5] Der empirisch zu beobachtende „Bullwhip-Effekt" mit seiner eindringlichen Kettenbetrachtung über Unternehmensgrenzen hinweg hat sowohl in der Wissenschaft als auch in der Praxis seine Spuren hinterlassen. Er hat u. a. dazu geführt, dass sich die Bezeichung „(Supply) Chain" und nicht der zutreffendere Begriff Netzwerk ("Network") durchgesetzt hat.

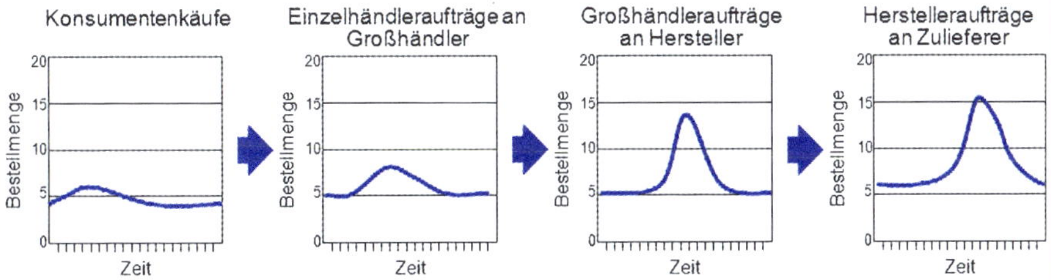

Abbildung 1.1-3: „Bullwhip-Effekt"[9]

Durch die dem Supply Chain Management inhärenten Merkmale, wie bspw. das Systemdenken, das Flussprinzip, der Koordinationscharakter[6], die Gesamtkostenperspektive und die Endkundenorientierung[7], lässt sich der beschriebene „Bullwhip-Effekt" als zentrales Problem von Wertschöpfungsketten abschwächen und ggf. eliminieren.[8]

Die Diskussion um die „Kettenbetrachtung" macht bereits deutlich, dass damit in jedem Fall eine wichtige disziplinäre Entwicklung der Betriebswirtschaftslehre (BWL) verbunden ist: Die BWL beschäftigt sich mit dem „Wirtschaften in Betrieben"[10]. Damit handelt es sich um eine Lehre vom Umgang mit Knappheit in Institutionen, die zur Deckung von Fremdbedarfen errichtet wurden bzw. werden. Fremdbedarfe existieren nur, wenn Prozesse zur Leistungserstellung arbeitsteilig erfolgen. Diese Arbeitsteilung ist Kennzeichen hoch entwickelter Volkswirtschaften.

Die Massenfertigung durch arbeitsteilige Produktionsschritte wurde im Rahmen der sog. „industriellen Revolution" eingeführt. Wichtige Meilensteine waren u. a. der Tay-

[3] Vgl. Forrester (1958), S. 37–66 sowie auch Svensson (2003), S. 109–111.
[4] Corsten (2001), S. 86, vgl. Forrester (1958), S. 41 und S. 43 f.
[5] Vgl. Wildemann (2003), S. 14.
[6] Insbesondere der Logistik wird hierbei die Aufgabe der unternehmensweiten Koordination zugewiesen.
[7] Vgl. Ihde (2001), S. 247.
[8] Vgl. Forrester (1958), S. 66; Arndt (2006), S. 50.
[9] Vgl. Forrester (1958), S. 43.
[10] Vgl. Schweitzer (2004), S. 54 f. und Wöhe (2005), S. 48 f.

lorismus mit seinen hochgradig spezialisierten Arbeitsschritten oder die Entwicklung des Fließbandes durch Henry Ford.

Bis heute wird der Grad der Arbeitsteilung weiter verfeinert.[11] Zwar ist man in der Zwischenzeit von zu stark spezialisierter persönlicher Arbeit abgekommen („Re-Humanisierung der Arbeitswelt"), aber eine verstärkte zwischenbetriebliche Arbeitsteilung wird weiter postuliert. Typische Beispiele dafür sind Leistungstiefenreduzierungen durch Outsourcing oder durch die Konzentration auf Kernkompetenzen.[12] Beide Konzepte werden in diesem Buch noch ausführlich diskutiert. Sinkende Fertigungstiefen lassen sich auch empirisch nachweisen.[13]

Steigende Spezialisierung ermöglicht höhere Produktivität. Spezialisierte Betriebe können sich eine Reihe von ökonomischen Effekten zu Nutze machen. Dazu gehören Skaleneffekte durch Fixkostendegression in Beschaffung, Produktion, Marketing, F&E oder Lern- bzw. Erfahrungskurveneffekte. Somit ist es möglich, die Produktionsstückkosten zu senken (vgl. Abbildung 1.1-4).

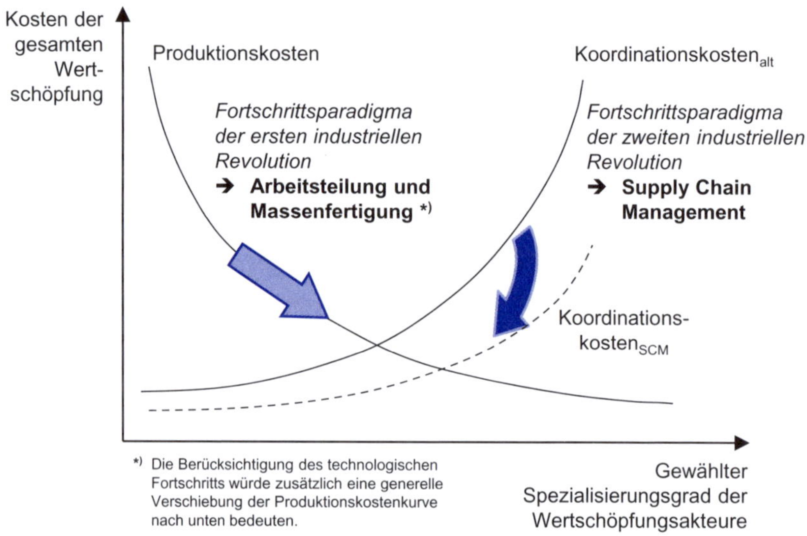

Abbildung 1.1-4: Supply Chain Management und zweite industrielle Revolution[14]

Dem ökonomischen Prinzip zufolge können die Vorteile der Spezialisierung nicht zum „Nulltarif" erreicht werden. Arbeitsteilung hat einen Preis. Dieser Preis äußert sich in steigenden Koordinationskosten (vgl. Abbildung 1.1-4). Koordinationskosten unternehmensübergreifender Arbeitsteilung sind bspw. Kommunikationskosten, Kosten für die Suche und Gewinnung leistungsfähiger Lieferanten, Vertragskosten, Kosten der Datenübermittlung (bspw. Konstruktionsdaten, Fertigungspläne). Nach North machen Koordinationskosten in hoch entwickelten Volkswirtschaften heute über 50% des Bruttosozialproduktes aus.[15]

---

11 Vgl. Wildemann (2000), S. 58 f.
12 Vgl. Wildemann (2000), S. 60 f.
13 Vgl. Leenders et al. (2006), S. 6 f. sowie Burt et al. (2003), S. 302 ff.
14 Vgl. Arnold/Eßig (2002), S. 242 in Anlehnung an Weiber (2000), S. 6.
15 Vgl. North (1990), S. 355 ff.

Diese volkswirtschaftlichen Größen schlagen sich betriebswirtschaftlich entsprechend nieder. Kosten für die unternehmensübergreifende und zwischenbetriebliche Koordination werden zwar in der Regel im betrieblichen Rechnungswesen nicht explizit als solche ausgewiesen, müssen sich aber im Schnitt in ähnlichen Größenordnungen bewegen wie auf volkswirtschaftlicher Ebene. Es wird deshalb nicht zu unrecht darauf hingewiesen, dass die größten Effektivitäts- und Effizienzsteigerungspotenziale im Bereich verbesserter unternehmensinterner und unternehmensübergreifender Zusammenarbeit liegen.

SCM ist ein Ansatz, der diese Potenziale über ein reduziertes Koordinationskostenniveau explizit erschließen möchte. War die „erste" industrielle Revolution noch auf die Produktionskosteneffizienz fixiert, berücksichtigt SCM nun erstmals Koordinationsaspekte in einem integrierten Managementkonzept. An die Stelle des Erfahrungsgegenstandes „Einzelunternehmen" tritt der Erfahrungsgegenstand „unternehmensübergreifende Zusammenarbeit"; an die Stelle eines Erkenntnisgegenstandes „Wirtschaften in Betrieben" tritt der Erkenntnisgegenstand „Wirtschaften in Netzwerken".

1.1.2 Zur Dualität von Akteurs- und Netzwerkebene

Mit der Konzentration auf die Verbesserung der Koordination in Wertschöpfungsnetzwerken steht das Supply Chain Management vor einer großen Herausforderung: Während Unternehmen per se „geführte" Institutionen sind, ist dies bei Netzwerken so nicht der Fall. Unternehmen haben eine Leitung, Management ist somit institutionalisiert. Netzwerke haben diese Leitung zumindest nicht automatisch. Die dem SCM inhärente Dualität zwischen „Unternehmen im Netzwerk" (Akteursebene) und „Netzwerk" (Supply Chain- bzw. Netzwerkebene) soll zunächst an zwei Beispielen verdeutlicht werden:

- „Netzwerkbedingte Autonomieeinschränkungen" nach Corsten (2002):[16]
  Unter einer Supply Chain kann eine unternehmensübergreifende Wertschöpfungskette verstanden werden, bei der die gesamten Güter- und dazugehörigen Informationsflüsse zwischen den Supply Chain-Partnern, etwa vom Rohstofflieferanten zum Produzenten über Groß- und/oder Einzelhändler abzustimmen sind. Diese Abstimmungen zwischen Unternehmen implizieren Eingriffe in die Produktions- und Beschaffungsautonomie der Beteiligten, um den Output einer Supply Chain zu sichern. Dokumentiert wird dies einerseits durch den Sachverhalt, dass bestimmte Mengen pro Zeiteinheit zu produzieren und andererseits Eingriffe in die Planung, etwa von Losgrößen und Produktionszyklen, vorzunehmen sind.
- Key Network Management nach Ojasalo (2004):[17]
  Key Network Management (KNM) basiert – nicht nur semantisch – auf dem Ansatz des Key Account Management (KAM). Analog der KAM-Idee, „Schlüsselkunden" mit strategischer Bedeutung zu identifizieren und die Beziehung zu ihnen besonders intensiv zu gestalten, werden im KNM aus Sicht eines Unternehmens „Key Networks" identifiziert und gestaltet. Als „Schlüsselnetzwerke" gelten alle Netzwerke, die aus Sicht eines einzelnen Unternehmens Geschäftspotenziale bzw. -chancen zur eigenen Wertsteigerung bieten. Ojasalo (2004) entwickelt ein dreiphasiges Modell des Key Network Management:[18] Phase 1 umfasst die Identifikation von „Schlüs-

[16] Vgl. Corsten (2002), S. 947.
[17] Vgl. Ojasalo (2004), S. 195 ff.
[18] Vgl. Ojasalo (2004), S. 197.

selnetzwerken" inklusive der in ihnen agierenden Akteure. In Phase 2 werden Strategien zum Management der Akteure in diesem Netzwerk formuliert. Phase 3 operationalisiert diese Strategien und gestaltet das Management von Akteuren instrumentell aus, bspw. konkret in gemeinsamen Entwicklungsprojekten mit anderen Netzwerkunternehmen.

Die Idee des Key Network Management reflektiert den skizzierten Autonomieeingriff besonders treffend und damit die Dualität von Akteurs- und Netzwerkperspektive. KNM unterstellt, dass das Netzwerkmanagement von einem Akteur wahrgenommen wird. Dieser Akteur, als „fokales Unternehmen" bezeichnet, definiert die Netzwerkziele, welche zuvorderst seinen eigenen Zielen entspricht.[19] Zwar wird unterstellt, dass das Netzwerk langfristig keinen Erfolg haben wird, wenn es den Zielen aller anderen beteiligten Unternehmen widerspricht. Der daraus folgende Erkenntnisfortschritt ist für das Management von Supply Chains trivial: Alle an der „Kette" beteiligten Unternehmen haben ein einheitliches Interesse daran, dass das von ihnen gemeinsam erstellte Endprodukt vom Konsumenten gekauft wird. Im oben skizzierten Beispiel eint Flextronics, Microsoft und Media Markt der erwünschte Erfolg der X-Box. Deutlich schwieriger wird die Netzwerkanalyse jedoch, wenn kein fokales Unternehmen hierarchisch steuern kann und die Wirtschaftlichkeitsziele von Akteuren und Netzwerk auseinanderfallen. Ritter/Wilkinson/Johnston (2004, S. 177) fassen die auseinanderfallenden Akteursinteressen prägnant als „mananging or being managed in networks" zusammen.

Ganz ähnlich verhält es sich bei der Unterscheidung zwischen der Akteurs- versus Netzwerkwirtschaftlichkeit. Wirtschaftlichkeit ist definiert als das Verhältnis von Ausbringungswerten (Leistung oder Ertrag) zu Einsatzwerten (Kosten oder Aufwand).[20] Um die Wirtschaftlichkeit zu erhöhen, muss folgerichtig entweder der Einsatzwert gesenkt oder der Ausbringungswert erhöht werden. Aus Sicht der (übergeordneten) Supply Chain-Perspektive ist die Erhöhung der Supply Chain-Wirtschaftlichkeit häufig nur möglich, wenn ein Mitglied der Kette erhöhte Aufwendungen (bspw. für neue IT-Systeme zur Bestandsreduktion oder Flexibilitätserhöhung) in Kauf nimmt. Vereinfachend wird angenommen, die Supply Chain-Wirtschaftlichkeit (W_{SC}) setze sich additiv aus den Wirtschaftlichkeiten der Akteure (W_i mit $i = 1, 2, \ldots, n$, wobei n für die Zahl der Akteure einer Supply Chain steht) zusammen (vgl. Abbildung 1.1-5). Beispielhaft sei die Möglichkeit genannt, dass Kunden bei der Bestellung ihres Automobils relativ kurzfristig vor Auslieferung noch zusätzliche Sonderwünsche (Navigationssystem etc.) ordern können. Das erhöht die Erlöse und damit die Wirtschaftlichkeit des Endproduktherstellers (Original Equipment Manufacturer/OEM, in Abbildung 1.1-5: A_1 und damit W_1 steigen). Grundlage dafür ist möglicherweise die Investition in flexible Fertigungsanlagen beim Zulieferer für Navigationssysteme (in Abbildung 1.1-5: E_2 steigt und damit sinkt W_2). Eine erhöhte Supply Chain-Wirtschaftlichkeit ergibt sich, wenn die zusätzlichen Erlöse beim OEM die gestiegenen Aufwendungen beim Zulieferer überkompensieren (in Abbildung 1.1-5: $A_1 > E_2$ und damit W_{SC} steigt bei ansonsten unveränderten Werten). Tatsächlich ist damit aber noch nicht die Wirtschaftlichkeit des Zulieferers als Akteur gestiegen. Es müssen multilaterale Verteilungsmechanismen zwischen den Akteuren oder über ein zentrales Supply Chain Management gefunden werden. Ist der OEM foka-

[19] Vgl. Ojasalo (2004), S. 198.
[20] Vgl. Corsten (2004), S. 44.

les Unternehmen und damit gleichzeitig Supply Chain Manager sowie Akteur, können Interessenkonflikte zwischen Netzwerk- und Akteurswirtschaftlichkeit auftreten.

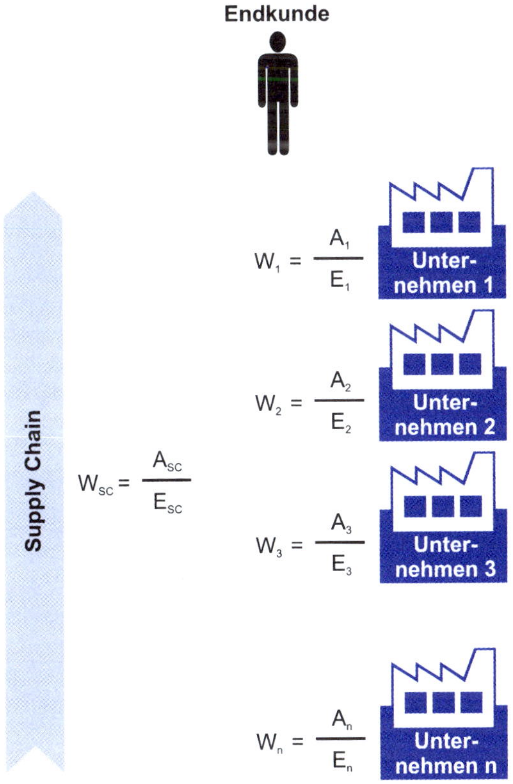

Legende: W_i = Wirtschaftlichkeit des Unternehmens/Akteurs i mit i = 1, ..., n
A_i = Ausbringungswerte des Unternehmens/Akteurs i (Leistung oder Ertrag) mit i = 1, ..., n
E_i = Einsatzwerte des Unternehmens/Akteurs i (Kosten oder Aufwand) mit i = 1, ..., n
W_{SC} = Wirtschaftlichkeit der Supply Chain
A_{SC} = Ausbringungswerte der Supply Chain (Leistung oder Ertrag)
E_{SC} = Einsatzwerte der Supply Chain (Kosten oder Aufwand)
n = Zahl der Akteure der Supply Chain (Zahl der Knoten des Netzwerks)

Abbildung 1.1-5: Akteurs- und Netzwerkwirtschaftlichkeit

1.1.3 Wirtschaften in Netzwerken als Erkenntnisgegenstand?

Die Existenz der Supply Chain im Sinne eines Liefernetzwerkes ist per se nichts Neues – wie nicht zuletzt das Flextronics-Beispiel gezeigt hat. Neu ist die Anwendung von Managementideen für dieses Netzwerk. Management von Unternehmen – den an der Supply Chain beteiligten Akteuren – existiert bislang schon: Unternehmen haben sich als Organisationen gebildet, um die skizzierten Effekte von Arbeitsteilung zu realisieren. Supply Chains bzw. Unternehmensnetzwerke rücken in den Mittelpunkt des Interesses, um die Nachteile von Arbeitsteilung in Form hoher Koordinationskosten zu überwinden. Management von Supply Chains steht somit für eine neue Form der Koordination dieser Unternehmen auf einer übergeordneten Ebene. Koordination ist neben der Arbeitsteilung ein Grundprinzip der Organisationsgestaltung.[21]

Die Dimensionen der Koordination im Supply Chain Management lassen sich in eine eingrenzende und eine gestaltende Gruppe einteilen (vgl. Abbildung 1.1-6). In der erstgenannten Gruppe wird die Koordination für Fragen des SCM präzisiert, mithin sind diese Dimensionen gesetzt, wenn über die Koordination von Unternehmensnetzwerken im Sinne des SCM gesprochen wird. Die zweite Gruppe enthält die Fragen, die im Rahmen des SCM konkret auszugestalten sind.

	Dimension [Fragestellung]	Antwortspektrum	Buchkapitel
Eingrenzende Dimensionen	Subjektdimension im weiteren Sinne [Wer koordiniert prinzipiell?]	Koordinationssubjekt ist das Supply Chain Management (noch ohne konkrete Institutionalisierung)	Kapitel 1.2
	Objektdimension im weiteren Sinne [Was wird grundsätzlich koordiniert?]	Das an der Erstellung einer Leistung für Konsumenten beteiligte Unternehmensnetzwerk	Kapitel 1.1 und 3.3
	Ursachendimension im weiteren Sinne [Warum wird überhaupt koordiniert?]	Um die Wirtschaftlichkeit des gesamten Unternehmensnetzwerks/der gesamten Supply Chain zu verbessern bzw. um die Koordinationskosten zu senken	Kapitel 2 und 3.2
Gestaltende Dimensionen	Subjektdimension im engeren Sinne [Wer koordiniert tatsächlich?]	Institutionell kann das SCM sowohl bei einem der direkt beteiligten Akteure als auch bei einer übergeordneten Instanz angesiedelt sein sowie durch selbststeuernde Elemente abgedeckt werden	Kapitel 3.4
	Objektdimension im engeren Sinne [Was genau wird koordiniert?]	Die Ausführung von Netzwerkaufträgen, wobei das Spektrum vom losen Informationsaustausch über die Koordination einzelner Prozesse bis zur vollständigen, alle Funktionen umfassenden Planabstimmung reicht	Kapitel 3.4 und 3.5
	Ursachendimension im weiteren Sinne [Warum wird koordiniert?]	Es sind alle Gründe denkbar, die zum Oberziel Erhöhung der Supply Chain-Wirtschaftlichkeit beitragen	Kapitel 3.3
	Kontextdimension [In welcher Situation wird koordiniert?]	Abhängig von Netzwerkstruktur und Auftragskonstellation	Kapitel 3.2 bis 3.5
	Intensitätsdimension [Wie intensiv wird koordiniert?]	Bestimmung des Abstimmungsgrads zwischen den Akteuren	Kapitel 3.3 bis 3.6
	Instrumentaldimension [Mit welchen Mitteln wird koordiniert?]	Direkte (bspw. Gruppenentscheidung, marktliche Koordination, rollierende Planung) und indirekte Koordination (Vertrauen, Netzwerkkultur)	Kapitel 3.4 bis 3.6

Abbildung 1.1-6: Dimensionen der Koordination im Supply Chain Management[22]

[21] Vgl. Hungenberg (2011), S. 192.
[22] Vgl. Corsten (2001), S. 12 und S. 26.

Die Frage, welche Ausprägungen die gestaltenden Dimensionen der Koordination annehmen, wird ganz wesentlich durch den Typ der Supply Chain bzw. des Netzwerks determiniert. Der Netzwerkbegriff findet eine derart breite Anwendung, dass schon von „metaphorischen Verwendungen“[23] oder dem „Mythos Netzwerkorganisation“[24] die Rede ist. Grundsätzlich lässt sich zwischen einem eher soziologisch geprägten Netzwerkansatz und dem Verständnis von Netzwerken als (ökonomische) Koordinationsform unterscheiden.[25]

Der soziologische Netzwerkansatz versucht, die inhaltliche Vielfalt an Netzwerken in der Gesellschaft (Unternehmensverbünde, Franchisenetzwerke, Zuliefernetzwerke, regionale Netzwerke, Politik-Netzwerke etc.) durch ein rein formales Verständnis von der Beliebigkeit zu befreien. Das soziale Netzwerk ist demzufolge eine Menge von Akteuren, die durch soziale Beziehungen miteinander verknüpft sind.[26] In der Folge werden Modelle möglich, die insbesondere formale Merkmale dieser Netzwerke wie Zentralität, Abhängigkeiten, Machtverhältnisse etc. analysieren.[27] Für die skizzierte Anwendung im Supply Chain Management mag dies sinnvolle Erkenntnisse liefern, von zentraler Bedeutung ist jedoch das Verständnis von Netzwerken als ökonomische Koordinationsform. Netzwerke stellen demzufolge hybride Koordinationsmechanismen zwischen bzw. aus Markt und Hierarchie dar.[28] Während auf Märkten der Wettbewerb dominiert und die Akteure über Preise gesteuert werden, wird innerhalb von Unternehmen über die Entscheidungszentralisation beim Management „hierarchisch“ gesteuert. Hybride Koordination basiert auf der Idee, beide Mechanismen zu verbinden:[29] Einerseits sind die Akteure einer Supply Chain prinzipiell selbstständige Unternehmen, die über Märkte verbunden sind (bspw. Absatzmarkt des Zulieferunternehmens und Beschaffungsmarkt des Abnehmerunternehmens), andererseits unterziehen sie sich einem Supply Chain Management, mit dem aufgrund der verbesserten Koordination andere, nicht-preisliche und damit stärker hierarchische Instrumente zum Einsatz kommen. Denkbar sind hier bspw. langfristige Rahmenverträge, welche die Planabstimmung zwar erleichtern, aber den Wettbewerb partiell (für die Vertragslaufzeit) ausschließen.

Die Bandbreite von Netzwerken als hybride Organisationsformen zwischen Markt und Hierarchie ist groß. Um eine erste Vorstellung für die Form der Koordination von Supply Chains zu gewinnen, haben Gereffi/Humphrey/Sturgeon (2005) fünf zentrale Supply Chain-Typen identifiziert (vgl. Abbildung 1.1-7):

- **Marktliche Supply Chains** werden – wie der Name schon sagt – rein preislich gesteuert. Zwischen den Akteuren herrschen Marktbeziehungen, ein Unternehmen bezieht Leistungen von Lieferanten über Beschaffungsmärkte. Dieses Modell funktioniert bei standardisierten Bauteilen effizient, gilt damit gemeinhin als wirtschaftlich für diesen Fall.
- **Modulare Supply Chains** sind vorteilhaft, wenn Individualität und Komplexität der ausgetauschten Leistungen zwar steigen, diese aber gut beschreibbar sind. Beispielhaft sei auf Lampen von Automobilen verwiesen. Diese sind gestalterisch

23 Kappelhoff (2000), S. 25.
24 Reiß (1998), S. 224–229.
25 Vgl. Kappelhoff (2000), S. 28 ff.
26 Vgl. Sydow (1992), S. 78.
27 Vgl. die Übersicht bei Kappelhoff (2000), S. 39.
28 Vgl. Williamson (1991), S. 283.
29 Vgl. Siebert (1991), S. 9 ff.

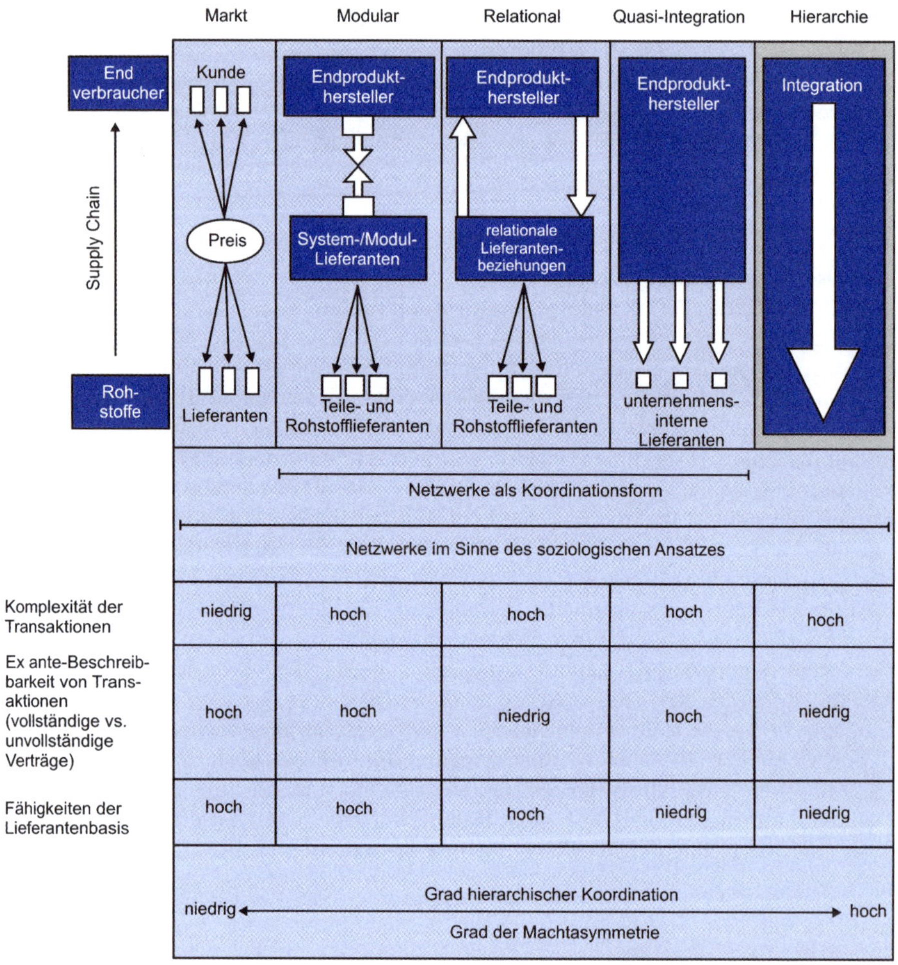

Abbildung 1.1-7: Supply Chain-Typen und ihre Koordinationsmechanismen[30]

hochindividuell (i.d.R. werden sie als wesentlicher Teil des Fahrzeugdesigns und damit als Differenzierungsmerkmal verstanden), ihre Technologie ist jedoch standardisiert und wird von Zulieferpartnern gut beherrscht. Die Formen können über Zeichnungen gut beschrieben werden.

- **Relationale Supply Chains** betreffen zwar ebenfalls individuell-komplexe Austauschprozesse, aus Sicht des Auftraggebers ist aber die Beschreibbarkeit deutlich schwieriger. Die Akteure der Supply Chain sind wechselseitig auf die Kompetenzen des jeweils anderen Partners angewiesen, der Leistungsaustausch kann ex ante nur unvollständig beschrieben und damit rein austauschvertraglich nicht vollumfänglich abgesichert werden.
- Bei **„Gefangenen"-Supply Chains** handelt es sich im Prinzip um modulare Supply Chains, nur sind die Problemlösungsfähigkeiten in der Kette einseitig auf der Seite

[30] Vgl. Gereffi et al. (2005), S. 89.

des jeweiligen Auftraggebers. Zulieferpartner beherrschen die Technologie bei weitem nicht so gut wie im Fall modularer Supply Chains, mithin ist der Auftraggeber gezwungen, weitaus detaillierter die Leistungserstellung zu überwachen. Diese Überwachung bspw. über ein Lieferantencontrolling, Audits oder Produktionskontrollen sind eine Form der „Gefangennahme" von Zulieferpartnern.

- **Hierarchische Supply Chains** liegen vor, wenn Unternehmen die Lieferkette vollständig integrieren. Beispiel dafür sind Unternehmen wie Apple, die zumindest Teile ihrer Distributionskette über eigene Ladengeschäfte hierarchisch steuern.

Fallbeispiel: Relationale Supply Chain bei Benetton.

Um den hohen Warenumschlag und die variantenarme Produktion zu unterstützen, unterhält Benetton ein Netzwerk von ca. 220 Lieferanten. Zudem besteht ein feineres Netz aus Unterlieferanten, welche auf Stückbasis bezahlt werden. Auf der Nachfrageseite beschäftigt Benetton ein paar regionale Lieferanten, die ein Netz von konzessionierten kleinen „Outlets" betreuen, welche hauptsächlich in umsatzstarken Standorten angemietet wurden. Distributionsseitig betreibt Benetton große, automatisierte Warenlager, wobei fortschrittliche Technologien und standardisierte Verpackungsstationen Verwendung finden. Synergien werden netzwerkintern auf der Versorgungsseite durch Standardverträge mit den Lieferanten, welche eine elementare Stellung im Arbeitsprozess innehaben und enge Beziehungen zu den Angestellten aufweisen, realisiert. Benetton trägt zudem eine große Verantwortung für Innovationen im Produktdesign und der Analyse von Innovationen im Einzelhandel. Demgegenüber tragen die Lieferanten eine Schlüsselverantwortung, um als Intermediäre zwischen der Produktion und den Verkaufsläden in der jeweiligen Region zu fungieren, während die Einzelhändler konzessioniert und mittels Informationssystem eng mit Benetton verbunden sind. Benetton betreibt ein duales System bestehend aus der Produktion einerseits und der Logistik andererseits. Ähnlichkeiten bestehen zu Fishers Begrifflichkeiten einer funktionalen und reaktionsfähigen Supply Chain.[31] Einzelhändler haben eine Bestellverantwortung (bei ihren Lieferanten) oftmals um bis zu acht Monate im Voraus. Lieferanten aggregieren und passen oft die Einzelhandelsbestellungen an und bestellen direkt aus der Produktion von Benetton. Dies ermöglicht ihnen, ihr Geschäft mit einem maßgeschneiderten Terminplan zu betreiben. Lieferanten sammeln zudem täglich Materialien ein, und um die Materialverfolgung zu gewährleisten, wird jede einzelne Lieferung eindeutig anhand der Bestellnummer identifiziert. Die vollendete Arbeit wird Benetton abschließend zur Qualitätskontrolle und weiteren Verarbeitung übergeben.

Quelle: Entnommen Giannakis et al. (2004), S. 16 f.

Bei allen fünf Typen findet Koordination statt, im Typ „marktliche Supply Chain" nur über Marktmechanismen und im Typ „hierarchische Supply Chain" durch ein vertikal vollständig integriertes Unternehmen. Im Sinne des ökonomischen Netzwerkansatzes würde man demzufolge nur für die anderen drei Typen von „echter" Netzwerkkoordination sprechen (heterarchische Koordination).[32] Damit konzentriert sich das Supply Chain Management – verstanden als „Wirtschaften in Netzwerken" – auf diese Typen, jedoch kann auch eine bewusste Entscheidung zur rein marktlichen Steuerung von Zulieferketten oder zu deren vollständigen Integration durchaus ein Ergebnis von SCM sein.

---

31 Vgl. Fisher (1999), S. 105 ff.; siehe hierzu ebenfalls Abschnitt 1.1.4 und Abschnitt 1.2.2.

32 Vgl. Busch/Dangelmaier (2001), S. 10.

Exkurs: Bezug zwischen Supply Chain Management und Netzwerken: Ist eine Supply Chain ein Netzwerk oder nicht?

Am Beispiel von Flextronics wurde in Abschnitt 1.1.1 verdeutlicht, dass das Bild der „Kette“ – wie die wörtliche Übersetzung von „Chain“ vermuten ließe – für das Erfahrungsobjekt als empirisches Phänomen nicht ganz zutreffend ist.

Tatsächlich wird in der SCM-Forschung explizit auf den Netzwerkbegriff rekurriert: Buscher (1999, S. 450 und 454) spricht vom „Versorgungsnetzwerk“ und „Netzwerkmanagement“, Christopher (2005, S. 15) vom „network of organizations“, Corsten (2000, S. 36 vom „Versorgungsnetz“, Kaeseler (2001, S. 3) vom „Management des Netzwerks“, Reiß/Präuer (2001, S. 69) von „Wertschöpfungsnetzwerken“, Saunders (1997, S. 150) von der „idea of a network“ und Simchi-Levi/Kaminsky/Simchi-Levi (2000), S. 1 konkret vom „Logistics Network“. Nicht verschwiegen werden soll, dass bspw. Saunders (1995, S. 480) aus semantischen und inhaltlichen Gründen zwischen einem Netzwerk und einer Kette differenziert, zudem noch zwischen der „Supply Chain“ und dem „Value Stream“. Auch bei Naim/Disney/Towill (2004, S. 123 f.) findet sich die Unterscheidung zwischen einer „einfach“ vertikal strukturierten Supply Chain und komplexen Netzwerkstrukturen.

Die Übertragung des Netzwerkansatzes auf die Koordination von Werschöpfungsprozessen in der Supply Chain ist nach Sydow/Möllering (2004) mit drei Hauptrisiken verbunden:[33]

1. Das Risiko der nur partiellen Systembeherrschung stellt die Frage, inwiefern es überhaupt möglich ist, hochkomplexe, polyzentrische Supply Chains zu steuern. De facto wird es – auch bei der strategischen Führung der gesamten Kette durch ein Unternehmen (bspw. Automobilhersteller in der Automobil-Supply Chain) – immer eine fein differenzierte Kombination aus Fremd- und Selbststeuerung geben. Naim/Disney/Towill (2004) weisen empirisch nach, dass mit zunehmender Zahl an Akteuren die Fähigkeit des Netzwerks, einen stabilen Koordinationsablauf aufrecht zu erhalten, überproportional sinkt.[34]
2. Das Risiko des Kompetenzverlustes betrifft die Akteurs-, nicht die Netzwerkebene. Durch neue Formen der Aufgabenteilung – bspw. durch das Outsourcing von Unternehmensprozessen an spezialisierte Zulieferer – findet eine Funktionsexternalisierung statt. Die damit verbundenen Kompetenzen verbleiben zwar in der Supply Chain, nicht aber beim zukaufenden Unternehmen.
3. Das Risiko der Abhängigkeit kann wiederum sowohl Akteurs- wie Netzwerkebene betreffen. Unternehmen können von Zulieferern abhängig sein, insbesondere wenn diese als „Single Source“ fungieren oder gar Monopolisten sind. Spezifische Investitionen führen bei ursprünglich wettbewerblichen Austauschsituationen nach der fundamentalen Transformation zu Lock-in-Situationen mit bilateralem Quasi-Monopol. Auch die Lieferfähigkeit der gesamten Supply Chain ist möglicherweise „abhängig“ von einem Lieferanten. De facto ist dies sogar symptomatisch für den Gedanken einer durchgängigen Supply Chain – ohne Leistung aller Kettenglieder ist keine Gesamtleistung möglich.

Horizontale Verbindungen im Netzwerk sind darüber hinaus auf ihre wohlfahrtsmindernde und damit möglicherweise kartellrechtliche Relevanz zu überprüfen. Conrad (2005) weist am Beispiel der unternehmensübergreifenden, kooperativen

[33] Vgl. Sydow/Möllering (2004), S. 20 f.
[34] Vgl. Naim/Disney/Towill (2004), S. 123 f.

Entwicklung einer Brennstoffzelle auf die Gefahr hin, dass neben den gewünschten Produktinnovationen auch unerwünschte Monopolrentenabschöpfungen entstehen können.[35]

Bei modularen, relationalen und „Gefangenen"-Supply Chains werden die (vermeintlichen) Wettbewerbsarenen wie folgt charakterisiert:

- An die Stelle von Einzelunternehmen treten Netzwerke als sog. „multi-organizational competitive units."[36]
- „Supply chains compete, not companies."[37]
- Die Supply Chain ist eine „Wertschöpfungsgemeinschaft, die im Wettbewerb mit anderen Wertschöpfungsgemeinschaften steht."[38]
- „In der Regel konkurrieren strategische Netzwerke gegeneinander."[39]
- „Individual businesses no longer compete as solely autonomous entities, but rather as supply chains."[40]
- „Stand-alone competition is frequently giving way to networked rivalry."[41]

Damit scheint sich eine Verschiebung der Wettbewerbsanstrengungen an die Außengrenzen einer Supply Chain abzuzeichnen.[42] Tatsächlich wird in der SCM-Literatur überwiegend von einer Kooperation innerhalb des Netzwerkes ausgegangen.[43] Es erscheint jedoch fraglich, ob damit Wettbewerbsanstrengungen innerhalb einer Supply Chain (Intra-Supply Chain-Wettbewerb) obsolet werden.[44]

Ausgangspunkt des „Wirtschaftens in Netzwerken" ist die skizzierte Wettbewerbssituation des Supply Chain-Netzwerkes am Endproduktmarkt. Hier entscheiden sich die Wettbewerbsfähigkeit und die Wirtschaftlichkeit des gesamten Netzwerkes. Folgt man der Argumentation von D'Aveni (1994), so ist dieser Inter-Supply Chain-Wettbewerb von besonderer Bedeutung, da sich der Wettbewerb zwischen konkurrierenden Supply Chains um Endkunden zum „Hyperwettbewerb" verschärft.[45] Netzwerke bündeln Kompetenzen, schaffen neue kooperative Kernkompetenzen[46] und tragen somit zu der für den Hyperwettbewerb typischen „Spirale sich aufheizender Rivalität unter den Konkurrenten"[47] bei. Verschärfter (Außen-) Wettbewerb verstärkt wiederum die Tendenz zur Netzwerkbildung und bestätigt somit das Bild der Rivalitätsspirale.[48] Der Hyperwettbewerb-Ansatz geht davon aus, dass die Verstärkungseffekte zunehmender Wettbewerbsintensität zur idealtypischen Situation vollkommener Konkurrenz ausschließlich über den Preis führen.[49] Handelnde Partei des Inter-Supply Chain-

---

35 Vgl. Conrad (2005), S. 170.
36 Shill/McArthur (1992), S. 7.
37 Christopher/Jüttner (1998), S. 89.
38 Gemünden/Heydebreck (1994), S. 260.
39 Kubicek/Klein (1994), S. 96.
40 Lambert/Cooper (2000), S. 65.
41 Srivastava/Shervani/Fahey (1999), S. 170.
42 Vgl. Backhaus/Meyer (1993), S. 332, Hahn (2000), S. 12, Tan (2001), S. 46.
43 Vgl. Hahn (2000), S. 13 sowie darauf aufbauend Arnold/Warzog (2001), S. 23.
44 Dies soll in Abschnitt 1.1.5 vertieft diskutiert werden.
45 Vgl. D'Aveni (1994), S. 25 ff. und 338 ff., D'Aveni (1995), S. 54 ff. und darauf aufbauend Bruhn (1999), S. 18, Sjurts (2000), S. 64–67, Sydow (2001), S. 296.
46 Vgl. Duschek (1998), S. 231 ff., Duschek/Sydow (1999), S. 22 ff.
47 Sjurts (2000), S. 65.
48 Vgl. Kortzfleisch (1999), S. 672 f., Siebert (2001), S. 16–22.
49 Vgl. D'Aveni (1994), S. 25 ff., Sjurts (2000), S. 65.

Wettbewerbs ist letztlich das gesamte Netzwerk: institutionell verankert ist es entweder bei allen Mitgliedern gemeinsam oder bei einem Einzelunternehmen. So liegt bspw. im Falle strategisch geführter Netzwerke diese Aufgabe überwiegend beim fokalen Unternehmen, im Fall der Automobilindustrie beim Endprodukthersteller[50] oder im Fall der Lebensmittel bei großen Einzelhändlern.[51]

Im Gegensatz zum Inter-Supply Chain-Wettbewerb ist beim Wettbewerb innerhalb des Netzwerks das individuelle Unternehmen Akteur der Wettbewerbsanstrengungen, da nicht mehr die Außenabgrenzung des Netzwerks, sondern Aufnahme und Verbleib einzelner Unternehmen in der Supply Chain im Vordergrund stehen (Konzept des „internen Positionierungswettbewerbs").[52] Je höher die spezifischen Investitionen des Unternehmens, um in eine Supply Chain aufgenommen zu werden bzw. in ihr verbleiben zu können, desto stärker nähert sich die Situation hierarchischer Supply Chains an.

Eine Intensivierung des Wettbewerbs an den Netzwerkaußengrenzen hat keinesfalls automatisch preissenkende Wirkung innerhalb der Kette zur Folge. Untersuchungen zeigen, dass die Vermutung, durch potenzielle neue Supply Chain-Mitglieder würden die Zulieferpreise sinken, keinesfalls generell zutrifft.[53] Es ergibt sich ein Bild, das der oben skizzierten, allerdings übersimplifizierten Annahme „neuer Wettbewerbsarenen" zwischen Supply Chain-Netzwerken durchaus widerspricht.

Chandra/Kumar (2000) haben die anhaltende Diskussion um den „Bullwhip-Effekt" auf zwei in ihrer ökonomischen Wirkung fatale Syndrome verdichtet: Vorlaufzeit- und Bestandsreduzierungssyndrom bewirken eine anhaltende, sich selbst beschleunigende Wirtschaftlichkeitsreduzierung (vgl. Abbildung 1.1-8). Das Vorlaufzeitsyndrom bildet letztlich den „Bullwhip-Effekt" ab und führt zu einer sich selbst beschleunigenden Bestandserhöhung – und damit zu steigenden (Bestands-) Kosten. Umgekehrt führt das Bestandsreduzierungssyndrom zu zunehmenden Abverkaufsaktionen in Form von Werbemaßnahmen oder Preissenkungen beim Endkunden und damit zu sinkenden Erlösen.

Supply Chain Management soll einen Beitrag dazu leisten, sowohl Vorlaufzeit- wie Bestandsreduzierungssyndrom zumindest weitgehend zu eliminieren. In diesem Lehrbuch sollen zugehörige Konzepte, Strategien und Instrumente vorgestellt werden.

1.1.4 Studien zum Stand des Supply Chain Managements in Wissenschaft und Praxis

In einer umfassenden Analyse hat Grün (2002) die historische Entwicklung der Forschungsgebiete Beschaffung, Materialwirtschaft und Logistik untersucht. Mit Hilfe eines Zeitvergleichs von Nennungshäufigkeiten einzelner Forschungsbereiche ermittelte er im Rahmen einer Längsschnittanalyse die zunehmende Bedeutung von Supply Chains („logistische Ketten"[54]) als Forschungsobjekt der Betriebswirtschaftslehre: „Wenn der sich in den DBW-Aufsätzen erkennbare Trend (mehr als 30 % Nennungen) anhält, so

[50] Vgl. Buscher (1999), S. 454, Corsten/Gössinger (2001), S. 21 f., Gilbert (2003), S. 47–49.
[51] Vgl. Kotzab/Schnedlitz (1999), S. 149.
[52] Vgl. Bellmann (1996), S. 59 und ähnlich Sydow (2001), S. 309.
[53] Vgl. Carr/Karmaker (2005), S. 145–149.
[54] Grün (2002), S. 448.

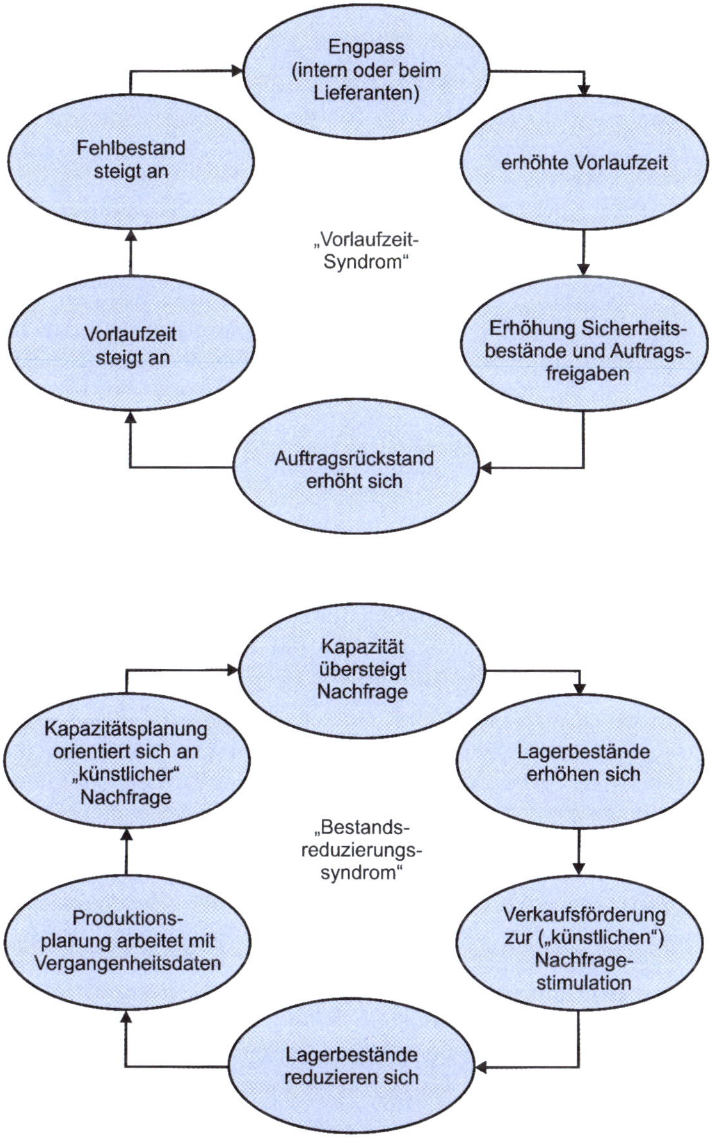

Abbildung 1.1-8: Vorlaufzeit- sowie Bestandsreduzierungssyndrom und ihre Wirkung auf die Wirtschaftlichkeit der Supply Chain[55]

entwickeln sich logistische Prozesse/Ketten zum Schwerpunktthema der Zukunft."[56] In der Folge spricht er der Supply Chain-Forschung gewaltiges Integrationspotenzial zu und bezieht dabei explizit auch Marketing-Überlegungen ein.[57] Er sieht darin die Chance zur wechselseitigen Befruchtung, zur Internalisierung exogener Einflüsse,

---

[55] Vgl. Chandra/Kumar (2000), S. 104.
[56] Grün (2002), S. 448.
[57] Vgl. Grün (2002), S. 451.

zur Überwindung der Fragmentierung und zur Integration institutioneller wie funktionaler Aspekte im Rahmen der Erforschung von Wertschöpfungsnetzwerken.[58]

Fast zeitgleich legen Schönsleben et al. (2003) eine empirische Untersuchung zum Stand des SCM in der Unternehmenspraxis vor. Auf Basis von ca. 200 ausgewählten, schriftlich befragten Unternehmen kommen sie zu dem Schluss, dass der Umsetzungsgrad von SCM zwar noch gering ist, die Bedeutung des SCM aber hoch eingeschätzt wird. Sie bestätigen damit eine empirische Studie des Bundesverbandes Materialwirtschaft, Einkauf und Logistik (BME), derzufolge Anfang der 2000er Jahre nur 4 % der befragten Unternehmen „Best Practice"-Lösungen im SCM realisiert haben.[59] Derzeit sind lediglich Partialkonzepte umgesetzt: An der Spitze der Umsetzung steht mit 34 % aller befragten Unternehmen mit Modular Sourcing ein Versorgungskonzept.[60] Die meisten Unternehmen sehen eine Verbesserung der Informationsflüsse als wichtigste Aufgabe der Zukunft an. An der Spitze der für die Zukunft geplanten SCM-Partialkonzepte steht mit Supply Chain-Monitoring ein Informationsinstrument (bei 41 % der Unternehmen für die nächsten 12 Monate geplant, bei 27 % bereits umgesetzt). Kollaborative Planungsverfahren sind in 19 % der Fälle umgesetzt, bei weiteren 35 % für das nächste Jahr geplant.

Größtes Hindernis bei der Umsetzung des SCM ist – neben der unzureichenden Softwareausstattung – das Fehlen einer strukturierten Vorgehensweise zur Einführung bzw. Umsetzung.[61] Damit deckt sich der empfundene Problemdruck der Unternehmenspraxis mit den bereits diskutierten Ergebnissen der (wissenschaftlichen) Literaturanalyse – eine Strukturierung der SCM-Problembereiche ist unumgänglich.

Aus wissenschaftlicher Perspektive ist der „wissenschaftliche Reifegrad" einer Teildisziplin wie des SCM nur sehr schwierig zu messen. Der Begriff der „inhaltlichen Unreife" wurde von Macharzina/Oesterle (2002) für den Zustand des Internationalen Management als Wissenschaftsdisziplin geprägt.[62] Sie konstatieren Defizite in der Erklärungsleistung, in der Akzeptanz durch die Praxis, in der Wahrnehmung und Beschreibung realwirtschaftlicher Entwicklungen sowie terminologische Verwirrungen. Bereits an anderer Stelle wurde der Versuch unternommen,[63] „fehlende Konturen"[64] des SCM zumindest ansatzweise nachzuzeichnen. Als Indikatoren dazu möge die Verbreitung von Lehrbüchern, die Disziplinreflexion oder die Existenz wissenschaftlicher Sammelwerke dienen. Eine erste Reflexion der Notwendigkeit eines Managements von Supply Chains folgt im nächsten Abschnitt. An dieser Stelle soll zumindest ein grober Überblick über den Stand an Lehrbüchern und Sammelbänden gegeben werden, wobei kein Anspruch auf Vollständigkeit erhoben wird. Gerade im Sinne der von Kuhn (1988) definierten Wissenschaftsmerkmale „Existenz einer wissenschaftlichen Gemeinschaft" und „Standard-Lösungsregeln bzw. Modellvorstellungen" kann die Existenz eines Lehrbuchapparates durchaus als Indikator für den wissenschaftlichen Reifegrad einer Disziplin herangezogen werden.[65]

---

[58] Vgl. Grün (2002), S. 451.
[59] BME (2000), S. 36.
[60] Vgl. Schönsleben et al. (2003), S. 22.
[61] Vgl. Schönsleben et al. (2003), S. 26.
[62] Vgl. Macharzina/Oesterle (2002), S. 11.
[63] Vgl. Eßig (2007), S. 101 f.
[64] Klaus (2002), S. 6.
[65] Vgl. Kuhn (1988), S. 25 und S. 57 f.

Exkurs: Supply Chain Management in der deutschsprachigen Literatur (ausgewählte Lehrbücher, Sammelwerke und Forschungsmonographien)

Zwar nimmt die Zahl der Arbeiten zum Supply Chain Management stetig zu, deutschsprachige Lehrbücher sind jedoch derzeit quantitativ noch nicht weit verbreitet. Zu den wichtigsten gehören:

Corsten, H./Gössinger, R. (2008), Einführung in das Supply Chain Management, 2. Aufl., München et al. 2008: Auch dieses Lehrbuch versteht Supply Chains als Netzwerke und folgt daher einem dreistufigen Aufbau: Der allgemeine Netzwerkansatz mit Netzwerkforschung, Netzwerkbegriff, Erscheindungsformen und Koordinations- bzw. Netzwerkstrategien steht am Anfang, bevor Supply Chains als spezifische Netzwerkform dargestellt werden. Ein weiterer Schwerpunkt sind die quantitativen Modelle zum SCM.

Kuhn, A./Hellingrath, H. (2002), Supply Chain Management: Optimierte Zusammenarbeit in der Wertschöpfungskette, Berlin et al. 2002: In diesem Lehrbuch wird ein SCM-Modell entwickelt, das auf drei Grundlagen basiert, die zugleich auch die Gliederungsstruktur abbilden: Neben die kooperative Zusammenarbeit von Unternehmen in der Supply Chain (Kooperationsmanagement) treten das unternehmensübergreifende Geschäftsprozess- bzw. Prozesskettenmanagement sowie Aspekte der Informationstechnologie als „Enabler" für das SCM.

Werner, H. (2010), Supply Chain Management: Grundlagen, Strategien, Instrumente und Controlling, 4. Aufl., Wiesbaden 2010: Nach den definitorischen Grundlagen zeigt das Buch einige (allerdings unsystematische) Einflußfaktoren auf das SCM wie bspw. Total Quality Management, Business Reengineering und Time Based Competition auf. Strategien des SCM umfassen eine ebenfalls in Teilen inkonsistente Zusammenstellung von Versorgungsstrategien, Sourcingstrategien, Beschaffungsstrategien, Customer Relationship Management, Postponement und E-Supply Chains. Instrumente des SCM dienen zur Bestandsreduzierung, Frachtkostenreduzierung, Informationsgewinnung, Qualitätssicherung und DV-Unterstützung. Als letzter wichtiger Aspekt wird das Controlling von Supply Chains genannt.

Fandel, G./Giese, A./Raubenheimer, H. (2009), Supply Chain Management: Strategien, Planungsansätze, Controlling, Berlin et al. 2009: Hierbei handelt es sich um ein universitäres Lehrbuch, das von Planungssystemen inkl. Bedarfsplanung und Advanced Planning-Systeme über Abnehmer-Zulieferer-Beziehungen, Outsourcing, Transport und Distribution bis zum Supply Chain Controlling inkl. Kostenmanagement und Kennzahlen reicht und damit einen ganzen „Strauß" von SCM-Themen bietet.

Arndt, H. (2010), Supply Chain Management: Optimierung logistischer Prozesse, 5. Aufl., Wiesbaden 2010: Dieses Lehrbuch hat – nach eigenen Aussagen (S. V) – keinen wissenschaftlichen Anspruch, sondern ist eher für berufsbildende Schulen ausgelegt. De facto handelt es sich dabei um ein Logistik-Lehrbuch, in dem das Thema SCM nur kurz und als eine Art „Sonderform" der Logistik abgehandelt wird (S. 45–47).

Eine große Bandbreite existiert bei den wissenschaftlichen Sammelwerken. Die Wissenschaftliche Kommission Produktionswirtschaft des Verbandes der Hochschullehrer für Betriebswirtschat hat bereits in 2000 einen Sammelband herausgegeben, der die Ergebnisse einer Tagung der Kommission zusammenfasst (Wildemann, H. (Hrsg., 2000), Supply Chain Management, München 2000). Er enthält nicht nur Grundlagenbeiträge zur Frage, was unter SCM zu verstehen sei und welche Konzeptmerkmale SCM auszeichnen, sondern auch konkrete Managementansätze für unternehmensübergreifende Wertschöpfungsketten sowie Werkzeuge zu ihrer Gestaltung.

Auch die Deutsche Gesellschaft für Logistik e.V. hat im gleichen Jahr Ergebnisse einer Fachtagung zum SCM veröffentlicht (Pfohl, H. C. (Hrsg., 2000), Supply Chain Management: Logistik plus? Logistikkette, Marketingkette, Finanzkette, Berlin 2000). Neben den SCM-Grundlagen werden Fragen internet- und softwarebasierter SCM-Konzepte sowie finanzwirtschaftliche Aspekte des SCM angesprochen.

Ebenfalls die Zusammenfassung einer Tagung – hier des Förderkreises Betriebswirtschaft an der Universität Stuttgart e.V. – stellt der Sammelband von Arnold/Mayer/Urban (2001) dar (Arnold, U./Mayer, R./Urban, G. (Hrsg., 2001), Supply Chain Management: Unternehmensübergreifende Prozesse, Kollaboration, IT-Standards, Bonn 2001). Neben der Bedeutung des SCM stehen Anwendungen und Erfahrungsberichte (bspw. Volkswagen, Metro) sowie Managementaspekte (Netzwerkfähigkeit, rechtliche Gesichtspunkte, Supply Chain Controlling, Supply Chain Performance) im Mittelpunkt.

Der von Busch/Dangelmaier (2002) herausgegebene Sammelband (Busch, A./Dangelmaier, W. (2002), Integriertes Supply Chain Management: Theorie und Praxis effektiver unternehmensübergreifender Geschäftsprozesse, Wiesbaden 2002) unterscheidet insbesondere zwischen heterarchisch (eher „gleichberechtigt“) und hierarchischer (eher durch ein Unternehmen dominierte) Koordination. Nach dieser Struktur sind auch die Beiträge gegliedert, wobei jeweils zwischen Überblickbeiträgen und Praxisberichten unterschieden wird.

Rudolph/Drenth/Meise (2007) wählen für ihren Sammelband einen kompetenzorientierten Ansatz (Rudolph, T./Drenth, R./Meise, J. N. (Hrsg., 2007), Kompetenzen für Supply Chain Manager, Berlin et al. 2007). Erfolgreiches SCM ist ihrer Argumentation zufolge nur möglich, wenn die in den zwei Gruppen zusammengefassten zehn Basiskompetenzen (Verhaltenskompetenzen: Transformations-, Kooperations-, Sozial-, Motivations-/Führungs- und Konfliktkompetenz, Fachkompetenz: Geschäftsprozess-, Trend-, Kunden-, Controlling-/Risikomanagement- und Technologiekompetenz) vorhanden sind. Entsprechend werden mit zwei Beiträgen je Kompetenz sowohl deren konzeptionelle wie praktische Relevanz beleuchtet.

Die Zahl der Forschungsmonographien ist in der Zwischenzeit fast unüberschaubar. An dieser Stelle sei beispielhaft bei Dissertationsschriften auf Prockl (Prockl, G. (2001), Supply Chain Management als Gestaltung überbetrieblicher Versorgungsnetzwerke: Eine Verdichtung von Prinzipien zur „Strukturation“ von Versorgungsnetzen und Ansätze zur theoretischen Hinterfragung, Hamburg 2001) und bei Habilitationssschriften auf Otto (Otto, A. (2002), Management und Controlling von Supply Chains: Ein Modell auf Basis der Netzwerktheorie, Wiesbaden 2002) verwiesen.

1.1.5 Handlungsbedarf für ein Management von Supply Chains

Die Notwendigkeit, komplette Supply Chains zu „managen“, wird üblicherweise mit dem in Abschnitt 1.1.1 skizzierten Bullwhip-Effekt begründet. Die Dualität von Akteurs- und Netzwerkebene hat bereits verdeutlicht, wie schwer ein derartiger gesamtoptimierender Gestaltungsansatz zu implementieren ist. Die Entscheidungen auf den verschiedenen Wertschöpfungsstufen dürfen damit nicht mehr von unternehmensspezifischen Partikularinteressen geleitet werden, sondern müssen ein unternehmensübergreifendes Gesamtoptimum für ganze Lieferketten suchen.

Supply Chain Management wird deshalb – nicht ganz zu Unrecht – auch als „Utopie“ bezeichnet.[66] Die Argumentation gegen ein Management von Supply Chains basiert auf zwei Aspekten:

[66] Vgl. Bretzke (2005), S. 22.

(1) Zum einen kann eine verstärkte Zusammenarbeit zwischen Unternehmen verschiedener Wertschöpfungsstufen zu einem Ausschalten marktlichen Wettbewerbs führen. Üblicherweise sind Unternehmen über Absatzmärkte mit ihren Kunden und über Beschaffungsmärkte mit ihren Lieferanten verbunden. Sollte sich ein Marktpartner als nicht leistungsfähig erweisen, kann er – zumindest prinzipiell – substituiert werden. Zentrales Regulativ ist die dem Wettbewerbsprinzip inhärente preisliche Steuerung. Wenn SCM einen integrativen Planungsansatz verfolgt, werden die Substituierbarkeit von Marktpartnern und die preisliche Steuerung in weiten Teilen durch andere Steuerungsmechanismen ersetzt. So tritt an die Stelle des Wettbewerbs die Integration, an die Stelle des Preises die Planabstimmung. Damit „erkauft" das SCM die verbesserte stufenübergreifende Koordination durch Inflexibilitäten und einen Verlust an Wettbewerbsintensität auf den Beschaffungsmärkten.

Fallbeispiel: Preiswettbewerb vs. Netzwerkintegration bei DaimlerChrysler

Im Geschäftsbericht 2000 propagiert das Unternehmen noch den Netzwerkgedanken des SCM mit seinem „Extended Enterprise" genannten Programm: „Extended Enterprise regelt die Zusammenarbeit mit allen Zulieferpartnern, wobei der Netzwerkgedanke im Vordergrund steht. [...] Es ist ein wesentliches Element von Extended Enterprise, die guten Beziehungen zu unseren Lieferanten ständig zu verbessern."

Nur ein Jahr später, im Geschäftsbericht 2001, steht plötzlich wieder der marktliche, kurzfristig orientierte („short-term unit cost reductions") Preiswettbewerb ohne intensive Lieferketteneinbindung im Vordergrund: „Due to competitive pressures, our procurement activities in 2001 again focused on cost-reduction measures. [...] Online bidding facilitates price optimization."[67]

(2) Zum zweiten sind schnittstellenlose Lieferketten zwar eine Alternative zu bisherigen Organisationsformen, aber nicht zwingend eine bessere. Die Tatsache, dass sich Unternehmen als Organisationsformen gebildet haben, ist bereits Ergebnis eines Optimierungsprozesses zur Reduzierung von Komplexität. Das Aufbrechen dieser Strukturen durch ein durchgängiges Lieferkettenmanagement reduziert zwar die bisherigen Schnittstellen, schafft aber an anderer Stelle neue. Damit werden Koordinationskosten nicht wirkungsvoll gesenkt, sondern nur verlagert. Zwar müssen nach SCM-Einführung möglicherweise keine Lagerbestände mehr gehalten werden und der „Bullwhip-Effekt" wurde eliminiert, stattdessen sind aber ganz neue „Verteilungskämpfe" zwischen den Akteuren der Kette zu erwarten. Ein Akteur ist immer Mitglied mehrerer Supply Chains und hat daher für sich bereits optimale – sprich wirtschaftliche – Steuerungsmechanismen gefunden. Diese sind zwar möglicherweise suboptimal für eine der Supply Chains, der er angehört – würde er aber von allen Supply Chains neue „Vorgaben" bekommen, ist damit nur ein Suboptimum durch ein anderes ersetzt. Ob damit die Gesamtwirtschaftlichkeit steigt, ist zumindest fraglich. Insofern ist auch die Annahme nicht haltbar, die Supply Chain-Wirtschaftlichkeit setze sich simpel additiv aus den Akteurswirtschaftlichkeiten zusammen (vgl. Abbildung 1.1-5).

Die Antwort auf die Frage, ob das „Managen" von Supply Chains Sinn macht oder in anderen Worten, ob Supply Chain Management überhaupt einen sinnvollen Beitrag

[67] DaimlerChrysler AG (2001), S. 48.

zum Management von Supply Chains leisten kann,[68] ist nur vermeintlich prinzipieller Natur. Tatsächlich geht es im Sinne der Koordinationsdimensionen aus Abbildung 1.1-6 nur um die Koordinationsintensität. Dabei hilft ein Rückgriff auf Lösungsspektren, die bei der ähnlich geführten Diskussion im Strategischen Management herangezogen wurden:[69] Man kann einerseits argumentieren, dass nur eine synoptische Totalplanung die zielgerichtete Entwicklung von Supply Chains ermöglicht. Andererseits kann man die genau entgegengesetzte Position vertreten, dass Supply Chains prinzipiell unsteuerbar seien und damit auf ein „Muddling Through" vertrauen. Beide Ansätze befriedigen nicht wirklich.

Supply Chain Management kann die ganze Bandbreite der Koordinationsintensität zwischen den Extrempolen „Totalplanung" und „Durchwursteln" annehmen. Konkret können dazu selbstregulierende Prozesse gehören, hierarische Durchgriffe oder abgestimmte Kommunikationssysteme. Wo ökonomisch sinnvoll, ist es durchaus denkbar, dass Akteure einer Lieferkette durchgängige, umfassende Planungsprozesse betreiben. Und genauso kann es wirtschaftlich Sinn machen, auf eine über den marktlichen Austausch hinausgehende kooperative Planung in der Lieferkette bewusst zu verzichten. Supply Chain Management ist damit nicht dogmatisch, sondern fordert lediglich, die Entscheidungen zu Steuerung (oder Nicht-Steuerung) der Supply Chain bewusst auf Basis des Wirtschaftlichkeitspostulats zu treffen.

---

68 Vgl. Otto/Kotzab (2001), S. 157 f.
69 Vgl. Müller-Stewens/Lechner (2011), S. 20.

1.2 Konzept des Supply Chain Managements

LERNZIELE

Am Ende dieses Kapitels sollten Sie in der Lage sein,

- Supply Chain Management (SCM) zu definieren,
- zentrale Merkmale des SCM-Konzepts zu erkennen,
- den „Neuigkeitsgrad“ des SCM zu bewerten sowie
- die Herausforderungen des SCM zu definieren.

Der Aufbau dieses Kapitels gestaltet sich wie folgt:

Erkenntnisebene des SCM	Inhalte/Fragestellungen	Abschnitt des Kapitels	Ergebnis
Problembereiche des SCM aus Abschnitt 1.1			Handlungsbedarf für ein Management von Supply Chains
↓ Erkenntnisprinzip des SCM			
Erkenntnisstand des SCM	Frage nach dem Erkenntnisobjekt des SCM: a) Wie hat sich das Verständnis von SCM im Zeitablauf verändert? b) Welche Merkmale des SCM werden üblicherweise genannt?	1.2.1 1.2.2	a) „Schools of Thought“ b) Konzeptverständnis für das SCM in der Literatur
↓ Wirtschaftliche Gestaltungsfragen des SCM			
Managementaspekte des SCM	Frage nach den Grundlagen des Lehrbuchs: a) Wie wird das SCM in diesem Lehrbuch definiert und in der Folge verstanden? b) Welche Einzelprobleme des SCM im Sinne von Beschreibung, Erklärung, Gestaltung und Prognose werden in dem Buch behandelt?	1.2.3	Aufstellung… a) … einer SCM-Arbeitsdefinition b) … eines Bezugsrahmens für das Lehrbuch und die Teilprobleme des SCM im Sinne einer Strukturierungshilfe

Abbildung 1.2-1: Aufbau von Kapitel 1.2

1.2.1 Konzeptverständnis im Zeitablauf

SCM ist – im Kanon der betriebswirtschaftlichen Teildisziplinen – relativ „neu". Oliver/Webber wird zugesprochen, im Jahr 1982 den Begriff eingeführt zu haben.[70] Ausgangspunkt ihrer Argumentation für ein Supply Chain Management ist der Wandel der klassischen Logistik zu einer strategischen Managementaufgabe. Die Zielkonflikte zwischen Beschaffungs-, Produktions- und Distributionsfunktion machen einen neuen Managementansatz erforderlich.[71] Der bereits in Abschnitt 1.1.4 angesprochene „wissenschaftliche Reifegrad" des SCM als betriebswirtschaftliche Teildisziplin ist daher nicht unumstritten, was nicht zuletzt auf ein fehlendes einheitliches Begriffsverständnis und die von vielen wissenschaftlichen Teildisziplinen geführte Konzeptdiskussion zurückgeführt wird.[72] Interdisziplinarität bereichert zwar die Auseinandersetzung, führt aber gleichzeitig zu starker Ausdifferenzierung. So berichtet bspw. Corsten (2001) vom Versuch, SCM als ein Konzept der Wirtschaftsinformatik zu verstehen – eine Auffassung, die er zu Recht als „fragwürdig" (weil unzulässig verengend) bezeichnet.[73] Eine Analyse einschlägiger Literaturdatenbanken sowie relevanter Metastudien zeigt einen signifikanten Anstieg der Literaturquellen und Forschungsarbeiten zum Thema SCM seit Anfang der 1990er Jahre und eine nochmals starke Steigerung seit 2000.[74]

Exkurs: Fehlendes einheitliches Konzeptverständnis des Supply Chain Managements: Alles nur eine „Mode"?

In der einschlägigen Literatur wird das unterschiedliche Konzeptverständnis immer wieder bemängelt: „The definitions of SCM differ across authors" (Mentzer et al. 2001, S. 9) oder – noch unbefriedigender – „there is a corresponding increase in confusion concerning the concept" (Bechtel/Jayaram 1997, S. 16).

Göpfert (2002, S. 27) spricht im Zusammenhang mit SCM von der „Modewellen-Diskussion", Müller/Seuring/Goldbach (2003, S. 419) beschreiben einen „Modetrend", Halldorsson/Skjott-Larsen/Kotzab (2003, S. 32) gehen von „old wine in new bottles" aus, Chandra/Kumar (2000, S. 100) gar von einem „passing fad". Otto/Kotzab (2001, S. 158) konstatieren, dass „in den letzten Jahren [...] wohl keine andere Teildisziplin der Betriebswirtschaftslehre einen derartigen Boom erlebt" hat.

In der Zwischenzeit liegen erste Systematisierungsversuche für die Entwicklung des SCM-Konzepts vor:

- Als erste umfassende Systematisierung gelten die „Supply Chain Schools of Thought" von Bechtel/Mulumudi (1996) bzw. darauf aufbauend Bechtel/Jayaram (1997) (vgl. Abbildung 1.2-2).[75]

Die „Chain Awareness School" ist Voraussetzung, um die Notwendigkeit einer Disziplin SCM überhaupt zu erkennen. Die Existenz einer Kette von der Rohstoffgewinnung

70 Vgl. Cooper/Lambert/Pagh (1997), S. 1.
71 Vgl. Oliver/Webber (1982), S. 64.
72 Vgl. Pfohl (2000), S. 6.
73 Vgl. Corsten (2001), S. 195.
74 Vgl. Giannakis/Croom/Slack (2004), S. 12, Georgi/Darkow/Kotzab (2010), S. 74 ff., zu einer Übersicht fallstudienbasierter SCM-Beiträge seit Mitte der 90er Jahre sowie Hilmola/Hejazi/Ojala (2005), S. 298.
75 Vgl. Bechtel/Mulumudi (1996), S. 3 f. und Bechtel/Jayaram (1997), S. 16 ff.

SCM-Perspektiven	Erläuterung
Chain Awareness School	Existenz einer „Kette“, Konzentration auf durchgängigen Materialfluss vom Rohstoff bis zum Endkunden Beschaffung – Produktion – Distribution
Linkage/Logistics School	Verknüpfung physischer Distributionsprozesse Beschaffung ↔ Produktion ↔ Distribution Logistik & Transport / Logistik & Transport
Information School	Bidirektionaler Informationsfluss als zentrales, erfolgskritisches Konzept des SCM Beschaffung – Produktion – Distribution ↔
Integration School	Fokussierung auf das Redesign von Unternehmens- zu „virtuellen“ Netzwerkstrukturen Beschaffung – Produktion – Distribution
Future School	„Supply“ Chain Demand signalisiert falsches Konzeptverständnis Design Recycling Nutzung Lagerung Materialmanagement – Endkunde

Abbildung 1.2-2: Supply Chain Schools of Thought nach Bechtel/Mulumudi (1996)[76]

bis zum Konsum beim Endkunden muss demzufolge auch zur aktiven Gestaltung dieser Kette führen – tatsächlich ist die Flussorientierung selbst innerhalb von Unternehmen durch die abgegrenzten Funktionalbereiche Beschaffung, Produktion und Absatz keinesfalls gewährleistet. Erste Ansatzpunkte ergeben sich im Rahmen der „Linkage/ Logistics School“ durch die Betrachtung zwischenbetrieblicher physischer Austauschprozesse im Sinne von Logistik und Transport. Dass dabei die Informationsverfügbarkeit eine erfolgskritische Größe ist, stellt die „Information School“ in den Mittelpunkt. Einen anderen Ansatz wählt die „Integration School“. Sie stellt die Errichtung adäquater Governance Structures (im Sinne des in Abschnitt 1.1.3 diskutierten ökonomischen Netzwerkansatzes) zur Koordination bzw. Steuerung und Führung von Supply Chains in den Mittelpunkt. Als Konsequenz sieht sie die Erklärung und Gestaltung von Netzwerken und netzwerkähnlichen Strukturen als zentrales Element der SCM-Forschung. Dass der Terminus „*Supply* Chain“ ein falsches Konzeptverständnis signalisiert, unterstellt die „Future School“. Im Mittelpunkt des SCM steht die endkundenorientierte Gestaltung der Wertschöpfungskette, mithin also ein Demand Chain Management.[77]

- Die Idee der „School of Thought-Arenen“ greifen Otto/Kotzab (2002) auf und unterscheiden sechs Perspektiven, von denen „jede ein wechselseitig abgrenzbares SCM-Grundverständnis“ präsentiert.[78] Aus Sicht der „System Dynamics“-Perspektive handelt es sich bei SCM um einen unternehmensübergreifenden Steuerungsmechanismus für eine Sequenz lokaler (einzelbetrieblicher) Dispositionssysteme. Die „Operations Research and Information Technology“-Perspektive stellt die Op-

[76] In Anlehnung an Bechtel/Jayaram (1997), S. 17.
[77] Vgl. Jansen/Reisig (2001), S. 197 sowie Grundmann (2001), S. 58.
[78] Vgl. Otto/Kotzab (2002), S. 129.

timierung des Material- und Warenflusses innerhalb eines Ressourcennetzes in den Mittelpunkt. Ein ähnliches Verständnis liegt auch der „Logistik"-Perspektive zugrunde. Die „Marketing"-Perspektive versteht SCM entweder als Teil der (physischen) Produktpolitik im Marketing-Mix oder als höchsten Grad der Endkundenorientierung. Im Rahmen der „Organisations"-Perspektive werden vorwiegend Fragen des Beziehungsmanagements mit Lieferanten und Kunden diskutiert, während die „Strategie"-Perspektive SCM als Kombination unterschiedlicher Ressourcen im Hinblick auf die Verbesserung von „Time to Market"-Zyklen versteht.

- Croom/Romano/Giannakis (2000) systematisieren inhaltlich anhand der beiden Dimensionen Analyseebene und Tauschobjekt.[79] Als Analyseebenen unterscheiden sie Dyaden, Ketten und Netzwerke. Während sich Dyaden auf rein bilaterale Beziehungen zwischen Hersteller und Lieferant oder zwischen Hersteller und Distributor beschränken, umfassen Ketten mehrstufige Dyaden (Einbeziehung weiterer Parteien wie Lieferanten des Lieferanten oder Kunden des Distributors). Netzwerke beinhalten schließlich multiple Beziehungen in vertikaler und horizontaler Richtung. Die Dimension Tauschobjekt beantwortet die Frage, was und wie innerhalb der o. g. Analyseebenen zwischen den beteiligten Akteuren getauscht wird. Konkret können dies Aktiva (Materialien, Anlagen, Sachgüter und Dienstleistungen), Informationen und Wissen sein, die kooperativ getauscht oder individuell von einem Akteur gehalten werden. Auf Basis der beiden Dimensionen ergibt sich eine Matrix, in die Croom/Romano/Giannakis (2000) einzelne inhaltliche Elemente eines Supply Chain Management platzieren.[80] Als Beispiel sei Efficient Consumer Response im Feld Kette/Aktiva oder Informationstechnologieunterstützung im Feld Netzwerk/Information genannt.[81]
- Göpfert (2002) systematisiert die vorhandene Literatur zu SCM in zwei Definitionsgruppen.[82] Der Definitionsgruppe 1 gehören alle Arbeiten an, die einen direkten Bezug zur Logistik aufweisen. Dies geschieht entweder durch direkte Gleichsetzung von SCM und Logistik oder durch Einordnung von SCM als höchste Entwicklungsstufe der Logistik.[83] Vertreter der Definitionsgruppe 2 stellen diesen direkten Logistik-Bezug nicht her, sondern konzentrieren SCM auf das Management interorganisationaler Beziehungen, Prozesse und Netzwerke.
- Tan (2001) unterscheidet zwei (alternative) Perspektiven des SCM:[84] Die „Purchasing and Supply Perspective" ist beschaffungsgetrieben und stellt die Schaffung einer virtuellen Organisation aus Endprodukthersteller und Zulieferern zur Produktentwicklung und -erstellung in den Mittelpunkt, deren Ziel eine effektivere und effizientere Versorgung des Endkunden ist.[85] Aus Sicht der „Transportation and Logistics"-Perspektive steht dagegen die Integration des Logistikgedankens in strategische Unternehmensentscheidungen im Vordergrund.[86] Der damit verbundene, explizit strategische Managementansatz stellt nach Tan (2001) gleichzeitig das verbindende

---

79 Croom/Romano/Giannakis (2000), S. 71–73.
80 Vgl. Croom/Romano/Giannakis (2000), S. 72.
81 Methodisch klassifizieren Croom/Romano/Giannakis (2000) ebenfalls zwei-dimensional, wobei sie einerseits zwischen präskriptiv und deskriptiv und andererseits zwischen theoretisch und empirisch unterscheiden.
82 Vgl. Göpfert (2002), S. 28–30.
83 Vgl. Weber/Dehler/Wertz (2000), S. 266.
84 Vgl. Tan (2001), S. 41–44.
85 Vgl. Tan (2001), S. 42 f.
86 Vgl. Tan (2001), S. 43.

Element beider Perspektiven dar – in jedem Fall geht es um die zielgerichtete Einbindung einer unternehmensübergreifenden Sichtweise in die unternehmensbezogene Planung.[87]

- Larson/Halldorsson (2002) greifen die „Purchasing and Supply Perspective" des SCM von Tan (2000) auf und differenzieren sie weiter aus.[88] Als Ergebnis erhalten sie vier Perspektiven des Verhältnisses von Purchasing und SCM: Die „Traditionalist"-Perspektive versteht unter SCM alle strategischen Aspekte des Lieferantenmanagements und sieht SCM damit als Teilmenge einer umfassenden Beschaffungslehre. Wie der Name bereits andeutet, steht die „Relabeling"-Perspektive für eine Umbenennung von Beschaffung in SCM ohne fundamentale inhaltliche Änderung. Die „Unionist"-Perspektive unterstellt, Beschaffung sei Teil eines übergeordneten SCM, das gleichzeitig Aspekte von Logistik, Produktion und Marketing-Distribution umfasst. SCM substituiert damit einen Großteil der klassischen betriebswirtschaftlichen Teildisziplinen. Die „Intersectionist"-Perspektive teilt diesen Substitutionsansatz nicht, sondern sieht stattdessen (Teil-) Überschneidungen mit den oben genannten Teildisziplinen. SCM ist somit Schnittmenge betriebswirtschaftlicher Funktionalbereiche mit eigenem „Kern", der allerdings von den Autoren nicht weiter ausgeführt wird.

Allein schon die Vielfalt der Systematisierungsversuche macht die Verschiedenartigkeit des SCM-Verständnisses deutlich. Die Beurteilung von SCM liegt zwischen der oben angesprochenen reinen Modeerscheinung einerseits und einer „neue[n] Qualität der Unternehmens- und Netzwerkführung"[89] andererseits. Zwar wurde das „Wirtschaften in Netzwerken" schon als Erkenntnisgegenstand des SCM und die zielgerichtete Koordination als wesentliche Aufgabe des SCM benannt (Abschnitt 1.1.3), eine integrierende Definition steht allerdings noch aus.

1.2.2 Merkmale und Konzeptverständnis in der Literatur

SCM ist einerseits Teil der Betriebswirtschaftslehre und daher nur ein „Problembereich" dieser Wissenschaftsdisziplin.[90] Andererseits deutet bereits die oben vorgenommene Einordnung des SCM als „Netzwerkkoordination" darauf hin, dass faktisch die Fremdbedarfsdeckung in Form von Netzwerken bzw. netzwerkartiger Zusammenarbeit den Betrieb als klassischen Erfahrungsgegenstand der Betriebswirtschaftslehre zumindest ergänzt, wenn nicht gar in Teilen substituiert.

Exkurs: Supply Chain Management als weiterentwickelte Logistik?

Die Darstellung der bisherigen SCM-Systematisierungsversuche in Abschnitt 1.2.1 hat bereits die inhaltliche Nähe von SCM und Logistik verdeutlicht. Der Bezug zur Logistik wird in den zentralen Arbeiten zum SCM zwar einerseits hergestellt, andererseits aber deutlich erweitert: Oliver/Webber (1982, S. 64) mit ihrem als einer der ersten erschienenen SCM-Beiträge stellen den Bezug zum strategischen Management her: „What we hitherto considered ‚mere' logistics problems have now emerged as much more significant issues of strategic management." Cooper/Lambert/Pagh (1997) überschreiben ihren Beitrag mit dem Titel „Supply Chain Management: More than a New Name for Logistics".

[87] Vgl. Tan (2001), S. 44.
[88] Vgl. Larson/Halldorsson (2002), S. 37.
[89] Göpfert (2002), S. 27.
[90] Vgl. Schweitzer (1992), S. 53 f.

Delfmann (1998, S. 67) sieht einerseits Parallelen, andererseits Weiterentwicklungen: „Das Supply Chain-Konzept ist eine Erweiterung des logistischen Ansatzes insofern, als es den Fokus der Betrachtung auf die Austauschprozesse von Gütern und Informationen zwischen Unternehmungen ausdehnt. Unter Beibehaltung des logistischen Paradigmas treten damit interorganisatorische Fragestellungen in den Vordergrund. Der wichtige Unterschied zur Logistik kann darin gesehen werden, dass nunmehr die Steigerung der Effizienz und Effektivität der Prozessabläufe über die (soweit möglich) gesamte Wertschöpfungskette hinweg im Mittelpunkt der Betrachtung steht."

Im Rahmen einer Befragung von knapp 100 Experten im Bereich Logistik und SCM haben Larson/Halldorsson (2004, S. 22 f.) signifikante Unterschiede zwischen Logistik und SCM ermittelt. Bei SCM spielen insbesondere Aspekte des Konfliktmanagements innerhalb des Netzwerks zwischen den Akteuren eine wichtige Rolle, ebenso beschaffungswirtschaftliche Instrumente wie Lieferantenentwicklung oder frühzeitige Lieferanteneinbindung in Entwicklungsprozesse.

Wir entwickeln im Folgenden aus der einschlägigen Literatur einen Merkmalskatalog, der den Erkenntnisgegenstand „SCM" weiter eingrenzt und damit die Vorarbeit für eine konkrete Definition leistet (vgl. Abb. 1.2-5). SCM ist dabei an der Schnittstelle zwischen Konzept und Konzeption einzuordnen. Konzepte und Konzeptionen weisen beide eine hohe Systematisierungsleistung auf; Konzepte werden jedoch eher empirisch-induktiv gewonnen und sind primär mit Handlungsanleitungen verbunden, während Konzeptionen generalisierender sind und primär deduktiv ermittelt werden.[91] Einerseits hat der Merkmalskatalog generalisierenden Charakter und basiert auf einschlägigen, überwiegend wissenschaftlichen Quellen (Konzeptionscharakter), andererseits sind zentrale Erkenntnisse der betriebswirtschaftlichen SCM-Forschung primär aus praktischem Erfahrungswissen gewonnen (Konzeptcharakter).

Merkmal (1): Flussorientierung

Weitgehend unstrittig ist die Tatsache, dass SCM für die Steuerung des unternehmensübergreifenden Material- bzw. Leistungs- und zugehörigen Informationsflusses zuständig ist. Teilweise wird der Finanzmittelfluss explizit mit einbezogen oder nur in Definitionen genannt, dann aber nicht weiter ausgeführt.[92] Die Annahme, dass die Steuerung des Informationsflusses in erster Linie ein informations*technologisches* Thema sei,[93] ist äußerst kritisch zu bewerten.[94] Eine entscheidende Weiterentwicklung des SCM gegenüber der Logistik besteht darin, dass es nicht nur den Fluss logistischer Informationen, sondern auch den Fluss akquisitorischer (Marketing-) Informationen berücksichtigt.[95]

Merkmal (2): Prozessorientierung

Während die Flussorientierung ein konstituierendes Merkmal für Supply Chains ist, umfasst die Prozessorientierung explizite Gestaltungsaspekte des Managements einer

---

91 Vgl. Stölzle (1999), S. 16 und 145 f.

92 Vgl. bspw. Dobler/Starling (2002), S. 96, Kuhn/Hellingrath (2002), S. 10, Rüggeberg (2003), S. 14 f., Schinzer (1999), S. 858, Hahn (2000), S. 12 ff., Werner (2000a), S. 815.

93 Vgl. Busch/Dangelmaier (2002), S. 6–8, Busch et al. (2003), S. 1–3 und 71 ff., Grundmann (2001), S. 62 f., Kuhn/Hellingrath (2002), S. 29–31.

94 Vgl. Bechtel/Jayaram (1997), S. 18, Göpfert (2002), S. 36 f.

95 Vgl. Zimmermann (2003), S. 23 f.

Supply Chain.[96] Häufig wird dabei in Frage gestellt, ob SCM nur für die Integration des Auftragsabwicklungsprozesses (inkl. der damit verbundenen Führungsaufgaben, sog. Auftragsmanagement)[97] oder auch für vorgelagerte Struktur- und Entwicklungsprozesse inkl. Ressourcengestaltung und strategische Netzwerkplanung zuständig ist.[98] In einer empirischen Studie haben Mejza/Wisner (2001) nachgewiesen, dass in der SCM-Praxis tatsächlich in erster Linie Auftragsabwicklungsprozesse koordiniert werden.[99] Produktentwicklungsprozesse und Prozesse zur gemeinsamen (End-) Kundengewinnung sind bislang deutlich weniger koordiniert. Für Cooper/Lambert/Pagh (1997) ist die Prozessorientierung konstituierendes Merkmal des SCM: „The integration of business processes across the supply chain is what we are calling supply chain management."[100]

Merkmal (3): Netzwerkorientierung

Soll SCM tatsächlich die Gestaltung der Wertschöpfung vom Rohstoff bis zum Endkunden abdecken, so muss es weit mehr als bilaterale Beziehungen umfassen.[101] Zwar wird in der Literatur unter SCM vereinzelt auch eine lediglich dyadische Sichtweise subsumiert. I. d. R. umfasst das Erkenntnisinteresse jedoch mehr als zwei Unternehmen, die vertikal und/oder horizontal verflochten sind, um gemeinsam Wertschöpfung für den Endkunden zu erbringen.[102] Begründet wird die Zusammenarbeit über die Interdependenzen, die zwischen den an einer gemeinsamen Wertschöpfung für Endkunden beteiligten Unternehmen existieren.[103] Wie bereits in Abschnitt 1.1.1 am Beispiel Flextronics verdeutlicht, gilt: „Eine Supply Chain bildet häufig ein Netzwerk".[104] Die mindestens trilateralen Beziehungsmuster bildet auch die bereits angesprochene Unterscheidung zwischen „Basic", „Extended" und „Ultimate Supply Chain" ab.

Besonders häufig wird die Frage gestellt, wie die Wertschöpfung optimal zwischen den Netzwerkmitgliedern im Sinne eines Make-or-Buy aufgeteilt werden kann.[105] Als Konsequenz aus der Netzwerkorientierung sehen Otto/Kotzab (2002) SCM explizit als Organisationsproblem.[106] Teilweise werden die Begriffe (Wert-) Kette, Netzwerk, Supply Chain und Supply Network mehr oder weniger undifferenziert gleichgesetzt.[107] Im Rahmen der Netzwerkbildung wird grundsätzlich unterschieden zwischen sequentieller Supply Chain-Integration (vertikal zwischen Abnehmer und Zulieferer bzw. Hersteller und Distributor, „Tiefe des Netzwerks"[108]), horizontaler Supply Chain-Integration (zwischen Unternehmen einer Stufe der Wertschöpfungskette, die bspw. komplementäre

---

96 Vgl. Corsten (2002), S. 950, Hagen/Springer/Stabenau (2002), S. 11 und 20, Kuhn/Hellingrath (2002), S. 27–29.

97 Vgl. Specht/Hellmich (2000), S. 98 f.

98 Vgl. Bechtel/Jayaram (1997), S. 25, Hahn (2000), S. 14, Kopczak/Johnson (2003), S. 31 f., Lambert/Cooper (2000), S. 72 ff., Schönsleben/Hieber (2002), S. 47 und 56, Specht/Hellmich (2000), S. 99 ff.

99 Vgl. Mejza/Wisner (2001), S. 42.

100 Cooper/Lambert/Pagh (1997), S. 2.

101 Vgl. Mentzer et al. (2001), S. 6.

102 Vgl. Busch/Dangelmaier (2002), S. 4, Cooper/Lambert/Pagh (1997), S. 9, Göpfert (2002), S. 32, Hahn (2000), S. 15 f., Halldorsson/Skjott-Larsen/Kotzab (2003), S. 34, Rüggeberg (2003), S. 15 f.

103 Vgl. Hakansson/Persson (2004), S. 13.

104 Corsten (2002), S. 948 f.

105 Vgl. Hahn (2000), S. 15, Rüggeberg (2003), S. 50 ff.

106 Vgl. Otto/Kotzab (2002), S. 141–143, vgl. ähnlich Klaus (1999), S. 118 f. und 126–129, Schinzer (1999), S. 857, Mentzer et al. (2001), S. 21 f.

107 Vgl. Marbacher 2001, S. 16 ff., dagegen Corsten/Gössinger (2008), S. 98 ff.

108 Schönsleben/Hieber (2002), S. 52.

Produkte zu einem Leistungsangebot integrieren, „Breite des Netzwerks"[109]) und hierarchischer Supply Chain-Integration (zwischen strategischen und taktisch-operativen Planungs- bzw. Ausführungsprozessen).[110]

Fallbeispiel: Netzwerktiefe und -breite: Das Beispiel der Blutspende-Supply Chain in Finnland.

Das Beispiel der Supply Chain für Blutspenden in Finnland verdeutlicht zumindest ansatzweise die Komplexität und den Umfang eines Netzwerks: Ausgehend vom fokalen Unternehmen, dem Blutspendedienst des finnischen Roten Kreuzes, ergibt sich folgende Gesamtdarstellung:[111]

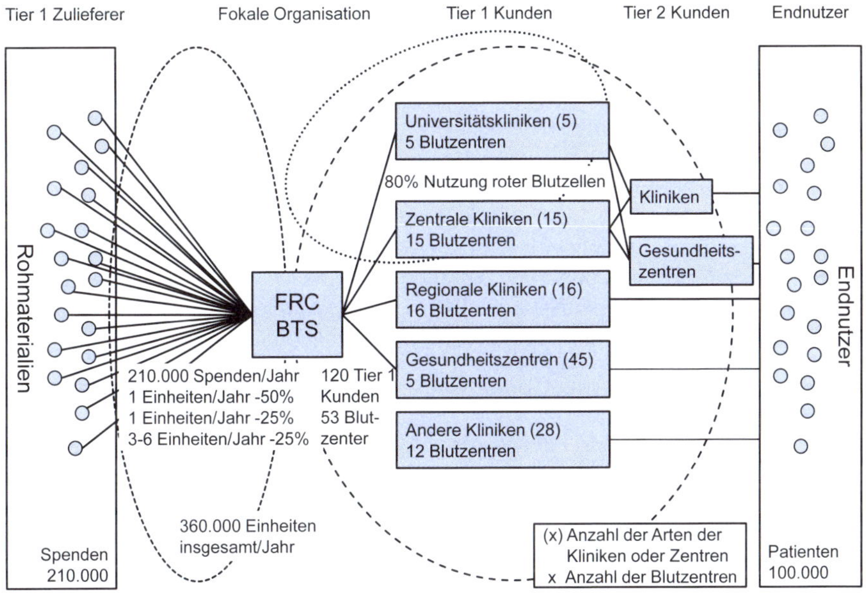

Abbildung 1.2-3: Die Blutspende-Supply Chain in Finnland[112]

Die vertikale Struktur des „Finish Red Cross Blood Transition Services" (FRC BTS) besteht einerseits aus den Spendern (Tier 1 Zulieferer), welche die Blutkonserven kostenlos spenden und andererseits aus drei unterschiedlichen Kundengruppen (Tier 1, Tier 2 und Endnutzer bzw. -verbraucher). Zu diesen gehören die Krankenhäuser (Kliniken) und Gesundheitszentren mit sog. „Blutzentren", Krankenhäuser und Gesundheitszentren ohne „Blutzentren" und die Endverbraucher als Patienten. Die vertikale Struktur, welche die Anzahl an Lieferanten/Kunden auf jeder Stufe beschreibt, setzt sich aus einer Vielzahl an Spendern (ca. 780.000), vergleichsweise wenigen Krankenhäusern (ca. 64), Gesundheitszentren (ca. 45) und Blutzentren (ca. 53) zusammen. In Finnland wird das Blut in 21 FRC BTS Hauptsammelstellen eingesammelt, zusätzliche mobile Einheiten sammeln für regionale Zentren. Im Vergleich mit anderen nordischen Ländern ist dies eine sehr

[109] Schönsleben/Hieber (2002), S. 52.
[110] Vgl. Klaus (1999), S. 123–126. Die Netzwerkbildung wird in Kap. 3.3 weiter vertieft.
[111] Vgl. Spens/Bask (2002), S. 77.
[112] Spens/Bask (2002), S. 77.

schmale Struktur; Schweden hat 88 Hauptsammelstellen, Dänemark hat 66 und Norwegen 62 Hauptsammelstellen. Die erste Kundengruppe beinhaltet Universitätskliniken, zentrale sowie regionale Krankenhäuser, Gesundheitszentren und andere Kliniken. 120 der durchschnittlich 150 Tier 1 Kunden sind öffentliche Krankenhäuser. Das Blut wird in den 53 öffentlichen Blutzentren analysiert, verglichen und gelagert. Die Hauptverbraucher sind Krankenhäuser und Gesundheitszentren mit „Blutzentren" (90 %), aus denen die Universitätskliniken und Zentralkrankenhäuser das meiste verbrauchen (80 %). Die Gesamtanzahl der Blutzentren (58) ist in Norwegen (63) und Dänemark (66) geringfügig höher; daraus leitet sich die schmale horizontale Struktur ab. Ähnlich der breiten Gruppe der Spender (Tier 1 Suppliers) ergibt sich eine breite Endnutzer-Gruppe.

Quelle: Entnommen Spens/Bask (2002), S. 77.

Merkmal (4): Kooperationsorientierung

Die unternehmensübergreifende Zusammenarbeit in einer Supply Chain basiert grundsätzlich auf dem Kooperationsprinzip. Die an einer Supply Chain beteiligten Netzwerkunternehmen müssen dabei keineswegs institutionell oder partnerschaftlich miteinander verflochten sein.[113] Mag die Literatur – wie bereits bei der Diskussion der Wettbewerbsarenen in Abschnitt 1.1.3 angesprochen – auch überwiegend von einer „Intra-Chain-Kooperation" ausgehen,[114] wird tatsächlich zu Recht darauf hingewiesen, dass SCM durchaus auch bedeuten kann, einzelne Beziehungen innerhalb einer Supply Chain keineswegs aktiv-kooperativ gestalten zu müssen.[115] Sogenannte „Not-Managed Process Links" werden bewusst nicht in ein aktives Management eingebunden, da sie bspw. keinerlei strategische Bedeutung für den Erfolg einer Supply Chain haben.[116]

Merkmal (5): Zielorientierung

Damit stellt sich die Frage, was das Ziel des SCM ist. Grob haben wir dies bereits mit einer Wirtschaftlichkeitssteigerung durch Koordinationsoptimierung skizziert.[117] Üblicherweise wird zwischen einem Supply Chain-Effizienz- und einem Supply Chain-Effektivitätsziel unterschieden.[118] Das Effizienzziel stellt die Rationalisierung von Supply Chain-Prozessen in den Vordergrund. Operationalisiert wird dieses Ziel in der Regel aus internen Vorgaben bspw. zu Kosten- oder Durchlaufzeitenreduzierungen oder zum Bestandsabbau,[119] meist in Form eines Lösungsbeitrags zum angesprochenen Forrester- bzw. Bullwhip-Effekt.[120]

---

[113] Vgl. Wagner (2002), S. 81.

[114] Vgl. Arnold/Warzog (2001), S. 23 f., Hahn (2000), S. 13, ähnlich bei Burt/Starling (2002), S. 97, Kaluza/Blecker (2000), S. 123 und 127, Kuhn/Hellingrath (2002), S. 23–27, Otto/Kotzab (2002), S. 142 f., Pinkerton (2002), S. 517, Rüggeberg (2003), S. 16, Specht/Hellmich (2000), S. 92 f., Zimmermann (2003), S. 36 ff.

[115] Vgl. Cooper/Lambert/Pagh (1997), S. 3 und 9 sowie Lambert/Cooper (2000), S. 69 f. und 74 ff.

[116] Vgl. Lambert/Cooper (2000), S. 75 und die ähnliche Argumentation bei Klaus (1999), S. 128 zur „Festigkeitsdimension (looseness/tightness)" sowie bei Tan (2001), S. 40, „Technically, the value chain is too complex to achieve a full integration of all business entities within it in order to reap the benefits offered by supply chain management".

[117] Vgl. ähnlich das „House of SCM" bei Stadtler (2005), S. 11 f., der neben Koordination noch Integration als „tragende Säule" des SCM definiert.

[118] Vgl. Bechtel/Jayaram (1997), S. 18, Buscher (1999), S. 450 f.

[119] Vgl. Kuhn/Hellingrath (2002), S. 10 und 15.

[120] Vgl. Daganzo (2003), S. 1 f., Göpfert (2002), S. 33 f.

Fallbeispiel: Supply Chain-Effizienzziel: Wie sich die Supply Chain-Position auf die Bestandskosten auswirkt.

Wie Abbildung 1.2-4 verdeutlicht, steigt der Wert des Warenbestandes, je näher die Waren dem sogenannten „point of consumption" entlang der Supply Chain kommen. Diese Werte stellen Investitionskosten der jeweils nachgelagerten Stufe in benötigte Produktions- bzw. Lagerbestände dar. Hieraus ergibt sich bei vergleichbaren Opportunitätskosten und Warenumschlag, dass die Bestandskosten des Einzelhändlers viel höher sind und ein verbesserter Warenumschlag beim Einzelhändler einen viel größeren Effekt auf die gesamte Supply Chain-Performance hat, als dies vergleichsweise bei einem Lieferanten, Produzenten oder sogar Großhändler der Fall wäre. Wenn beispielsweise der Lieferant, Produzent, Großhändler und Einzelhändler jeweils sechs Warenumschläge und vergleichbare Bestandshaltungskosten von 36 % haben, würde eine Verbesserung auf sieben Warenumschläge eine Senkung der Bestandskosten um 0,04 €, 0,21 €, 0,53 € und 0,62 € pro verkaufter Ware, auf der jeweiligen Stufe entsprechen.

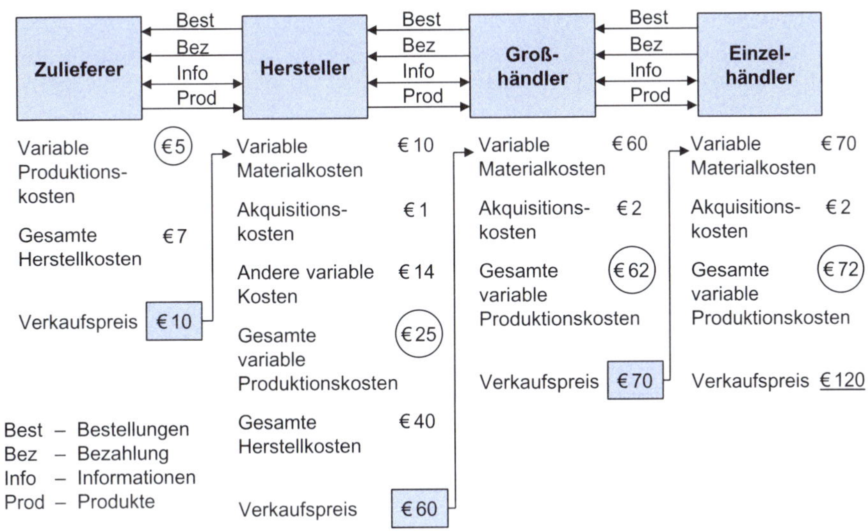

Abbildung 1.2-4: Das Supply Chain-Effizienzziel[121]

Quelle: Entnommen Lambert/Pohlen (2001), S. 2–4.

Das Effektivitätsziel orientiert sich an den Vorgaben, die durch Anforderungen der Endkunden entstehen (sog. „Supply Chain Management Performance Drivers"[122]). Kotzab (2000) sieht deshalb die Nachfrage als eigentliches Steuerungsinstrument des SCM.[123] SCM ist damit Quelle von Wettbewerbsvorteilen beim Endkunden.[124] Es wurde bereits angedeutet, dass der Terminus „Demand Chain" weitaus zutreffender ist, da er die durch den Endkunden getriebene Gestaltung der Wertschöpfungskette verdeutlicht.[125] Allerdings hat sich dieser Begriff weder in der Wissenschaft noch in der

[121] Lambert/Pohlen (2001), S. 2.
[122] Vgl. Gattorna/Walters (1996), S. XVI.
[123] Vgl. Kotzab (2000), S. 27.
[124] Vgl. Arnold/Warzog (2001), S. 20, Eisenbarth (2003), S. 48, Mentzer et al. (2001), S. 19, Pfohl (1999), S. 194, Tan (2001), S. 41.
[125] Vgl. auch Corsten (2002), S. 947, Corsten/Gössinger (2008), S. 98, Marbacher (2001), S. 20 f.

Praxis durchgesetzt.[126] Die konsequente Verfolgung von Effektivitätszielen kann zur sogenannten „Supply Chain-Differenzierung“ führen. Diese drückt sich beispielsweise darin aus, dass unterschiedliche Kundengruppen mit verschiedenen vorgehaltenen Supply Chains „bedient“ werden.

Chopra/Meindl (2007) sehen Effizienz- und Effektivitätsziel nur als Subziele eines Oberziels der Erhöhung der „Supply Chain Profitability“.[127] Damit wird nicht nur – wie in Abschnitt 1.1.2 – die Steigerung der Supply Chain-Wirtschaftlichkeit angestrebt, sondern eine Rentabilitätsgröße, die damit die Existenz von Shareholdern an einer Supply Chain unterstellt.

Merkmal (6): Funktionenorientierung

Will man die Endkundenorientierung tatsächlich in das SCM integrieren, muss SCM zwingend Aspekte der Marketingfunktion und Distribution umfassen (Demand Management).[128] Zudem wird gerade unter Bezugnahme auf das Merkmal „Flussorientierung“ (Merkmal 1 dieses Merkmalskataloges) in der Literatur die Logistik einseitig als funktionale Quelle des SCM identifiziert, explizit bspw. bei Gattorna/Walters (1996): „Supply chain management is the preferred name for the actualization of ‚integrated logistics‘ theory“.[129] Bereits die aufgeführten Systematisierungsversuche machen aber deutlich, dass weiterhin die Beschaffung als wichtige betriebliche „Versorgungsfunktion“ wesentliche Impulse für das SCM liefert.[130] Burt/Starling (2002) bezeichnen „Supply Management“ daher eine als Kernkompetenz eines SCM.[131] Will man dazu noch Netzwerke im o. g. Sinne schaffen, so muss letzlich der Kern industrieller Wertschöpfung, die Produktion (Operations Management), explizit in eine ganzheitliche SCM-Betrachtung mit einfließen.[132]

Damit soll deutlich werden, dass SCM weit mehr als die Funktionen Beschaffung und Logistik umfasst. Pinkerton (2000) weist daher zu Recht darauf hin, dass „a supply chain is much bigger than procurement and logistics: It is an entirely new way of thinking and organizing the total lifecycle from raw materials to use of a final product or service by an ultimate user.“[133]

Merkmal (7): Managementorientierung

Der mit der Managementorientierung verbundene Gestaltungsanspruch orientiert sich einerseits an *institutionellen* Merkmalen des Managements, die sich bspw. in Führungsstrukturen für Supply Chains wie Supply Chain-Committees oder Supply Chain-

---

[126] Vgl. Busch/Dangelmaier (2002), S. 4, Halldorsson/Skjott-Larsen/Kotzab (2003), S. 33, Zimmermann (2003), S. 13.

[127] Vgl. Chopra/Meindl (2007), dagegen die erstaunlicherweise umgekehrte hierarchische Zielbeziehung bei Rüggeberg (2003), S. 22 f.

[128] Vgl. Lambert/Cooper (2000), S. 68, Mentzer et al. (2001), S. 20 f., Zimmermann (2003), S. 12, 23 f. und 35 f.

[129] Gattorna/Walters (1996), S. 12, vgl. auch Bechtel/Jayaram (1997), S. 16, Heusler (2003), S. 167, Kaluza/Blecker (2000), S. 123–125.

[130] Vgl. Arnold/Warzog (2001), S. 18 f., Eisenbarth (2003), S. 13, Lambert/Cooper (2000), S. 67 f., Schönsleben/Hieber (2002), S. 47, Tan (2001), S. 41 ff.

[131] Vgl. Burt/Starling (2002), S. 98.

[132] Vgl. Busch/Dangelmaier (2002), S. 5, Pinkerton (2002), S. 517.

[133] Pinkerton (2002), S. 516.

Quelle	Merkmal (1): Flussorientierung			Merkmal (2): Prozessorientierung		Merkmal (3): Netzwerkorientierung			Merkmal (4): Kooperationsorientierung		Merkmal (5): Zielorientierung		Merkmal (6): Funktionsorientierung				Merkmal (7): Managementorientierung	
	Leistungen/Güter	Information	Finanzmittel	Führungsprozesse	Operating-Prozesse	Dyaden	Vertikale Netze	Horizontale Netze	Einseitige Relationships	Differenziert	Effizienzziel(e)	Effektivitätsziel(e)	Beschaffung	Produktion	Absatz	Logistik	Institutionell	Funktional
Arnold/Warzog (2001)	X	X	0	X	(x)	(x)	X	(x)	X	-	(x)	X	X	0	X	X	(x)	X
Arnold/Eßig (2002)	X	X	(x)	X	0	(x)	X	0	X	(x)	0	X	X	0	X	X	-	X
Baumgarten/Darkow (2002)	X	X	(x)	X	X	X	X	0	X	-	X	(x)	0	(x)	(x)	X	X	(x)
Bechtel/Jayaram (1997)	X	X	0	(x)	X	(x)	X	0	X	-	X	X	X	(x)	(x)	X	-	X
Burt/Starling (2002)	X	X	X	X	(x)	-	X	(x)	X	-	X	X	X	0	(x)	(x)	0	X
Busch et al. (2003)	X	X	-	X	X	0	X	(x)	X	0	X	X	(x)	(x)	(x)	X	X	X
Busch/Dangelmaier (2002)	X	X	-	X	(x)	0	X	(x)	X	0	X	X	(x)	(x)	(x)	X	X	X
Buscher (1999)	X	X	0	X	X	0	X	-	X	0	X	X	X	(x)	(x)	X	0	X
Chopra/Meindl (2001)	X	X	X	X	X		X	(x)	(x)	(x)	X	(x)	X	(x)	(x)	X	X	X
Chrobok (1999)	X	(x)	-	0	X	X	(x)	-	(x)	-	X	0	(x)	(x)	(x)	X	0	0
Cooper/Lambert/Pagh (1997)	X	X	0	X	0	(x)	X	0	-	X	X	X	X	(x)	X	X	0	X
Corsten (2002)	X	X	(x)	X	X	-	X	X	X	-	(x)	X	X	X	X	X	(x)	X
Corsten/Gössinger (2001)	X	X	-	X	X	(x)	X	(x)	X	0	X	X	X	(x)	(x)	X	-	X
Croom/Romano/Giannakis (2000)	X	X	0	X	(x)	X	X	0	X	(x)	X	X	X	(x)	X	(x)	0	X
Eisenbarth (2003)	X	X	(x)	X	X	X	(x)	0	X	-	X	X	X	(x)	X	X	X	X
Gattorna/Walters (2007)	X	X	-	(x)	X	X	(x)	-	X	-	X	X	0	0	(x)	X	(x)	X

X = Expliziter Fokus, (x) = Impliziter Fokus, 0 = rudimentäre Berücksichtigung,
- = keine Berücksichtigung

Quelle	Merkmal (1): Fluss-orientierung			Merkmal (2): Prozess-orien-tierung		Merkmal (3): Netzwerk-orientierung			Merkmal (4): Koope-rations-orien-tierung		Merkmal (5): Ziel-orien-tierung		Merkmal (6): Funktions-orientierung				Merkmal (7): Manage-ment-orien-tierung	
	Leistungen/Güter	Information	Finanzmittel	Führungsprozesse	Operating-Prozesse	Dyaden	Vertikale Netze	Horizontale Netze	Einseitige Relationships	Differenziert	Effizienzziel(e)	Effektivitätsziel(e)	Beschaffung	Produktion	Absatz	Logistik	Institutionell	Funktional
Göpfert (2002)	X	X	X	X	0	-	X	X	X	0	X	X	X	(x)	(x)	X	0	X
Grundmann (2001)	X	X	-	(x)	X	X	(x)	0	(x)	0	X	(x)	X	X	(x)	X	(x)	X
Hagen/ Springer/ Stabenau (2002)	X	X	0	X	X	0	X	(x)	X	-	X	(x)	(x)	(x)	(x)	X	0	X
Hahn (2000)	X	X	X	X	X	-	X	(x)	X	-	X	X	X	X	X	X	(x)	X
Heusler (2003)	X	X	-	X	(x)	(x)	X	0	X	0	X	X	(x)	(x)	(x)	X	0	X
Kaluza/ Blecker (2000)	X	X	(x)	X	X	0	(x)	X	X	(x)	(x)	X	X	X	X	X	(x)	X
Klaus (1999)	X	X	X	X	X	0	X	X	(x)	X	X	X	(x)	(x)	(x)	X	0	X
Kotzab (2000)	X	X	-	X	(x)	-	0	-	X	-	0	X	X	-	X	X	0	X
Kuhn/ Hellingrath (2002)	X	X	0	X	(x)	X	0	0	X	-	X	(x)	0	0	0	X	(x)	X
Lambert/ Cooper (2002)	X	X	-	X	X	0	X	0	-	X	X	X	X	(x)	X	X	0	X
Marbacher (2001)	X	X	0	X	X	(x)	X	-	-	X	X	X	X	(x)	X	X	-	X
Mentzer et al. (2001)	X	X	X	X	0	0	X	X	X	-	(x)	X	X	(x)	X	X	-	X
Otto/Kotzab (2001)	X	X	(x)	X	X	0	X	0	X	0	X	X	(x)	(x)	0	X	0	X
Otto/Kotzab (2002)	X	X	X	X	(x)	(x)	X	0	X	-	(x)	X	0	0	X	X	0	X
Pfohl (1999)	X	X	X	X	0	0	X	(x)	0	0	X	X	(x)	0	(x)	X	X	X
Pinkerton (2002)	(X)	(x)	0	X	0	(x)	X	0	X	-	-	X	X	(x)	X	X	(x)	X

X = Expliziter Fokus, (x) = Impliziter Fokus, 0 = rudimentäre Berücksichtigung,
- = keine Berücksichtigung

Quelle	Merkmal (1): Fluss-orientierung			Merkmal (2): Prozess-orien-tierung		Merkmal (3): Netzwerk-orientierung			Merkmal (4): Koope-rations-orien-tierung		Merkmal (5): Ziel-orien-tierung		Merkmal (6): Funktions-orientierung				Merkmal (7): Manage-ment-orien-tierung	
	Leistungen/Güter	Information	Finanzmittel	Führungsprozesse	Operating-Prozesse	Dyaden	Vertikale Netze	Horizontale Netze	Einseitige Relationships	Differenziert	Effizienzziel(e)	Effektivitätsziel(e)	Beschaffung	Produktion	Absatz	Logistik	Institutionell	Funktional
Rüggeberg (2003)	X	X	(x)	X	X	(x)	X	0	X	-	X	X	X	(x)	(x)	X	0	X
Schinzer (1999)	X	X	(x)	(x)	X	(x)	X	-	(x)	0	X	0	(x)	0	0	X	0	(x)
Schönsleben/ Hieber (2002)	X	X	-	X	X	(x)	X	(x)	X	(x)	(x)	X	X	X	(x)	X	(x)	X
Seuring (2003)	X	X	-	X	X	(x)	X	0	X	0	X	(x)	X	(x)	0	X	0	X
Specht/Hell-mich (2000)	X	X	-	(x)	X	0	X	-	X	-	X	0	0	(x)	-	X	X	X
Tan (2001)	X	X	0	X	X	X	X	X	(x)	X	X	X	X	0	X	X	0	X
Werner (2000a, b)	X	X	(x)	(x)	X	X	(x)	-	X	0	X	0	X	0	(x)	X	0	0
Wildemann (2000)	X	X	-	X	X	(x)	X	X	X	0	X	0	X	X	(x)	X	(x)	X
Zimmermann (2003)	X	X	-	X	X	(x)	X	0	X	0	X	X	X	(x)	X	X	(x)	X

X = Expliziter Fokus, (x) = Impliziter Fokus, 0 = rudimentäre Berücksichtigung,
- = keine Berücksichtigung

Abbildung 1.2-5: Merkmale des SCM in der Literatur

Projektausschüssen zur unternehmensübergreifenden Koordination manifestieren.[134] Weitergehend ist jedoch das *funktionale* Managementverständnis des SCM. Es definiert eindeutige Gestaltungselemente wie (strategische) Planung, Durchführung, Kontrolle des Unternehmensnetzwerks[135] und sichert so den weitergehenden Anspruch eines SCM als „integrationsorientierte Führungslehre“[136] bzw. als „Management Philosophy“[137] ab. Das bedeutet zwangsläufig, dass das SCM auch einzelbetriebliche Entscheidungen überlagern muss – was die angesprochene Dualität von Akteurs- und Netzwerkebene nochmals unterstreicht (vgl. Abschnitt 1.1.2).

134 Vgl. Hahn (2000), S. 16.

135 Vgl. Bechtel/Jayaram (1997), S. 20 ff., Buscher (1999), S. 454 f., Chopra/Meindl (2001), S. 6 f. und 28 ff., Cooper/Lambert/Pagh (1997), S. 6–8, Corsten/Gössinger (2001), S. 151 ff., Kuhn/Hellingrath (2002), S. 13 f., Otto/Kotzab (2002), S. 143–146, Rüggeberg (2003), S. 47 ff., Specht/Hellmich (2000), S. 99 ff., Tan (2001), S. 44, Wildemann (2000), S. 78.

136 Kotzab (2000), S. 39.

137 Mentzer et al. (2001), S. 9 f.

Für die diesem Lehrbuch zugrunde liegenden Arbeitsdefinition von SCM sind alle Merkmale der literaturgestützten Analyse heranzuziehen und auf ihre Plausibilität, Vereinbarkeit und Verwertbarkeit zu überprüfen:[138]

- Aus Merkmal (3), (4) und (7) ist zu folgern, dass Erfahrungsgegenstand des SCM nicht mehr das Einzelunternehmen, sondern die Verbindung von mehr als zwei Unternehmen in einer „Supply Chain" ist. Der Terminus „Chain" hat sich durchgesetzt und findet deshalb auch hier Verwendung, steht aber nicht nur für vertikale Unternehmensverbindungen im Sinne einer Kette. Horizontale Strukturen (bspw. Multiple Sourcing-Strukturen mit mehreren Lieferanten auf derselben Beschaffungsstufe, Einkaufskooperationen, gemeinsame Distributionsstrukturen in Handelssystemen etc.) treten gleichberechtigt daneben. Demzufolge symbolisiert der Begriff „Chain" hier Unternehmensnetzwerke. Erkenntnisgegenstand des SCM ist damit gemäß dem Identitätsprinzip das „Wirtschaften in Netzwerken" (vgl. Abschnitt 1.1.3).
- Aus Merkmal (4) ist ferner zu folgern, dass die in einem solchen Netzwerk verbundenen Unternehmen zwar alle ihren Beitrag zu einem Endprodukt leisten und insofern zusammenarbeiten, diese Zusammenarbeit jedoch nicht zwingend in Form einer intensiven Partnerschaft erfolgen muss. Der Begriff der Kooperation entstammt der lateinischen Sprache und kann im weitesten Sinne mit „Zusammenarbeit" übersetzt werden.[139] Kooperation in diesem Sinne reicht vom einfachen Informationsaustausch bis zu gemeinschaftlichem Vorgehen und der Bildung gemeinschaftlich getragener Organisationen.
- Gerade weil die Formen der Zusammenarbeit derart vielgestaltig sind, muss die Führung und Gestaltung von Netzwerken im Sinne von Merkmal (7) *aktiv* erfolgen. Auch die Entscheidung, einzelne Unternehmen nur lose anzubinden, ist eine echte (Supply Chain-) Managemententscheidung. Hauptaufgabe ist der Abbau des Koordinationsdefizits zwischen Unternehmen und damit die Koordination gemäß den in Abschnitt 1.1.3 definierten Koordinationsdimensionen.
- Konkret umfasst der Managementanspruch – neben den angesprochenen Strukturmerkmalen des Netzwerks – die Gestaltung von unternehmensübergreifenden Geschäftsprozessen gemäß Merkmal (2). Dazu gehören eben nicht nur die operative Auftragsabwicklung, sondern auch vor- und nachgelagerte Entwicklungsprozesse, Ressourcenzuweisungen und Controllingprozesse. Nur so sind die in Merkmal (1) genannten Flüsse von Material und Waren, logistischer und akquisitorischer Informationen sowie Finanzmittel unternehmensübergreifend zu koordinieren bzw. zu optimieren.
- Gleichzeitig bedeutet die unternehmensübergreifende Optimierung von Prozessen die Überwindung funktionaler Grenzen analog Merkmal (6). Anstatt Zulieferung, Beschaffung, Produktion, Absatz, Distribution in einzelnen Unternehmen bzw. in dyadischen Beziehungen isoliert zu gestalten, ist SCM begriffsgemäß crossfunktional im Sinne einer echten Querschnittsfunktion ausgerichtet.
- Ziel des SCM ist zunächst – gemäß Merkmal (5) und dem Erkenntnisgegenstand „Wirtschaften in Netzwerken" – die Erhöhung der Supply Chain-Wirtschaftlichkeit durch konsequente Ausrichtung aller Supply Chain-Aktivitäten am Endkunden bzw. der bei ihm zu realisierenden Wettbewerbsvorteile. Darüber hinaus gilt es, Wertsteigerungsziele zu realisieren. Die Frage, wie sich die erhöhte (Gesamt-) Wirtschaft-

[138] Vgl. Abbildung 1.2-3, ähnlich bei Eisenbarth (2003), S. 36 f., Eßig (2004), S. 44–47, Lambert/Garciá-Dastugue/Croxton (2005), S. 27 ff.

[139] Vgl. Kaufmann (1993), S. 24, Rotering (1993), S. 6, Tröndle (1987), S. 15.

lichkeit auf die Wirtschaftlichkeit der Mitgliedsunternehmen einer Supply Chain auswirkt bzw. wie Ausbringungs- und Einsatzwerte zwischen diesen aufzuteilen sind, stellt einen weiteren wichtigen, Problembereich des SCM dar.

Exkurs: SCM-Arbeitsdefinition unter Berücksichtigung der Merkmale (1) bis (7).

Supply Chain Management ist die kooperative Koordination von Material-, Informations- und Finanzmittelflüssen in Unternehmensnetzwerken durch Schaffung integrativer, funktionsübergreifender Führungs- und Ausführungsprozesse mit dem Ziel, Wettbewerbsvorteile bei Endkunden zu realisieren und somit die Wirtschaftlichkeit des Gesamtnetzwerkes zu erhöhen.

1.2.3 Bezugsrahmen und Definition des Supply Chain Managements

Der SCM-Bezugsrahmen stellt eine Art „strukturiertes Vorverständnis"[140] der Problembereiche des Supply Chain Managements dar und wird in fünf Stufen entwickelt. Auf jeder Stufe wird der Bezugsrahmen konkreter und zugleich spezifischer an das SCM-Verständnis dieses Lehrbuchs angepasst.

Stufe (1) des Bezugsrahmens: Das Modell von Cooper/Lambert/Pagh (1997)

Der Bezugsrahmen von Cooper/Lampert/Pagh (1997) besteht aus den drei Elementen Supply Chain-Struktur, Geschäftsprozesse und Managementkomponenten (vgl. Abbildung 1.2-6).[141] Eine Ausdifferenzierung erfolgt in dieser Phase noch nicht, stattdessen werden die in Abschnitt 1.2.2 genannten Merkmale auf drei zentrale Aspekte verdichtet. Deutlich wird der Führungs- und Gestaltungsanspruch des SCM, der sich auf Struktur- und Prozesselemente gleichermaßen erstreckt und sich in adäquaten (Management-) Instrumenten und Praktiken niederschlägt. Damit ist das Fundament des Bezugsrahmens für das vorliegende Lehrbuch gelegt.

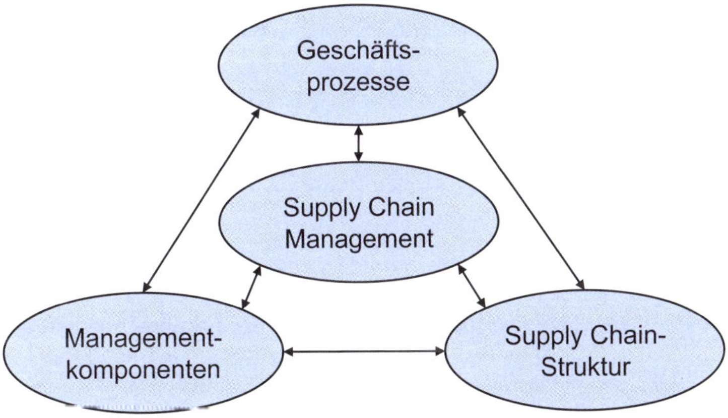

Abbildung 1.2-6: Bezugsrahmen des SCM nach Cooper/Lambert/Pagh (1997)[142]

[140] Rößl (1990), S. 99.
[141] Ähnlich bei Steven (2005), S. 196.
[142] Cooper/Lambert/Pagh (1997), S. 6.

Stufe (2) des Bezugsrahmens: Das Modell von Lambert/Cooper (2001)

Die plakative „Dreiteilung" des ursprünglichen Bezugsrahmens macht diesen zwar übersichtlich und leicht verständlich (Aspekt der Relevanz), erschwert aber gleichzeitig die nötige Ausdifferenzierung. Im erweiterten Bezugsrahmen der Stufe (2) von Lamper/Cooper (2001) stehen daher die Präzisierung der Elemente Geschäftsprozesse und Supply Chain-Struktur im Mittelpunkt (vgl. Abbildung 1.2-7). Tatsächlich wird die Struktur jetzt in Form einer ausgearbeiteten, mehrere Unternehmen und den Endkunden umfassenden Kette dargestellt. Damit wird deutlich, dass nur dann von „echten" Supply Chains gesprochen werden kann, wenn sich die Koordinationsprobleme auf mehr als zwei Akteure erstrecken.

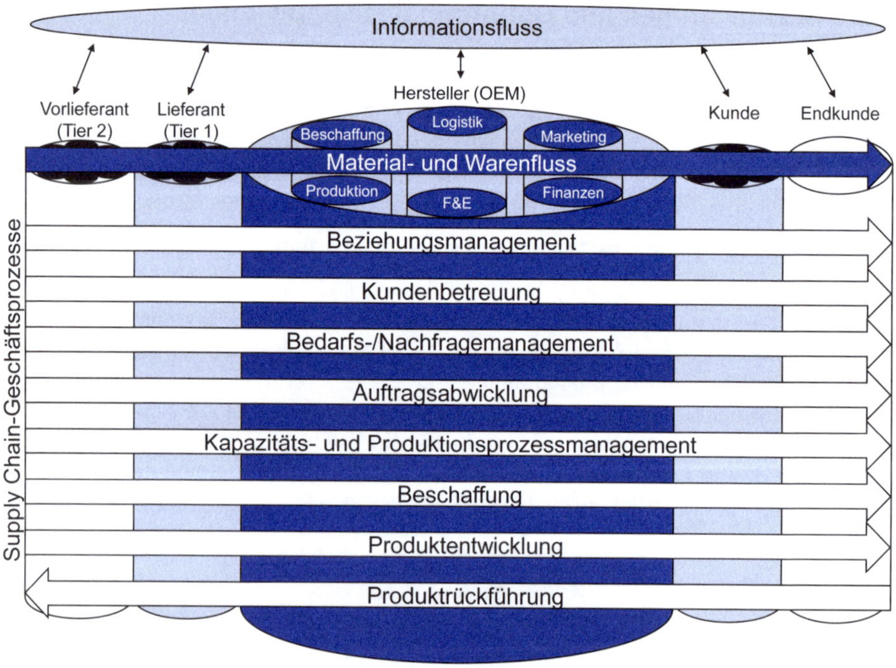

Abbildung 1.2-7: Bezugsrahmen des SCM nach Lambert/Cooper (2000) bzw. Lambert/Pohlen (2001)[143]

Gleichzeitig sind Geschäftsprozesse explizit genannt. Zu Supply Chain-Geschäftsprozessen zählen Beziehungsmanagement, Kundenbetreuung, Bedarfs-/Nachfragemanagement, Auftragsabwicklung, Kapazitäts- und Produktionsprozessmanagement, Beschaffung sowie Produktentwicklung und -rückführung. Diese Prozesse zur Steuerung übergeordneter Material- und Informationsflüsse überlagern die funktionalen „Silos" von Einkauf, Produktion, F&E, Marketing und Finanzen. Damit wird neben dem unternehmens- auch der funktionsübergreifende Charakter des SCM deutlich.

[143] Vgl. Lambert/Cooper (2000), S. 67 bzw. Lambert/Pohlen (2001), S. 5.

Stufe (3) des Bezugsrahmens: Das Modell von Mentzer et al. (2001)

Auf der dritten Entwicklungsstufe des Bezugsrahmens durch Mentzer et al. (2001) ist die funktions- und unternehmensübergreifende Koordinationsaufgabe des SCM explizit genannt (vgl. Abbildung 1.2-8). Gleichzeitig umfasst diese Erweiterung des Bezugsrahmens auch Instrumente der Koordination wie Vertrauen, Macht, Commitment etc. Der eher netzwerkartige Charakter von Supply Chains wird durch Berücksichtigung von Umweltfaktoren und weiteren Akteuren wie der Logistikdienstleister (3rd Party Provider) betont.

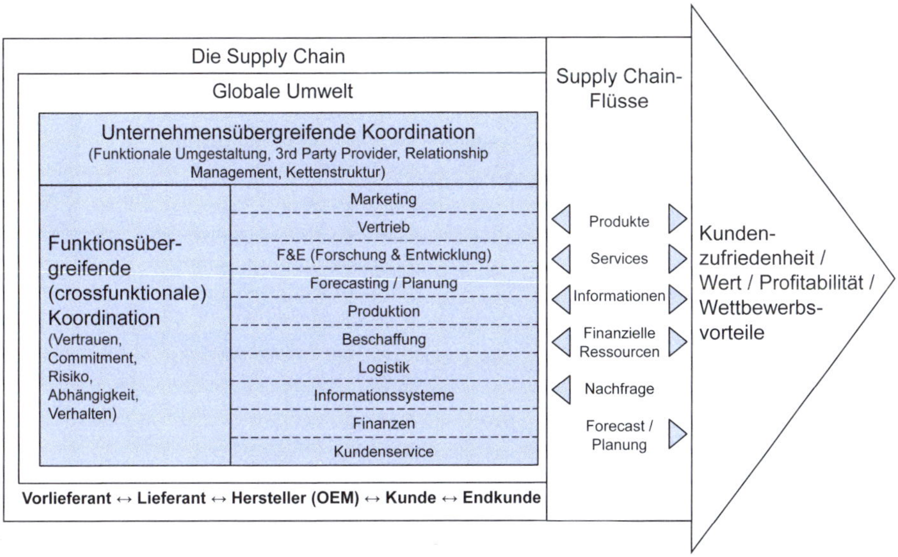

Abbildung 1.2-8: Bezugsrahmen des SCM nach Mentzer et al. (2001)[144]

Eine zusätzliche Ergänzung erfährt der Bezugsrahmen durch die Einbeziehung von Finanzflüssen und von SCM-Zielen.

Stufe (4) des Bezugsrahmens: Die Modelle von Müller-Stewens/Lechner (2011) und Sydow/Windeler (1994)

Im Mittelpunkt der vierten Stufe des Bezugsrahmens steht der Managementaspekt. Er reflektiert die Dualität von Akteurs- und Netzwerkperspektive (vgl. Abschnitt 1.1.2 sowie den „Firms in Networks"-Ansatz von Möller/Halinen (1999).[145] Ausgangspunkt sind Unternehmen als Akteure in der Supply Chain. Müller-Stewens/Lechner (2011) haben den „General Management Navigator" entwickelt, der vier (plus eins) strategische Arbeitsfelder für das strategische Management identifiziert. In ähnlicher Weise haben Sydow/Windeler (1994) ein Managementmodell für Netzwerke erarbeitet, das ebenfalls vier Arbeitsfelder enthält. Leicht modifiziert ergibt sich somit folgende managementorientierte Gegenüberstellung aus Akteurs- und Netzwerkperspektive für Supply Chains (vgl. Abbildung 1.2-9):

[144] Vgl. Mentzer et al. (2001), S. 23.
[145] Vgl. Möller/Halinen (1999), S. 416 f.

Unternehmensperspektive (Akteur im Netzwerk)[146]	**Netzwerkperspektive (Supply Chain als Objekt)**[147]
Initiierung im Unternehmen hinsichtlich eines Supply Chain Management	*Kreation* einer Supply Chain bzw. von Ideen und Initiativen des SCM
Positionierung des Unternehmens in einer Supply Chain (im Verhältnis zu anderen Akteuren)	*Konfiguration* der Supply Chain und *Selektion* von Mitgliedern bzw. Netzwerkakteuren
Wertschöpfung des Unternehmens in einer Supply Chain	*Regulation* der Koordination in einer Supply Chain und *Allokation* von Aufgaben zwischen Netzwerkakteuren
Veränderung im Unternehmen bzgl. des Supply Chain Managements	*Adaption* von Wandel und Veränderungen in Supply Chains
Performance Messung in Unternehmen bzgl. des Supply Chain Managements	*Evaluation* von Supply Chains (Kosten-Nutzen-Zusammenhang auf Netzwerkebene)

Prozessualer Managementansatz

Abbildung 1.2-9: Supply Chain-Managementprozess aus Akteurs- und Netzwerkperspektive

Stufe (5) des Bezugsrahmens: Integration der SCM-Merkmale

Auf Stufe 5 der Bezugsrahmenentwicklung erfolgt die Zusammenführung der bisherigen Stufen und der Konzeptkomponenten unserer vorangegangenen Literaturanalyse (vgl. Abbildung 1.2-10). Aus der ersten Stufe übernehmen wir die Grundstruktur von Managementkomponenten, Supply Chain-Struktur und Supply Chain-Geschäftsprozessen. Die zweite Stufe steuert insbesondere den crossfunktionalen Charakter der Supply Chain-Geschäftsprozesse und den multilateralen Charakter der unternehmensübergreifenden Supply Chain-Struktur bei. Auf Basis der dritten Stufe umfasst der Bezugsrahmen die Integration aller unternehmensübergreifenden Flüsse (Material/Waren, Informationen, Finanzen) und die Zielorientierung des SCM. Mit der vierten Stufe wird der Managementansatz auf Akteurs- und Netzwerkebene manifestiert.

Gleichzeitig werden damit die Kapitel dieses Buches strukturiert:

- In Kapitel 1 standen die Fragen nach dem Erkenntnisgegenstand und den Problembereichen des SCM sowie grundsätzliche nach der Notwendigkeit eines Managements von Supply Chains im Vordergrund. Gleichzeitig werden Supply Chain Management definiert und die Dualität von Akteurs- und Netzwerkperspektive verdeutlicht.
- In Kapitel 2 untersuchen wir die betriebswirtschaftlichen Teildisziplinen Logistik, Beschaffung, Produktion und Absatz als Bezugspunkte eines crossfunktionalen, flussorientierten SCM. Impulse verschiedener Konzepte aus diesen Teilbereichen werden aufgegriffen und verdeutlichen, wie sie zu einem erfolgreichen Supply Chain Management beitragen bzw. weiterentwickelt werden können.

---

146 Managementphasen in Anlehnung an Müller-Stewens/Lechner (2011), S. 139.
147 Managementphasen in Anlehnung an Sydow/Windeler (2003), S. 409.

- Kapitel 3 manifestiert die Koordinationsnotwendigkeit von Netzwerken in einem Managementansatz für Supply Chains. Dazu wird ein Supply Chain-Pilot mit fünf Arbeitsfeldern für das Management vorgestellt.

Alle Teilbereiche werden im Sinne des Bezugsrahmens durch eine prinzipielle Zielausrichtung des SCM gesteuert. Gleichzeitig dient dieses Zielsystem der Erfolgsmessung für den Einsatz und die Umsetzung von SCM.

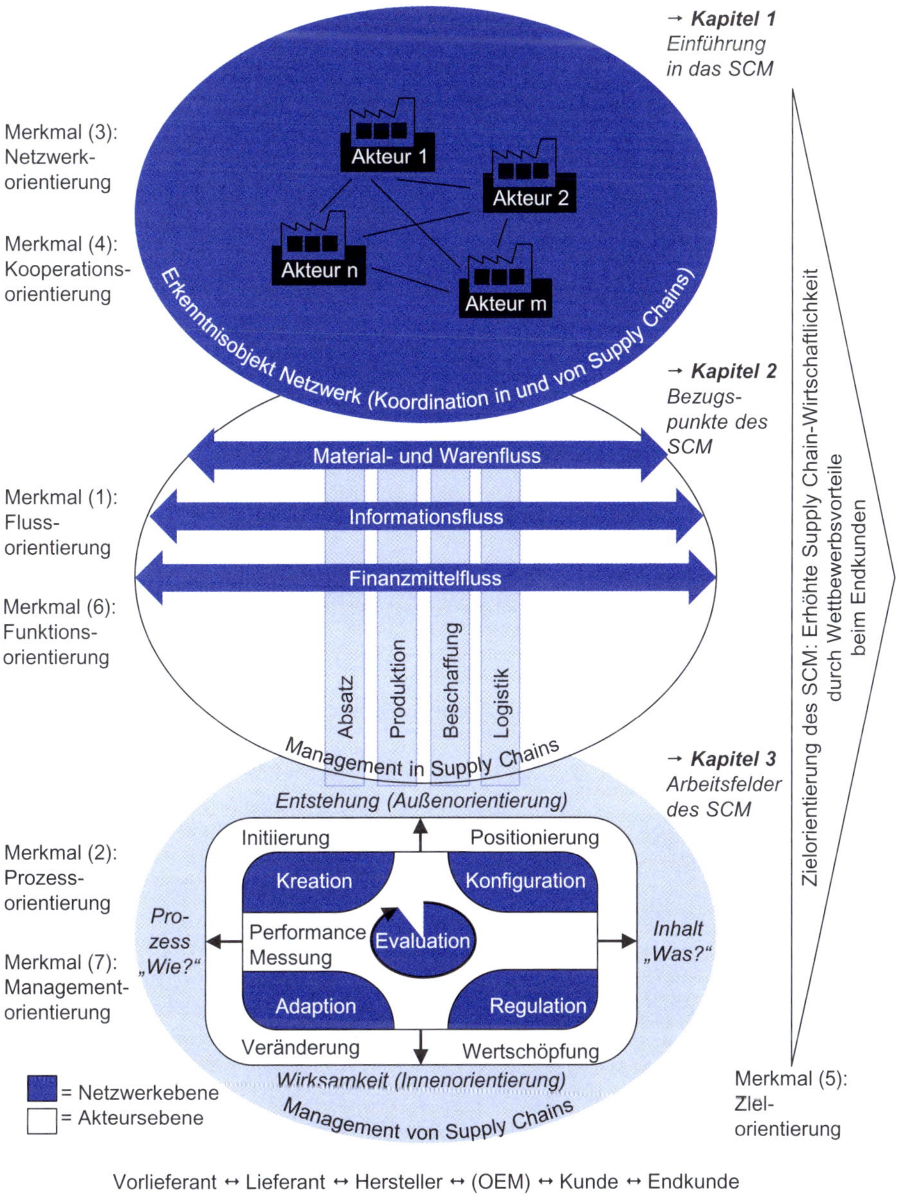

Abbildung 1.2-10: Bezugsrahmen des Supply Chain Managements

2 Bezugspunkte von Supply Chains

2.1 Bezugspunkt Absatz (Demand Management)

LERNZIELE

Am Ende dieses Kapitels sollten Sie in der Lage sein,

- den Einfluss des Marketings auf die Entwicklung des Supply Chain Managements zu kennen,
- die Bedeutung der Endkundenorientierung für das SCM nachzuvollziehen,
- die Konzepte des Efficient Consumer Response und des Customer Relationship Managements in ihrer Wirkung auf und für das Supply Chain Management zu erklären sowie
- den Beitrag des Marketings zum Supply Chain Management zu bewerten.

Der Aufbau dieses Kapitels gestaltet sich wie in der folgenden Abbildung dargestellt:

Bezugsebene des SCM	Inhalte/Fragestellungen	Abschnitt des Kapitels	Ergebnis
Konzeption und Verständnis von SCM	Frage nach der Bedeutung des Absatzmarketing für das SCM … a) … in seiner prinzipiellen Konzeption/Definition b) … in der Ausprägung als Demand Management des SCM	aus 2.1.1	„Kundendimension“: Funktionsübergreifende Einordnung des SCM, Impulse zur Entstehung und Entwicklung des SCM aus absatzwirtschaftlicher Perspektive (Marketing)
↓ Einwirkungsprinzip auf SCM			
Beeinflussung des SCM	Frage, welche absatzwirtschaftlichen (Gestaltungs-)Konzepte konkret Impulse für das SCM geben	2.1.2	Customer Relationship Management und Efficient Consumer Response als Konzepte sowie Kundenorientierung als Philosophie des SCM
↓ Rückkopplungsprinzip vom SCM			
Einflussmöglichkeiten des SCM	Frage, wie umgekehrt das SCM das Marketing bzw. absatzwirtschaftliche Konzepte beeinflusst	2.1.3	Demand Management-Ansätze im Marketing sowie Marketingkonzepte in und an der Supply Chain

Abbildung 2.1-1: Aufbau von Kapitel 2.1

2.1.1 Impulse des Demand Managements für das Supply Chain Management

Fallbeispiel: Warum Kundenorientierung? Das Fallbeispiel Rubbermaid.

Das meistverkaufte Auto auf der Welt ist nicht ein Toyota, ein VW oder ein Chevrolet, sondern ein kleines Rutscher-Auto für Kleinkinder. Es ist eines von Tausenden erfolgreicher Produkte, die eines der erfolgreichsten Unternehmen der Welt, die US-Firma Rubbermaid herstellt. Der Aufstieg dieses Unternehmens begann im Jahre 1934, als der damalige Gummiwarenhersteller Wooster ein neues Produkt zu den bis dahin hergestellten Gummibällen aufnahm: eine Kehrschaufel. Die neue Kehrschaufel wurde im Verkauf von Tür zu Tür angeboten und kostete das Doppelte oder das Dreifache von dem, was die Konkurrenten für eine Kehrschaufel aus Metall nahmen, aber diese Kehrschaufel war etwas Besonderes – sie hielt lange, sie hatte ein einmaliges Design und war von sehr guter Qualität und Funktionalität, sie stellte also einen sehr guten Gegenwert dar. Das Unternehmen änderte seinen Namen in Rubbermaid, und die kleine Kehrschaufel wurde auf dem Markt zu einem Renner. Die gleichen Konzepte, die zu der Entwicklung dieser besonderen Kehrschaufel führten, veränderten das Unternehmen Rubbermaid von einem kleinstädtischen Gummiwarenhersteller zu einem dynamischen Marktführer.

Heute dominiert Rubbermaid eine im Übrigen zersplitterte Branche. Rubbermaid bietet inzwischen mehr als fünftausend Produkte an, von Frischhaltedosen über Mülleimer, Spielzeugautos und Spielzeuge bis hin zu Briefkästen. Der Jahresumsatz beträgt derzeit 2,2 Mrd. $. Das Wachstum des Unternehmens war spektakulär. In den letzten zehn Jahren haben sich die Umsätze vervierfacht und die Gewinne stiegen auf das Sechsfache. Fünfundvierzig Jahre lang wurden immer Gewinne erzielt. Das US-Magazin *Fortune* hat Rubbermaid auf Platz sieben der erfolgreichsten Unternehmen der USA gesetzt.

Der Erfolg von Rubbermaid ergibt sich aus einer einfachen, aber wirkungsvollen Wettbewerbsstrategie: dem Kunden immer das Beste bieten. Das Unternehmen erforscht gründlich Bedürfnisse und Gewohnheiten seiner Kunden. Es benutzt demographische Studien und Ermittlungen über Lebensstile, um Verbrauchertrends frühzeitig zu erfahren. Es arbeitet mit Marktforschungsverfahren wie Fokusgruppeninterviews und Produkterprobungen, um alles über die Aufgaben und Bedürfnisse im Käuferhaushalt zu erfahren. Daraus erhalten die Käufer, was sie gerne haben möchten und was sie wirklich brauchen: nützliche, moderne und innovative Produkte hoher Qualität.

Rubbermaid hat eine starke Marktposition erreicht. Für die meisten Verbraucher ist der Name zum Inbegriff für hohe Qualität und hohen Gegenwert geworden. Die Käufer erkennen an, dass Rubbermaid-Produkte elegant entworfen und mit höchster Zuverlässigkeit hergestellt werden, und sie bezahlen gerne etwas mehr dafür. Das Unternehmen verbürgt sich strikt für Qualität. Niemals darf ein Produkt das Werk mit auch nur dem geringsten Kratzer verlassen. Stanley Gault, Vorstandsvorsitzender während des Aufstiegs der achtziger Jahre, besuchte regelmäßig Geschäfte in der Provinz, um sich zu überzeugen, wie die Rubbermaid-Produkte präsentiert waren. Ergaben sich Beanstandungen, wie z. B. Beschädigungen oder ähnliches, kaufte er alles vom Fleck weg auf und brachte es zurück in die Unternehmenszentrale. Dort mussten die verantwortlichen Abteilungsleiter die Fehler untersuchen und Abhilfe um nahezu jeden Preis sicherstellen.

Rubbermaid ist immer auf der Suche nach neuen Ideen, um seine Kunden zufriedenzustellen. Innovationen und Entwicklung neuer Produkte sind zu einer Kernaktivität des Unternehmens geworden. Jahr für Jahr kommen etwa 400 Produkte völlig neu auf den Markt. Zum Unternehmensziel wurde erklärt, dass der Umsatz zu mindestens 33 % mit Produkten gemacht werden soll, die erst in den letzten fünf Jahren vorgestellt wurden. Um dieses Ziel zu erreichen, ist sogar die Vergütung der leitenden Angestellten an die Erreichung dieser Vorgabe gekoppelt worden. Obwohl das Vorgehen von Rubbermaid am Markt fast als hektisch zu bezeichnen ist, hat ein sehr hoher Anteil dieser neuen Produkte Aussicht auf Erfolg. Wenn der Branchendurchschnitt bei 90 % Fehlschlägen und nur 10 % Erfolg liegt, erreicht Rubbermaid, dass sich 90 % seiner Neueinführungen am Markt durchsetzen.

Die Rubbermaid-Versionen bestehender Produkte bringen meistens einfache und elegante Verbesserungen mit sich, die eigentlich auf der Hand liegen. Ein Beispiel ist die neue „abfallvermeidende Frühstücksbox", die das übrige Verpackungsmaterial spart. Der Preis liegt etwa 20 % höher als bei vorher existierenden Produkten. Die kleine Frühstücksbox ist jedoch sehr beliebt bei Kindern, die sich heute, angeregt durch Unterricht und Berichte in den Medien, sehr für Umweltfragen engagieren, und bei ihren Eltern. Der Marktanteil von Rubbermaid wächst stetig, und weitere Modellvarianten sollen eingeführt werden.

Rubbermaid hat auch die Beziehungen zum Handel ausgebaut. Inzwischen sind Rubbermaid-Produkte in etwa 120.000 Verkaufsstützpunkten zu erhalten. Der Handel erkennt die hohe Qualität der Produkte, die attraktiven Handelsspannen, einen guten Service und den guten Namen beim Endverbraucher an. Vor kurzem erhielt das Unternehmen von einem der großen Handelsverbände die Auszeichnung „Produkt des Jahres". Rubbermaid hat sehr aktiv die Zusammenarbeit mit den großen Händlern gesucht, bei denen in den USA der größte Teil der Haushaltsartikel gekauft wird. In vielen dieser Häuser wurden aufgrund dieser Abkommen „Rubbermaid Boutiquen" als „Geschäft im Geschäft" (shop-in-the-shop) eingerichtet, in denen ausschließlich Rubbermaid-Produkte angeboten werden. Mit diesem Vorgehen hat Rubbermaid einige seiner Konkurrenten in die Defensive gedrängt.

Quelle: Entnommen Kotler (1999), S. 410 f.

Das Fallbeispiel Rubbermaid macht deutlich, was unter dem dualen Konzept der marktorientierten Führung zu verstehen ist:[148] Einerseits ist Marketing ein Leitkonzept des Managements und steht für die konsequente Ausrichtung aller unternehmerischer Aktivitäten auf die Anforderungen der Absatzmärkte. Andererseits ist Marketing im Sinne des Absatzes gleichberechtigte (Unternehmens-) Funktion neben Produktion, Beschaffung, Personalwirtschaft und anderen.

Das Fallbeispiel Rubbermaid zeigt auch, dass Wettbewerbsvorteile am Endkundenmarkt nicht nur das Ergebnis der Anstrengungen des Unternehmens Rubbermaid, sondern der gesamten Rubbermaid-Supply Chain sind. Besonders deutlich wird die Vernetzung von Rubbermaid als Endprodukthersteller bei der Gestaltung der Distribution, wo ein Netzwerk mit Distributionspartnern im Handel errichtet wurde. Gleichzeitig wird die Qualität der Rubbermaid-Produkte wesentlich durch Zulieferer bestimmt, weshalb konkrete Ziele für das Zuliefernetzwerk vorgegeben werden, bspw. jährlich Kostenreduzierungen von 5 % oder eine maximal zweiwöchige Lead-Time von der Bestellung bis zur Belieferung.

Um zu klären, welche Bedeutung das Absatzmarketing für das SCM hat, sollen drei Fragen im Mittelpunkt stehen:

- Was trägt das Konzept der marktorientierten Führung zum Management von Supply Chains bei?
- Welche absatzwirtschaftlichen Gestaltungskonzepte geben konkrete Impulse für das SCM?
- Wie beeinflusst umgekehrt das SCM absatzwirtschaftliche Marketingkonzepte?

[148] Vgl. Hermanns/Kiendl/Overloop (2007), S. 5.

Zur Beantwortung der zweiten Frage wird in Abschnitt 2.1.2 Bezug auf das Customer Relationship Management und das Efficient Consumer Response-Konzept genommen. Frage drei wird in Abschnitt 2.1.3 mit Rückgriff auf Konzepte des industriellen Marketings beantwortet.

Zwei Aspekte sind für die Übertragung des Konzeptes marktorientierter Führung auf das Management von Netzwerken bzw. Supply Chains (und damit für die Beantwortung der ersten Frage) relevant: Zum einen greifen wir die bereits in Abschnitt 1.1.3 diskutierte Unterscheidung zwischen Inter- und Intra-Supply Chain-Wettbewerb auf. Zum anderen beziehen wir uns auf die „Steuerung" der Supply Chain durch die Nachfrage und damit durch die Endkunden.[149] Ausgehend von der absatzmarkt- bzw. konsumentenorientierten Führung endet Marketing nicht mit der Auftragserteilung durch den Kunden, sondern mit der Auftragserfüllung durch die komplette Supply Chain.[150] Auftragserfüllung bedeutet dabei nicht nur die eigentliche Abwicklung des Auftrags, sondern umfasst das gesamte marktorientierte Prozessmanagement inklusive der kundenorientierten (Neu-) Produktentwicklung und der Auftragsakquisition. Die Unterscheidung zwischen dem Auftragsabwicklungsprozess inklusive zugehörigem Auftragsmanagement einerseits und vorgelagerten Struktur-, Entwicklungs- und Ressourcenzuweisungsprozessen schlägt sich in den – ursprünglich für die Unternehmensführung vorgesehenen – Konzepten der *Demand Creation* und des *Demand Fulfillment* (als Bestandteile eines marketinggetriebenen Demand Management) nieder (vgl. Abbildung 2.1-2).[151]

Während Demand Fulfillment alle notwendigen „Operating"-Aktivitäten zur eigentlichen Leistungserstellung umfasst (Fertigung/Produktion, physische Logistik, Beschaffung/Einkauf), integriert Demand Creation das zukunftsgerichtete Innovations- und Kunden(beziehungs)management zur Neuproduktentwicklung auf konzeptioneller Ebene bzw. zur Gewinnung einzelner Kundenaufträge auf gestaltender Ebene.[152] Die Verbindung des systematischen Innovationsmanagement (zielgerichtete Forschung & Entwicklung, Einsatz von Kreativitätstechniken, Strukturen zur Erschließung innerbetrieblicher Innovationspotenziale etc.) mit der umfassenden Kundenorientierung (Erschließung kundenseitiger Produktideen, kundenseitige Innovationsbewertung etc.) ist ein erster Schritt zu kunden- und damit wettbewerbsvorteilsorientierter Neuproduktentwicklung. „Customer Intimacy" ist dabei die Fähigkeit, Kundenwünsche bei der Neuproduktentwicklung möglichst exakt zu treffen und so höhere Erlöspotenziale für die Supply Chain zu realisieren.[153] Wir werden in Kapitel 2.3 detailliert darauf eingehen, wie leistungsfähige Zulieferer in eine solche Neuproduktentwicklung eingebunden werden können.

Das Fallbeispiel Rubbermaid verdeutlicht, dass Demand Creation und Demand Fulfillment nicht nur eine Aufgabe eines einzelnen Unternehmens, sondern des gesamten unternehmensübergreifenden Netzwerks der Rubbermaid-Supply Chain ist (Akteurs- und Netzwerkebene). Sowohl das Distributionsnetzwerk als auch das Zuliefernetzwerk von Rubbermaid sind (bspw. durch die angesprochenen kurzen Auftragsdurchlaufzeiten) durchgängig marktorientiert geführt.

---

149 Siehe dazu das Merkmal „Zielorientierung" in Abschnitt 1.2.2.
150 Vgl. Lancioni (2000), S. 5.
151 Vgl. Hecker (2005).
152 Vgl. Österle/Fleisch/Alt (2000), S. 76 f., Thommen/Achleitner (2003), S. 823.
153 Vgl. Tuominen/Rajala/Möller (2004), S. 207.

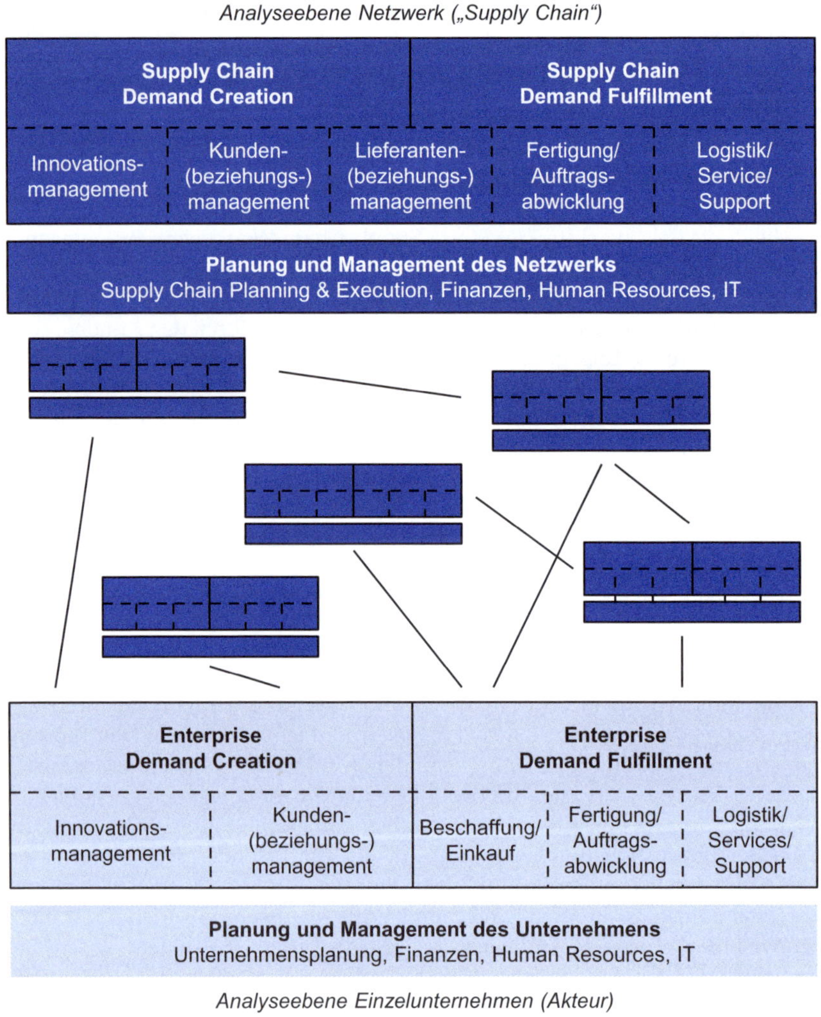

Abbildung 2.1-2: Demand Creation und Demand Fulfillment auf Akteurs- und Netzwerkebene[154]

Das Supply Chain Demand Management besteht im Wesentlichen aus drei Elementen:

- Konzeptionelle Supply Chain Demand Creation steht demzufolge für die Durchsetzung der Marktorientierung über alle Stufen des Wertschöpfungsnetzwerks hinweg und entspricht somit a) dem Ansatz des Marketing als marktorientierte Führung und b) dem Ansatz des SCM als endkundenorientierte Gestaltung der gesamten Wertschöpfung (vgl. Abbildung 2.1-3). Interessanterweise zeigen empirische Untersuchungen, dass stark kundenorientierte Unternehmen besser in der Lage sind, gute Lieferantenbeziehungen aufzubauen und zu erhalten.[155]

[154] In Anlehnung an Hecker (2005).
[155] Vgl. Martin/Grbac (2003), S. 36.

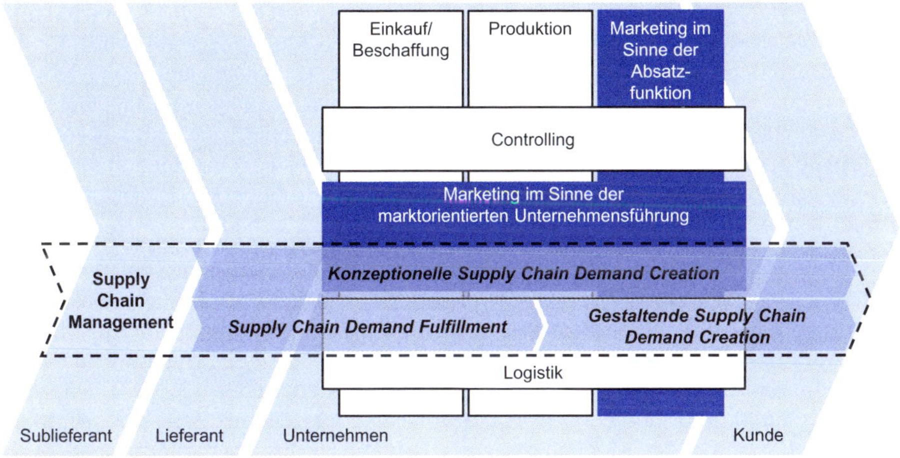

Abbildung 2.1-3: Bestandteile eines Supply Chain Demand Management

- Gestaltende Supply Chain Demand Creation ist für die konkrete Auftragsgewinnung verantwortlich und entspricht damit eher dem funktionalen Verständnis des Absatzmarketing.
- Supply Chain Demand Fulfillment ist auf diese Weise direkt verzahnt und für die Auftragsabwicklung über das gesamte Wertschöpfungsnetzwerk hinweg verantwortlich. Im Rahmen des Demand Fulfillment ist insbesondere die Schnittstelle zur Produktion (vgl. Kapitel 2.2 dieses Buches) und zur Logistik (vgl. Kapitel 2.3 dieses Buches) evident. Wir werden dies an den entsprechenden Stellen näher ausführen. Häufig wird innerhalb des Demand Fulfillment noch zwischen Supply Chain Planning (mittelfristige Realisierungsplanung) und Supply Chain Execution (kurzfristige Realisierungsanpassung) unterschieden.[156]

2.1.2 Impulse aus dem Absatzmarketing für das Supply Chain Management

Erster und wesentlicher Impuls des Marketings für das SCM ist die Implementierung einer konsequenten Ausrichtung der gesamten Supply Chain am Endkunden.[157] Dazu gehört insbesondere, den aus Kundensicht wahrgenommenen „Wert" der von der Supply Chain erbrachten Gesamtleistung zu erkennen, wertsteigernde Leistungsbestandteile zu optimieren, nicht wertsteigernde Leistungsbestandteile möglichst zu eliminieren und somit die Leistungsfähigkeit der Supply Chain aus Kundensicht zu optimieren.[158] Konkret richten sich die Impulse des Marketings für das Supply Chain Management auf die Entwicklung der Demand Side des Wertschöpfungsnetzwerks, mithin die Gestaltung der Distributionswege an den (End-) Kunden.[159] Ursprünglich bezog sich diese Frage in erster Linie auf die Unterscheidung zwischen direktem (unmittelbare Hersteller-Kunden-Distribution, bspw. Dell) und indirektem Vertrieb über

[156] Vgl. Sucky et al. (2004), S. 26.
[157] Vgl. Lancioni (2000), S. 5.
[158] Vgl. Christopher (2004), S. 28–33.
[159] Vgl. Kotzab/Schnedlitz (1999), S. 145 ff.

Intermediäre.[160] In der Zwischenzeit ist diese „Entweder-oder"- einer „Sowohl-als-auch"-Entscheidung gewichen, man spricht daher von Multi-Channels. Multi-Channel-Management ist in der Regel als Teil des Distributionsmanagement im Marketing verankert.[161] Dabei geht es um den aktiv gestalteten, parallelen Einsatz mehrerer Absatzkanäle, wobei ein zusätzlicher Absatzkanal nur dann vorliegt, wenn dieser über eine neue – d. h. bisher nicht in Anspruch genommene – Institution erfolgt. Ein Beispiel gibt der Computerhersteller Dell, welcher in der Zwischenzeit seine PCs nicht mehr nur direkt, sondern parallel auch über Handelsketten (bspw. MediaMarkt) vertreibt.

Häufig wird der Begriff des Multi-Channel-Managements deshalb mit Multi-Channel-Marketing gleichgesetzt.[162] Der Bezug zum Handel – und damit zur Distributionspolitik – erfolgt vereinzelt durch die Benennung als Multi-Channel-Retailing.[163] Multi-Channel bzw. Multikanal bedeutet per definitionem, dass bereits eine Entscheidung zu Gunsten mehrerer Absatzkanäle erfolgt ist.[164] Der Anstoß zur intensivierten Diskussion der Mehrkanaldistribution wird primär auf neue, internetgestützte Vertriebswege zurückgeführt. Mit der Möglichkeit eines Direktvertriebs über Internet entstehen (potenzielle) Channel Conflicts mit traditionellen Handelssystemen.[165] Ahlert/Hesse (2003) unterscheiden aus diesem Grund zwischen Multiple-Channel-Retailing und Multi-Channel-Retailing. Während beim Mutiple-Channel-Retailing zwar mehrere Absatzkanäle genutzt, aber nicht koordiniert werden, sieht Multi-Channel-Retailing den explizit integrierten und koordinierten Mehrkanaleinsatz vor. Im Sinne des SCM ist Multi-Channel-Retailing ein wesentlicher Impulsgeber der Koordination, in diesem Fall auf einer Stufe des SCM – mithin die horizontale Koordination vertikaler Vertriebswege. Es handelt sich demzufolge hier um die Betrachtung der Extended Supply Chain.

Neben dieser grundlegenden Ausgestaltung der Distributionsstruktur stehen zwei wesentliche Konzepte für den Einfluss des Marketings auf das SCM im Mittelpunkt: Customer Relationship Management (CRM) und Efficient Consumer Response (ECR).

Customer Relationship Management

Customer Relationship Management gestaltet dem Namen nach Kundenbeziehungen und gibt damit im Prinzip ein selbstverständliches Konzept marktorientierter Führung. Neu ist der höhere Grad an systematischer Aktivität bei der Gestaltung von Kundenbeziehungen. Kunden werden als „Asset" betrachtet, mit denen ein maximaler Pay-Off realisiert werden soll. Das bedeutet, dass nicht mehr gilt „je mehr Kunden, desto besser", sondern „je profitabler die Kunden, desto besser". Der Kunde und sein Wert bzw. sein Wertbeitrag sind eng miteinander verbunden. Dabei wird zwischen Kundenwert, Customer Lifetime Value und Customer Equity unterschieden:

- Als Kundenwert wird in der Regel der Wert bezeichnet, den eine Leistung aus Sicht des Kunden ausmacht. Der vom Kunden wahrgenommene Wert ergibt sich als Verhältnis des von ihm wahrgenommenen Nutzens (gespeist aus intrinsischen wie extrinsischen Nutzenattributen) zu der von ihm zu leistenden Beiträge (Kaufpreis zuzüglich anderer Kosten im Rahmen des Erwerbs und der Nutzung, sog. Total Cost

160 Vgl. Mills/Camek (2004), S. 714 ff.
161 Vgl. Wilke (2005), S. 21.
162 Vgl. Schögel/Sauer/Schmidt (2004), S. 7
163 Vgl. Schramm-Klein (2006), S. 504–507.
164 Vgl. Hurth 2001, S. 463.
165 Vgl. Böing/Jullens/Schrader (2003), S. 44 f.

of Ownership).[166] Supply Chain Management kann diesen Kundenwert erhöhen, indem der Nutzen über erhöhte Verfügbarkeit, verkürzte Bestellzeiten oder Flexibilität bei Produktkonfigurationen erhöht wird sowie zugleich Bestände abgebaut, Bestellkosten reduziert oder Fehlmengenkosten minimiert werden, um die Kosten zu senken.[167] Ein möglicher Zusammenbruch der Lieferkette und damit die Nichtverfügbarkeit einer Leistung fließt dabei in den wahrgenommenen Kundenwert ein.[168] Gleichzeitig wird die Frage nach der Einführung von Logistikinnovationen wesentlich durch den von ihr erwarteten Kundenwertbeitrag determiniert.[169]

- Aus Sicht des Unternehmens stellt der Kapitalwert einer einzelnen Kundenbeziehung über die gesamte Lebensdauer den Customer Lifetime Value bzw. Kundenlebenszeitwert dar,[170] vereinzelt wird dabei (eher statisch) von der Kundenprofitabilität gesprochen. Insgesamt wird die Kundenprofitabilität durch das (Umsatz-)Volumen, die (kundenspezifische) Gewinnmarge sowie Effizienzfaktoren positiv, durch Komplexitätsfaktoren negativ beeinflusst.[171] Entgegen der – gerade im Customer Relationship Management häufig verbreiteten – Meinung, dass nur langfristig gebundene Kundenbeziehungen auch profitabel sind, zeigen empirische Untersuchungen, dass auch eine Gruppe hochprofitabler Kunden existiert, die sich durch eine kurze Bindungsdauer auszeichnen (transaktionale Kunden).[172]
- Das Customer Equity einer Supply Chain, welches sich am besten mit dem Begriff Kundenstammwert ins Deutsche übersetzen lässt, kann demgegenüber als Summe der Kapitalwerte *aller* Endkundenbeziehungen dieser Supply Chain definiert werden. Es stellt somit eine aggregierte Wertgröße dar, wohingegen der Customer Lifetime Value eine kundenindividuelle Wertgröße ist.

Aus Sicht des Supply Chain Management sind die Konsequenzen eines derartigen Kundenwertdenkens wiederum auf Akteurs- und Netzwerkebene anzusiedeln:

- Auf Akteursebene ist die Entscheidung zu treffen, welcher Supply Chain das Unternehmen beitreten möchte. Das könnte zum einen in Abhängigkeit vom Customer Equity des Netzwerks erfolgen, zum anderen vom Customer Lifetime Value des „nachfolgenden" Akteurs, sprich des zu beliefernden Akteurs.
- Auf Netzwerkebene geht es darum, die Supply Chain so auszurichten, dass die gesamte Kette ein maximales Customer Equity aufweist. Das Netzwerkmanagement hat darauf zu achten, dass die Angebote aus Kundensicht einen maximalen Kundenwert aufweisen. Gleichzeitig ist damit die Aufgabe verbunden, die Auswahl von Supply Chain-Mitgliedern wesentlich davon abhängig zu machen, welchen Beitrag sie zum Kundenwert liefern. Dies könnte – sofern möglich – auch gleichzeitig dazu dienen, die Verteilung des Gesamterlöses auf die Netzwerkakteure festzulegen.

Customer Relationship Management wirkt daher sowohl auf die Supply Chain- wie die Akteurswirtschaftlichkeit.[173] Im Sinne des SCM wäre ein Intra-Supply Chain-CRM für die Absatzbeziehungen der Akteure untereinander, d.h. innerhalb des Netzwerks, verantwortlich. Demgegenüber verantwortet das für den Gesamterfolg eines Netzwerks

---

[166] Vgl. Christopher (2004), S. 30.
[167] Vgl. Christopher (2004), S. 28 f.
[168] Vgl. Evans/Bermann (2001), S. 138.
[169] Vgl. Flint et al. (2005), S. 121.
[170] Vgl. Burmann, C. (2003), S. 113–138.
[171] Vgl. Niraj/Gupta/Narasimhan (2001), S. 6 f.
[172] Vgl. Reinartz/Krafft (2001), S. 1277, ähnlich Reiner (2005), S. 382.
[173] Siehe dazu Kapitel 1.1.

entscheidende Inter-Supply Chain-CRM die Absatzbeziehungen zum Endkunden der Supply Chain. Ziel ist die Verbesserung von Kundengewinnung, -bindung und -profitabilität. Dabei wird Customer Relationship Management von modernen IT-Technologien unterstützt, CRM ist gleichwohl mehr als eine IT-Lösung.[174]

Konkrete Bausteine des Customer Relationship Management sind der Kundenservice, das Beschwerdemanagement, die Kundenbindung und Kundenentwicklung, das Rückgewinnungsmanagement für „verlorene" Kunden sowie die Kundenselektion inklusive Trennungsmanagement für Kunden mit negativem Customer Lifetime Value.[175] Die Etablierung eines adäquaten Kundenservice ist wesentliche Aufgabe im Supply Chain-Kontext, da in der Regel Kundenaufträge funktions- und unternehmensübergreifend abgewickelt werden.

Fallbeispiel: Von der Kundenservicestrategie zum Kundenserviceprozess am Beispiel Shell UK

Bolumole/Knemeyer/Lambert (2003) verstehen Kundenservicemanagement als vierstufige Konzeption, derzufolge sich die Serviceprozeduren für Kunden aus übergeordneten Servicestrategien ableiten, von einer entsprechenden Infrastruktur unterstützt (bspw. Call-Center, Logistik, IT) und schließlich in ihrer Wirkung durch geeignete Metriken gemessen werden (vgl. Abbildung 2.1-4).

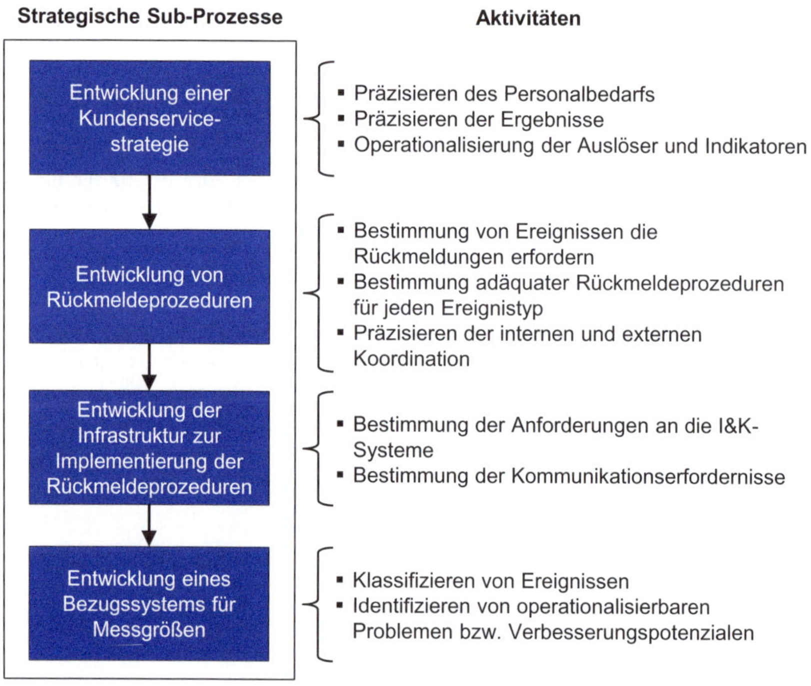

Abbildung 2.1-4: Strategischer Customer Service Management Prozess bei Shell[176]

[174] Vgl. Hippner/Martin/Wilde (2001), S. 418 ff., Winer (2001).
[175] Vgl. Hartmann (2002), S. 86 f.
[176] Vgl. Bolumole/Knemeyer/Lambert (2003), S. 21.

Der funktionsübergreifende Charakter des eigentlichen Kundenserviceprozesses wird am Beispiel einer Standardprozedur deutlich, wie sie Shell im Vereinigten Königreich für Änderungsanfragen von Kunden bei der Auftragsabwicklung anwendet (vgl. Abbildung 2.1-5).

Obwohl die Auftragsänderung bei Shell lediglich ein kleiner Teil des Supply Chain-weiten Demand Fullfilment-Prozesses ist, ist bereits an dieser Stelle die Vielfalt der Schnittstellen und Querverbindungen erheblich. Kundenserviceabteilung, Account Management, Finanzabteilung sowie ggfs. externe Logistikdienstleister müssen effizient zusammenarbeiten, um kurze Reaktionszeiten für den Kunden zu ermöglichen. Dass dies je nach Branche wettbewerbsentscheidend sein kann, zeigt eine Benchmarkingstudie in der Schweiz, derzufolge das Serviceangebot im Rahmen des CRM bei Dienstleistern die mit Abstand größte Bedeutung zukommt.[177]

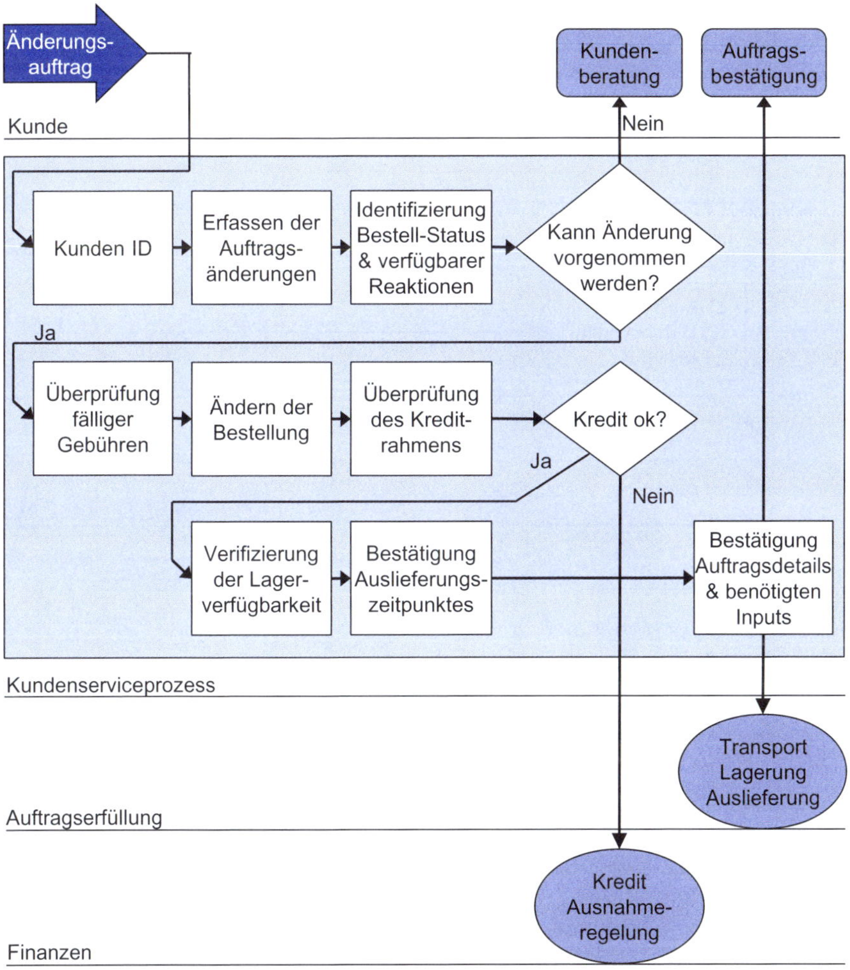

Abbildung 2.1-5. Standardisierter Prozess zur Auftragsänderung bei Shell[178]

Quelle: Entnommen aus Bolumole/Knemeyer/Lambert (2003), S. 21 und 23.

[177] Vgl. Finsterwalder et al. (2001), S. 57.
[178] Vgl. Bolumole/Knemeyer/Lambert (2003), S. 23.

Intra-Supply Chain-CRM ist somit in erster Linie im Bereich der konzeptionellen und gestaltenden Supply Chain Demand Creation verankert, wenn es um die auftragsanonyme Entwicklung und Vermarktung von Neuprodukten geht bzw. um die Gewinnung konkreter Kundenaufträge. Im Supply Chain Demand Fulfillment spielt das Customer Relationship Management nur insofern eine Rolle, als es den Kundenservice und Beschwerden verantwortet, sprich Endkundeninformationen für das Fullfilment in die Kette „einspeist". Die konkrete Abwicklung des Kundenauftrages ist dann in Folge Aufgabe der Supply Side des Netzwerks.

Bestände sind an der Schnittstelle zum Endkunden besonders erfolgskritisch: Sie wirken zum einen nutzensteigernd, da sie Verfügbarkeit sicherstellen. Zum anderen sind ihre Bestandskosten besonders hoch, da es sich um die letzte Stufe der Wertschöpfung handelt. Gleichzeitig gilt die Planbarkeit des Endkundenverhaltens häufig als deutlich erschwert. Dies führt dazu, dass auf dieser Ebene der Supply Chain meist die umfangreichsten Bestände existieren. Dies wird in der folgenden Abbildung 2.1-6 am Beispiel der Supply Chain für Automobile verdeutlicht.

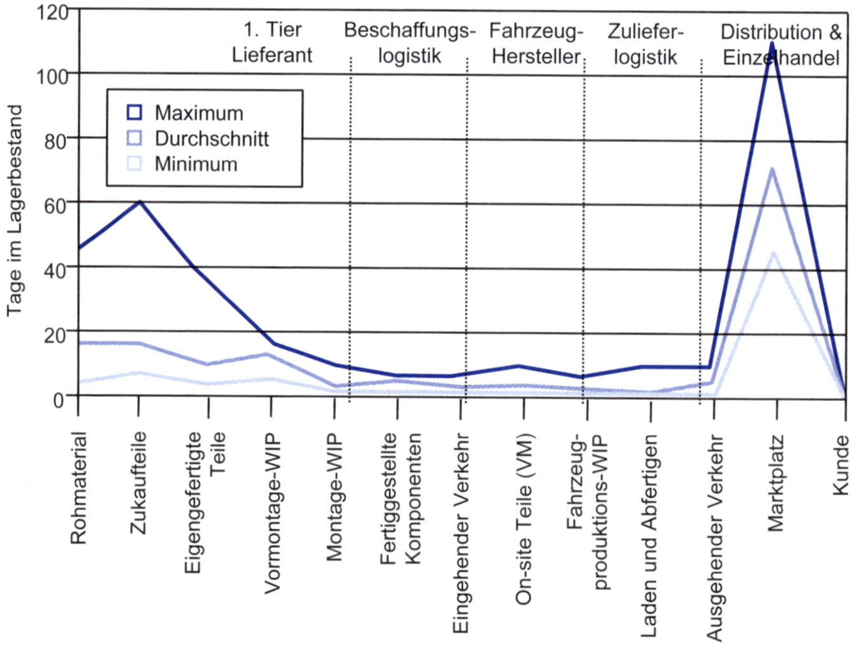

Abbildung 2.1-6: Lagerbestandsprofil der Automotive-Supply Chain[179]

Mit der Erkenntnis zum Problem der auf Distributionsseite hohen Bestände wird zugleich die Brücke zum zweiten, die Endkundendistribution der Supply Chain stark beeinflussenden Marketingkonzept, dem Efficient Consumer Response, geschlagen.

[179] Vgl. Christopher/Gattorna (2005), S. 117.

Efficient Consumer Response

Efficient Consumer Response (ECR) ist eine Initiative, die wesentlich auf der Zusammenarbeit zwischen Handel und (Endprodukt-) Hersteller (Original Equipment Manufacturer, OEM) beruht. Die skizzierten Daten zu den Beständen in Supply Chains zeigen, dass gerade im Zusammenwirken der letzten Stufen vor dem Konsumenten erhebliche Potenziale liegen. Umgekehrt gilt, dass fehlende Verfügbarkeiten im Handel (Out-of-Stocks) schwerwiegende Konsequenzen nach sich ziehen können, die vom vollständigen Erlösausfall (Abwanderung des Kunden zur Konkurrenz oder Nichtkauf) bis zum zumindest zeitlich verschobenen Erlöszufluss (Verschiebung des Kaufzeitpunkts wegen Nichtverfügbarkeit) reichen.[180] ECR besteht im Kern aus vier Elementen:

- Efficient Store Assortment steht für die Zusammenstellung eines umfassenden, für den Kunden attraktiven Produktsortiments im Handel.
- Efficient Replenishment beschreibt die Zusammenarbeit zwischen Handel und produzierender Industrie zur Sicherstellung hoher Verfügbarkeitsquoten bei möglichst kostenoptimalen Bestandshöhen.
- Efficient Promotion steht für zwischen Industrie und Handel abgestimmte Promotionsmaßnahmen.
- Efficient Product Introduction beschreibt die kundenorientierte Entwicklung und Einführung neuer Produkte.

Fallbeispiel: Was kann Efficient Consumer Response leisten? Der Fall ECR Österreich.

Mitte der 1990er Jahre umfasste der Handelssektor in Österreich 63.000 Handelsunternehmen mit einem Gesamtumsatz von ca. 96 Mrd. € und rund 400.000 Beschäftigten. Das typisch österreichische Handelsunternehmen ist ein Kleinunternehmen mit weniger als neun Angestellten (90 % aller Unternehmen entsprechen dieser Charakterisierung), gleichzeitig entfallen in den meisten regionalen Märkten auf die zehn größten Unternehmen 80 % des Gesamtumsatzes.

Die Situation in der Lebensmittelindustrie ist noch extremer. In den späten 1960er Jahren hatten die Österreicher die Wahl, Lebensmittel von mehr als 20.000 Verkaufsstellen zu beziehen; heutzutage hat sich diese Auswahl auf weniger als 8.000 Verkaufsstellen reduziert. Die Dichte der Lebensmittelgeschäfte von zehn Geschäften je 10.000 Einwohner ist viel geringer als die Gesamtdichte der Handelsunternehmen von 81 Geschäften je 10.000 Einwohner. Es wird damit gerechnet, dass diese Zahl sogar noch weiter abnimmt.

Der Gesamtumsatz der Lebensmittelindustrie beträgt ca. 15 Mrd. US-$. Während Mitte der 1990er Jahre auf 10 % aller Händler 48 % des Gesamtumsatzes entfielen, sind heutzutage zwei Unternehmen für schätzungsweise 70 % des Gesamtumsatzes verantwortlich.

Im Jahre 1996 schlossen sich führende österreichische Konsumgüterhersteller, Händler und Distributoren zu ECR-Österreich zusammen, ein offener Interessenverband von 68 partizipierenden Unternehmen. Die damalige Marktsituation machte es fast unmöglich, Marktanteile mittels Expansion zu gewinnen. Um die Ergebnisse in dieser Industrie zu verbessern, schien daher nur eine Reorganisation der Demand Side der Supply Chain erfolgversprechend. Hinzukommt, dass aufgrund des Beitritts zur Europäischen Union der österreichische Markt nicht länger als Einzelmarkt handhabbar war. Österreichische Handelsunternehmen begannen, ihre Distributionseinrichtungen von lokalen Lagerhäusern zu zentral gesteuerten Distributionszentren umzustellen. Die hauptsächlich europäischen

[180] Vgl. Hofer (2009), S. 142, Placzek (2007), S. 26.

Hersteller eliminierten ihre österreichischen Lagereinrichtungen und lieferten stattdessen direkt vom angrenzenden Ausland (bspw. Deutschland) aus.

In die österreichische ECR-Initative waren ca. 200 Experten der unterschiedlichsten Ebenen des mehrstufig organisierten Logistik- und/oder Distributionssystems in der Lebensmittelindustrie (u. a. Großhändler, Einzelhändler, Third-Party Logistics Provider und weitere wertsteigernde Netzwerkpartner) involviert, welche an diversen Fragen zur ECR Implementierung arbeiteten. Das Ziel der Arbeitsgruppen war es, allgemeingültige Standards für Informations- und Kommunikations-Prozesstechnologien zu etablieren, um die Aktivitäten aller Partner in diesem speziellen Bereich zu harmonisieren.

Im Jahr 1997 verabschiedete die Initiative ein ECR-Handbuch, welches das nachfolgende Geschäftsprozessmodell vorstellte (siehe Abbildung 2.1-7).

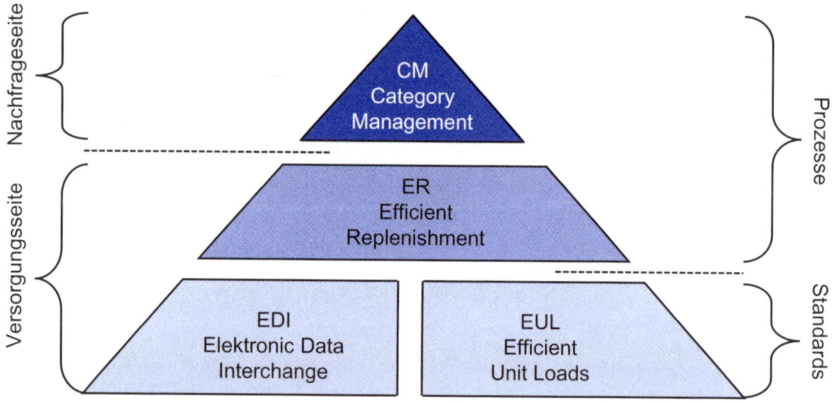

Abbildung 2.1-7: Das österreichische ECR-Geschäftsprozessmodell[181]

Wie in Abbildung 2.1-7 angedeutet, differenziert ECR Österreich vier ECR-Bereiche, welche weiter in die Kategorien Versorgungsseite, Nachfrageseite, Prozesse und Standards unterteilt werden. Die Versorgungs- und Nachfrageseite beinhaltet die eingebundenen Abteilungen (z. B. Beschaffung, Logistik, Marketing und Vertrieb) sowohl auf Händler-, als auch auf Herstellerebene. Die Prozesse und Standards repräsentieren die gewünschten Geschäftspraktiken, nach denen in dieser speziellen Versorgungskette gewirtschaftet werden soll. Im Ergebnis strebt Efficient Consumer Response ein besseres Verständnis zwischen Händlern und Konsumgüterhersteller an, um die vom Kunden benötigten Produkte und Lösungen anbieten zu können.

- *Efficient Unit Load (EUL)* bezieht sich auf logistische Verpackungsstandards, welche den kontinuierlichen Fluss von Handelswaren in der gesamten Lebensmittelversorgungskette fördern. Das ECR-Handbuch legt eine Kooperation zwischen Händlern und Lieferanten nahe, welche sich auf alle Bereiche des Datenaustauschs, der generell akzeptierten Normen und Größen, der Optimierung der Bestellvolumina, der Vermeidung von Nachlieferungen und besseren logistischen Transaktionen bezieht.
- *Electronic Data Interchange (EDI)* bezieht sich auf die Implementierung des elektronischen Datenaustauschs, welcher den Transfer von standardisierten und strukturierten Daten zwischen den diversen Partnern innerhalb der Versorgungskette erlaubt.
- *Efficient Replenishment (ER)* zielt auf den Kern logistischer Prozesse ab: den Nachschub von Handelsgütern im Rahmen der Supply Chain. ECR-Österreich schlägt Nachschubtechniken vor, um geringe Lagerbestände, schnellere Nachschubprozesse, schnellere

[181] Vgl. Alvarado/Kotzab (2001), S. 192.

Reaktionen auf Nachfrageänderungen, bessere Verwendung von Transportkapazitäten und geringere Rückläufer zu garantieren.

- *Category Management (CM)* bezieht sich auf einen gemeinsamen Planungsprozess zwischen Händlern und Lieferanten, um ein Warensortiment bzw. eine individuelle Produkt-Zusammenstellung anzubieten, welche quasi als „strategische Geschäftseinheit" geführt wird. Im Rahmen von ECR-Österreich wird erwartet, dass CM die Dialogstruktur zwischen Händlern und Lieferanten neu organisiert, den Profit je Produkt steigert, die Lieferzeit vom Distributionszentrum (DC) zu den Filialen verkürzt und den Lagerumschlag erhöht.

Die ECR-Geschäftsprozesse werden durch Standards konkretisiert. Diese repräsentieren Normen, welche durch die Mitgliedsunternehmen adaptiert werden, und beinhalten hauptsächlich gemeinsame Logistik- und Marketingaktivitäten der Supply Chain-Akteure (vgl. Abbildung 2.1-8).

Das Einsparpotenzial für die österreichische Lebensmittelindustrie wurde auf ungefähr 80 Mio. € geschätzt, was in etwa 0.67 % niedrigeren Konsumentenpreisen entspricht. Einige Pilot-Projekte konnten bereits interessante Effekte für den österreichischen Markt aufzeigen. Hierin eingeschlossen war ein intelligentes Routenplaner-System, welches die Auslieferung an Direktverkäufer nach Kategorien ermöglicht und dadurch die Lkw-Stillstandszeiten um 1.000 Stunden pro Jahr und Fahrzeug reduziert. Durch dieses System wird eine Kostensenkung von schätzungsweise 32.000 €/Lkw erwartet. Einige der Standards wurden von der Mehrheit der Mitglieder implementiert. So wird zum Beispiel das Programm zur Bestellplatzierung (ORDERS) von 98 % aller Mitglieder verwendet. Auf der anderen Seite befinden sich einige Standards immer noch in der frühen Adaptionsphase: das Absatzprognostizierungs-System SLSFCT wurde bei nur 11 % der Mitglieder installiert.

ECR Standard	**Beispiel**
Versorgungsseitige Standards	
Effiziente Transport- und Ladeeinheiten (EUL)	
Paletten-Zuladung	Die Zuladung darf 1.000 kg nicht überschreiten.
Packungsgröße	Die Größe der Transportkisten sollte 1200*800, 800*600, 600*400, 400*300, 300*200 (alle Angaben in cm) sein.
Paletten-Größe	Die transportierte Pallettengröße sollte EUL 1: 1,05(1,20) m, EUL 1,4: 1,62 m, EUL 2: 2,25 (2,40) m sein.
Electronic Data Interchange (EDI)	
PRICAT	EDI-Standard, um Preislisten und Kataloge zu übermitteln.
ORDERS	EDI-Standard, um Bestellungen zu transferieren.
RECADV	EDI-Standard, um den Empfang von Waren beim Distributionszentrum des Händlers zu bestätigen.
Nachfrageseitige Standards	
Category Management (CM)	
Kategorien bestimmen	Die Vereinigung schlägt 26 Kategorien (Nahrungsmittel/Sachgüter) vor, welche von allen Mitgliedern der Vereinigung akzeptiert werden sollten.
Category Management Kooperationen	Die Vereinigung sucht nach Kooperationen auf diesem Gebiet, um den Wert für den Kunden zu erhöhen.

Abbildung 2.1-8: Ausgewählte ECR-Standards[182]

Quelle: Entnommen aus Alvarado/Kotzab (2001), S. 191 ff.

[182] Vgl. Alvarado/Kotzab (2001), S. 193.

Im Kern handelt es sich bei ECR also um eine Initiative, die eine gemeinschaftliche Marketing- und Logistikplanung zwischen Handel und Industrie vorsieht. Vereinzelt werden die ECR-Maßnahmen auch in effiziente Logistik einerseits und Category Management andererseits unterteilt, wobei letztgenanntes Produktbündel marketingorientiert und funktionsübergreifend, aus der Perspektive des Nutzenverbunds, beim Endkunden betreut.[183] Es wird daher auch häufig von Collaborative Planning, Forecasting and Replenishment (CPFR) gesprochen. De facto beruht CPFR in der originären Definition von VICS auf einem 9-stufigen Geschäftsmodell, in dem die Zusammenarbeitsebenen zwischen den beteiligten Akteuren der Supply Chain in einem ganzheitlichen Workflow dargestellt werden (vgl. Abbildung 2.1-9).

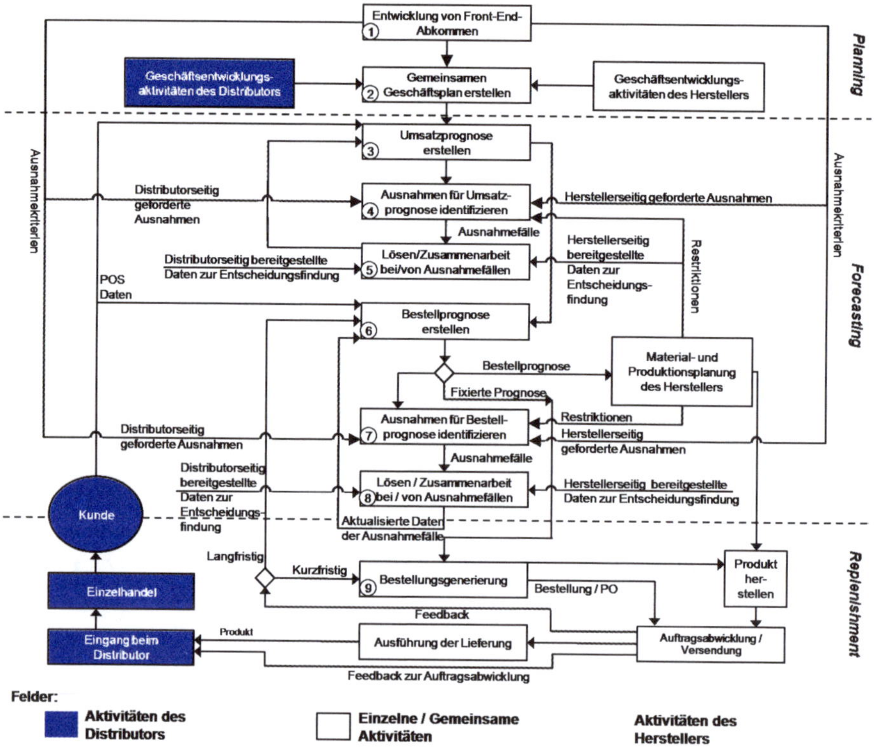

Abbildung 2.1-9: Allgemeines CPFR-Geschäftsmodell[184]

Die Effekte von ECR und CPFR sind vereinfacht niedrigere Supply Chain-Kosten und/oder höhere Erlöse aufgrund geringerer Out-of-Stock-Quoten. Damit leistet Efficient Consumer Response einen wesentlichen Beitrag zur Erhöhung der Supply Chain-Wirtschaftlichkeit. Andraski/Haedicke (2005) dokumentieren relevante Effekte von CPFR-Einführungen in den USA (vgl. Abbildung 2.1-10).

[183] Delfmann (1999), S. 566 f., Seifert (2002), S. 23 f. oder Steven/Krüger (2003), S. 207 integrieren Marketing- und Logistikaspekte unter dem Oberbegriff „Category Logistics".
[184] CCG mbH (2002), S. 5.

Supply Chain-Erlöse	
Verbesserung bei Lagerleerläufen	Durchschnittlich 6% Umsatzverbesserung
Verbesserungen bei der Absatzförderungsplanung	Durchschnittlich 1% bis 3% Umsatzverbesserung
Verbesserung des Lieferbereitschaftsgrads	Durchschnittlich 3% bis 5% Umsatzverbesserung
Supply Chain-Kosten	
Lagerbestände	Verringerung um 20–40%
Beschädigungen	Verringerung proportional zum Lagerbestand
Lagerfreiflächen	Verringerung proportional zum Lagerbestand
Glättung des Arbeitseinsatzes in der Produktion	Verringerung der Lohnkosten um 20–40%
Glättung des Kapitaleinsatzes in der Produktion	Verringerung der Kapazität um 20–40%

Abbildung 2.1-10: Effekte des CPFR[185]

Klassische, kurzfristig ausgerichtete Transaktionsbeziehungen zwischen Handel und Industrie als Akteure der Supply Chain werden beim ECR/CPFR durch mittel- und langfristige Beziehungsmuster ersetzt.[186] Die frühzeitige Einbindung der beteiligten Akteure der Supply Chain ist wesentlicher Erfolgsfaktor, um den Eindruck zu vermeiden, Supply Chain-Wirtschaftlichkeitssteigerungen erfolgten auf Kosten der Akteurswirtschaftlichkeit.[187] Dazu gehört auch, Anreizsysteme für kooperatives Verhalten zu schaffen.[188]

2.1.3 Implikationen des Supply Chain Managements für das Demand Management

Bereits in Abschnitt 1.1.3 dieses Buches wurde darauf verwiesen, dass sich das mit Supply Chains verbundene „Wirtschaften in Netzwerken" stark auf die Wettbewerbsarenen und damit auf die Ausrichtung der Marketinganstrengungen auswirken wird: An den Netzwerkaußengrenzen dominiert ein Inter-Supply Chain-Wettbewerb „(Hyperwettbewerb)", der Intra-Supply Chain-Wettbewerb wird zum internen Positionierungswettbewerb über Aufnahme bzw. Verbleib und Rolle von Akteuren in einer Supply Chain. Ähnlich wurde im vorangegangenen Abschnitt zwischen Intra- und Inter-Supply Chain-CRM unterschieden. Das entspricht im Prinzip der Einteilung in Konsumgüter- und Industriegütermarketing. Erstgenanntes richtet sich an den Endkunden, letztgenanntes betrifft Busines-to-Business-Beziehungen. Nach Backhaus/Voeth (2010)[189] betreffen 70% der Wertschöpfung den Bereich des Vorlieferanten. Demzufolge beeinflusst nicht nur das Marketing die Entwicklung des SCM, sondern umgekehrt trägt

185 Andraski/Haedicke (2003), S. 57.
186 Vgl. Kleinaltenkamp (1997), S. 85–87.
187 Vgl. Hoffmann/Mehra (2000), S. 371.
188 Vgl. Wehling/Borchert (2002), S. 153 ff., Vgl. auch Kap. 3.4, SCM-Arbeitsfeld Wertschöpfung und Regulation.
189 Vgl. Backhaus/Voeth (2010), S. 4.

auch das SCM zu einer weiteren Ausdifferenzierung des Marketings und des Demand Managements bei. Das Marketing *von* Supply Chains kann sich beispielsweise in Form eines gemeinsamen Auftritts am Konsumentenmarkt konkretisieren, wie das folgende Intel-Beispiel zeigt.

Fallbeispiel: Gemeinsame Vermarktung von Supply Chains mit dem Zulieferer Intel

Intel hat als zentraler Zulieferer von Mikroprozessoren eine Strategie des Ingredient Branding gewählt, obwohl Computer-Chips vorher ein reines Industriegut darstellten. Der amerikanische Chipproduzent erzielte 1981 mit dem Chip 8086 in den Computern von IBM einen Durchbruch und hat die dominierende Rolle des Chipproduzenten bis heute nicht eingebüsst. Die Innovationsführerschaft wurde durch Erhöhung der Leistungsfähigkeit und der Einführung der Pentiumgeneration bzw. der Centrino-Reihe für Laptops verteidigt. Das ursprüngliche Kerngeschäft, die Herstellung von DRAM-Speicherchips, wurde nach Verlust der Wettbewerbsfähigkeit durch den Eintritt japanischer Produzenten aufgegeben.

In den 1980er Jahren hatte Intel die an den Kunden gerichtete Werbekampagne „Intel Delivers" durchgeführt und in den 1990er Jahren mit einem Großteil der Computerhersteller vereinbart, dass jeder Rechner mit einem Prozessor von Intel den „Intel Inside"-Aufkleber trägt. Parallel dazu starteten die Produzenten eine Werbekampagne, mit der das Interesse des Endverbrauchers für die Leistungsfähigkeit des verwendeten Mikroprozessors geweckt wurde. Die Hersteller koordinierten und finanzierten die Werbung und erhielten im Gegenzug von Intel eine Kompensation. Der Marktanteil der Prozessoren der Wettbewerber von Intel ist seit Beginn der Marketingstrategie 1989 bis 1998 von 44 % auf 17 % gesunken.

Während für ein hyperwettbewerbsorientiertes Inter-Supply Chain-Marketing demzufolge im Prinzip alle Methoden und Instrumente des Konsumgütermarketing in Frage kommen, macht die aus den Geschäftstypenansätzen des Industriegütermarketings bekannte Ausdifferenzierung von Marketingprogrammen auch für die Anwendung *in* der Supply Chain Sinn.[190] Je höher die spezifischen Investitionen eines Akteurs sind, um in eine Supply Chain aufgenommen zu werden bzw. in ihr verbleiben zu können, desto geringer die rein „marktliche" Steuerung der Supply Chain. Auf Grundlage spezifischer Investitionen lassen sich erste Implikationen für das Intra-Supply Chain-Marketing ableiten (vgl. Abbildung 2.1-11).[191]

Traditionell spannen derartige Marketingmodelle einen zweidimensionalen Raum auf, der die jeweilige Investitionshöhe auf Lieferanten- und auf Abnehmerseite abbildet. Wesentlich ist nicht die absolute Investitionshöhe, sondern das Spezifitätsdelta zwischen den Akteuren. Die aus (ggfs. einseitig) spezifischen Investitionen resultierenden Unsicherheiten bzgl. des zukünftigen Verhaltens potenziell opportunistisch handelnder Akteure sind entscheidendes Attribut für eine adäquate Marketinggestaltung.[192]

Aus Sicht des SCM und damit aus der Dualität von Akteurs- und Netzwerkebene sind die Analysedimensionen zu modifizieren: Zwar stellt eine Analysedimension die spezifischen Investitionen eines potenziellen Supply Chain-Mitglieds als Träger des Intra-Chain-Marketing dar (Akteursperspektive), aber als zweite Dimension gemäß unserer strukturorientierten Netzwerkargumentation müssen prinzipiell die spezifischen

[190] Vgl. Backhaus/Voeth (2010), S. 185 ff., Kleinaltenkamp (1994), S. 77 ff.
[191] Vgl. Dwyer/Schurr/Oh (1987), S. 15 und Bensaou (1999), S. 36.
[192] Vgl. Backhaus/Aufderheide/Späth (1994), S. 23 und später Backhaus/Voeth (2010), S. 199 ff.

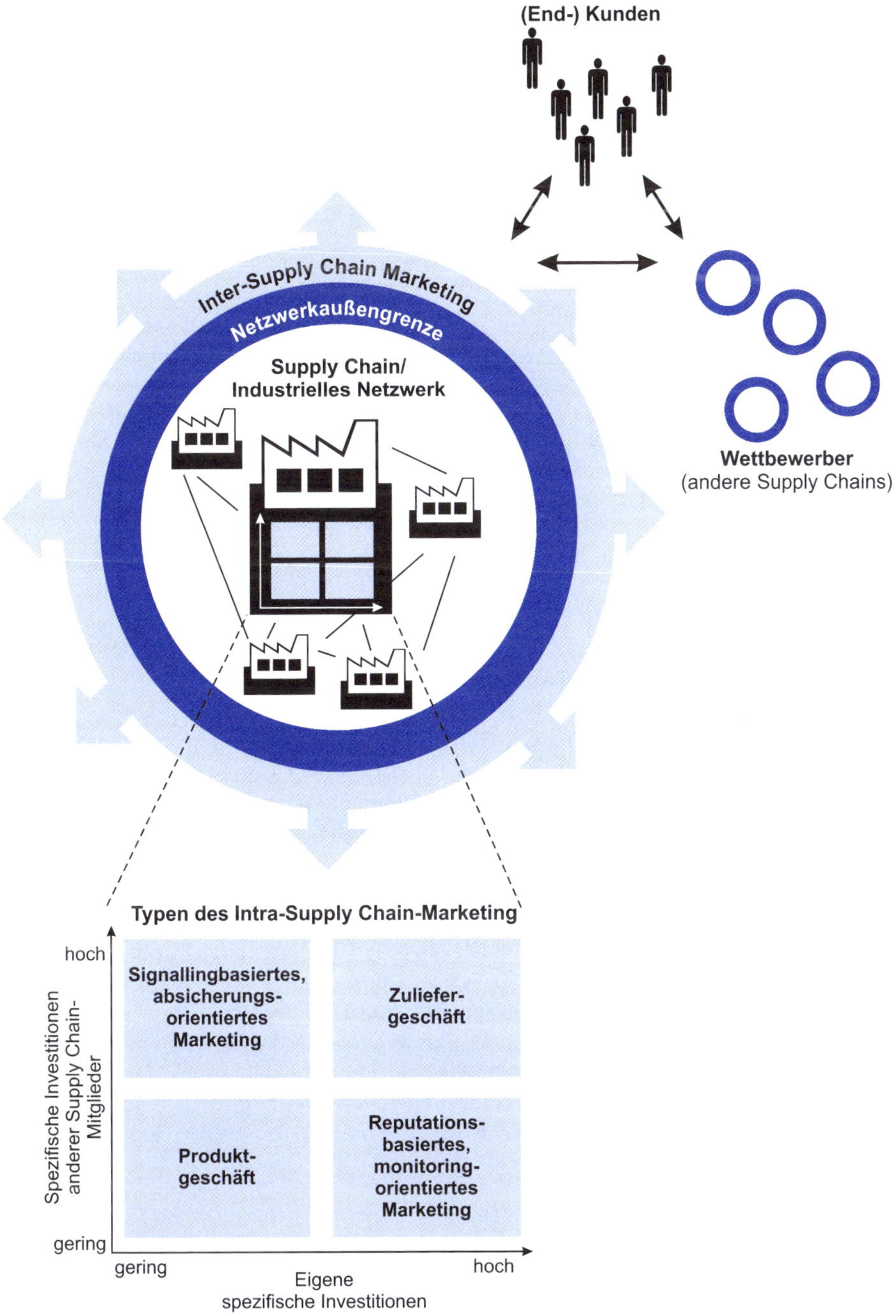

Abbildung 2.1-11: Inter- und Intra-Supply Chain Marketing[193]

[193] Vgl. Backhaus/Voeth (2004), S. 906.

Investitionen der (restlichen) Supply Chain identifiziert werden (Netzwerkperspektive). Je nachdem, ob ein (potenzielles) Supply Chain-Mitglied in Kontakt mit nur einem Netzwerkunternehmen (direkte Zulieferbeziehung) oder mehreren Netzwerkpartnern (bspw. zentraler Dienstleister für mehrere Mitglieder der Supply Chain in einem gemeinsamen Industriepark)[194] tritt, kann es sich damit bei der zweiten Dimension um singuläre oder kumulierte spezifische Investitionen handeln.

Konkret ergeben sich folgende Typen des Marketing *in* Supply Chains:

- Muss sowohl die Supply Chain als auch das (potenzielle) Neumitglied keine spezifischen Investitionen tätigen und existieren damit auch keine ex post- bzw. ex ante-Unsicherheiten, entspricht das Marketing weitgehend dem Produktgeschäft bei Backhaus/Voeth (2010).[195] Man kann deshalb auch von „Not-Managed Process Links"[196] sprechen, da keine kritische Beziehung vorliegt.
- Liegen sowohl auf Seiten des (neuen) Zulieferers als auch auf Seiten der Supply Chain hohe spezifische Investitionen vor, entspricht das Intra-Supply Chain-Marketing dem Zuliefergeschäft bei Backhaus/Voeth (2010).[197] Es wird davon ausgegangen, dass beidseitig spezifische Investitionen eine Art der wechselseitigen Selbstbindung schaffen, gleichzeitig alle Parteien wegen der damit verbundenen strategischen Bedeutung hohen Aufwand für das Beziehungsmanagement betreiben („Managed Process Links"[198]).
- Erfolgen die spezifischen Investitionen jedoch einseitig, so wird die Beitritts- bzw. Aufnahmeentscheidung zur Supply Chain erschwert.[199] Eine der beiden Parteien (neuer Akteur oder Supply Chain) tritt einseitig in Vorleistung und läuft Gefahr, bei Misserfolg die getätigten spezifischen Investitionen als „Sunk Costs" abschreiben zu müssen. Im Fall von System- bzw. Modulzulieferungen tätigen immer die Lieferanten einseitig spezifische Investitionen, da sie bspw. für einen Konzeptwettbewerb bereits ein Supply Chain-spezifisches Lösungsangebot entwickeln müssen.[200] Gleichzeitig senden sie damit ein Signal ihrer Leistungsfähigkeit („exogenously costly signal" im Sinne des Signalling-Ansatzes von Spence (1976)[201]). Allerdings wird zu Recht darauf hingewiesen, dass diese einseitige Vorleistung nicht per se ein Problem sein muss, sondern erst nach Aufnahme in die Supply Chain dem/den anderen Partner(n) ein „Erpressungspotenzial" eröffnet.[202] Gleichzeitig ist ein derart gebundener Zulieferer hochgradig vom Erfolg des Inter-Supply Chain-Marketings abhängig. Zentrales Anliegen des Lieferanten ist daher ein Absicherungsmechanismus bspw. in Form adäquater Vertragsgestaltung durch die Supply Chain.[203] Wir sprechen deshalb in diesem Fall vom Typ des signallingbasierten, absicherungsorientierten Marketings. Die in diesem Marketingtyp skizzierte, einseitige Investitionsbereitschaft ist trotz – oder gerade wegen – der „a priori existence of conflicting interests and divergent plans"[204]

---

194 Zum Konzept des Industrieparks siehe Kap. 2.2.
195 Vgl. Backhaus/Voeth (2010), S. 209 ff.
196 Lambert/Cooper (2000), S. 75.
197 Vgl. Backhaus/Voeth (2010), S. 493 ff.
198 Lambert/Cooper (2000), S. 75.
199 Vgl. Sydow (2001), S. 307.
200 Vgl. Schade/Schott (1993), S. 496.
201 Vgl. Spence (1976), S. 591–593.
202 Vgl. Meyer/Kern/Diehl (1998), S. 130 f.
203 Vgl. Arnold/Eßig (2002), S. 252, Ford et al. (2002), S. 48.
204 Bauer/Cohen (1983), S. 91.

ökonomisch rational, da die anderen Mitglieder (sofern sie ebenfalls ökonomisch rational handeln) auf einseitige Machtausübung verzichten. Denn dies erhöht die Opportunismusneigung des neuen Mitglieds,[205] ohne dass die Supply Chain-Akteure in derartigen Hidden Action-Situationen davon erfahren müssen.[206]

- Investierten dagegen einseitig die Supply Chain-Akteure, um ein neues Mitglied aufnehmen zu können (bspw. in Form neuer Informations- und Kommunikationsinfrastruktur zur Beseitigung von Inkompatibilitäten), muss der (potenzielle) Zulieferer im Rahmen seines Marketings dieser Problemlage der Supply Chain adäquat begegnen, um vom Out- zum In-Supplier zu werden.[207] Unterstellt man einen hohen Anteil von Erfahrungs- und Vertrauenseigenschaften[208] bei typischen Modulleistungen, geht es in erster Linie (a) um die Schaffung eines Initialvertrauens bei der Supply Chain gegenüber dem potenziellen Partner („Initial Trust"-Situation)[209] und (b) die Rechtfertigung des Vertrauens durch konsequente Monitoring-Bereitschaft nach Eintritt in die Supply Chain („Trust but verify"-Situation)[210]. Da Reputation als anbieterorientiertes Muster zur Schaffung von Vertrauen beim Nachfrager verstanden wird,[211] liegt der Fall eines reputationsbasierten, monitoringorientierten Marketings vor. Monitoring-Aktivitäten können dabei die in Supply Chains vorhandenen Informationsasymmetrien zwischen den Partnern niemals vollständig auflösen (Problem des „Undetected Opportunism")[212], da diese Asymmetrien nicht das Problem, sondern zwingende Voraussetzung für die Entstehung einer Supply Chain sind. Sinn und Zweck der Zusammenarbeit in einer Supply Chain ist ja die Kombination unterschiedlicher Kompetenzen und unterschiedlichen Wissens.[213] In einer empirischen Untersuchung kommen Norris/McNeilly (1995) zu dem Schluss, dass einseitig spezifische Investitionen (hier: der Supply Chain) das Commitment des jeweils anderen Partners (hier: des neu aufzunehmenden Mitglieds) – und damit seine Bereitschaft zur Informationsweitergabe im Rahmen des Monitorings – erhöhen.[214] Der Marketingtyp entspricht damit weitgehend den „Monitored Process Links" im SCM-Modell von Lambert/Cooper (2000).[215] Problematisch bleibt die bereits in Abschnitt 1.1.5 angesprochene Tatsache, dass leistungsfähige Zulieferer meist Mitglied mehrerer, am Absatzmarkt konkurrierender Supply Chains sind.[216] Ein kollegial organisiertes Inter-Supply Chain-Marketing wird enorm erschwert, da dies möglicherweise zu einer Art „Marketing-Schizophrenie" bei Zulieferern mit Doppel- oder Mehrfachmitgliedschaft in unterschiedlichen Supply Chains führen würde.

---

205 Vgl. John (1984), S. 281.

206 Vgl. Spremann (1990), S. 566 und 571 f., Beißel (2003), S. 29 f.

207 Zur Definition von In- und Out-Supplier vgl. Luthardt (2002), S. 31.

208 Vgl. Darby/Karni (1973), S. 68 f., Nelson (1970), S. 312 und darauf aufbauend Beißel (2003), S. 36–39.

209 Vgl. McKnight/Cummings/Chervany (1998), S. 475.

210 Vgl. Lewicki/McAllister/Bies (1998), S. 445–447, vgl. auch Darkow/Richter (2004), S. 118 f., Ford et al. (2002), S. 106–111, Weber/Bacher/Groll (2002), S. 153–155.

211 Vgl. Corsten/Gössinger (2001), S. 38, Kleinaltenkamp (1992), S. 817 f., Müller (1996), S. 93 ff., Spremann (1988), S. 620, Spremann (1990), S. 578.

212 Hill (1990), S. 510.

213 Aulinger (1999), S. 97.

214 Vgl. Norris/McNeilly (1995), S. 70 und 80.

215 Vgl. Lambert/Cooper (2000), S. 75.

216 Vgl. Hahn (2000), S. 13, Lambert/Cooper (2000), S. 69 sowie für ein empirisches Fallbeispiel die Aussagen bei Hawranek (2001), S. 104.

Der Zusammenhang zwischen Marketing und Supply Chain Management ist bidirektional: Marketingkonzepte beeinflussen die Entwicklung des SCM und umgekehrt. Christopher/Gattorna (2005)[217] sehen in der Kongruenz zwischen Kundenanforderungen und Supply Chain-Typen einen zentralen Erfolgsfaktor (vgl. Abbildung 2.1-12). Ist das Kundenverhalten eher schlechter planbar,[218] weil die Kunden sehr innovative Lösungen benötigen und im Gegenzug eher wenig preissensibel sind, muss die Supply Chain entsprechend primär Flexibilitätspotenziale vorhalten. Demgegenüber erfordern bspw. preissensible, besser planbare Kundennachfragen eine „schlanke", d. h. kosteneffiziente und einfache Supply Chain. „Alignment" steht im Kern für die Korrespondenz (vgl. Abbildung 2.1-12) dominierender Typen des Kundenverhaltens mit entsprechenden Supply Chain-Typen und wird in Kapitel 2.2 nochmals aufgegriffen. Supply Chain Management wäre damit de facto Demand Chain Management.[219]

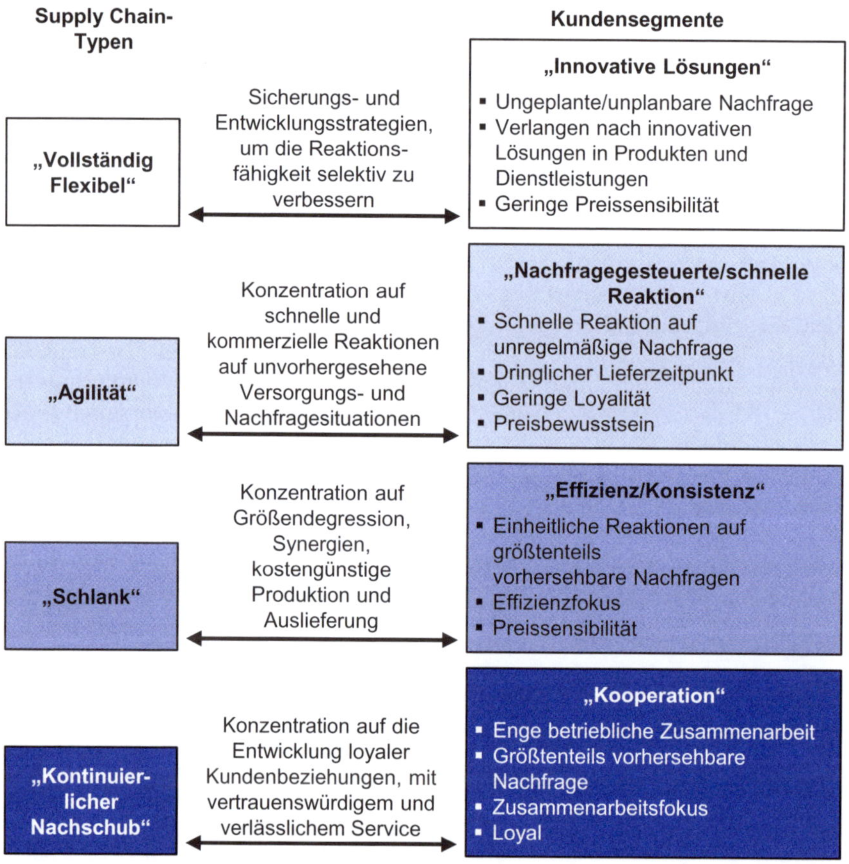

Abbildung 2.1-12: Abgestimmter Wertbeitrag im Kontext zwischen Supply Chain-Typ und Kundensegment[220]

[217] Und ähnlich Heikkilä (2002), Storey/Emberson/Reade (2005), S. 242 ff.
[218] Vgl. zu den Fragen des Informationsstandes und der Planbarkeit Zotteri/Verganti (2001), S. 221 ff.
[219] Vgl. Heikkilä (2002), S. 749.
[220] Vgl. Christopher/Gattorna (2005), S. 120.

2.2 Bezugspunkt Produktion (Operations Management)

LERNZIELE

Am Ende dieses Kapitels sollten Sie in der Lage sein,

- den Einfluss der Produktion auf die Entwicklung des SCM zu kennen,
- die Bedeutung des Fertigungstyps auf die Gestaltung der Supply Chain zu erkennen,
- die Konzepte des Collaborative Manufacturing, Postponement und Mass Customization in ihrer Wirkung auf und für das SCM zu erklären sowie
- den Beitrag des Operations Managements zum SCM zu bewerten.

Der Aufbau dieses Kapitels gestaltet sich wie folgt:

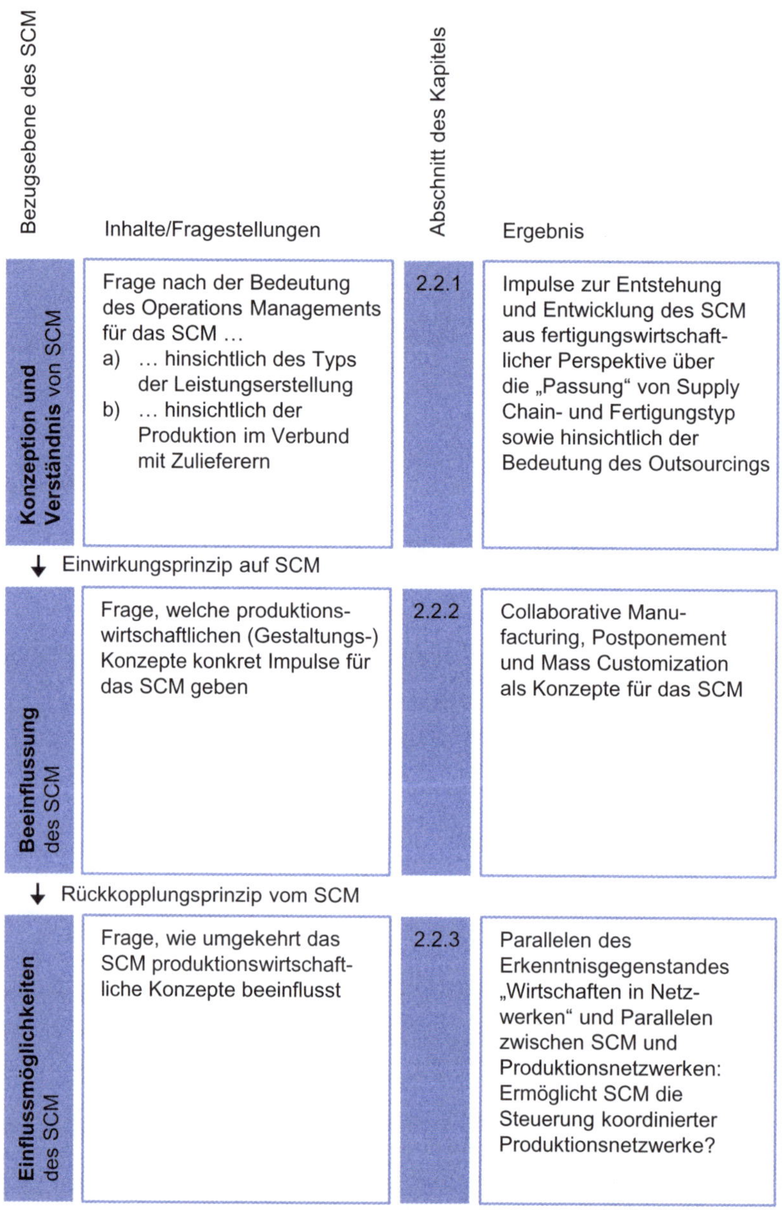

Abbildung 2.2-1: Aufbau von Kapitel 2.2

2.2.1 Impulse des Operations Managements für das SCM

Fallbeispiel: Das Build-to-Order System der BMW Group.

Die BMW Group ist ein Automobilhersteller des sogenannten „Premiumsegments" mit den Marken BMW, MINI und seit Januar 2003 Rolls-Royce. Im Jahr 2008 verzeichnete das Unternehmen eine Umsatzrendite von 0,7 %.[221] Grundlage hierfür ist eine konsequent verfolgte Premiumstrategie.

Alle Fahrzeuge werden gemäß Kunden- bzw. Händlerauftrag, d. h. nach Einzelkonfiguration von Typ, Farbe und Ausstattung im Rahmen einer Build-to-Order-Strategie hergestellt. Ein differenziertes Modellprogramm, das kontinuierlich ausgebaut wird, bietet die Voraussetzung für die Erfüllung individueller Kundenwünsche. Die BMW Group verfügt über 23 Produktionsstätten in 14 Ländern und ist auf über 160 Märkten der Erde präsent. Zum Produktionsnetzwerk zählen acht Produktionsstätten für BMW und MINI Automobile wie auch BMW Motorräder, drei Motorenwerke und vier Fertigungsstandorte u. a. für Komponenten. Hinzu kommen CKD-Montagewerke (CKD – completely knocked down) für BMW Automobile in sieben Ländern, die überwiegend in Kooperation mit externen Partnern betrieben werden. Der Rollce-Royce Phantom wird in Handmanufaktur im südenglischen Goodwood gebaut.

Die Produktionsstandorte folgen den Hauptabsatzmärkten und zeichnen sich durch Flexibilität in der Belegung mit verschiedenen Modellen, in den Arbeitszeiten und in der Logistik aus. In einem Verbundsystem kooperieren sie eng miteinander.

Das Vertriebs- und Servicenetz der BMW Group besteht aus 27 eigenen Vertriebsgesellschaften sowie Vertriebsbüros und einem Netz von ca. 3.200 Handelsbetrieben. Kleinere Märkte bedient die BMW Group über Importeure. Damit ist das Unternehmen in den Schlüsselmärkten aller fünf Kontinente gut vertreten.

Fragt man Käufer von Premium-Automobilen, wie sie sich die Abwicklung einer Neufahrzeugbestellung wünschen, stehen folgende Aspekte im Vordergrund:

- Einfacher Bestellvorgang mit sofortiger Nennung eines verbindlichen Liefertermins „auf Knopfdruck" in Rahmen des Verkaufsgesprächs.
- Keine Lieferengpässe, d. h. freie Auswahl innerhalb der Angebotspalette.
- Flexibilität bei Änderungswünschen während der Laufzeit der Bestellung, d. h. solange das Fahrzeug noch nicht produziert wurde, z. B. in Farbe, Ausstattung und Motorisierung.
- Auf die persönlichen Belange zugeschnittene Finanzierungsangebote.
- In dringenden Fällen trotz kundenspezifischer Build-to-Order-Abwicklung eine kurze, d. h. nach Tagen oder wenigen Wochen bezifferbare Lieferzeit.
- Ggf. Auskunftsfähigkeit über den Stand der Auftragsabwicklung.
- Pünktliche Auslieferung zum gewünschten bzw. zugesagten Termin, mit dem der Kunde „rechnen", d. h. verlässlich planen kann.

Ausgehend von diesen Anforderungen hat die BMW Group den Kundenprozess von der Bestellung bis zur Fahrzeugübergabe neu ausgerichtet und in wesentlichen Aspekten weiterentwickelt. Einen wichtigen Beitrag dazu leistet ein flexibles Fertigungs- und Produktionssystem im Verbund der BMW-Werke und -Lieferanten.

Um die avisierten Zeitziele zu erreichen, waren in der Produktionssteuerung umfangreiche Veränderungen erforderlich (vgl. Abbildung 2.2.-2).

In der Vergangenheit wurde die Kundenorder bereits im Karosserierohbau zugeordnet – durch Einprägen der Fahrzeugnummer in die Rohkarosserie. Die Karosserie wurde lackiert

[221] Vgl. BMW Group Geschäftsbericht (2008), S. 57.

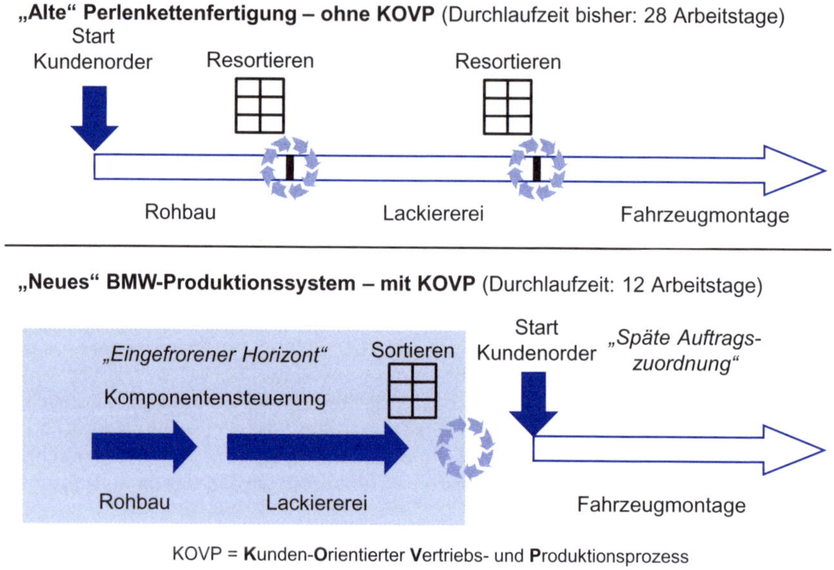

Abbildung 2.2-2: Das BMW Produktionssystem[222]

und erreichte je nach Stabilität der Planungs- und Fertigungsprozesse früher oder später die Montage. In die Montage wurden die gerade verfügbaren, lackierten Karosserien eingesteuert, wobei die Reihenfolge eine andere sein konnte als bei Start der Kundenaufträge. Dieses System erlaubte keine weitere Verkürzung der Durchlaufzeiten und keine wesentliche Steigerung der Termintreue. Die damit verbundene Terminunsicherheit für den einzelnen Auftrag musste von der Montage durch kurze Vorlaufzeiten in der Materialdisposition oder höhere Sicherheitsbestände abgepuffert werden.

Seit dem Aufbau eines neuen Produktionsablaufs in den Werken – mit einem Wechsel vom Push- zum Pullprinzip – liefert das Steuerungssystem erheblich genauere Vorhersagen. Der wesentliche Paradigmenwechsel besteht in einer neu geschaffenen Komponentensteuerung. Die in die Produktion eingesteuerten Kundenaufträge „ziehen" (englisch: pull) die erforderlichen lackierten Karosserien aus den beiden vorgelagerten Bereichen. Mit dieser Steuerungsstrategie werden die komplexen Fertigungsabläufe des Rohbaus und der Lackiererei in überschaubare, sich selbst regelnde Einheiten (Produktions-Prozess-Elemente = PPE) aufgeteilt.

Mittels eines auf Fuzzy-Logic basierenden Optimierungsmoduls wird darüber hinaus die Produktionsreihenfolge der Fahrzeuge innerhalb der einzelnen Produktionsbereiche (Rohbau, Lackiererei, Montage) und produktionsbereichsübergreifend optimal abgestimmt. Dabei werden sowohl die Mixanforderungen der zu produzierenden Fahrzeuge pro definierter Zeiteinheit als auch die logistischen Anforderungen (z. B. Materialverfügbarkeit) und die arbeitstechnischen Belange (z. B. Montagerestriktionen) der Produktionsbereiche berücksichtigt. Diese optimierte Abstimmung ist die Grundlage einer gemäß Zielsetzung erhöhten und bereits erreichten Reihenfolgestabilität von ≥ 95 Prozent im Produktionsabschnitt und stellt damit ein Kernelement von KOVP dar.

In dem neuen Produktionssystem werden passende Rohkarosserien als Zulieferteile ohne festen Kundenauftragsbezug vorlaufzeitabhängig gestartet und nach Lackierung, Resortierung und rechtzeitiger Bereitstellung in einem Karosserie-Sortierspeicher von der

222 Vgl. Reithofer (2005), S. 284.

Endmontage abgerufen. Da dies nur mit einer begrenzten Zahl von Karosserievarianten wirtschaftlich und prozesszeitrelevant darstellbar ist, kam es u. a. darauf an, diese Zahl in Zusammenarbeit mit der Produktentwicklung deutlich zu verringern. Durch entsprechende konstruktive Veränderungen ist dies gelungen: arbeitete ein Werk vor zehn Jahren noch mit weit über tausend unterschiedlichen Rohbauvarianten, wurde diese Zahl bis heute je nach Produktionsprogramm um den Faktor 100 und mehr verringert.

Die Projektorganisation zur Entwicklung des BMW-Produktionssystems bestand aus insgesamt fünf Teilprojekten, in die rund 100 interne Mitarbeiter und drei externe Partnerfirmen eingebunden waren. Der Roll-Out in die ausländischen Fahrzeugwerke erfolgt über sogenannte Internationale Business Support Groups (IBSG), die sich aus Projektmitarbeitern und Mitarbeitern der Werke zusammensetzen. Dadurch können die Inbetriebnahmezeiten sowie der notwendige Schulungs- und Einarbeitungsaufwand verkürzt werden.

Den finanziellen Aufwendungen für Ordering-, Beschaffung- und Distributionssysteme, für flexible Steuerung und beschleunigte Abläufe stehen unmittelbar finanzielle Vorteile durch reduzierte Material- und Fahrzeugbestände, höheren Kundenbelegungsgrad und besseren Modell- und Ausstattungsmix gegenüber. Neben BMW selbst profitiert auch die Handelsorganisation von den Veränderungen – insbesondere durch attraktivere Angebote, reduzierte Kapitalbindungskosten und höhere Kundenzufriedenheit. Vorteile für Lieferanten sind reduzierte Materialbestände, Durchlaufzeiten und Logistikkosten, stabilere Planungsszenarien, unabhängige Arbeitszeiten gegenüber den BMW Group Produktionsstätten und damit effizienter Einsatz von Personal und Anlagen.

Ganz wesentlich – und darauf richten sich alle Bemühungen letztlich aus – sind die Vorteile aus Kundensicht: die vollständige Erfüllung der eingangs beschriebenen Erwartungen beim Fahrzeugkauf. Auch die Zufriedenheit der BMW-Händler mit ihrem Hersteller ist gestiegen, wie eine Studie der Bamberger Forschungsstelle Automobilwirtschaft [FAW] vom März 2000 belegt.[223] Dies ist nicht zuletzt auf die „Einhaltung zugesagter Liefertermine" zurückzuführen, wo BMW den höchsten Zufriedenheits-Mittelwert erreichte.

Quelle: Entnommen aus Reithofer (2005), S. 272 ff.

Das Fallbeispiel BMW greift viele Aspekte auf, die sowohl zu den Grundsatzüberlegungen zum SCM (Kapitel 1 dieses Buches) als auch zu den Impulsen des Marketings für die Entwicklung des SCM passen: BMW fertigt in der Zwischenzeit im „Netzwerk" des Produktionsverbundes. Dabei kann der Kunde bis kurz vor Produktionsstart seine Bestellung ändern. Endkundenorientierung ist damit auch aus Sicht der Produktion bzw. des Operations Management wesentlicher Erfolgsfaktor.

Kundenorientierung bedeutet dabei keinesfalls zwingend eine auftragsbezogene Fertigung (Make-to-Order). Agrawal et al. (2001) zitieren eine J.D. Powers-Studie, derzufolge (nur) 17 % der nordamerikanischen Autokäufer ein auftragsspezifisch gefertigtes Auto kaufen würden, vorausgesetzt, es wird nicht teurer und die Lieferzeit liegt unter acht Wochen.[224] Der nordamerikanische Automobilmarkt ist deutlich preissensibler, gleichzeitig erwartet der Kunde den Kauf des Wagens unverzüglich ab Hof des Händlers. Offensichtlich müssen hier andere Fertigungsprozesse greifen als Make-to-Order, um sowohl Verfügbarkeit als auch niedriges Kostenniveau realisieren zu können.

---

[223] Vgl. FAW (2002), S. 112 und S. 114.

[224] Vgl. Agrawal/Kumaresh/Mercer (2001), S. 69.

Make-to-Order steht für ein „Pull"-Modell, bei dem der Kunde das Produkt quasi aus der Fertigung „zieht".[225] Auslöser ist der konkrete Kundenauftrag. Das „Push"-Modell sieht demgegenüber eine Fertigung vor, die unabhängig vom Einzelkundenauftrag auf Basis einer Prognose Produkte quasi in den Markt „drückt" (Make-to-Stock). Die nordamerikanischen Automobilhersteller gehen davon aus, dass Einsparungen von bis zu 3.600 US-$ pro Fahrzeug möglich sind, wenn die Fertigung vom Make-to-Stock-zum Make-to-Order-Ansatz umgestellt ist.[226] Diese Einsparungen lassen sich hauptsächlich über Bestandsreduzierungen begründen. Man geht davon aus, dass 70 % der Kapitalkosten, die mit Abschreibungen auf veraltete Bestände an Fertigfahrzeugen bei Modellwechseln, Vorräte an Zukaufteilen, Vorprodukten und Rohstoffen sowie Fertigungsstrukturen abgebaut werden könnten.[227]

Trotz dieser Vorteile ist Make-to-Order keineswegs ein „Idealkonzept" für alle Arten des kundenorientierten Operations Managements. Stattdessen bestimmen die Kundenanforderungen den zu erstellenden Produkttyp und dieser wiederum die Form der fertigungsorientierten Supply Chain, was am Ende von Kapitel 2.2 unter dem Begriff des „Alignment" bereits angesprochen wurde.[228] *Funktionale Produkte*, deren Nachfrage zwar gut prognostiziert werden kann (bspw. Mehl), bei denen die Kunden aber sehr preissensibel reagieren, erfordern eine effiziente bzw. „schlanke" („lean") Supply Chain. Innovative Produkte wie Markenkleidung oder High-Tech-Elektronik erwirtschaften zwar in der Regel deutlich höhere Deckungsbeiträge, ihre Nachfrage ist aber schwer prognostizierbar. Sie erfordern eine agile bzw. flexible Supply Chain.[229] Eine Übersicht gibt Abbildung 2.2-3.[230]

Während Produktionsprozesse auf der Ebene des einzelnen Akteurs nach „Make-to-Order"- und „Make-to-Stock"-Typ unterschieden werden können,[231] sind „reine" Push- und Pull-Systeme auf Netzwerkebene der Supply Chain eher die Ausnahme. Auch das skizzierte BMW-Fallbeispiel enthält beide Elemente. Sollte „Make-to-Order" vollständig realisiert sein, so würde das bedeuten, dass erst mit Auftragserteilung durch den Kunden bspw. mit dem Abbau eines Rohstoffs begonnen werden würde. In den meisten Fällen gibt es einen Punkt in der Supply Chain, der den Übergang zwischen auftragsbezogener und auftragsneutraler Produktion markiert. Dieser sogenannte „Order Penetration Point" (OPP) wurde begrifflich von Sherman (1984) eingeführt und als „the point where product specifications typically get frozen, and as the last point at which inventory is held" definiert (vgl. Abbildung 2.2-4).[232]

Die Position des Order Penetration Point in der Supply Chain ist erfolgskritisch. Auftragsungebundene bzw. -neutrale Massenfertigung ermöglicht niedrige Produktions-

---

225 Alternativ ist auch von „Production-to-Order" versus „Production-in-Advance" die Rede, vgl. Tasnádi (2004), S. 191 f.

226 Vgl. Agrawal/Kumaresh/Mercer (2001), S. 67.

227 Vgl. Agrawal/Kumaresh/Mercer (2001), S. 66.

228 Vgl. Alicke (2003), S. 143 ff.

229 Vgl. Bruce/Daly/Towers (2004), S. 152–154.

230 Die inhaltliche Ausgestaltung effizienter bzw. agiler Supply Chains wird in Kapitel 3.3 ausführlich behandelt.

231 Zu einer weiteren Ausdifferenzierung mit Purchase-and-Make-to-Order, Assemble-to-Order oder Deliver-to-Stock vgl. Meyr (2003), S. 944 f.

232 Synonym ist auch vom Entkopplungspunkt (Vgl. Meyr 2003, S. 942) oder vom Material Decoupling Point die Rede, wobei alternativ auch zwischen diesem und dem Information Decoupling Point unterschieden wird, vgl. Mason-Jones/Towill (1999), S. 16–18.

	Funktionale Produkte (gut prognostizierbar)	**Innovative Produkte (schwer prognostizierbar)**
Kundenbedürfnisse	Basisbedürfnisse	technische Innovation, Mode, Luxusgüter
Produktlebenszyklus	mehr als zwei Jahre	3 bis 12 Monate
Deckungsbeitrag	5% bis 20% vom Umsatz	20% bis 60% vom Umsatz
Anzahl Varianten	niedrig	hoch (durch Kunden konfigurierbar)
Mittlerer Prognosefehler bei Produk-tionsbeginn	10%	40% bis 100%
Mittlere Stockout Rate	1% bis 2%	10% bis 40%
Mittlerer Preisnachlass am Saisonende	0%	10% bis 25%
Kundenfokus	Preis/Kosten	technische Innovation, Service
Preisstabilität	sehr hoch	relativ niedrig
Beispiele	Salz, Mehl, Gebrauchsgüter, Low End Computer Peripherie	Hochwertige Mountainbikes, Markenkleidung, Laptops
	↓	↑
	Physisch effiziente Supply Chain	**Responsive, flexible Supply Chain**
Dominante Funktion	Physische Funktion	Marktmediationsfunktion
Ziel	Produktions-, Transport- und Lager-kosten minimieren	Reaktionszeit, Stockouts und unverkaufte Ware minimieren
Fokus der Herstellung	Hohe Auslastung	Kapazitätsreserven vorhalten
Lagerstrategie	Häufiger Lagerumschlag, minimale Bestände	Hohe Sicherheitsbestände am richtigen Ort
Fokus Durchlaufzeit	Reduzieren, solange Kosten nicht steigen	Aggressive Investition in Verkürzung
Kriterien Zulieferer-Auswahl	maximale Qualität	Geschwindigkeit, Flexibilität und Qualität
Produkt-Entwicklung	Maximaler Durchsatz bei minimalen Kosten	Modulares Design, Postponement
Beispiele	Lebensmitteldistribution, Kohle, Erdöl	Pharmadistribution (Lieferung in 4h), Kurierdienste

Abbildung 2.2-3: Produkt- und Supply Chain-Typen im Vergleich[233]

kosten, auftragsbezogene Montage ermöglicht Individualisierung. Beide Aspekte sind in wettbewerbsintensiven Märkten von hoher Bedeutung. Gleichzeitig muss versucht werden, große Fertigungsmengen zur Stückkostensenkung mit niedrigen Obsoleszenzraten zu verbinden. Supply Chains existieren daher häufig nicht als „reine" Extremtypen einer schlank-effizienten oder einer agil-flexiblen Ausrichtung, sondern als

[233] In Anlehnung an Alicke (2003), S. 145 und 147.

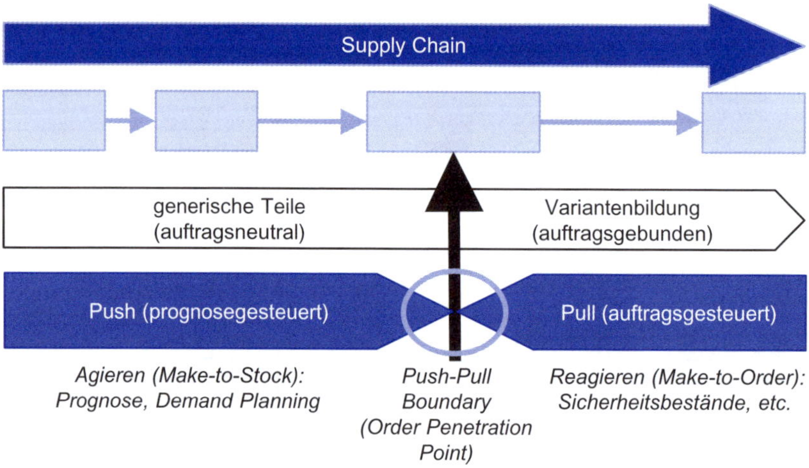

Abbildung 2.2-4: Der Order Penetration Point in der Supply Chain[234]

Mischtyp („leagile" als Kombination aus „lean" und „agile").[235] Der beschaffungsseitige Teil vor dem Order Penetration Point ist schlank („lean downstream"), der kundenseitige Teil nach dem Order Penetration Point ist flexibel („agile upstream"). Einen Ansatzpunkt zur „Neupositionierung" des Order Penetration Point in der Supply Chain liefert das Fallbeispiel Hewlett Packard.

Fallbeispiel: Der Order Penetration Point bei Hewlett Packard.

Hewlett Packard ist der Marktführer im Bereich Laser- und InkJet-Drucker. Ein Drucker wurde früher selbstverständlich ausschließlich mit einem englischen Handbuch geliefert. Nach und nach setzte hier ebenfalls eine Variantenbildung ein, die Typenschilder wurden in der Landessprache gefertigt, die Netzteile, Handbücher und die Verpackung wurden an die länderspezifischen Anforderungen angepasst. Bedingt durch die Öffnung der osteuropäischen Märkte stieg hier die Zahl der länderspezifischen Varianten nochmals an. In einem dynamischen Umfeld mit Lebenszyklen von 6 bis 18 Monaten wurde der Produktions- und Distributionsprozess nicht angepasst. Denn jede Druckvariante wurde im Stammwerk in den USA hergestellt. Die Distribution geschah per Schiff, da die Transportkosten im Vergleich zu dem erzielbaren Gewinn bei Luftfracht zu hoch waren. In Europa wurden die Drucker in einem zentralen Distributionszentrum empfangen und auf die regionalen Großhändler verteilt.

Abb. 2.2-5 zeigt die Supply Chain bei Hewlett Packard Anfang er 90er Jahre, vor (siehe Abbildung: „Ist") und nach (siehe Abbildung: „Soll") Einführung des Postponements. Die Varianten a, b und c werden früh gebildet, die Kunden werden von den Großhändlern (GH) beliefert. Das neue Konzept sieht eine späte Variantenbildung beim Logistikdienstleister (Distribution) vor. Die Flexibilität der Supply Chain steigt, Bestände werden reduziert.[236]

Nun trat der Fall auf, dass Variante a nachgefragt wurde, aber kein Bestand vorhanden war. Von Druckern der übrigen Varianten (b, c) war ein Bestand vorhanden, aber es existierte keine Nachfrage. Obwohl die variantenbestimmenden Komponenten einfache

[234] In Anlehnung an Alicke (2003), S. 132 ff.
[235] Vgl. Bruce/Daly/Towers (2004) S. 154 f. und ähnlich bei Yang/Burns/Backhouse (2004), S. 476.
[236] In Anlehnung an Alicke (2003), S. 134.

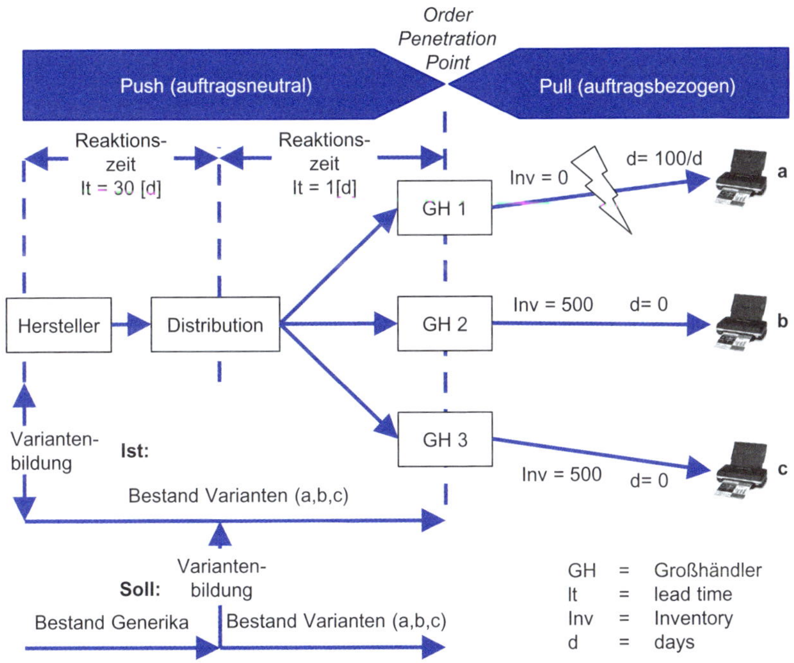

Abbildung 2.2-5: Order Penetration Point bei Hewlett Packard[237]

Typenschilder und Handbücher waren, konnten die Bestände nicht ausgeglichen und damit die Nachfrage nicht befriedigt werden. In Märkten, in denen Produkte wie Drucker mehr und mehr zu Konsumgütern werden, sollten solche Situationen vermieden werden, da sie zu sog. „Lost Sales" führen.

Der Order Penetration Point lag bei einem europäischen Distributionszentrum, hier war die Kundennachfrage bekannt. Die Bildung der Varianten geschah allerdings schon in dem Werk in den USA, also 30 Tage früher, und wurde durch ein Push-Prinzip über Prognosen gesteuert.

Folgende Maßnahmen wurden diskutiert, um die Lieferfähigkeit zu erhöhen und damit die Lost Sales zu verringern:

- Verkürzen der Reaktionszeit durch Wechsel des Transportmediums auf Luftfracht – schied hier aus Kostengründen aus.
- Vorhalten höherer Sicherheitsbestände und damit auch eine längere Reaktionszeit, was bei Märkten mit einer stark schwankenden Kundennachfrage und kurzen Lebenszyklen zu hohen Verschrottungskosten bzw. Preisreduktionen bei Produktauslauf führen kann und daher nicht realistisch ist.
- Verbesserung der Prognosegenauigkeit und damit Planbarkeit – das Problem der Push-Steuerung der 30 Tage Lieferzeit bleibt bestehen.
- Änderung des Produktentstehungsprozesses, d.h. Verschieben der Variantenbildung in Richtung downstream.

Das Ziel sollte sein, die Varianten dort zu bilden, wo der Kundenbedarf entsteht. Die Drucker unterscheiden sich nur durch wenige Komponenten, also werden generische Drucker in den USA hergestellt, nach Europa geliefert und hier erst mit den länderspezifischen

[237] Alicke (2003), S. 134 ff.

Komponenten versehen. Das Konzept der späten Variantenbildung verlagert also die variantenbildenden Schritte im Herstellungsprozess in Richtung Kunde, wie in Abb. 2.2-3 (Soll) dargestellt ist. Der Ort der Variantenbildung ist also idealerweise identisch mit dem Order Penetration Point.

Quelle: Entnommen aus Alicke (2003), S. 133 ff.

Die Diskussion des Order Penetration Point macht bereits deutlich, warum die traditionell als Fertigung oder Produktion bezeichnete Unternehmensfunktion zunehmend mit dem Begriff „Operations Management" belegt wird. Operations Management wird dabei durchaus uneinheitlich verwendet.[238] Im weitesten Sinne steht es einerseits für das Management von Produktions- sowie Dienstleistungsprozessen und andererseits für einen Funktionalbereich, der neben dem Kern der Fertigung teilweise auch die Logistik oder sogar das gesamte Supply Chain Management umfasst. Die Nähe des Operations Management zum Supply Chain Management zeigt sich in erster Linie über den „neuen" Erkenntnisgegenstand des Netzwerks.

Sowohl die Fallbeispiele BMW wie Hewlett Packard haben verdeutlicht, dass auch aus Sicht der Fertigung die Konzentration auf das Management eines einzelnen Unternehmens als Akteur in der Gesamtwertschöpfung oft keine optimalen Ergebnisse gewährleistet. BMW kann nicht ohne seine Zulieferer späte Kundenwunschänderungen realisieren, HP nicht ohne Distributoren eine Verschiebung des Order Penetration Point zum Kunden hin umsetzen. Man spricht von „Produktionsnetzwerken": Produktionsnetzwerke kennzeichnen Netzwerkverbindungen, die einen Schwerpunkt der Zusammenarbeit im Bereich der Produktion und angrenzender Beschaffungs- sowie Absatzprozesse haben. An die Stelle eines einzelnen Industrieunternehmens mit hoher Fertigungstiefe tritt ein Verbundsystem von Akteuren, die ihre jeweiligen Kernkompetenzen einbringen, Ressourcen und Risiken teilen sowie gemeinsam Wettbewerbsvorteile erwirtschaften (interorganisationales Produktionsnetzwerk).[239] So ist in Produktionsnetzwerken bspw. eine Kostensenkung durch Nutzung der Erfahrungskurve der Interaktion möglich: Die Erfahrungskurve der Interaktion resultiert aus der Zusammenarbeit in Netzwerken, was ähnlich der Kostenerfahrungskurve eine Reduzierung der Stückkosten ermöglicht. Auslöser dafür können wechselseitige Lerneffekte oder ein partieller Verzicht auf Sicherungs- und Koordinationsmechanismen sein.[240]

Die Entwicklung von der Akteurs- zur Netzwerkorientierung lässt sich empirisch über die Reduzierung der Leistungstiefe belegen. Abbildung 2.2-6 zeigt, dass der Eigenfertigungsanteil eines durchschnittlichen Industrieunternehmens an der Gesamtwertschöpfung (Umsatz) bei unter 50 % liegt. Das bedeutet, dass der überwiegende Teil der Wertschöpfung nicht mehr vom betrachteten Unternehmen (Akteur), sondern von seinem Zuliefernetzwerk erbracht wird. Konsequenterweise bezieht sich das Operations Management zunehmend auf die Optimierung der Wirtschaftlichkeit des Produktionsnetzwerks, weniger auf eine einzelne Produktionsfunktion.

Für die zunehmende Tendenz, Produktionsaktivitäten auf spezialisierte Zulieferer auszulagern, hat sich der Begriff Outsourcing eingebürgert.

Die Idee des Outsourcing ist prinzipiell nicht neu. Ursprünglich wurde die Diskussion um Fremdbezug oder Eigenfertigung unter dem Begriff „Make or Buy" ge-

---

238 Vgl. Thonemann (2005), S. 26 f.

239 Vgl. Kaluza/Blecker (1999), S. 268 f., Pfohl (2001), S. 35.

240 Vgl. Kaluza/Blecker (1999), S. 269–271.

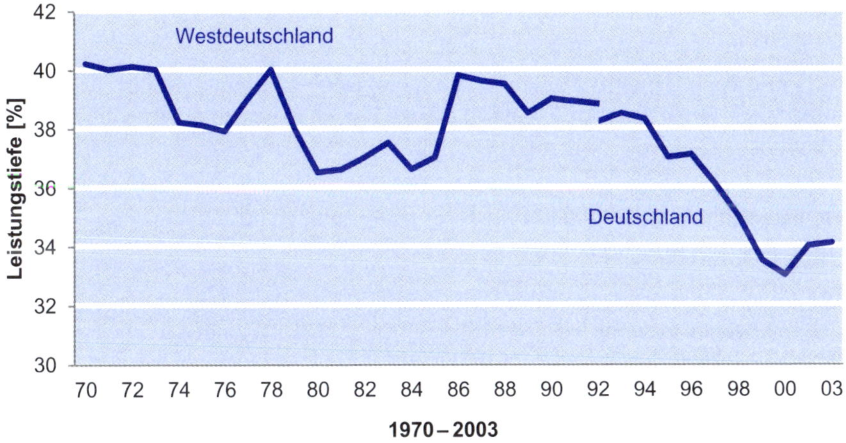

Abbildung 2.2-6: Leistungstiefe der deutschen Industrie (Anteil der Bruttowertschöpfung des verarbeitenden Gewerbes am Wert seiner eigenen Produktion)[241]

führt.[242] Dabei ging es häufig um eine rein produktionsorientierte, kurzfristig und operativ ausgerichtete Sichtweise. Outsourcing hat seinen Ursprung in der Auslagerung der computergestützten Informationsverarbeitung auf Fremdfirmen.[243] In der Zwischenzeit steht der Begriff für eine langfristig ausgerichtete Entscheidung zugunsten des Fremdbezugs bei jeder Form von Funktionen, Gütern und Dienstleistungen (strategische „Buy"-Entscheidung).

Outsourcing entstammt dem anglo-amerikanischen Sprachraum und ist von den Begriffen „Outside Resource Using" abgeleitet.[244] Es stehen drei Aspekte im Vordergrund:

- Outside bedeutet eine Leistungserstellung außerhalb des eigenen Unternehmens. Damit wird die Grenze zur Unternehmensumwelt ein zentraler Bestimmungsfaktor – allerdings ist diese Grenze immer schwerer zu ziehen: Wir haben bereits mehrfach darauf hingewiesen, das Leistungserstellung verstärkt im (Produktions)Verbund erfolgt. Mit der Zunahme von Strategischen Allianzen werden die Außengrenzen unschärfer, mit der Verselbstständigung einzelner Abteilungen (Profit Center) verschwimmen die Grenzen innerhalb eines Unternehmens.
- Resource konzentriert die Außenorientierung auf Ressourcen und damit hin zu den Versorgungsnetzwerken eines Unternehmens. Nach dem Ansatz des „Resource Based View" ist ein Unternehmen ein einzigartiger Komplex von Ressourcen und Fähigkeiten; es kann nur durch die spezifische Kombination dieser Ressourcen im Wettbewerb bestehen.[245] Produktionsnetzwerke sind somit Ressourcennetzwerke eines Unternehmens.
- Externe Ressourcen sind zwar prinzipiell vorhanden, sie müssen allerdings für ein Unternehmen auch erschlossen werden. Der Aspekt der Nutzung (Using) deutet

241 Vgl. Sinn (2005), S. 6.
242 Vgl. Männel (1981).
243 Vgl. Bliesener (1994), S. 278.
244 Vgl. Bühner/Tuschke, 1997, S. 21; Zahn/Barth/Hertweck, 1998, S. 111; Zahn/Soehnle, 1996, S. 14.
245 Vgl. Arnold (1999), S. 310.

nochmals darauf hin, wie wichtig das effektive Management der Netzwerkbeziehungen ist.

Ein illustratives Beispiel für einen hohen Grad an Outsourcing ist das „Konsortium Modular", ein Werk für leichte Nutzfahrzeuge der Volkswagen do Brasil in Resende/Brasilien.

Fallbeispiel: Das LKW- und Buswerk des Unternehmens VW in Resende

Die Standortfrage

Mit der Absicht, den lateinamerikanischen Markt für Nutzfahrzeuge zu sichern, beschloss der Volkswagenkonzern 1995 den Aufbau einer neuen Fertigungsstätte in Brasilien. Das neue Montagewerk sollte nach der Trennung von Ford die LKW- und Bus-Produktion des Konzerns übernehmen. Ziel war es, die Produktion möglichst flexibel und sowie kostengünstig zu gestalten und sich von den Konflikten der Arbeitsregulierung zu befreien, die in dem traditionellen Standort São Paulo an der Tagesordnung waren. Die Entscheidung viel daher für ein experimentelles Werk nach dem Prinzip des *Konsortium Modulares* in einer von der Gewerkschaft und hohen Lohnforderungen unbeeinflussten Gegend. Nach Abwägung von mehreren Alternativen in den Bundesländern Minas Gerais, São Paulo und Rio de Janeiro fiel die Wahl auf die 140000 Einwohner zählende Stadt Resende im Juli desselben Jahres. Die Vorteile dieses Standortes wurden in der unmittelbaren Nähe zu den Ballungszentren Sao Paulo und Rio de Janeiro gesehen. Neben Steuerfreiheit für die nächsten 20 Jahre wurden 15 Mio. US$ in die Infrastruktur investiert. Davon 4 Mio. US$ in Elektrizität, 7,3 Mio. US$ in eine 7,3 km lange Gasleitung, 2,3 Mio. US$ in eine asphaltierte Zufahrtsstraße, 2,1 Mio. US$ in Straßenlaternen, Straßensignale, Wasser und Transport und der Rest in eine Telekommunikationsstruktur.[246] Die Zulieferer wurden in eine Joint Enterprise mit Volkswagen eingebunden, um das modulare Produktionssystem aufzubauen. Auf diese Weise wurden die Zulieferer auch finanziell in das neue System integriert und tragen einen Teil des Risikos. Von den 300 Millionen in das neue Werk investierten US$, wurden 50 Millionen US$ von den Zuliefern aufgebracht.[247] Die geplante Produktionsstärke lag bei 30.000 LKWs und Bussen jährlich.

Die Produktionsphilosophie in Resende

Das VW-Werk in Resende steht exemplarisch für die neue revolutionäre Entwicklung der Automobilfertigung in den letzten Jahren. Neu hieran war die Form der „Subkontraktion" von Arbeitskraft. Die Zulieferer wurden direkt als Monteure in die Fabrik eingebracht. Von den 1.550 Angestellten handelt es sich nur bei 250 um direkte VW-Mitarbeiter, die vorwiegend leitende und kontrollierende Funktionen übernehmen. Die eigentliche Montagearbeit wird vom Rest der Angestellten geleistet, die Mitarbeiter der verschiedenen Zulieferer sind. Rechtlich bleiben die einzelnen Unternehmen unabhängig. Weil die Arbeiter den Bedingungen des jeweiligen Unternehmens unterstehen, ist es für VW möglich, sich auf die Produktentwicklung und Vermarktung zu konzentrieren.

Wie in Abbildung 2.2-7 verdeutlicht wird, findet die gesamte LKW- und Busmontage unter einem Fabrikdach statt. Die sechs Zulieferer sind so angesiedelt, dass sie neben der Montagelinie die zu fertigenden Module *Just-in-Time* erstellen, diese übergeben und sie dann mit ihren Mitarbeitern in das entstehende Fahrzeug einbauen. Dementsprechend wird das fertiggestellte Chassis des Herstellers *MAXION* an *MÉRITOR* übergeben, der die Achse, die Bremsen und die Radaufhängung montiert. Mit den Rädern und Reifen wird das Fahrgestell von *REMON* komplettiert und der Hauptmontagelinie zugeführt. Hier wird

[246] Information der Industrie- und Handelskammer Resende.
[247] Vgl. Volkswagen AG (1997), S. 3.

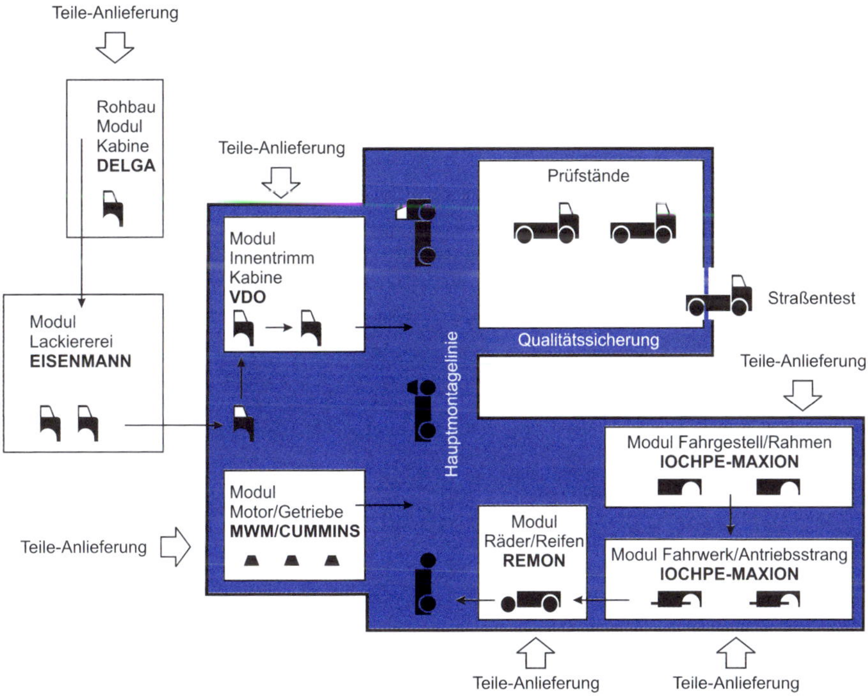

Abbildung 2.2-7: Produktionsablauf des Modularen Konsortium[248]

nun der Motor und das Getriebe von *POWERTRAIN* eingebaut. Die Fahrerkabine wird in einer Seitenlinie von *DELGA* gefertigt und dann von *CARESE* lackiert. *VDO/Mannesmann* (jetzt Siemens) nimmt mit dem Cockpit, den Sitzen sowie den restlichen Bestandteilen die Montage der Innenausstattung des Fahrerhauses vor. Einige Mitarbeiter von VDO montieren abschließend das komplette Fahrerhaus auf bereits fertiggestellte Fahrgestelle mit Motor auf der Hauptmontagelinie an. VW-Mitarbeiter übernehmen während des Produktionsprozesses ausschließlich die Koordination des Gesamtprozesses und die abschließende Qualitätskontrolle. Für das Auffüllen der Materialien und die Sauberkeit ist eine weitere eigenständige Firma, die UNION MANTEM, zuständig. Durch die Übertragung des Materiallagers und der Logistik auf die Zulieferer, verbunden mit einer dezidierten Teileterminierung, konnten die Kosten hierfür um 15 bis 20 Prozent gesenkt werden.[249]

Die Arbeitsorganisation im Konsortium Modular

In der öffentlichen Diskussion über das *Konsortium Modular* stand die Modernität und der Beitrag für eine zukünftige Transformation von Automobilproduktionstechniken im Vordergrund. So sprach die Firmenleitung davon *„mit Resende die Ära des Fordismus zurückzulassen und in das 21. Jahrhundert einzuziehen"*.

Im Widerspruch zu dieser positiven Stimmung steht, dass sich in Resende nur minimale Neuerungen in der Organisation von Arbeit finden. Innerhalb der Fabrik gibt es keinerlei Innovationen im Bereich von neuen Arbeitsmethoden wie Gruppenarbeit. Es wurde auch nicht darauf geachtet, den Arbeitern ein möglichst großes Maß an Selbstständigkeit zu

[248] Volkswagen AG (1997), S. 19.
[249] Vgl. Volkswagen AG (1997), S. 7.

geben. Das Werk ist in einem konventionalen Fließproduktionskonzept begründet, in dem kein übermäßiger Gebrauch von technologischer Ausrüstung wie Computern und Robotern gemacht, und kaum Platz für das Einbringen von Vorschlägen seitens der Arbeiter oder der Gewerkschaft eingeräumt wird. Die „revolutionäre Neuerung" des Werks liegt einzig in dem Aufsplittern der Produktion in einzelne Module und in der Montage durch die Zulieferer. Für VW ist der entscheidende Vorteil die Befreiung von einem großen administrativen Aufwand, sowie die Endmontage so einfach wie möglich zu gestalten.[250] *„Die VW-Fabrik in Anchieta ist eine enorm große Fabrik. Sie wurde rationalisiert, sie wurde restrukturiert, aber es gab Zeiten, in denen es dort 25000 Arbeiter gab, das ist wie eine Stadt und unmöglich zu verwalten. Sie verlieren die Kontrolle. Und deswegen ist der Clou in einer Modul-Fabrik, dass sie von diesem ganzen Organisationsaufwand befreit sind" (VW leitender Angestellter).*

Da die ganze Produktion unter einem Dach stattfindet, verliert Volkswagen zwar die Verantwortung, aber nicht die Kontrolle über die Produktion und Arbeitsabläufe. Um die Tagesproduktion zu koordinieren, findet jeden Morgen eine Konferenz mit dem Management Volkswagens und allen Zulieferern statt. Parallel hierzu werden alle Arbeiter zu einer zehnminütige Morgenbesprechung gebeten. Alle Manager treffen gegen Ende der Schicht wieder zum *Audit Final* zusammen, in dem die an zwei ausgesuchten LKWs der Tagesproduktion gefundenen Mängel diskutiert werden. In dieser Zusammenkunft zeigt sich das große Konfliktpotenzial, das in der neuen Form der Zusammenarbeit steckt. Schuldzuweisungen oder Lösungsstrategien werden oft heiß und lautstark diskutiert, weil ein Fehler, der in einem Modul auftritt, nachfolgend die anderen Zulieferer in der Produktion behindern kann.

Die Arbeitsbeziehungen in Resende

Die neue Form der Zulieferer-Hersteller Kooperation in experimentellen Werken bedeutet nicht nur eine neue Erfahrung in der Produktion, sondern auch ganz neue Bedingung für das Aushandeln der internen Arbeitsbeziehungen. An Stelle eines Unternehmens stehen sich in dem *Konsortium Modular* sieben verschiedene Firmen mit unterschiedlichen Firmenphilosophien gegenüber, wenn es um Entscheidungen in Gewerkschaftsangelegenheiten, Sozialleistungen und Arbeitsbedingungen geht. Ungleichheiten zwischen den 1.550 Angestellten aller Zulieferer und VW erhöhen das Konfliktrisiko. Um dem entgegenzuwirken, tragen alle Angestellten, vom Mechaniker bis zum Manager, die gleiche Arbeitskleidung. Diese besteht aus einem Jeanshemd und einer dunkelblauen Hose. Der Unterschied liegt einzig in einem auf der linken Brusttasche aufgestickten Firmenemblem. Alle Arbeiter erhalten die gleichen sozialen Leistungen und nutzen die Kantine und andere Einrichtungen des Werkes gemeinschaftlich. VW besteht darauf, die Löhne aller VW- und Zuliefererangestellten möglichst einheitlich zu gestalten und selbst zu bestimmen. Die bessere Bezahlung der VW-Mitarbeiter (zurzeit um 900 Reais) wird mit dem unterschiedlichen Aufgabenniveau begründet. Obwohl Kleidung, Lohn und soziale Leistungen übereinstimmen, soll keine einheitliche Identifikation mit dem Werk stattfinden. Jeder Monteur soll sich als Angestellter der Firma VDO, MAXION, MERITOR, REMON, CARESE, POWERTRAIN, UNION MANTEM oder DELGA fühlen und nicht als VW-Arbeiter.

Quelle: Entnommen aus Gennes (2001), S. 13ff.

Die Gründe für die zunehmende Verlagerung von Fertigungswertschöpfung an externe Lieferanten sind vielfältig. Wesentliche Impulse erfährt das Outsourcing durch die Diskussion der mit jeder Transaktion verbundenen Kosten.[251] Dabei wird unterstellt, dass externe Lieferanten immer niedrigere Produktionskosten aufweisen, als dies bei

[250] Vgl. Volkswagen AG (1997), S. 5.
[251] Vgl. Coase (1937), Williamson (1995).

einer Eigenerstellung der Fall wäre.[252] Hauptgrund dafür sind Skaleneffekte, da externe Lieferanten immer auch andere Kunden beliefern.

Outsourcing steht für die Nutzung des Marktes anstatt unternehmensinterner, hierarchischer Abwicklung. Die Transaktionskosten des Marktes sind immer dann niedrig, wenn relativ unspezifische Aufgaben abgewickelt werden (vgl. auch die ausführliche Darstellung in Kapitel 2.3 dieses Buches). Moderne Informations- und Kommunikationstechnologien tragen dazu bei, den marktlichen Spielraum zu erweitern.[253] Die weltweite Verfügbarkeit von Kommunikationsinstrumenten wie des Internets sorgt dafür, dass Aufgaben, die auf Märkten bislang überproportional hohe Transaktionskosten verursacht haben, jetzt ebenfalls für ein Outsourcing in Betracht kommen.[254]

Die Konzentration auf Transaktionskosten bei einer Outsourcing-Entscheidung ist nicht unkritisch. Kritisiert wird die Einseitigkeit des Effizienzbegriffs, der kurzfristig ausgerichtet koordinationskostenminimierend entscheidet. Die Leistung der extern bezogenen Produktion wird ebenso wenig berücksichtigt wie die ggfs. höhere Flexibilität einer Eigenerstellung.[255]

2.2.2 Impulse aus dem Operations Management für das Supply Chain Management

Wesentliche Impulse des Operations Managements für das SCM liefert das oben genannte Outsourcing von Fertigungsaktivitäten an Zulieferer. Damit tritt ein Produktionsnetzwerk an die Stelle eines einzelnen, fertigenden Unternehmens und die Steuerungsperspektive wandelt sich vom Akteur zum Netzwerk.

Aus Sicht eines Endproduktherstellers (Original Equipment Manufacturer/OEM) betrifft dieser Wandel die Supply Side des Wertschöpfungsnetzwerks. Aus Sicht des Fertigungsaktivitäten übernehmenden Zulieferers handelt es sich um seine Demand Side. Zur detaillierten Analyse des Beitrags absatz- und beschaffungswirtschaftlicher Konzepte für das SCM haben wir eigene Abschnitte in diesem Buch vorgesehen. An dieser Stelle sollen deshalb mit Collaborative Manufacturing, Postponement und Mass Customization originär produktionswirtschaftlich orientierte Konzepte im Mittelpunkt stehen.

Collaborative Manufacturing

Der Ansatz des Collaborative Manufacturing geht davon aus, dass Outsourcing nicht „automatisch" zu einer Verbesserung von Fertigungsaktivitäten beiträgt – im Gegenteil:[256] Die Aufgabenverlagerung an externe Unternehmen erhöht die Komplexität und Interaktionsintensität. Dies gilt insbesondere, wenn die Outsourcing-Entscheidung nur auf Kostenvorteilen beruht.

Um die Nachteile des Outsourcing zu kompensieren, schlagen Cookson/Delattre (2001) drei Stufen zur Erreichung eines „Collaborative Manufacturing" vor:[257]

---

[252] Vgl. Williamson (1995).
[253] Vgl. Picot (2003), S. 60.
[254] Vgl. Picot (2003), S. 71.
[255] Vgl. Bretzke (1999).
[256] Vgl. Cookson/Delattre (2001), S. 10.
[257] Vgl. Cookson/Delattre (2001), S. 11–14.

(1) Die Stufe 1 der „Supply Chain Integration" sieht lediglich eine Verlagerung der bislang vom OEM gehaltenen Aktiva an den Zulieferer vor. Anstatt in eigenen Fabriken wird jetzt in Zulieferfabriken produziert. Die Kommunikation läuft weitgehend einseitig, dem Zulieferer werden Planungs- und Bestelldaten übermittelt. Da eine neue, „legale" Grenze zwischen zwei Unternehmen entsteht, müssen Maßnahmen getroffen werden, die diesen Prozess nicht verlangsamen.
(2) Aus diesem Grund wird in Stufe 2 der „Supply Chain Collaboration" eine zweiseitige Kommunikation eingerichtet. Nicht nur, dass der OEM Neuproduktpläne dem Lieferanten andient, sondern umgekehrt dieser auch Kapazitäts- und Fertigstellungsdaten so zurückspielt, dass eine problemlose Versorgung sichergestellt ist. Die Partner tauschen wechselseitig Daten, was eine gemeinsame Planung und Weiterentwicklung von Produkten ermöglicht.
(3) Allerdings wird die volle Wirkungsweise von Collaborative Manufacturing erst in der Stufe 3 des „Supply Chain Synchronization" erreicht. In dieser Stufe tritt der sog. Netzwerkeffekt ein, der daraus resultiert, dass ein Collaborative Manufacturing-Akteur i. d. R. Mitglied mehrerer Produktionsnetzwerke ist. Er kann daher neue Produktionstechnologien aus einem Netzwerk multipel nutzen, z. B. freie Kapazitäten einer Geschäftsbeziehung für eine andere einsetzen etc. Voraussetzung sind standardisierte Softwareschnittstellen.[258]

Spätestens mit dem Supply Chain-Synchronisation-Modell wird (nicht nur semantisch) deutlich, wie eng Collaborative Manufacturing und SCM zusammenhängen. Das Analyseobjekt Netzwerk ist zwar weitgehend auf Fertigungsaktivitäten beschränkt, tatsächlich werden aber die Effekte (mindestens) trilateraler Zusammenarbeit intensiv diskutiert.

Postponement

Bereits bei der Diskussion um Make-to-Stock- und Make-to-Order-Prozesse wurde deutlich, dass die Abwicklung von Kundenaufträgen wesentlich vom Kern der Leistungserstellung (und damit der Produktion) determiniert wird. Zugleich besitzt der Auftragserfüllungsprozess (Order Fulfillment Process) wesentliche Schnittstellen zu anderen Funktionen neben der Produktion. Abbildung 2.2-8 zeigt den operativen Auftragserfüllungsprozess und seine Schnittstellen im Überblick.

Produktionsprozesse stehen im Mittelpunt der Prozessschnittstellen und interagieren mit der Demand Side (Marketingaspekte, vgl. Kapitel 2.1) bzw. der Supply Side (Beschaffungsaspekte, vgl. Kapitel 2.2). Die Aktivitäten der Produktion reichen von der Material- und Fertigungsflussplanung, der Produktions- und Inputplanung, der eigentlichen Produktion (Durchführung) bis zur Messung und Bewertung der Leistung.[259] Erfolgsgröße ist letztlich die qualitativ, quantitativ und zeitlich adäquate Auftragserfüllung beim Kunden.

Die Auftragserfüllung erfolgt vor dem skizzierten Hintergrund in mehrstufigen Produktionsnetzwerken. Bereits bei der Diskussion des Order Penetration Point (OPP) wurde deutlich, dass dessen Lage wesentlich über die Wirtschaftlichkeit des gesamten Produktionsnetzwerkes entscheidet. Aus Produktionskostensicht wäre eine durchgehend

---

[258] Dittmar (2001, S. 30) berichtet von einer seit Mitte der 90er Jahre erhältlichen Softwarelösung, die explizit den Namen „Production Network" trägt.
[259] Vgl. Croxton (2003), S. 45–48.

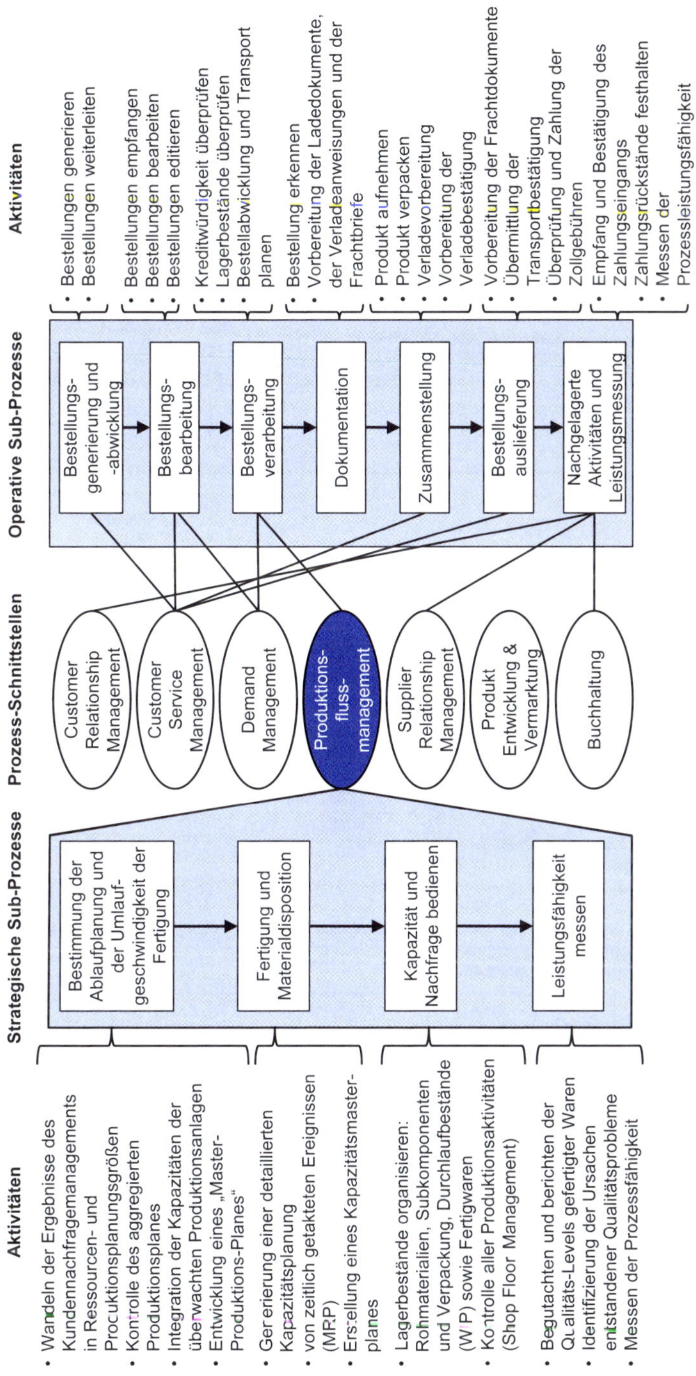

Abbildung 2.2-8: Operativer Auftragsabwicklungsprozess[260]

[260] Vgl. Croxton (2003), S. 17.

standardisierte Fertigungskette ideal, sie würde umfangreiche Skaleneffekte in der Produktion ermöglichen. Leistungsseitig ist dagegen ein Auftragserfüllungs- und damit ein Fertigungsprozess wünschenswert, der möglichst alle individuellen Kundenwünsche realisieren kann. Im ersten Fall würde der OPP erst beim Einzelhändler, im zweiten Fall entgegengesetzt liegen, so dass die gesamte Kette Make-to-Order-fähig wäre.

Postponement versucht, den Zeitpunkt, an dem eine Leistung kundenspezifisch angepasst wird, innerhalb der Wertschöpfungskette so weit bzw. so lange wie möglich zu verschieben bzw. hinauszuzögern (engl. „to postpone").[261] Postponement lässt sich in zwei grundlegende Varianten unterteilen (vgl. Abbildung 2.2-9):[262]

- Beim sogenannten „Wertschöpfungs-Postponement" wird die eigentliche Produktion „aufgeschoben". Es sorgt dafür, dass erst dann mit der finalen Endfertigung und oder der Endkonstruktion begonnen wird, wenn der Kundenauftrag vorliegt.[263] Die

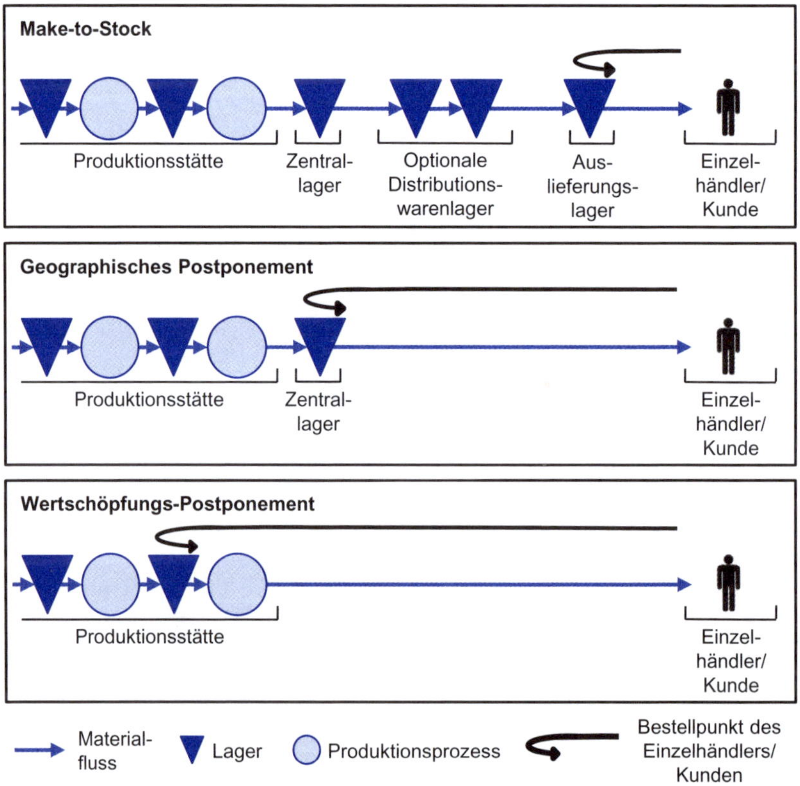

Abbildung 2.2-9: Make-to-Stock, geographisches Postponement und „echtes" Wertschöpfungs-Postponement im Vergleich[264]

[261] Vgl. van Hoek (1999), S. 19 f., van Hoek/Vos/Commandeur (1999), S. 506, Piller (2003), S. 231.
[262] Vgl. Delfmann (1995), S. 171–201.
[263] Vgl. van Hoek (1998), S. 510, van Hoek/Vos/Commandeur (1999), S. 506.
[264] In Anlehnung an Mason-Jones/Towill (1999), S. 18.

Güter werden möglichst lange in einem nach endgültiger Produktart undifferenziertem Zustand gelagert.
- Beim sogenannten „geographischen Postponement" wird hingegen lediglich die Distribution „hinausgezögert". Sie wird daher auch als „Logistik-Postponement" bezeichnet. Bereits fertig produzierte Güter und Waren werden möglichst lange stromaufwärts in der Supply Chain gelagert und erst nach Eingang eines konkreten Kundenauftrags ausgeliefert. Diese Ausprägung des Postponements lässt sich vor allem mit der Strategie der zentralen Produktion verwirklichen.

Das Wertschöpfungs-Postponement lässt sich weiterhin in folgende drei Grundvarianten unterteilen:[265]

- *Labeling-Postponement:* Ein zunächst neutrales Produkt wird erst durch unterschiedliche Etikettierung zu einer Produktvariante. Bei dieser Form des Postponements ist es verhältnismäßig einfach, die Etikettierung an das Ende der Supply Chain zu verschieben.
- *Packaging-Postponement:* Wird ein Produkt in unterschiedlichen Verpackungen angeboten, entstehen die Produktvarianten erst beim Verpackungsprozess. Im Sinne des Prinzips des Postponements ist es dann sinnvoll, diesen Verpackungsprozess möglichst weit nach hinten in der Supply Chain zu verschieben.
- *Assembly-Postponement:* Bilden unterschiedliche Module, Teile oder Baugruppen in ihrer Kombination die unterschiedlichen Produktvarianten, dann kann durch die Verschiebung der finalen Fertigung dieser Module möglichst weit nach hinten in der Supply Chain der Postponement-Gedanke umgesetzt werden. In der praktischen Ausführung bedeutet dies, dass die Module zunächst unmontiert aus dem Produktionswerk oder von mehreren Standorten aus entweder in das Auslieferungslager oder Zentrallager des Handels oder auch direkt zum Point-of-Sale geliefert werden und die Endmontage dann entsprechend erst am Ende der Supply Chain erfolgt.

Im Gegensatz zum Postponement, sieht das Konzept der Spekulation eine prognosegestützte Finalisierung und Distribution der Produkte vor. Dies setzt eine relativ hohe Prognosegüte voraus, um aufwendige Rückholungen oder Querverteilungen zu vermeiden. Da die Prognosegüte angesichts der steigenden Volatilität der Nachfrage tendenziell abnimmt, gewinnt das Postponement an Bedeutung.

Der Ansatz des Postponement erfreut sich zwar derzeit großer Popularität, gleichwohl ist er nicht neu: van Hoek/Vos/Commandeur (1999, S. 506) weisen darauf hin, dass bereits seit den 1920er Jahren Postponement praktiziert und seit den 1950er Jahren in der Marketingliteratur diskutiert wurde.[266] Eine wesentliche Voraussetzung für Postponement bildet eine hinreichend hohe Flexibilität, um auf Nachfrageschwankungen innerhalb gegebener Toleranzgrenzen reagieren zu können. Schließlich setzt eine bewusste Prozessverzögerung voraus, in späteren Abschnitten der Prozesskette zu beschleunigen, um die gesamte Lieferzeit nicht zu verlängern.

Postponement liefert wesentliche Impulse für das Design von Supply Chains. Zum einen funktioniert Wertschöpfungs-Postponement nur, wenn die Akteursperspektiven verlassen und Supply Chains als Ganzes analysiert werden. Die Verschiebung der

---

[265] Vgl. Zinn/Bowersox (1988), S. 117–136.

[266] Yang/Burns/Backhouse (2004, S. 470) weisen explizit auf eine Quelle aus dem Jahr 1950, Meyr (2003, S. 946) auf entsprechende Quellen aus dem Jahr 1965 hin.

Produktindividualisierung zum Kunden hin bedingt u. U. die Neuaufteilung der Aufgaben innerhalb der Supply Chain: Im oben dargestellten Fallbeispiel Hewlett Packard übernimmt bspw. der Distributor Aufgaben vom Endprodukthersteller. Gegebenenfalls entwickeln sich einzelne Akteure der Supply Chain zu „neuen" Aufgabenträgern weiter. Als Beispiel dienen Logistikdienstleister, die als klassische Spediteure begannen und weitere Aufgaben im Rahmen der Produktindividualisierung (wie einfache Montagetätigkeiten oder länderspezifische Verpackungen) übernehmen (Wandel zum 3rd Party Logistics Provider/3PL, vgl. Kapitel 2.4 sowie Abbildung 2.2-10).

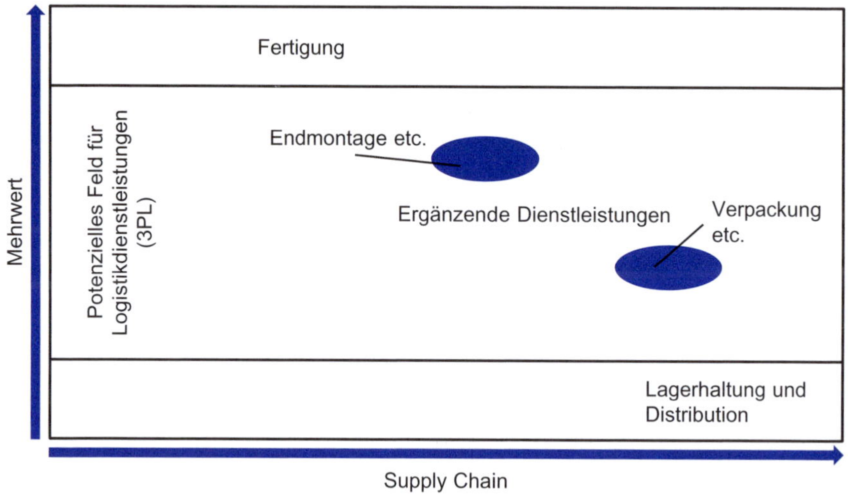

Abbildung 2.2-10: Operativer Auftragsabwicklungsprozess[267]

Fallbeispiel: Postponement bei Benetton

Ein zentrales Problem modischer Kleidungshersteller ist die Farbe der Kleidung: welche Farben besonders stark bzw. schwach nachgefragt werden, entscheidet sich meist erst im Laufe der Saison und ist kaum prognostizierbar. Der traditionelle Ansatz besteht darin, nach den (ungenauen) Prognosen die Kleidung zu produzieren, mit dem Ergebnis, dass Kleidungsstücke einer Farbe schnell verkauft sind und weiter nachgefragt werden. Allerdings sind im Laufe der Saison kaum Ersatzlieferungen möglich, da die komplette Produktion eines Pullovers inkl. Beschaffung der Rohstoffe zu lange dauert; bis dahin ist die Saison schon weitgehend vorbei. Die Kleider in ungeliebten Farben werden hingegen kaum verkauft und müssen unter hohen Rabatten in den Markt „gedrückt" werden.

Benetton änderte aufgrund dieser Problematik die Reihenfolge seiner Produktionsschritte. Statt das Garn schon vor der Weiterverarbeitung zu Kleidungsstücken zu färben und sie gefärbt zu lagern, wurde dieser Prozessschritt an das Ende verlegt: das ungefärbte Garn wurde zu einem Kleidungsstück vernäht, das zwischengelagert wird. Entsprechend der Nachfrage wird sehr zeitnah das ungefärbte Kleidungsstück gefärbt und an die Geschäfte bzw. Kunden ausgeliefert. Dadurch kann flexibel auf die von den Konsumenten nachgefragten Farbtrends reagiert werden, während gleichzeitig die stabilen Nachfrageprognosen für die gesamten Produktfamilien zur Steuerung der Produktion der Kleidungsstücke genutzt werden können. Zwar führte das spätere Einfärben zu leicht erhöhten Produktionskosten, doch im Vergleich zu den erhöhten Verkaufszahlen von

[267] Vgl. van Hoek (2000), S. 376. Ein erweitertes Modell liefern Specht/Hellmich (2000), S. 97 ff.

Kleidung in gesuchten Farben und geringeren Absatzproblemen unmodischer Kleidung ist dies – zumindest im Beispiel Benettons – vernachlässigbar.

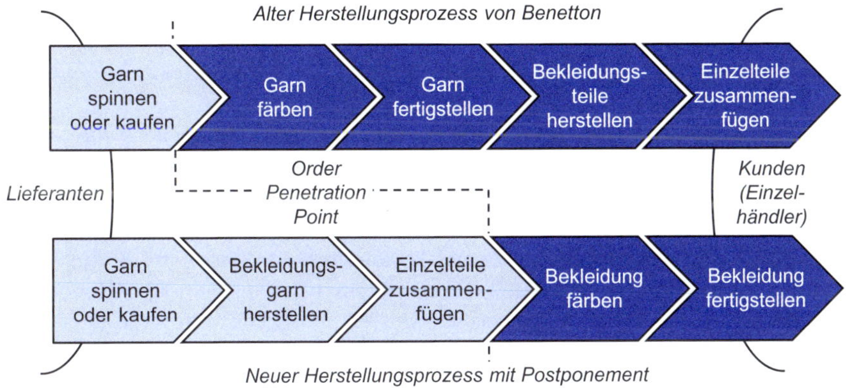

Abbildung 2.2-11: Postponement in der Produktion bei Benetton[268]

Quelle: Entnommen aus Hertel, J./Zentes, J./Schramm-Klein, H. (2011)268

Beim Design von Supply Chains ist der Zusammenhang zwischen dem Grad der Internationalisierung und Postponement zu berücksichtigen. Kundenindividualisierung setzt Kundennähe voraus. Späte Kundenindividualisierung bedeutet, dass die letzten Stufen der Supply Chain tendenziell lokal am Kundenmarkt angesiedelt sein dürften. Je wirkungsvoller das Postponement, desto später können die Individualisierung und die Distribution in lokale Märkte erfolgen (vgl. Abbildung 2.2-12).

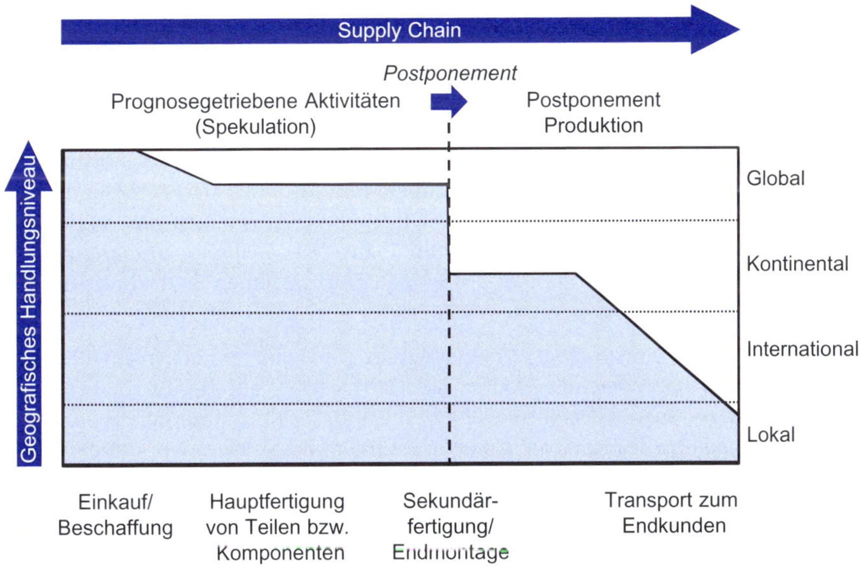

Abbildung 2.2-12: Supply Chain-Design und Postponement[269]

[268] Vgl. Zentes/Morschett/Schramm-Klein (2011), S. 313.
[269] Vgl. Hoeck (1999), S. 29.

Mass Customization

Der Ansatz des Postponement versucht, die Vorteile von Push- und Pull-Ansätzen der Produktion zu verbinden. Er bedient sich dabei primär einer „optimalen", sprich i. d. R. konsumentennahen Positionierung des Order Penetration Points. Aus Sicht des Endkunden entsteht damit der Eindruck, eine individuelle Leistung zu erhalten, die de facto aber weitgehend aus standardisierten Baugruppen besteht. Damit ergibt sich eine direkte Verbindung zum Konzept der Mass Customization. Denn die Grundidee, kundenindividuelle Produkte kostengünstig herzustellen, zeichnet die Mass Customization aus. Während Postponement sich dazu darauf konzentriert, die Wertschöpfung bewusst zu verzögern, um die Prognosegüte zu erhöhen, ist Mass Customization ein umfassender Ansatz zur Verbindung von kostengünstiger Massenproduktion („Mass") und kundenindividueller Leistung („Customization").[270] Es geht also darum, sowohl Skaleneffekte hoher Stückzahlen als auch Umsatzpotenziale durch Individualisierung zu erschließen.

Zentrales Problem bei der Kombination von „Mass" und „Customization" ist die mit der Kundenindividualisierung verbundene Komplexität, welche in der Regel kostensteigernd wirkt. Aus diesem Grund beinhaltet Mass Customization ein Komplexitätsmanagement, das Komplexität – wo immer möglich – vermeiden, reduzieren oder zumindest beherrschen soll. Eine Maßnahmenübersicht enthält Abbildung 2.2-13.

Mass Customization ist auch insofern umfassender, als es auf hybriden Wettbewerbsstrategien beruht.[271] Generische Wettbewerbsstrategien bauen i. d. R. auf dem Modell von Porter auf, demzufolge Unternehmen erfolgreich sind, wenn sie entweder dauerhaft Kostenvorteile realisieren und damit eine Preisführerschaft anstreben oder alternativ über Differenzierung höhere Erlöspositionen realisieren. Hybride Wettbewerbsstrategien entwickeln diesen Ansatz weiter und heben die Alternativ- zugunsten einer Simultanitätshypothese auf. Die damit verbundene gleichgewichtige Betrachtung von Kosten- wie Erlösseite löst eine einseitige Konzentration ab – de facto sind in wettbewerbsintensiven Märkten auch nur so dauerhaft Erfolge realisierbar. Möglich ist die simultane Erreichung von Kosten- wie Differenzierungsvorteilen bspw. durch den Aufbau von Flexibilitätspotenzialen im Rahmen der dynamischen Produktdifferenzierung.[272] Dreh- und Angelpunkt ist der schnelle und kostengünstige Erzeugniswechsel. Dies wiederum wird durch „vernetzte" flexible Organisationsformen erleichtert. Produktionsnetzwerke weisen diese Flexibilität auf, weil sie nicht mehr streng hierarchisch geführt werden und die Netzwerkakteure einen hohen Spezialisierungsgrad aufweisen.

Die Entscheidung zugunsten Mass Customization und damit zugunsten einer hybriden Strategie muss nicht zwingend bedeuten, standardisierte Produkte aufzugeben. Duray (2002) hat nachgewiesen, dass die selbe Organisation beide Produktionstypen erfolgreich realisieren kann. Dabei ist der finanzielle Erfolg umso höher ist, je kompatibler die Produktlinie für Mass Customization mit der alternativen Produktlinie ist.[273] Noch Ende der 1990er Jahre haben nur wenige Entscheidungsträger deutscher Unternehmen das Paradigma der Alternativhypothese nach Porter überwunden. In einer Untersuchung

---

[270] Vgl. Piller (2003), S. 183 ff.

[271] Zum Begriff der hybriden Wettbewerbsstrategie Vgl. Fleck (1994), Piller (2003), S. 211 ff.

[272] Vgl. Kaluza/Blecker (1999), S. 269–271.

[273] Vgl. Duray (2002), S. 325.

Komplexitätsmanagement in der Mass Customization				
		Produkte	Prozesse	Kunden/Programm
Maßnahmen des Komplexitätsmanagements	Vermeidung	Modularisierung der Produktstrukturen, Baukastenprinzip, Plattformen Funktionsintegration auf Teilebene Parallele Entwicklung antizipativer Varianten Einsatz von Gleichteilen, Teile- und Materialstandardisierung	Modularisierung der Prozesse: Integration von Arbeitsschritten, Fertigungssegmentierung, Implementierung selbststeuernder Regelkreise Fertigungs- und montagegerechte Konstruktion	Vorfeldmarketing und Kundensegmentierung Erhebung echter Kundenbedürfnisse Definition möglichst homogener Zielmärkte
	Reduktion	Erhöhung der Mehrfachverwendung und des Standardisierungsgrads Reduktion der Materialvielfalt Angebot nur weniger höherwertiger Varianten (Upgrading) Verschiebung des Vorfertigungsgrads	Optimierung der Lieferantenanzahl (Single Sourcing) Optimierung der Leistungstiefe (Modular Sourcing) Fokussierung der Fertigungsstätten Kontinuierliche Verbesserungsprozesse	Optimierung der Programmtiefe Kundenbereinigung durch Mindestauftragsmengen und Mindermengenzuschläge Kombination von Komponenten zu Leistungsbündeln (Bundling, Packaging)
	Beherrschung	Realisierung standardisierter Produkt-, Baugruppen- und Komponentenschnittstellen Substitution von Hardware-Funktionalitäten durch Software Einrichtung von Bevorratungsebenen	Objektorientierte Auftragsabwicklung Visualisierung am Montageort Einsatz von IuK-Technologien zur Komplexitätsverarbeitung Definition überschaubarer Zielsysteme für dezentrale Entscheidungsbereiche	Verfügbarkeit von intelligenten IuK-Technologien zur Führung des Kunden Nutzung von Kundenwissen Aufbau von Learning Relationships mit Abnehmern

Abbildung 2.2-13: Maßnahmen des Komplexitätsmanagements im Rahmen der Mass Customization[274]

[274] Vgl. Dörflinger/Marxt (2001), S. 88.

von über 900 Unternehmen stimmten nur 2% aller antwortenden Manager einer „echten" Parallelisierung von Kostenführerschaft und Differenzierung für ihr Unternehmen zu.[275]

Fallbeispiel: Gescheiterter Mass Customization-Versuch bei Custom Foot-Schuhe

Mass Customization funktioniert nur, wenn sich die beteiligten Akteure als „echtes" Netzwerk verstehen und ein gemeinsames Verständnis des Geschäftsmodells existiert. Die Autoren der folgenden Fallstudie sprechen davon, „dass ein erfolgreiches Mass Customization-Konzept an allen Schritten der Wertkette ansetzen muss, um ein in sich konsistentes und stimmiges Konzept zu schaffen."[276] Sollte das nicht der Fall sein, scheitert Mass Customization, wie das folgende Beispiel „Custom Foot" zeigt. Der Schuhhersteller wollte den Traum vieler frustrierter Schuhkäufer wahr machen und maßgeschneiderte Schuhe zum Preis von herkömmlichen Schuhen aus dem Regal anbieten. Das Konzept wurde von den Kunden begeistert aufgenommen und schien der Prototyp der kundenindividuellen Massenproduktion zu sein. Doch trotz gutem Marketing und einem exzellenten Kundenbindungsmanagement meldete das Unternehmen Mitte 1998 Konkurs an. Die Ursache für das Scheitern lag vor allem in einer inkonsequenten, nicht abgestimmten Gestaltung der gesamten Mass Customization-Prozessketten und dem Aufeinandertreffen völlig unterschiedlicher Mentalitäten. Vertrieb, Management und Absatzmarkt des Unternehmens waren am Unternehmenssitz an der US-amerikanischen Ostküste angesiedelt. Die Produktion der Schuhe erfolgte dagegen in einem länderübergreifenden Produktionsnetzwerk in Italien in qualifizierten Kleinfabriken, die das entsprechende Fertigungs-Know-how und die nötige Flexibilität mitbringen sollten. Ein Auftrag wurde deshalb von der Unternehmenszentrale zu einem Broker nach Mailand vermittelt, der ihn dann an eines der produzierenden Netzwerkunternehmen weitergab. An dieser Stelle prallten jedoch zwei unterschiedliche Mentalitäten aufeinander. Auf der einen Seite das markt- und marketingorientierte amerikanische Management, das die Gestaltung der Kundenschnittstelle perfektioniert und viel Mühe in ein System zum Aufbau und zur Pflege der Kundenbeziehungen investierte. Auf der anderen Seite standen die weitgehend handwerklich geprägten italienischen Fabriken, die bislang eine saison-getriebene Lagerfertigung nach festen Größen gewohnt waren. Den einzelnen Produktionsmitarbeitern war das Prinzip der Mass Customization nicht vertraut; für sie war weiterhin jeder Schuh wie jeder andere. Die Betriebe waren nicht auf einen schnellen Auftragsdurchlauf eingestellt – und so mussten die Kunden in vielen Fällen viel zu lange warten, nur um dann auch noch einen schlecht passenden „Maßschuh" zu erhalten. Interventionen und Verbesserungsversuche scheiterten an der im operativen Betrieb zu großen Distanz – geographisch wie mental.

Quelle: Entnommen aus Reichwald/Piller (2000), S. 25 f.

Die Wirtschaftlichkeit der Mass Customization wäre nicht gegeben, wenn sie nur komplexitäts- und damit kostensteigernd wirken würde. Diesem Nachteil stehen bei der jeweiligen strategischen Situation zu analysierende Vorteile gegenüber:[277] Durch erhöhte Kundenbindung und gestiegenes akquisitorisches Potenzial können möglicherweise größere Mengen abgesetzt bzw. höhere Erlöse erzielt werden. Der aufgrund der auftragsbezogenen, individuellen Fertigung notwendige, intensivere Kundenkontakt kann dazu beitragen, über verbesserte Planungsgrundlagen und Lerneffekte die Kosten zu senken (vgl. Abbildung 2.2-14).

[275] Vgl. Piller/Schoder (1999), S. 1126. Gegenbeispiele aus den USA gibt Selladurai (2004), S. 297 f.
[276] Vgl. Reichwald/Piller (2000), S. 26.
[277] Vgl. Piller (2002), S. 13–18.

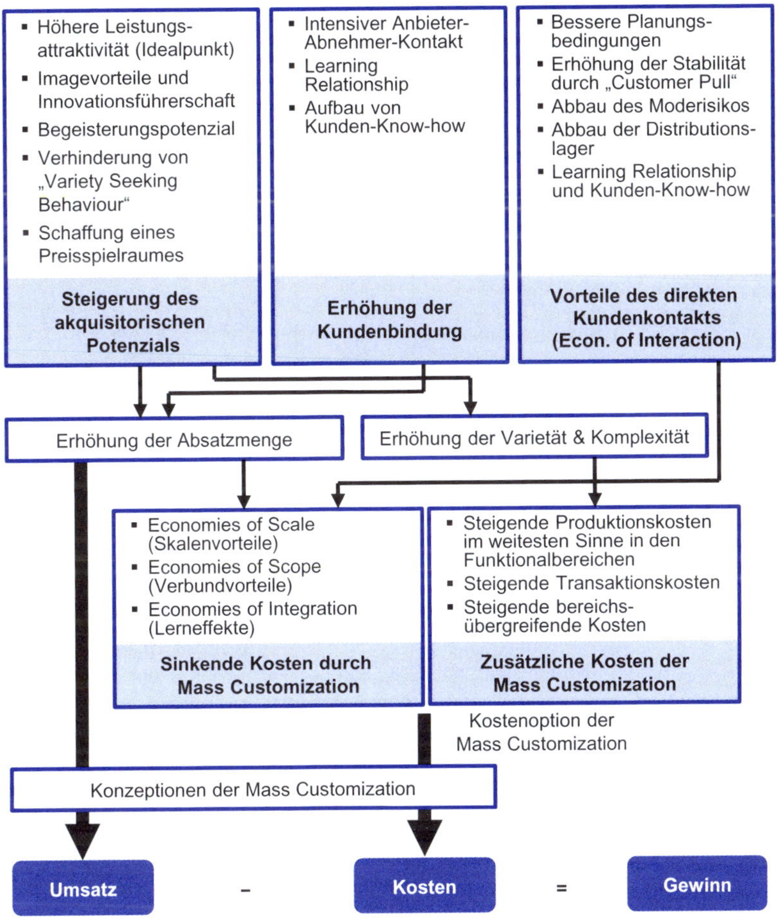

Abbildung 2.2-14: Ökonomische Logik der Mass Customization[278]

2.2.3 Implikationen des Supply Chain Managements für das Operations Management

Die Frage, ob das Operations Management wesentliche Impulse für das SCM liefert, oder ob SCM zur Weiterentwicklung des Operations Managements beiträgt, ist ein typisches „Henne-Ei-Problem“. Bereits bei der Diskussion der einzelnen fertigungswirtschaftlich beeinflussten Konzepte wurde deutlich, wie eng deren Verbindungen sind: Postponement kann Bestandteil einer Mass Customization-Strategie sein, wenn standardisierte Vorprodukte erst in einer späten Fertigungsstufe individuell angepasst werden.[279] Gleichzeitig kann Mass Customization einen höheren Outsourcing-Grad nach sich ziehen, wenn externe Lieferanten die Herstellung dieser standardisierten Vorprodukte übernehmen, um höhere Skaleneffekte realisieren zu können.

278 Piller (2003), S. 245.
279 Vgl. Piller (2003), S. 230–233.

Am Ende stünde dann ein Produktionsnetzwerk, mithin eine Multi-Akteur-Organisation, die möglichst effektiv und effizient gesteuert bzw. geführt werden muss, wobei auch der bewusste Verzicht auf diese Steuerung bereits eine strategische Entscheidung wäre.[280] Supply Chain Management kann ein solcher Ansatz sein und umgekehrt dazu beitragen, die skizzierten Fertigungskonzepte zu ermöglichen. „Echtes" Wertschöpfungs-Postponement setzt bspw. voraus, dass Ent- und Beschleunigung der Wertschöpfungsprozesse über die Grenzen eines Unternehmens bzw. eines Akteurs hinaus erfolgen. Gibt es kein Netzwerkmanagement, bleibt die Frage, wer eine solche Optimierung vorantreibt, unbeantwortet – nicht zuletzt das Fallbeispiel „Custom Foot" verdeutlicht diese Notwendigkeit.

Bleibt die Frage, ob Produktionsnetzwerke und Supply Chains tatsächlich weitgehend identisch sind. Geht man vom allgemeinen Verständnis eines Netzwerks als eine Zahl von > 2 Knoten und sie verbindenden Kanten aus, so hat der Ansatz der Produktionsnetzwerke ursprünglich stärker bei intraorganisationalen Netzwerken unterschiedlicher Produktionsstandorte (eines Unternehmens) seine Wurzeln.[281] Collaborative Manufacturing, Outsourcing und Interorganisationsnetzwerke führen jedoch zu einer Annäherung an das Verständnis von Netzwerken im Sinne des SCM (vgl. Abbildung 2.2-15).

	Produktions-netzwerke (intraorgani-sational)	Outsourcing und Collaborative Manufacturing → Mass Customization-Produktionsnetzwerk	**Inter-organisationale Netzwerke im Sinne des SCM**
Betriebsanlagen			
Größe	Anzahl der Produktions-stätten (Anzahl der Produktionsknoten)		Anzahl der Organisationen (Anzahl der Beziehungen)
Ort	Unternehmensentschei-dung innerhalb des Netzwerks		Entscheidung basiert auf den kollaborativen Partnern, die es in der Supply Chain zu integrieren gilt
Spezialisierung/ Fokus	Vertikal und/oder horizontal		Hauptsächlich vertikal
Vertikale Integration			
Richtung	Beidseitig, vorwärts und rückwärts, aber hauptsächlich die inner-betriebliche Perspektive		Beidseitig, vorwärts und rückwärts inklusive der innerbetrieblichen Produktion
Ausmaß	Begrenzter Fokus – nur innerbetriebliche Produktion		Weiter Fokus auf die Koordination der zwischenbetrieblichen Beziehungen
Balance	Externe Schnittstellen mit dem 1st Tier-Lieferanten und dem ersten Kunden		Synchronisierte Schnittstellen zwischen Lieferanten und Kunden

Abbildung 2.2-15: Annäherung von Produktionsnetzwerken und interorganisationalen Netzwerken im Sinne des SCM[282]

[280] Vgl. Reichwald/Piller (2002), S. 409–413.
[281] Vgl. Pfohl (2001), S. 35, Rudberg/Olhager (2003), S. 33.
[282] In Anlehnung an Rudberg/Olhager (2003), S. 33. Vgl. eine ähnliche Unterscheidung bei Wiendahl/Lutz (2002), S. 369 f.

2.3 Bezugspunkt Beschaffung (Supply Management)

LERNZIELE

Am Ende dieses Kapitels sollten Sie in der Lage sein,

- den Einfluss der Beschaffung auf die Entwicklung des SCM zu kennen,
- Supply Management und Supply Chain Management zu unterscheiden,
- die Konzepte des Sourcings und des Supplier Relationship Managements in ihrer Wirkung auf und für das SCM zu erklären sowie
- den Beitrag des Supply Management zum SCM zu beurteilen.

Der Aufbau dieses Kapitels gestaltet sich wie folgt:

Bezugsebene des SCM	Inhalte/Fragestellungen	Abschnitt des Kapitels	Ergebnis
Konzeption und Verständnis von SCM	Frage nach der Bedeutung des Supply Management für das SCM… a) … hinsichtlich der zunehmenden wichtigen Beschaffungsaufgabe b) … hinsichtlich der weitgehenden Aufgabenverlagerung an Zulieferer	2.3.1	Impulse zur Entstehung und Entwicklung des SCM … a) … durch Aufbau eines strategischen Beschaffungsmanagements b) … durch einen „Pfad“ vom klassischen Einkauf zum entmaterialisierten Unternehmen
↓ Einwirkungsprinzip auf SCM			
Beeinflussung des SCM	Frage, welche beschaffungswirtschaftlichen (Gestaltungs-) Konzepte konkret Impulse für das SCM geben	2.3.2	Sourcing-Konzepte und Supplier Relationship Management
↓ Rückkopplungsprinzip vom SCM			
Einflussmöglichkeiten des SCM	Frage, wie umgekehrt das SCM beschaffungswirtschaftliche Konzepte beeinflusst	2.3.3	Parallele in der Entwicklung eines Versorgungsnetzwerks („Supply Side“ des SCM)

Abbildung 2.3-1: Aufbau von Kapitel 2.3

2.3.1 Impulse des Supply Managements für das Supply Chain Management

Fallbeispiel: Beschaffung als Erfolgshebel bei Volkswagen

Das größte deutsche Industrieunternehmen Volkswagen AG, erwirtschaftete im Jahr 2007 bei einem Umsatz von 108,9 Mrd. € einen Gewinn von 4,1 Mrd. €. Das Beschaffungsvolumen von VW lag bei 72,0 Mrd. €. Damit verantwortet der Einkauf den lieferantenseitigen Anteil der Gesamtwertschöpfung, welcher immerhin bei 66 % liegt und damit die unternehmensinterne Wertschöpfung deutlich übersteigt.

Dies wiegt umso schwerer, als dass mit diesem Beschaffungsvolumen auch eine Hebelwirkung der Materialkosten verbunden ist: Will man den Gewinn um 10 % erhöhen, so ist dafür – bei konstanter Umsatzrendite – eine Umsatzerhöhung um ebenfalls 10 % erforderlich. Der gleiche Gewinneffekt wird realisiert, wenn es gelingt, das Beschaffungsvolumen um lediglich 0,569 % zu senken.[283]

Quelle: Entnommen aus Volkswagen AG (2008), S. 139, 150.

Die im Fallbeispiel genannten Zahlen sind typisch für Industrieunternehmen: Wie bereits in Kapitel 2.2 angesprochen, liegt im industriellen Durchschnitt der Fremdbezugsanteil am Umsatz oft bei über 50 %. Gleichzeitig entspricht eine 10 %ige Umsatzerhöhung in ihrer Gewinnwirkung üblicherweise einer 1 bis 3 %igen Reduzierung der Beschaffungskosten.[284] Trotz der damit verbundenen Kaufmannsregel „im Einkauf liegt der Gewinn" gilt die Beschaffung als lange vernachlässigter Bereich der Betriebswirtschaftslehre. Zunehmend wandelt sie sich von einem rein abwicklungsorientierten, operativen Einkauf („Erfüllungsgehilfe der Produktion") zu einem strategischen Koordinator des Lieferantennetzwerks im Sinne eines Supply Managements.[285]

Die operative Ausrichtung des Einkaufs und der beschaffungswirtschaftlichen Forschung kann exemplarisch an der „Theorie der Beschaffungspolitik" von Theisen (1970) verdeutlicht werden: Nach eigenen Angaben erstrecken sich alle seine Aussagen „auf die kurzfristige Beschaffungspolitik einer bestehenden Unternehmung."[286] Ziel ist die Erreichung eines materialwirtschaftlichen Optimums, das die Versorgung der Produktion unter den Aspekten Menge, Qualität, Zeit und Ort vorsieht.[287] Gemäß des Gutenbergschen Ausgleichsgesetzes der Planung wird davon ausgegangen, dass der Absatzmarkt in seiner Erscheinungsform als Käufermarkt den größten Engpass für ein Unternehmen darstellt und somit der Absatz alle anderen Funktionsbereiche dominiert.[288] Beschaffungsaktivitäten sind den Produktions- und Absatzaktivitäten untergeordnet. Die Begriffe „Einkauf" und „Purchasing" bezeichnen:

- eine abwicklungsorientierte Versorgungsfunktion, die in erster Linie administrative Aufgaben mit lediglich abgeleiteten Tätigkeiten innehat,
- eine einseitige Fokussierung auf Einstandspreisreduzierungen,

---

283 Vgl. Arnold (1997), S. 16.
284 Vgl. Eßig (2004).
285 Vgl. Schönsleben/Alard (2003), S. 2–4.
286 Theisen (1970), S. 6. Vgl. auch Grochla/Kubicek (1976), S. 265.
287 Vgl. Grochla (1978), S. 19–23.
288 Das „‚Ausgleichsgesetz der Planung' […] ist das der Dominanz des Minimumsektors, das heißt des jeweils schwächsten Teilbereiches im Gesamtsystem betrieblicher Betätigung." Gutenberg (1983), S. 164.

- eine Ausrichtung des einkaufspolitischen Instrumentariums auf die Preis- und Mengenpolitik, Kommunikations- und Lieferantenpolitik werden nur unter kurzfristigen Aspekten betrieben.

Nicht nur die betriebliche Praxis, auch die betriebswirtschaftliche Forschung hat Fragen der strategischen Beschaffung lange Zeit vernachlässigt. Dabei hat Sandig bereits 1935 festgestellt, „dass die mit der Beschaffung beauftragte Stelle nicht erstarren darf [...], sondern dass immer von neuem Zweckvorstellungen gesucht, Zwecksetzungen getroffen und Zweckverwirklichungen betrieben werden müssen, dass freie schöpferische Initiative die Grundvoraussetzung für erfolgversprechende Beschaffungsarbeit ist."[289]

Die eigentlich „alten" Ideen eines strategisch ausgerichteten Einkaufs spielten in stark wachsenden Volkswirtschaften der Nachkriegszeiten eine untergeordnete Rolle. Nachdem Optimierungen im Marketing und in der Produktion weit fortgeschritten und vielfältig erschlossen sind, wird der Einkauf als „neue" Quelle von Wettbewerbsvorteilen entdeckt. Die betriebswirtschaftliche Forschung greift erst Ende der 1970er Jahre die Ideen Sandigs wieder auf. Grochla (1977) und Grochla/Kubicek (1976) legen erste Aufsätze vor, die sich mit einer „umfassenden betriebswirtschaftlichen Beschaffungslehre"[290] auseinandersetzen. Buchpublikationen zu einer strategisch ausgerichteten Beschaffung („Procurement") erscheinen Anfang und Mitte der 1980er Jahre. Beispielhaft seien Arnold (1982), Grochla/Schönbohm (1980), Hammann/Lohrberg (1986) und Lindner (1983) genannt.

Wettbewerbsvorteile sind demzufolge zukünftig nur durch eine zunehmende Beschaffungsmarktorientierung zu erreichen. Konkret ist von der „strategische[n] Komponente",[291] den „strategischen Möglichkeiten"[292] und „strategische[n] Aufgaben",[293] gar von einer „Führungsaufgabe"[294] der Beschaffung die Rede. Diese Führungsaufgabe bleibt insofern eingeschränkt, als dass die Beschaffungsstrategie der Unternehmens- und Geschäftsfeldstrategie nachgelagert, gleichwohl den anderen betrieblichen Funktionalstrategien gleichgeordnet ist.

Die Beschaffung unterscheidet sich dabei hinsichtlich ihres Verrichtungsumfanges von Materialwirtschaft und Logistik:[295] Ohne der ausführlichen Diskussion der Logistik in Kapitel 2.4 vorgreifen zu wollen, sei darauf verwiesen, dass sich Logistik und Materialwirtschaft auf die physisch-materielle Behandlung der Inputfaktoren konzentrieren, Beschaffung hebt auf die marktlich-rechtliche Verfügbarkeit ab.[296] Beschaffung umfasst sämtliche Tätigkeiten, die darauf gerichtet sind, die Verfügungsgewalt über vom Unternehmen benötigte, nicht selbst hergestellte Sachgüter zu erlangen.[297] Bereits Ende der 1980er Jahre taucht erstmals der Begriff „Supply Management" für einen strategisch verstandenen Einkauf auf.[298]

289 Sandig (1971), S. 87. Der Erstabdruck erfolgte in der Zeitschrift ‚Die Betriebswirtschaft'.
290 Grochla (1977), S. 181, Grochla/Kubicek (1976), S. 257.
291 Arnolds/Heege/Tussing (1996), S. 23.
292 Hammann/Lohrberg (1986), S. 4.
293 Arnold (1982), S. 67.
294 Grochla/Schönbohm (1980), S. 49.
295 Zum Begriff des Verrichtungsvorgangs der Beschaffung Vgl. Grochla/Schönbohm (1980), S. 9.
296 Diese Unterscheidung geht zurück auf Hammann/Lohrberg (1986), S. 6–8, die zwischen „Erlangung der Verfügungsgewalt" und „innerbetrieblicher Behandlung" von Inputfaktoren differenzieren.
297 Vgl. Arnold (1997a), S. 3.
298 Vgl. Arnold (1989), S. 48.

Bereits bei der Diskussion um Outsourcing und die Entstehung von Produktionsnetzwerken aus fertigungswirtschaftlicher Sicht in Kapitel 2.2 wurde deutlich, dass der Steuerung externer Ressourcen auch aus Akteurssicht große Bedeutung zukommt. Die Begründung für eine Ausweitung wie für eine mögliche Beschränkung lieferantenseitiger Netzwerke liefern der Transaktionskosten- und Kernkompetenzen-Ansatz.

Coase (1937) wird das Verdienst zugesprochen, erstmals die Existenz von Kosten der Marktbenutzung („costs of using the price mechanism"),[299] in die wirtschaftswissenschaftliche Diskussion eingeführt zu haben. Diese Transaktionskosten sind aus Sicht der Beschaffung von besonderer Bedeutung:

- Es wird deutlich, dass externe Arbeitsteilung nur unter Inkaufnahme zusätzlicher Transaktionskosten möglich ist. Dies verhindert, dass zwischenbetriebliche Spezialisierung „übertrieben" wird. Die Übertragung von Wertschöpfungsaktivitäten auf Lieferanten ist nur solange sinnvoll, wie die dadurch erzielbaren, niedrigeren Produktionskosten nicht durch zusätzliche Transaktionskosten überkompensiert werden. Der Aufgabenumfang der Beschaffung gegenüber der Produktion erfährt so eine Grenze, die letztlich auf dem ökonomischen Kosten-Nutzen-Kalkül basiert. Aus diesem Grund werden im Rahmen der Transaktionskostentheorie erstmals kooperative Beziehungen zwischen Unternehmen ausdrücklich analysiert. Sogenannte hybride Institutionen zeichnen sich dadurch aus, dass die beteiligten Transaktionspartner weder eindeutig als separate Wirtschaftseinheiten abzugrenzen sind, noch als ein einheitliches Unternehmen identifiziert werden können.[300] Beispiele dafür sind Just-in-Time-Geschäftsbeziehungen oder der bereits skizzierte Efficient Consumer Response-Ansatz auf der Demand Side. Diese heben die klare Trennung zwischen Beschaffung des Abnehmers und Distribution des Zulieferers auf. An deren Stelle tritt eine unternehmensübergreifende Verbindung durch abgestimmte Produktionspläne sowie einheitliche, gekoppelte Informations- und Kommunikationssysteme.[301]
- Auch die interne Arbeitsteilung ist mit Kosten verbunden. Sie können ebenfalls als Transaktionskosten, in diesem Fall aber einer unternehmensinternen, hierarchischen Koordination bezeichnet werden. Interne Koordinationskosten entstehen durch eine Abstimmung zwischen den betrieblichen Funktionen. Eine Reduzierung dieser Kosten ist nur möglich, wenn interne Spezialisierung reduziert wird. „Just-in-Time"-Belieferung bedeutet bspw. nicht nur eine verbesserte externe Abstimmung.[302] Auch intern ist eine Verschmelzung von Produktions- und Beschaffungsaufgaben zu erkennen. Logistikprozesse sind derart zu optimieren, dass die Spezialisierung zwischen Operations und Supply Management zumindest reduziert wird.[303]

Die Einbeziehung von Kosten der externen und internen Arbeitsteilung (Transaktions- und Koordinationskosten) führt zu einer Weiterentwicklung der Beschaffung: Es entstehen „grenzenlose Unternehmen",[304] welche wiederum den Netzwerkcharakter von betriebswirtschaftlichen Führungsaufgaben verdeutlichen. Durch die ganzheitliche Optimierung von Waren- und Informationsflüssen in und zwischen Unternehmen werden Transaktions- und Koordinationskosten gesenkt. Dafür ist eine Annäherung

---

299 Vgl. Coase (1937), S. 390.
300 Vgl. Williamson (1990a), S. 16 ff., Williamson (1991), S. 23–25.
301 Siehe dazu auch Kapitel 3.4.
302 Vgl. Arnold/Bernard (1988).
303 Siehe dazu Kapitel 2.4.
304 Picot/Reichwald/Wigand (2003).

von Supply, Demand und Operations Management erforderlich, im Mittelpunkt des Managementfokus stehen Netzwerke anstelle einzelner Akteure.

Neue Ansätze der Unternehmensführung deuten Unternehmen als „Komplex von Ressourcen".[305] Im Mittelpunkt steht dabei die Überlegung, dass Wettbewerbsvorteile zwar am Absatzmarkt realisiert werden, ihre Quelle jedoch aus den spezifischen Fähigkeiten und Wissensmustern des Unternehmens besteht (sog. Kernkompetenzen-Ansatz).[306] Demzufolge sind Kernkompetenzen als „einmalige", schwer imitierbare und multipel nutzbare Fähigkeiten gekennzeichnet.[307] Dies führt zu einer völligen Neudefinition der Betätigungsfelder von Industrieunternehmen. Wie bereits in Kapitel 2.2 angesprochen, werden viele Fertigungsaktivitäten heute als ubiquitär und damit als extern beschaffbar angesehen. Anbieter von Unterhaltungs- bzw. Konsumentenelektronik fertigen heute häufig nicht mehr in eigenen Fertigungsstätten. So beauftragt bspw. Apple für die Fertigung des iPod-MP3-Players oder Sony Ericsson für die Fertigung von Smartphones sogenannte Fertigungsdienstleister wie Flextronics oder HTC. Aus Sicht der Arbeitsteilung konzentriert sich Apple auf Marketing bzw. Markenführung und Entwicklung, während die Produktion den Fertigungsunternehmen übertragen wird und damit ein Netzwerk im Sinne des in Kapitel 2.2 skizzierten Collaborative Manufacturing-Ansatzes entsteht.

Aus Sicht der Beschaffung hat dies weitreichende Konsequenzen:

- Die bereits angesprochene Annäherung an andere Funktionsbereiche wird fortgesetzt. Durch die Reduzierung bzw. vollständige Verlagerung der Produktion entfallen große Teile eigener Fertigung. An ihre Stelle tritt ein (beschaffungs-) marktorientiertes Supply Management.
- Gleichzeitig wird die Steuerung von Güter- und Informationsflüssen im Zuliefer-Netzwerk selbst mehr und mehr zu einer Kernkompetenz. Ohne die Speicherung und Weiterentwicklung spezifisch einkäuferischer Wissensmuster im Unternehmen können überhaupt keine Endprodukte mehr physisch produziert werden.

Der ressourcenorientierte Ansatz bietet ein erweitertes Erklärungsmuster für die Notwendigkeit von Supply Chain Management-Aktivitäten auf der Beschaffungsseite. Der Spezialisierungsgedanke abstrahiert von der physischen Güterproduktion. Sie wird als eine spezifische Kernkompetenz von Fertigungsunternehmen definiert, die als Komplettzulieferer für spezialisierte Markenführer fungieren. Diese wiederum werden zu Dienstleistern bzw. Handelsunternehmen mit einem eindeutigen Schwerpunkt auf Koordinationsaktivitäten im Sinne eines markt- und netzwerkorientierten Supply Managements. Ein Beispiel ist das in Kapitel 2.2 vorgestellte Konsortium Modular von Volkswagen.

Diese Entwicklung lässt sich auch transaktionskostentheoretisch begründen: Aus Sicht der Transaktionskostentheorie handelt es sich bei Netzwerken um hybride Institutionen, die in erster Linie für Leistungen mittlerer Spezifität transaktionskostenminimale Abwicklungsformen darstellen. Mit zunehmender Ubiquität von Fertigungs-Know-how werden Hybridformen für die Durchführung der Produktion ökonomisch sinnvoller. Gleichzeitig eigenen sich Hybride auch bei höherer Spezifität, vor allem wenn auch starke Umweltunsicherheit herrscht.[308] Dies ist in heute vorherrschenden Märk-

---

305 Bamberger/Wrona (1996), S. 131.
306 Vgl. Prahalad/Hamel (1990), S. 80.
307 Vgl. Krüger/Homp (1997), S. 27. Siehe hierzu auch die Ausführungen in Kapitel 3.1.
308 Vgl. Picot/Reichwald/Wigand (2003).

ten mit hoher Wettbewerbsintensität regelmäßig der Fall. Durch die Schaffung von Fertigungsnetzwerken reduziert sich die hohe individuelle Fixkostenbelastung jedes Partners. Moderne Informations- und Kommunikationstechnologien haben zudem eine transaktionskostensenkende Wirkung, was die Spezifitätsgrenze weiter zugunsten der Hybridform verschiebt.[309]

Die Entwicklung vom „klassischen" Produktionsmanagement zum Supply Management lässt sich anhand von vier Stufen nachvollziehen.

Ausgangspunkt sind traditionelle Fertigungs- und Versorgungskonzepte, wie sie vor allem produktionskostenseitig modelliert werden (vgl. Abbildung 2.3-2). Sie sehen eine strikte Trennung von (industriellem) Abnehmer und Zulieferer vor. Diese spezialisieren sich, um Skaleneffekte realisieren zu können. Dabei verbleiben beim Abnehmer eine große Zahl von Fertigungsaktivitäten, deren Materialfluss von der Produktion zu steuern ist. Durch diese (einseitige) Konzentration bleiben dem Einkauf in erster Linie abgeleitete Aufgaben der Materialversorgung.

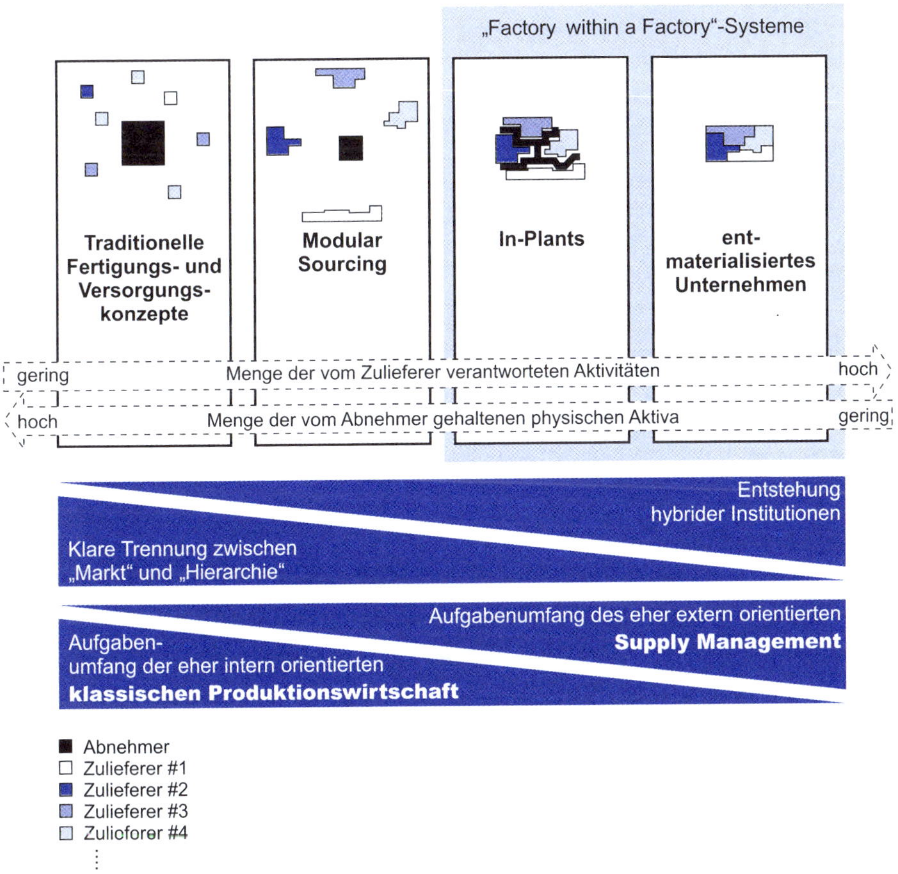

Abbildung 2.3-2: Beschaffungswirtschaftlicher Entwicklungspfad

[309] Vgl. Picot/Reichwald (1994).

Modular Sourcing bedeutet die Verlagerung von Wertschöpfung auf externe Partner. Dazu gehört neben der Produktion der Module auch deren Entwicklung. Gleichzeitig reduziert sich die Zahl der direkten Lieferantenkontakte für den Endabnehmer, was zu einer Senkung der Transaktionskosten führt. Die Modulfertigung wird vom Zulieferer in eigenen Produktionsstätten räumlich getrennt vom Abnehmer durchgeführt, bevor das fertiggestellte Modul in der Regel Just-in-Time zum Verbauungsort (Endmontage beim Abnehmer) geliefert wird. Die Verlagerung von Wertschöpfung zu Lieferanten reduziert aus Sicht des Abnehmers gleichzeitig den Aufgabenumfang der Produktion und führt in gleichem Maße zu einer Erweiterung beschaffungswirtschaftlicher Aufgaben.

In-Plants gehen einen Schritt weiter: Um höchste Flexibilität mit steigender Versorgungssicherheit zu verbinden, betreibt der Zulieferer seine Wertschöpfung direkt am Fertigungsort des Endabnehmers. Es entsteht ein „Factory within a Factory"-System, das die Fertigungsverantwortung des Endabnehmers auf die Endmontage der vorproduzierten Module reduziert. Klassische fertigungswirtschaftliche Aufgaben fallen nur noch sehr eingeschränkt an.

Im „entmaterialisierten" Unternehmen werden selbst die Montageaktivitäten von den Zulieferern übernommen, d. h. das zu fertigende Endprodukt wird direkt von Lieferant zu Lieferant in definiertem Zustand an definierter Schnittstelle übergeben. Mit der Volkswagen-Produktion in Resende haben wir bereits in Kapitel 2.2 ein Fallbeispiel für diesen Typ ausführlich dargestellt. Aus dieser höchsten Evolutionsstufe des „Factory within a Factory"-Systems ergeben sich mehrere Konsequenzen: Das fokale Unternehmen im Netzwerk, der Vermarkter des Endproduktes, führt im Extremfall keinerlei Fertigungsaktivitäten mehr selbst durch und hält aus diesem Grund auch keine physischen Aktiva in diesem Bereich. Die Primärfunktion Produktion entfällt vollständig. Die Aktivitäten reduzieren sich auf Absatzmarketing und Beschaffung. Der Endproduktverantwortliche entwickelt sich vom Industrie- zum Dienstleistungsunternehmen bzw. Händler. Die Beschaffung ist jetzt für die Koordination des Gütererstellungsprozesses zuständig und damit in ihrer strategischen Bedeutung extrem wichtig. Sie entwickelt sich zum Supply Management. Hauptaufgabe des entmaterialisierten Unternehmens ist die Erfassung von Kundenwünschen und die Transformation dieser Nutzenvorstellungen in konkrete (physische) Anforderungen an das Lieferantennetzwerk. Das Management von Zuliefernetzwerken wird zum entscheidenden Erfolgsfaktor. Die einkaufsorientierte Steuerung des Netzwerks wird zur Kernkompetenz, da sonst die Bereitstellung eines physischen Endproduktes nicht mehr möglich ist.

Fallbeispiel: In-Plants – Der Lieferantenpark „Smartville"

Verbreitet sind Lieferanten- oder Industrieparks vor allem in der Automobilindustrie. Neben dem Typ des „entmaterialisierten Unternehmens" Volkswagen Resende existieren noch In-Plants, wie z. B. das Projekt Smartville in Hambach, Frankreich. Seit 1997 werden die verschiedenen Modellreihen von Smart dort produziert. Der Lieferantenpark ist hier nicht unmittelbar neben dem Werksgelände gelegen, sondern die fünf Systemlieferanten und zwei Logistikdienstleister befinden sich auf diesem und bilden zusammen mit der Endmontage durch die Daimler-Tochter Smart France ein „Factory within a Factory"-System. Das Layout des Werksgeländes ist in Abbildung 2.3-3 dargestellt.

Im Zentrum dieser Struktur wird lediglich die Endmontage durch Smart durchgeführt. Um diese herum sind die Systemlieferanten angesiedelt, die Komplettmodule, wie Karosserie, Cockpit, Hinterachse mit Antrieb, Frontmodul, Türen sowie Kunststoff-Verkleidungselemente vormontieren und direkt an das Montageband liefern. Die Vorteile dieses Layouts sind die kurzen Wege zwischen Zulieferern und Endmontage sowie eine sehr gute Erweiterbarkeit der gesamten Struktur. Die unmittelbar angesiedelten Zulieferer werden, wie in einem gemeinsamen Werk, in die Produktion integriert und entwickeln eine hohes Verantwortungsbewusstsein für die Prozesse. Zusätzlich motiviert Smart die Partner durch Verträge über die gesamte Produktlaufzeit zusätzlich, eigene Verbesserungsvorschläge für das Gesamtprodukt einzubringen.

Rund 70 % des Materials, das die Montagelinie erreicht, stammen von den am Standort Hambach angesiedelten Systemlieferanten. Die restlichen Fertigungsanteile werden zu 20 % von JIT-Lieferanten übernommen, was für eine bestandsarme Produktion ausschlaggebend ist. Einer dieser Lieferanten ist das Motoren Werk MDC in Kölleda (Thüringen). Angeliefert werden die Motoren in Wechselbrücken, die gegenüber der jeweiligen Montagestation angedockt werden. Dadurch beträgt der Weg zwischen Materialentnahme und Einbauort in der Regel nicht mehr als zehn Meter. Wann welche Lieferung erfolgen

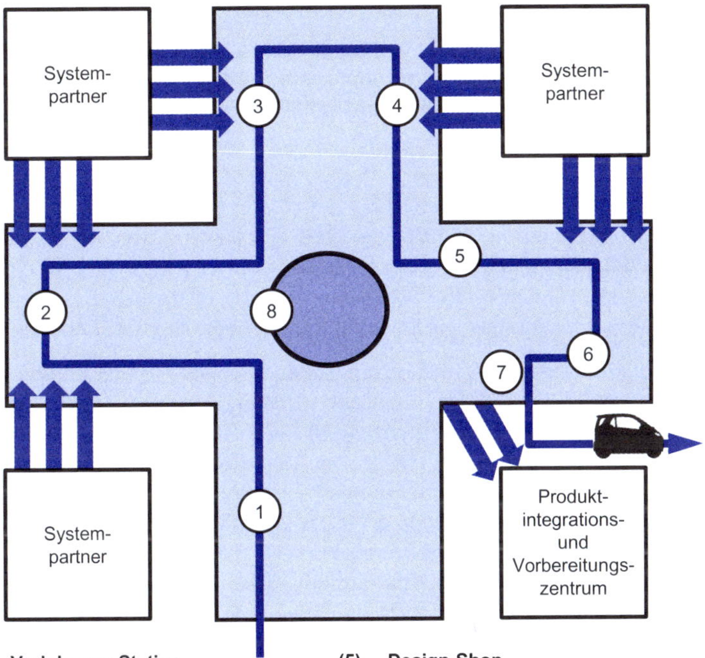

(1) **Verlobungs-Station**
Zusammenbau Safety-Bodyframe mit Cockpitmodul

(2) **Hochzeits-Station**
Zusammenbau des Fahrwerks- und Antriebsmodul mit dem Safety-Bodyframe

(3) **Einrichtungshaus**
Verkleidung/Auskleidung/Verglasung/Sitzsysteme

(4) **Schmuck-Atelier**
Interieur-Dekor-Elemente/Design-Features

(5) **Design-Shop**
Customized Bodypanel System, Exterieur-Design-System

(6) **Fitness-Studio**
Probelauf/Kurztest/Qualitätsprüfung

(7) **Qualitäts-Zirkel**
Qualitäts-Audit/Qualitäts-Sicherung/Quality-Award

(8) **Marktplatz**
Ständige operative Einrichtung für KVP und Systempartner-Forum

Abbildung 2.3-3: Einbindung von Lieferanten im Werksgelände Smart France[310]

[310] Gleißner/Femerling (2008), S. 158.

muss, weiß das Werk in Berlin drei Tage vor Montagebeginn in Hambach. Möglich ist das über die Festschreibung sogenannter Perlenketten, was nichts weiter heißt, als die Fertigungsreihenfolge ab diesem Zeitpunkt nicht mehr zu verändern. Daimler kann also früh genug seine Touren planen und die LKW optimal auslasten.

Die restlichen 10 % Produktionsmaterial sind Norm- und Kleinteile. Sie kommen in ein Lieferantenlager (Konsignationslager), in dem sie durchschnittlich drei bis zehn Tage gepuffert werden. Dort verbleiben sie im Besitz des Herstellers, bis der Logistikdienstleister sie in die Montageabläufe einschleust.

Grundsätzlich bleiben alle Module und Zulieferteile bis zu einem definierten Zählpunkt im Werk Hambach Eigentum des Lieferanten. Entsprechend der Stücklisten wird dann verbrauchsorientiert fakturiert. Dadurch ist keine Wareneingangsprüfung erforderlich, weil der Lieferant die Verantwortung für den Liefertermin und die Produktqualität bis zum Einbauort trägt. Für Smart wird die Fertigung damit ohne Materialbestand ausgeführt. So entlastet sich Smart vom Bestandsrisiko und es entstehen keine direkten Kapitalbindungskosten.

Da die fünf Hauptlieferanten direkt vor Ort angesiedelt sind, ist andererseits auch das Risiko reduziert, dass Versorgungsengpässe bei bestandsarmer Produktion durch Lieferschwierigkeiten wie bspw. Verkehrsstaus entstehen.

Quelle: Entnommen Gleißner/Femerling (2008), S. 157.

Die Parallelen zwischen der Entwicklung im Operations Management und im Supply Management sind offensichtlich. So, wie sich die Fertigung zur Steuerung eines Produktionsnetzwerkes entwickelt, wird der Einkauf zur Steuerung eines Zuliefernetzwerkes. Es nähern sich somit beide Teildisziplinen der Betriebswirtschaftslehre einem Supply Chain-Ansatz an. Dabei steht die Frage im Raum, wer dabei die „Führung" übernimmt.

Beschaffungsnetzwerke sind im Kern nichts anderes als auf den Funktionsbereich Beschaffung ausgerichtete Unternehmensnetzwerke.[311] Sie unterscheiden sich damit zwar definitorisch von anderen Netzwerkarten, weisen aber faktisch hohe Parallelen auf. Wenn wir in Kapitel 2.2 darüber gesprochen haben, dass Produktionsnetzwerke durch zunehmendes Outsourcing von Fertigungsanteilen entstehen, ist damit im Prinzip auch die Entstehung eines Beschaffungsnetzwerkes – oder: eines Versorgungsnetzwerkes für bislang selbst erstellte Leistungen[312] – verbunden. Strategische Netzwerkbeschaffung steuert das Beschaffungsnetzwerk hinsichtlich der Kombination von (Kern-) Kompetenzen aller beteiligten Lieferanten und des Abnehmers, operative Netzwerkbeschaffung konzentriert sich auf (transaktions-) kostensenkende Aspekte der Netzwerksteuerung. Primäres Unterscheidungsmerkmal sind also die Gründe, welche zur Netzwerkentstehung führen. Aus Sicht des strategischen Beschaffungsmanagements werden wir daher in der Folge Sourcing-Konzepte diskutieren, welche gleichsam als Elemente einer Beschaffungsstrategie fungieren.

Es gilt mittlerweile als unstrittig, dass die Beschaffung wesentlich zur Entwicklung eines SCM-Konzeptes beigetragen hat[313] – es womöglich einen „natürlichen Entwicklungspfad" vom Beschaffungs- zum Supply Chain Management gibt.[314] Auslöser ist die bessere Integration von und Zusammenarbeit mit Lieferanten, um gemeinsam Produktivitätssteigerungen, kürzere Durchlaufzeiten und niedrigere Bestände zu erreichen.

311 Vgl. Bellmann/Himpel (2002), S. 862, Buscher (2003), S. 60–63, Reiss/Präuer (2002), S. 21 f.
312 Vgl. Bessant et al. (1994), S. 13, Nix (2001), S. 209 ff.
313 Vgl. Tan (2001), S. 42.
314 Vgl. Buscher (2003), S. 59 f.

Fallbeispiel: Wie geht man mit großen Lieferanten um? Das Problem der „Mega-Suppliers" und der Lösungsansatz von BellSouth zur Steuerung des Lieferantennetzwerks

Um die Erlösziele zu erreichen und liquide Mittel für Wachstum zu generieren, benötigte BellSouth wesentliche Kostenreduktionen bei den Einkäufen. Konkretes Ziel war, die Kosten für extern produzierte Waren und Dienstleistungen binnen 24 Monaten um eine Milliarde $ zu reduzieren. Angesichts dieses Volumens wurde das Ziel als aggressiv, aber dennoch realistisch angesehen. Trotzdem bestand eine zentrale Herausforderung: Ein großer Prozentsatz der Ausgaben – und zugleich der mit dem höchsten signifikanten Einsparpotenzial – war bei einigen wenigen „Mega-Suppliers", die dem Unternehmen diverse Produktkategorien lieferten, konzentriert. In vielen Fällen erforderten die Netzkomponenten den Einkauf vom Erstausrüster (OEM), um den Betrieb der Anlagen weiterhin zu ermöglichen. Die dadurch bereits festgelegten, strategischen Verpflichtungen ließen große Anteile der Ausgaben von marktlichen Wettbewerbskräften verschont.

Obwohl diese Lieferanten Potenzial für eine strategische Partnerschaft hatten, führte das Fehlen der marktlichen Wettbewerbskräfte dazu, dass BellSouth Premium-Preise bezahlen musste. Die Neuverhandlung der Konditionen mit einigen Top-Lieferanten, welche über 20 Prozent des Beschaffungsvolumens repräsentierten, war der Dreh- und Angelpunkt, um die gesamten Einsparziele zu erreichen. Gleichzeitig resultieren hohe Wechselkosten daraus, dass eine Bindung an den OEM im Ersatzteilgeschäft bestand und die meisten Einkäufe nicht kurzfristig durch die Einholung konkurrierender Angebote substituiert werden konnten. Neue Lieferanten konnten demgegenüber jedoch bei Auftragsvergaben in neuen (Wachstums-) Bereichen berücksichtigt werden. Diese Bereiche repräsentierten allerdings nur einen kleinen Teil der Gesamtausgaben. Zusätzlich hätte das Hinzufügen von Lieferanten die Komplexität der Sicherstellung der Netzwerkqualität erhöht. BellSouth – und noch viel wichtiger – die Lieferanten sahen sich fest aneinander gebunden. Wie konnte das Unternehmen dann überhaupt seine Einsparziele erreichen?

Die Lösung zur Bearbeitung dieser Lieferanten wurde von BellSouth als „Mega Supplier-Strategie" bezeichnet. Anstatt jede Warengruppe isoliert zu beschaffen, formierte BellSouth ein Team aus Lieferanten- und Warengruppen-Experten, die das gesamte Portfolio aus Waren und Dienstleistungen, welche von diesen Top-Lieferanten verfügbar waren, untersuchten (vgl. Abbildung 2.3-4).

Die Analyse von Preis-, Qualitäts- und Dienstleistungsniveaus hinsichtlich Versorgungsalternativen gab dem Unternehmen Einsichten in die zur Verfügung stehenden Optionen. Einige Produkte waren tatsächlich fest an die etablierten Lieferanten gebunden, andere

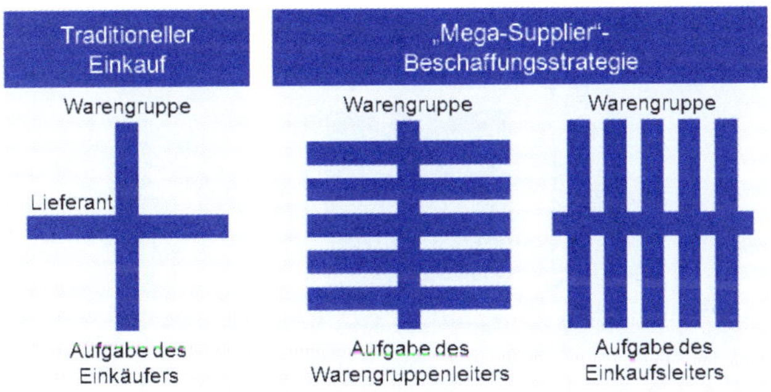

Abbildung 2.3-4: Die Mega Supplier-Beschaffungsstrategie[315]

[315] Vgl. Houghton et al. (2002), S. 35.

wiederum waren standardisierbar und ermöglichten marktliche Ausschreibungen oder konnten substituiert werden (siehe Abbildung 2.3-5). Weitere Produkte eröffneten zudem die Möglichkeit, den bisherigen Mega Suppliern sogar zusätzliche Aufträge zu übertragen, wenn diese im Gegenzug zu mehr Zugeständnissen bereit wären. Das Team zog damit auch Möglichkeiten der Ausweitung des Anteils am Beschaffungsvolumen für

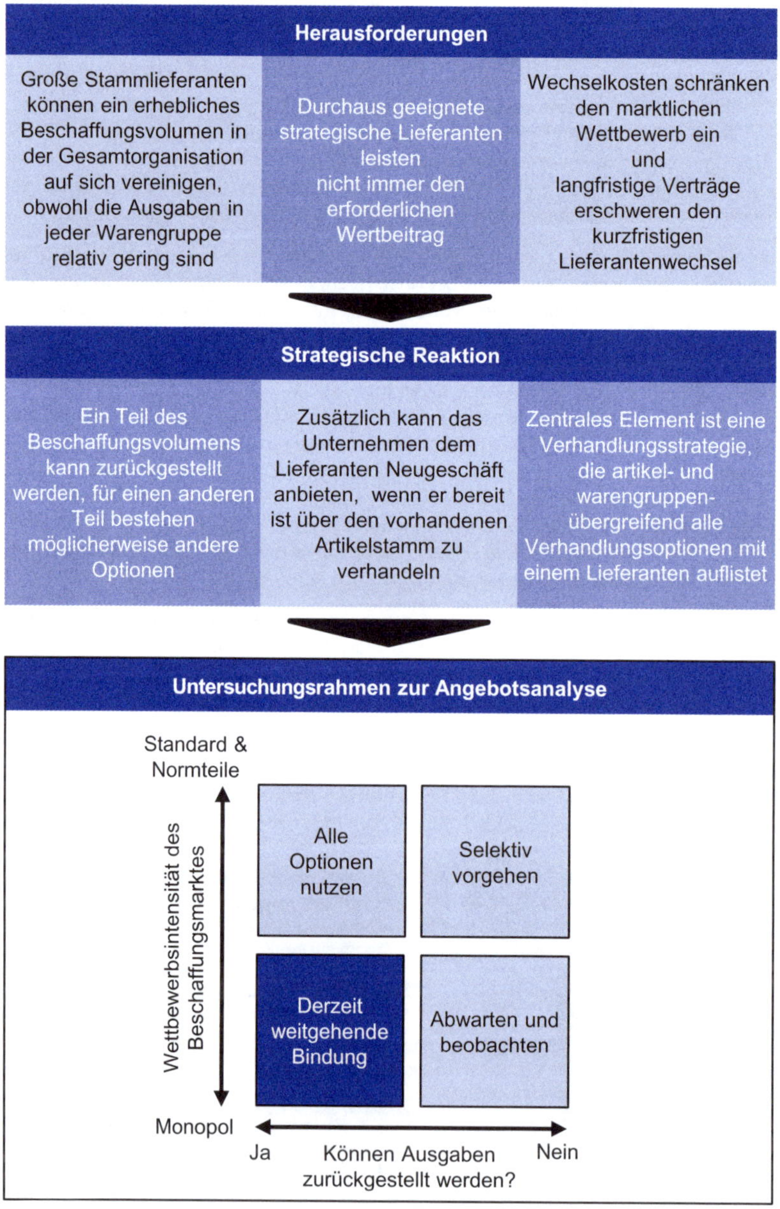

Abbildung 2.3-5: Analyserahmen der Mega Supplier-Strategie[316]

[316] Vgl. Houghton et al. (2002), S. 35.

Top-Lieferanten in Betracht, besonders im attraktiven Bereich für neue Technologien. Zur selben Zeit koordinierte es vorsichtig einen Kommunikationsplan, welcher sowohl an die internen Kunden, als auch an den (externen) Beschaffungsmarkt adressiert war.

Die Analyse bildete die Grundlage für die von BellSouth formulierten strategischen Beschaffungsoptionen: BellSouth hatte den Top-Lieferanten verschiedenes „Zuckerbrot" anzubieten, insbesondere die Erschließung neuer Einnahmequellen. Es hatte aber auch einige „Peitschen", vor allem natürlich die Stornierung von Aufträgen. BellSouth entwickelte eine detaillierte Szenario-Analyse bezüglich der quantifizierten Auswirkungen auf die Lieferantenprofite und der zu erwartenden Einsparungen, um einerseits die „Zuckerbrot und Peitsche"-Kombinationen auszubalancieren und um andererseits Angebote für die Top-Lieferanten zu schnüren. Durch Anwendung dieser Analyse in intensiven Verhandlungen konnten umfassende Verträge mit diesen Schlüssellieferanten erzielt werden. Das Unternehmen erhielt von einigen Lieferanten Preisnachlässe im zweistelligen Prozentbereich, während es parallel Dienstleistungs- und Qualitätsanforderungen adressierte.

Besonders bedeutsam für den Mega Supplier-Ansatz war das Vermögen, hochrangige Entscheidungsträger und Anspruchsgruppen von BellSouth einzubeziehen. Der Vorstandsvorsitzende, Vorstandsmitglieder für Technik und Einkauf und zahlreiche Geschäftsbereichsleiter partizipierten aktiv in der Entwicklung und Ausführung der Mega-Supplier-Strategie.

Quelle: Entnommen Houghton et al. (2002), S. 34 ff.

2.3.2 Impulse aus dem Supply Management für das Supply Chain Management

Bei der Diskussion von Supply Management zeigen sich Querverbindungen zu den anderen diskutierten Bezugspunkten des SCM. Bereits mehrfach wurde die durchgängige Erweiterung der Steuerungsperspektive vom Einzelunternehmen zum Unternehmensnetzwerk angesprochen. Gerade Collaborative Manufacturing oder Produktionsnetzwerke weisen erhebliche Parallelen zur beschaffungsseitigen Steuerung eines Zuliefernetzwerks auf. Gleichzeitig knüpfen Systeme zur Einbindung von Lieferanten (Lieferantenpartnerschaften durch Supplier Relationship Management) in ihrer Grundidee an entsprechende absatzwirtschaftliche Systeme zur Kundeneinbindung (Customer Relationship Management) an.

Mit den strategischen Sourcing-Konzepten und dem Supplier Relationship Management werden zwei originär der Beschaffung zuzurechnende Konzepte vorgestellt, die wesentliche Beiträge zur Entwicklung des SCM zu leisten vermögen.

Strategische Sourcing-Konzepte

„Sourcing" – angelehnt an „Quelle" (engl. „Source") – stellt eine direkte Verbindung zur Quelle der von einem Unternehmen bezogenen Vorleistungen, also der Beschaffungsmärkte, her. „Sourcing" steht demzufolge für die Bearbeitung dieses Marktes, konkret für seine zielgerichtete, strategische Bearbeitung. Diverse, aktuell diskutierte Sourcing-Konzepte, u. a. Global Sourcing, Single Sourcing oder Modular Sourcing, erheben mehr oder weniger unreflektiert den Anspruch, „strategisch" zu sein.

In seinem Kern beschäftigt sich das strategische Management mit Fragen der Generierung und nachhaltigen Sicherung strategischer Wettbewerbsvorteile („sustainable competitive advantages") und damit überdurchschnittlicher Renditen („supranormal rents").[317] Strategische Wettbewerbsvorteile entstehen durch die Umsetzung von Strategien unter drei Voraussetzungen: Sie betreffen erstens ein für Kunden bedeutendes Merkmal. Zum zweiten wird diese Strategie nicht auch durch gegenwärtige oder potenzielle Wettbewerber umgesetzt. Zum dritten können Wettbewerber die aus diesen Strategien resultierenden Vorteile (zumindest ohne weiteres) nicht duplizieren.[318] Analog dem operativen Erfolg, der sich als Differenz von Erlösen und Kosten ergibt, soll die Schaffung und Ausnutzung von Erfolgspotenzialen dazu führen, dass ein Unternehmen in Zukunft durch hohe Erlöse oder niedrige Kosten Vorteile gegenüber dem Wettbewerb erzielen kann. Strategien dienen der Ausnutzung und Erhaltung bestehender und der Schaffung neuer Erfolgspotenziale.[319]

Wie in diesem Kapitel bereits dargelegt, wird die Beschaffung zunehmend als strategisch relevant angesehen. Empirische Untersuchungen belegen, dass ein höheres Maß an strategischer Orientierung im Einkauf den Unternehmenserfolg nachhaltig positiv beeinflusst.[320] Folgt man dieser Argumentation, würde dies voraussetzen, dass das Beschaffungsmanagement einen Beitrag zur Generierung und Sicherung von Wettbewerbsvorteilen für Unternehmen leistet. Diese Voraussetzung wurde und wird intensiv diskutiert. Auf sehr provokative Weise hat Ramsay (2001) die Diskussion durch zwei kontroverse Beiträge initiiert.[321]

Geht man davon aus, dass die Beschaffung strategische Bedeutung hat, ist die Entwicklung einer entsprechenden Funktionalstrategie bzw. einer tatsächlich strategischen Konzeption der Beschaffung erforderlich. Wesentlicher Baustein sind dabei Sourcing-Konzepte. Strategische Sourcing-Konzepte können als „kleinste Elemente" einer Beschaffungs- bzw. Supply-Strategie verstanden werden. Eine Systematisierung von Sourcing-Konzepten muss die Frage nach einer Optimierung der Beschaffungsstrategie enthalten. Dabei darf kein wesentliches Element der Beschaffungsstruktur und des Beschaffungsprozesses vernachlässigt werden. Grundidee des Ansatzes der Sourcing-Konzepte ist es, Beschaffungsstrategien als eine Kombination von unterschiedlichen Substrategien zu verstehen und so strategische Typen bilden zu können.[322] Die Substrategien umfassen folgende Dimensionen:

- Die Lieferantenstrategie bezieht sich auf die Anzahl der Bezugsquellen. Neben den traditionellen Alternativen mehrere Lieferanten (Multiple Sourcing) versus ein Lieferant (Single Sourcing) ist hier insbesondere die Unterscheidung zwischen Sole Sourcing und Single Sourcing neu. Während das Sole Sourcing aufgrund einer monopolistischen Anbietersituation eine erzwungene Konzentration auf nur einen Lieferanten darstellt,[323] fixiert sich der Abnehmer beim Single Sourcing freiwillig auf nur einen Lieferanten.

---

[317] Vgl. Schoemaker (1990), S. 1180, Rumelt/Schendel/Teece (1991), S. 15.

[318] Vgl. Barney (1991), S. 99 ff.

[319] Vgl. Gälweiler (1987).

[320] Vgl. Bernardes/Ednilson/Zsidisin (2008), S. 209–219.

[321] In einem auf der Industrieökonomik aufsetzenden Beitrag kommt Ramsay (2001a) zu dem Schluss, dass „purchasing typically has no significant strategic role to play, and that the function's activities are operational in nature" (Ramsay 2001a, S. 257). Diametral argumentiert Ramsay (2001b) unter zu Hilfenahme des Resource-based View und folgert: „there is a healthy prospect of generating competitive advantage from purchasing activities" (Ramsay 2001b, S. 45).

[322] Vgl. Arnold (1996), Sp. 1861 ff., Arnold (1997), S. 50 ff., und Eßig/Wagner (2003), S. 279 ff.

[323] Vgl. Swift/Coe (1994), S. 173.

- Im Mittelpunkt der Objektstrategie steht die Komplexität der benötigten Inputfaktoren. Auch hier ist eine Präzisierung erforderlich: System Sourcing umfasst im Gegensatz zu Modular Sourcing auch die Vergabe umfangreicher Entwicklungsaufgaben. Module zeichnen sich durch ihre logistisch-fertigungswirtschaftliche Integrationsleistung aus, während Systeme eine funktional-entwicklungstechnische Einheit darstellen. Systeme und Module sind nicht deckungsgleich. Mehrere Module können ein System bilden.
- Die Arealstrategie bezieht sich auf die Größe des Marktraumes, beschäftigt sich also mit der Frage, ob ein Einsatzgut international (Global Sourcing), national (Domestic Sourcing) oder regional (Local Sourcing) beschafft werden soll.
- Die Zeitstrategie richtet sich auf die Entscheidung, ob und wie Bestände berücksichtigt werden (sollen). Neu ist das Prinzip des Demand Tailored Sourcing, das versucht, die Nachteile von Vorratsbeschaffungen (Stock Sourcing) zu kompensieren. Darunter lassen sich sowohl die Einzelbeschaffung im Bedarfsfall als auch die fertigungssynchrone Anlieferung subsumieren. Bei der Einzelbeschaffung im Bedarfsfall werden die Materialien erst dann beschafft, wenn sie im Produktionsprozess tatsächlich benötigt werden. Lager- und Kapitalbindungskosten entfallen daher weitgehend. Aufgrund kleiner Bestellmengen kann dieses Vorgehen allerdings auch zu einem vergleichsweise hohen Einstandspreis führen. Zudem besteht die Gefahr, dass die Einsatzgüter – insbesondere wenn es sich um spezifische Güter handelt – nicht termingerecht angeliefert werden, da die Bereitstellungsprozesse nicht genügend routinisiert sind. Zunehmende Routine stellt sich bei fertigungssynchroner Anlieferung ein. Im Gegensatz zur Einzelbeschaffung liegt hier ein regelmäßiger bzw. für eine bestimmte Dispositionsperiode exakt ermittelbarer Bedarf über einen längeren Zeitraum vor. Grundlage der fertigungssynchronen Anlieferung ist ein längerfristiger Rahmenvertrag mit dem Lieferanten, der diesen verpflichtet, die benötigten Materialien jeweils zu einem durch den Produktionsprozess bestimmten Termin bereitzustellen. Lagerhaltung findet nur noch beim Lieferanten bzw. bei einem logistischen Dienstleister statt. Bei Just-in-Time-Sourcing halten weder der Abnehmer noch der Lieferant Bestände vor.[324]
- Bei der Subjektstrategie wird zwischen Individual Sourcing und Cooperative Sourcing als Strukturalternativen für das beschaffende Subjekt unterschieden. Cooperative Sourcing bezeichnet die gemeinsame Bearbeitung des Beschaffungsmarktes durch mehrere Unternehmen.[325] In Gestalt einer Kooperation treten die für die Beschaffung verantwortlichen Einheiten gegenüber den Zulieferanten nicht mehr isoliert, sondern als Kollektiv auf. Von Individual Sourcing spricht man, wenn die Beschaffungsfunktion des Unternehmens nicht gemeinsam mit anderen, sondern vom jeweiligen Unternehmen selbst organisiert ist. Eine unternehmensindividuelle Beschaffungseinheit stellt heute in der Industrie (noch) den Regelfall dar. Die Beschaffung von Einsatzfaktoren über eine Einkaufskooperation gilt als Ausnahme.
- Die Wertschöpfungsortstrategie bezieht sich auf den Ort, an dem die Wertschöpfung des Zulieferers erbracht wird. Damit wird explizit die Brücke zur Beschaffungslogistik geschlagen.[326] Die Varianten, die sich unter diesem Kriterium subsumieren lassen, können als External Sourcing und Internal Sourcing bezeichnet werden.

---

324 Vgl. Handfield (1993), S. 291 f. Zum Just-in-Time-Konzept siehe auch Kapitel 2.4.

325 Vgl. Eßig (1999), S. 112 ff.

326 Vgl. Stölzle/Gareis (2002), S. 418 ff.

Traditionellerweise wird die Wertschöpfung eines Lieferanten ausschließlich in dessen eigener Produktionsstätte vorgenommen. Das komplett erstellte Einsatzgut wird anschließend an den Abnehmer ausgeliefert und von diesem weiter verarbeitet. Diese Form der räumlichen Trennung von Fertigungsort und Verbauungsort wird External Sourcing genannt. Neuerdings führen die beschaffungsseitigen Integrationsbemühungen zwischen Abnehmer und Zulieferer zu einer räumlichen Annäherung. Je nach Integrationsgrad können im Rahmen von Internal Sourcing drei wesentliche Ausprägungen unterschieden werden: Neben der Einrichtung eines Industrieparks, bei dem der Abnehmer bestimmte Kernlieferanten in der Nähe seiner eigenen Produktionsstätte ansiedelt,[327] kommen auch engere Formen der Anbindung in Betracht: Bei sog. Shop-in-the-Shop-Konzepten erfolgt eine Verlagerung von Fertigungsprozessen des Lieferanten in die Produktionsstätten des Abnehmers. Die in der Produktionsstätte des Abnehmers befindlichen Betriebsmittel bleiben dabei im Eigentum des Lieferanten. Auch die Mitarbeiter bleiben bei ihm angestellt. Bei der stärksten Integrationsform des Internal Sourcing erfolgt nicht nur die Erstellung von Gütern in den Produktionsstätten des Abnehmers. Der Lieferant montiert zudem diese Güter direkt in dessen Endprodukt. Letztlich handelt es sich hierbei wiederum um eine Form des räumlich integrierten Collaborative Manufacturing, da die Grenzen zwischen einzelnen Unternehmen verschwimmen und stattdessen eine Form des Konglomerats entsteht.[328]

Für die Kombinationsmöglichkeit der Sourcing-Konzepte zu einer Beschaffungsstrategie kann die Darstellungsform des „Morphologischen Kastens" herangezogen werden (vgl. Abbildung 2.3-6).

<table>
<tr><th>Beschaffungsareal</th><td colspan="3">Local</td><td colspan="3">Domestic</td><td colspan="3">Global</td></tr>
<tr><th>Lieferant</th><td colspan="2">Sole</td><td colspan="3">Single</td><td colspan="2">Dual</td><td colspan="2">Multiple</td></tr>
<tr><th>Beschaffungsobjekt</th><td colspan="3">Unit</td><td colspan="3">Modular</td><td colspan="3">System</td></tr>
<tr><th>Beschaffungszeit</th><td colspan="3">Stock</td><td colspan="3">Demand Tailored</td><td colspan="3">Just-in-Time</td></tr>
<tr><th>Wertschöpfungsort</th><td colspan="4">External</td><td colspan="5">Internal</td></tr>
<tr><th>Beschaffungssubjekt</th><td colspan="4">Individual</td><td colspan="5">Cooperative</td></tr>
</table>

Abbildung 2.3-6: Dimensionen strategischer Sourcing-Konzepte[329]

Supplier Relationship Management

Supplier Relationship Management (SRM) bildet das beschaffungsseitige Pendant zum in Kapitel 2.1 angesprochenen Customer Relationship Management.[330] Dabei werden

[327] Vgl. Gareis (2002).
[328] Vgl. Kinder (2002), S. 504 f.
[329] Vgl. Arnold (1996), S. 1861–1874.
[330] Vgl. Stölzle/Heusler (2003), S. 7 ff.

Lieferantenbeziehungen systematisch gestaltet.[331] Wie der Name „Relationship" schon andeutet, sind damit drei zentrale Aussagen verbunden:

- Zum einen ist die Beziehungsebene immer bilateral zwischen zwei Austauschparteien (in diesem Fall zwischen Lieferant und Abnehmer/Einkauf) – und somit „unterhalb" der Netzwerkebene, welche immer mindestens drei Beteiligte umfasst.[332] Einzelne Autoren gehen gar so weit, der Beziehung einen eigenen institutionellen Charakter zuzusprechen (sog. „Quasi-Firm").[333] Unter der Annahme, dass Netzwerke letztlich multiple Beziehungen sind, kann der Supplier Relationship Management-Ansatz trotzdem wichtige Impulse für die SCM-Diskussion liefern.[334]
- Zum zweiten umfasst der Relationship- bzw. Beziehungsbegriff eine enorme Vielfalt unterschiedlichster Arten bzw. Typen der Ausgestaltung. Häufig finden sich daher im SRM Systematisierungs- bzw. Typologisierungsansätze.[335] So werden Merkmale wie strategische Bedeutung der Leistung, ausgewogene Machtbalance der Beteiligten, Formalisierung der Beziehungsarbeit u. a. als Systematisierung herangezogen.[336]
- Zum Dritten ist die Einrichtung eines Beziehungsmanagement mit Lieferanten nicht Selbstzweck und intensivere Formen der Zusammenarbeit sind keine „Kooperationsromantik" – im Gegenteil: Ziel der Lieferantenorientierung ist die Steigerung des Lieferantenwerts aus Sicht der Beschaffung.[337]

Hier mag als Systematisierung genügen, ob der Beschaffungsmarkt und damit die Lieferanten „aktiv" (d. h. strategisch und nicht lediglich durch Ausschöpfung eines gegebenen Bedingungsrahmens) addressiert werden (vgl. Abbildung 2.3-7).[338]

Im Prinzip stehen sich zwei grundsätzliche Beziehungskonzepte gegenüber.[339] Die sogenannte „Spot-Beschaffung" sieht den Lieferanten als reinen Marktakteur,[340] die sogenannte „relationale Beschaffung" versteht Lieferanten als Partner.[341] Die Spot-Beschaffung macht sich die Effizienzvorteile des marktlichen Wettbewerbs zu Nutze. Sie geht davon aus, dass die Konkurrenz der Lieferanten untereinander die besten Ergebnisse mit sich bringt. Im Gegensatz dazu wird bei relationalen Lieferantenbeziehungen versucht, durch Einbindung weniger, ausgewählter Lieferanten den gesamten Wertschöpfungsprozess durch intensiv-kooperative Zusammenarbeit zu optimieren.

Spot- und relationale Beschaffung stellen nur Extremformen von Lieferantenbeziehungen dar. Die unreflektierte Anwendung betriebswirtschaftlicher Konzepte führt jedoch häufig dazu, derartige Extremformen als allheilbringende „Moden" zu propagieren – um kurz darauf die „Gegenmode" auszurufen.[342] Für die folgende Betrachtung der

---

331 Vgl. Stölzle (2000), S. 6 ff.
332 Zur Dreiteilung Akteur, dyadische Beziehung und Netzwerk vgl. bspw. Cousins/Spekman (2003), S. 21, Skjott-Larsen (1999), S. 97 f.
333 Vgl. Bessant et al. (1994), S. 10.
334 Vgl. Lamming (2005), S. 88–91, Patterson/Forker/Hanna (1999), S. 89 ff., Riemer/Klein (2002), S. 7–9.
335 Vgl. Möllering (2003), S. 35–37, Skjott-Larsen (1999), S. 107, Wagner/Johnson (2004), S. 718 ff.
336 Vgl. Bessant et al. (1994), S. 13, Dubois/Pedersen (2002), S. 35–38, Spekman et al. (1999), S. 115.
337 Vgl. Lamming/Caldwell/Philips (2004), S. 204 f., Presuti (2003), S. 223–225, Stölzle/Heusler (2003), S. 184, Wagner (2002), S. 71.
338 Vgl. Hammann/Lohrberg (1986), S. 101.
339 Vgl. Leonidu (2004), S. 731 f.
340 Vgl. Krytek (1999), S. 829.
341 Vgl. Homburg/Werner (1998), S. 990–992, Werner (1997), S. 56.
342 Vgl. Kieser (1996), S. 33.

Entwicklungslinien des Supplier Relationship Managements wählen wir deshalb die Darstellungsform des Pendels, das sich zwischen den Extrempolen „Transaktion" und „Beziehung" der Lieferantenbeziehungen bewegt und eine Reihe von Zwischenabstufungen enthält (Vgl. Abbildung 2.3-7).

Wie die bereits skizzierte Entwicklung der Beschaffungsfunktion hin zu einem strategischen Supply Management, folgt auch für das Beziehungsmanagement mit Lieferanten einer (an dieser Stelle in aller Kürze erläuterten) Entwicklungslinie. Die „Befolgung des Grundsatzes weitgehender Lieferantentreue"[343] findet sich bereits in den 1960er Jahren und stellt den ersten Schritt hin zu einer kooperativ-relationalen Lieferantenbeziehung dar. Der positive Zusammenhang zwischen strategischer Ausrichtung und Orientierung an langfristigen Lieferantenbeziehungen wurde in der Zwischenzeit auch empirisch umfassend belegt.[344] Zu dieser Zeit stellte dies jedoch die Ausnahme dar. Es dominiert eine einseitige Fokussierung auf das Ziel, den Einstandspreis der Beschaffungsgüter zu reduzieren.[345] Das einkaufspolitische Instrumentarium ist primär auf die Preis- und Mengenpolitik ausgerichtet. Kommunikations- und lieferantenpolitische Maßnahmen werden – wenn überhaupt – nur unter kurzfristigen

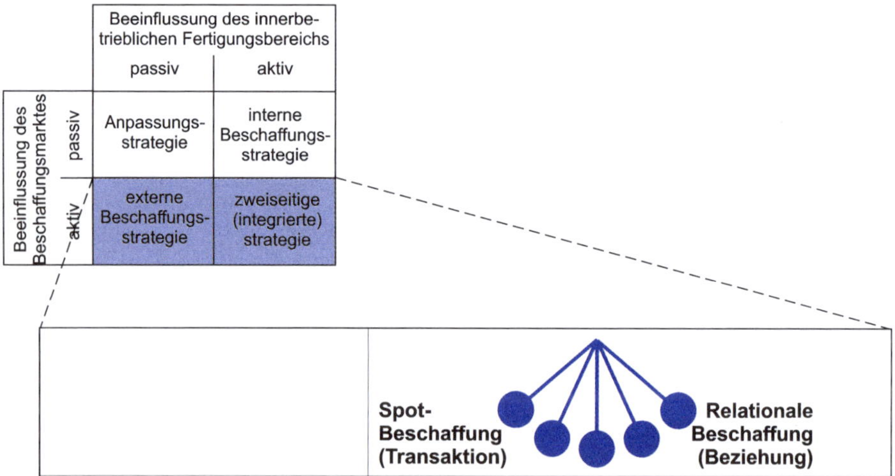

	Spot-Beschaffung (Transaktion)	Relationale Beschaffung (Beziehung)
Ausmaß spezifischer Investitionen	eher gering	eher hoch
Bereitschaft zur Informationsweitergabe	geringe Intensität der Informationsweitergabe, vornehmlich formelle Information, geringer Anteil sensibler Informationen	hohe Intensität der Informationsweitergabe, formelle und informelle Information, sensible und vertrauliche Informationen
Fristigkeit rechtlicher Regelungen	eher kurzfristig	eher langfristig
Zahl der Lieferanten	eher hoch	eher gering

Abbildung 2.3-7: Untersuchungsraster zu Lieferantenbeziehungen[346]

[343] Sundhoff/Pietsch (1964), S. 85.
[344] Vgl. Cousins/Spekman (2003), S. 24.
[345] Vgl. Arbeitskreis Weber-Hax der Schmalenbach-Gesellschaft (1960), S. 56.
[346] In Anlehnung an Hammann/Lohrberg (1986), S. 102, und Werner (1997), S. 58.

Aspekten konzipiert. Die einseitige Ausrichtung am Spot-Modell kann durchaus als antagonistisch[347] bezeichnet werden.

Die bereits angesprochene Re-Orientierung der Beschaffungsfunktion Ende der 1970er und Anfang der 1980er Jahre führt auch zu einer Veränderung der Gestaltung von Lieferantenbeziehungen. Wegen der hohen Leistungsrelevanz von Beschaffungsentscheidungen empfiehlt bspw. Grochla (1977) eine sorgfältige Auswahl von Lieferanten und eine kontinuierliche Zusammenarbeit.[348] Er schlägt erstmals vor, „die Entwicklung ganzer Produktteile an Lieferanten zu übertragen."[349] Dies kann als erster Schritt hin zu einer (Re-) Orientierung der Lieferantenbeziehungen am relationalen Austauschmodell interpretiert werden.

Folgt man im Wesentlichen den oben skizzierten Sourcing-Konzepten, scheint eine kooperative Zusammenarbeit mit Lieferanten die optimale Form zu sein.[350] Dazu gehört eine enge, exklusive Anbindung wichtiger Systemlieferanten, die im Rahmen von Modular Sourcing komplette Baugruppen (Module) Just-in-Time zuliefern. Um die Transaktionskosten trotz des intensiven Austauschs gering zu halten, konzentriert sich die Beschaffung i. d. R. auf lediglich einen Lieferanten (Single Sourcing). Für eine optimale Abstimmung ist es sinnvoll, diese Lieferanten im Rahmen eines „Early Supplier Involvement" frühzeitig in Forschungs- und Entwicklungsaktivitäten einzubinden und ihnen im Gegenzug langfristige Verträge (bspw. als Life Cycle Contracts) anzubieten.[351]

Die einseitige Orientierung am relationalen Beziehungsmodell hat jedoch eine Gegenbewegung des „Pendels" ausgelöst. Das „Agressive Sourcing"-Konzept von Kapoor/Gupta (1997) wird als „free-market approach" definiert, „diametrically opposed to the prevailing partnership model".[352] Für Standardgüter des indirekten Bedarfs macht es dieser Argumentation zufolge keinen Sinn, durch Lieferantenkooperationen den Wettbewerb zu reduzieren. Stattdessen wird gefordert, Lieferantenkonkurrenz aggressiv zu fördern und zur Spot-Beschaffung zurückzukehren.

Tatsächlich mehrt sich die Kritik an der einseitig kooperativen Ausrichtung relationaler Versorgungskonzepte. Anstatt – wiederum einseitig – das „aggressive"-Modell zu propagieren, wird ein differenzierteres Bild gezeichnet. Es „fällt auf, dass alle angesprochenen Konzepte explizit oder implizit von engen und langfristig angelegten Zulieferer-Abnehmer-Beziehungen auszugehen scheinen. Damit ist die Gefahr verbunden, dass davon abweichend gestaltete Beziehungen ausgeblendet werden, obwohl sie in bestimmten Situationen als zielführend zu erachten wären."[353] Derartige Situationen sind immer dann gegeben, wenn verschärfte Konkurrenz unter den Lieferanten bessere Ergebnisse liefert als eine enge Kooperation, die – zumindest in Teilbereichen – Wettbewerbskräfte durch hierarchische Abstimmung ersetzt.

Zwischenzeitlich setzt sich zunehmend die Erkenntnis durch, dass die Förderung des Lieferantenwettbewerbs einerseits und die Durchführung von Lieferantenkooperationen andererseits kombiniert werden können und müssen, um optimale Resultate zu erzielen.

---

347 Vgl. Matthyssens/Bulte (1994), S. 72 f.
348 Vgl. Grochla (1977), S. 184.
349 Grochla (1977), S. 185.
350 Vgl. Matthyssens/Bulte (1994), S. 76 f.
351 Vgl. Wynstra/Weele/Axelsson (1998), S. 545 ff.
352 Kapoor/Gupta (1997), S. 28.
353 Stölzle (1999), S. 9.

Gerade bei Standardgütern wie DIN- und Normteile ist eine enge Lieferantenbindung kontraproduktiv. In diesen Fällen muss der Wettbewerb gefordert und gefördert werden. Andererseits können Systeme und Module, die zum Erfolg des Endproduktes entscheidend beitragen können (wie bspw. das Elektronische Stabilitäts-Programm ESP in der Mercedes-Benz A-Klasse) nur mit Hilfe und in enger Zusammenarbeit mit Lieferanten (hier: Bosch) entwickelt und gefertigt werden. Die fallweise Kombination von „Konkurrenz" und „Kooperation" in der Zusammenarbeit mit Lieferanten wird als „Coopetition" bezeichnet und stellt eine Art „synoptischen Weg" für Lieferantenbeziehungen dar.[354]

Fallbeispiel: Supplier Relationship Management bei Volkswagen

Volkswagen Group hat eine Vision für das Jahr 2015 mit dem Titel, „Together – Best in Class in Customer Value and Cost" entwickelt. Sie definiert die Ziele, zentralen Elemente und die Leitlinien der Beschaffungsstrategie der VW-Gruppe. Primäres Ziel ist die langfristige Maximierung des Kundennutzens hinsichtlich Kosten, Qualität und Innovation. Als Teil eines integrierten Supply Chain Managements, genannt "Value Net Management", integriert das Unternehmen Lieferanten zunehmend in den Beschaffungsprozess und versucht so, die eigene Innovationskraft mit der der Lieferanten zu verbinden.

Lieferantenbeziehungen im Sinne eines Supplier Relationship Managements decken die gesamte Bandbreite von Spot- zu relationalen Formen der Zusammenarbeit ab. Die Tiefe der Beziehung zwischen OEM und Lieferant hängt von der Produktkomplexität wie von der Lieferantenstruktur ab. Massenprodukte werden bspw. Im Rahmen von Spot-Transaktionen beschafft, während komplette Sitze ein Beispiel für relationale Beschaffung ist.

Volkswagen Group unterscheidet drei Typen von Lieferantenbeziehungen:

1. **Zentral koordinierte Beziehungen**
   Dieses Modell des Lieferantenmanagements ist primär auf Transparenz und Prozesseffizienz ausgerichtet. Auswahl und Koordination der Partner werden vom OEM durchgeführt. Da die zentrale Koordination bzw. Kontrolle den Bewegungsspielraum der Lieferanten (stark) einschränkt, nutzt die VW-Gruppe weitere Formen der Zusammenarbeit mit Lieferanten.
2. **Modularisierung**
   Dieses Modell sieht vor, mehr Verantwortung an Lieferanten abzugeben und versucht, sowohl die time-to-market zu verkürzen als auch Synergien innerhalb der Module zu heben.
3. **Strategische Partnerschaften**
   Das Konzept der strategischen Partnerschaften reicht noch weiter und entspricht am stärksten der Idee relationaler Beschaffung. Der Lieferant erhält umfassende Verantwortung für Forschung und Entwicklung inkl. der Value Creation-Prozesse. Grundvoraussetzung für ein derartiges Modell sind eine detaillierte Zielvereinbarung, bindende Regeln der Zusammenarbeit und wechselseitiges Vertrauen. Da ein solches Modell große Abhängigkeiten zwischen OEM und Lieferant nach sich zieht, wird diese Form der Zusammenarbeit nur sehr gezielt eingesetzt.

Quelle: Entnommen und übersetzt aus Höhn (2010), S. 103 ff.

Empirische Untersuchungen belegen, dass das relationale Beziehungsmodell und seine Ausgestaltung häufig unterschätzt werden. So hat sich herausgestellt, dass die beteiligten Unternehmen den mit intensiven Lieferantenbeziehungen verbundenen Wandel noch kaum systematisch im Sinne eines Change Managements angehen. Gleichzeitig

[354] Vgl. Nalebuff/Brandenburger (1996).

werden persönliche Beziehungen für den langfristigen Beziehungserfolg überschätzt.[355] Trotzdem gilt, dass die Gestaltung der Beziehungsatmosphäre wesentliche Auswirkungen auf den Beziehungserfolg hat.[356] Zudem wird die Beziehungsorientierung u.a. durch die Branchenstruktur und die Produktkomplexität geprägt, so sind Hochtechnologiebranchen bspw. häufig durch intensive Zusammenarbeit mit Lieferanten gekennzeichnet.[357]

Gleichzeitig sind Lieferantenbeziehungen nicht statisch. Sie unterliegen einem Ablaufprozess, der ebenso zu gestalten ist wie Strukturmerkmale.[358] Dazu wird u.a. ein sog. „Relationship Improvement Process" vorgeschlagen, der fünf Phasen umfasst:[359]

Phase 1: Internes Commitment und Teambildung

Grundlegendes Wissen und Verständnis über die Bedeutung einer Lieferantenbeziehung aus Sicht des beschaffenden Unternehmens ist Voraussetzung, um wichtige Entscheidungen der Beziehungsentwicklung zu treffen. Deshalb ist die Entwicklung eines Verständnisses und Engagements der Unternehmensleitung genauso essentiell wie die Etablierung crossfunktionaler Teams, um durch gemeinsame Anstrengungen den Wandlungsprozess in den Abnehmer-/Lieferantenbeziehungen zu erreichen.

Phase 2: Lieferantenauswahl

In der Regel ist es eine der ersten Aufgaben des Implementierungs-Teams, diejenigen Lieferanten auszuwählen, mit welchen das beschaffende Unternehmen langfristig zusammenarbeiten will. Dies hat sorgfältig und abwägend zu erfolgen, um zu vermeiden, dass ein ungeeigneter Lieferant gewählt wird.

Phase 3: Commitment des Lieferanten und gemeinsame Teambildung

Waren die bisherigen Phasen intern orientiert, so muss in Phase 3 auf die Einbeziehung des Lieferanten geachtet werden. Es gilt, den Lieferanten für ein Engagement zur Verbesserung der Lieferbeziehungen zu gewinnen. Ziel ist ein gemeinsames Team mit jedem Lieferanten.

Phase 4: Analyse und Maßnahmenplanung

Wesentliche Aufgaben der gemeinsamen Kunden-Lieferanten-Teams liegen in der Analyse der bisherigen Beziehung, der Identifizierung von Mängeln und der Ableitung von Maßnahmen zur Verbesserung der gemeinsamen Beziehung.

Phase 5: Maßnahmenimplementierung und Fortschrittskontrolle

Wenn das gemeinsame Team die zur Verbesserung relevanten Maßnahmen identifiziert hat, werden im Anschluss daran die Verantwortlichkeiten der konkreten Implementierung benannt. Ein wichtiges Merkmal dieser Phase ist die Etablierung von Fortschrittskontrollen und Feedback-Schleifen zu den übrigen Unternehmensteilen beider Seiten, im Besonderen auf die Geschäftsleitung bezogen. Die Erfolge der Maßnahmen müssen identifiziert werden, nicht zuletzt, um das Engagement der Geschäftsleitung nachhaltig

355 Vgl. Boddy et al. (1998), S. 149 f.
356 Vgl. Duffy/Fearne (2004), S. 66 f.
357 Vgl. Kasouf/Celuch (1997), S. 483, Novak/Eppinger (2001), S. 195 ff.
358 Vgl. Riemer/Klein (2002), S. 16–18.
359 Vgl. Macbeth (1996), S. 255–257. Siehe hierzu auch die prozessorientierten SCM-Aufgabenfelder (Kapitel 3.2 und Kapitel 3.5).

aufrecht zu erhalten und ebenfalls die Einführung neuer Initiativen zu fördern. Es wird deutlich einfacher, die nächste Gruppe von Lieferanten von einer partnerschaftlichen Beziehung zu überzeugen, wenn die „Pioniere" Erfolge realisieren und nachweisen konnten.

2.3.3 Implikationen des Supply Chain Managements für das Supply Management

Bereits im Abschnitt zum Operations Management haben wir vom „Henne-Ei-Problem" gesprochen, analoges gilt hier: Tatsächlich finden wir Belege, dass die Beschaffung in ihrer Ausprägung als Supply Management sowohl wesentliche Impulse für das SCM liefert, als auch von der SCM-Diskussion beeinflusst wird.

Unter dem Titel „Von der Beschaffung zum Supply Chain Management" wird diese These von Schönsleben/Alard (2003) dahingehend diskutiert, dass die Beschaffung beim SCM eine bedeutende Rolle spiele, da sie verstärkt Aufgaben der Netzwerksteuerung für alle „Versorgungsaktivitäten" der Supply Side übernimmt. Der relationale und mindestens trilaterale Charakter der Austauschbeziehungen mit Lieferanten wird durch die Verwendung von Begriffen wie „Versorgungsnetzwerk"[360] oder „Network of Organizations"[361] betont.

Nun könnte man vermuten, diese semantische Nähe macht es einfach, die Analyseebene von Supply Management und Supply Chain Management zu parallelisieren. Tatsächlich besteht die Gefahr, eine „Superfunktion" zu errichten, quasi eine Metalehre der Betriebswirtschaftslehre. Tatsächlich ist das Supply Management – wie bereits mehrfach angesprochen – Bestandteil bzw. Quelle des Supply Chain Managements. Die neueste Auflage des amerikanischen Beschaffungslehrbuchs von Burt/Petcavage/Pinkerton (2010) versteht Supply Management explizit als eine der drei zentralen Komponenten des Supply Chain Managements – neben Demand Management und Logistikmanagement.[362] Ähnlich argumentiert das zweite wichtige nordamerikanische Lehrbuch in der Beschaffung von Leenders et al. (2002): „Supply chain management (SCM) is different from supply management. Supply chain management emphasizes all aspects of delivering products to customers, whereas supply management emphasizes only the buyer-seller relationship."[363] Auch van Weele (2010) stellt fest: „SCM can be considered as a logical extension of earlier logistics concepts. It says that in order to be able to manage cost throughout the supply chain, effective and co-operative supplier relationships are required. Hence, purchasing and supply management (including the supplier management) can be seen as an integrated part of SCM."[364] Der Einkauf klassischer Prägung konzentriert sich häufig einseitig auf Einstandspreisreduzierungen und kann so dem Ansatz des SCM zuwiderlaufen, eine umfassende Kundenorientierung über die gesamte Kette über Formen der wechselseitigen Koordination zu erreichen – gleichzeitig sieht eine strategische verstandene Beschaffung die Steuerung der „Supply Side" eines Unternehmens als eine crossfunktionale Aufgabe (inkl. bspw. Produktion, F&E, Marketing) über mehrere Stufen (1st, 2nd, 3rd Tier etc.) hinweg und ist insofern richtungweisend für die Entwicklung des SCM.

[360] Buscher (1999), S. 450.
[361] Christopher (2005), S. 15.
[362] Vgl. Burt/Petcavage/Pinkerton (2010), S. 529.
[363] Leenders et al. (2002), S. 11.
[364] van Weele (2010), S. 255.

2.4 Bezugspunkt Logistik (Logistics Management)

LERNZIELE

Am Ende dieses Kapitels sollten Sie in der Lage sein,

- Impulse aus der Logistik für das Supply Chain Management zu erklären,
- den Zusammenhang zwischen logistischem Prozessdenken und Supply Chain Management aufzuzeigen sowie den sogenannten Bullwhip-Effekt in diesen Kontext einzuordnen,
- die Grundzüge ausgewählter Logistikkonzepte für Industrie, Handel und Logistikdienstleistung sowie deren Impulse für das Supply Chain Management zu nennen, sowie
- das Komplexitätsproblem und die damit einhergehenden Grenzen des Supply Chain Managements zu erklären sowie Lösungswege aufzuzeigen.

Der Aufbau dieses Kapitels gestaltet sich wie in der folgenden Abbildung dargestellt:

Erkenntnisebene des Bezugspunktes Logistik	Inhalt/Fragestellungen	Abschnitt des Kapitels	Ergebnis
Konzeption und Verständnis von SCM	Welcher Zusammenhang besteht zwischen der Logistik und dem SCM?	2.4.1	Impulse des SCM für die Logistik
	Welchen Einfluss hat das logistische Prozessdenken auf das SCM?	2.4.2	Informationstransparenz und Koordination als Ausfluss der Logistik auf das SCM
↓ Einwirkungsprinzip auf SCM			
Beeinflussung des SCM	Welche Logistikkonzepte stehen zur Verfügung, um das SCM zu unterstützen?	2.4.2	Diskussion einer Auswahl bedeutender Logistikkonzepte
↓ Rückkopplungsprinzip vom SCM			
Einflussmöglichkeiten des SCM	Welche Anforderungen ergeben sich aus dem SCM für die Logistik?	2.4.3	Kompetenzanforderungen an Logistikdienstleister Impulse für unternehmensübergreifende Logistikkonzepte

Abbildung 2.4-1: Aufbau von Kapitel 2.4

2.4.1 Logistikkonzeption als Impulsgeber für das Supply Chain Management

Die systematische Auseinandersetzung mit logistischen Problemstellungen hat ihren Ursprung im Militärwesen.[365] Hierbei wird die Logistik im Sinne der Sicherung des Nachschubs zur Unterstützung von Streitkräften verstanden. Der Begriffsursprung von Logistik ist demnach im Wortstamm „loger" – Quartiermachen für das Heer – zu suchen. Erste Aufsätze, welche die Logistik in einem breiteren, wirtschaftlich orientierten Zusammenhang sehen, sind in den 1960er Jahren erschienen.[366] In jüngerer Vergangenheit wird die Logistik oft als Bestandteil des SCM verstanden. Manche Autoren beschreiben das SCM als erweitertes, integriertes Logistikkonzept.[367]

Nachfolgend legen wir die Logistikkonzeption nach Pfohl (2010) zugrunde. „Neben der Kennzeichnung eines Bündels von flussorientierten Ausführungs- und Managementfunktionen dient der Logistikbegriff auch der Benennung einer bestimmten Leistungsfunktion."[368] Dies führt zu Mehrfachbelegungen des Logistikbegriffs, ähnlich wie z. B. im Marketing oder im Controlling. Daher sollte immer zwischen der Logistik als Funktion und der Logistikkonzeption als solches unterschieden werden.[369] Somit beschreibt die Logistik eine Funktion, während die Logistikkonzeption einen konzeptionellen Rahmen vorgibt, wie diese Funktion erfüllt werden soll.[370] Die Kernaufgabe der Logistik ist demnach, sicherzustellen, dass die richtigen Güter, zum richtigen Zeitpunkt, am richtigen Ort in der richtigen Menge vorhanden sind.[371]

Einen besonderen Auftrieb hat die Logistikkonzeption in den 1980er Jahren mit der aus der Automobilindustrie stammenden „Just-in-Time" (JiT)-Belieferung, oftmals auch als „JiT-Philosophie" stilisiert, erfahren. Diese umfasst im Kern ein in der Praxis mittlerweile weitläufig adaptiertes Prinzip, wonach Lieferungen an einen Bedarfsträger nur dann ausgelöst werden, sofern ein faktischer Versorgungsbedarf besteht. Die praktischen Herausforderungen liegen zunehmend in Material-, Waren- und Informationsflüssen, die sich über die Unternehmensgrenzen, also etwa bis zu Kunden, erstrecken. Die Herstellung von Zwischen- oder Endprodukten hat demzufolge erst im Falle eines konkreten Auftragseingangs eines Kunden oder der nachfolgenden Fertigungsstelle zu erfolgen (Pull-Prinzip in der Wertschöpfungskette bzw. Make-to-Order-Prinzip). Dem gegenüber steht gemäß Abbildung 2.4-2 das traditionelle Push-Prinzip, wonach ein Produkt prognosegestützt produziert und in den Markt „gedrückt" wird. Hier entsteht dann ein Lagerungsbedarf, wenn am Markt zum Zeitpunkt der Verfügbarkeit keine ausreichende Nachfrage generiert wird.[372] Dies zeigt bereits deutlich die enge Verzahnung des Logistik- mit dem Produktionsmanagement, bei dessen Diskussion wir diese Unterscheidung ja bereits mit Make-to-Order und Make-to-Stock aufgegriffen haben (siehe Kapitel 2.2).

Bei der Steuerung der Produktion durch das Pull-Prinzip erfolgt die Auslösung eines Fertigungsauftrags erst bei einer konkreten Nachfrage. Im Gegensatz zur Push-Steue-

---

365 Vgl. Pfohl (2004), S. 3.
366 Vgl. Magee (1960).
367 Vgl. Ballou (2005), S. 4.
368 Pfohl (2004), S. 6.
369 Vgl. Pfohl (2004), S. 6.
370 Vgl. Pfohl (2004), S. 7.
371 Vgl. Pfohl (2010), S. 12.
372 Vgl. Christopher (2005), S. 123.

rung wird dabei nur ein Produktionsplan für die letzte Produktionsstufe erstellt. Die folgenden Produktionsstufen werden als eigene Regelkreise an die letzte Produktionsstufe angeschlossen (z. B. durch eine KANBAN-Steuerung).

Im Falle der Push-Steuerung erfolgt die Steuerung des Lagerbestandes und somit der Bestellmengen durch mathematische Verfahren, z. B. durch die „Economic Order Quantity" (EOQ) bzw. die sogenannte Andlersche Losgrößenformel. Alternative Methoden folgen dem klassischen Ansatz mit festen Intervallen zwischen Bestellungen. Diese Bestellmengen ergeben sich aus einer festgelegten Nachschubhöhe. Allen Ansätzen gemeinsam ist die Schwäche, oftmals über zu hohe oder zu niedrige Lagerbestände zu verfügen.[373] Sichtbar wird dieses Problem besonders in Zeiten wechselnder Nachfrage oder großer Einmalbestellungen. Im letztgenannten Fall können voneinander „abhängige" Produkte die Situation zusätzlich verschärfen. In Logistiksystemen ist die Nachfrage auf einer Stufe der Wertschöpfungskette immer abhängig von der Nachfrage der nachfolgenden Stufe. Während sich eine unabhängige Nachfrage direkt auf das Kaufverhalten von Kunden bezieht und damit gemäß traditionellen Methoden

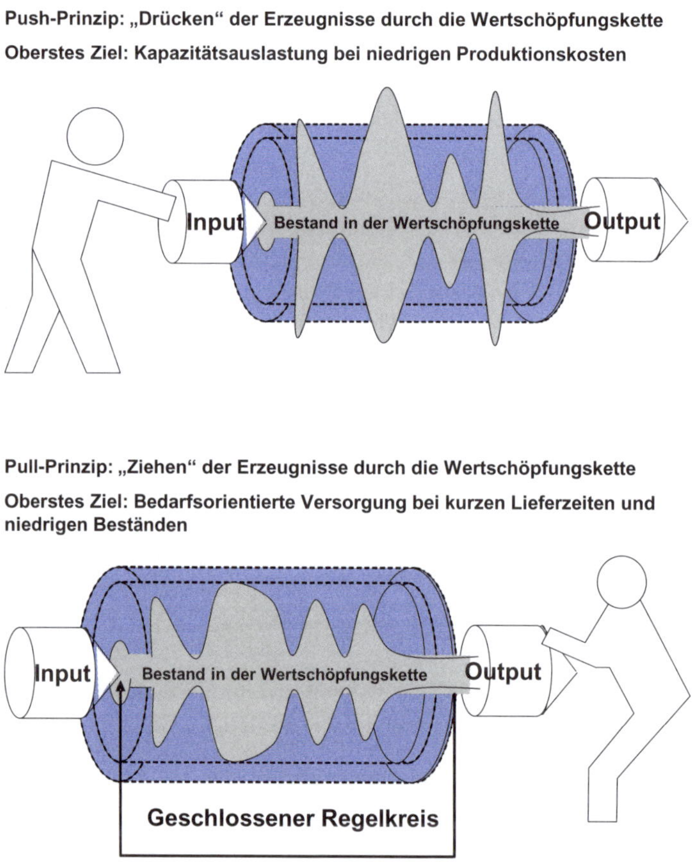

Abbildung 2.4-2: Prinzip-Darstellung der Push- und Pull-Steuerung[374]

[373] Vgl. Christopher (2005), S. 124.
[374] In Anlehnung an Luczak/Eversheim (1998), S. 72.

der Marktforschung berechnet werden kann, leitet sich eine abhängige Nachfrage aus der Nachfrage der in der Wertschöpfungskette nachfolgenden Stufe (Demand Side) ab.

Bereits das JiT-Konzept erweitert die Pull-Steuerung über die Unternehmensgrenzen hinweg. Unternehmensgrenzen werden damit nicht mehr als Barrieren der Planung und Steuerung des Material- und Informationsflusses gesehen, denn eine klare Trennung der Aktivitäten von Lieferanten und Kunden – jeweils auch auf den vor- bzw. nachgelagerten Stufen – ist oftmals kaum mehr zu ziehen. Stattdessen greift ein horizontales Prozessmanagement. Diese Sichtweise bildet die Idee des „erweiterten Unternehmens" (Extended Enterprise), verbunden mit veränderten Vorstellungen von unternehmerischem Wettbewerb und der Strukturierung von Wertschöpfungsketten.[375]. Das Konzept des erweiterten Unternehmens greift den Grundgedanken der unternehmensübergreifenden Koordination aus Abschnitt 1.1.3 dieses Buches wieder auf.

2.4.2 Impulse aus der Logistik für das Supply Chain Management

Das logistische Prozessdenken erfordert eine ausgeprägte vertikale Koordinationsleistung entlang der Wertschöpfungskette. Es zielt auf kürzere Durchlaufzeiten der Materialien, Teile, Komponenten, Halbfertig- und Fertigprodukte ebenso wie auf flexible und schnelle Erfüllung der Service-Anforderungen der Kunden ab.[376] Ein anschauliches Beispiel hierfür stellt der Demand Fulfillment-Prozess (vgl. Kapitel 2.1) und seine Verknüpfungsanforderungen an logistische Netzwerke dar.[377] Ausgehend vom Prozess der Auftragsabwicklung auf strategischer Ebene werden das Netzwerk gestaltet, Richtlinien sowie Verfahren aufgestellt und die Rolle von Technologien im Prozess festgelegt. Dabei sind nicht nur verschiedene Funktionsbereiche eines Unternehmens einzubeziehen, sondern auch in Zusammenarbeit mit Zulieferern und Kunden das Netzwerk mit seinen Prozessen weiter zu entwickeln. Obgleich die Auftragsabwicklung oftmals der Logistik zugeordnet wird, ist die Einbindung anderer Funktionsbereiche eines Unternehmens und ausgewählter Geschäftspartner der Wertschöpfungskette von zentraler Bedeutung (siehe dazu auch Abbildung 2.2-8).

Dieser Gedankengang trägt der Bedeutungszunahme von produktbegleitenden Dienstleistungen im Allgemeinen und des Lieferservice im speziellen als Differenzierungsmöglichkeit im Wettbewerb Rechnung. Einzelne Ausprägungen des Lieferservice, wie z. B. Lieferzeit oder Termintreue, sollen auf ein höheres Qualitätsniveau gebracht werden. Das Konzept des „Available To Promise" (ATP) mit dem Ziel, durch reservierte Kapazitäten belastbare Lieferzeiten zu schaffen, stellt in diesem Kontext ein zentrales Qualitätsmerkmal des logistischen Prozessdenkens dar.[378] Dieses Konzept hebt die Bedeutung einer wertschöpfungsstufenübergreifend koordinierten Abstimmung von Bedarf und Kapazität hervor. Mit ATP ist ein Prozessmodell verbunden, welches eine effektive, unternehmensübergreifende Koordination von Bedarf und Lieferfähigkeit über den Weg belastbarer Liefermengen- und Zeitzusagen gewährleistet.

Mit Blick auf das Ziel des SCM, ganzheitlich und unternehmensübergreifend Wertschöpfungsnetzwerke zu gestalten und zu steuern, ist der Beitrag des logistischen

[375] Vgl. Christopher (2005), S. 179.
[376] Vgl. Pfohl (2010), S. 29.
[377] Vgl. Croxton (2003), S. 22.
[378] Vgl. Bretzke (2007), S. 9 ff.

Prozessdenkens zur Erreichung dieses Ziels evident.[379] In diesem Kontext kommt dem Bestandsmanagement bei einer stufenübergreifenden Betrachtung eine besondere Rolle zu. Denn das Phänomen des bereits in Abschnitt 1.1.1 angesprochenen Bullwhip-Effekts zeigt, dass bereits kleine Schwankungen der Kundennachfrage auf jeder weiteren Stufe der Wertschöpfungskette eine jeweils größere Streuung der Bestellmengen und -bestände auslöst.

Es wurde in Kapitel 1 angedeutet, dass der Bullwhip-Effekt aus der unzureichenden Koordination resultiert, speziell dem mangelnden Informationsaustausch der Akteure der Wertschöpfungskette. Der Bullwhip-Effekt liegt aus Sicht der Logistik in folgenden Phänomenen begründet:

- *Lokale Betrachtung:* Die Nachfrageprognose einzelner Akteure orientiert sich am bisherigen Bestellverhalten der eigenen Kunden. Diese isolierte Sichtweise schränkt die Qualität der verarbeiteten Informationen ein: Denn die originären Nachfragetrends (downstream) der Kunden des Kunden bzw. der Konsumenten lassen sich so nicht erkennen. Zudem liegen auch nur von der jeweils unmittelbar vorgelagerten Wertschöpfungsstufe (upstream) die Belieferungsinformationen, etwa über Bestände, vor. Etwaige Kapazitätsengpässe auf weiteren Vorstufen werden nicht durchgegeben. Dies bedeutet, dass mögliche Lieferengpässe gar nicht oder erst spät erkannt werden. Die damit einhergehende Intransparenz verhindert übergreifende Optimierungen bei Bestellungen, Beständen und auch Produktionslosen.
- *Aktionitis:* PR-Aktionen oder Mindestbestellmengen führen zu kurzfristigen Nachfrageballungen. Ist der Grund für einen kurzfristigen Nachfrageanstieg nicht bekannt, neigen Disponenten auf vorgelagerten Stufen dazu, von einem Trend auszugehen und passen ihre eigene Bestellplanung entsprechend an. Wird später erkennbar, dass wegen überhöhter Bestände über längere Zeit gar nichts mehr bestellt wird, tritt der umgekehrte Effekt ein. Werden Disponenten zudem vor allem an der Sicherstellung von Verfügbarkeit gemessen, treffen sie bei hoher Volatilität der Nachfrage sicherheitsbewusste Bestellentscheidungen, was zusätzlich die Bestände in die Höhe treibt.

Die Effekte sind mehrfach nachgewiesen: es treten – selbst bei konstantem Nachfrageverlauf über die Zeit – upstream immer stärkere Schwankungen bei Bestellmengen und Beständen auf. Die Visualisierung dieses Effekts ähnelt einer geschwungenen Peitsche – daher der Name Peitschenschlageffekt (vgl. Abbildung 1.1-3).

Aus dem Bullwhip-Effekt resultieren unter anderem die folgenden negativen Auswirkungen für die Akteure:[380]

- Steigende Produktionskosten infolge höherer Flexibilitätsanforderungen, d.h. beispielsweise schnelleres Umrüsten oder auch Zusatz- bzw. Leerschichten,
- wachsende Bestandskosten infolge erhöhter Sicherheitsbestände und fehlerhafter Bestellmengen, sowie
- zunehmende Transportkosten, da sich die starken Schwankungen der Bestellmengen auf die Liefermengenverläufe und damit auf die Transportlose auswirken. Bei drohenden Fehlmengen sind zudem vermehrte Eillieferungen nötig. Schließlich werden für Spitzenbedarfe Reserve-Transportkapazitäten vorgehalten.

[379] Vgl. Corsten/Gössinger (2006), S. 269.
[380] Vgl. Chopra/Meindl (2007), S. 499 f.

Es gibt im Wesentlichen einen generellen Ansatz, den Peitschenschlageffekt zu lindern bzw. zu vermeiden: der Austausch von bestell- und bestandsrelevanten Informationen zwischen den Partnern einer Wertschöpfungskette.[381]

Diese Forderung greifen mehrere Logistikkonzepte auf, die sich auf die unternehmensübergreifende Optimierung logistischer Prozesse konzentrieren.

Bei nachfolgend beschriebenen, ausgewählten Logistikkonzepten stehen besonders die Koordination zwischen den Akteuren in einer Wertschöpfungskette und damit der direkte Zusammenhang zum Management von Supply Chains im Vordergrund.

Die Konzeptauswahl richtet sich erstens nach dem unternehmensübergreifenden Anspruch und damit der Nähe zum SCM, zweitens nach dem Verbreitungsgrad der Konzepte in der Praxis und drittens nach der Relevanz für verschiedene Wirtschaftszweige. Konkret werden KANBAN, das Just-in-Time-/Just-in-Sequence-Konzept, Industriepark, Cross Docking, Vendor Managed Inventory (VMI), Logistikdienstleister-Netzwerke und das 4PL-Konzept vorgestellt. Während JiT/JiS ursprünglich in der Automobilindustrie entwickelt wurden, finden sie sich heute in vielen Industrien wieder. Ein Industriepark nimmt Elemente von JiT/JiS sowie von KANBAN auf und findet sich vornehmlich in der Automobilindustrie. Cross Docking wird vor allem in der Konsumgüterdistribution, in der Handelslogistik und bei Transportnetzwerken von Logistikdienstleistern eingesetzt. Logistikdienstleister-Netzwerke und das 4PL-Konzept haben ihren Ursprung – wie der Name bereits vermuten lässt – im Logistikdienstleistungsbereich.

KANBAN

Der ursprüngliche Anlass des KANBAN-Konzeptes war Japans Mangel an wirtschaftlich nutzbarem Boden und dem daraus erwachsenden Erfordernis eines produktiven Einsatzes physischer Ressourcen, z. B. in Bezug auf eine effiziente Nutzung knapper Flächen, u. a. für die Lagerung.

Fallbeispiel: KANBAN bei Knorr-Bremse

Die Einführung des Konzepts KANBAN bei dem Automobilzulieferer Knorr-Bremse lag im Abbau von kapital- und damit kostenintensiven Lagerbeständen begründet. Zudem wurde in Produktion und Logistik eine unzureichende Flexibilität im Hinblick auf kurzfristige Auftragsänderungen bemängelt.

Im Gegensatz zu den zentral gesteuerten Planungssystemen ist das KANBAN-Prinzip auf Anpassungsfähigkeit ausgerichtet und kann somit schnell auf Schwankungen im Bedarf reagieren. Bei Knorr-Bremse führt die eigene kurzfristige Bedarfsabschätzung zu einem Nachlieferanstoß, der die eigene Produktion auslöst. Sobald während der Produktion ein KANBAN-Behälter entleert wird, wird diese Information dem KANBAN-Lieferanten entweder durch Zurücksenden des leeren Behälters oder elektronisch übermittelt, worauf der Lieferant umgehend die Belieferung eines vollen Behälters anstösst. Dieses selbststeuernde System ersetzt die klassische Bedarfsübermittlung per Liefer- bzw. Feinabruf. Die Informationsübertragung erfolgt also immer sehr zeitnah.

Durch das KANBAN-Konzept wird die Wertschöpfungskette zwischen den KANBAN-Lieferanten und Knorr-Bremse kostenoptimal gesteuert. Neben den angestrebten Kostensenkungseffekten und der Flexibilitätssteigerung führt das Konzept auch zu einer Reduzierung des Koordinationsaufwands und erhöht die Prozesstransparenz.

---

[381] Vgl. Corsten/Gössinger (2006), S. 271.

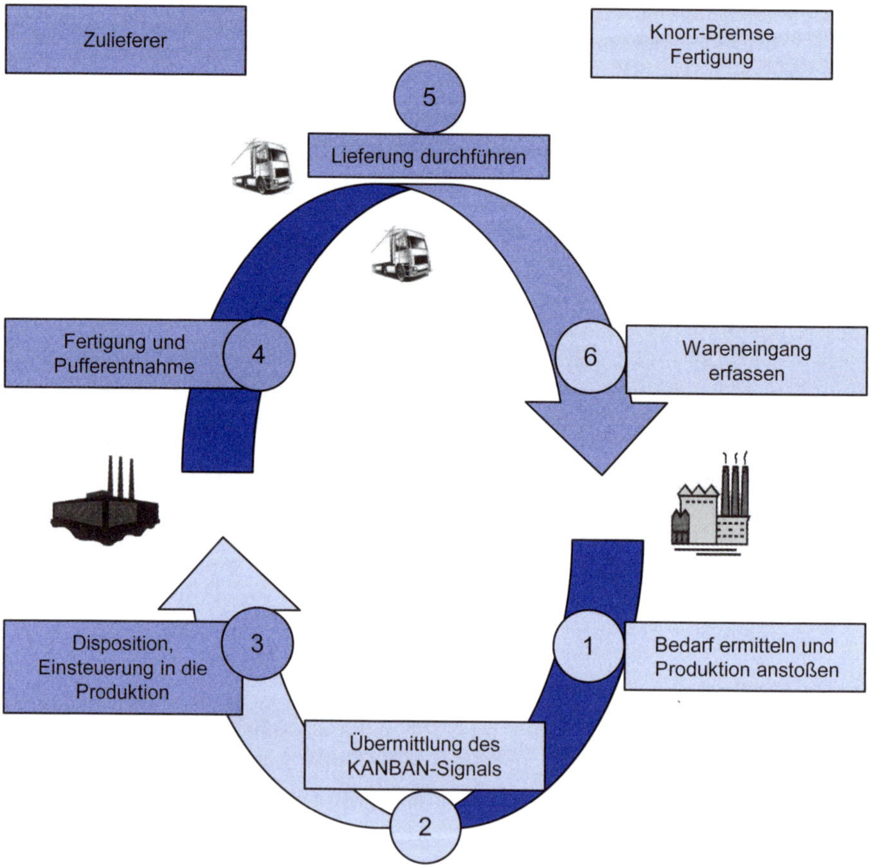

Abbildung 2.4-3: KANBAN-Konzept bei Knorr-Bremse (ohne Berücksichtigung des Finanzflusses)

Der Kern des Konzeptes stellt die konsequente Ausrichtung der Fertigung auf die Pull-Steuerung dar. Wenn Teile oder Vorprodukte in einem KANBAN-gesteuerten Fertigungssystem an einer Arbeitsstation zur Neige gehen, wird eine Belieferung in einer fest definierten Losgröße von der zuliefernden Station zeitnah und damit bedarfsgerecht zur Verfügung gestellt. Die Losgröße wird entweder durch die Größe der codierten Behälter oder durch Informationen auf sogenannten Pendelkarten fixiert. Die Zahl der Behälter bzw. der Pendelkarten in einem Kreislauf („loop") zwischen beliefernder und abnehmender Stelle bestimmt die maximale Bestandshöhe in einem solchen System. Die liefernde Stelle ist nur zur Nachproduktion befugt, wenn sie von der abnehmenden Stelle eine Bedarfsmeldung über einen Behälter oder eine Pendelkarte bekommt. Heute lassen sich KANBAN-Systeme auch über IT-Systeme steuern. Die Kopplung der Kreisläufe zwischen den Arbeitsstationen im Sinne eines Systems selbststeuernder Regelkreise sorgt für hohe Flexibilität und diszipliniert alle Beteiligte, nur dann zu fertigen bzw. zu liefern, wenn auch ein tatsächlicher Bedarf besteht. Der Materialfluss läuft damit dem Informationsfluss entgegen (vgl. Abbildung 2.4-4).

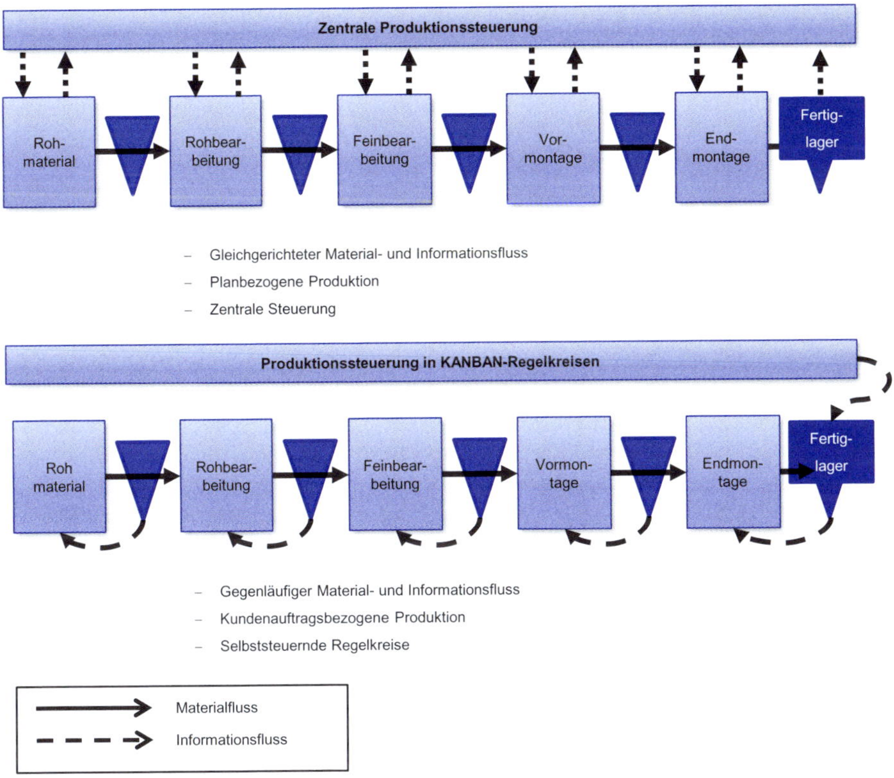

Abbildung 2.4-4: „Klassische" Produktionssteuerung versus Pull-Prinzip am Beispiel selbststeuernder KANBAN-Regelkreise[380]

Die direkten Wirkungen des KANBAN-Konzepts zeigen sich in signifikanten Bestandsreduktionen und einer höheren Belieferungsflexibilität, ausgedrückt in kürzeren Durchlaufzeiten. Die bedarfsorientierte Fertigung kleiner Lose sorgt für eine Verstetigung des Materialflusses und wirkt dem Bullwhip-Effekt „beruhigend" entgegen („Levelling"). Der weitgehende Verzicht auf prognosegestützt angelegte Bestände erfordert eine großes Maß an Transparenz und zwingt zur Aufdeckung von Engpässen bzw. Schwachstellen im Material- und Informationsfluss.

Zur Umsetzung des KANBAN-Konzepts sind mehrere Voraussetzungen zu beachten: Zunächst dürfen die Schwankungen in den Bedarfsmeldungen nicht allzu groß sein. Die Toleranzgrenzen müssen vorab festgelegt und bei der Kapazitätsauslegung der Arbeitsstationen berücksichtigt werden. Von den Mitarbeitern werden flexible Arbeitszeitmodelle erwartet, denn wenn kein Bedarf besteht, kann auch keine Fertigung angestoßen werden. Die Synchronisation der Fertigung aufeinander folgender Arbeitsstationen erfordert eine verzögerungsfreie Informationsweitergabe („shared information") der Bedarfsentwicklung. Nur so ist eine schnelle Adaption des ganzen Systems an den Bedarfsverlauf möglich. Zudem dürfen angesichts der Tatsache, dass keine klassischen Bestände vorgehalten werden, auch keine Qualitäts- oder Produkti-

[382] Wildemann (2001), S. 147.

onsausfälle auftreten. Das KANBAN-Konzept setzt also Fehlerfreiheit („Null-Fehler") voraus. Das Beispiel Knorr-Bremse zeigt zudem, dass das KANBAN-Konzept im Sinne des Lean Management-Gedankens Schritt für Schritt auf die Lieferanten ausgerollt und damit unternehmensübergreifend im Supply Chain-Zusammenhang angewendet werden kann.[383] Dies demonstriert den fließenden Übergang zum Just-in-Time-Konzept.

Just-in-Time (JiT) und Just-in-Sequence (JiS)

Vorrangiger Anlass des Just-in-Time (JiT) ist eine bestandsarme, möglichst bestandslose Versorgung eines Abnehmers durch einen Zulieferer.[384] Als nachgeordnete Ziele werden die bedarfsgenaue Realisierung unternehmensinterner und -übergreifender Güteraustauschprozesse für eine kundenorientierte und kostengünstige Produktion sowie die Realisierung kurzer Durchlauf- und Lieferzeiten zur Sicherstellung einer hohen Lieferflexibilität und eines hohen Qualitätsniveaus genannt. Bezüglich der Trends und Enabler, welche die JiT-Entwicklung begünstigen, nennt Wildemann (2000) unter anderem die Zunahme der Arbeitsteilung in der Logistik, den Übergang zur Systembeschaffung und die gesteigerte Komplexität durch höhere Variantenvielfalt.[385]

Fallbeispiel: Just-in-Time (JiT) bei Webasto

Die Anwendung einer JiT-Strategie beim internationalen Automobilzulieferer Webasto führte zur Optimierung der Informations- und Materialflüsse in der Wertschöpfungskette, speziell für die Lieferung von Autodächern.

Auslöser für die Konzepteinführung war die Umsetzung des Ziels, im Rahmen der Supply Chain Excellence uneingeschränkte Versorgungssicherheit der Produktion zu möglichst niedrigen Kosten zu realisieren.

Das JiT-Konzept wurde erstmals im Werk Palmela (Portugal) umgesetzt, in dem die Cabrio-Dächer für den VW Eos gefertigt werden. Diese werden auf Abruf an das VW-Montageband innerhalb eines vorher vereinbarten Zeitrahmens geliefert. Mit Eingang des Auftrags beginnt Webasto mit der Produktion der Dächer für VW.

Webasto-Lieferanten werden ihrerseits nach einem Fahrplan auf definierten Touren mit festgelegten Fahrzeiten zur Belieferung des Werks in Portugal angefahren. Die besondere Herausforderung liegt in der großen Distanz von mehr als 2500 km zwischen den Zulieferern, die hauptsächlich aus Deutschland und Mitteleuropa kommen. Das Projekt wurde in Zusammenarbeit mit dem Logistikdienstleister Schenker ausgearbeitet und umgesetzt. Mit Hilfe der JiT-Strategie lassen sich so unterschiedliche Farb-Varianten des Cabrio-Dachs innerhalb von weniger als vier Stunden bereitstellen.

Webasto konnte im Ergebnis die Materialbestände um die Hälfte reduzieren und Sonder- sowie Leerfahrten weitestgehend vermeiden. Zudem wurden die Transportkosten beachtlich gesenkt.

Zentrales Konzeptelement des JiT-Konzepts ist das bereits angesprochene Pull-Prinzip der Material- und Warenflusssteuerung. Demnach wird im JiT-Konzept mit möglichst geringer Vorlaufzeit genau diejenige Menge an Vorprodukten vom Lieferanten be-

---

[383] Vgl. Christopher (2005), S. 132.
[384] Vgl. Stölzle/Gareis (2002), S. 408.
[385] Vgl. Wildemann (2000), S. 58 ff.

reitgestellt, die für die aktuelle Produktionsversorgung nötig ist. Dies erfordert eine fehlerfreie Produktionsplanung des Abnehmers (vgl. Abbildung 2.4-5) sowie eine exakte Ableitung der damit einhergehenden Bedarfsmuster. Pufferbestände zum Ausgleich von nicht absehbaren Risiken sowie Planungenauigkeiten sind beim Abnehmer nicht mehr vorgesehen. Dies erfordert eine umfassende Integration der Material- und Warenflussprozesse sowie der Informationsflüsse (vgl. Abbildung 2.4-6). Zudem eignet sich das Konzept angesichts der mit der Planung und Umsetzung verbundenen Investitionen bzw. Kosten nur für ein ausgewähltes Teilespektrum. Prädestiniert für eine JiT-Belieferung sind hochwertige Teile, die in hohen Stückzahlen und großer Regelmäßigkeit beschafft werden. Um nicht einseitig die Lasten der Bestandsführung auf den Lieferanten zu verschieben, sollte das Pull-Prinzip auch auf die Steuerung der Vor-Lieferanten ausgedehnt werden.[386] Im Idealfall sieht die sogenannte JiT-Philospohie eine Ausdehnung der Synchronisation der Prozesse und damit eine möglichst durchgehende JiT-Belieferung entlang der ganzen Supply Chain vor (vgl. Abbildung 2.4-7).

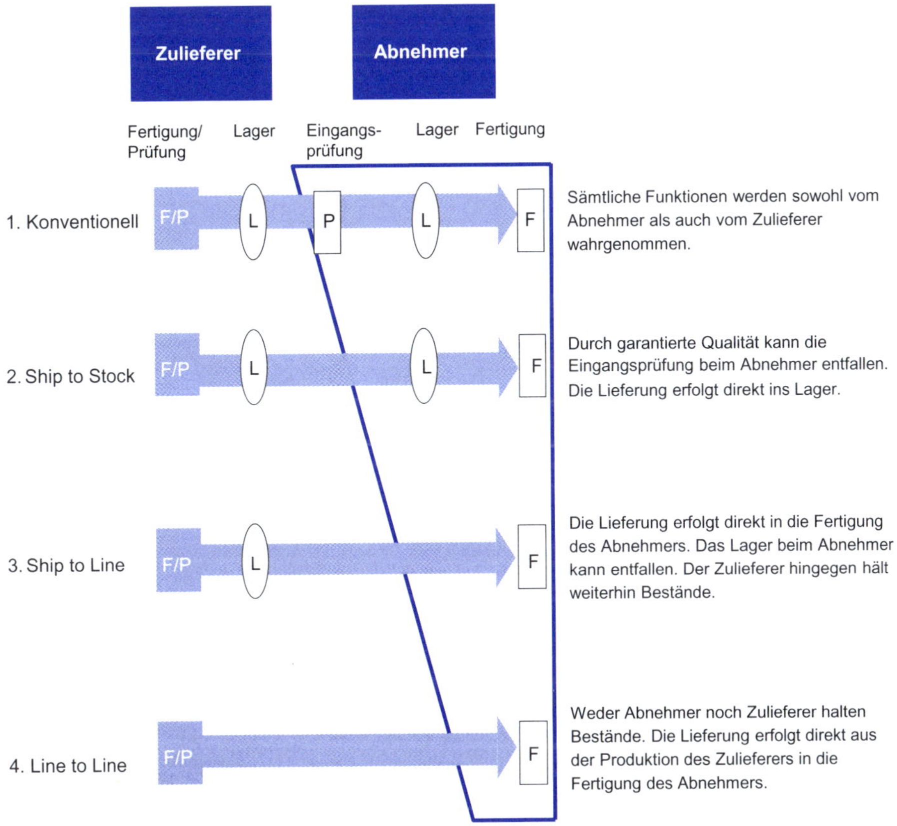

Abbildung 2.4-5: JiT – Hohe Qualitätssicherheit des Zulieferers

[386] Vgl. Stölzle/Gareis (2002), S. 409.

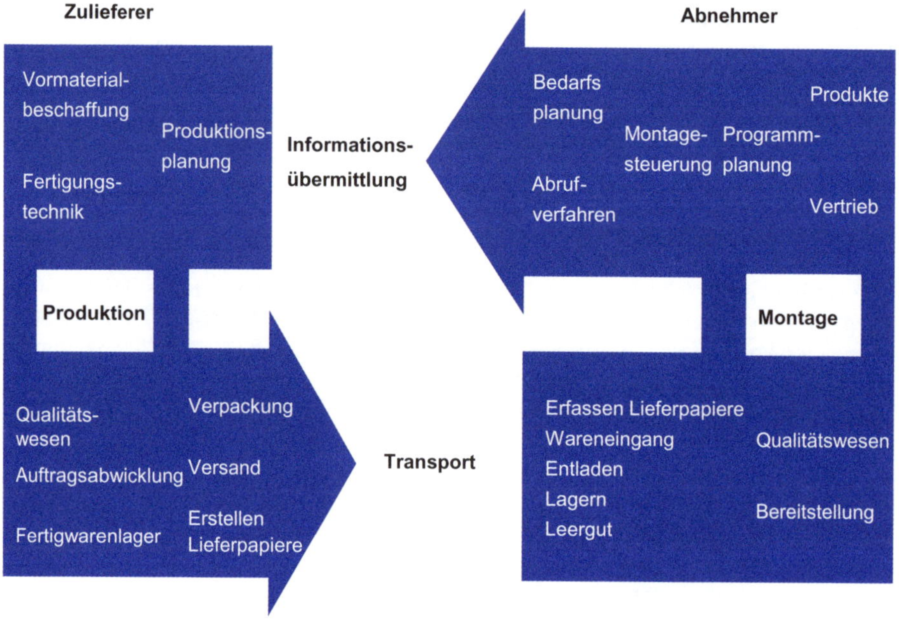

Abbildung 2.4-6: JiT – Enge Material- und Informationsflusskopplung zwischen Abnehmer und Zulieferer[387]

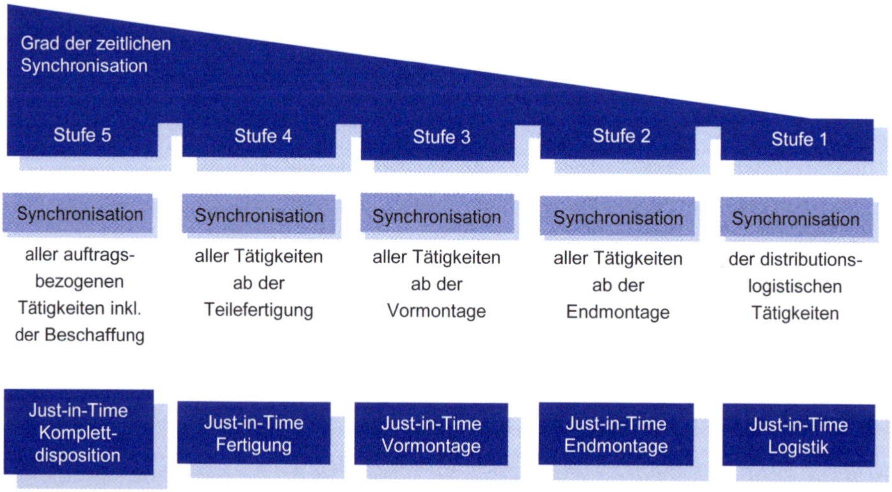

Abbildung 2.4-7: Ausprägungsformen des JiT-Konzepts[388]

Zu den Wirkungen des JiT-Konzepts zählt seine positive Beeinflussung der Lieferzeit und -zuverlässigkeit. Im Hinblick auf strategische Ausrichtungen in einer Supply

[387] Vgl. Zeilinger (1987), S. 5.

[388] In Anlehnung an Freiling (1995), S. 304.

Chain können somit vor allem flexible beziehungsweise agile Strategien unterstützt werden.[389]

Eine Steigerung des JiT-Konzeptes stellt das Just-in-Sequence (JiS)-Konzept dar, bei dem die Teile über die JiT-Philosophie „richtiges Material, zur richtigen Zeit am richtigen Ort" hinaus in der richtigen Reihenfolge der Verbauung beim Abnehmer angeliefert werden. Dieses Konzept – in der Automobilindustrie auch als sogenannte Perlenkette bezeichnet – vermeidet Sortierprozesse beim Abnehmer, erfordert aber eine sehr detaillierte Auslieferungs- und Transportplanung beim Lieferanten und den von ihm eingesetzten Logistikdienstleistern. Sowohl das JiT- als auch das JiS-Konzept eignen sich vor allem für hochwertige Teile mit gleichmäßigem und dadurch gut prognostizierbarem Verbrauch. Zur Unterstützung der Entscheidung, ob ein Teil potenziell für den Einsatz eines JiT- oder JiS-Konzepts geeignet ist, können kombinierte ABC-/XYZ-Analysen genutzt werden (vgl. Abbildung 2.4-8).

Vorhersage-genauigkeit / Verbrauchs-charakteristika	Wertigkeit		
	A	B	C
X	hoher Verbrauchswert hohe Vorhersagegenauigkeit stetiger Verbrauch	mittlerer Verbrauchswert hohe Vorhersagegenauigkeit stetiger Verbrauch	niedriger Verbrauchswert hohe Vorhersagegenauigkeit stetiger Verbrauch
Y	hoher Verbrauchswert mittlere Vorhersagegenauigkeit halbstetiger Verbrauch	mittlerer Verbrauchswert mittlere Vorhersagegenauigkeit halbstetiger Verbrauch	niedriger Verbrauchswert mittlere Vorhersagegenauigkeit halbstetiger Verbrauch
Z	hoher Verbrauchswert niedrige Vorhersagegenauigkeit stochastischer Verbrauch	mittlerer Verbrauchswert niedrige Vorhersagegenauigkeit stochastischer Verbrauch	niedriger Verbrauchswert niedrige Vorhersagegenauigkeit stochastischer Verbrauch
	= besonders geeignet für JiT-Konzepte	= fallweise geeignet für JiT-Konzepte	

Abbildung 2.4-8: Auswahl des geeigneten Teilespektrums für eine JiT-Belieferung[390]

Grund zur Kritik bietet die schwierige Quantifizierung der Kosteneffekte, v.a. beim Lieferanten, der seine ganze logistische Prozesskette JiT-fähig machen muss. Hier ist zudem zu fragen, inwieweit sich spezifische Investitionen wirklich in Gestalt von Folgeaufträgen eines Abnehmers rechnen. Des Weiteren begibt sich der Abnehmer in eine gewisse – mehr oder weniger stark ausgeprägte – Abhängigkeit von seinen JiT-Zulieferern, denn ein JiT-angebundener Lieferant kann nicht kurzfristig ausgetauscht werden, so dass aus Sicht des Abnehmers eine Ausstiegsbarriere existiert. Gemäß der JiT-Philosophie sind Bestände auch beim Lieferanten zu eliminieren. Dies erfordert jedoch eine hoch integrierte Steuerung der gesamten Supply Chain.[391] Hier stößt das Konzept in der Praxis oft an seine Grenzen. Denn die JiT-Fähigkeit richtet sich über die gesamte Wertschöpfungskette an deren schwächstem Glied aus. Die Wettbewerbs-

[389] Vgl. Olhager (2002), S. 684.
[390] Mit geringfügigen Änderungen entnommen aus Eisenkopf (1994), S. 92.
[391] Vgl. Vokurka/Lummus (2000), S. 92.

fähigkeit hängt demnach davon ab, inwieweit die beteiligten Akteure ein möglichst einheitliches logistisches Performance-Niveau durch eine vertikale Integration erreichen.[392]

Industrieparks

Fallbeispiel: Industriepark bei Audi Ingolstadt

Der Automobilhersteller Audi errichtete im Werk Ingolstadt einen Industriepark, der – etwas missverständlich – als Güterverkehrszentrum (GVZ) bezeichnet wird und zur Effizienzsteigerung der Produktionsversorgung dienen soll.

Die Herausforderung bestand darin, dass Audi die Synergien und Kernkompetenzen einzelner beteiligter Unternehmen zuvor nur bedingt nutzen konnte. Unterschiedliche Standorte der Zulieferer für die Fertigung von Teilen und Komponenten bedingten lange und damit vergleichsweise risikoreiche Vorläufe, ohne dabei Synergien durch eine Konsolidierung im Transport realisieren zu können.

Für den Industriepark wurde – unterstützt durch die Stadt und gesteuert von Audi – direkt vor dem Werk von Audi ein Areal erschlossen, auf dem sich von Audi ausgewählte Zulieferer konzentriert gemeinsam angesiedelt haben. Hier finden sich Hallenkomplexe für die Teile- und Komponentenmontage, die Qualitätsprüfung sowie die Konsolidierung. Dies ermöglicht die abgestimmte, risikoarme und bestandslose Produktionsversorgung von Audi nach dem JiS-Konzept auf kürzeste Distanz, unterstützt durch eine automatisierte Fördertechnik. Die Koordination der Produktionsversorgung wird von einem Logistik-

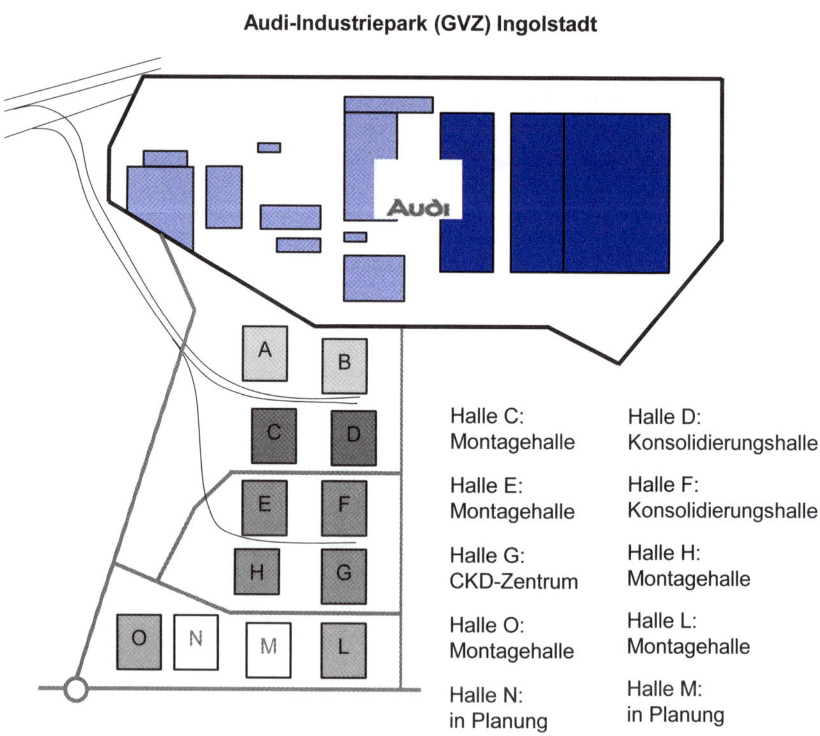

Abbildung 2.4-9: Audi-Industriepark (GVZ) Ingolstadt

[392] Vgl. Olhager (2002), S. 682.

dienstleister übernommen. Darüber hinaus erlaubt die gemeinsame Nutzung von logistischer Infrastruktur und nötigen Dienstleistungen wie bspw. Energieversorgung, Facility Management oder Entsorgung sowohl bei Audi als auch den angesiedelten Zulieferern beachtliche Kostensenkungen.

Wie das Fallbeispiel Audi-Industriepark zeigt, bildet die produktionsnahe Ansiedlung mehrerer Zulieferer und/oder Dienstleister durch einen Abnehmer den zentralen Anlass zur Schaffung eines Industrieparks, der z. T. auch als Lieferantenpark bezeichnet wird. Diese enge Ansiedlung beruht dabei auf einem bewussten Gestaltungsakt durch den Abnehmer.[393]

Zu den Konzeptelementen eines Industrieparks zählt die gemeinschaftliche Beauftragung von Logistikdienstleistern und die sich daraus ergebende Möglichkeit, aufgrund der höheren Kapazitätsauslastung Verhandlungsspielräume in den Konditionen der Logistikdienstleister auszunutzen. Daneben werden Industrieparks oftmals mit einem JiT-/JiS-Konzept gekoppelt. Beispiele für eine solche Kopplung von logistischen Konzepten bietet die Automobilindustrie in Deutschland, z. B. Daimler in Rastatt oder BMW in Wackersdorf.[394]

Als zentrale Wirkungen von Industrieparks werden Kosteneinsparungen, Serviceverbesserungen und aus Sicht der Lieferanten die Absicherung enger Geschäftsbeziehungen angeführt. Kosteneinsparungen sollen sich dabei aus kurzen Wegen zwischen den Zulieferern und dem Abnehmer ergeben. Neben Transportkosten können auch die Transaktionskosten beachtlich reduziert werden, denn die räumliche Nähe der Akteure erleichtert deren Koordination und Kommunikation erheblich. Serviceverbesserungen sind vor allem auf kurze Reaktionszeiten der Zulieferer und Dienstleister zurückzuführen. Enge Geschäftsbeziehungen ergeben sich zwangsläufig aus der physischen Nähe, vor allem aber dem vorgeschalteten Auswahlprozess seitens des Abnehmers und der spezifischen Investitionen, etwa in eine individuell auf das Werk des Abnehmers abgestimmte Fördertechnik.

Anlass für Kritik gibt die Tatsache, dass die Planung und Realisierung von Industrieparks ein komplexes Zusammenspiel mehrerer Akteure – u. a. der öffentlichen Hand – voraussetzt und somit auch partnerschaftlich ausgerichtete Geschäftsbeziehungen zwischen Abnehmer, mehreren Zulieferern, logistischen Dienstleistern und der öffentlichen Hand erfordert. Zudem ist die Entscheidung zum gemeinsamen Aufbau und Betrieb eines Industrieparks mit hohen Investitionen verbunden und kann in der Regel – auch langfristig gesehen – nur schwer revidiert werden. Die theoriegeleitete Begründung dazu liefert die Transaktionskostentheorie im Hinblick auf das „Gefangenendilemma“ bei stark ausgeprägten spezifischen Investitionen. Ein weiterer entscheidender Nachteil von Industrieparks liegt aus Sicht des Abnehmers in den hohen Barrieren, die mit einem Lieferantenwechsel verbunden sind. Schließlich wird dem Konzept eine gewisse Starrheit vorgeworfen, insbesondere mit Blick auf die erschwerte Ansiedlung weiterer Zulieferer in einen bereits in Betrieb genommenen Industriepark.

Cross Docking

Das Konzept des Cross Dockings findet seinen Ursprung im Konsumgüterhandel, wird aber in abgewandelter Form auch in Transportnetzwerken für Pakete, Briefe und

---

393 Vgl. Stölzle/Gareis (2002), S. 418 und generell zum Industriepark-Konzept Gareis (2002).

394 Vgl. Stölzle/Gareis (2002), S. 421.

Stückgut eingesetzt. Die traditionellen Belieferungskonzepte in der Konsumgüterdistribution kennzeichnet eine fragmentierte Versorgung der Zentrallager des Handels durch die verschiedenen Lieferanten, die häufig selbst eigene Fertigwarenläger betreiben. Teilweise werden zudem regionale Distributionszentren geführt, so dass unter Berücksichtigung von filialbezogenen Beständen zwischen der Fertigung beim Lieferanten und dem Point of Sale an verschiedenen Orten Bestände geführt werden. Dies treibt nicht nur die Gesamtbestände in der Supply Chain in die Höhe, sondern führt auch zu langen Durchlaufzeiten und einer beschränkten Reaktionsfähigkeit auf Nachfrageänderungen der Konsumenten.

Fallbeispiel: Cross Docking bei Parfümerie Douglas

Vor einigen Jahren stand die Parfümerie Douglas vor der Herausforderung, eine geeignete Logistikstruktur für die Versorgung der Filialen mit Ware zu finden. Zielsetzung war primär die Entlastung der Filialmitarbeiter von Nicht-Verkaufstätigkeiten, wie z.B. Warenannahme und administrativen Aufgaben. Außerdem sollte die Kostenbelastung verursacht durch Bestände im Distributionskanal zwischen den Parfum-Herstellern und den Douglas-Filialen und den Kosten der eigentlichen Logistikstruktur (z.B. Handling, Logistikflächen und Transport) reduziert werden.

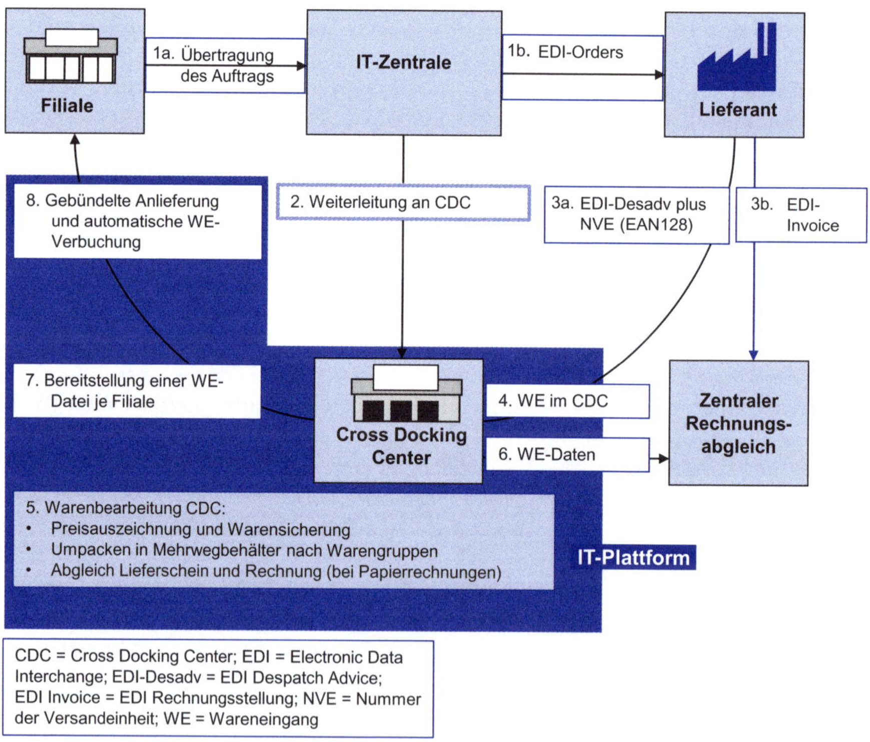

Abbildung 2.4-10: Prinzip-Darstellung des Cross Docking in der Filialbelieferung von Douglas

Im Rahmen eines umfassenden Projekts wurde die gesamte Distribution von Zentrallager- und Streckenbelieferung auf eine einheitliche Belieferung via Cross Docking umgestellt. Die Lieferanten erhalten per EDI die Filialaufträge (Orders), welche zuvor durch ein IT-gestütztes Prognosetool ermittelt wurden. Diese werden zeitgleich an das Cross Docking Center (CDC) übermittelt, um dort die nötigen Vorbereitungen für die Vereinnahmung und Bearbeitung der Ware treffen zu können. Nach der Kommissionierung durch den Lieferanten wird per EDI sowohl die elektronische Avisierung (Desadv) als auch die Rechnungserstellung (Invoice) ausgelöst. Das CDC bereitet auf dieser Basis den Wareneingang vor und nimmt nach Eintreffen der Ware eine filialspezifische Warenbearbeitung vor. Diese besteht aus der Sortierung der Ware nach den Hauptwarengruppen sowie gegebenenfalls einer Preisauszeichnung und Artikelsicherung. Dabei erfolgt eine Konsolidierung der Waren in Mehrwegtransportbehältern. Diese werden anschließend in festen filialspezifischen Lieferrhythmen ausgeliefert. Parallel dazu werden vereinnahmte Waren, Lieferscheine und Rechnungen abgeglichen. Rechnungen werden weitgehend vollautomatisch gebucht und beglichen, wobei die Zahlung ebenfalls per EDI (Remadv) elektronisch avisiert wird. Durch die Kombination von Cross Docking, Prognosetool und EDI-Integration gelingt es, zu minimalen Kosten, in kurzer Lieferzeit und in hoher Qualität die Filialen zu versorgen, ohne irgendwo in der logistischen Prozesskette Bestände vorzuhalten (vgl. Abbildung 2.4-10). Damit gehen beachtliche Veränderungen in den Zuständigkeiten von Douglas, den Lieferanten und eingeschalteten Logistikdienstleistern einher (vgl. Abbildung 2.4-11). Für Douglas steht beim Cross Docking-Konzept primär die Steuerung der Warenströme, aber im Unterschied zu früher nicht mehr die operative Handhabung im Vordergrund (vgl. Abbildung 2.4-12).

Abbildung 2.4-11: Voraussetzungen für Cross Docking in der Filialbelieferung von Douglas

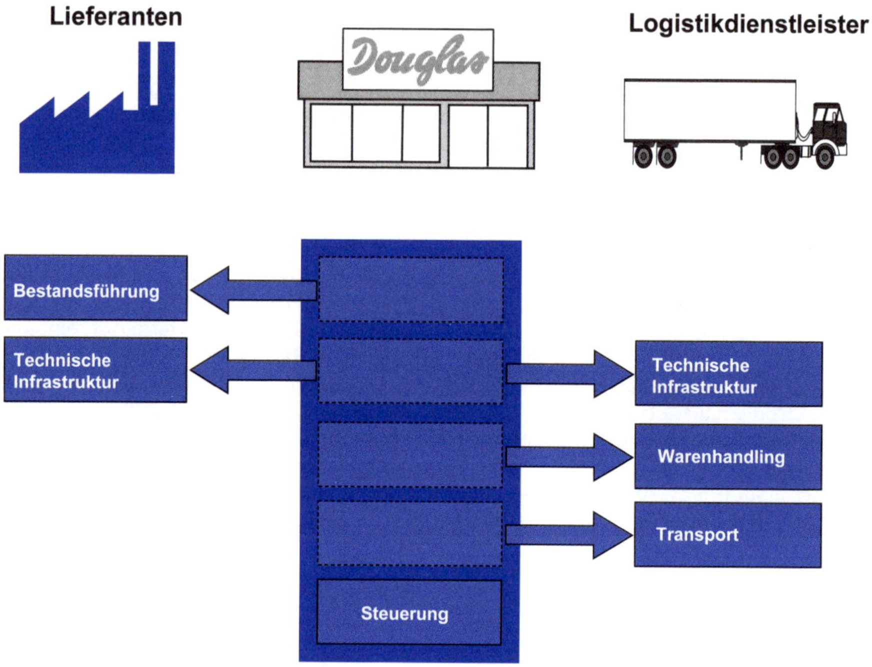

Abbildung 2.4-12: Verlagerung der Prozessverantwortung bei Cross Docking in der Filialbelieferung von Douglas

Mit der Umstellung auf eine Selbstabholung der Waren bei den Lieferanten durch den Handel wird der Warenstrom aus einer Hand – der des Handels – gesteuert. Dies betrifft sowohl die Distribution via Zentrallager des Handels als auch direkt in die Filialen (sogenanntes Streckengeschäft) und geht mit dem ECR-Konzept, speziell dem Efficient Replenishment (vgl. Abschnitt 2.1.2) und der damit angestrebten Verschlankung der Logistikprozesse – konform. Beide Konstellationen streben an, Bündelungspotenziale beim Transport zu realisieren, obwohl die Lieferanten in der Regel räumlich verteilt sind. Über sogenannte Milkruns, d.h. dem systematischen Abfahren von Lieferanten auf einer Tour, lässt sich bereits im Vorlauf eine gewisse Synergie beim Transport realisieren. Ein Cross Docking Center ermöglicht eine Bündelung der Sendungen von mehreren Lieferanten für lange Hauptläufe, ohne Bestände aufzubauen. Im Fall der Streckenbelieferung bedarf es bei Stückgut und Teilladungen eines zweiten Cross Docking Centers, um die konsolidierten Warenströme wieder aufzulösen und die Waren an die Filialen in einer Region zu verteilen. Ansonsten dient das Zentrallager des Handels als bestandsführende Senke für die Warenströme. National lässt sich eine derartige Prozesskette in 24 Stunden vom Werk der Lieferanten bis zur Auslieferung an die Filialen durchlaufen. Cross Docking ermöglicht demnach einen Umschlag von Gütern in Supply Chains ohne Zwischenlagerung mit dem Ziel, Lieferzeiten zu verkürzen und Bestands- sowie Lagerhauskosten zu reduzieren.

Bezüglich der Konzeptelemente kann zwischen ein- und zweistufigem Cross-Docking unterschieden werden. In der einstufigen Ausprägung werden die Waren bereits durch die Lieferanten filialgerecht (empfängerbezogen) auf einen Ladungsträger (Mischpalette) feinkommissioniert. Man spricht bei dieser kommissionierten Ladung auch von einer logistischen Einheit. Diese logistische Einheit wird bei den folgenden Handling-Vorgängen – auch im Umschlagspunkt bzw. Cross Docking Center oder Transitterminal – nicht mehr aufgebrochen, sondern unverändert an die Filialen ausgeliefert. Im zweistufigen Cross-Docking hingegen kommissioniert ein Lieferant die Waren sortenrein (artikelbezogen) vor, im Umschlagspunkt wird diese logistische Einheit dann in der Regel aufgebrochen und neu für die verschiedenen Handelsfilialen feinkommissioniert. Daher spricht man bei diesem Verfahren auch vom „Break-Bulk Cross Docking". Ergänzend können im Cross Docking Center weitere Value Added Services (z. B. Preisauszeichnungen) angeboten werden. Das Cross Docking-Konzept entspricht in seiner Architektur prinzipiell einem Zentrallagerkonzept, da ein oder zwei zentrale Knoten im Distributionsnetz existieren[395]. Allerdings werden an diesen Knoten keine Bestände vorgehalten, sondern nur die Waren bestimmungsortgerecht in Sendungen neu zusammengefasst (vgl. Abbildung 2.4-13). Die Cross Docking Center müssen über eine attraktive infrastrukturelle Anbindung sowie über eine leistungsfähige Kommissioniertechnik verfügen.

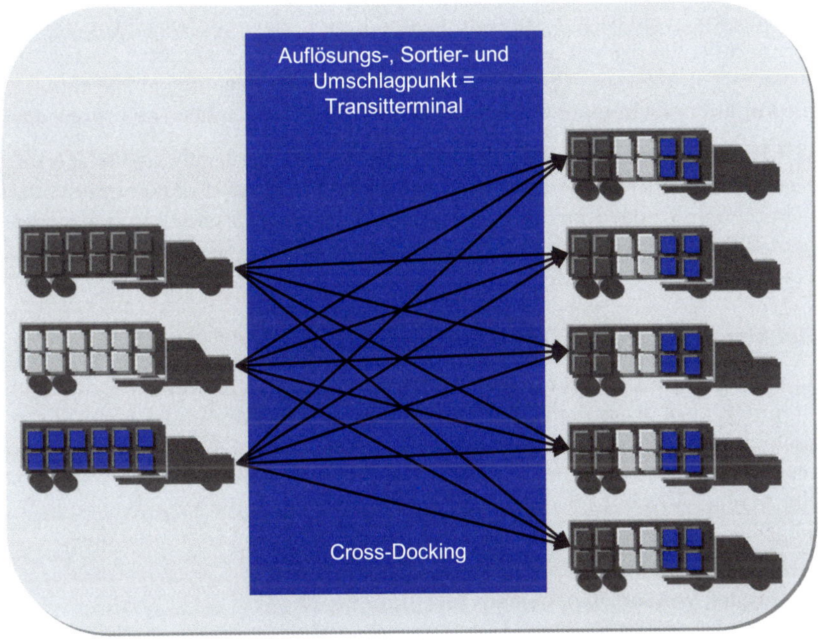

Abbildung 2.4-13: Prinzip-Darstellung des zweistufigen Cross Docking

In Transportnetzwerken geht es ebenfalls um eine zeitsparende Konsolidierung von kleinen Sendungen, um Hauptläufe effizient, d. h. mit großen Transportkapazitäten, durchführen zu können, ohne zugleich deutlich mehr Zeit für die gesamte Transportstrecke zu investieren. Im Unterschied zu den Lösungen für den Handel stehen hier jedoch nicht Filialen als Senken der Warenflüsse im Mittelpunkt. Vielmehr sorgen die Nachläufe für die zeitarme Belieferung von Geschäfts- und auch immer mehr von

[395] Vgl. Bretzke (2010), S. 199.

Privatkunden für einen Umschlags- und Auflösungsbedarf gebündelter Transporte. Grund dafür ist der Bedeutungszuwachs des sogenannten Business-to-Consumer (B2C)-Geschäfts, bei dem private Konsumenten ihre Bestellungen über elektronische Plattformen aufgeben und eine zügige Belieferung nach Hause erwarten („home delivery" im Distanzhandel).

Die Wirkungen des Cross Dockings sind an dessen Zielen festzumachen. Dabei geht es primär um die Verringerung von Lieferzeiten und damit einhergehend den Abbau von bestandsführenden Lagerhäusern, ohne gleichzeitig auf Bündelungseffekte insbesondere auf den langen Hauptläufen zu verzichten. Dieser Aspekt ist insbesondere bei Klein- und Kleinstsendungen von besonderer Bedeutung. Zu beachten ist, dass Cross Docking mehr Intelligenz im Distributionssystem und einen recht hohen Integrationsgrad der Prozesse voraussetzt. So müssen die filialspezifischen Nachfrageinformationen an die Lieferanten weitergereicht werden. Beim einstufigen Cross Docking wird sogar die ganze „Last" der Feinkommissionierung auf die Lieferanten verlagert. Zudem gilt es, die sendungs- und transportspezifischen Informationen rechtzeitig an die Cross Docking Center weiterzugeben, damit diese die erforderliche Umsortierung der Sendungen zuverlässig in kürzester Zeit, d. h. wenigen Stunden, planen und umsetzen können. Da das System bestandslos arbeitet, gibt es auch keinerlei Bestandspuffer zur Kompensation etwaiger Störungen, wie z. B. bei Qualitätsmängeln. Voraussetzung für die Funktionstüchtigkeit von Cross Docking ist demnach höchste Prozessqualität.

Kritisch ist zu vermerken, dass Cross Docking mitunter eine versteckte Verlagerung von Prozessverantwortlichkeiten, etwa im Zusammenhang mit der Feinkommissionierung, vorsieht. Zudem ist das Konzept recht anfällig gegenüber internen und externen Störungen. Schließlich wird eine Anwendung von Cross Docking erschwert, wenn häufig Lieferanten gewechselt werden.

Vendor Managed Inventory (VMI)

Traditionell geben Abnehmer ihre Bestellungen bei den Lieferanten auf, die ihrerseits das künftige Bestellverhalten ihrer Kunden prognostizieren und zudem kurzfristig auf unvorhergesehene Kundenwünsche zu reagieren haben.[396] Die mit diesem Prozess einhergehenden Ineffizienzen waren Anlass, über neue Belieferungskonzepte wie das Vendor Managed Inventory nachzudenken. Im Kern geht die Verantwortung für die Bestellabwicklung und damit für die Verfügbarkeit auf die Lieferanten über.

Fallbeispiel: Vendor Management Inventory bei ZF

Ausgewählte Lieferanten des Automobilzulieferers ZF übernehmen das Management von Lagerbeständen bei ZF. Die Bestände sind meist als Konsignationsbestände geführt, d. h. befinden sich zwar physisch produktionsnah bei ZF, aber im Eigentum des Lieferanten.

ZF gewährt den Lieferanten über einen sog. VMI-Monitor Einblick in die aktuellen Lagerbestände sowie die zukünftigen Teilebedarfe. Für alle im VMI-Monitor geführten Waren werden Minimal- und Maximalbestände definiert. Die Einhaltung des zulässigen Bestandsniveaus innerhalb dieses Korridors liegt in der Verantwortung des jeweiligen Lieferanten, der über den VMI-Monitor in Echtzeit die Bestandsentwicklung verfolgen kann.

Hauptvorteile für ZF sind das Entfallen von Bestandsführung, Disposition, Transportplanung sowie – durch die Konsignationslagerung – eine Reduzierung der in den eigenen

[396] Vgl. Christopher (2005), S. 203.

Büchern geführten Bestände. Insgesamt können die Beschaffungskosten so um 30 % reduziert werden.

Der Lieferant vermag im Gegenzug seine Produktions- und Transportplanung nach eigenem Ermessen zu gestalten und so Skaleneffekte (z. B. durch optimierte Produktionslose oder die Bündelung von Transporten) erzielen. Das Versandlager beim Lieferanten kann häufig zugunsten des Konsignationslagers bei ZF entfallen, eine redundante Lagerhaltung in der Supply Chain wird somit vermieden.

Als vorrangiges Konzeptelement des VMI gilt der Übergang der Bestellverantwortung auf den Lieferanten. Die Übertragung der Disposition von Lagerbeständen beim Abnehmer auf einen Lieferanten ermöglicht dem Abnehmer Einsparungseffekte generell bei der Administration und speziell bei Personalressourcen (z. B. Disponenten). VMI setzt voraus, dass ein Lieferant Informationen über Bestände, geplante und realisierte Bestellungen sowie Bestellprognosen von seinem Abnehmer erhält. Insofern erfordert VMI eine möglichst weitgehende Planungs- und Datentransparenz zwischen beiden Akteuren. Zusammengefasst kann das VMI anhand zweier wesentlicher Charakteristika dargestellt werden: (i) Weitergabe relevanter Daten des Abnehmers an seine Lieferanten, (ii) Übergang der Dispositionshoheit und damit der Bestandsverantwortung innerhalb vorgegebener Toleranzgrenzen auf die VMI-Lieferanten (vgl. Abbildung 2.4-14).

Auf den ersten Blick mag der Eindruck entstehen, dass sich beim VMI-Konzept die Abnehmer zulasten ihrer Lieferanten optimieren. Diese Sichtweise wird relativiert, wenn man sich die VMI-bedingten Optimierungspotenziale der Lieferanten vor Augen hält: Denn mit Hilfe der deutlich höheren Transparenz über Bestände, Bedarfs- und Kapazitätsplanung ihrer Abnehmer erhöht sich die Planungsgenauigkeit der Lieferanten bis in die eigene Bedarfsplanung hinein. Zudem erlauben die Freiräume der Lieferanten bzgl.

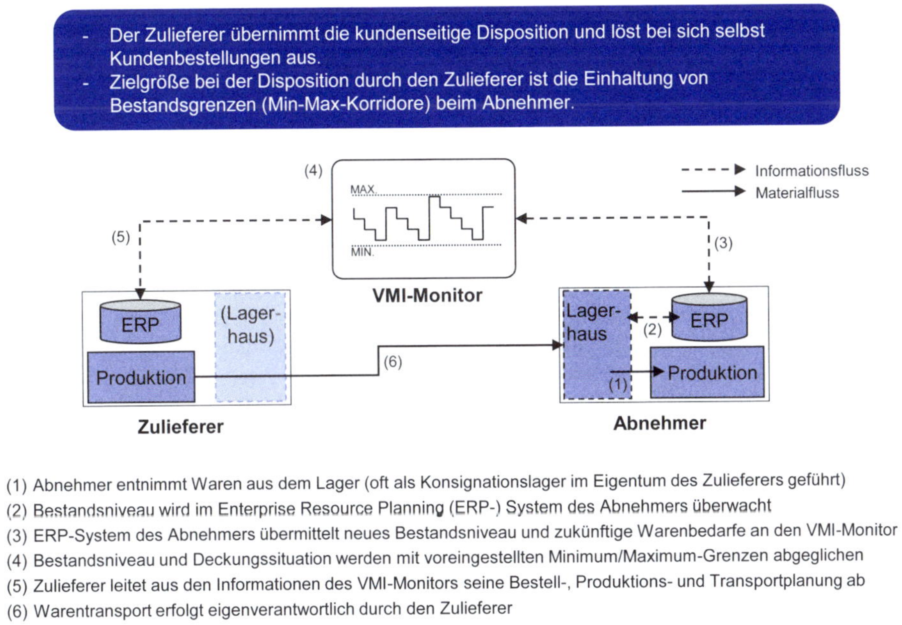

Abbildung 2.4-14: Prinzip-Darstellung von VMI

der Ausgestaltung der Nachbelieferung eine Abstimmung von Bestell-, Produktions- und Transportplanung, so dass sich mittelbare VMI-bedingte Einsparungen auch in den eigenen Transportkosten der Lieferanten wieder finden. Die höheren Freiheitsgrade bei der Planung reduzieren das Risiko von temporären Auftragsballungen verschiedener Abnehmer. Schließlich verstärkt VMI die Koordinationsintensität der Akteure, z. B. in Bezug auf den Datenaustausch und die Planung. Aus institutioneller Sicht erfordert VMI damit eine enge vertikale Kooperation zwischen Zulieferer und Abnehmer. Dies führt zu abnehmerseitigen Austrittsbarrieren, so dass für die Lieferanten auch ein strategischer Vorteil entsteht. Dies ist mittlerweile Anlass für viele Lieferanten, VMI freiwillig im Vertrieb zur Kundenakquise anzubieten.

Die Effekte von VMI sind vielfältiger Natur. So lassen sich für den Abnehmer Kosteneinsparungen in der Disposition und der Bestandsführung nennen. Für die Lieferanten erlaubt der Zugriff auf die Bedarfsplanungsinformationen des Abnehmers einen Abbau der eigenen Sicherheitsbestände. Zudem ermöglicht VMI eine Dämpfung starker Nachfrage- und Bestellschwankungen. Anpassungen an veränderte Bedarfsmuster von Abnehmern können inkrementell vorgenommen werden, so dass Bedarfssprünge eine Abfederung erfahren.[397]

Logistikdienstleister-Netzwerke

Konzeptionell gesehen geben Skaleneffekte bei logistischen Prozessen einen wichtigen Anlass für Logistikdienstleister, sich mit dem Beitritt in horizontale Kooperationen zu beschäftigen. Es geht also um Bündelungseffekte v. a. durch den Einsatz möglichst gut ausgelasteter Transportmittel. Weiterhin lassen sich Größeneffekte auch für Umschlags- und Lagereinrichtungen sowie die Administration realisieren. Selbst für Verlader, die durch ein ausreichend großes, eigenes Transportaufkommen nicht auf Konsolidierungsleistungen durch Logistikdienstleister angewiesen sind, kann es sich lohnen, auf die Angebote von Logistikdienstleister-Netzwerken zurückzugreifen, um deren Leistungsvorteile z. B. in Gestalt einer erhöhten Tourendichte und -frequenz zu nutzen.

Fallbeispiel: CargoLine

CargoLine bildet eine Kooperation verschiedener Logistikdienstleister für standardisierte, getaktete Stückgutverkehre.

Die Herausforderung bestand darin, dass mittelständische Logistikdienstleister gerne in den Stückgutmarkt einsteigen wollten, aber nur regional präsent waren und damit über kein eigenes nationales Netz verfügten. Da Sendungen von Verladern über immer größere Distanzen an meist geographisch verstreute Orte verschickt werden, rechneten sich Punkt-Punkt-Verkehre im Bedarfsfall wegen der unzureichenden Kapazitätsauslastung der Fahrzeuge nicht. Zudem erwarten Geschäftskunden aus Industrie und Handel zunehmend Fahrplan-Verkehre mit hoher Zuverlässigkeit, die sich ebenfalls für einen mittelständischen, regional agierenden Logistikdienstleister nicht wirtschaftlich darstellen lassen. Insofern eröffnete eine horizontale Kooperation diesen Akteuren die Möglichkeit, am wachsenden Stückgutmarkt zu partizipieren.

Zur Erreichung dieser Ziele wurde CargoLine gegründet. Primär ging es um die erforderliche Netzabdeckung sowie die Realisierung eines Sendungsaufkommens, das den wirtschaftlichen Betrieb eines nationalen, künftig auch internationalen Stückgutnetzwerkes erlaubt. Mittlerweile existieren europaweit Depots, welche im Hinblick auf die Einhaltung

[397] Vgl. Disney et al. (2003), S. 375.

der Leistungsstandards mehrmals jährlich durch interne und externe Audits geprüft werden. CargoLine gewährleistet somit Pünktlichkeit und Zuverlässigkeit besonders für Kunden mit Sendungsstrukturen, die mehrere, räumlich verteilte Standorte betreffen. Zur Erhöhung der Netzdichte und zum Ausbau des Netzes in geographischer Hinsicht werden weitere Logistikdienstleister mit Blick auf eine Mitgliedschaft der Kooperation angesprochen.

Die Erfolgswirkungen einer solchen horizontalen Kooperation hängen wesentlich davon ab, ob ein attraktives Netz mit industriellen Standards im Betrieb aufgebaut werden kann. Insofern muss CargoLine als Verbund von Kooperationspartnern nicht nur ein geeignetes Netzdesign entwickeln und anpassen, sondern auch den Netzbetrieb auf einem hohen Qualitätsniveau garantieren. Stückguttransporte werden damit im Idealfall in solchen Logistikdienstleister-Netzwerken dem Anspruch von Markenprodukten gerecht.

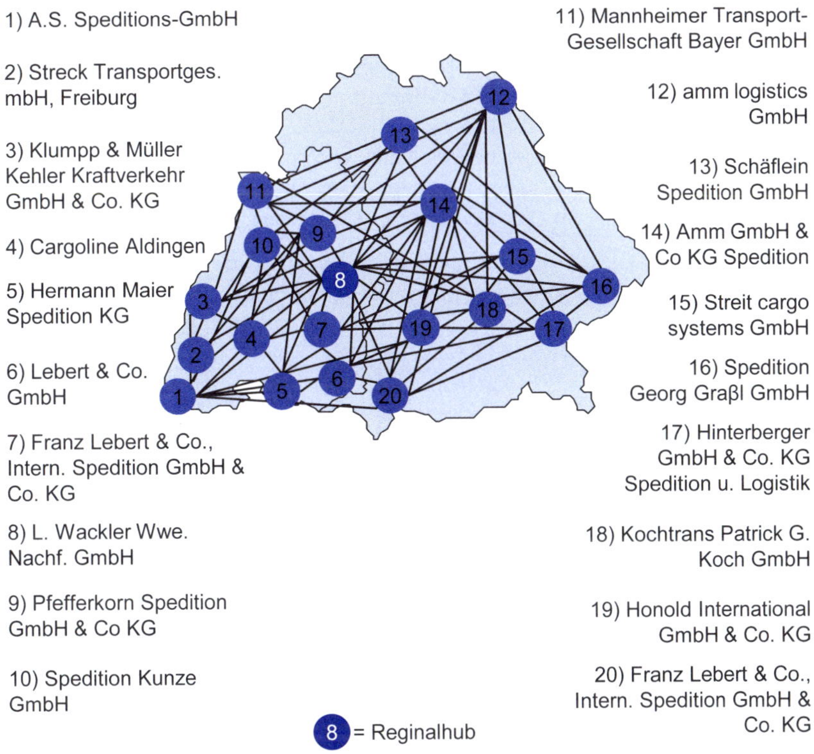

Abbildung 2.4-15: Netzwerk der CargoLine in Süddeutschland

Ein zentrales Konzeptelement stellt die multidirektionale Nutzung der Dienstleister-Netzwerke dar. Dabei fließen Güterströme in eingehender sowie in ausgehender Richtung durch die Knoten des Netzwerks. Statt einer „Baumstruktur" weisen Logistikdienstleister-Netzwerke meist eine „Many-to-Many-Architektur" auf, weswegen Knotenverbindungen sich weder auf eine geringe Zahl von Senken (wie etwa bei beschaffungslogistischen Systemen) noch auf wenige Quellen (wie z. B. in der Distributionslogistik) beschränken.[398]

[398] Vgl. Bretzke (2010), S. 218.

Bezüglich der Wirkungen eröffnen sich aufgrund der Netzarchitektur den Betreibern von Logistikdienstleister-Netzwerken Potenziale zur Einrichtung paariger Verkehre. In aller Regel werden Transporte mindestens zweimal gebrochen, d.h. eine Sendung durchläuft zunächst einen „Vorlauf" bis zum ersten Umschlagspunkt mit Sammelfunktion in der Fläche, dann einen „Hauptlauf" zur Verknüpfung von aufkommensstarken Knotenpunkten und schließlich einen „Nachlauf" zur Verteilung in die Fläche. Da die Knotenpunkte in der Regel eine Sammel- und eine Verteilfunktion wahrnehmen, wird die Bildung paariger Verkehre unterstützt. Werden auf solchen Netzen Fahrplan-Verkehre mit hoher Frequenz angeboten, entsteht eine hohe Fixkostenbelastung. Insofern rechnet sich der Netzbetrieb für eine Kooperation nur, wenn das Netz von einer möglichst großen Anzahl Kunden mit einem hohen Sendungsaufkommen genutzt wird („Multi-User-Konzept"). Bei unzureichender Auslastung können auf einzelnen Relationen auch Teilladungsverkehre eingesetzt werden. Zudem sorgten die Hub-Strukturen für Bündelungseffekte auf den Hub-Hub-Relationen. Schließlich ist die Entscheidung über das Netzwerk-Design mit dem Spannungsfeld konfrontiert, einerseits die Hubs mit großen Einzugsgebieten auszustatten, um ein großes Volumen für die Hauptläufe zu generieren, und andererseits die Kosten für die Vorläufe zu begrenzen. Wird der Break-Even-Punkt aufgrund unzureichender Auslastung nicht erreicht, entstehen schnell recht hohe Verluste für die Kooperationspartner. Dies konfrontiert eine Kooperation dann mit der Frage, ob bzw. wie lange die Zusammenarbeit aufrechterhalten wird.

Die Kritik an Logistikdienstleister-Netzen entfacht sich an der Frage der Stabilität der Kooperation. Denn es sind neben vergleichsweise hohen Investitionen auch ausgeprägte Koordinationsleistungen erforderlich, um dem Anspruch industrialisierter Logistikleistungen auf dem Markt gerecht zu werden. Diese hohe Abstimmungsintensität zwischen rechtlich und wirtschaftlich selbstständigen Akteuren führt insbesondere dann, wenn zudem gemeinsam Verluste abzudecken sind, schnell zur Infragestellung der Attraktivität solcher Kooperationen aus Sicht des einzelnen Mitglieds.[399] So ist in der Praxis eine recht hohe Zahl an Neugründungen ebenso wie an Auflösungen von Stückgut-Kooperationen zu beobachten. Die divergierenden Sichtweisen einer langfristigen Attraktivität einer unternehmensübergreifenden Zusammenarbeit mit Blick auf ein gemeinsames Markenprodukt einerseits und der Erfordernis der kurzfristigen Übernahme ökonomischer Risiken andererseits weist eine große Parallele zum Management von Supply Chains auf. Der wesentliche Unterschied liegt in der vertikalen Kooperationsrichtung des SCM gegenüber der horizontalen Kooperationsrichtung von Logistikdienstleister-Netzwerken.

Fourth Party Logistics Provider (4PL)-Konzept

Anlass zur Entstehung des 4PL-Konzepts waren Überlegungen zur Weiterentwicklung des 3PL-Dienstleisterkonzepts. Dieses sieht das Angebot eines Bündels anspruchsvoller Logistikdienstleistungen im Kontext der Globalisierung, dem Bedarf kürzerer Lieferzeiten und einer starken, individuellen Kundenorientierung vor.[400] Der Anspruch, solche Leistungen dennoch kostengünstig zu realisieren, legt Netzwerkansätze nahe. Dem 4PL kommt folglich die Rolle zu, Logistikprozesse in Unternehmensnetzwerken zu koordinieren und für die operative Ausführung auf die Kompetenzen Dritter zuzugreifen.[401]

---

399 Vgl. Bretzke (2010), S. 214.
400 Vgl. Hertz/Alfredson (2003), S. 141.
401 Vgl. Nissen/Bothe (2002), S. 17.

Fallbeispiel: 4PL Central Station Group

Das Konzept Fourth Party Logistics Provider (4PL) ist offenkundig als Namensbestandteil der 4PL Central Station Group enthalten.

Als Auslöser für die Entwicklung des Geschäftsmodells der 4PL Central Station gilt mitunter die Erkenntnis, dass der klassische Logistikdienstleister mit eigenen Assets (z.B. Fuhrpark, Lagerhäuser, Umschlagszentren) bei der Akquise von Kundenaufträgen zunächst versucht, seine eigene Ressourcen zu nutzen. Damit steht dann nicht zwangsläufig die Suche nach einer optimalen Kundenlösung, sondern die verbesserte Auslastung der eigenen Kapazitäten im Vordergrund. 4PL-Provider verfolgen demgegenüber den Anspruch, für ihre Kunden optimale Gesamtlösungen unabhängig von der Auslastung bestimmter Kapazitäten zu suchen.

Bei der 4PL Central Station handelt es sich in diesem Sinne um einen Logistikdienstleister, der logistische Prozesse für Dritte koordiniert. Damit dient das Unternehmen als Mittler zwischen Verladern und anderen Logistikdienstleistern. Zwingende Voraussetzung für die anspruchsvollen Koordinationsaufgaben der unternehmensübergreifenden Planung und Steuerung von Material- und Warenflüssen ist ein leistungsstarkes IT-System. Dazu gehört auch eine detaillierte Abstimmung der Anforderungen der Akteure (Verlader, deren Kunden, operativ eingesetzte Logistikdienstleister). Situationsanalysen, Machbarkeitsstudien, Grobkonzepte und Gutachten werden daher individuell erstellt. Die Leistungsstärke der 4PL Central Station liegt deshalb nach eigenem Bekunden in einer ausgeprägten IT-Kompetenz und bewusst nicht in der operativen Abwicklung von logistischen Prozessen.

Eine unternehmensübergreifende Planung, wie sie von 4PL-Providern angeboten wird, vermag nicht nur zu einer für die Verlader neutralen Optimierung ihrer Sendungsströme, sondern auch zu einer besseren Kapazitätsauslastung der eingesetzten Logistikdienstleister führen, so dass sich damit die Effizienz in der Supply Chain steigern lässt.

Ein wichtiges Konzeptelement bildet damit die Integrationsrolle des 4PL, die mit dem Anspruch verbunden ist, technologische und personelle Ressourcen im Netzwerk zu steuern, ohne eigene physische Ressourcen („Assets") einzubringen. Dabei übernimmt der 4PL-Dienstleister die Rolle des „Systemkopfs" und setzt in eigener Regie weitere Logistikdienstleister für die operative Ausführung ein (vgl. Abbildung 2.4-16). Die Zusammenarbeit mit einem 4PL baut in der Regel auf langfristig angelegte, partnerschaftliche Kooperationen zwischen Verladern und einem 4PL-Dienstleister auf.[402]

Folgende Leistungscharakteristika lassen sich für 4PL-Anbieter identifizieren:[403]

- Angebot komplexer Problemlösungen für die Planung, Optimierung, Umsetzung und Steuerung von Supply Chains ergänzt um Beratungsleistungen,
- Einsatz hochqualifizierter Mitarbeiter mit Kompetenzen in allen Bereichen des SCM,
- Zugriff auf leistungsstarke IT-Systeme zur Steuerung der Logistikprozesse, gepaart mit hoher IT-Kompetenz, sowie
- Anspruch der Neutralität im Netzwerk, unterstützt durch den Verzicht auf eigene Assets und kombiniert mit dem Ziel, für einen Kunden die jeweils beste Lösung anbieten zu können.

In Bezug auf Wirkungen des 4PL-Konzepts hat sich ein ausgeprägter Meinungsstreit entfaltet, an dem sich zugleich auch die Kritik am Konzept festmachen lässt. Denn den proklamierten Vorteilen des 4PL-Konzepts, jeweils die beste Lösung realisieren zu

402 Vgl. Halldorsson et al. (2003), S. 42.
403 Vgl. Delfmann/Nikolova (2002), S. 427.

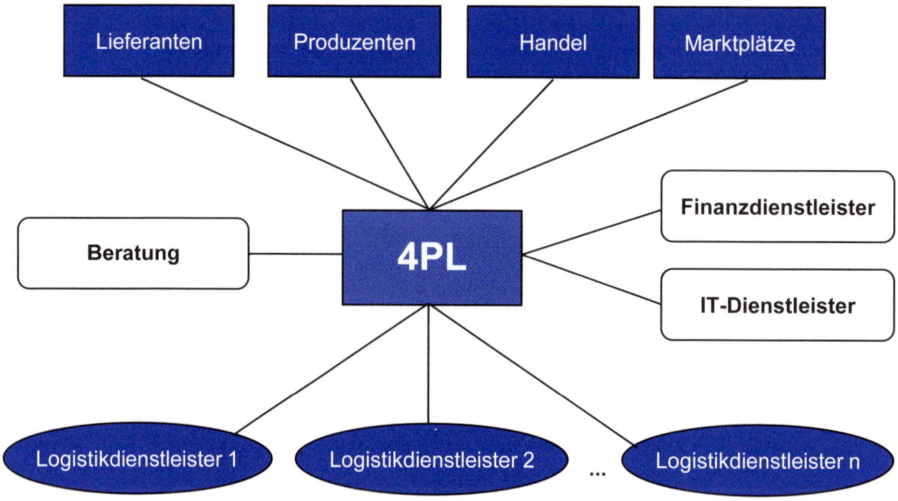

Abbildung 2.4-16: Prinzip-Darstellung des 4PL-Konzepts[404]

können, weil keine Abhängigkeit von eigenen Kapazitätsauslastungsbestrebungen bestünde, steht eine kontroverse Argumentation gegenüber, wonach einem 4PL-Anbieter aufgrund des Fehlens eigener Assets und den mangelnden Erfahrungen mit deren Betrieb die Kompetenz abginge, operative Logistikprozesse zu steuern. Zudem wird infrage gestellt, ob Verlader wirklich bereit sind, die Steuerung ihrer Supply Chains einem Dritten zu überlassen. Denn bei einem umfassenden Supply Chain-Verständnis wäre davon beispielsweise auch die „Hoheit" der eigenen Beschaffungs-, Produktions- und Distributionsplanung bzw. -steuerung betroffen.

Grundlegende Kritik am 4PL-Konzept entflammt sich an der Erfordernis eines hohen Integrationsgrades. Zudem bergen enge Geschäftsbeziehungen häufig das Risiko opportunistischen Verhaltens. Dies erschwert das Aufsetzen von 4PL-Verträgen. Schließlich wird der Kompetenzverlust eines Verladers im Hinblick auf das Management der eigenen Supply Chain als Kritikpunkt angeführt. Die z. T. fundamentale Kritik – insbesondere im Hinblick auf die Klärung von Kompetenzen und Zuständigkeiten in der Supply Chain – gilt sicher als einer der Gründe, weshalb sich das 4PL-Konzept in der Praxis nicht stark verbreitet hat. Unabhängig davon weist es eine beachtliche Nähe zum Management von Supply Chains auf.

Zwischenfazit Logistikkonzepte

In der Gesamtschau der Konzepte fällt auf, dass durchgehend Bezüge zu unternehmensübergreifenden Koordinationsleistungen vorhanden sind, teilweise auch für mehr als zwei Akteure. Konzepte, welche die Netzwerkebene von Supply Chains berühren, sind jedoch die Ausnahme. Zudem erscheinen die Voraussetzungen, unter denen die Konzepte funktionsfähig sind, häufig recht restriktiv, so dass ein breitgestreuter Einsatz nicht zu erkennen ist. Schließlich sind die Konzepte stark auf funktionale Bereiche wie Beschaffung, Produktion oder Distribution, fokussiert. Mit der funktions- und vor

---

[404] Vgl. Nissen/Bothe (2002), S. 18.

allem unternehmensübergreifenden Entwicklung – z. B. von KANBAN zu JiT – legen die Konzepte eine Fährte in Richtung Management von Supply Chains.

2.4.3 Rückkopplung des Supply Chain Managements auf Logistikkonzepte

Mögliche Rückkopplungseffekte des SCM ergeben sich vorwiegend in der sogenannten Meso-Logistik, also Formen der bilateralen logistischen Zusammenarbeit unter besonderer Berücksichtigung von Logistikdienstleistern.[405] Die meso-logistische Ebene zeigt sich bspw. mit Blick auf den Transport in:

- horizontalen Kooperationen, Allianzen und Verbünden von Logistikdienstleistern, etwa beim Betrieb von KEP- oder Stückgutnetzwerken,
- vertikalen Kooperationen entlang der logistischen Prozesskette, z. B. zwischen den Akteuren der Seeverkehrswirtschaft und den Anbietern von Seehafen-Hinterlandverkehren.

Die Entwicklung von IT-Lösungen zur unternehmensübergreifenden Planung von Nachfrageentwicklungen (Forecasts) oder Kapazitätsbelegungen in der Fertigung an mehreren Standorten wurde durch die Verbreitung des SCM-Gedankens stark gefördert. Dies bezieht sich vor allem auf operative Planungs- und Steuerungsaktivitäten, während eine gemeinsame strategische Planung immer noch die Ausnahme ist.[406] Auch die mit dem SCM-Konzept propagierte, unternehmensübergreifende Transparenz über planungs- und steuerungsrelevante Informationen hat den genannten Logistikkonzepten zu einer stärkeren Verbreitung verholfen. Einige der Barrieren des SCM fallen bei bilateral angelegten Logistikkonzepten nicht so stark ins Gewicht oder lassen sich hier leichter überwinden:[407]

- Unterschiede in der Prozesstechnologie und der Arbeitsorganisation: Innerhalb einer Supply Chain können die Produktionsprozesse der beteiligten Akteure stark differieren. Dies betrifft beispielsweise den Produktionstakt oder die Produktionsflexibilität. Das Denken im Supply Chain-Zusammenhang – Stichwort Bullwhip-Effekt – gibt Impulse, zuerst im Rahmen einer Zulieferer-Abnehmer-Beziehung die Produktionssysteme deutlich einfacher bzgl. ihrer Taktung zu nivellieren, um etwa Bestände zu reduzieren und Durchlaufzeiten zu verkürzen. Dies betrifft bei Konzernen bereits die Lieferbeziehungen zwischen einzelnen Werken.
- Prioritätssetzung: Lieferanten priorisieren Kundenaufträge je nach Wichtigkeit des direkten Abnehmers. Das SCM öffnet den Blick auf die Bedeutung der Aufträge im Gesamtzusammenhang einer Supply Chain und erlaubt damit beispielsweise eine gezielte Engpass-Steuerung.

Das SCM setzt ferner Impulse für den Kompetenzaufbau bei Logistikdienstleistern. Denn mit dem Abbau von Wertschöpfungstiefe und der damit einhergehenden Outsourcing-Neigung erhöht sich die Komplexität der von Logistikdienstleistern zu erbringenden Leistungen.[408] Zur Integration in eine Supply Chain müssen Logistikdienstleister beispielsweise auch über Kompetenzen im Bereich der organisationalen Veränderung,

---

[405] Vgl. Delfmann et al. (2010), S. 4.
[406] Vgl. Sandberg (2007), S. 280.
[407] Vgl. Harrison/van Hoek (2008), S. 181 f.
[408] Vgl. Vaidyanathan (2005), S. 93.

der Anpassung von IT-Systemen oder auch des intra- sowie inter-organisationalen Lernens verfügen.[409] Letzteres betrifft u.a. die Ausrichtung an Nachhaltigkeitsstandards in der Wertschöpfungskette.[410] Als Beispiel für die SCM-bedingt gestiegenen Anforderungen an Logistikdienstleister gilt das sogenannte „perfect order achievement", bei dem die eigenen Logistikprozesse mit kundenbasierten Daten verknüpft werden.[411] Insgesamt ist festzuhalten, dass die Umsetzung dieser Anforderungen in bilateral ausgelegten Logistikkonzepten deutlich leichter als in komplexen Supply Chains gelingt, sodass von einer Beflügelung der Logistikkonzepte durch das SCM auszugehen ist.

---

[409] Vgl. Skjoett-Larsen (2000), S. 123 f.
[410] Vgl. Kudla (2010), S. 234 f.
[411] Vgl. Christopher (2005), S. 136.

3 Management von Supply Chains

3.1 Einführung in den Supply Chain Management-Piloten

LERNZIELE

Am Ende dieses Kapitels sollten Sie in der Lage sein,

- den Integrationsanspruch, die daraus resultierenden Koordinationsbedarfe sowie die Schnittstellenproblematik im SCM aufzuzeigen,
- strategische Supply Chain-Initiativen im Kontext verschiedener Gestaltungsebenen und entlang des Material- sowie Informationsflusses zu definieren,
- die Führung in und von Supply Chains mit Hilfe des Supply Chain Management-Piloten und seinen Arbeitsfeldern zu konkretisieren, und
- die Besonderheiten (Achsen und Prozesspfade) des Supply Chain Management-Piloten zu kennen.

Mit dem Supply Chain Management-Piloten (SCMP) schlagen wir im Folgenden einen Ansatz vor, der die Aufgaben der „Führung in und von Supply Chains" nach einer spezifischen Logik strukturiert und ein konzeptionelles Gerüst für das dritte Kapitel dieses Lehrbuchs bildet. Im Kern wird dabei zwischen einer prozessualen und inhaltlichen Dimension sowie einer Innen- und einer Außenperspektive sowohl auf der Akteurs- als auch auf der Netzwerkebene unterschieden. Bevor der Aufbau und die Arbeitsfelder des Supply Chain Management-Piloten in Abschnitt 3.1.2 vorgestellt werden, wird der Bogen zwischen dem Integrationsanspruch des SCM und strategischen Supply Chain-Initiativen aufgespannt (Abschnitt 3.1.1). Diese beiden Punkte dienen dazu, die zentralen Dimensionen der SCM-Arbeitsfelder einzuführen. Diese Einführung schließt mit der Diskussion der Besonderheiten des Supply Chain Management-Piloten (Abschnitt 3.1.3).

3.1.1 Von ausgewählten Spannungsfeldern im Supply Chain Management zu strategischen Supply Chain-Initiativen

3.1.1.1 Spannungsfelder: Integrationsanspruch und Schnittstellenproblematik im Supply Chain Management

Die bisherigen Ausführungen zeigen, dass die Bezugspunkte Beschaffung, Produktion, Distribution und Logistik zwar Impulse zum SCM liefern, mit diesem jedoch nicht gleichzusetzen sind. Eine maßgebliche Forderung des SCM manifestiert sich – auch gegenüber den Konzepten aus den genannten Bereichen – im Integrationsanspruch. Dieser wird deshalb häufig als Ausgangspunkt einer ganzheitlichen Betrachtung gewählt. Auf den ersten Blick scheint das SCM eine Verknüpfung nahezu aller in die Güter-, Informations- und Finanzmittelflüsse einbezogenen Unternehmen, Funktionen und Prozesse eines Wertschöpfungsnetzwerks zu fordern.[412] Zumeist wird dabei davon ausgegangen, dass mit steigender Koordinationsintensität der Erfolg der interorganisationalen Zusammenarbeit größer wird, wobei die kausalen Zusammenhänge häufig unklar bleiben.[413] Das Plädoyer für eine totale Integration in der Supply Chain weicht jedoch in jüngster Zeit verstärkt einer differenzierten Betrachtung. In diesem Lehrbuch soll einem solch vollständigen und umfassenden Integrationsverständnis nicht gefolgt werden (vgl. Kapitel 1.2), zumal in der Praxis eine „Totalintegration" als wenig realistisch abgelehnt wird.[414] Zweckmäßiger scheint vielmehr die Beleuchtung der Wirkungen unterschiedlicher Koordinationsmaßnahmen in Hinblick auf den Erkenntnisgegenstand des SCM (vgl. Abschnitt 1.1.3).

Der Integrationsanspruch des SCM resultiert sowohl auf der Akteurs- als auch auf der Netzwerkebene aus der zwischenbetrieblichen Arbeitsteilung, welche auf der Zerlegung von Aufgaben, der anschließenden Bündelung von Teilaufgaben und deren Allokation auf die beteiligten Organisationseinheiten und Akteure beruht.[415] Die Deckung des aus

---

[412] Vgl. Pfohl (2000), S. 1 ff.

[413] Vgl. Schönsleben et al. (2003), S. 19 ff.

[414] Andere Forschungsrichtungen stellen die uneingeschränkte Vorteilhaftigkeit einer „Totalintegration" ebenfalls in Frage. So wird beispielsweise in der Organisationsforschung auf die integrationsbedingte Entstehung von zusätzlichen Transaktionskosten sowie die eingeschränkte Adaptionsfähigkeit von vollintegrierten Unternehmenseinheiten hingewiesen. Vgl. Frese (2000), S. 260 f.

[415] An dieser Stelle ist von einem „fliessenden" Übergang zwischen der Koordination und der Integration auszugehen. Ein besonders hoher Grad an Integration ist dabei als eine besonders hohe Stufe der Koordination zu interpretieren.

diesen Interdependenzen resultierenden Koordinationsbedarfs erfolgt primär durch die konstituierenden Merkmale des Bezugsrahmens des SCMs (vgl. Abschnitt 1.2.3). Im Verständnis der Systemtheorie konkretisiert sich dieser Integrationsanspruch in der spezifischen Verbindung organisatorischer Einheiten und Akteure zu einem Gesamtsystem, wobei zunächst die Prozesse des Verbindens und der Abstimmung im Vordergrund stehen (*Koordination als Prozess*). Das Ergebnis dieses Vorgangs lässt sich im Allgemeinen als „integriertes System" und im SCM-Kontext als „integriertes Unternehmensnetzwerk" bezeichnen, wobei wiederum nicht von einer Totalintegration aller System- bzw. Netzwerkelemente auszugehen ist.

Warum und wie intensiv koordiniert wird (*Ursachen- und Intensitätsdimension der Koordination*, vgl. insbes. Abbildung 1.1-6 in Abschnitt 1.1.3), hängt mitunter von weiteren Einflussgrößen (z. B. von der *Kontextdimension der Koordination*) ab. So hat beispielsweise ein mittelständischer Zulieferer mit ganz speziellen technischen Fertigkeiten trotz relativ geringem Beschaffungsvolumen eine ähnlich hohe Bedeutung für einen Abnehmer, wie ein anderer Lieferant mit vergleichsweise hohem Beschaffungsvolumen (vgl. Kapitel 2.3). Des Weiteren hängt die anzustrebende Intensität der Zusammenarbeit von den spezifischen Zielen der interagierenden Akteure und Organisationseinheit ab, so dass eine pauschale Aussage dazu nicht ohne Bezug auf den situativen Kontext möglich ist.

Die Intensität der Koordination, die sich auch als Integrationsgrad im SCM interpretieren lässt, wird durch folgende Merkmale determiniert:

- *Dichte des Netzwerks:* Die Dichte erfasst die Netzwerkstruktur in ihrer Gesamtheit. Sie gibt vornehmlich Auskunft über die Anzahl der „Knoten" (z. B. Unternehmen und Organisationseinheiten). Innerhalb eines spezifischen Netzwerkausschnitts können sich mehrere Akteure (bzw. Knoten) zu einem Subsystem „zusammenschließen". In solchen Netzwerkausschnitten, in denen sich mehrere zu koordinierende Akteure befinden, ist somit von einer höheren Intensität auszugehen, als in vergleichbaren Netzwerkausschnitten unter ähnlichen Konditionen – wie z. B. die geographische Ausdehnung eines Marktes – mit weniger Akteuren.
- *Anzahl und Stärke der Netzwerkbeziehungen:* Die Anzahl erfasst die zwischen Supply Chain-Akteuren parallel vorhandenen, gleichartigen Beziehungen. So können zwischen zwei Unternehmen gleichzeitig mehrere Distributionskanäle bestehen; insbesondere dann, wenn (a) für das transferierte Produkt eine logistische Differenzierung vorgenommen wurde (z. B. für das Standardsortiment vs. „Aktionsware") oder (b) nicht nur eines, sondern mehrere unterschiedliche Produkte ausgetauscht werden. Die Intensität lässt sich weiterhin anhand der in die Beziehung getätigten Investitionen sowie der Interaktionsfähigkeit darstellen (Stärke).
- *Multiplexität der Netzwerkbeziehungen:* Die Multiplexität von Geschäftsbeziehungen in Supply Chains thematisiert die Existenz mehrere Beziehungen unterschiedlicher Art zwischen einzelnen Netzwerkakteuren. So sind beispielsweise zwischen der Verkaufs- und Einkaufsseite zweier Supply Chain-Akteure nicht nur organisatorische, sondern weitere Beziehungsarten, wie z. B. persönliche Verbindungen auf einer sozialen Ebene, zu identifizieren.

Damit deutet sich an, dass der Integrationsanspruch des SCM sowohl (a) mit einem prozessualen als auch (b) mit einem inhaltlichen Koordinationsbedarf einhergeht. Der *prozessuale Bedarf* zielt darauf ab, Aussagen darüber zu treffen, wie – auf welche Art und Weise – die Koordinations- und Abstimmungsvorgänge anzustoßen und in sowie zwischen den beteiligten Unternehmen zu implementieren sind. Der *inhaltliche Bedarf* äußert sich darin zu bestimmen, „wer" mit „wem" (mit welchem Lieferanten, Kunden und Dienstleister), „warum" zu koordinieren ist. Darauf aufbauend sind die Intensität der Koordination sowie die dabei eingesetzten Mittel (Instrumente) zu konkretisieren.[416]

Zentrale Aufgabenstellung des SCM ist es, die in Kapitel 1.2 dieses Lehrbuchs konstituierten Merkmale ausgewogen miteinander in Einklang zu bringen. Eine besondere Bedeutung hinsichtlich der Koordination von Geschäftsbeziehungen und Prozessen im SCM erlangt dabei die Schnittstellenproblematik. In der Vergangenheit beschränkte sich die Betrachtung von Schnittstellen im Rahmen prozessorientierter Managementansätze maßgeblich auf Beziehungen zwischen verschiedenen unternehmensinternen Vorgängen und Arbeitsschritten.

Hinsichtlich des interorganisatorischen Bezugs bleibt das mit dem Schnittstellenmanagement angesprochene Problem der Durchgängigkeit von Geschäftsprozessen in der Supply Chain oftmals unberücksichtigt. Allein in dem Prinzip der Ausrichtung auf die Bedürfnisse der Endkunden zeigt sich ein Ansatz, der dieses Problem teilweise einfängt, es jedoch auch vereinfacht.

Wie in Kapitel 1.1 hergeleitet, wird unter einer Supply Chain ein Netzwerk unterschiedlicher technischer und ökonomischer Aktivitäten verstanden, die miteinander zu einem interdependenten Gefüge verknüpft sind und sich sowohl über Bereiche und Abteilungen auf der Akteursebene als auch über Unternehmensgrenzen auf der Netzwerkebene hinweg durch die betriebliche ggfs. auch überbetriebliche Ablauflogik definieren. Insbesondere letztere steht beim SCM im Vordergrund und dominiert dabei intraorganisatorische Fragestellungen. Dem Management von Schnittstellen zwischen den in der Supply Chain eingebundenen Akteuren ist im integrationsorientierten Gesamtkonzept daher besondere Aufmerksamkeit zu schenken. Denn eine Schnittstelle stellt immer einen Bruch in den zusammenhängenden Aufgabenerfüllungsprozessen dar, was zur Gefahr eines unerwünschten zusätzlichen Ressourcenverzehrs führen kann.[417] Aus ihr erwächst stets ein prozessualer und inhaltlicher Koordinationsbedarf zeitlicher und sachlicher Natur.

Zur näheren Bestimmung einer Schnittstelle im Kontext des SCM lassen sich unter Berücksichtigung einer *speziellen Zielorientierung* folgende Dimensionen unterscheiden (vgl. Abschnitt 1.2.3):[418]

- *Fluss- und prozessorientierte Komponente der Schnittstelle:* In Analogie zu den Flüssen in einer Supply Chain lassen sich Gütertransaktionen (Materialfluss), Informationstransaktionen (Informationsfluss), Finanztransaktionen (Finanzmittelfluss) sowie Verfügungsrechtetransaktionen („Fluss der Rechte") differenzieren. Neben zu berücksichtigenden Führungsprozessen sind dabei weiterhin technologische Komponenten, die über die Reduzierung von operativen Transferhindernissen zu einem möglichst reibungsfreien Material-, Informations- und Finanzmittelfluss beitragen, von Bedeutung.
- *Management- und funktionsorientierte Komponenten der Schnittstelle:* Die Managementkomponente umfasst Maßnahmen zur Bereitstellung eines institutionellen Rahmens, innerhalb dessen sich die Transaktionen vollziehen sollen. Dazu gehören neben der

[416] Eine vertiefende Diskussion zur „Integration in Unternehmensnetzwerken" findet sich bei Häusler (2002) S. 153 ff.

[417] Vgl. Pfohl (2002), S. 171 f.

[418] Vgl. Ackermann (2003), S. 241 f.; o. ä. Häusler (2002), S. 155.

Regelung der Kommunikation u. a. auch die Abstimmung auszuführender Teilaufgaben oder die Zuweisung von Rechten und Pflichten. Weiterhin sind soziale und personenspezifische Merkmale angesprochen, die zum Erreichen einer möglichst hohen Qualität der Interaktion beitragen. Die funktionsorientierte Komponente spezifiziert, welche Unternehmensfunktion von Schnittstellen im SCM konkret betroffen ist. Dazu zählen u. a. Mitarbeiterqualifikationen und -eigenschaften sowie unternehmenskulturelle Aspekte und adäquate Zusammenarbeitsformen.
- *Netzwerk- und Kooperationsparameter der Schnittstelle*: Diese Parameter greifen die Anzahl, Intensität sowie Multiplexität von Beziehungen im Kontext der Bestimmung der Koordinationsintensität im SCM auf. Damit ist die Schnittstelle anhand der Transaktionsmerkmale Häufigkeit, Spezifität, Extensität, Dauer, Standardisierung sowie Interdependenz näher zu präzisieren.

Mittels der vorgestellten Dimensionen lassen sich kritische Schnittstellen in einer Supply Chain sowohl auf der Akteurs- als auch auf der Netzwerkebene bestimmen und zum Gegenstand von spezifischen, strategischen Initiativen machen. Was konkret unter letzteren zu verstehen ist, wird im folgenden Abschnitt näher beleuchtet. Abbildung 3.1-1 fasst den vorgestellten Integrationsanspruch des SCM schematisch zusammen.

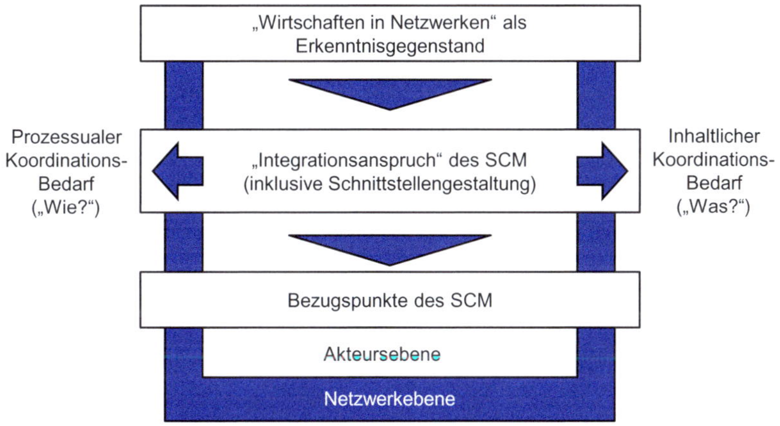

Abbildung 3.1-1: Integrationsanspruch des SCM zwischen prozessualer und inhaltlicher Komponente

3.1.1.2 Verständnis über strategische Supply Chain-Initiativen

Die Diskussion der unterschiedlichen Bezugspunkte in Kapitel 2 mit den zahlreichen Konzepten und Entwicklungsstadien zeigt, wie unterschiedlich breit das Verständnis einer Supply Chain-Initiative in Wissenschaft und Praxis ausgelegt werden kann. Unter einer „*Initiative*" lässt sich ganz allgemein der Beginn einer Handlung verstehen, die mit einer gewissen Entschlusskraft und unternehmerischem Geist verbunden ist. Diese Auffassung wird durch das Hinzuziehen der Charakterisierung „strategisch" (im Kontrast zu „operativ") in die Begriffskonstituierung weiter erweitert. Um eine Präzisierung des Verständnisses zu erzielen, werden im Folgenden zunächst die Begriffe „Strategie" bzw. „strategisch" sowie „Supply Chain-Initiative" konkretisiert. Ferner erfolgen eine

Differenzierung von strategischen Gestaltungsebenen sowie die Spezifizierung zentraler Argumentationsketten des Strategischen Managements.

Strategiebegriff

Die Bezeichnung *„strategisch"*[419] ist eine sowohl in der betriebswirtschaftlichen Forschung als auch in der unternehmerischen Praxis populäre Kennzeichnung, die oftmals vereinfacht dazu verwendet wird, um die Bedeutung bestimmter Faktoren, Akteure, Aktivitäten und/oder Pläne hervorzuheben.[420] Die Eigenschaft, Potenziale zum heutigen Zeitpunkt aufzubauen, die sich in der Zukunft realisieren und in einen messbaren Vorteil umwandeln lassen, kann als *strategische Relevanz* bezeichnet werden.[421]

Die verschiedenen Facetten des „Strategiebegriffs" werden von Mintzberg (1987) im Ansatz der „5P's of Strategy" in fünf Verwendungsarten konkretisiert.[422] Solche Differenzierungen lassen sich nicht nur auf die Akteurs-, sondern auch auf die Netzwerkebene übertragen (vgl. Abbildung 3.1-2). Im Supply Chain-Kontext erfahren diese Verwendungsarten spezifische Erweiterungen (z. B. im Rahmen einer Ausdehnung der Betrachtung von der Basic zur Extended Supply Chain).[423]

	Akteursebene	**Netzwerkebene**
Plan	Strategie als Weg-Ziel-Beschreibung im Unternehmen	Strategie als gemeinsame Ziel-Weg-Beschreibung der interagierenden Supply Chain-Akteure
Play	Strategie als Spielzug des Unternehmens (insbesondere im Wettbewerb)	Strategie als abgestimmtes Verhalten der relevanten Supply Chain-Akteure (insbesondere gegenüber konkurrierenden Netzwerken)
Pattern	Strategie als Muster der Handlungen des Unternehmens	Strategie als synchronisiertes und akzeptiertes Muster der Handlungen in einer Supply Chain
Position	Strategie als Positionierung des Unternehmens	Strategie als Positionierung der Supply Chain gegenüber Anspruchsgruppen und konkurrierenden Netzwerken
Perspective	Strategie als Wahrnehmung der „Welt" durch das Unternehmen (z. B. „kollektives Unternehmensbewusstsein")	Strategie als harmonisierte Wahrnehmung der „Welt" durch die Supply Chain-Akteure (z. B. „kollektives Netzwerkbewusstsein")

Abbildung 3.1-2: Facetten des Strategiebegriffs mit Bezug zum Supply Chain Management

[419] Der Begriff „Strategie" stammt aus dem militärischen Sprachgebrauch. Er ergibt sich aus den Wörtern „stratós" (Heer) sowie „ágein" (führen) und beschreibt die Funktion eines Generals im griechischen Heer. Später wurden neben der Funktionsbeschreibung auch die Fähigkeit und Handlungsweisen eines Generals in den Begriff einbezogen: Vgl. Evered (1983), S. 57 ff. Der militärische Hintergrund des Strategiebegriffes lässt sich bis zum chinesischen Philosophen Sun Tzu (400–300 v.C.) zurückführen, der in seinem Werk „Die Kunst des Krieges" eine Liste von mehreren Grundsätzen zur Kriegsführung schuf, die im weiteren Sinne als Strategie zu bezeichnen sind: Vgl. Hou/Sheang/Hidajat (1991), S. 1 ff.

[420] Die Ursachen der mangelnden konzeptionellen Klarheit der Bezeichnung werden im Fehlen eines zentralen Forschungsprogramms in der Betriebswirtschaftslehre gesehen. Vgl. Welge/Al-Laham (2001), S. 12.

[421] Vgl. Guggemos (2000), S. 13.

[422] Vgl. Mintzberg et al. (1995), S. 12 ff.

[423] Zu den unterschiedlichen Supply Chain-Auffassungen siehe Abschnitt 1.1.1.

Auf welchen zentralen Sichtweisen und Argumentationsketten diese Strategieverständnisse aufbauen können, wird nachfolgend näher beleuchtet.

Sichtweisen und Argumentationsketten des Strategischen Managements

Die Frage nach den Erfolgs- und Wettbewerbsunterschieden zwischen Unternehmen ist die motivierende Überlegung, die zu einer intensiven wissenschaftlichen Auseinandersetzung mit Strategieinhalten führt.[424] Sogenannte *„strategische Sichtweisen"* (engl. *„Strategy Views"*) stellen eine Reihe von Erkenntnissen zur Verfügung, die den Erfolg eines Unternehmens, eines Geschäftsfeldes, einer Funktion und im übertragenen Sinne auch einer Supply Chain in Abhängigkeit eines zentralen inhaltlich-basierten (engl. *„based"*) Aspekts (z. B. Marktposition oder Ressourcenausstattung) beschreiben, erklären und prognostizieren können. Ein Strategy View stellt dabei eine reduktionistische Sichtweise auf strategisch relevante Elemente und Systeme dar.

Grundsätzlich lassen sich außen- und innenorientierte Strategy Views unterscheiden.[425]

- Die *Außenorientierung* stellt die Positionierung des Unternehmens (oder einer Supply Chain) in seiner Umwelt in den Mittelpunkt der Betrachtung.[426] Die dahinter befindliche Logik geht davon aus, dass zunächst ein fundiertes Verständnis der Unternehmensumwelt bzw. des Supply Chain-Umfeldes (*Chancen* und *Risiken*) vorliegen muss, um eine optimale Positionierung zu erreichen.
- Die *Innenorientierung* betrachtet die Verhältnisse in der umgekehrten Richtung.[427] Hierbei wird versucht, die Umwelt über den Aufbau und den Einsatz geeigneter Faktorkombinationen langfristig gezielt an das Unternehmen (bzw. die Supply Chain) anzupassen.[428] Die Wirksamkeit dieses Vorgehens wird dadurch begründet, dass die Ressourcen, das Wissen und die Fähigkeiten, die den Akteuren zur Verfügung stehen, die Voraussetzung dafür bilden, Branchenstrukturen und Standards nachhaltig zu beeinflussen (*Stärken* und *Schwächen*).

Die außenorientierten Ansätze basieren im Wesentlichen auf der *„Structure-Conduct-Performance"*[429]-Argumentation, die den Erfolg (*„Performance"*, z. B. in Form einer Allokationseffizienz, eines günstigen Preisniveaus oder Outputwachstums) in Abhängigkeit zu einigen zentralen externen Charakteristika (*„Structure"*, z. B. in Form des Konzentrationsgrads oder einer branchenspezifischen Kostenstruktur) sieht, die wiederum das Verhalten (*„Conduct"*, z. B. in Form der gewählten Preispolitik oder der Forschungs- und Entwicklungsaktivitäten) bestimmen.[430] Prominenter Vertreter der außenorientierten Strategieansätze ist der „Market-based View".[431]

---

[424] Vgl. Zahn/Foschiani/Tilebein (2000), S. 49.

[425] Ein weiterer für das SCM relevante Erklärungsansatz ist der sogenannte „Relational-based View": Vgl. Dyer/Singh (1998), S. 661 f. bzw. Gulati/Nohria/Zaheer (2000), S. 203 ff.

[426] Vgl. Steinmann/Schreyögg (2000), S. 189 ff., die in diesem Zusammenhang von der „Außen-Innen-Perspektive" sprechen.

[427] Vgl. Steinmann/Schreyögg (2000), S. 182 ff., die in diesem Zusammenhang auch von der „Innen-Außen-Perspektive" sprechen.

[428] Vgl. Börner (2000), S. 817; De Wit/Meyer (1994), S. 214 f.

[429] Vgl. Porter (1981), S. 616.

[430] Historischer Ausgangspunkt dieser zur Industrieökonomik zählenden Überlegungen ist die Arbeit von Bain (1956).

[431] Vgl. Porter (1980), S. 41 ff.

Die innenorientierten Ansätze basieren im Wesentlichen auf der *„Resource-Conduct-Performance“*[432]-Argumentation, die den Erfolg (*„Performance“*, z. B. Überrendite) in Abhängigkeit zentraler interner Charakteristika (*„Resource“*, z. B. in Form besonderer materieller und immaterieller Ressourcen) sieht, die wiederum die potenzialbasierten Wettbewerbsvorteile (*„Conduct“*, z. B. in Form des bestmöglichen Nutzens der materiellen und immateriellen Ressourcen in bestimmten Branchen) bestimmen.[433] Diese Argumentationskette wird vor allem vom sogenannten „Resource-based View“ verfolgt.[434]

Die Argumentationsketten der zentralen Ansätze des Strategischen Managements sind in Abbildung 3.1-3 nochmals dargestellt. Interpretiert man die erzielte „Performance“ der Strategy Views nicht nur als „strategische Rente“, sondern auch als spezifischen Grad einer Zielerreichung, lässt sich eine Verbindung zu den konstituierenden Merkmalen des SCM herstellen (siehe Abschnitt 1.2.3). Entlang welcher Argumentation dieses Zielorientierung erreicht wird (außen- oder innenorientiert), bleibt jedoch auch für das SCM zunächst offen.

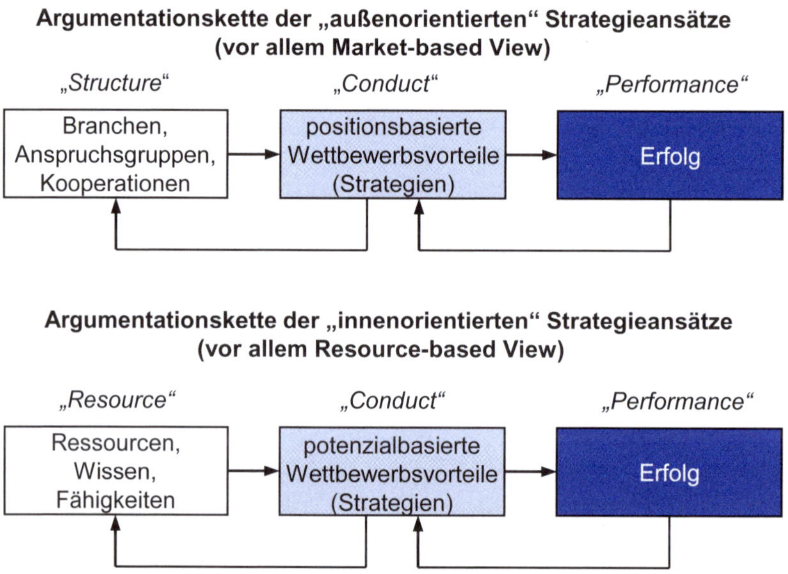

Abbildung 3.1-3: Argumentationsketten der zentralen Sichtweisen des Strategischen Managements

Grundsätzlich liefern beide Erklärungsbeiträge für das Entstehen von Unternehmensverflechtungen im Kontext des SCM einschlägige Motive:

- Motive eines Unternehmensnetzwerkes aus Sicht des Market-based Views lassen sich zunächst über das Erzielen von Wettbewerbsvorteilen durch stärkere Marktposition (neue Chancen und Möglichkeiten) ableiten. Ferner kann der Aufbau einer stärkeren Marktposition, die externen Akteuren den Markteintritt erschwert bzw. vor einem

[432] Vgl. Wernerfelt (1984), S. 171; Rasche (1994), S. 4.
[433] Vgl. Rasche/Wolfrum (1994), S. 502.
[434] Vgl. Amit/Schoemaker (1993), S. 40; Bamberger/Wrona (1996b), S. 132; Barney (1991), S. 101.

solchen abschreckt, angestrebt werden. Eine gestärkte Marktposition lässt sich beispielsweise über Economies of Scale und Scope, einem Zugang zu neuen Technologien, Distributionskanälen oder Finanzmitteln, eine verbesserte Verhandlungsposition durch größeres Beschaffungsvolumen oder durch direkte Beeinflussung der gesamten Industrie (z. B. Setzen von Standards) realisieren.

- Auf Basis des Resource-based View lassen sich zwei Arten von Motiven für Unternehmensnetzwerke erkennen: (a) die Beschaffung von Ressourcen und (b) der Einsatz von Ressourcen. Der Zugang zu strategischen Ressourcen kann beispielsweise über das SCM über die proaktive Einbindung eines speziellen Lieferanten in relativ kurzer Zeit und zu relativ geringen Kosten gezielt erfolgen. Der Ressourceneinsatz bezieht sich u. a. auf die stetige Auslastung vorhandener, zeitweise aber ungenutzter Ressourcen. So lassen sich beispielsweise diese „Ressourcen mit Kapazitätspotenzialen" befristet in Projekte mit anderen Unternehmen einsetzen.

Strategische Gestaltungsebenen

In Analogie zur Unterscheidung zwischen Akteurs- und Netzwerkebene im SCM (vgl. Abschnitt 1.1.2) lassen sich auch im Strategischen Management je nach Komplexität und Größe bzw. Ausmaß mehrere Gestaltungsebenen differenzieren. Eine Auseinandersetzung mit diesen scheint insofern sinnvoll zu sein, als dass die Gestaltungsebenen wichtige Referenzpunkte für strategische Supply Chain-Initiativen bilden.

Prinzipiell liegt der Fokus des Strategischen Managements auf dem gesamten Unternehmen. Dort spricht man von der sog. *„Unternehmensstrategie"*.[435] Jedoch bietet es sich insbesondere bei umfangreichen Mehrproduktunternehmen an, eine feinere Unterteilung der Gestaltungsobjekte vorzunehmen.[436] Klassischerweise wird in Anlehnung an die Unterscheidung Umwelt und Unternehmen eine Außen- und eine Innensegmentierung vorgenommen.[437] Der außenorientierten Umweltsegmentierung in Strategische Geschäftsfelder (SGF) steht meist eine darauf aufbauende, innenorientierte Unternehmenssegmentierung in Strategische Geschäftseinheiten (SGE) gegenüber.[438] Von einem Mehrproduktunternehmen werden bearbeitete Produktgruppen und Marktsegmente zu Strategischen Geschäftsfeldern zusammengefasst. Es wird die sog. *„Geschäftsfeldstrategie"* formuliert, die ihrerseits wiederum mit den Supply Chain-Initiativen in Verbindung steht.

Die Frage, auf welchen Gestaltungsebenen eines Unternehmens die Aufgaben des SCM wahrgenommen werden führt nicht nur zu Unternehmens- und Geschäftsfeldstrategien, sondern weiterhin zu sog. *„Netzwerkstrategien"*, *„Kooperationsstrategien"* und *„Funktionsstrategien"* sowie sog. *„spezifische Strategievorhaben"*. Von außen nach innen lassen sich also Strategien auf folgenden *Gestaltungsebenen* unterscheiden:[439]

- *Netzwerkstrategien:* Eine zentrale Fragestellung auf der Netzwerkebene besteht darin, welche Unternehmen wie miteinander interagieren müssen, um den Anforderungen des Marktes/Wettbewerbs gerecht zu werden.[440] Die Netzwerkstrategie (engl.

[435] Vgl. Hugenberg (2001), S. 13.
[436] Vgl. Gälweiler (1979), S. 259.
[437] Vgl. Link (1985), S. 51 ff.
[438] Vgl. Hinterhuber (1989), S. 121 ff.; Gälweiler (1979), S. 252 ff.
[439] Vgl. Müller-Stewens/Lechner (2011), S. 32 ff.
[440] Vgl. Sydow (1992), S. 60 ff.

„Network Strategy")[441] bezieht sich auf mehrere (> zwei Unternehmen). Es wird das Netzwerk als Ganzes im Zusammenspiel mit seiner Umwelt (z. B. andere Netzwerke) betrachtet. Sie beinhaltet u. a. Vereinbarung über das Ergebnis von beabsichtigten, abgestimmten Verhalten von miteinander verbundenen Unternehmen zur Erschließung von Erfolgspotenzialen.[442]

- *Kooperationsstrategien:* Die spezifische Auslegung der Zusammenarbeit auf der Dyade kann in einer Strategie festgehalten werden. Diese Kooperationsstrategie (engl. „Co-Operative Strategy")[443] legt fest, wie z. B. in einer spezifischen Zulieferer-Abnehmer-Beziehung miteinander zusammengearbeitet wird. Von ihr sind meist zwei Unternehmen betroffen. Im Zentrum steht das Management von Geschäftsbeziehungen.
- *Unternehmens(gesamt)strategien:* Bei strategischen Initiativen auf Unternehmensebene (engl. „Corporate Strategy")[444] geht es primär darum, zu klären, in welchen Geschäften (Industrien/Branchen) ein Unternehmen tätig sein will. Im Zentrum stehen dabei vor allem die Gestaltung des Geschäftsportfolios sowie die Verteilung von Inputfaktoren und Managementkapazitäten auf einzelne Geschäftsfelder innerhalb des Portfolios.[445] Ziel ist es, insbesondere intraorganisatorische Selektionsvorteile zu realisieren.[446]
- *Geschäftsfeldstrategien:* Mit zunehmender Produkt- und Marktdifferenzierung gehen Unternehmen dazu über, mehrere Geschäftsfelder zu unterscheiden. Die zentrale Fragestellung auf dieser Ebene besteht darin, wie ein Unternehmen in den einzelnen Geschäften operieren und Vorteile gegenüber Wettbewerbern aufbauen will (engl. „Business Strategy").[447] Über die Geschäftsfeldstrategien sind insbesondere Wettbewerbsvorteile zu erzielen.[448]
- *Funktionsstrategien:* Auf der Ebene einzelner Unternehmensfunktionen sind Strategien zu unterscheiden, die sich direkt auf die einzelnen Wertschöpfungsaktivitäten beziehen (engl. „Functional Strategy").[449] Funktionsstrategien lassen sich in den primären Unternehmensfunktionen (z. B. Beschaffung, Produktion und Distribution), aber auch in den Querschnittsfunktionen (z. B. Logistik oder Finanzwesen) aufstellen.[450] Ziel der Funktionsbereichsstrategien ist es dabei, die Geschäftsfeldstrategie bestmöglich zu unterstützen, um Unternehmensgesamterfolge zu realisieren.
- *Spezifische Strategievorhaben:* Schließlich sind solche Strategien zu unterscheiden, die (noch) keiner bestimmten Ebene zugeordnet werden können (engl. „Issue Strategy").[451] Hierbei kann es sich z. B. um spezifische hierarchie- und geschäftsfeldübergreifende Vorhaben handeln.

---

[441] In diesem Zusammenhang wird auch von „kollektiven Strategien" gesprochen: Vgl. Astley/Fombrun (1983) oder Sydow/Möllering (2004).
[442] Vgl. Müller-Stewens/Lechner (2011), S. 33.
[443] Vgl. Dyer/Singh (1998), S. 680 ff.
[444] Vgl. Goold/Campbell/Alexander (1994), S. 12 ff. Zur Grundidee der „Corporate Strategy" vgl. Schendel/Hofer (1978), S. 69 ff.
[445] Vgl. Hugenberg (2001), S. 327 ff.
[446] Vgl. Müller-Stewens/Lechner (2011), S. 33.
[447] Vgl. Kreikebaum (1997), S. 58 ff.
[448] Vgl. Müller-Stewens/Lechner (2011), S. 32.
[449] Vgl. Hinterhuber (1989), S. 3 ff., der in den Funktionsstrategien ein Mittel zur Individualisierung der Führung sowie zur Erhöhung der Innovationskraft des Unternehmens sieht.
[450] Vgl. Kreikebaum (1997), S. 72 f.; Hinterhuber (1989), S. 14 ff.
[451] Vgl. Müller-Stewens/Lechner (2011), S. 34.

Die Differenzierung der strategischen Gestaltungsebenen, die zum Teil interpendent sind (vgl. Abbildung 3.1-4), stellt ein gedankliches Konstrukt zur adäquateren Strukturierung der Aufgaben des SCM dar. Die Konkretisierung hilft, eine interaktionsorientierte Analyse und Ausgestaltung der Handlungen in Supply Chains sowohl auf der Akteurs- als auch auf der Netzwerkebene vorzunehmen, wobei zunächst unklar bleibt, welche Über- bzw. Unterordnungsbeziehungen daraus resultieren. Was alles unter eine Supply Chain-Initiative subsumiert werden kann, wird nachfolgend näher präzisiert.

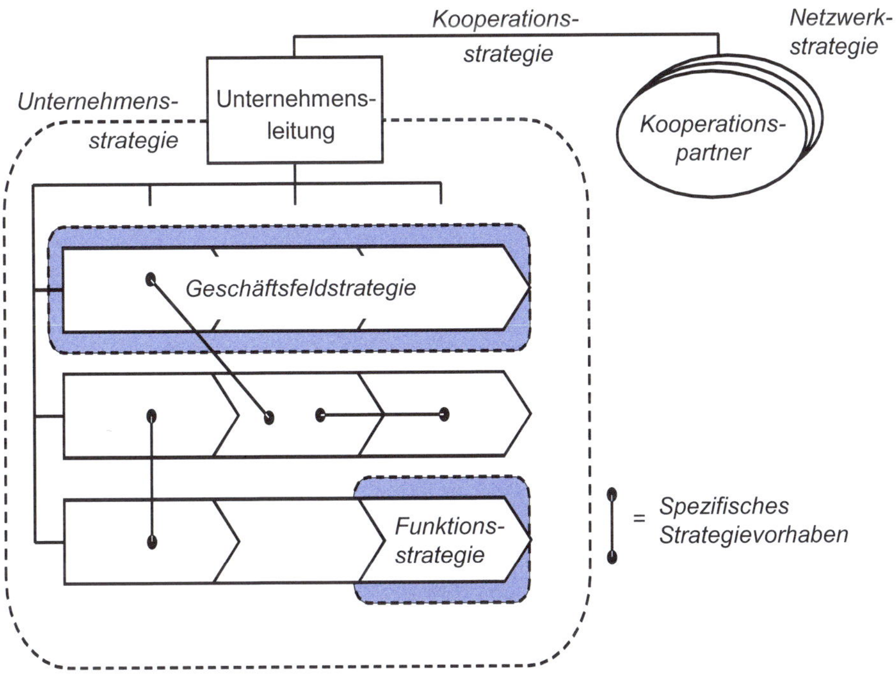

Abbildung 3.1-4: Strategische Gestaltungsebenen als Impulsgeber und -empfänger des SCM[452]

Verständnis von Supply Chain-Initiativen

Supply Chain-Initiativen besitzen unterschiedlichste Bezugspunkte und stellen u.a. auf Entscheidungen und Handlungen in Beschaffung, Produktion, Distribution oder Logistik ab.

Es existieren verschiedene Ansätze, eine Supply Chain-Initiative zu definieren: Harrison/van Hoeck (2005) verstehen darunter beispielsweise Leitlinien im Bezug auf die Kommunikation der Ziele, Pläne und Taktiken durch alle Ebenen der Supply Chain hindurch.[453] Schnetzler et al. (2006) definieren ein Set von priorisierten SCM-Zielen sowie einen Weg, diese zu operationalisieren, um logistikorientierte Erfolgspotenziale aufzubauen und zu aktivieren. Mit strategischen Prioritäten soll dabei die Ausrichtung der Supply Chain an Kosten-, Qualitäts-, Service- und Flexibilitätszielen gemeint

[452] Vgl. Lockamy (2004), S. 403.
[453] Vgl. Harrison/van Hoek (2005), S. 23 ff.

sein.[454] Ferner konkretisieren Chopra/Meindl (2004) eine Supply Chain-Initiative aus der Perspektive der Wertschöpfung her, indem sie besondere Abläufe und Leistungsbestandteile mit Potenzial zur Steigerung der Unternehmensperformance hervorheben.[455]

Die Definitionsversuche unterscheiden sich zwar im Fokus, allerdings haben die meisten gemein, dass fundamentale Supply Chain-Entscheidungen und -Ziele über Funktionsbereichs- und Unternehmensgrenzen hinweg im Vordergrund der Initiative stehen. Von besonderer Bedeutung sind hierbei die eingrenzenden Dimensionen der Koordination (vgl. Abschnitt 1.1.3). Ferner ist zu berücksichtigen, dass aus der Konzeption heraus eine Ausrichtung der Supply Chain an den Bedürfnissen der Endkunden zu erfolgen hat. Damit lässt sich z. B. eine Supply Chain-Initiative aus der Sicht der Material- und Informationsflüsse konkretisieren.

Aus Perspektive des Materialflusses („Quelle" als Ausgangspunkt) beinhaltet eine Supply Chain-Initiative sowohl aus der Akteurs- als auch aus der Netzwerksicht:

- die Beschaffung der Inputfaktoren bzw. Rohmaterialien,
- die Produktion von Gütern und/oder das Erstellen von Dienstleistungen,
- die Distribution der Produkte zum Kunden zusammen mit den Dienstleistungen und dem After-Sales-Service,
- die Rückführung/Entsorgung des Produkts sowie
- jeweils den Transport der Materialien zu oder von einem Unternehmen sowie
- die Lagerorte und -weise der Materialien und Produkte.

Neben dieser materialflussbezogenen Sicht lässt sich eine Supply Chain-Initiative ferner entlang des idealtypischen Informationsflusses („Senke" als Ausgangspunkt) beschreiben. Eine Supply Chain-Initiative

- greift dabei die logistikrelevanten Kundenerwartungen/-bedürfnisse auf und verknüpft diese bei der Produktentwicklung mit den Potenzialen der flussaufwärts- und flussabwärtsseitigen Akteure,
- bestimmt den Produktionsanlauf sowie die physische Markteinführung neuer Produkte aus Akteurs- und Netzwerksicht,
- berücksichtigt das Kauf- und Bestellverhalten der Kunden am Point-of-Sale und regelt die Bedarfsplanung auf der Akteurs- und Netzwerkebene,
- legt die Art und Weise sowie die Häufigkeit des Informationsaustauschs in und zwischen den Netzwerkakteuren fest und
- determiniert die dem Materialfluss vorauseilenden und begleitenden Informationen auf der Akteurs- und Netzwerkebene.

Nachdem sowohl das Strategieverständnis sowie der Begriff Supply Chain-Initiative präzisiert sind, lassen sich nun die beiden Komponenten zur „strategischen Supply Chain-Initiative" zusammenführen.

Definition „strategische Supply Chain-Initiative"

Verbindet man die konzeptionellen Grundlagen des SCM mit denen der Strategie, ist eine strategische Supply Chain-Initiative unter anderem als ein Orientierungsrahmen zu verstehen, um die unternehmensübergreifenden Leistungsaktivitäten unter Einbezug sämtlicher Wertschöpfungsstufen und Berücksichtigung relevanter Netzwerkpartner

454 Vgl. Schnetzler et al. (2006), S. 22 ff.
455 Vgl. Chopra/Meindl (2004), S. 29 ff.

effektiv und effizient zu gestalten. Der Einbezug sämtlicher Wertschöpfungsstufen gilt als eine idealisierte Vorstellung. Um dem praxisorientierten Anspruch des SCM gerecht zu werden, geht es anwendungsorientiert darum, einen spezifischen Supply Chain-Ausschnitt und dessen relevante Akteure in die Ausgestaltung der Initiativen einzubeziehen.

Eine strategische Supply Chain-Initiative zielt dabei sowohl auf positions- als auch auf potenzialbasierte Wettbewerbsvorteile eines Unternehmensnetzwerks, die sich in Zukunft nur über die interorganisatorische Zusammenarbeit der involvierten Supply Chain-Akteure realisieren lassen und in einem messbaren Vorteil für diese münden, der größer als die Summe der Einzelvorteile sein sollte. Dabei wird davon ausgegangen, dass Unternehmen und ihre Entscheidungsträger eines definierten Supply Chain-Ausschnittes gewillt sind, mit (ausgewählten) Wertschöpfungspartnern zusammen diese Wettbewerbsvorteile aufzubauen und gemeinsam zu erschließen. Durch die Zusammenarbeit werden Wettbewerbspositionen erreicht, welche die einzelnen Akteure in der Stand-alone-Betrachtung im Vergleich zu Konkurrenten nicht erreichen können (= *außenorientierte Entstehungsdimension von Wettbewerbsvorteilen durch SCM*). Weiterhin beziehen sich strategische Supply Chain-Initiativen in diesem Zusammenhang auf die Kombination und das Zusammenspiel von Ressourcen der Supply Chain-Akteure zu einer Fähigkeits- und Kompetenzkonstellation, welche zu nachhaltigen Wettbewerbsvorteilen für das betrachtete Netzwerk und deren Akteure führt (= *innenorientierte Wirksamkeitsdimension von Wettbewerbsvorteilen durch SCM*). Darüber hinaus besteht prinzipiell die Bereitschaft, eine Kompensation für solche Wertschöpfungspartner bereitzustellen, die sich gegebenenfalls zugunsten des Netzwerks schlechter stellen.

Abbildung 3.1-5 verdeutlicht den Strategieanspruch des SCM als Verankerungspunkt von Supply Chain-Initiativen. Strategische Supply Chain-Initiativen verfügen über eine außenorientierte Entstehungs- und eine innenorientierte Wirksamkeitsdimension. Sie

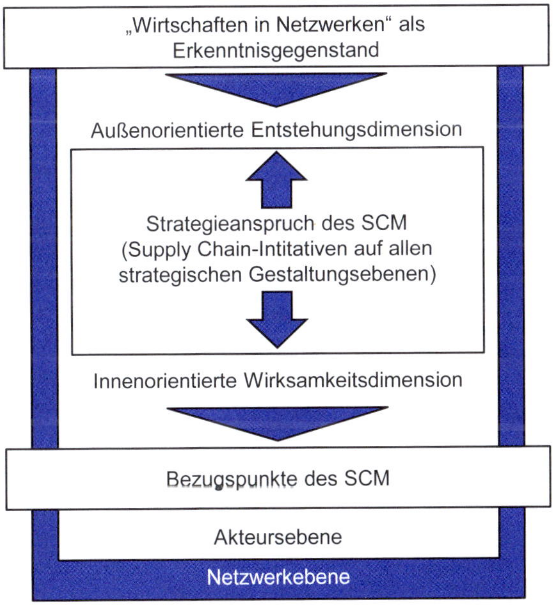

Abbildung 3.1-5: Strategieanspruch des SCM zwischen Außen- und Innenorientierung

dienen damit als Orientierung für die Bezugspunkte des SCM und sollten sowohl auf der Akteurs- als auch auf der Netzwerkebene lanciert und umgesetzt werden.

Nach der Diskussion des Integrationsanspruchs und der Schnittstellenproblematik im SCM sowie den definitorischen Erläuterungen zur strategischen Supply Chain-Initiative erfolgt eine Vorstellung des Aufbaus und der Arbeitsfelder des Supply Chain Management-Piloten.

3.1.2 Aufbau und Felder des Supply Chain Management-Piloten

Betriebswirtschaftliche Entscheidungen und deren Umsetzung unterliegen in der unternehmerischen Praxis einer ständigen Dynamik. Dies trifft auch auf die Aufgaben im SCM zu. Die erforderliche dynamische Betrachtung in Form eines Prozesses bezieht sich dabei auf die Aktivitäten sowohl der Akteurs- als auch der Netzwerkebene. In der Literatur wird ein solcher Vorgang vom Aufbau über die Realisation bis zum Auslauf unter Einbezug von Anpassungen in mehreren lebenszyklische Phasen eingeteilt (siehe Abbildung 3.1-6).

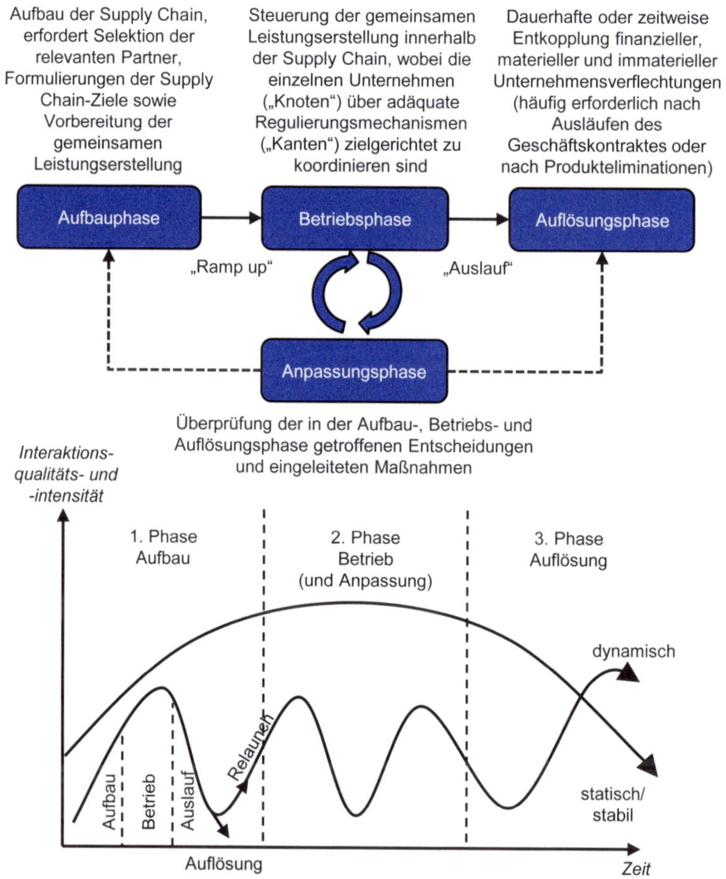

Abbildung 3.1-6: Lebenszyklusspezifische Phasen und Aufgaben im SCM

Die Lebenszyklusbetrachtung geht dabei i. d. R. von vier bzw. fünf Phasen aus. Beispielsweise spricht Mayer (2000)[456] von einem hierarchischen Ansatz zur Führung von Unternehmensnetzwerken, mit den Phasen Initiierung, Vorbereitung, Planung, Realisierung und Kontrolle. Klanke (1995)[457] unterteilt den Prozess idealtypisch in die Phasen der Initiierung, Formierung, Durchführung und Beendigung. Dagegen differenziert Becker (1999)[458] den Lebenszyklus von Unternehmensnetzwerken in Anlaufphase, Gründungsphase, Betriebsphase und Beendigungsphase, die auf Grund von Krisen bei der Evolution im Sinne eines organisatorischen Wandels durchschritten werden. Eine häufig in der Netzwerkforschung vorzufindende Klassifizierung stellt die von Sydow/Windeler (1994)[459] dar, welche eine Aufteilung des Entscheidungsprozesses in die Phasen der Selektion, Allokation, Regulation und Evaluation vornehmen. Zudem lässt sich weiterhin eine Anpassungsphase bzw. Relaunch identifizieren.[460]

Die lebenszyklischen Phasen und Aufgaben im SCM besitzen folgenden Besonderheiten:

- Je nachdem, wie schnell die einzelnen Phasen der interorganisatorischen Zusammenarbeit durchlaufen werden, ist von einer dynamischen Beziehungskonstellation (bei einem besonders kurzem Lebenszyklus) oder von einem stabilen – fast statischen – Wertschöpfungsnetzwerk (bei einem besonders langem Lebenszyklus) auszugehen.
- Je nach Phase variieren die Interaktionsqualität und -intensität. Zu Beginn der Zusammenarbeit ist die Qualität beispielsweise nicht so ausgereift, wie nach einem erfolgreichen Ramp up im Übergang zur Betriebsphase. Im eigentlichen „Betrieb" bzw. in einer Anpassungsphase ist die Intensität der Interaktion sehr ausgeprägt. Schließlich klingt die Interaktionsintensität im Auslauf bzw. der Entkopplung ab.
- Je nach Phase besitzen die einzelnen Aufgaben des SCM unterschiedliche Schwerpunkte. Während in der Aufbauphase vor allem Konfigurationsentscheidungen im Vordergrund stehen (z. B. Auswahl von adäquaten Lieferanten), gilt es im Betrieb und der Anpassungsphase, passende Interaktionsmechanismen zu adaptieren. Im Rahmen des Auslaufes ist über einen „Relaunch" zu entscheiden (z. B. ein Lieferant liefert ein neues bzw. anderes Bauteil).

Zwar lassen diese Ansätze alle einen Phasenbezug erkennen, allerdings differenzieren sie nicht weiter zwischen den für das SCM relevanten Akteurs- und Netzwerkebenen. Dabei stellt gerade die Dualität dieser Ebenen die Besonderheit des SCM dar, das vornehmlich auf das „Wirtschaften in Netzwerken" ausgerichtet ist. Denn Entscheidungen und Aktivitäten zum Vollzug von Leistungsprozessen in Supply Chains sind auf mehrere Akteure (Unternehmen) und dort wiederum auf mehrere Organisationseinheiten und Mitarbeiter verteilt. Daraus folgt u. a. die Notwendigkeit, die Handlungen der in verschiedenen Unternehmen und Organisationseinheiten wirkenden Personen auf gemeinsame Ziele auszurichten. Dies ist Gegenstand der Führung *in* und *von* Supply Chains.[461] Eine Möglichkeit dazu stellt der sogenannte Supply Chain Management-Pilot

[456] Vgl. Mayer (2000), S. 285 ff.
[457] Vgl. Klanke (1995), S. 84 ff..
[458] Vgl. Becker (1999), S. 143 ff.
[459] Vgl. Sydow/Windeler (1994), S. 1 ff.
[460] Vgl. Steven/Pollmeier (2008), S. 60 f.
[461] In Anlehnung an Wunderer/Grunwald (1980) und Bleicher (1991) kann dies als „zielorientierte Einflussnahme zur Erfüllung gemeinsamer Aufgaben" interpretiert werden und dient einer gewissen Harmonisierung der Leistungsprozesse der in die Supply Chain-Betrachtung einbezogener Akteure.

(SCMP) dar. Dieser besteht aus den in Abbildung 3.1-7 dargestellten, zwei mal fünf Arbeitsfeldern entlang der Dimensionen Entstehung (Außenorientierung) und Wirksamkeit (Innenorientierung) sowie Inhalt und Prozess.[462] Bezogen auf die Netzwerkebene tragen die Arbeitsfelder die Namen Kreation, Konfiguration, Regulation, Adaption und Evaluation. Mit Hilfe dieser Felder lässt sich die strategische und operative Führung in und von Supply Chains nicht nur statisch, sondern – über die Felder Kreation und Adaption – auch dynamisch erfassen. Zudem wird über die Felder Initiierung, Positionierung, Wertschöpfung, Veränderung und Performance Messung ein Bezug zur Akteursebene hergestellt, wobei im Folgenden nicht wie bei Müller-Stevens/Lechner (2011)[463] auf die strategische Führung von Unternehmen im Allgemeinen, sondern dabei auf Supply Chain-spezifische Herausforderungen und Handlungsoptionen einzelner Unternehmen im Speziellen abgezielt wird. Die gemeinsame Betrachtung der Akteurs- wie der Netzwerkebene soll unterstreichen, dass die strategischen Gestaltungsebenen miteinander verflochten sind und sich gegenseitig bedingen.[464]

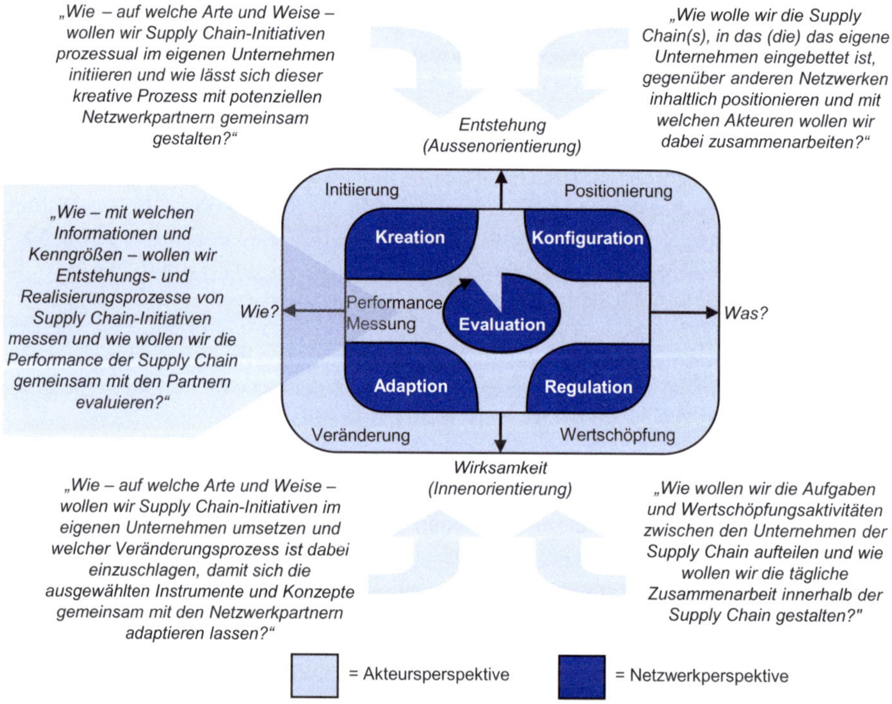

Abbildung 3.1-7: Arbeitsfelder und zentrale Fragestellungen des SCM-Piloten auf der Akteurs- und Netzwerkebene[465]

Im Folgenden werden die einzelnen Arbeitsfelder jeweils aus Akteurs- sowie Netzwerksicht kurz erläutert, bevor auf die Besonderheiten des SCMP eingegangen wird.

[462] Vgl. Müller-Stevens/Lechner (2011), S. 22 ff.
[463] Vgl. Müller-Stevens/Lechner (2011), S. 24 ff.
[464] Vgl. Nollet et al. (2005), S. 136.
[465] Vgl. Müller-Stevens/Lechner (2011), S. 43.

3.1.2.1 Initiierung und Kreation

Erster Anhaltspunkt der Betrachtung sind Supply Chain-Initiativen, die sowohl in einem Unternehmen (Akteursebene) mit Bezug zu weiteren Interaktionspartnern als auch im Kontakt einer interorganisationalen Zusammenarbeit selbst (Netzwerkebene) entstehen. Supply Chain-Initiativen besitzen dabei unterschiedlichste Bezugspunkte und fußen u.a. auf Entscheidungen und Handlungen in Beschaffung, Produktion, Distribution oder Logistik. Auslöser von solchen Impulsen können daher sowohl Mitarbeiter unterschiedlichster Supply Chain-Akteure als auch verschiedenster Unternehmensbereiche und -hierarchien sein.

Auf der Akteursebene setzt sich das SCM-Arbeitsfeld *Initiierung* zunächst mit dem „Wie" der Formung wirkungsvoller Supply Chain-Initiativen auseinander. Der Tradition der (Strategie-)Prozessforschung folgend wird dabei beleuchtet, wie – auf welche Art und Weise – die strategische Supply Chain-Initiative eines Unternehmens von seiner Organisationsstruktur und seinen Entscheidungsprozessen sowie von den supply- und demand-seitigen Partnern sowie sonstigen Kontextfaktoren beeinflusst wird.[466] Charakteristisch ist dabei die Beleuchtung der Interaktion von Individuen, Gruppen und Organisationseinheiten innerhalb des Unternehmens bezogen auf das SCM als Untersuchungsgegenstand. Im Rahmen der Initiierung wird bestimmt, auf welchem Wege Supply Chain-Initiativen angestoßen werden. Prinzipiell sind die Initiativen dabei entweder intendiert, d.h. über eine entsprechende Planung bewusst gewollt, oder emergenter, d.h. ungeplanter Natur. Unter Letzterem versteht man die Herausbildung von Handlungs- oder Orientierungsmustern bei den alltäglichen Arbeitsabläufen (im sogenannten „On-Going-Prozess"), aus denen sich relevante Initiativen entwickeln.[467] Grundsätzlich sind hierbei die „gestaltenden" Dimensionen der Koordination des SCM von Relevanz (vgl. Abschnitt 1.1.3, insbes. Abbildung 1.1-6).

Auf der Netzwerkebene wird der Prozess der Lancierung und des Vorantreibens von Supply Chain-Initiativen unter dem SCM-Arbeitsfeld *Kreation* subsumiert. Es handelt sich sowohl um bewusst intendierte Planungs- und Abstimmungsprozesse als auch um im Tagesgeschäft emergent ablaufende Vorgänge eines spezifischen Supply Chain-Ausschnitts von einem interorganisatorischen Blickwinkel aus. Wie auch bei der Initiierung, geht es bei der Kreation um die Entstehung (im Sinne eines Vorgehens) von strategischen Supply Chain-Initiativen diesmal mit interorganisatorischem Bezug. Der hierbei stattfindende „On-Going-Process" ist seinerseits durch zahlreiche Aktivitäten und Interaktionen in und um einen betrachteten Netzwerkabschnitt und dessen beteiligten Akteure gekennzeichnet. Eine relevante Frage lautet dabei: Wie kann eine harmonisierte und von allen involvierten Partnern getragene Supply Chain-Strategie entwickelt werden? Die Idee der Kreation besteht darin, wirtschaftlich voneinander abhängige und rechtlich unabhängige Unternehmen durch einen Diskurs miteinander zu verbinden und somit Anstöße für die Konzeption der Supply Chain zu kreieren. Eine sich auf die Netzwerkebene beziehende Supply Chain-Initiative beinhaltet u.a. gemeinsam aufbaubare Wettbewerbsvorteile eines Unternehmensnetzwerkes, die sich in Zukunft über eine interorganisatorische Zusammenarbeit realisieren lassen und so zu einen größeren Vorteil führen als es die Summe der Einzelteile im Sinne einer Stand-alone-Betrachtung tun würde.[468] Eine solche Initiative zielt z.B. darauf ab, mit ausgewählten

[466] Vgl. Chakravarthy/Doz (1992), S. 5.

[467] Vgl. Broich (1994), S. 19; Dörr (1999), S. 2f.

[468] Vgl. Lockamy, Beal & Smith (2000), S. 22ff.

Partnern einschlägige Fähigkeitskonstellationen aufzubauen, welche die Ressourcen in der Supply Chain durch eine abgestimmte Zusammenarbeit effektiver sowie effizienter nutzen und dadurch Wettbewerbsvorteile generieren.[469] Aus diesem Verständnis heraus sind für die Festlegung einer strategischen Supply Chain-Initiative die verschiedenen relevanten Unternehmen/Personen und deren Interessen einzubeziehen. Die Herausforderung im Bereich der Kreation besteht darin, einen Prozess zu etablieren, über den ein gemeinsames Verständnis einer Supply Chain-Strategie im Netzwerk und der Supply Chain-Ziele erlangt sowie interorganisatorische Beziehungen angestoßen werden können. Als Voraussetzung bedarf es u. a. eines gemeinsamen Willens, als „Netzwerk" wahrgenommen zu werden und wertschöpfend zu operieren, um in diesem Verständnis aus der Zusammenarbeit bessere Leistungen für die Endkunden erzeugen zu können. Maßgeblich sind für dieses Arbeitsfeld vor allem die „eingrenzenden" Dimensionen der Koordination im SCM (vgl. Abschnitt 1.1.3, insbes. Abbildung 1.1-6).

Im Rahmen der Initiierung/Kreation werden i. d. R. verschiedene (idealtypische) Phasen durchlaufen, die von der Kontaktaufnahme über eine Annäherung und intensivierte Kommunikation bis hin zum Anlauf und der ersten Interaktion (z. B. im Rahmen eines Probelaufs) reichen. Innerhalb dieser Phasen wiederum werden Impulse unterschiedlichster Entscheidungsträger und Mitarbeiter der involvierten Supply Chain-Akteuren aufgegriffen, wobei die Zusammenstellung der Personen je nach Phase variieren kann. Dies soll im Zuge der gemeinsamen Klärung der notwendigen Implementierungsvoraussetzungen auch eine gegenseitige Beeinflussung der Ausrichtungen und Initiativen der einzelnen Akteure ermöglichen.

Das Arbeitsfeld Initiierung und Kreation wird in Kapitel 3.2 mit weiteren Beispielen vertieft.

3.1.2.2 Positionierung und Konfiguration

Die Arbeitsfelder Positionierung und Konfiguration beschäftigen sich vornehmlich mit der inhaltlichen Ausgestaltung der Supply Chain im Außenverhältnis. Dem Netzwerkgedanken folgend bezieht sich dieses Arbeitsfeld primär auf die „Knoten" eines Netzwerks. Je nach Betrachtungsebene erstreckt sich das Außenverhältnis auf unterschiedliche Akteure und Gruppierungen, die einen Einfluss auf die fokussierten Aktivitäten ausüben oder von diesen tangiert werden können.

Das SCM-Arbeitsfeld *Positionierung* befasst sich dabei mit dem Außenverhältnis des einzelnen Akteurs. Es wird auf die Bestimmung des Verhältnisses eines Unternehmens in der Supply Chain zu weiteren aktuellen und potenziellen Wertschöpfungspartnern abgestellt. Dabei geht es insbesondere um Fragen der Wertschöpfungstiefenentscheidung und um die inhaltliche Fixierung von Initiativen, mit denen man Wettbewerbern und anderen Anspruchsgruppen begegnen möchte.[470] Ziel der akteursspezifischen Positionierung ist eine konsistente Darstellung der eigenen Wertschöpfung und der Schnittstellen sowie der gewünschten Rolle innerhalb eines bestimmten Supply Chain-Abschnitts (Ursachendimension im engeren Sinne für die Koordination in Supply Chains aus Abbildung 1.1-6).

Das SCM-Arbeitsfeld *Konfiguration* bezieht sich auf die Netzwerkebene und thematisiert das Außenverhältnis eines betrachteten Supply Chain-Ausschnitts zu konkurrierenden

---

[469] In Anlehnung an Müller-Stewens/Lechner (2011), S. 43 ff.

[470] Vgl. Müller-Stewens/Lechner (2011), S. 121 ff.

Netzwerken. Im Rahmen der Konfiguration wird aufbauend auf einem harmonisierten Verständnis das Design einer Supply Chain bestimmt, d. h. Supply Chain-Ziele und -Ausschnitt sowie relevante Akteure und Strukturen festgelegt. Die Konfiguration gibt damit Auskunft darüber, wie viele und welche „Knoten" das zu betrachtende Netzwerk aufweist. Die Herausforderung bei der Konfiguration bestehen u. a. darin, den Detaillierungsgrad und eine adäquate Struktur für die Supply Chain zu ermitteln. Dazu zählt die geeignete Zusammenstellung der Supply Chain als Ganzes gegenüber anderen Unternehmen und Wertschöpfungsnetzwerken sowie die Selektion geeigneter Akteure und die inhaltliche Abstimmung der Wertaktivitäten der interagierenden Unternehmen innerhalb der Supply Chain, damit eine einschlägige Positionierung des betrachteten Netzwerks gegenüber den (End-) Kunden möglich wird (Objektdimension im weiteren Sinne für die Koordination in Supply Chains aus Abbildung 1.1-6). Hilfestellung für dieses Aktivitätenfeld liefern u. a. der „Fit-Ansatz" oder Erkenntnisse zur Standortwahl.

Das SCM-Arbeitsfeld Positionierung und Konfiguration wird in Kapitel 3.3 mit relevanten Instrumenten konkretisiert.

3.1.2.3 Wertschöpfung und Regulation

Die Handlungsmöglichkeiten von Unternehmen und Wertschöpfungsnetzwerken hängen massgeblich von der Ausgestaltung des „Innenverhältnisses" ab.[471] Die Arbeitsfelder Wertschöpfung und Regulation zielen – dem Netzwerkgedanken folgend – vornehmlich auf die „Kanten" eines Netzwerks ab, wobei wiederum eine Akteurs- und Netzwerkebene zu unterscheiden sind.

Auf der Akteursebene spielt dabei das SCM-Arbeitsfeld *Wertschöpfung*, im Sinne eines durch „[...] Produktions-, Verarbeitungs- und Veredelungsprozesse oder durch andere Aktivitäten geschaffenen Wertzuwachs",[472] eine zentrale Rolle. Im Kontext des SCM sind dabei neben konkreten Fähigkeiten in Beschaffung, Produktion und Distribution sowie Logistik insbesondere solche Elemente angesprochen, die auf Beziehungen hin zu Geschäftspartnern gerichtet sind. Voraussetzung für diese Betrachtung ist die Darstellung der Leistungsprozesse und -flüsse. Das Aufnehmen von Prozessen innerhalb einer Supply Chain (Prozessmapping) oder Prozessstandards wie das SCOR-Modell liefern hierzu wichtige Impulse.

Auf Netzwerkebene bezieht sich das „Innenleben" vor allem auf Koordinationsaktivitäten im Rahmen des SCM-Arbeitsfelds *Regulation*. Dabei werden zunächst die Aufgaben zwischen den interagierenden Supply Chain-Akteuren verteilt. Diese Phase der Allokation ist als „Gründungsphase" einer Geschäftsbeziehung in der Supply Chain zu interpretieren, da sie die Form und Intensität der Zusammenarbeit bestimmt, die Netzwerkbeziehung formiert sowie die Tätigkeiten zur Weiterentwicklung der Zusammenarbeit festlegt. Im Rahmen der Allokation kommt es beispielsweise zur Abstimmung zwischen den interagierenden Geschäftspartnern. Dazu gehören u. a. Fragen über Beteiligungsanteile, des Risikosplittings, der Dauer der Zusammenarbeit, der einzelnen Netzwerkaktivitäten, der Organisation der Verantwortungsbereiche oder der Festlegung von Führungspositionen, die bei asymmetrischen Machtverteilungs- bzw. Abhängigkeitsverhältnissen differieren können. Bei der Regulation auf der Netzwerkebene handelt es sich um die nicht nur ein- und erstmalige, sondern permanente

---

[471] Vgl. Müller-Stewens/Lechner (2011), S. 26.
[472] Vgl. Haller (1997), S. 30.

Ausgestaltung der Zusammenarbeit und die Findung eines „Rollenmodells" für die Beteiligten, das von der Konfiguration des betrachteten Supply Chain-Ausschnittes abhängt. Der Einsatz von modernen Informations- und Kommunikations- (I&K-) Technologien ermöglicht dabei eine kostengünstige und flexible Abstimmung durch die prozessuale und informationelle Verknüpfung über die definierten Schnittstellen hinweg. Ferner sind adäquate Regeln zu definieren, welche die Rahmenordnung sowie die Art der Zusammenarbeit festlegen und dazu beitragen, Koordinationskosten zu senken und Spezialisierungsvorteile zu nutzen. Dies bezieht sich sowohl auf die inhaltliche Verteilung als auch auf die Regelung der zeitlichen Abfolge, um operative Aufgaben der Regulation effektiv und effizient abzuwickeln.

Eine vertiefende Betrachtung des Arbeitsfelds Wertschöpfung und Regulation erfolgt im Kapitel 3.4, mit Ausführungen zur Subjekt- und Objektdimension im engeren Sinne sowie der Instrumentaldimension der Koordination.

3.1.2.4 Veränderung und Adaption

Nach einer vornehmlich inhaltlichen Konkretisierung der Führung in und von Supply Chains im Rahmen der Positionierung/Konfiguration und Wertschöpfung/Regulation, thematisieren die Arbeitsfelder Veränderung und Adaption die Umsetzung der Initiativen. Das SCM-Arbeitsfeld *Veränderung* bezieht sich dabei auf Umsetzungsaufgaben der Akteursebene, wohingegen das Arbeitsfeld *Adaption* vor allem Realisationsvorhaben auf der Netzwerkebene beinhaltet.

Beide Arbeitsfelder entsprechen damit der Implementierung im Rahmen eines Entscheidungsprozesses, welcher zu klären versucht, ob und wie Supply Chain-Initiativen eine operative Wirksamkeit erlangen. Es wird ein direkter Zusammenhang zwischen der Akteurs- und Netzwerkebene unterstellt, an der es für die involvierten Unternehmen gilt, die eigenen Prozesse und Aktivitäten im Sinne einer harmonisierten Supply Chain-Initiative anzupassen (Objektdimension der Koordination im engeren Sinne, vgl. Abbildung 1.1-6 in Abschnitt 1.1.3). In diesem Zusammenhang ist davon auszugehen, dass die Komplexität der Realisierungsmaßnahmen mit der Anzahl beteiligter oder betroffener Supply Chain-Akteure steigt. Denn es gilt in allen diesen Unternehmen, sachbezogene und verhaltensbezogene Aufgaben in koordinierter Weise zu erfüllen. Bei einer netzwerkweiten Umsetzung ist nach der Einigung auf das Implementierungsobjekt (in den vorausgegangen Arbeitsfeldern) auf der Netzwerkebene vor allem die Gewinnung einer allgemein hohen Akzeptanz der Initiativen anzustreben. Die einzelnen notwendigen Realisierungsmaßnahmen gemäß der geforderten Qualität, Zeit sowie die Akzeptanz dieser Maßnahmen selbst, haben die Supply Chain-Akteure wiederum auf der Ebene ihrer eigenen Unternehmen zu bewerkstelligen.

Ferner ist zu berücksichtigen, dass die Vereinbarung über die Beendigung der Zusammenarbeit in einer Supply Chain nicht unbedingt den Zeitpunkt, sondern das Eintreten eines Ereignisses betrifft. Ein Grund kann das Wegfallen des Anlasses einer Geschäftsbeziehung sein, wenn bspw. die Netzwerkziele erreicht sind, ein Supply Chain-Akteur seine Strategie oder sein Tätigkeitsfeld ändert oder nicht lösbare Konflikte bei der Umsetzung gemeinsamer Initiativen auftreten. Allerdings werden bei der Möglichkeit einer einseitigen Auflösung der Zusammenarbeit vielfach Ausgleichsmaßnahmen getroffen, um eine einvernehmliche Beendigung zu ermöglichen, da unsichere und ungerechte Trennungsregelungen von Beginn an zu einer Hemmung beim Aufbau eines Vertrauensverhältnisses führen können. Die Beendigung von Geschäftsbeziehungen und die Auflösung ganzer Supply Chain-Konstellationen sind Gegenstand der SCM-Arbeitsfelder Veränderung/Adaption.

Um die Umsetzung der Implementierungsmaßnahmen adäquat zu unterstützen und zu steuern, bietet sich die Schaffung eines abgestimmten Kontrollprozesses sowohl auf Akteurs- wie auch auf Netzwerkebene an (Instrumentaldimension der Koordination). Hierzu gilt es, Meilensteine und geeignete Kennzahlen zu definieren, anhand derer der Fortschritt der Zielerreichung inhaltlich, zeitlich und kostenbezogen gemessen werden kann. Ein Soll-Ist-Vergleich bietet weiterhin Anhaltspunkte für die Positionsbestimmung, wobei Abweichungen zwischen Ist- und Soll unterschiedlichen Ursprungs sein können und Teile eine Anpassung der Vorgaben oder Kenndaten im Sinne einer Feinjustierung notwendig machen. Dieser Prozess bildet einen fließenden Übergang zur Performance-Messung und -Evaluation.

Im Kapitel 3.5 wird das SCM-Arbeitsfeld Veränderung und Adaption vertiefend dargestellt.

3.1.2.5 Performance Messung und Evaluation

Im fünften Aufgabenblock steht grundsätzlich die Bestimmung der Supply Chain-Initiative über alle Betrachtungsebenen hinweg im Fokus der Betrachtung, wobei vor allem eine Verbindung zwischen dem SCM-Arbeitsfeld *Performance Messung* in Form von Leistungs- und Kostengrößen auf der Akteursebene und der Gesamtperformance des betrachteten Supply Chain-Ausschnitts im SCM-Arbeitsfeld *Evaluation* auf der Netzwerkebene herzustellen ist (Ursachendimension der Koordination, vgl. Abbildung 1.1-6 in Abschnitt 1.1.3). Dabei sind nicht nur Ansätze zu berücksichtigen, die das abschließende Ergebnis einer interorganisatorischen Zusammenarbeit messen, sondern auch jene, welche den Verlauf von Supply Chain-Initiativen von der Entstehung bis zur Wirksamkeit beobachten helfen. Eine laufende Überwachung der Performance ist für die Feststellung des Anpassungsbedarfs von Bedeutung.

Dass die Leistungsmessung von Aktivitäten eine Voraussetzung für deren Handhabung bildet, ist unstrittig. Auch die Steuerung und Veränderung ganzer Supply Chain-Abschnitte erfordert die Entwicklung von Messsystemen, welche die Grundlage für die Festlegung von Zielwerten sowie die Quantifizierung des realisierten Kosten- und Leistungsniveaus sowohl auf der Akteurs- als auch auf der Netzwerkebene darstellen. Geeignete Messgrößen ermöglichen die Konzentration der Aufmerksamkeit von Entscheidungsträgern auf die fokussierten intra- sowie interorganisatorischen Prozesse und bieten somit die Möglichkeit, diese bei Bedarf rechtzeitig beeinflussen zu können.

Die durch den unternehmensübergreifenden Ansatz des SCM angestrebte Führung auf der Netzwerkebene kann Mitgliedsunternehmen im Einzelfall durchaus schlechter stellen als bei Realisierung seiner individuellen Zielsetzungen. Für einzelne Akteure mögen mithin aus der Zusammenarbeit zahlreiche Vorteile entstehen, während andere Mitglieder der Supply Chain möglicherweise lediglich einen geringeren Nutzen oder gar temporäre Nachteile in Kauf nehmen müssen. Dies untermauert die Notwendigkeit einer Supply Chain-weiten Evaluation, in der beispielsweise Kosten und Erlöse transparent gemacht werden. Solche Verfahren leisten zudem einen Beitrag zur Konfliktprävention und bieten Anreize für eine vertrauensbasierte Zusammenarbeit.

Allerdings birgt die unternehmensübergreifende Zusammenarbeit in Supply Chains auch Krisenpotenziale, die in ihrem Ausmaß nach innen und außen größere Wirkungen im Vergleich zu traditionellen, lockeren Formen der Zusammenarbeit haben und somit eine Evaluation im Sinne eines Risk Managements bedingen. Erst durch den Einsatz zweckmäßiger Steuerungsinstrumente lassen sich die aufgezeigten Chancen bei gleichzeitiger Risikobewältigung adäquat nutzen.

Darüber hinaus findet eine Evaluation auch für Regeln der Zusammenarbeit, auf in die Supply Chain eingebrachten Ressourcen und Verfahren der Selektion von Geschäftspartnern Anwendung. Zu berücksichtigen ist, dass aufgrund der Autonomie der Supply Chain-Akteure eine direkte Kontrolle der einzelnen Unternehmen in der Regel nicht möglich ist. Die Evaluation ist somit nicht als Ende eines Führungsprozesses zu sehen, sondern vielmehr als Bestandteil eines kontinuierlichen Steuerungsmechanismus für die Supply Chain.

Das SCM-Arbeitsfeld Performance Messung und Evaluation wird in Kapitel 3.6 mit seinen wesentlichen Instrumenten und Konzepten weiterführend dargestellt.

3.1.3 Besonderheiten des Supply Chain Management-Piloten

Der SCM-Pilot besitzt bestimmte Besonderheiten, die nachfolgend beleuchtet werden. Hervorzuheben sind u. a. (1) die Achsen, (2) das Zusammenspiel der einzelnen Arbeitsfelder sowie (3) die potenziellen Prozesspfade.

3.1.3.1 Achsen des SCM-Piloten

Vergleichbar wie der von Müller-Stewens/Lechner (2011) entwickelte General Management Navigator (GMN) besitzt auch der SCM-Pilot zwei Achsen, die orthogonal zueinander stehen.[473]

Die horizontal verlaufende Achse fußt auf der Differenzierung zwischen Prozess und Inhalt. Sie lässt sich aus dem Integrationsanspruch des SCM mit einer prozessualen und inhaltlichen Koordinationsdimension herleiten. Während der erste Aspekt auf ein Vorgehen und einen Ablauf abzielt („Wie?"), fokussiert der zweite Teil auf die inhaltliche Ausgestaltung („Was?"). Diese Unterscheidung wird weiterhin sowohl auf der Akteurs- als auch auf der Netzwerkebene vorgenommen. So spricht beispielsweise der Prozessbezug nicht nur an, „wie" (auf welche Art und Weise) Supply Chain-relevante Initiativen entstehen, sondern zielt ebenfalls darauf ab, „wie" sich diese auf der Netzwerkebene im unternehmensübergreifenden Zusammenspiel formieren. Gleiches gilt für die Inhaltsdimension, welche sowohl eine inhaltliche Konkretisierung von Supply Chain-Initiativen auf ein Unternehmen, aber auch gleichzeitig in einem übergeordneten Sinne ein Netzwerk als Ganzes inklusive dem Zusammenspiel mit seiner Umwelt thematisiert.

Demnach besitzen die SCM-Arbeitsfelder Initiierung/Kreation sowie Veränderung/Adaption einen starken prozessualen und die SCM-Arbeitsfelder Positionierung/Konfiguration sowie Wertschöpfung/Regulation einen starken inhaltlichen Bezug.

Die vertikal verlaufende Achse steht im Wechselspiel zwischen der Außen- sowie der Innenorientierung. Diese Achse besitzt einen Bezug zum Strategieanspruch des SCM und orientiert sich dabei gleichzeitig an den Dimensionen Entstehung und Wirksam-

---

[473] Vgl. Müller-Stewens/Lechner (2011), S. 22 ff.

keit. Das Außenverhältnis eines Unternehmens sowie einer Supply Chain beschreibt dabei solche Gruppierungen, die als „Stakeholder" einen Einfluss auf einen Akteur bzw. einen Netzwerkausschnitt haben, oder im Gegenzug beeinflusst werden. So wird beispielsweise der Erfolg eines Unternehmens in Relation zu einem vergleichbaren Wettbewerber bestimmt. In der Interaktion mit der „Außenwelt" liegt eine wesentliche Quelle für das Entstehen von Supply Chain-Initiativen, sei es auf der Akteursebene aufgrund des Eingehens von intensivierten Geschäftsbeziehungen mit Kooperationspartnern oder auf der Netzwerkebene aufgrund der Orientierung an den Bedürfnissen der Konsumenten. Die Innenorientierung zielt vornehmlich auf Fähigkeiten ab, die in Handlungsmöglichkeiten eines Unternehmens oder eines Supply Chain-Ausschnitts gegenüber der entsprechenden Umwelt münden. Erst diese Eigenschaften und Prozesse, die das „Innenleben" eines Unternehmens auf der Akteursebene oder die „Binnenstruktur" eines Unternehmensverbunds auf der Netzwerkebene konkretisieren, ermöglichen ein Wirksamwerden von Supply Chain-Initiativen.

Entsprechend weisen die SCM-Arbeitsfelder Initiierung/Kreation und Positionierung/ Konfiguration einen entstehungsorientierten Außenbezug und die SCM-Arbeitsfelder Veränderung/Adaption sowie Wertschöpfung/Regulation einen wirksamkeitsorientierten Innenbezug auf.

Weiterhin stellt das für ein unternehmensübergreifendes SCM charakteristische Spannungsfeld zwischen Akteurs- und Netzwerkebene eine nicht zu unterschätzende Konfliktquelle dar. Die Tatsache, dass für einzelne Unternehmen – je nach Entwicklungsstand – aus der Zusammenführung der Geschäftsprozesse überproportionale Vorteile erwachsen können, während andere Wertschöpfungspartner möglicherweise größere Belastungen zu tragen haben, als dies zuvor der Fall war, unterstreicht diese Problematik. Eine besondere Herausforderung erwächst im SCM daraus, dass einerseits auf der Netzwerkebene nach potenziellen Erfolgsquellen gestrebt wird, aber andererseits deren Realisierung in den einzelnen Unternehmen auf der Akteursebene zu erfolgen hat. Je nach Entwicklungsstand der interorganisatorischen Zusammenarbeit in der Supply Chain kommt es dabei durch die Allokation von Aufgaben, Ressourcen und Verantwortungen zu mehr oder weniger Überlappungen zwischen den Partikularinteressen der involvierten Akteure mit derjenigen des Netzwerkausschnitts (vgl. Abschnitt 1.1.2).

3.1.3.2 Zusammenspiel der Arbeitsfelder des SCM-Piloten

Die einzelnen Arbeitsfelder des SCM-Piloten stehen nicht losgelöst voneinander, sondern spielen in einem situationsspezifischen Kontext zusammen. Dieses Zusammenspiel soll nun exemplarisch veranschaulicht werden.

Das Beispiel in Abbildung 3.1-8 stellt ein Netzwerk bestehend aus drei Unternehmen U1, U2, und U3, dar. Die Rolle, die das einzelne Unternehmen (Knoten) im Netzwerk einnimmt, entscheidet jeder Akteur für sich im Rahmen seiner Positionierungsentscheidung. Die Regulation beschreibt die Beziehung der Unternehmen untereinander im Netzwerk (Kanten). Eine Supply Chain-Initiative kann nun durch die Initiierung auf Akteurs- oder die Kreation auf Netzwerkebene angestoßen werden. Im Beispiel führt die Supply Chain-Initiative zur Erweiterung des Netzwerks durch ein neues Unternehmen, U4. Durch diese Erweiterung des Netzwerkes müssen die Unternehmen U1, U2 und U3 ihre Positionierung anpassen. Darüber hinaus sind die Beziehungen zwischen den Unternehmen, die Regulation, von dieser Anpassung betroffen. Die Anpassungen in den Arbeitsfeldern der Positionierung und der Regulation spiegeln sich in der Konfiguration wider. Ein weiterer Anpassungsbedarf kann sich bezüglicher der Wertschöpfung der einzelnen Unternehmen ergeben. Auf der Akteursebene ist das Arbeitsfeld Veränderung davon betroffen. Da die Performance Messung und Evaluation keinen gestaltenden, sondern eher einen überwachenden Charakter besitzt, ist sie nicht aufgeführt.

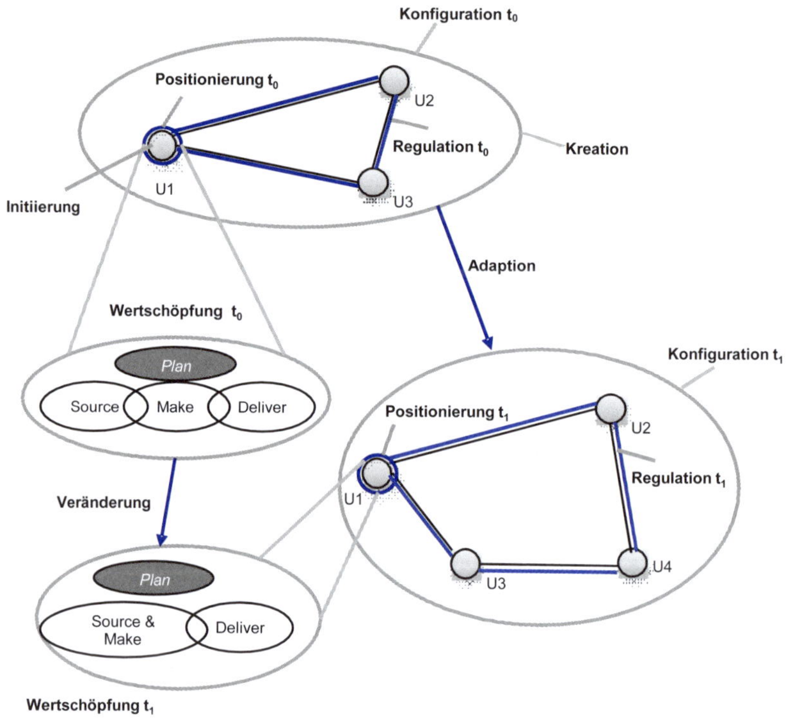

Abbildung 3.1-8: Gestaltende Arbeitsfelder des SCM-Piloten in einem beispielhaften Netzwerk

3.1.3.3 Prozesspfade im SCM-Piloten

Supply Chain-Initiativen werden in unterschiedlichsten Situationen und Kontexten lanciert, inhaltlich ausgestaltet und umgesetzt. Sie folgenden dabei einem gewissen „Lebenszyklus" (vgl. Abbildung 3.1-6). Die Abfolge der dabei stattfindenden Arbeitsschritte sollte möglichst den situativen Gegebenheiten auf den jeweiligen Akteursebenen sowie der Netzwerkebene entsprechen. Dabei ist zu beachten, dass zwischen den Aufgabenbereichen sowohl Vorlauf-Folge- als auch Ursache-Wirkungs-Beziehungen existieren. Die Erfüllung eines Arbeitsfelds kann sich demnach auf die Erfüllung der anderen Aufgaben auswirken und umgekehrt. Mit Hilfe des SCM-Piloten lassen sich verschiedene Prozesspfade ableiten (vgl. Abbildung 3.1-9). Die Prozesse starten jeweils mit der Initiierung bzw. Kreation, je nachdem, ob der ausschlaggebende Impuls für die

Supply Chain-Initiative von einem Unternehmen auf der Akteursebene kommt oder im Zusammenspiel mehrerer Geschäftspartner auf der Netzwerkebene entsteht.

Eine erste idealtypische phasenbezogene Abfolge besteht im Durchlaufen der Arbeitsfelder (1) Initiierung/Kreation, (2) Positionierung/Konfiguration, (3) Wertschöpfung/Regulation sowie (4) Veränderung/Adaption. Dieser Ablauf entspricht beispielsweise dem idealtypischen Lebenszyklus eines Unternehmensnetzwerks von der Anbahnung/Gründung, der Umsetzung sowie dem Relaunch bzw. Modifikation bis zur Beendigung/Auflösung der betriebenen Geschäftsbeziehungen.

Variante A: Neue Konfiguration von Supply Chains („Neugründung")
(z.B. in der Aufbauphase)

- Erstmalige Konfiguration einer Supply Chain mit überwiegend „unbekannten" Partnern
- Eine bestehende Supply Chain wird gegenüber den Märkten oder konkurrierenden Netzwerken neu konstituiert

Variante B: Neue Regulation in einer Supply Chain („Neuorientierung")
(z.B. nach der Auslaufphase im Relaunch)

- Ausgestaltung neuer Interaktionsformen mit bestehenden Supply Chain-Partnern
- „Herantasten" an eine alternative Interaktions- und Koordinationsform der Supply Chain

Variante C: Neue Adaptionsform in einer Supply Chain („Revitalisierung")
(z.B. in der Anpassungsphase)

- Bereits bestehende Beziehungen in einer Supply Chain werden benutzt, um darauf bauend nach neuen Supply Chain-Initiativen zu suchen
- „Mobilisierung" eines spezifischen Supply Chain-Ausschnitts

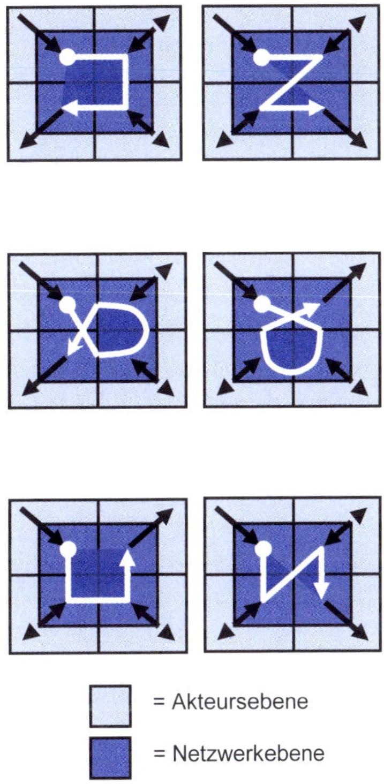

Abbildung 3.1-9: Prozesspfade des SCM-Piloten[474]

Bei Variante A, der *neuen Konfiguration von Supply Chains („Neugründung")*, wird nach einem Impuls aus dem Arbeitsfeld Initiierung/Kreation zunächst die Positionierung eines Unternehmens gegenüber möglichen Geschäftspartnern bestimmt, bevor auf die mögliche Ausrichtung sowie Zusammensetzung des relevanten Netzwerkausschnitts eingegangen wird (insbesondere während des Ramp up in der *Aufbauphase*). Demnach steht die Entscheidung zur Teilnahme an einem Netzwerk bzw. die Bildung eines solchen im Fokus der Betrachtung, womit auch die Größenveränderung und Skalierung eines Supply Chain-Ausschnitts angesprochen sind. Die beiden verbleibenden Arbeitsfelder dienen dazu, entsprechend adäquat die Zusammenarbeit zwischen den Supply Chain-Akteuren auszugestalten und die konkrete Umsetzung sicherzustellen.

[474] Ganz ähnliche Varianten unterscheiden Müller-Stewens/Lechner (2011).

Konkrete Anwendungsfälle für diesen ersten Prozesspfad sind u. a. die Umstellung von einem Single zu einem Dual Sourcing (beispielsweise in Kombination mit der Erweiterung von einer eher lokal geprägten zu einer globalen Beschaffung), der Aufbau neuer Vertriebs- und Distributionskanäle mit Partnerunternehmen oder die netzwerkweite Umstellung der Logistikaktivitäten von mehreren spezialisierten Einzeldienstleistern auf einen „Generaldienstleister" (Lead Logistics Provider), der zusätzlich weitere Leistungsbestandteile in Form von Kontraktlogistiklösungen übernimmt.

Neben der bereits angedeuteten Variante A, bei der nach der Initiierung/Kreation das Arbeitsfeld Positionierung/Konfiguration folgt, lassen sich eine Variante B über die Aktivitäten Wertschöpfung/Regulation sowie eine Variante C über das Arbeitsfeld Veränderung/Adaption identifizieren.

In Variante B, der *neuen Regulation in Supply Chains („Neuorientierung")*, gilt es, Supply Chain-Initiativen vor allem in bereits bestehenden Netzwerkstrukturen zu lancieren und umzusetzen (z. B. nach einer Auslaufphase im Rahmen eines *Relaunch*). Nachdem ein Impuls auf der Akteurs- oder Netzwerkebene initiiert wurde, geht es im Arbeitsfeld Wertschöpfung/Regulation um die Präzisierung neuer Leistungsmodelle und Interaktionsformen. Erst dann erfolgten Re-Positionierung und ggf. Re-Konfiguration der Supply Chain sowie die Realisation und Umsetzung.

Die Variante C, der *neuen Adaptionsform in Supply Chains („Revitalisierung")*, zielt bezüglich der Akteursebene vornehmlich auf die Wandlungsfähigkeit von Unternehmen hinsichtlich neuer Supply Chain-Initiativen, aber auch bezüglich bereits bestehender Geschäftsverbindungen ab (insbesondere in der *Anpassungsphase*). Auf der Netzwerkebene gilt es in diesem Prozesspfad „eingefahrene" Handlungs- und Interaktionsmuster aufzubrechen, um etwa eine Variation der Ausrichtung relevanter Beziehungen oder eine Mobilisierung der involvierten Unternehmen und deren Mitarbeiter hinsichtlich einer spezifischen Initiative zu ermöglichen. Im Fokus stehen daher häufig auch sofort zu initiierende Ad hoc-Maßnahmen oder eher längerfristig ausgelegte (interorganisatorische) Lernprozesse. Sind diese Aktivitäten initiiert, können im weiteren Verlauf relevante Positionierungs-/Konfigurationstätigkeiten vorgenommen sowie die Wertschöpfung/Regulation konkretisiert werden. Anwendungsbeispiele für diesen Prozesspfad sind u. a. die (befristete) Abschwächung bzw. Reduktion einer Austauschbeziehung, ein im Rahmen der Umstellung von Local auf Global Sourcing relevanter Lieferantenwechsel oder die netzwerkweite Reaktion auf einen massiven Lieferengpass.

Die erläuterten Prozesspfade durch die Arbeitsfelder stellen idealtypische Abfolgen dar. Ein besonderes Ziel der Führung in und von Supply Chains besteht in der flexiblen Anpassung eines Unternehmens bzw. Netzwerks an veränderte Marktbedingungen, wobei zur Realisierung dynamischer und zweckangepasster Strukturen für die individuelle Leistungserbringung die einzelnen Phasen mehrfach durchlaufen werden können. Das nächste Arbeitsfeld wird nur bei einem erfolgreichen „Abschluss" des vorherigen Schritts erreicht, so dass ein mehrmaliges Durchlaufen einer Phase und Rückkopplungen möglich sind. Zum Beispiel führt eine nicht-erfolgreiche Wahl eines Kooperationspartners zu einem nochmaligen Durchschreiten der Anlaufphase, in welcher die ursprünglich durchgeführten Prozessschritte zu überdenken und die Kriterien der Partnerbeurteilung zu modifizieren sind. Auch Vertragsinhalte können dabei auf Grund sich ändernder Tätigkeitsbereiche, Produkt/Markt-Kombinationen oder Zielsetzungen neu gestaltet werden.

3.2 SCM-Arbeitsfeld Initiierung und Kreation

LERNZIELE

Am Ende dieses Kapitels sollten Sie in der Lage sein,

- die Grundlagen der Prozesse zur Initiierung und Kreation von Supply Chain-Initiativen wiederzugeben,
- die Prozessphasen und Dimensionen der Initiierung von Supply Chain-Initiativen auf der Akteursebene zu konkretisieren,
- die Spezifika der Prozesse der Kreation von Supply Chain-Initiativen auf der Netzwerkebene zu bestimmen, sowie
- die unterstützenden Maßnahmen zu Initiierung und Kreation von Supply Chain-Initiativen zu kennen.

Das Kapitel 3.2 besteht aus drei Abschnitten, wie in Abbildung 3.2-1 dargestellt.

Erkenntnisebene des SCM-Arbeitsfelds Initiierung/Kreation	Inhalte/Fragestellungen	Abschnitt des Kapitels	Ergebnis
Grundlagen	Was versteht man unter der Initiierung/Kreation im SCM-Piloten? Welche Theorien können für die Initiierung/Kreation herangezogen werden?	3.2.1	Grundlegendes Verständnis über die Initiierung/Kreation im Kontext des SCM-Piloten Geeignete Theorien, um das SCM-Arbeitsfeld Initiierung und Kreation zu unterstützen
Initiierung auf der Akteursebene	Wie erfolgt der Initiierungsprozess von Supply Chain-Initiativen auf der Akteursebene? Welche Dimensionen und Phasen besitzt der Initiierungsprozess auf der Akteursebene?	3.2.2	Einführung der Dimensionen und Phasen des Initiierungsprozesses auf der Akteursebene Beschreibung des Initiierungsprozesses von Supply Chain-Initiativen auf der Akteursebene
Kreation auf der Netzwerkebene	Wie erfolgt der Kreationsprozess auf der Netzwerkebene? Welche Stadien werden beim Prozess der Kreation von Supply Chain-Initiativen auf der Netzwerkebene durchschritten?	3.2.3	Idealtypischer Ablauf zur Harmonisierung von Supply Chain-Strategien auf der Netzwerkebene Erläuterung der Stadien des Kreationsprozesses von Supply Chain-Initiativen auf der Netzwerkebene

Abbildung 3.2-1: Aufbau des Kapitels 3.2 – SCM-Arbeitsfeld Initiierung und Kreation

3.2.1 Begriffsabgrenzung und theoretische Grundlagen

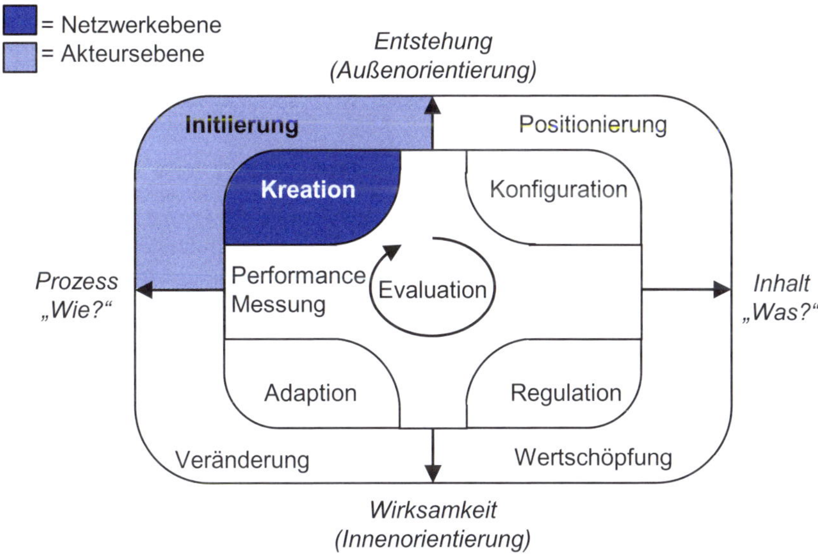

SCM-Arbeitsfeld Initiierung:

- Ausgangspunkt des SCM-Arbeitsfelds Initiierung ist das einzelne Unternehmen (Akteursperspektive). Es stellt auf den Entstehungsprozess („Wie?“) von Supply Chain-Initiativen ab.
- Beispiel-Initiativen:
  - Entwicklung einer neuen Geschäftsidee, zu der weitere Partner benötigt werden.
  - Anpassung der Unternehmensziele, wobei die Ziele der Zulieferer und Abnehmer tangiert werden.
  - Formulierung eines spezifisches Wertschöpfungsmodells durch einen Hersteller, bei dem der Input von Logistikdienstleistern benötigt wird.

SCM-Arbeitsfeld Kreation:

- Im Rahmen des SCM-Arbeitsfelds Kreation werden die strategische Supply Chain-Initiative eines unternehmensübergreifenden Supply Chain-Ausschnitts im prozessualen Sinne ausgebildet (Netzwerkperspektive).
- Bei diesem interorganisationalen Vorgang werden voneinander rechtlich unabhängige, aber wirtschaftlich abhängige Unternehmen imRahmen eines Diskurses zu einer Supply Chain zusammengeführt.
- Das Arbeitsfeld beinhaltet Richtlinien und Prozessanweisungen, um mögliche Spielräume der Tätigkeiten eines Wertschöpfungsnetzwerks festlegen zu können.
- Die Kreation umfasst vor allem den Entwicklungsprozess für die Analyse, das Auswählen und die Mobilisierung aktueller und potenzieller Themen für die Supply Chain.

Abbildung 3.2-2: Position und Inhalte der Arbeitsfelder Initiierung und Kreation im SCM-Piloten

Fallbeispiel: Unternehmensübergreifendes Innovationsmanagement im Network of Automotive Excellence

Eine in einem Netzwerk von vornehmlich deutschen Automobilherstellern, -zulieferern und Ingenieurdienstleistern, dem „Network of Automotive Excellence" (NoAE),[475] entwickelte und eingesetzte Methodik hilft den Netzwerkakteuren, innovative Ideen aufzugreifen, Ideen in Projekte zu überführen und auf diese Weise Innovationen gemeinsam zu generieren. Die Methodik wird mit Hilfe verschiedener Instrumente (Tools im engeren Sinne) unterstützt und ist Teil der praktizierten Netzwerkorganisation.

Die Organisationsgrenzen überschreitende Generierung von Innovationen wird oft als „Open Innovation" bezeichnet. Generell stellt dieses Phänomen einen Paradigmenwechsel dar, weg von einem Modell der vertikal voll integrierten Forschung und Entwicklung hin zu einem Modell, welches externe Suchstrategien gezielt einsetzt, um die Innovationskraft von Unternehmen zu erhöhen. Der zentrale Gedanke dabei ist, sich externe Ideen und Innovationen im Rahmen eines offen(er)en Geschäftsmodells zu eigen zu machen und hierzu Interorganisationsbeziehungen gezielt zu innovierenden Organisationen aufzubauen.

Eine besondere Herausforderung für das NoAE stellt die Organisation der vorwettbewerblichen Zusammenarbeit von Konkurrenten auf allen Stufen der Supply Chain dar. Konkret gilt es beispielsweise zu regeln, wie durch eine gezielte Auswahl geeigneter Partner und die Entwicklung passender Regeln für die Teilnahme und Zusammenarbeit die insbesondere für eine Einbindung von kleineren und mittleren Unternehmen problematische Konkurrenzsituation im vorwettbewerblichen Raum eingedämmt bzw. in konstruktive Bahnen gelenkt werden kann.

Die prinzipielle Methodik, die im NoAE angewendet wird, kann wie folgt beschrieben werden (vgl. Abbildung 3.2-3). Einer der Akteure aus dem Netzwerk bringt ein Innovationsthema ins Gespräch. Innovationsthemen werden im Rahmen des Arbeitsschwerpunktes „Innovation Scouting" aus der Automobilbranche selbst (z. B. aus OEM-Sicht oder neue Themen der Zulieferer) zusammengetragen. Sie entstammen aber auch anderen Branchen, deren Ideen und Produkte grundsätzlich in der Automobilindustrie Anwendung finden könnten, sowie aus Universitäten und Forschungseinrichtungen. Innerhalb des Arbeitsschwerpunktes werden die Themen zu möglichen Innovationsfeldern verdichtet und in unterschiedlichen, thematisch gebündelten Arbeitsschwerpunkten für die Umsetzung in „Fahrzeugprojekten" konkretisiert. Für diese Umsetzung wurde speziell der Arbeitsschwerpunkt „Von Ideen zu Projekten" gebildet und methodisch aufgerüstet. Besonderer Wert wird zurzeit auf ein „Scouting" an den Schnittstellen zu anderen Branchen (z. B. im Bereich der Elektromobilität) und zu Forschungseinrichtungen gelegt. Im Rahmen des jährlichen NoAE-Innovationswettbewerbs sowie regelmäßiger Treffen werden im NoAE Ideen diskutiert, geprüft und – zum Teil – in weiterführende Projekte überführt. Dazu werden gegebenfalls weitere, auch netzwerkexterne Partner hinzugezogen.

Diese Methode unterstützt das Management des auch für NoAE charakteristischen Spannungsverhältnisses von Kooperation und Wettbewerb, z. B. durch Regeln zum Umgang mit Informationen im Netzwerk. Hierfür haben die Akteure drei Eskalationsstufen vereinbart. Auf einer ersten Stufe stehen alle Informationen den Netzwerkmitgliedern bzw. Teilnehmern von Netzwerkveranstaltungen zur Verfügung. Hierzu zählt auch die Erarbeitung von gemeinsamen Grundlagen wie z. B. Methoden, Standards und eben Tools. In einer zweiten Stufe wird die Verwendung von Anwendungswissen in Show Cases in Wettbewerbssituationen mit zusätzlichen Vereinbarungen untermauert. Diese

[475] Das NoAE setzt sich – neben dem ewf-institute als Gründer – aus Herstellern (z. B. Audi, Ford oder Mazda), System- und Komponentenlieferanten (z. B. Bosch, ZF-Sachs, Webasto) sowie Ingenieurdienstleistern (z. B. TMG Consultants, EDAG oder germanINTEC) zusammen: Vgl. Duschek/Sydow (2010), S. 182 ff.

können vertragliche Regelungen der Projektpartner umfassen, ermöglichen so aber oft erst Projekte im vorwettbewerblichen Bereich. In einer dritten Stufe werden konkrete Kundenprojekte nach Standardregeln, z. B. des Handelsgesetzbuches (HGB) oder Bürgerlichen Gesetzbuches (BGB), außerhalb des NoAE durchgeführt.

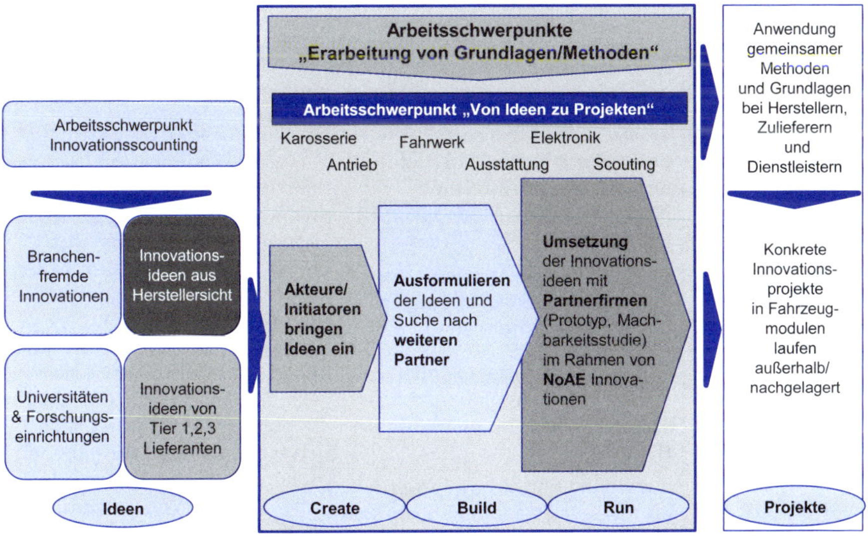

Abbildung 3.2-3: Das NoAE-Verfahren zu Open Innovation auf Netzwerkebene[476]

Quelle: Entnommen aus Sydow/Lerch (2011), S. 374–376.

Wie das NoAE-Fallbeispiel zeigt, lässt sich ein Ideen- und Innovationsmanagement nicht nur innerhalb eines Unternehmens, sondern auch im unternehmensübergreifenden Netzwerkkontext etablieren. Heutzutage sind Neuentwicklungen häufig nur unter dem Einbezug des Know-hows von Lieferanten und Dienstleistern möglich. Das „Open Innovation“-Konzept der Automobilwirtschaft bildet einen idealen Anknüpfungspunkt, sich der zentralen Fragestellung des SCM-Arbeitsfeld Initiierung und Kreation zu nähern:

„Wie – auf welche Art und Weise – wollen wir Supply Chain-Initiativen prozessual im eigenen Unternehmen initiieren und wie lässt sich dieser kreative Prozess mit potenziellen Netzwerkpartnern gemeinsam gestalten?“

Konkrete Impulse für spezifische Supply Chain-Initiativen in der Praxis können – wie das NoAE-Beispiel zeigt – einerseits aus dem Unternehmen selbst hervorgehen (Akteursebene als Ausgangspunkt von Supply Chain-Initiativen) oder andererseits von Geschäftspartnern in das Unternehmen hineingetragen werden (Netzwerkebene als Ausgangspunkt von Supply Chain-Initiativen). Impulsgeber für solche Ideen kann hierfür beispielsweise die Etabliereung eines „Innovations-Scoutings“ sein. Allerdings geht der Anspruch des SCM über die reine „Ideengewinnung“ weit hinaus, stehen doch die zu lancierende (operativen) Projekte im Vordergrund der Betrachtung.

---

[476] In Anlehnung an Sydow/Lerch (2011), S. 375.

Die Initiierung (auf der Akteursebene) oder die Kreation (auf der Netzwerkebene) von innovativen Supply Chain-Initiativen fußt vor allem auf den Grundlagen strategischer Prozessansätze. Abbildung 3.2-4 stellt relevante Ansätze, ihre Kernaussagen sowie ihre Impulse für das Arbeitsfeld Initiierung und Kreation kompakt einander gegenüber.

Theoretischer Ansatz (Quelle)	Kernaussagen	Impuls für das SCM-Arbeitsfeld Initiierung und Kreation
Lebenszyklustheorie (Dieckheuer, 2003)	Beschreibung der Reihenfolge der involvierten Zustände (Darstellung des Anfangs- und Endpunkt). Betriebswirtschaftliche Vorgänge lassen sich einer zyklischen Betrachtung unterziehen.	Erstellte Produkte und Leistungen oder die betrachteten Netzwerkbeziehungen und Formen können der Zusammenarbeit einer Lebenszyklusbetrachtung unterzogen werden (mit Anfangs- und Endpunkt)
Teleologische Prozesstheorie sowie Intentionalität des Handelns (Schreyögg/Sydow/Koch, 2003; Wright, 1974)	Organisationsform im Endzustand eines Entwicklungsprozesses (zielgerichtetes menschliches Handeln). Individuen und Gruppen werden als zielbewusste und anpassungsfähige Einheiten angesehen (Zielausrichtung bestimmt den konkreten Entscheidungs- und Handlungspfad). Planungs-, Entscheidungs- und Anpassungsvorgänge werden immer auf das aktuelle Ziel hin ausgerichtet, sodass i. d. R. kein allgemeingültiger Weg zur Zielerreichung zu identifizieren ist.	Bewusstes (und unbewusstes) Handeln der interagierenden Supply Chain-Akteure bei der zweckgerichteten Aufgabenerfüllung, wie z. B. aufeinander abgestimmte Wertschöpfungsaktivitäten zur Befriedigung der Endkundenbedürfnisse.
Dialektische Prozesstheorien (van de Ven/Poole, 1995)	Konkretisierung der Aktivitäten eines Vorgangs. Erklärung der Dynamik der Konstruktion und Transformation von Zuständen innerhalb konkurrierender Abläufe und Einrichtungen in und zwischen Unternehmen in einer pluralistischen Welt.	Durch entgegengerichtete Aktivitäten zweier (oder mehrerer) Akteure kommt es zu Auswahl- und Veränderungsvorgängen. Das Resultat des Abstimmungsprozesses in der Supply Chain ist nicht vorhersehbar.
Evolutionäre Prozesstheorien (Kirsch, 1990; Welge/Al-Laham, 2001)	Erklärung von strukturellen Veränderungen von Unternehmenspopulationen durch einen kontinuierlichen Prozess, der die Stadien der Variation, Selektion und Retention durchläuft.	Evolutionäre Züge sind im SCM dann zu beobachten und zu erklären, wenn genau solche Initiativen ausgewählt werden, welche sich gegenüber anderen Aktivitäten für die involvierten Akteure als am besten „angepasst" erweisen.

Theoretischer Ansatz (Quelle)	Kernaussagen	Impuls für das SCM-Arbeitsfeld Initiierung und Kreation
Managerial processes (Garvin, 1998)	Soziale Abläufe einzelner Entscheidungsträger und ihre Beziehungen untereinander, wie z. B. Leitungs- und Kontrollprozesse aber auch Verhandlungs- und Verkaufsprozesse.	Interaktionen zwischen Supply Chain-Managern unterschiedlicher Akteure bezüglich der möglichen Einführung einer bestimmten Supply Chain-Initiative (z. B. Etablierung eines VMI).
Organizational processes (Garvin, 1998)	Arbeitsprozesse, die zu einer Transformation von Inputs in Outputs führen. Wandelprozesse, die Anpassung, Entwicklung sowie Wachstum von Individuen, Gruppen und Organisationen erklären. Verhaltensprozesse, die kollektive Muster wie Entscheidungsfindungs-, Kommunikations- oder Lernprozesse umfassen.	Die Arbeitsprozesse betreffen die operativen, unternehmensübergreifenden Wertaktivitäten in der Supply Chain. Wandelprozesse beinhalten schwerpunktmässig die Veränderung des relevanten Supply Chain-Ausschnitts, wovon Realisations- und Adaptionsaktivitäten betroffen sind.[477] Verhaltensprozesse finden auch auf der Netzwerkebene statt, indem sie dort das Entstehen und die Fortentwicklung unternehmensübergreifender Interaktionsmuster (z. B. Netzwerkidentität) adressieren.

Abbildung 3.2-4: Theoretische Impulse zum SCM-Arbeitsfeld Initiierung/Kreation

Wie die aufgeführten Theorieansätze zeigen, ist die Entstehung einer neuen Strategie immer ein kreativer Prozess.[478] Die Strategieformulierungsaktivitäten des klassischen Strategieprozessmodells, welche auch für Supply Chain-Initiativen maßgeblich sind, gelten als Bestandteil eines intendierten Entscheidungsprozesses und bilden ein Ordnungsschemata (siehe Abbildung 3.2-5). Nach diesem Schemata folgt zunächst die (1) Auswahl der relevanten Themen sowie Unternehmens- und Umweltanalysen (Agendabildung), aus denen ihrerseits (2) interne und externe Situationsbeschreibungen, Rahmenbedingungen und weitere Informationen ermittelt (Analyse und Bewertung) und schließlich (3) Entscheidungen getroffen werden können.[479] Während die Entscheidungen auch Gegenstand des SCM-Arbeitsfeldes Performance Messung/Evaluation sind, gelten die Umsetzung und Kontrolle als Teil Implementierung. Letztere werden in Kapitel 3.5 im SCM-Arbeitsfeld Veränderung/Adaption ausführlich behandelt.

[477] Die angesprochenen Wandelprozesse beziehen sich vor allem auf das SCM-Arbeitsfeld Veränderung und Adaption: Vgl. Kapitel 3.5.

[478] Vgl. Huff/Reger (1987), S. 212.

[479] Die Umsetzung und Kontrolle sind Teil der Implementierung.

Fallbeispiel: Strategieprozess im Supply Chain Management bei Siemens

Bis 2009 wurde Supply Chain Management im Siemens Konzern fast ausschließlich vertikal innerhalb der Sektoren (Industry, Energy und Healthcare) betrieben. Bei Gründung der SCM-Initiative im April 2009 ging es darum, Synergiepotenziale des Unternehmens als Ganzes besser auszuschöpfen. Das Ziel ist eine nachhaltige, langfristig greifende Optimierung. Dazu zählt unter anderem auch der Aufbau enger Partnerschaften mit Lieferanten, insbesondere in den Wachstumsmärkten. Es geht dabei um Kooperationen mit einem nachhaltigen Wertbeitrag für beide Partner. Als Querschnittfunktion spiegelt die SCM-Organisation die gesamte Siemens-Struktur wider. SCM setzt sich folgerichtig aus zentralen Abteilungen sowie aus Funktionen in den geschäftsführenden Sektoren und in den Regionen zusammen. Um die Bedeutung von Supply Chain Management nicht nur herauszustellen, sondern die Optimierung der SCM-Prozesse unternehmensweit auch durchsetzen zu können, hat Siemens hierfür ein eigenes Vorstandsmandat geschaffen. Das SCM-Board berichtet direkt an den verantwortlichen Vorstand, Frau Barbara Kux. Gegliedert ist das Board in die Funktionen Finanzen, Beschaffung von direktem und indirektem Material, Strategie und Programme sowie Global Value Sourcing. Hinzu kommen in den Sektoren sowie bei „Siemens IT Solutions and Services" die verantwortlichen Chief Procurement Officers (CPO). Das SCM-Board hat eine fachliche Weisungsbefugnis in allen SCM-Funktionen des Unternehmens. Das Ziel dahinter: Supply Chain Management soll quer durch das gesamte Unternehmen mittels einheitlicher Qualitäts-, Logistik- und Fertigungsprozesse, gebündelter Verhandlungsstärke und einer fokussierten Lieferantenbasis optimiert werden.

Quelle: Selbstdarstellung von Siemens auf: https://w9.siemens.com/cms/supply-chain-management/de/ [Stand: Januar 2012]

(1) Der Auswahlprozess, bei dem für die Strategieformulierung relevante Themen herausgefiltert werden, wird in der *Agendabildung* zusammengefasst und beeinflusst auf entscheidende Weise den Inhalt (Positionierung/Konfiguration sowie Wertschöpfung/Regulation). Impulse hierfür können – wie das NoAE-Beispiel der Automobilbranche zeigt – aus einem unternehmensübergreifenden Open Innovation-Ansatz stammen. Da Führungskräfte nur ein begrenztes Maß an Zeit für strategische Entscheidungen zur Verfügung haben, ist es in vielen Fällen fraglich, inwieweit subjektive Faktoren die Entscheidung beeinflussen. In den Mittelpunkt der Betrachtungen rückt daher der Aspekt des „Issue Selling" , bei dem insbesondere das mittlere Management versucht, die Aufmerksamkeit der übergeordneten Managementstufe entsprechend zu lenken. Ein solches „Issue Selling" kann auch in Bezug auf das SCM betrieben werden, beispielsweise dann, wenn auf der Akteursebene einzelne Funktionsbereiche oder Organisationseinheiten die Ausrichtung der intendierten Supply Chain-Initiativen beeinflussen möchten.[480] In größeren Konzernen – wie z. B. Siemens – versuchen einzelne Geschäftseinheiten, (mitunter spezifische) Themen des SCM zu platzieren und durchzusetzten. Um mögliche Synergiepotenziale zu realisieren, ist eine geschäftseinheitenübergreifende Koordination erforderlich, wie es bei Siemens durch das unmittelbar von einem Vorstandsmitglied geleitete SCM-Board (auf Konzernebene) erfolgt.

(2) Nachdem die relevanten Themen ausgewählt und in der strategischen Agenda des Unternehmens bzw. des Supply Chain-Ausschnitts zusammengefasst worden sind,

---

[480] Interessanterweise ist zu beobachten, dass der Beteiligungsgrad des mittleren Managements und der Unternehmenserfolg miteinander positiv korrelieren. Durch eine stärkere Involvierung des mittleren Managements kommt es statistisch gesehen insgesamt zu einer verbesserten Qualität strategisch relevanter Entscheidungen: Vgl. Bartlett/Ghoshal (1993), S. 38 ff.

werden im Rahmen der *Analyse und Bewertung* die Voraussetzungen für die anschließenden Entscheidungen ermittelt. Dieser Schritt beinhaltet auf der Akteursebene vor allem eine Umwelt- und Unternehmensevaluation. Auf der Netzwerkebene werden zusätzlich Aspekte der Supply Chain und der Kooperationspartner berücksichtigt. Im Siemens-Konzern werden beispielsweise Analysen und Bewertungen von Supply Chain-Initiativen nicht nur in Zentralbereichen, sondern auch unter Einbindung der relevanten Innovationen in den Sektoren sowie in den Regionen getätigt. Die fokussierte Lieferantenbasis erleichtert zudem die proaktive Einbindung der zuliefernden Kooperationspartner.

(3) Die Ergebnisse der Agendabildung sowie der Bewertung und Analyse werden dann im Rahmen der *Entscheidung* verdichtet.[481] Dabei erfolgt ein fließender Übergang zur Implementierung. Die Kriterien und Voraussetzungen, welche die Strategieformulierung als rationalen oder begrenzt rationalen Prozess definieren, sind:[482] die

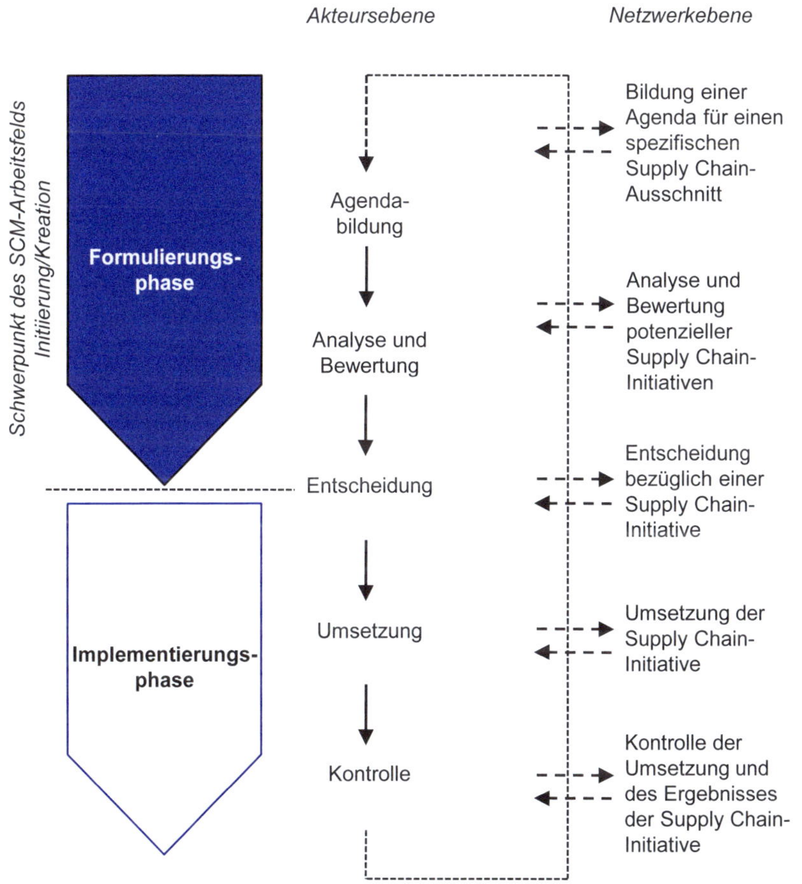

Abbildung 3.2-5: Schematische Darstellung der Phasen des klassischen Strategieprozesses im Supply Chain-Kontext

[481] Weitere Methoden und Instrumente der Entscheidung werden im SCM-Arbeitsfeld Performance Messung und Evaluation vorgestellt (vgl. Kapitel 3.6).

[482] Vgl. Lechner/Müller-Stewens (1999), S. 10.

Prozessnatur und -kriterien (z. B. Auslöser und Intensität der Problemlösung), die Charakteristika der Entscheidungsträger (z. B. Risikobereitschaft, Leistungsstreben und Aggressivität) sowie externe und interne Kontextfaktoren (z. B. Umweltdynamik und Unternehmensgröße). Die Entscheidungsfindung läuft in der Praxis meist nicht als einmaliger Akt ab, sondern als ein zahlreichen Einflüssen ausgesetzter Vorgang, dessen Komplexität im Supply Chain-Kontext von der Akteurs- zur Netzwerkebene zunimmt. Ursache für die Komplexitätszunahme sind u. a. die steigende Anzahl an Zielkonflikten sowie die dadurch einzugehenden Kompromisse bei der Entscheidung für eine bestimmte Supply Chain-Initiative.

3.2.2 Prozess der Initiierung von Supply Chain-Initiativen auf der Akteursebene

Im Zentrum dieses Abschnitts steht die Frage, wie sich spezifische Supply Chain-Initiativen zunächst auf der Akteursebene herausbilden und welche Schritte dabei idealtypisch zu lancieren sind. Supply Chain-Initiativen resultieren in der Praxis häufig aus einem der bereits in Kapitel 2 vorgestellten inhaltlichen Bezugspunkten des SCM. Von Relevanz ist eine Supply Chain-Initiative insbesondere dann, wenn sie sowohl spezifische Organisationseinheiten in einem Unternehmen als auch die Zusammenarbeit zu Partnern im interorganisationalen Wertschöpfungsverbund betrifft.

Zunächst gilt es, erfolgsversprechende Supply Chain-Initiativen auf der Akteursebene zu identifizieren und zu lancieren, wobei vor allem solche Aspekte angesprochen werden, die sich konkret ausgestalten lassen. Mit dem Arbeitsfeld der Initiierung wird betont, dass Maßnahmen im SCM nicht nur eine inhaltliche, sondern weiterhin eine vorgehensorientierte Komponente aufweisen, in denen Instrumente und Konzepte prozessual im Rahmen eines Projekts entwickelt werden. Da diese Vorgänge mit unterschiedlichsten Tätigkeiten und Zeitvorgaben versehen sind, eine interdisziplinäre Ausrichtung besitzen sowie mit einer spezifischen Zielvorstellung verschiedenster involvierter Mitarbeiter und Organisationseinheiten verknüpft sind, ergeben sich starke Ähnlichkeiten zum Projektmanagement. Es ist davon auszugehen, dass Projektverläufe den Erfolg einer spezifischen Supply Chain-Initiative zunächst in einem Unternehmen und dann in Zusammenarbeit mit weiteren Netzwerkpartnern bestimmen. So prägt beispielsweise das Involvieren spezifischer Führungskräfte auf der Akteursebene (bzw. weiterer Unternehmen auf der vorgeschlagenen Netzwerkebene) die Entscheidungsqualität sowie die Akzeptanz der Maßnahmen.

Wie in Kapitel 3.1 dargelegt, sind bewusst intendierte und sich emergent ergebende Impulse für konkrete Supply Chain-Vorhaben zu unterscheiden. In dieser ersten Formierungsphase konkretisieren sich damit Top-down-Vorgaben sowie Bottom-up-Bestrebungen in Supply Chain-orientiere Entscheidungen. Den dabei identifizierten und konkretisierten Initiativen ist gemeinsam, dass ihnen noch eine Realisierung in und zwischen den Unternehmen der Supply Chain fehlt. Es ist also (noch) nicht klar, ob sie tatsächlich wirksam werden.

3.2.2.1 Dimensionen des Initiierungsprozesses von Supply Chain-Initiativen

In Anlehnung an Müller-Stevens/Lechner (2011) werden verschiedene Dimensionen vorgeschlagen, innerhalb derer sich Strategievorhaben – und damit auch Supply Chain-Initiativen – zunächst auf der Akteursebene herauskristallisieren können. Diese Dimensionen sind heranzuziehen, um den Entstehungsprozess von der Agendabildung über die Analyse und Bewertung bis zur eigentlichen Entscheidung für (oder gegen) die Supply Chain-Initiative mitzugestalten, ohne das „Emergenzphänomen" völlig außer Acht zu lassen. Emergenz bezeichnet – in offenen Systemen – die Entstehung eines Systemzustands, der sich nicht durch Charakteristika und Verhaltensmuster der involvierten Systemelemente erklären lässt (sog. „spontanes" Herausbilden von Fähigkeiten und Strukturen).

Das Arbeitsfeld der Initiierung beinhaltet folgende Dimensionen:[483]

(1) *Impuls (Warum?):* Erste Impulse für eine Supply Chain-Initiative basieren meist auf einem Anfangsverdacht, der sich neben Analysen und Auswertungen auch im „Bauchgefühl" eines Entscheidungsträgers bzw. einer Fachkraft äußern kann. Auslöser können dabei aus ad-hoc-Vorkommnissen (informell und problemorientiert) oder aber auch aus institutionalisierten Planungsvorgängen (formell und ergebnisorientiert) entstammen, wobei weiterhin zwischen reaktiven Routinen und proaktiver Kreativitätsvorgängen zu unterscheiden ist. Eng verbunden mit dem Aspekt der Kreativität ist die unternehmerische Intuition,[484] die ihrerseits wiederum auf einer Mischung aus Prognose und Spekulation beruht.[485]

(2) *Hierarchieebene (Wo?):* Prinzipiell können Supply Chain-Initiativen auf allen Hierarchieebenen im Unternehmen entstehen. Impulse werden ebenso von der Geschäftsführung wie auch von der Bereichsleitung oder einzelnen Mitarbeitenden in Fachabteilungen angeregt. Allerdings entscheidet die spezifische Unternehmenskultur mit ihren immanenten Partizipationsgraden, woher (d. h. von welcher Ebene aus) bei einem Akteur konkrete Supply Chain-Initiativen kommen (dürfen). Neben der Bestimmung des Raums für Impulse außerhalb formeller Führungs- und Entscheidungsprozesse (Wie offen ist das Unternehmen gegenüber Impulsen von den Mitarbeitern?) spielt der etablierte Zentralisationsgrad der Führung eine Rolle beim Entstehen und der Herkunft von Supply Chain-Initiativen (Verantwortlichkeit). Damit ist auch die hierarchiebezogene Ausbreitungsrichtung angesprochen, die von oben nach unten, von unten nach oben oder im sogenannten „Gegenstromverfahren" verlaufen kann (Einflussrichtung).

(3) *Beteiligung (Wer?):* Supply Chain-Initiativen können auf Akteursebene sowohl von einzelnen Personen als auch von ganzen Bereichen bzw. Organisationseinheiten angestoßen werden. Grundsätzlich ist festzulegen, wie viele und welche Mitarbeiter am Initiierungsprozess teilnehmen (Beteiligungsgrad), aus welchen Geschäfts- und Funktionsbereichen diese Mitarbeiter stammen (Perspektivenmix) und welche Fähigkeiten bzw. Charaktereigenschaften durch die beteiligen Mitarbeiter vertreten sein sollen (Mitarbeiterprofil).

483 Die folgenden Aufführungen basieren im Wesentlichen auf den Ansatz von Müller-Stewens/Lechner (2011), S. 41 ff.

484 Vgl. Faltin (2001), S. 125 ff.

485 Der oft herangezogenen Fähigkeit der Intuition des einzelnen charismatischen Entrepreneurs steht die Tatsache entgegen, dass viele Situationen und Märkte nicht mehr von einem einzelnen Menschen überschaubar sind, sondern nur noch von einer größeren Menge an kompetenten Personen überblickt und gehandhabt werden können.

(4) *Interaktion (Wie?):* Die Interaktion thematisiert die Art und Weise der Zusammenarbeit der Mitarbeiter sowie der Geschäfts- und Funktionsbereiche bei der Initiierung einer Supply Chain-Initiative. Dabei ist u. a. festzulegen, ob gewisse Mitarbeiter bzw. Unternehmensbereiche „Vorrechte" im Entscheidungsfindungsprozess besitzen, oder – im Diskussionsfall – ob paritätisch, d. h. mit gleichen Stimmrechten, vorgegangen wird. Ferner ist zu fixieren, welche Kompromissbereitschaft einer Supply Chain-Initiative zugrunde zu legen ist, d. h. ob beim Entstehungsprozess bewusst Konflikte und unterschiedliche Meinungen akzeptiert werden. Zudem ist zu bestimmen, ob im Unternehmen im Entwicklungsstadium offen über die Supply Chain-Initiative gesprochen wird, oder ob (und dann wie) die Maßnahme bei den Mitarbeitern zu kommunizieren ist (Transparenzgrad).

(5) *Zeitrahmen (Wann?):* Supply Chain-Initiativen können dringlicher Natur oder langfristigen Charakters sein (Zeithorizont). Darüber vermögen die Impulse – je nach inhaltlicher Ausgestaltung – einen einmaligen oder einen dauerhaften Charakter besitzen (Zeitdauer), wobei Planungsvorgänge regelmäßig oder ad-hoc angestoßen werden können. Zudem ist zu bestimmen, wie viel Zeit für die Entwicklung und Ausformulierung einer Supply Chain-Initiative veranschlagt werden soll (Planungszeit). Ferner ist zu konkretisieren, wann (zeitlich bzw. inhaltlich) und wie der Initiierungsvorgang abzuschliessen ist. (z. B. im Rahmen eines schriftlichen Vorgehenskonzept inklusive Aufgaben, Verantwortlichkeits- und Projektzeitplanung).

(6) *Ressourcen (Womit?):* Die Initiierung von konkreten Supply Chain-Initiativen erfordert den Einsatz von personellen, materiellen und immateriellen Ressourcen (zu der auch eine gewisse „Management-Attention" zählt) sowie von geeigneten Methoden und Instrumenten. Über den zur Verfügung gestellten Ressourceneinsatz in Umfang und Qualität wird u. a. die Bedeutung der angedachten Supply Chain-Initiative bestimmt. Ferner ist festzulegen, auf welche Methoden und Instrumente zurückgegriffen werden soll. So ist etwa zu bestimmen, ob ein bereits im eigenen Unternehmen oder bei verbundenen Partnern etablierter Lösungsansatz herangezogen wird, oder ob etwa neuartige Impulse konkretisiert werden sollen. In diesem Zusammenhang gilt es festzulegen, wie viel Freiraum die involvierten Mitarbeiter zur Verfügung gestellt bekommen, um sich der Initiierung der Suppy Chain-Initiative zu widmen.

(7) *Vorgehen (Was?):* Im Rahmen dieser Dimension ist zunächst zu klären, welche Arbeitsweise der Initiierung einer Supply Chain-Initiative zu Grunde gelegt werden soll. So ist zu bestimmen, ob die Konkretisierung der Initiierung in einem analytischen Prozess oder etwa über intuitive Interaktion (bzw. im Rahmen einer Kartenabfrage mit Metaplanwand) erfolgen soll. Weiterhin ist die Darstellungsform der angestrebten Supply Chain-Initiative zu fixieren. Sollen die Ergebnisse ausschließlich in quantitativer Form (z. B. in Form von Kenngrößen) oder aber auch in qualitativer Form (inklusive Plausibilitätsformen) vorliegen? Schließlich ist der Detaillierungsgrad festzulegen. Bis in welche Tiefe und Breite müssen die Ideen vorstrukturiert und dokumentiert sein und wann ist ein ausreichend genauer Konkretisierungsgrad erreicht, um damit die nächsten Schritte (beispielsweise auf der Netzwerkebene) anzustoßen?[486]

---

[486] Diese Dimensionen beinhaltet u. U. die Bewertung der angestrebten Supply Chain-Initiative. Mit welchen Mitteln diese erfolgen kann, wird im SCM-Arbeitsfeld Performance Messung und Evaluation (Kapitel 3.6) vertieft.

Die Initiierung einer Supply Chain-Initiative folgt in der Regel keinem linearer Vorgehen, das einmalig durchlaufen wird. Vielmehr ist sie im Sinne eines „Ongoing Process" zu verstehen, in dem es vielfältigste Einsichten und Meinungen in rekursiver Art – nicht nur auf Akteurs-, sondern auch auf Netzwerkebene – miteinander verflochten sind. Man kann in diesem Kontext auch von „Supply Chain-Learning" sprechen, das sich zunächst auf intra- und im Rahmen der Kreation später auch auf interorganisatorische Prozesse bezieht. Über Wenn-Dann-Fragestellungen, können verschiedenste – auch neuartige – Überlegungen in den Initiierungsprozess von Supply Chain-Initiativen einfliessen und in Simulationen getestet werden. Vormals abstrakte Ideen lassen sich damit über mehrere Iterationen konkretisieren.

3.2.2.2 Phasen der Initiierung von Supply Chain-Initiativen aus Akteurssicht

Supply Chain-Initativen können entsprechend ihrer Tragweite und ihres Ausmaßes grundsätzlich in strategische, taktische und (gänzlich) operative Maßnahmen unterschieden werden. Strategische Maßnahmen – charakterisiert durch ein hohes Entscheidungsvolumen und einem intensiven Abstimmungsbedarf – durchlaufen idealtypisch die folgenden Phasen des Initiierungsprozesses:

(1) *Formulierung einer Supply Chain-Vision*: In einem ersten Schritt gilt es, eine SCM-Vision für das Unternehmen und seiner Einheiten unter Berücksichtigung der generellen SCM-Zieldimension (vgl. Kapitel 1) aufzustellen. In einem Leitbild über die Supply Chain des Unternehmens werden u.a. allgemeine Wertvorstellungen bezüglich der Zusammenarbeit mit vor- und nachgelagerten Geschäftspartnern oder Dienstleistern festgehalten. Hierin werden Richtlinien für die Kommunikation und das Verhalten gegenüber Lieferanten und Kunden konkretisiert. Die Supply Chain-Vision sollte Sinn stiftend und möglichst prägnant formuliert sein, damit sich die Mitarbeiter mit ihr identifizieren bzw. an ihr orientieren können.

(2) *Aufstellen einer grundlegenden Supply Chain-Strategie*: Die grundlegende Supply Chain-Strategie beinhaltet neben konkreten Bezügen zu den verschiedenen Strategieebenen im Unternehmen (vgl. Kapitel 3.1) vor allem Vorstellungen über die interorganisatorische Zusammenarbeit in der Supply Chain. Darin enthalten ist die grundsätzliche Entscheidung für bzw. gegen eine intensivere Zusammenarbeit mit ausgewählten Geschäftspartnern. In Abgrenzung zu operativen Leistungsvorgaben enthält die Supply Chain-Strategie dabei weitreichendere Impulse und Inhalte (vgl. SCM-Arbeitsfelder Positionierung/Konfiguration sowie Wertschöpfung/ Regulation), die einen Abgleich mit bereits laufenden Projekten und bestehenden Initiativen in anderen Unternehmensbereichen und Organisationseinheiten bedürfen.

(3) *Konkretisierung spezifischer Supply Chain-Ziele*: In einem nächsten Schritt ist ein verbindlicher Zielkatalog für das weitere innerbetriebliche und vor allem überbetriebliche Vorgehen festzulegen und schriftlich zu fixieren. Darin sollte u.a. eine Übersicht über die zu berücksichtigende Bezugspunkte des SCM (vgl. Kapitel 2) enthalten sein. Die dabei aufgestellten Vorstellungen über Verhaltensgrundsätze (z.B. Zuverlässigkeit) sind Mittel zum Zweck und nicht originäres Ziel des SCM. Die konkretisierten Supply Chain-Ziele sowie die damit einhergehenden Verhaltensgrundsätze – falls gewünscht – können zu einem späteren Zeitpunkt ausgewählten Partnern im Wertschöpfungsnetzwerk offen gelegt werden.

(4) *(Ex-ante) Suche nach adäquaten Supply Chain-Partnern*: Die Realisierung einer Supply Chain-Initiative erfolgt im arbeitsteiligen Zusammenspiel mit Lieferanten, Dienstleistern und Kunden. Eine weitere Aufgabe besteht demnach in der Vorauswahl geeigneter Geschäftspartner. Eine strukturierte Auswahl basiert zunächst auf einer konkretisierten Zielvorstellung. Sie kann innerhalb eines Selektionsprozesses mit standardisierten Kriterien erfolgen (z. B. nach einem Strategie-, Kultur- und Logistik-Fit, vgl. SCM-Arbeitsfeld Positionierung/Konfiguration). Die Selektion ist dabei als kontinuierlicher Prozess zu verstehen, der nicht nur bei der erstmaligen Zusammenstellung der Supply Chain, sondern fortlaufend erfolgt, damit der steigenden Dynamik mit einer entsprechenden Flexibilität begegnet werden kann.
(5) *Fixierung der inhaltlichen Bereiche einer möglichen Zusammenarbeit* in der Supply Chain: Sind die Ziele, Aufgabenfelder und potenzielle Partner identifiziert, gilt es – in vielen Fällen meist nach einer ersten Kontaktaufnahme – die Aktivitäten und Leistungen zu spezifizieren, welche die Akteure in die relevanten Felder der Zusammenarbeit einbringen sollen. Der Umfang hängt u. a. von der eigenen Wertschöpfungstiefenentscheidung ab, d. h. ob eigengefertigt, kooperiert oder fremdbezogen wird (Make, Cooperate or Buy, vgl. Kapitel 3.3). Getätigte, spezifische Investitionen können bei der Auflösung der Geschäftsverbindung ggf. zu einer nicht unerheblichen Herausforderung werden und stellen damit sowohl Risiken als auch gewisse „Austrittsbarrieren" dar. Sie sind explizit bei der Konkretisierung der inhaltlichen Zusammenarbeit zu bestimmen.
(6) *Vorschriften für die Regelung des Supply Chain-spezifischen Leistungsaustauschs*: Auf Akteursebene ist weiterhin der Supply Chain-spezifische Leistungsaustausch zu konkretisieren, der sich sowohl auf die Preisbildung als auch auf die Modalitäten des Leistungsaustauschs bezieht. In diesem Zusammenhang sind Vorgehensweisen zur operativen Planung, Steuerung und Kontrolle der Geschäftsbeziehung zu definieren, worunter auch die Fixierung der Modalitäten der Leistungsverrechnung fällt. Zudem gilt es eine adäquate Form der Interaktionen sowie Verantwortlichkeiten im Unternehmen zu bestimmen. Dazu zählen auch die Etablierung von Entscheidungswegen und die Delegation von Entscheidungsmacht, damit die involvierten Mitarbeiter den Kreationsprozess von Supply Chain-Initiativen auf der Netzwerkebene vorantreiben können (vgl. SCM-Arbeitsfeld Wertschöpfung/Regulation).
(7) *Erfolgsmessung des Initiierungsprozesses von Supply Chain-Initiativen*: Schließlich sollte die Etablierung einer Performance Messung aller Initiierungsprozesse erfolgen. Im Vordergrund stehen nicht die Erfolgsbeurteilung von Inhalten, sondern vielmehr Aussagen über die Güte der Formierungsprozesse an sich (vgl. SCM-Arbeitsfeld Performance Messung/Evaluation).

Operative Supply Chain-Maßnahmen, wie z. B. die Disposition von Aufträgen eines Lieferanten an einen Logistikdienstleister, werden i. d. R. im Tagesgeschäft erledigt. Taktische Supply Chain-initiativen – charakterisiert durch ein mittleres Entscheidungsvolumen und quartalsweise bzw. 4-wöchentlicher Periodizität – lassen sich beispielsweise aus monatlichen Soll-Ist-Vergleichen ableiten. Eine Alternative zum eher starren Soll-Ist-Planungsansatz stellt das sogenannte „addicted-to-action"-Konzept (Aktionsorientierung) dar. Im Vordergrund dieser Überlegung von Reinhard/Ritzer/Leopold (2011) steht das aktive, unternehmerische Handeln aller Mitarbeiter in den relevanten Funktionsbereichen der Supply Chain. In monatlichen Meetings werden identifizierte Aktionen ausgewählt, aufeinander abgestimmt und deren Umsetzung vorbereitet. Dieser interaktive Prozess lässt sich durch ein Template „Von Ideen zu Projekten" (vgl.

Abbildung 3.2-6) ergänzt um einen Aktionsplan (vgl. Abbildung 3.2-7) instrumentell unterstützen.

Abbildung 3.2-6: Exemplarisches Template „Von Ideen zu Projekten" zur Initiierung von Supply Chain-Initiativen[487]

[487] In Anlehnung an Sydow/Lerch (2011), S. 377.

Aktionsplan und Top 5-Projekte

		Monat x			ganzes Jahr						
	Aktionen	GP	FC B/(W)	BUD. B/(W)	GP	FC B/(W)	BUD. B/(W)	Verantwortung	Fälligkeit	Status	Aktionsplan/Kommentare
Aktionen	1.										
	2.										
	3.										
	4.										
	5.										
	6.										
	7.										
	8.										
	9.										
	10.										

	Projekt	Projektobjekt	Projektmanager	Projektsponsor	Zeitplan aktuell / geplant	EBIT-Effekt	Status	Kommentare
Top 5 Projekte/ Initiativen	1.							
	2.							
	3.							
	4.							
	5.							

GP = Gross Profit Margin (Gewinnspanne)
FC = Forecast
BUD. = Budget
B/(W) = Better or Worse

Abbildung 3.2-7: Aktionsplan zur Initiierung von Supply Chain-Initiativen[488]

3.2.3 Prozess der Kreation von Supply Chain-Initiativen auf der Netzwerkebene

Der Prozess der Kreation von Supply Chain-Initiativen auf der Netzwerkebene kann in vier generische Stadien eingeteilt werden, in denen sich die Tätigkeiten der Entscheidungsträger einzelner Unternehmen auf verschiedene Bezugspunkte konzentrieren und in denen sich die Zusammenarbeit der Akteure mit den avisierten Wertschöpfungspartnern unterschiedlich entfalten. Die Stadien werden zunächst kurz im Überblick vorgestellt, bevor eine vertiefende Darstellung folgt:

- In *Stadium (1)* stehen zunächst die einzelnen Supply Chain-Akteure im Vordergrund. Im Kern bezieht sich dieser Abschnitt auf die Initiierung von Supply Chain-Initiativen aus Akteurssicht (vgl. Abschnitt 3.2.2), wobei nun verstärkt Bezüge zur Netzwerkebene herzustellen sind. Die einzelnen Unternehmen analysieren u.a. die eigene strategische Ausrichtung und Prozesse. Darauf aufbauend entwickeln sie mehr oder weniger bewusst eine Vision (inklusive Beziehungsleitbilder) von ihren Supply Chains, so dass aus ihrer Sicht eindeutig definiert ist, wie die Zusammenarbeit mit anderen Akteuren im Netzwerk verlaufen sollte.
- In *Stadium (2)* steht die Harmonisierung der akteursspezifischen Supply Chains an, welche die Bildung einer abgestimmten Supply Chain-Strategie (vgl. Kapitel 3.3) sowie das Angehen einer konkreten Initiative ermöglichen soll. Dabei ist zu berücksichtigen, dass die Ziele auf der Netzwerkebene nicht zwangsläufig mit den Einzelzielen der Akteure kohärent sein müssen.

[488] In Anlehnung an Reinhard/Ritzer/Leopold (2011), S. 409.

- Im *Stadium (3)* wird von der Netzwerkebene her kommend wieder auf die Akteursebene abgestellt. Die ursprüngliche Ausrichtung und Haltung der einzelnen Unternehmen ist nun vor dem Hintergrund der „harmonisierten" Supply Chain-Strategie auf der Netzwerkebene kritisch zu überprüfen. Ggf. sind Anpassungen in den Geschäftsfeldern sowie den betroffenen Funktionsbereichen anzustoßen.
- *Stadium (4)* ist geprägt von bewussten und unbewussten Lernvorgängen, die sowohl unternehmensintern als auch im interorganisatorischen Sinne ablaufen. Über Rückkoppelungen und neu angestoßene Prozesse der Initiierung und Kreation werden die vorangehenden Stadien 1 bis 3 u. U. erneut durchlaufen.

Abbildung 3.2-8 zeigt die vier idealtypischen Stadien der Kreation von Supply Chain-Initiativen auf der Netzwerkebene.

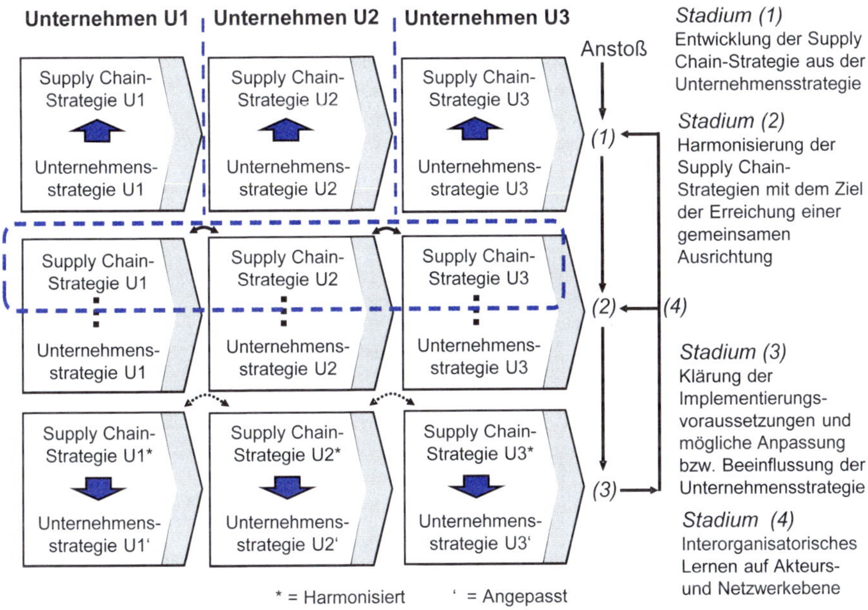

Abbildung 3.2-8: Idealtypischer Ablauf zur Harmonisierung von Supply Chain-Strategien auf der Netzwerkebene

Obwohl die Entwicklung von Supply Chain-Strategien und das Anstoßen konkreter Initiativen auf der Netzwerkebene zu verschiedene Stadien zugeordnet werden, ist dieser Vorgang nicht als ein Prozess mit zeitlicher und kausaler Linearität zu betrachten. Denn erstens ist die Zeit, die Unternehmen brauchen, um alle Stadien zu durchlaufen, unterschiedlich lang. Zweitens verläuft die Entwicklung kooperativer Zusammenarbeitsformen auf der Netzwerkebene zirkulär. Damit sei darauf hingewiesen, dass bestimmte Formen der Zusammenarbeit, zu verschiedenen Zeitpunkten und unter verschiedenen Bedingungen, immer wieder durchlaufen werden.[489] Es geht also um eine Analyse der Stadien bei der Kreation von Supply Chain-Initativen auf der Netzwerkebene. Dabei hat der Durchlauf der Stadien idealtypischen Charakter. In der Praxis können sich demnach unterschiedlichste Durchläufe und Abfolgen ergeben.

[489] Vgl. Aderhold (2002), S. 21 ff.

3.2.3.1 Stadium 1: Entwicklung einer akteursspezifischen Supply Chain-Vision im Netzwerkkontext

Im ersten Stadium findet die Entwicklung einer akteursspezifischen Supply Chain-Vision mit Bezügen zur Netzwerkebene statt. Die Vision knüpft an ein Ergebnis des Initiierungsprozesses von Supply Chain-Initiativen auf der Akteursebene an, bezieht allerdings verstärkt Inputs von Netzwerkpartnern mit ein und stellt Impulse für weitere Akteure dar (Impuls für die Netzwerkebene). Im Kern ist damit ein Vorgang zur Harmonisierung des Supply Chain-Verständnisses angesprochen, welcher seinerseits wiederum notwendig ist, um abgestimmte Supply Chain-Initiativen auf der Netzwerkebne gemeinsam zu konkretisieren und einer späteren Umsetzung zuzuführen.

Die Entwicklung einer Supply Chain-Vision mit Netzwerkbezügen lässt sich ihrerseits in sieben generischen Schritten beschreiben (vgl. Abbildung 3.2-9).

Ausgangspunkt für die Entwicklung einer Supply Chain-Vision ist eine eigene, klar definierte Unternehmensstrategie, welche idealerweise auf allen Hierarchieebenen innerhalb des Unternehmens (bzw. des betrachteten Geschäftsfeldes) „gelebt" wird und aus den Implikationen für das SCM ableitbar sind (Schritt 1). Um eine Verbindung zur interorganisatorischen Ebene herzustellen, sind dabei erste Inputs der Netzwerkebene zu berücksichtigen. Solche Inputs können beispielsweise gewisse Eigenschaften,

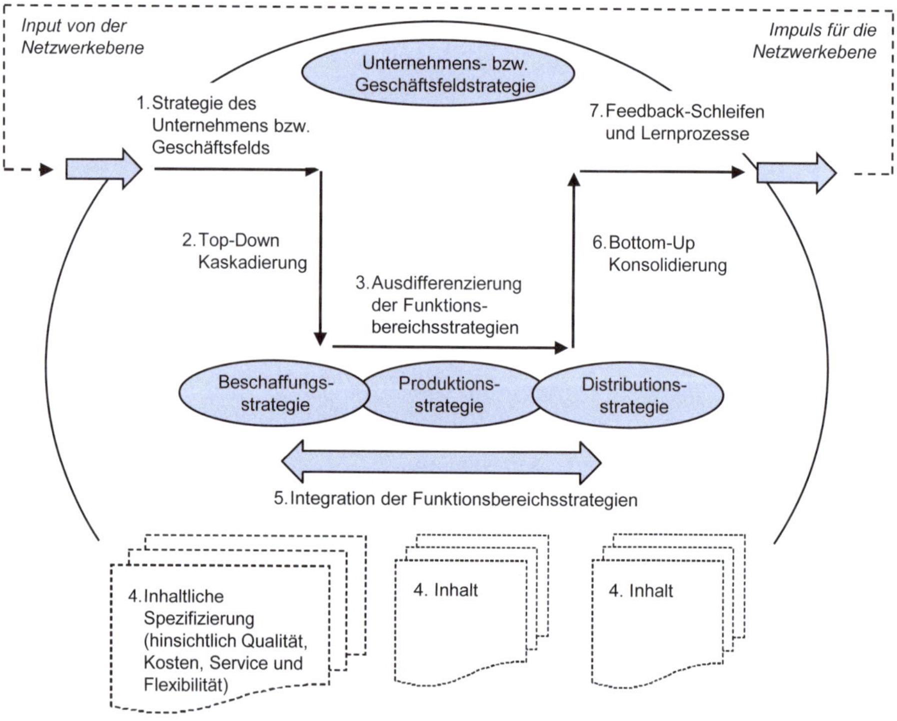

Abbildung 3.2-9: Vorgehen zur Entwicklung einer akteursspezifischen Supply Chain-Vision im Netzwerkkontext[490]

[490] In Anlehnung an Nollet/Ponce/Campbell (2005), S. 136.

Fähigkeiten oder Einstellungen der möglichen Supply Chain-Partner sein. Mit einer Top-Down Kaskadierung in Schritt 2 wird der Fokus der Analyse von der Strategie des Unternehmens auf die einzelnen Geschäftsbereiche heruntergebrochen. Hier werden die langfristigen Ziele der Funktionsbereiche näher umrissen und beispielsweise hinsichtlich Qualitäts-, Kosten-, Service- oder Flexibilitätskriterien hin konkretisiert (Schritt 3). Anschließend sind Logistikanforderungen an potenzielle Netzwerkpartner und inhaltliche Spezifizierungen von Funktionsbereichsstrategien zu formulieren (Schritt 4). Diese Anforderungen werden im Schritt 5 miteinander verknüpft und danach in einer Bottom-Up Konsolidierung so zusammengefasst, dass die gesamten Funktionsbereichsstrategien unter Einbezug externer Faktoren in eine Supply Chain-Vision einfließen (Schritt 6). Idealtypisch wird in einem Schritt 7 ein Feedback-Prozess angestoßen, der seinerseits wiederum einen Impuls für die Netzwerkebene darstellt.[491]

Der Prozess zur Entwicklung einer Supply Chain-Vision basiert auf der Analyse der Funktionsbereichs- und Unternehmensstrategie der involvierten Akteure (vgl. Kapitel 3.3). Ein gegenseitig abgestimmtes und akzeptiertes Vorgehen auf der Netzwerkebene ist nur dann zu erwarten, wenn die beteiligten Unternehmen die eigenen Werte, Ziele, Tätigkeiten und Vorgehensweisen auf eine zukünftige Zusammenarbeit hin untersuchen und bereit sind, gewisse Supply Chain-Wertvorstellungen miteinander zu teilen.[492] Letztere stehen dabei in Zusammenhang mit den jeweiligen Unternehmensphilosophien, die durch das Menschenbild, die Interpretation der Wirtschafts- und Gesellschaftsordnung und das Unternehmensleitbild vornehmlich geprägt sind. Dabei lässt sich das Unternehmensleitbild durch ein *„Beziehungsleitbild“*[493] ergänzen, welches die Ausgangsposition zur gemeinsamen Interaktion in Supply Chains charakterisiert. Das Beziehungsleitbild setzt sich aus der Kultur, den Normen und den Werten des Unternehmens sowie aus Zielen und Motiven der Mitarbeitenden zusammen und bezieht sich auf die mögliche Zusammenarbeit mit Geschäftspartnern. In einer Supply Chain besitzt jedes in das Netzwerk einbezogene Unternehmen ein eigenes bewusstes oder unbewusstes Beziehungsleitbild, das die Handlungsmöglichkeiten sowie die Vertrauens- und Investitionsbereitschaft beeinflusst und somit die Kompatibilität der Akteure einer Supply Chain inhaltlich auf die Art ihrer Zusammenarbeit bestimmt.

Existieren starke Differenzen hinsichtlich der Beziehungsbilder, kann es zwischen Supply Chain-Akteuren, welche die Zusammenarbeit auf der Basis einer gemeinsamen Strategie anstreben, zu Konflikten kommen. Grund dafür ist, dass die Handlungen der Supply Chain-Akteure wegen Wertdifferenzen nicht mit den erwarteten Verhaltensweisen übereinstimmen. Allerdings ist die Übereinstimmung von Beziehungsleitbildern von Unternehmen nicht in allen Konstellationen notwendig. Handelt es sich beispielsweise um eine marktbasierte und schwach integrierte Austauschbeziehung zwischen Unternehmen einer Supply Chain (sog. „marktliche Supply Chains“, vgl. Kapitel 1.1, insbes. Abbildung 1.1-7), so spielt das Vorliegen gemeinsamer Beziehungsleitbilder eine geringe bis keine bedeutende Rolle. Im Gegensatz dazu sollte für die Strategiefindung in Supply Chains sowie für eine langfristige Zusammenarbeit eine hohe Übereinstimmung der Beziehungsleitbilder erreicht werden.

---

491 Ein solches „Gegenstromverfahren“ mit Top-Down- sowie Bottom-Up-Elementen entstammt der Forschung zur Planung & Kontrolle (z. B. Pfohl/Stölzle, 1997) und wird bei der Umsetzung der Balanced Scorecard eingesetzt (z. B. Kaplan/Notton, 1998).

492 Vgl. Peck/Jüttner (2000), S. 34 ff.

493 Vgl. Trumpfheller/Hofmann (2004), S. 75 ff.

3.2.3.2 Stadium 2: Harmonisierung der akteursspezifischen Supply Chain-Visionen und Strategiefindung auf der Netzwerkebene

Der Prozess der Harmonisierung der akteursspezifischen Supply Chain-Visionen sowie der konkreten Ausarbeitung von Supply Chain-Initiativen auf der Netzwerkebene lässt sich in den Schritten (1) Kontaktaufnahme und Selektion, (2) Annäherung und Verhandlung, (3) Entscheidung und Kommunikation sowie (4) Vorbereitung des Anlaufs und der Interaktion darstellen. Diese generischen Schritte bieten einen ersten Anhaltspunkt für den Transformationsverlauf interorganisatorischer Beziehungen in Supply Chains. In der unternehmerischen Praxis werden diese häufig implizit durchlaufen. Es ist somit möglich, dass einzelne Schritte übersprungen oder die Reihenfolge nicht eingehalten werden. Des Weiteren variiert die zeitliche Dauer des Durchlaufs der einzelnen Schritte, je nach Ausgangssituation und Vorarbeiten bzw. Kenntnissen der beteiligten Supply Chain-Akteure.

Abbildung 3.2-10 zeigt die vier Schritte der Harmonisierung der Supply Chain-Visionen sowie der Strategiefindung in einer sachlogischen Reihenfolge und setzt diese in Bezug auf die Kriterien Informationsaustausch, Strategie- und Koordinationsprozesse sowie Lernprozesse.[494]

	Schritt 1:	**Schritt 2:**	**Schritt 3:**	**Schritt 4:**
	Kontaktaufnahme und Selektion	Annäherung und Verhandlung	Entscheidung und Kommunikation	Gemeinsame Vorbereitung des Anlaufs und der Interaktion
Informationsaustausch	Marktbezogener Informationsaustausch (bei Erstkontakt)	Austausch operativer Informationen	Austausch strategischer Informationen	Austausch von explizitem und implizitem Wissen
Strategieprozess und Koordination	Individuelle Strategien und Markpreise	Individuelle Strategien und Identifikation von Schnittstellen	Herausstellung gemeinsamer Ziele und Identifikation geeigneter Steuerungsmechanismen	Aufbau von Vertrauen, Etablierung von Steuerungsmechanismen sowie Initiierung von Umsetzungsvorbereitungen
Lernprozesse	Single Loop Learning auf Akteursebene	Single Loop Learning mit Bezug zu den Interaktionspartnern	Double Loop Learning und Beseitigung möglicher Interaktionsbarrieren	Double Loop sowie Deutero Learning und Verständigung auf gemeinsame Werte und Normen

Abbildung 3.2-10: Idealtypisches Vorgehen bei der Harmonisierung von Supply Chain-Visionen und der Strategiefindung auf der Netzwerkebene

[494] Das Vorgehen lehnt sich an den „Vermarktungsprozess von Industriegütern" an: Vgl. hierzu Backhaus/Voeth (2010); Koch (1987); Utikal (2001) oder Geiger (2007).

Im Folgenden werden die Schritte der Harmonisierung von Supply Chain-Visionen und der Strategiefindung auf der Netzwerkebene erklärt und die verschiedenen Eigenschaften näher beschrieben.

Schritt 1: Kontaktaufnahme und Selektion

Die Kontaktaufnahme wird befruchtet von Ansätzen aus dem Marketing/Vertrieb zur (Neu-)Kundengewinnung, vom Vermarktungsprozess von Industriegütern sowie von der Geschäftsanbahnung im internationalen Kontext (Außenhandelsmarketing). Den Ausgangspunkt zur Intensivierung der Zusammenarbeit im Rahmen des SCM stellt häufig ein bestehender Marktkontakt zwischen Unternehmen dar. Auf Basis eines bereits stattfindenden marktüblichen Güter-/Warenaustausches lässt sich die angestrebte Harmonisierung der Supply Chain-Visionen sowie Strategiefindung anstoßen.[495] In einer solchen Konstellation existieren häufig bereits erste Interaktionen zwischen den Supply Chain-Akteuren, wobei es sich dabei überwiegend um marktnahe Beziehungen handelt, in denen individuelle Herangehensweisen und Marktpreise dominieren.[496] In dieser Phase wird das Prozesswissen von den Akteuren lokal vorgehalten und kaum oder gar nicht an die Interaktionspartner kommuniziert, da bspw. komparative Vorteile oder Geschäftsgeheimnisse hiervon tangiert sind und noch erhebliche Unsicherheiten bezüglich einer zukünftigen engeren Zusammenarbeit bestehen können. Lediglich Kenntnisse, die Auswirkungen auf den unternehmensübergreifenden Prozessablauf haben, lassen sich ohne Vorbehalte mit dem potenziellen Partner austauschen.[497]

Lernprozesse begrenzen sich bei der Kontaktaufnahme (vor allem beim Erstkontakt) im Sinne eines Single Loop Learning primär auf den einzelnen Akteur, welche zunächst durch kontinuierliche Verbesserung von marktbezogenen Handlungsroutinen und Fähigkeiten geprägt sind. Single Loop Learning als einfachste Form des Lernens beschreibt Lernprozesse, bei denen das Ziel einer Verbesserung von Einzelentscheidungen innerhalb vorgegebener Entscheidungsregeln und Kontexte im Vordergrund steht. Zu diesen zählt insbesondere die Selektion möglicher Geschäftspartner, mit denen das Unternehmen – ausgehend von seiner akteursspezifischen Supply Chain-Vision – bereit ist, intensiver und langfristig zusammenzuarbeiten.

Sowohl bei bestehenden Marktkontakten als auch bei völlig unbekannten Partnern findet vorläufig ein erster Selektionsprozess statt. Diesem wird eine bedeutende Rolle im SCM zugeschrieben, einerseits, weil er die Basis für integrative Geschäftsbeziehungen schafft, und andererseits, da dabei die Art der Zusammenarbeit vorgesteuert wird.[498]

Die Selektion ist von Unsicherheiten und unvollständigen Informationen geprägt sowie mit den involvierten Entscheidungsträgern und deren Erfahrungsschatz sowie persönlichen Beziehungsnetzwerken verknüpft. Dabei sind zwei Problemfelder besonders zu beachten:[499]

---

[495] Vgl. Fischer/Huber (2005), S. 248 ff.

[496] Bititci et al. nennen die Phase der Kontaktaufnahme ad hoc, da die Zusammenarbeit zwischen Unternehmen der Supply Chain sich auf die Beziehung zwischen Kunde und Lieferant beschränkt: Vgl. Bititci et al. (2004), S. 255 ff.

[497] Dieser Schritt ist mit der „Voranfragephase" beim Vermarktungsprozess von Industriegütern vergleichbar: Vgl. Backhaus/Voeth (2010), S. 44 oder Koch (1987), S. 56.

[498] Vgl. Sydow/Möllering (2006a), S. 10 ff. Die inhaltliche Ausgestaltung der Selektion erfolgt im SCM-Arbeitsfeld Positionierung/Konfiguration (vgl. Kapitel 3.3).

[499] Vgl. Sydow/Möllering (2006a), S. 10 ff.

- Erstens besteht (meist) eine rechtliche Autonomie der einzelnen Supply Chain-Akteure, so dass eine Selektion immer beidseitig zu erfolgen hat. Ein Supply Chain-Akteur kann also nicht einfach ein anderes Unternehmen zu einer integrativen Zusammenarbeit „zwingen", sondern der potenzielle Partner muss sich selbst "selektieren", indem er sich für oder gegen eine solche Geschäftsbeziehung entscheidet.[500]
- Zweitens sind die zeitliche Perspektive und Dynamik einer integrativen Zusammenarbeit zu beachten – eine Selektion ist kein einmaliges Ereignis. Die Partner müssen sich nicht nur zu Beginn der Interaktion „selektieren", sondern es handelt sich um einen kontinuierlichen Prozess, der neben der „Reselektion" auch eine „Deselektion" (Ausscheiden) beinhaltet.[501]

Eine Herausforderung bei der Selektion der Netzwerkpartner besteht aus prozessualer Sicht also darin, dass Unternehmen nicht gerne Informationen über ihre Strategie, Werte und Kultur sowie Geschäftsprozesse und Ressourcen freigeben. In der Praxis ist es daher erforderlich, dass die Interaktionspartner vertieft aufeinander eingehen. In der Folge geht es daher insbesondere darum, dass sich die Partner in der Supply Chain (unverbindlich) näher kennen lernen und sich einander annähern, um dann konkrete Verhandlungen über eine Zusammenarbeit bezüglich spezifischer Supply Chain-Initiativen aufzunehmen.

Schritt 2: Annäherung und Verhandlung

Im nächsten Schritt erfolgt eine Annäherung zwischen den Unternehmen der Supply Chain. Neben der Erörterung möglicher Bedarfe und gemeinsamer Zielsetzungen im SCM sowie der Erfassung potenzieller Probleme werden hierbei die Aktivitäten und Arbeitsmethoden der Supply Chain-Akteure im Rahmen eines intensivierten Informationsaustauschs näher beobachtet, wobei insbesondere operative Leistungsdaten ausgetauscht werden (z. B. Bestellmengen und Serviceniveaus). Dabei konzentrieren sich die involvierten Akteure vor allem auf die relevanten Wertschöpfungs- und Logistikprozesse sowie deren Schnittstellen.[502] So werden z. B. operative Tätigkeiten in den Bezugspunkten Beschaffung, Produktion, Distribution oder Logistik näher analysiert und Handlungsmöglichkeiten, die durch das SCM erreicht werden könnten, gesucht.[503]

In der Phase der Annäherung geht es darum, die Partner einer Supply Chain detaillierter kennenzulernen und deren Prozesse und Werte sowie ihre Einstellungen gegenüber den Märkten, den weiteren Akteuren der Supply Chain und der Konkurrenz zu verstehen. Dieser Prozess ist mit den Voraussetzungen der Intention zur Vertrauensbildung sowie einer offenen Kommunikation verbunden. Da dem „wahrheitsgetreuen" Umgang zwischen den Mitgliedern der Supply Chain für die Lancierung von Initiativen auf der Netzwerkebene eine große Bedeutung für deren Umsetzungserfolg zugeschrieben wird („Compliance"), ist es in notwendig, dass der Wille zum Aufbau von Vertrauen bei den beteiligten Unternehmen des involvierten Supply Chain-Ausschnitts vorhanden und zu erkennen ist. Trifft dies nicht zu und erkennen die Akteure kein Interesse der anderen Beteiligten an einem offenen Austausch, ist es unwahrscheinlich, dass der Annähe-

---

500 Vgl. Sydow/Möllering (2006b), S. 214 ff.

501 Vgl. Sydow/Möllering (2006a), S. 10 ff. In diesem Zusammenhang ist der Austausch von Netzwerkpartnern zu erwähnen, welcher in der Praxis häufig unter dem Begriff „Lieferantenwechsel" subsumiert wird: Vgl. Kirst (2008), S. 80 f.

502 Vgl. Fischer/Huber (2005), S. 248 ff.

503 Vgl. Bititci et al. (2004), S. 256 ff.

rungsprozess sowie die Harmonisierung der Supply Chain-Vision und die gemeinsame Strategiefindung in den nächsten Phasen fortgesetzt werden. Eine „Zusammenarbeit" ist in diesem Fall nur noch über rein marktliche Beziehungen möglich.

Der Prozess der Annäherung kann durch den einfachen Kontakt erfolgen, indem Unternehmen durch einen bereits bestehenden und wiederholten Austausch von Produkten und Dienstleistungen ihre vor- und nachgelagerten Stufen der Supply Chain besser kennen lernen und Vertrauen zueinander aufbauen können.

Um die Herausforderung der Annäherung zwischen Unternehmen, die noch nicht bzw. nur beschränkten Kontakt zueinander hatten, zu bewältigen, können verschiedene unterstützende Maßnahmen eingeleitet werden: So lassen sich beispielsweise Unternehmensbesichtigungen oder Exkursionen als ein Mittel der Annäherung einsetzen. Diese ermöglichen einerseits unverbindliche Einblicke in die Wertschöpfungsaktivitäten potenzieller Interaktionspartner sowie das gegenseitige Kennenlernen relevanter Entscheidungsträger. Diese Art der Annäherung hat zusätzlich das Ziel, informelle, persönliche Beziehungen zwischen den Führungskräften zu fördern, was z. B. durch persönliche Events unterstützt wird. Eine weiterführende Annäherung besteht in der Initiierung eines szenariogestützten Probelaufs, in dem über eine beschränkte Zeit provisorisch gemeinsam zusammengearbeitet wird.[504] Im Rahmen des befristeten Vorhabens lässt sich erkennen, wie die aufeinander abgestimmte Wertschöpfung in der Supply Chain aussehen könnte, und ob die Zusammenarbeit mit den beteiligten Unternehmen erfolgreich abzuwickeln ist. Allerdings ist beim Einsatz des Probelaufes zu berücksichtigen, dass durch die beschränkte Zeit der Interaktion nicht alle Potenziale einer langfristigen Zusammenarbeit ad-hoc transparent werden, so dass ein Pilotvorhaben nicht mit einer tatsächlichen Geschäftsbeziehung in der Supply Chain gleichzustellen ist.

Der Vorteil, der durch die Annäherung sowie durch die Beobachtung und Analyse der möglichen Supply Chain-Partner erwächst, ist, dass Unternehmen vor einer finalen Entscheidung testen können, ob die Partner zueinander „passen". Bei einer negativen Einschätzung kann die Erarbeitung einer harmonisierten Supply Chain-Vision sowie Strategiefindung rechtzeitig eingestellt werden.[505]

Obwohl in dieser frühen Interaktionsphase die involvierten Supply Chain-Akteure versuchen, ihre Tätigkeiten zukünftig zu ergänzen, ist sie durch eine relativ große Ungewissheit charakterisiert. Es ist daher notwendig festzustellen, welche Schwierigkeiten und Investitionen bei der Umsetzung der intendierten Supply Chain-Initiative entstehen und wie die Unternehmen im Falle eines Misserfolgs damit umgehen können.[506] Diese Aspekte gilt es u. a. im Rahmen von Verhandlungen zu konkretisieren.

Ein Modell für Verhandlungen zwischen zwei Supply Chain-Akteuren unterscheidet aus verhaltenswissenschaftlicher Sicht drei Elemente (vgl. Abbildung 3.2-11): Kontextvariablen der Supply Chain-Verhandlung, dynamische Variablen der Verhandelnden sowie die Verhandlungsergebnisse:

---

504 Die kurzfristige Zusammenarbeit kann auch die Form eines Projektes annehmen. Informelle Beziehungen zwischen den Teams der beteiligten Unternehmen sind einer späteren langfristigeren Zusammenarbeit oft dienlich: Vgl. Aderhold/Meyer/Ziegenhorn (2001), S. 144 ff.

505 Vgl. Fischer/Huber (2005), S. 248 ff.

506 Vgl. Pett/Dibrell (2001), S. 354 ff.

- Die *Kontextvariablen der Supply Chain-Verhandlung* werden als statisch angesehen und können den Kategorien „strukturelle Kontextfaktoren" sowie „Parteien als Kontext" zugeordnet werden. Die strukturellen Kontextfaktoren beziehen sich auf das Machtgefälle und das integrative Potenzial zwischen den Verhandelnden sowie die zur Verfügung stehende Zeit für den Verhandlungsprozess. Unter den Parteien als Kontext können einerseits spezifische Prinzipal-Agenten-Beziehungen sowie der Einbezug von Drittparteien (z. B. eines Unternehmensberaters oder Logistikdienstleisters) subsumiert werden.
- Unter den *dynamischen Variablen der Verhandelnden* sind einerseits Variablen subsumiert, welche die einzelne Supply Chain-Akteure betreffen, insbesondere die Kognitionen der Verhandelnden (z. B. Verhandlungsplanung, Informationsverarbeitung, Affektverhalten oder Persönlichkeitsmerkmale). Andererseits gehören dazu die dyadischen Größen der Verhandlungsinteraktion (z. B. Taktiken der Einflussnahme oder der Kommunikation).

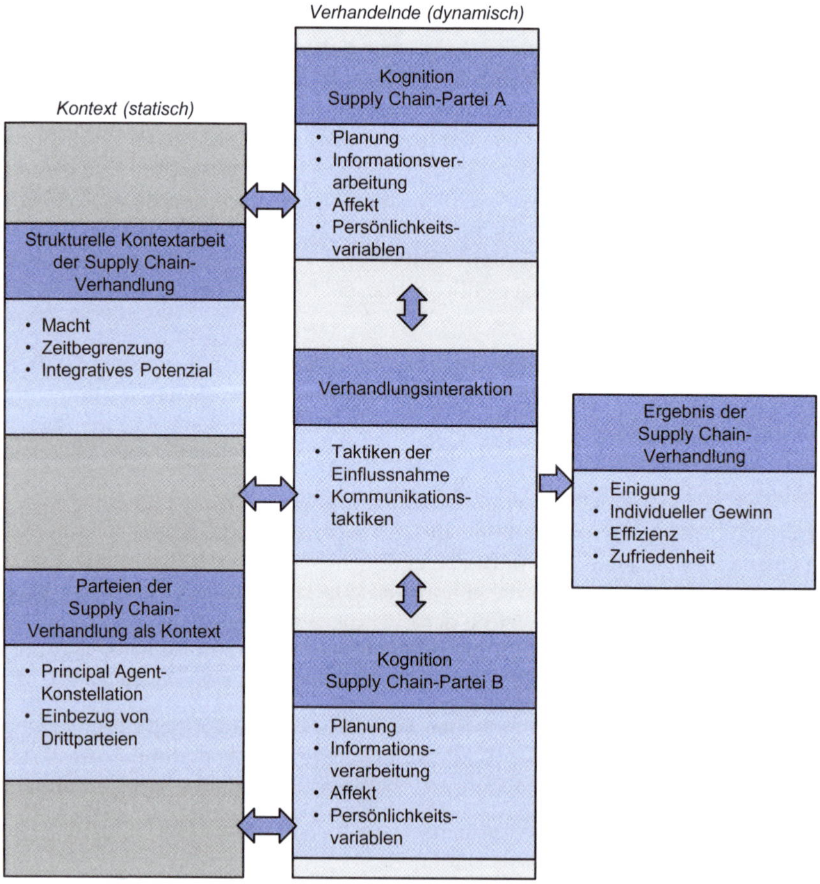

Abbildung 3.2-11: Modelle der Supply Chain-Verhandlung aus verhaltenswissenschaftlicher Sicht[507]

[507] In Anlehnung an Neale/Northcraft (1991), S. 177. Im englischen Original sprechen die Autoren von einer „Behavioral Negotiation Theory".

- Als *Ergebnisse der Supply Chain-Verhandlung* kommen die ökonomischen Größen Einigung bzw. Nichteinigung, individueller Verhandlungsgewinn und Verhandlungseffizienz sowie verhaltenswissenschaftliche Aspekte, wie z.B. die Verhandlungszufriedenheit oder die zukünftige Verhandlungsneigung, in Betracht.

Die Pfeile im Modell der Supply Chain-Verhandlung stellen die prinzipiellen Wirkungszusammenhänge zwischen den Variablenkategorien dar, nicht jedoch spezifische Ursache-Wirkungs-Beziehungen zwischen einzelnen Variablen. Nach solchen Überlegungen bilden die Kontextvariablen die statischen Rahmenbedingungen der betrachteten Verhandlung. Sie beeinflussen die Kognitionen der Verhandelnden sowie die Verhandlungsinteraktion zwischen beiden Supply Chain-Parteien, haben aber nur einen indirekten Einfluss auf die Ergebnisse der Verhandlung. Letztere werden ausschließlich als Resultat der eigentlichen Verhandlungsinteraktion betrachtet.

Das Modell der Supply Chain-Verhandlung soll helfen, den Abstimmungsvorgang zwischen den Entscheidungsträgern zweier oder mehrerer Unternehmen besser zu verstehen. Eine bewusste Reflektion des Verhandlungsprozess und seiner Einflussfaktoren kann zum erfolgreichen Verlauf der Harmonisierung der Supply Chain-Visionen sowie zur Identifizierung und Einigung auf eine bestimmte Initiative beitragen.

Die Lernprozesse finden sich bei der Annäherung und Verhandlung zwar weiterhin im Single Loop, allerdings lassen sich erste Erfahrungswerte zu Lernprozessen erkennen, die in Bezug auf die Interaktionspartner in der Supply Chain stattfinden und die bis in die nächste Phase der Entscheidung und Kommunikation hineinreichen.

Schritt 3: Entscheidung und Kommunikation

In Schritt 3 findet die Entscheidung für oder wider einer Harmonisierung der einzelnen Supply Chain-Visionen bzw. Strategiebildung auf der Netzwerkebene sowie die daran anschliessende Kommunikation der Ergebnisse statt. Der Entscheidungsprozess lässt sich seinerseits dabei prinzipiell in zwei Hauptschritte, die Willensbildung und die Willensdurchsetzung, zerlegen,[508] wobei die Willensbildung in den Kontext der Initiierung bzw. Kreation und die Willensdurchsetzung in das Feld der Veränderung bzw. Adaption einzuordnen sind. Abbildung 3.2-12 zeigt die Schritte sowie die einzelnen Teilaufgaben eines generischen Entscheidungsprozesses.

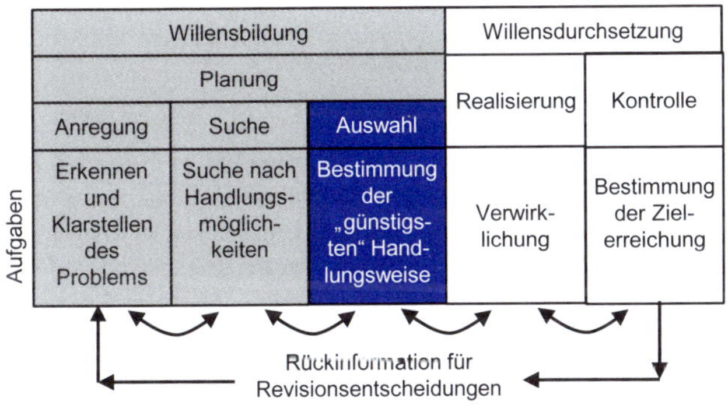

Abbildung 3.2-12: Schema eines idealtypischen Entscheidungsprozesses[509]

[508] Vgl. Häusler (2002), S. 155 ff.
[509] In Anlehnung an Häusler (2002), S. 155.

Die bis zu diesem Punkt behandelten Schritte (die Harmonisierung der akteursspezifischen Supply Chain-Visionen sowie die Kontaktaufnahme und die Annäherung) sind der Willensbildung zuzuordnen. In diesem Vorbereitungsschritt mit Planungscharakter geht es darum, den Erfolg einer möglichen Zusammenarbeit in der Supply Chain allgemein oder in Bezug auf eine spezifische Initiative abzuwägen, den die involvierten Unternehmen alleine über marktliche Transaktionen nicht realisieren würden (Anregung). Des Weiteren werden Informationen über die Partner sowie die Initiative gewonnen, so dass sich Handlungsoptionen für die Zusammenarbeit in der Supply Chains identifizieren (Suche) und schließlich am Ende der Willensbildung einer Bestimmung der attraktivsten Handlungsmöglichkeiten zuführen lassen (Auswahl).[510] Im Rahmen der Entscheidung ist vor allem die Auswahl von besonderer Bedeutung.[511]

Die einzelnen Phasen der Willensbildung sind dabei nicht von den anderen isoliert zu betrachten, sondern im Bündel mit wechselseitigen Interdependenzen zu berücksichtigen. Beispielsweise werden Entscheidungen nicht nur alleine während der Auswahl getroffen, sondern es handelt sich um eine iterative Prozessabfolge, welche die Anregung und Suche inkludiert. Gleichzeitig beeinflussen sich die Entscheidungen, die entlang des Prozesses getroffen werden, gegenseitig.

Haben sich die Unternehmen für die Zusammenarbeit in der Supply Chain bezüglich einer bestimmten Initiative entschieden, gilt es, die Kommunikationsphase anzustoßen, wobei die strategische Relevanz der ausgetauschten Information zwischen den Unternehmen zunimmt. Häufig findet jetzt zum ersten Mal ein tieferer Einblick in die strategische Zielsetzung, die Ressourcenausgestaltung und die Kernkompetenzen des jeweiligen Interaktionspartners statt, so dass dem Vertrauen eine steigende Bedeutung beizumessen ist. Relevante Punkte umfassen die (wahren) Gründe und Motive jedes Unternehmens für die Zusammenarbeit in der Supply Chain, die Risiken, die sich aus der integrativen Zusammenarbeit ergeben, und die benötigte Infrastruktur.[512] Jeder Partner sollte die Gelegenheit erhalten, seine Anliegen und Erwartungen hinsichtlich der intendierten Supply Chain-Initiative zu kommunizieren. Idealerweise erfahren die Akteure an dieser Stelle, was die anderen Unternehmen jeweils erwarten sowie die Umstände, unter denen die Zusammenarbeit auf keinen Fall eingegangen bzw. aufrechterhalten wird (sog. Deal Breakers). Der Prozess der bilateralen und netzwerkweiten Kommunikation kann längere Zeit in Anspruch nehmen, da in den einzelnen Unternehmen unterschiedlichste Entscheidungsträger und Führungskräfte einzubinden sind. Daher ist es empfehlenswert, die gemeinsame Vision, die netzwerkweiten und akteursspezifischen Ziele sowie die betroffenen Prozesse der Supply Chain im Rahmen einer offenen Kommunikation möglichst konkret zu definieren und schriftlich festzuschreiben.

Lernen kann, in dieser Phase vor allem durch einen Double Loop beschrieben werden. Prozesse des Double Loop-Learning setzen primär an Entscheidungsregeln und sekundär an den Kontexten an, die den Entscheidungsregeln zugrunde liegen. Konkret handelt es sich um einen diskontinuierlichen Verbesserungsprozess von Handlungsrou-

---

[510] Die zweite Phase des Entscheidungsprozesses ist die Willensdurchsetzung, welche die Kommunikation, den Anlauf, die Interaktion, die Anpassung der Unternehmensstrategien an der Supply Chain und schließlich das damit verbundene interorganisationale Lernen umfasst: Vgl. Häusler (2002), S. 155 ff.

[511] Instrumente und Methoden, die bei der Auswahl in der Praxis eingesetzt werden, sind Gegenstand des SCM-Arbeitsfelds Performance Messung und Evaluation (Kapitel 3.6).

[512] Vgl. Pett/Dibrell (2001), S. 356 ff.

tinen, mit denen Supply Chain-orientierte Verhaltensmuster und Entscheidungsregeln in die Organisation eingeführt und Interaktionsbarrieren zwischen den Akteuren beseitigt werden.[513]

Schritt 4: Gemeinsame Vorbereitung des Anlaufs und Start der Interaktion

Dyer und Singh (1998) unterstreichen durch den von ihnen entwickelten Relational View, dass sich Wettbewerbsvorteile unter anderem auf die Gestaltung und Nutzung von Netzwerkressourcen und Netzwerbeziehungen zurückführen lassen.[514] Diesen Überlegungen folgend entstehen Wettbewerbsvorteile vor allem dann, wenn Unternehmen sowohl materielle wie auch immaterielle Ressourcen untereinander austauschen und dabei gezielt die gemeinschaftliche Reduktion von Kosten anstreben. Weitere Quellen für interorganisationale Wettbewerbsvorteile auf der Netzwerkebene sind beziehungsspezifische Investitionen,[515] interorgranisationale Routinen,[516] komplementäre Ressourcen und Fähigkeiten[517] sowie effiziente Governance-Strukturen.[518]

Nachdem die Entscheidungsträger der involvierten Unternehmen sich für eine intensivere Zusammenarbeit in Bezug auf eine bestimmte Supply Chain-Initiative prinzipiell geeinigt und die gegenseitige Kommunikation vertieft haben, gilt es, gemeinsam die konkrete Ausgestaltung sowie Umsetzung durchzusprechen und vorzubereiten. Hierbei sind zunächst mögliche Barrieren und Hindernisse zu identifizieren, die dem Vorhaben in den jeweiligen Unternehmen entgegenstehen könnten. Eine Sammlung von Argumenten für die intendierte Supply Chain-Initiative, das Auflisten von Vorteilen, die Erstellung eines groben Zeitplans sowie die Bereitschaft, bei Bedarf die Argumente, die Vorteile und den Zeitplan zusammen in den jeweiligen Unternehmen zu präsentieren, intensivieren den Informationsaustausch und helfen gemeinsame Werte, Normen und Ziele aufzubauen.

In der Phase der Anlaufkonzipierung sowie Vorbereitung der Interaktion können über Prozesse des Double Loop-Learning sowohl das Commitment innerhalb der einzelnen Akteure gegenüber den Partnern gestärkt, als auch die Handlungsroutinen und Entscheidungsabläufe auf die Belange der Supply Chain ausgerichtet werden. Dabei ist es weiterhin von Bedeutung, dass die Unternehmen geeignete Mechanismen vorsehen, mit

---

513 Vgl. Fischer/Huber (2005), S. 247 ff.

514 Vgl. Dyer/Singh (1998), S. 661.

515 Unter beziehungsspezifischen Investitionen werden Investitionen zur Spezialisierung von Ressourcen verstanden. Dadurch lassen sich Differenzierungspotenziale in Produktionsprozeduren entwickeln, welche sich bspw. in Economies of Scope oder in der Entstehung gemeinsamen Wissens oder von Routinen ausdrücken können.

516 Interorganisationale Routinen zur Wissensteilung deuten auf die Bedeutung von Lern- und Problemlösungsvermögen in Unternehmen hin. Unternehmenspartner sind in vielen Fällen Quellen für neue Ideen, die sowohl für die Supply Chain, als auch für jedes daran beteiligte Unternehmen hilfreich sein können. Durch Transfer und Rekombination von Wissen können Routinen der Wissensteilung entstehen, welche das interorganisationale Lernen fördern.

517 Komplementäre Ressourcen und Fähigkeiten können durch ihre gemeinsame Nutzung in der Supply Chain einen höheren Nutzen für die Netzwerkpartner generieren, als die Summe der Einzelvorteile, wenn jeder Partner die eigenen Ressourcen in seinem Interesse einsetzt: Vgl. Fitzek (2005), S. 45 ff.

518 Die Governancestruktur beeinflusst die Höhe der Transaktionskosten, indem über Richtlinien die Kooperation zwischen den Partner effizient organisiert wird. Das Ziel der Governancestruktur ist es, geeignete Netzwerkinstitutionen und Kontrollmechanismen zu erstellen: Vgl. Fitzek (2005), S. 45 ff.

denen sie den Erfolg oder Misserfolg der Zusammenarbeit in der Supply Chain messen und bewerten wollen. Denn darüber entstehen weiterführende Lernpotenziale, die sich bei Folgeaktivitäten von den Supply Chain-Akteuren abrufen lassen. Der Zugang zu implizitem Wissen wird dabei über das entstehende Vertrauen und die fortgeschrittenen Austauschprozesse ermöglicht, so dass eine nächste Stufe der Lernprozesse erreicht werden kann (Deutero Lerning).[519] Beim Deutero Learning werden Single Loop- und Double Loop-Lernprozesse thematisiert und reflektiert, wobei das Lernen selbst zum Gegenstand des Lernens wird („Lernen zu lernen").

3.2.3.3 Stadium 3: Akteursspezifische Klärung der Implementierungsvoraussetzungen und Anpassung der Unternehmensstrategie

Der Prozess der Kreation einer Supply Chain-Initiative auf der Netzwerkebene beruht auf (explizit oder implizit) formulierten Strategien der involvierten Akteure sowie auf den interaktionsorientierten Erwartungen und der spezifischen ausgestalteten Supply Chain-Vision. Ist es gelungen, eine harmonisierte Supply Chain-Strategie auf der Netzwerkebene zu formulieren und sich auf eine bestimmte Initiative zu einigen, sind in einem nächsten Schritt die strategischen Ausrichtungen bei den einzelnen Akteuren gegebenenfalls anzupassen bzw. nachzujustieren. In diesem Stadium sind die einzelnen Akteure gefordert, die eigenen Strategien im Kontext des betrachteten Supply Chain-Ausschnitts zu überdenken und diese so anzupassen, dass möglichst ein Nutzen für die involvierten Unternehmen entsteht und – falls dies nicht realisierbar ist – sich zumindest die Supply Chain-Wirtschaftlichkeit für die Gesamtheit der Akteure erhöht. Hier sind direkte Schnittstellen zu den SCM-Arbeitsfeldern Positionierung/Konfiguration (vgl. Kapitel 3.3) sowie Veränderung/Adaption (vgl. Kapitel 3.5) zu identifizieren.

Oft ist ein Supply Chain-Akteur nicht in der Lage, alle Anforderungen der Netzwerkpartner ad hoc zu befriedigen. In diesem Falle sind neben Anpassungen bei der strategischen Ausrichtung auch Weiterentwicklung und Verbesserung der inner- und zwischenbetrieblichen Prozesse erforderlich, um die zukünftige intendierte Zusammenarbeit im betrachteten Supply Chain-Ausschnitt zu ermöglichen. Möchte ein Unternehmen nicht die vereinbarten Leistungen erbringen (Leistungsbereitschaft), besteht aus Netzwerksicht die Möglichkeit, Druck auf diesen Akteur auszuüben, damit er die erforderlichen Aktivitäten initiiert. Weiterhin lässt sich die Leistungsfähigkeit dieses Unternehmens durch Unterstützungsmaßnahmen anderer Akteure stärken. Konkret kommen hierbei beispielsweise ein Mentoring von operativen Beschaffungs-, Produktions-, Distributions- oder Logistikprozessen, eine Setzung von Anreizen oder eine aktive Unterstützung bei Planungs- und Kontrollaufgaben in Frage.[520] Solche Aktivitäten der Partnerentwicklung sind ein weiteres mögliches Ergebnis der strategieorientierten Interaktionsbemühungen in der Supply Chain. In der unternehmerischen Praxis wird sie häufig in strukturschwachen Regionen eingesetzt, so hat beispielsweise der Automobilhersteller Audi für die Produktion des A6 in China ca. 70 der 650 Lieferanten dazu motiviert, weitere Kapazitäten mit vor Ort ansässigen Partnern aufzubauen.[521]

519 Vgl. Fischer/Huber (2005), S. 250.
520 Vgl. Sydow/Möllering (2006b), S. 218 ff.
521 Vgl. Sydow/Möllering (2006b), S. 218 ff.

3.2.3.4 Stadium 4: Interorganisationales Lernen in der Supply Chain

Unternehmen, die bereit sind, in netzwerkartigen Strukturen einer Supply Chain zusammenzuarbeiten, sind in der Regel immer wieder einer Anpassung ihrer Tätigkeiten und ihrer Strategien an die involvierten Partnerunternehmen bzw. an die intendierten Supply Chain-Initiativen unterworfen. Anpassungsaktivitäten und Lernprozesse sind dabei eng miteinander verbunden. Daher besteht ein fliessender Übergang zum SCM-Arbeitsfeld Veränderung und Adaption (Kapitel 3.5). Von Bedeutung für den Anfang und die Weiterentwicklung der Geschäftsbeziehungen in einem Supply Chain-Ausschnitt ist, dass nicht nur die fokalen Unternehmen der Supply Chain durch die Zusammenarbeit lernen und Fortschritte erzielen, sondern dass auch kleinere Akteure die Gelegenheit wahrnehmen, ihre Leistungsfähigkeit durch die Interaktionen zu erweitern. Ein Konzept, welches das interorganisationale Lernen in Supply Chains spezifiziert, ist das sogenannte „Supply Chain-Learning“.[522]

Voraussetzung für das interorganisationale Lernen im Rahmen der Initiierung/Kreation von Supply Chain-Initiativen ist, dass Unternehmen miteinander Austausch- und Interaktionsbeziehungen unterhalten, wobei sich prinzipiell fünf Verhaltensweisen unterscheiden lassen, die einzelnen Akteuren gegenüber Netzwerkpartnern einnehmen können und somit die Lernprozesse beeinflussen.[523] Neben einer grundsätzlichen Vermeidung lassen sich anpassungs-, kompromiss-, wettbewerbs- und kooperationsorientierte Lernstrategien unterscheiden.

Ein größtmöglicher Lernerfolg über Wissensaustausch und Know-how-Aufbau entsteht, wenn Unternehmen einer Supply Chain kooperationsorientiert sind und die Lernprozesse innerhalb der Supply Chain unterstützen. Dies ist insbesondere dann zu erwarten, wenn aufgrund der bereits durchlaufenen Stadien der Kreation eine intensive, vertrauensvolle Beziehung zwischen den Akteuren aufgebaut wurde und die Unternehmen Erfahrungen im Deutero Learning gesammelt haben (z. B. bei der Harmonisierung der Supply Chain-Vision). In diesem Fall gibt es einen ausgeprägten Wissenstransfer zwischen den Beteiligten. Zusätzlich lassen sich neues Wissen und Fähigkeiten für die beteiligten Unternehmen erwerben.[524]

Ein Lernerfolg ist auch dann möglich, wenn zumindest ein Teil der Unternehmen kooperationsorientiert ist und die anderen die Bereitschaft mitbringen, auf Kompromisse einzugehen. Dadurch kann Wissenstransfer stattfinden und ein kleinerer Anteil an neuem Wissen generiert werden.

In allen anderen Konstellationen ist von einem asymmetrischen Wissenstransfer zwischen den involvierten Unternehmen einer Supply Chain auszugehen.

Wie bereits angedeutet, sind die Verhaltensweisen der einzelnen Akteure in Bezug auf vor- und nachgelagerte Mitglieder der Supply Chain sowie zu Dienstleistern, nicht immer gleich stark ausgeprägt und entwickeln sich durch die stattfindenden Interaktionen im Zeitablauf weiter. Somit ist es wahrscheinlich, dass sich zu Beginn des Lebenszyklus einer Geschäftsbeziehung überwiegend wettbewerbs- bzw. anpassungsorientiertes Verhaltensweisen vorherrschen und somit nur einen begrenzten Wissenstransfer ermög-

---

[522] Vgl. Bessant/Kaplinsky/Lamming (2003), S. 167 ff. oder im Allgemeinen zur Lernenden Organisation Senge (2006).

[523] Vgl. Larsson et al. (1999) sowie Kidd/Richter/Stumm (2003), S. 267 ff.

[524] Vgl. Kidd et al. (2003), S. 267 ff.

lichen. Liegt aber, zu einem späteren Zeitpunkt, eine Vertrauensgrundlage zwischen den Akteuren vor, bewegen sich die Verhaltensweisen in Richtung Kompromiss- und Kooperationsorientierung. Somit lassen sich die unterschiedlichen Entwicklungsstufen des interorganisationalen Lernens unterscheiden. Die bekannten Lernprozesstypen werden beim Supply Chain-Learning vor allem auf die Netzwerkebene bezogen: durch Imitation bestimmter Handlungsroutinen und Praktiken der Partner (Single Loop Learning), durch diskontinuierliche Verbesserungen der Zusammenarbeit (Double Loop Learning) und durch die Anpassung der Mechanismen von Partnern, die auf das eigene Unternehmen übertragen werden können (Deutero Learning).[525]

Während mit den klassischen Lernebenen sämtliche Möglichkeiten des individuellen Lernens bzw. der akteursspezifischen Kompetenzentwicklung eines Unternehmens beschrieben werden können, sind die Ebenen zur Beschreibung interaktionsbasierter Lernprozesse im unternehmensübergreifenden Netzwerkkontext um das Context-based und Paradigm-based Learning zu erweitern (vgl. Abbildung 3.2-13).[526] Mit diesen zusätzlichen Ebenen sind Lernvorgänge beschrieben, die im Zusammenhang mit der Erschliessung und dem Aufbau von Reflexionsfähigkeiten stehen.

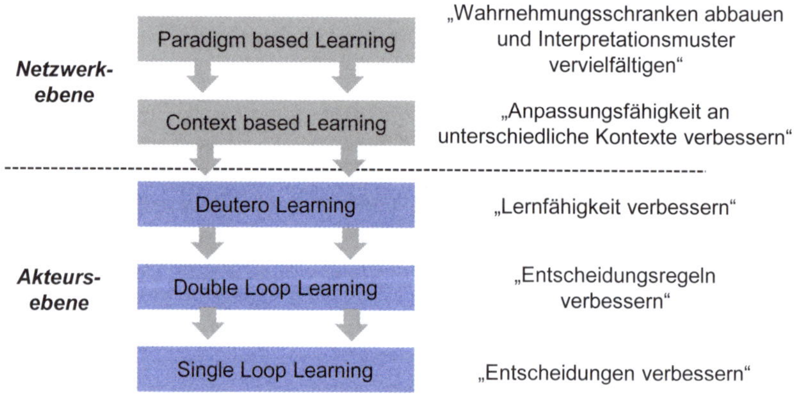

Abbildung 3.2-13: Ebenen individueller und kollektiver Lernprozesse[527]

Nach systemtheoretischer Auffassung ist es einem einzelnen Unternehmen kaum möglich, sich selbst zu thematisieren. Jede Form der Selbstbeobachtung und Selbstbeschreibung benötigt wechselseitige, reflexive Interaktions- und Kommunikationsprozesse mit einem Partner. Lediglich die Thematisierung der eigenen Rolle im Verhältnis zu anderen Akteuren ermöglicht es einem System (z. B. einem spezifischem Supply Chain-Ausschnitt), sich selbst als „Einheit“ – im Sinne eines „Quasi-Unternehmens“ (vgl. Abschnitt 3.3.3) – zugänglich zu machen. Folglich lassen sich der Abbau von möglichen Widerständen gegenüber bestimmten Supply Chain-Initiativen sowie die Wahrnehmung der Erfolgspotenziale durch SCM lediglich im Rahmen kooperativer Beziehungen mit Geschäftspartnern erschliessen. „Normale“ Marktbeziehungen sind für ein Context-based und Paradigm-based Learning ungeeignet.

[525] Vgl. Fischer/Huber (2005), S. 247 ff.
[526] Vgl. Mildenberger (2001), S. 705 ff.
[527] In Anlehnung an Mildenberger (2001), S. 705 ff.

Nicht nur der Aufbau von Reflexionsfähigkeiten, sondern auch die Ideenfindung bzw. -generierung kann Gegenstand des interorganisatorischen Lernens sein. Hierbei sind z. B. gemeinsame Arbeitskreise oder Projektgruppen denkbar, in denen gezielt nach Lösungen für Probleme in der Supply Chain gesucht werden. So können z. B. durch den Einbezug von Supply Chain-Akteuren in Brainstorming-Sessions oder durch Einrichtung gemeinsamer Ideenpools die Inspiration und die Ideengrundlage verbessert werden, da hierdurch Zugang zu Know-how, Kreativität und Information geschaffen wird. Darüber hinaus ist eine gemeinsame Ideenbewertung denkbar, wobei die involvierten Supply Chain-Akteure vom Know-how, den Erfahrungen und Informationen des jeweils anderen Partners profitieren, z. B. bei gemeinsamen Machbarkeitsstudien, Risikobewertungen und Marktpotenzialanalysen. Weitere Anknüpfungspunkte für das Supply Chain-Learning erschließen sich im Arbeitsfeld Performance Messung und Evaluation (vgl. Kapitel 3.5).

3.3 SCM-Arbeitsfeld Positionierung und Konfiguration

LERNZIELE

Am Ende dieses Kapitels sollten Sie in der Lage sein,

- die Supply Chain-Strategien, welche auf Akteurs- und Netzwerkebene verfolgt werden, wiederzugeben,
- den Zusammenhang zwischen der Wertschöpfungstiefe und der Modularisierung zu verstehen,
- die Ausdehnung und Verzweigung von Supply Chains zu diskutieren,
- das Prinzip der Selektion von Netzwerkpartner zu kennen,
- die Standortstrategien bei einer Supply Chain-Konfiguration wiederzugeben und
- die Auswahlkriterien bei einer Standortwahl zu kennen.

Der Aufbau und die Inhalte von Kapitel 3.3 gestalten sich wie folgt (vgl. Abbildung 3.3-1):

Erkenntnisebene des SCM-Arbeitsfeldes Positionierung/Konfiguration	Inhalte/Fragestellungen	Abschnitt des Kapitels	Ergebnis
Grundlagen	Was versteht man unter der Positionierung/ Konfiguration im SCM-Piloten? Welche Theorien stützen die Positionierung/ Konfiguration?	3.3.1	Grundlegendes Verständnis über die Positionierung/Konfiguration im Kontext des SCM-Piloten Geeignete Theorien, um die SCM-Arbeitsfelder Positionierung/Konfiguration auszugestalten
↓			
Ausgestaltung von Supply Chain-Strategien	Wie hängt die Supply Chain-Strategie auf Akteursebene mit anderen Strategien des Unternehmens zusammen? Wie kann eine Supply Chain-Strategie auf der Netzwerkebene abgestimmt werden?	3.3.2 und 3.3.3	Ausgestaltung einer Supply Chain-Strategie auf der Akteursebene Herleitung und Abgleich einer Supply Chain-Strategie auf der Netzwerkebene
↓			
Gestaltungsdimensionen der Positionierung/Konfiguration	Welche Bereiche des Supply Chain Managements müssen im Rahmen der SCM-Arbeitsfelder Positionierung/Konfiguration betrachtet werden? Wie können diese ausgestaltet werden?	3.3.4 bis 3.3.7	Einführung in die Gestaltungsdimensionen innerhalb der SCM-Arbeitsfelder Positionierung/Konfiguration (Netzwerkinhalt, Netzwerkvarietät, Netzwerkpartner sowie Standorte) Hinweise zur Operationalisierung der Gestaltungsdimensionen innerhalb der der SCM-Arbeitsfelder Positionierung/ Konfiguration

Abbildung 3.3-1: Aufbau des Kapitels 3.3 – SCM-Arbeitsfeld Positionierung und Konfiguration

3.3.1 Begriffsabgrenzung und theoretische Grundlagen

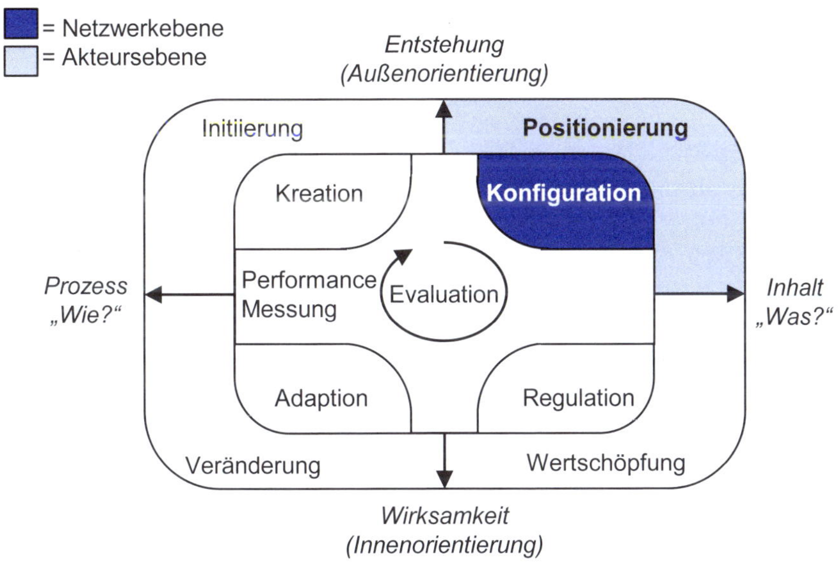

SCM-Arbeitsfeld Positionierung:

- Im Fokus des Arbeitsfelds steht der einzelne „Knoten“ (Akteur) eines Netzwerks. Es bezieht sich damit weitgehend auf die Akteursebene.
- Den Ausgangspunkt bildet eine formulierte Supply Chain-Strategie.
- Es beinhaltet alle relevanten Ausrichtungen eines Akteurs in der Außenorientierung (z.B. Wertschöpfungstiefenentscheidung oder Modularisierungsgrad), die einen Einfluss auf die Aktivitäten in der Supply Chain ausüben können oder im Gegenzug von diesen beeinflusst werden.
- Zur Positionierung eines Unternehmens in einer Supply Chain zählt u.a. die Auswahl von geeigneten Netzwerkpartnern (= Selektion) sowie die Segmentierung dieser Partner zu adäquaten Clustern (insbesondere Kunden- und Lieferantengruppen).

SCM-Arbeitsfeld Konfiguration:

- Gegenstand ist die Topographie und Zusammenstellung mehrere „Knoten“ eines Netzwerks. Das Arbeitsfeld thematisiert demzufolge gestalterische Aspekte der Außenorientierung auf der Netzwerkebene.
- Zentraler Anhaltspunkt ist eine harmonisierte Supply Chain-Strategie zwischen den involvierten Akteuren.
- Eine Aufgabe besteht mitunter darin, eine adäquate Netzwerkstruktur hinsichtlich Ausdehnung und Verzweigung sowie die Aufgabenallokation zwischen den involvierten Akteuren der Supply Chain herauszuarbeiten.
- Weiterhin gilt es, das geographische Aktivitätenspektrum der Supply Chain zu bestimmen (insbesondere Länder und Standorte).

Abbildung 3.3-2: Position und Inhalte der Arbeitsfelder Positionierung und Konfiguration im SCM-Piloten

Ausgangspunkt der SCM-Arbeitsfelder Positionierung und Konfiguration ist die inhaltliche Ausgestaltung der Supply Chain-Strategien auf der Akteurs- und Netzwerkebene. Eine zentrale Fragestellung des Arbeitsfeldes aus Sicht eines Akteurs lautet:

„Wie wollen wir die Supply Chain(s), in die das eigene Unternehmen eingebettet ist, gegenüber anderen Netzwerken inhaltlich positionieren und mit welchen Akteuren wollen wir dabei zusammenarbeiten?"

Zur Beantwortung dieser Fragestellung bieten sich aus einer wissenschaftsorientierten Sicht eine Reihe von Theorieansätzen an. Der in Abbildung 3.3-3 aufgeführte Überblick erhebt dabei keinen Anspruch auf Vollständigkeit, sondern soll die Fülle und Vielfalt möglicher Theorieansätze zum SCM-Arbeitsfeld Positionierung und Konfiguration verdeutlichen.

Theoretischer Ansatz (Quelle)	**Kernaussagen**	**Impulse für das SCM-Arbeitsfeld Positionierung und Konfiguration**
Neuere Systemtheorie (Willke, 2001; Liebig, 1997)	Bei der Systemtheorie handelt es sich um ein Erkenntnismodell, welches Systeme zur Erklärung für komplexe Ereignisse benutzt. Es wird von Einheiten wie beispielsweise „Gesellschaft", „Haushalt" etc. ausgegangen, wobei die Phänomene innerhalb dieser Einheit erklärt werden. In den neueren und erweiterten Entwicklungen der Theorie wird die Analyse von Prozessen thematisiert, die innerhalb dynamischer Systeme beliebiger Strukturen stattfinden.	Systemtheorie ist eine beschreibende Theorie und kann somit besonders für die Strukturierung von Supply Chains wesentliche Hinweise geben. Mit Hilfe der Systemtheorie lassen sich beispielsweise die Ausdehnung und Verzweigung von Supply Chains (z.B. als Subsysteme) sowie die Verbindungen zwischen den Akteuren illustrieren (z.B. als Relationen).
Strategieansatz (basierend auf der Industrieökonomik) (Porter, 1980)	Der auf der Industrieökonomik basierende Strategieansatz richtet sich auf die mögliche Positionierung eines Unternehmens in einem Markt. Es werden Impulse geliefert, mit welchen Strategien sich Unternehmen im Wettbewerb behaupten (z.B. Kostenführerschaft oder Differenzierer). Speziell dem „Market-Based View" geht es darum, sogenannte „Monopolrenten" zu generieren.	Die Supply Chain-Strategie nimmt eine gestaltende Funktion für die wettbewerbsstrategische Ausrichtung eines Unternehmens auf der Geschäftsfeldebene ein. Je nach Wettbewerbsstrategie (z.B. Kostenführerschaft oder Differenzierung) gilt es, die Supply Chain im Unternehmen sowie auf der Netzwerkebene (effizient oder möglichst reaktiv) auszurichten.
Transaktionskostentheorie (Picot, 1991; Schwaner, 1996; Ebers/Gotsch, 1999)	Transaktionskosten umfassen sowohl vor dem Vertragsabschluss entstehende Kosten (z.B. Anbahnungs- und Vereinbarungskosten) als auch Kosten, die der Phase während und nach dem Vertragsabschluss zuzurechnen sind	Die Transaktionskostentheorie zielt im Kern darauf ab, zu ermitteln, welche Arten von Transaktionen in welchen institutionellen Arrangements am kostengünstigsten abgewickelt werden können.

Theoretischer Ansatz (Quelle)	Kernaussagen	Impulse für das SCM-Arbeitsfeld Positionierung und Konfiguration
	(z. B. Abwicklungs-, Kontroll- und Anpassungskosten). Ziel der Theorie ist, unterschiedliche institutionelle Arrangements hinsichtlich der Effizienz zu bewerten. Durch einen Vergleich der jeweils auffallenden Transaktionskosten ist die optimale Organisationsform zu bestimmen.	Mit Hilfe der Transaktionskostentheorie lassen sich „Make or Buy"- bzw. Wertschöpfungstiefenentscheidungen in der Supply Chain erklären.
Internationalisierungstheorien und Standortentscheidungen (Root, 1994; Cichon, 1988; Ghoshal/Nohria, 1993; Kinkel, 2009)	Unter Internationalisierung ist jede Art grenzüberschreitender Aktivitäten zu verstehen. Je nach Schwerpunkt und Ausmaß sind international, multinational und global tätige Unternehmen zu unterscheiden. Neben kulturellen Besonderheiten wird die Internationalisierung häufig als strategische Option interpretiert (z. B. zur Erschließung neuer Marktpotenziale im Ausland oder zur Sicherung von seltenen Rohstoffquellen). Die Standortplanung wird durch zahlreiche Methoden und Instrumente des Operations Research unterstützt.	Impulse für den strukturellen Aufbau von weltweiten Wertschöpfungsaktivitäten zwischen der geographischen Konzentration und der länderspezifischen Streuung (insbesondere Wahl von Produktions- und Distributionsstandorten). Berücksichtigung güter- und informationsfluss-bezogener Faktoren, wie z. B. die Überwindung großer Entfernungen, der höhere Grad gebrochener Verkehre, gestiegene Vielfalt an Dokumenten (z. B. Zoll und Mehrwertsteuer) oder infrastrukturelle Rahmenbedingungen.

Abbildung 3.3-3: Relevante Theorieansätze für das SCM-Arbeitsfeld Positionierung und Konfiguration

Die Notwendigkeit einer aufeinander abgestimmten Supply Chain-Strategie auf der Netzwerkebene wird aufgrund immer komplexerer Anforderungen an das SCM grundsätzlich nicht mehr in Frage gestellt.[528] In der einschlägigen Literatur dreht sich die Diskussion dabei häufig um die Ausgestaltung der funktionalen Bereichsstrategien (z. B. Beschaffungs-, Produktions-, Distributions- oder Logistikstrategie). Eine systematische Einbeziehung weiterer Unternehmensebenen (z. B. Geschäftsfeld- oder Gesamtunternehmensebene) erfolgt dabei meist ebenso wenig wie die Ausdehnung der Betrachtung auf die Netzwerkebene.[529]

Im Rahmen des SCM-Piloten wird im Folgenden auf die inhaltliche Ausgestaltung von Supply Chain-Strategien im Kontext der Positionierung und Konfiguration eingegangen. Die zentrale Herausforderung besteht dabei darin, wie Supply Chain Strategien der Akteursebene angepasst werden sollten, um eine möglichst harmonisierte, in sich stimmige Supply Chain-Strategie auf Netzwerkebene zu etablieren. Bei dieser

[528] Vgl. Geimer et al. (2005) oder Handfield et al. (2003).
[529] Vgl. Hofmann (2010), S. 256 ff.

Betrachtung ist u.a. zu klären, ob die Notwendigkeit für alle involvierten Akteure besteht und – falls existent – einer einzigen Strategie auf der Netzwerkebene zu folgen ist. Die inhaltliche Ausgestaltung einer Supply Chain-Strategie sollte sich dabei an den bereits aufgestellten strategischen Stoßrichtungen in (und zwischen) den Unternehmen orientieren. Wie die Konkretisierung der Supply Chain-Strategie erfolgen kann, wird zunächst auf der Akteursebene (Abschnitt 3.3.2) und dann auf der Netzwerkebene (Abschnitt 3.3.3) vorgestellt.

Aufbauend auf der Supply Chain-Strategie gilt es im SCM-Arbeitsfeld Positionierung und Konfiguration weiterhin, die „Knoten"-orientierten Dimensionen der Netzwerkgestaltung zu konkretisieren (Abbildung 3.3-4). Nicht nur die Eigenschaften der Produkte, welche durch die Supply Chain kundenseitig zur Verfügung gestellt werden, sondern auch die grundsätzliche Wertschöpfungsart, wie diese Produkte im Zusammenspiel mit zu beschaffende Materialien zu erstellen sind, sind hierbei handlungsleitend. In der Gestaltungsdimension I „Netzwerkinhalt" sind daher zunächst Wertschöpfungstiefen- und Modularisierungsentscheidungen zu treffen. Darauf aufbauend kann die Konkretisierung der „Knoten" eines Netzwerkes unterschiedliche Formen annehmen. In diesem Zusammenhang kommt der Wahl und der Clusterung der einzubindenden Netzwerkpartner eine besondere Bedeutung zu (Gestaltungsdimension II). Über die Allokation von Aufgaben und Ressourcen sowie der Variation der Netzwerkstruktur lässt sich die Varietät der Supply Chain verändern (Gestaltungsdimension III). Schließlich wird über die Wahl der Netzwerkstandorte die geographische Reichweite des Netzwerks bestimmt und eine Brücke zur „Internationalen Supply Chain" geschlagen

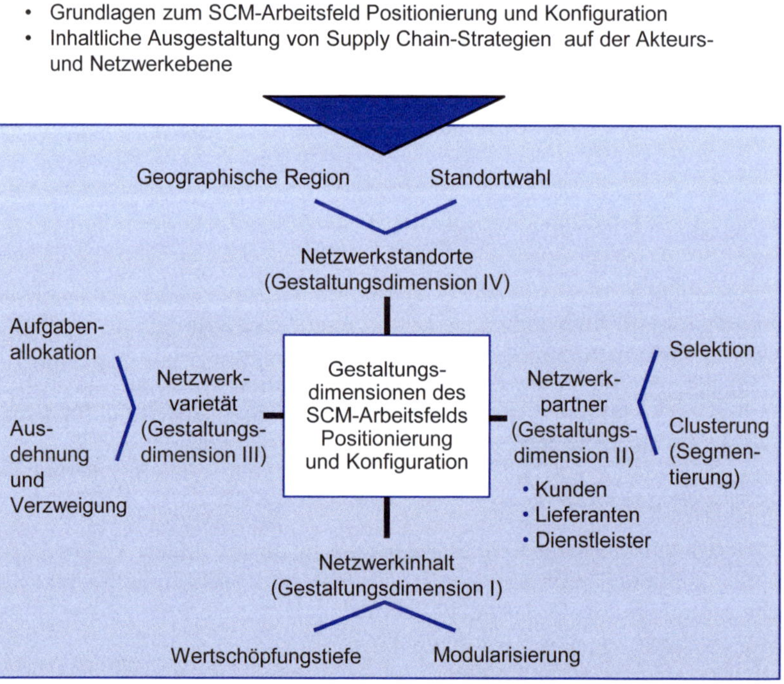

Abbildung 3.3-4: Übersicht über die Inhalte und Gestaltungsdimensionen des SCM-Arbeitsfelds Positionierung und Konfiguration

(Gestaltungsdimension IV). Zusammengefasst repräsentieren die Gestaltungsdimensionen die Aufgaben des *„Supply Chain Design"*. Eine dezidierte Unterscheidung zwischen der Akteurs- und der Netzwerkebene ist dabei nur schwer umzusetzen.

3.3.2 Inhaltliche Ausgestaltung von Supply Chain-Strategien auf der Akteursebene

Jeder Akteur sollte für sich zunächst festlegen, welche Merkmale für das eigene Unternehmen bei einer Supply Chain-Strategie relevant sind. So initiiert ein Akteur im ersten Schritt eine für sich geeignete Supply Chain-Strategie, bei welcher der Bezugspunkt die Analyse des eigenen Unternehmens ist.[530] Dabei wird nicht das ganze Unternehmen betrachtet, sondern zunächst nur die für die Supply Chain relevanten Einheiten bzw. Geschäftsfelder. Eine solche Einschränkung ist besonders bei diversifizierten Unternehmen erforderlich.

3.3.2.1 Einfluss der Unternehmensstrategie

Die *Unternehmensstrategie* beschäftigt sich mit der strategischen Ausrichtung des Unternehmens als Ganzes. Dabei stehen die Planung und Ausgestaltung des Portfolios der Geschäftsfelder im Mittelpunkt des Interesses. Ein Geschäftsfeld ist mit einem abgrenzbaren Markt oder bestimmten Teil eines solchen gleichzusetzen, in dem ein Unternehmen agiert.[531] Die Unternehmensgesamtstrategie zeigt auf, wie durch die Zusammenstellung der Geschäftsfelder, durch Koordination der gesamten Unternehmensaktivitäten und Interaktion mit wichtigen Anspruchsgruppen Werte in Gestalt der Nutzung von Synergieeffekten geschaffen werden können.[532] Die Entscheidungen innerhalb der Unternehmensgesamtstrategie sind für die Ausgestaltung der Supply Chain-Strategie relevant. Sie beeinflussen letztere weiterhin direkt und indirekt über die Geschäftsfeld- und Funktionsbereichsstrategien.

So hängt beispielsweise vom Diversifikationsgrad des Geschäftsfeldportfolios ab, ob ein Unternehmen eine oder mehrere Supply Chains benötigt. Es gilt zu bestimmen, ob (und welche) Prozesse und Ressourcen man trotz ihrer Zugehörigkeit zur Wertschöpfung unterschiedlicher Geschäftsfelder „zusammenstellt" (z. B. in der Produktion), und welche man getrennt voneinander operieren lässt (z. B. in der Distribution). So verkauft beispielsweise ein Bekleidungsunternehmen mit einem umfassenden Sortiment in der Regel sowohl saisonale, modische Produkte (z. B. Skijacken) als auch funktionale Produkte (z. B. Herrenhemden). Für diese Geschäftsfelder bestehen unterschiedliche Nachfrageunsicherheiten. Während die funktionalen Produkte eine relativ konstante, gut kalkulierbare Nachfrage besitzen, ist der saisonale Absatz der modischen Produkte i. d. R. stark volatil. Dadurch entstehen für die Supply Chain unterschiedliche Ausrichtungen und Anforderungen. Entweder lassen sich mehrere Supply Chains getrennt voneinander etablieren oder eine Supply Chain mit verschiedenen Teilbereichen aufbauen. Zum Beispiel könnte die Herstellung der beiden Produkte in einer Produktionslinie stattfinden und dann je nach Produkt ein schnellerer oder langsamerer Distributionskanal gewählt werden. Diese Überlegungen fallen unter den Ansatz der *„Supply Chain-Differenzierung"*.[533]

[530] Vgl. Lockamy (2004), S. 406 ff.
[531] Vgl. Hungenberg (2004), S. 73 ff.
[532] Vgl. Hungenberg (2004), S. 371 ff.
[533] Vgl. Chopra/Meindl (2004), S. 32 ff.

Von der Art und Verschiedenheit der Geschäftsfelder ist es ferner abhängig, ob eine zentrale oder dezentrale Unternehmensplanung von Vorteil ist. Je ähnlicher die Geschäftsfelder sind, desto eher wird eine zentrale Steuerung angestrebt, um Skaleneffekte zu nutzen. Die Ähnlichkeit kann dabei aufgrund von Marktaufgaben (vor allem Produkte, Kunden oder Wettbewerber), Ressourcen und Regionen bestehen.[534] Je nachdem, ob der Einfluss einer Zentrale groß ist oder ob eine wechselseitige Abstimmung von Geschäftsfeldern besteht, wird das Unternehmen in seiner Supply Chain-Strategie zum Beispiel einen zentralisierten Einkauf anstreben.[535]

Auf Unternehmensgesamtebene besteht weiterhin die Frage nach der vertikalen Integration der Wertschöpfung, womit u. a. die *„Make or Buy"-Entscheidung* verknüpft ist. Insbesondere im SCM ist weiterhin die Alternative des *„Make together"* – die gemeinsame Leistungserbringung mit Supply Chain-Partnern – zu berücksichtigen.[536] Je größer der Anteil eines Unternehmens an der Gesamtwertschöpfung eines Produkts bzw. einer Dienstleistung ist (vertikal integriert), desto weniger Schnittstellen existieren zu Lieferanten und Abnehmern und desto weniger unternehmensübergreifende Supply Chain-Planungs- und -Koordinationsaktivitäten werden benötigt. Ebenfalls wird, mitunter aufgrund der vertikalen Integration, die Frage nach dem Supply Chain-Ausschnitt (im Sinne eines Key Network Management, vgl. Kapitel 1.1), der bearbeitet werden soll, durch Entscheidungen in der Unternehmensgesamtstrategie festgelegt. Hierbei handelt es sich häufig um Fragen der Komplexitätsbewältigungs- und Kommunikationsmechanismen in Unternehmen. Je ausgefeilter diese sind, desto eher kann man in die eigene Planung einen größeren Ausschnitt der Supply Chain mit einbeziehen.[537]

Entscheidung	**Impulse für die Supply Chain-Strategie**
Unternehmensgesamtstrategie	
Anzahl der Geschäftsfelder	Anzahl der Supply Chains im Unternehmen
Ähnlichkeit der Geschäftsfelder hinsichtlich Marktaufgaben, Produkten, Kunden und Wettbewerbern, Ressourcen und Regionen	Zentral oder dezentral gesteuerte Supply Chain sowie eigenständige oder zusammengelegte Teilbereiche der Supply Chain
Vertikaler Integrationsgrad der Geschäftsfelder	Anzahl der Schnittstellen in der Supply Chain (insbesondere bezüglich der Planungs- und Koordinationsaufgaben) sowie Festlegung des zu berücksichtigenden Supply Chain-Ausschnitts
Interdependenzen zwischen den Geschäftsfeldern	Intensität der Beziehung zu den Supply Chain-Partnern (Supply Chain-Architektur)

Abbildung 3.3-5: Impulse der Unternehmensgesamtstrategie für die Supply Chain-Strategie

[534] Vgl. Hungenberg (2004), S. 371 ff. und S. 304 ff.
[535] Vgl. Bogaschwesky, R. (2009).
[536] Vgl. Corsten/Gössinger (2000), S. 279.
[537] Die Entscheidung über „Make, Buy or Cooperate" steht eng im Zusammenhang mit dem Outsourcing sowie der Wertschöpfungstiefenentscheidung. Siehe hierzu auch Abschnitt 3.3.4.

Schließlich ist bei der Supply Chain-Strategie zu berücksichtigen, welche Interdependenzen zwischen den einzelnen Geschäftsfeldern bestehen. So kann es beispielsweise von Vorteil sein, trotz gewisser Ähnlichkeiten von Geschäftsfeldern an verschiedenen, getrennt voneinander operierenden Supply Chains festzuhalten, da sich die Geschäftsfelder in unterschiedlichen Entwicklungsstadien befinden. Die Impulse der Unternehmensstrategie für die Supply Chain-Strategie sind in Abbildung 3.3-5 im Überblick dargestellt.

3.3.2.2 Einfluss der Geschäftsfeldstrategie

Die *Geschäftsfeldstrategie* bestimmt, wie ein Unternehmen in einem spezifischen Geschäftsfeld tätig sein möchte, um erfolgreich im Wettbewerb zu bestehen.[538] Ziel ist es, Wettbewerbsvorteile zu schaffen, um den Wert in diesem Betätigungsfeld zu erhöhen.[539] Auf dieser Ebene klären sich neben der Wettbewerbsstrategie vor allem Fragen über die Kundengruppe (u. a. hinsichtlich Region, Anzahl und Struktur), das Produkt (beispielsweise, ob es funktional oder innovativ ist), sowie die Taktik der Marktbearbeitung (beispielsweise hinsichtlich eines offensiven oder defensiven Vorgehens).[540] Eine generische Wettbewerbsstrategie definiert sich über drei unterschiedliche Ausgangspunkte:[541]

- Zunächst könnte die Wettbewerbsstrategie sich darin manifestieren, eine Kostenführerschaft zu erlangen. Dabei strebt das Unternehmen bei gleichen, branchenweiten Leistungen einen niedrigeren Preis durch Kostenvorsprung an.
- Die zweite Möglichkeit besteht darin, sich branchenweit zu differenzieren, d.h. sich durch einen Leistungsunterschied von den Wettbewerbern abzuheben. Diese „einmalige" Leistung kann z.B. durch Qualität, Verfügbarkeit, Innovationen (z.B. neue Technologien, modische Produkte) oder eine bestimmte Marke vom Kunden wahrgenommen werden.
- Eine dritte Variante sieht vor, sich nicht branchenweit, sondern segmentspezifisch über gewisse Spezialisierungen zu positionieren. Hierbei kann man in dem Segment wiederum Differenzierer oder Kostenführer sein.

Die verschiedenen Varianten werden in Abbildung 3.3-6 illustriert, wobei einerseits zwischen dem Umfang des Wettbewerbs (branchenweit vs. Fokussierung) und andererseits zwischen dem produktorientierten Wettbewerbsvorteil (Kostenvorsprung vs. „Einmaligkeit" im Sinne einer „Unique Selling Proposition, USP") unterschieden wird.

Für die Ausgestaltung einer Supply Chain macht die Unterscheidung zwischen einer segmentspezifischen und branchenweiten Marktbearbeitung insofern einen Unterschied, als dass eine Supply Chain, die auf branchenweiten Wettbewerb ausgelegt ist, vergleichsweise umfangreich, breit gefächert und daher komplex ist.[542] Von der Anzahl der Kunden sowie ihrer regionalen Verteilung und Konzentration ist es ferner abhängig, welches Konfigurationsausmaß und welche Bedeutung die Supply Chain-

538 Vgl. Hungenberg (2004), S. 73 ff.
539 Vgl. Hungenberg (2004), S. 80.
540 Vgl. Müller-Stewens/Lechner (2003) S. 270 ff. Als offensive Strategien gelten: „Frontalangriff", „Flankenangriff", „Einschleichen und Umgehen" sowie „Blitzkrieg" bzw. „Guerilla-Taktik". Als defensive Vorgehensweisen werden „Festungsstrategie", „Flankenabsicherung", „Konfrontationsstrategie" und „Rückzug" genannt.
541 Vgl. Porter (1999), S. 70 ff.
542 Vgl. Hungenberg (2004), S. 176 ff.

		Produktorientierter Wettbewerbsvorteil	
		Kostenvorsprung	*USP („Unique Selling Proposition")*
Umfang des Wettbewerbs	*branchenweit*	Kosten-führerschaft	Differenzierung
	Fokussierung	Kosten-schwerpunkte im Segment	Differenzierungs-schwerpunkt im Segment

Abbildung 3.3-6: Generische Wettbewerbsstrategien abhängig vom Produkttyp und des Wettbewerbsumfangs[543]

Gestaltung einnimmt. Je mehr Kunden ein Unternehmen hat, je unterschiedlicher die Anforderungen der Abnehmergruppen sind und je internationaler ein Akteur agiert, desto umfassender wird die Steuerung einer Supply Chain.[544] Mitunter ist es bei zu großen Anforderungsunterschieden der relevanten Kundengruppen erforderlich, für ein Produkt mehrere Supply Chains parallel zu betreiben. Bei der Festlegung der „optimalen" Anzahl unterschiedlicher Supply Chains ist ein Zusammenhang zur Wettbewerbsstrategie herzustellen. Denn um Skaleneffekte und die damit verbundenen Kostenvorteile realisieren zu können, ist ein auf Kostenführerschaft abzielendes Unternehmen i. d. R. daran interessiert, eine möglichst einfache Konfiguration mit wenigen unterschiedlichen Supply Chains zu einzugehen. Für einen Akteur, der sich über einen „Unique Selling Proposition" im Markt differenzieren möchte, ist hingegen eine große Variantenvielfalt an unterschiedlichen Supply Chains ggf. explizit angestrebt.

Die Wettbewerbsstrategie und der Typ eines Produktes sind für die Supply Chain-Strategie von Bedeutung und werden im Folgenden weiter vertieft.

Produkttyp und SCM

Fisher (1997) stellt in seinem Beitrag „What is the right supply chain for your product?" eine Verbindung zwischen dem Produkttyp und der entsprechenden Ausgestaltung einer Supply Chain fest, wobei funktionale und innovative Produkte unterschieden werden:[545]

- Ein *funktionales Produkt* befriedigt die Basiswünsche der Kunden. Diese Bedürfnisse und die darauf abzielenden Produkte verändern sich nur marginal im Verlauf der Zeit und haben einen relativ langen Lebenszyklus. Sie können als undifferenzierte Standardprodukte mit einer stabilen und relativ gut vorhersagbaren Nachfrage charakterisiert werden. Märkte mit solchen Produkten weisen aufgrund fehlender Eintrittsbarrieren (niedriges Unsicherheitsniveau) meist eine hohe Wett-

[543] In Anlehnung an Porter (1999), S. 75.
[544] Vgl. Geimer et al. (2005), S. 43 ff.
[545] Vgl. Fisher (1997), S. 107 ff.

bewerbsdichte auf, woraus ein hoher Preisdruck und meist niedrige Gewinnmargen resultieren.

- Märkte mit *innovativen Produkten* zeichnen sich hingegen durch relativ hohe Eintrittsbarrieren und relativ kurzen Lebenszyklen aus (hohes Unsicherheitsniveau), wenngleich dort höhere Gewinnmargen erzielbar sind. Der Erfolg eines innovativen bzw. spezialisierten oder modischen Produktes hängt primär davon ab, wie die Kunden ihre individuellen Werte oder ihren persönlichen Lebensstil ausgestalten bzw. ändern und ob die darauf abzielenden Produkte und Leistungen exklusiv verfügbar sind.

In der Regel herrscht bei funktionalen Produkten ein hoher Kostenwettbewerb, wobei bei ohnehin konstanter Nachfrage die Marktinformationen nicht so relevant sind. Insofern sollte sich die strategische Ausrichtung der Supply Chain vor allem auf Effizienzsteigerungen im Material- und Warenfluss konzentrieren.[546] Bei innovativen Produkten hingegen ist ein Fokus auf einen ausschließlich kosteneffizienten Material- und Warenfluss nicht erstrebenswert, da aufgrund der relativ unsicheren Nachfrage eher eine hohe Reaktionsfähigkeit gefragt ist. Das SCM sollte sich demzufolge auf den Informationsfluss konzentrieren[547] und gleichzeitig den Material- und Warenfluss möglichst flexibel ausgestalten, um auf den sich ändernden Markt bestmöglich zu reagieren.[548]

Wie in Abbildung 3.3-7 dargestellt, gibt es demzufolge prinzipiell zwei Möglichkeiten, eine adäquate Supply Chain für einen bestimmten Produkttyp zu bestimmen. Entweder handelt es sich um ein funktionales Produkt, dann ist eine kosteneffiziente Supply Chain anzustreben, oder das Produkt ist innovativ, so dass eine reaktionsfähige Supply

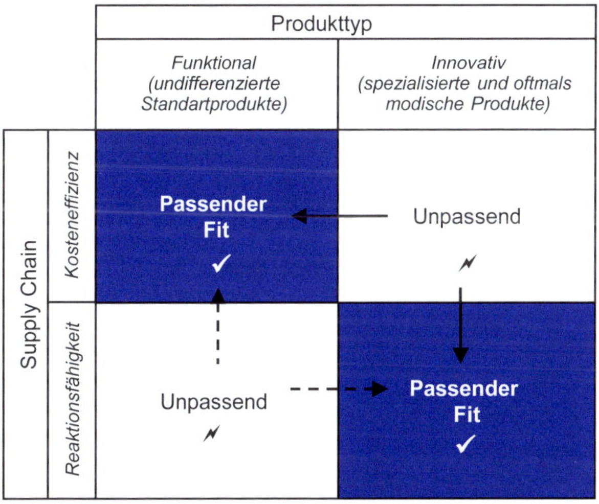

Abbildung 3.3-7: Fit zwischen Produkttyp und Supply Chain[549]

[546] Dabei liegt der Fokus auf Produktions-, Transport- und Lagerhaltungskosten.

[547] Kosten entstehen dabei entweder durch Angebotsüberhang und daraus resultierenden, übermässigen Preisnachlässen oder durch Out-of-Stock-Situationen, die zu unbefriedigter Nachfrage und Kundenunzufriedenheit (entgangener Gewinn) führen: Vgl. Heuermann (2002), S. 41 ff.

[548] Vgl. Fisher (1997), S. 107 ff.

[549] In Anlehnung an Fisher (1997), S. 109.

Chain aufgebaut werden sollte. Die beiden anderen Kombinationen (funktionaler Produkttyp und reaktive Supply Chain sowie innovativer Produkttyp und kosteneffiziente Supply Chain) scheinen ungeeignet zu sein. Befindet sich ein Unternehmen in einer solch „ungeeigneten" Situation, sollte es entweder die Supply Chain oder den Produkttyp verändern. Letztere Option dürfte in der Praxis häufiger vorkommen.

Die Eigenschaften einer effizienten oder einer reaktiven Supply Chain werden in Abbildung 3.3-8 dargestellt. Die Charakteristika lassen sich exemplarisch anhand der Leitidee, der Leistungserstellung und des Transportmodus, der Lagerhaltung, den Durchlaufzeiten, der Lieferantenauswahl sowie des Produktdesigns erläutern.

An diesen „Entweder-oder-Gedanken" anknüpfend sind weiterhin Hybridformen der strategischen Supply Chain-Ausrichtung möglich. Denn in der Praxis ist festzustellen, dass es Unternehmen gibt, die erfolgreich innovative Produkte relativ kosteneffizient auf dem Markt bereitstellen.[550] Der Kerngedanke besteht dabei darin, die Supply Chain aufzusplitten und somit einen hybriden Ansatz aus Kosteneffizienz und Reaktionsfähigkeit zu schaffen. Hierfür ist eine Unterscheidung zwischen dem Informations- sowie Material- und Warenfluss nötig:

	Kosteneffiziente Supply Chain	**Reaktionsfähige Supply Chain**
Leitidee	Effiziente Bedienung einer relativ gut vorhersagbaren Nachfrage zu minimalen Kosten	Schnelle Reaktion auf unvorhergesehene Marktschwankungen und unsichere Nachfrage, um Kundenwünschen zu entsprechen und Out-of-Stocks vorzubeugen
Leistungserstellung und Transportmodus	Hohe durchschnittliche Kapazitätsauslastung und Vermeidung von Leerfahrten	Schaffung zusätzlicher „Pufferkapazitäten" und Offenheit für mögliche Eillieferungen
Lagerhaltung	Hohe Umschlagsfrequenz bei möglichst niedrigen Lagerbeständen	Signifikante Sicherheitsbestände von Teil- oder Fertigwaren
Durchlaufzeit	Kurze Durchlaufzeiten, solange die Kosten dadurch nicht erhöht werden	Proaktive Reduktion der Durchlaufzeiten
Lieferantenauswahl	Fokus auf Kosten und gegebenenfalls auf die Qualität sowie das Leistungsvermögen	Fokus auf Geschwindigkeit bzw. Flexibilität und gegebenenfalls auf die Qualität sowie das Leistungsvermögen
Produktdesign	„Kompaktes" Design (inklusive Verpackung) zur einfachen Handhabung und maximalen Kapazitätsauslastung (z. B. von Ladungsträgern)	„Modulares" Design zur möglichst späten Produktdifferenzierung

Abbildung 3.3-8: Charakteristika einer kosteneffizienten und reaktionsfähigen Supply Chain-Ausrichtung

[550] Vgl. Olhager/Selldin/Wikner (2006), S. 21 ff.

- Danach lässt sich zunächst ein „*demand mediation decoupling point*" (DMDP) einführen, bis zu dem Marktinformationen von Kunden und Absatzregionen gelangen.
- Ein „*product supply decoupling point*" (PSDP) zeigt den Punkt auf, bei dem der Materialfluss aufgeteilt wird.

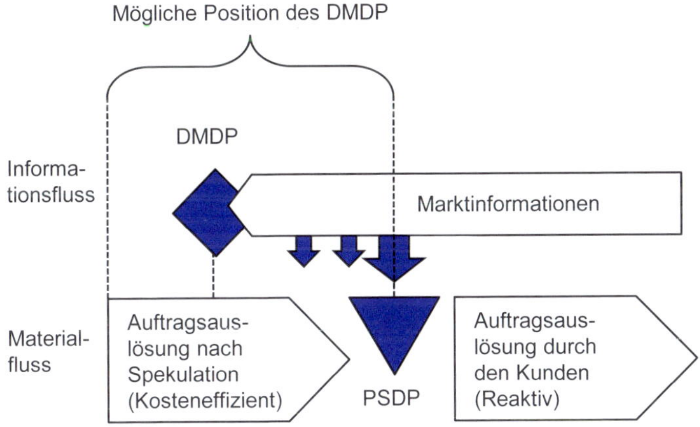

Abbildung 3.3-9: Entkopplung des Material- und Waren- vom Informationsfluss bei hybriden Supply Chain-Ausrichtungen[551]

Der Kerngedanke dieser Entkopplung besteht darin, dass supply-seitig bis zum PSDP eine kosteneffiziente Supply Chain betrieben wird und ab dem PSDP demand-seitig eine reaktionsfähige Supply Chain zum Zug kommt (vgl. Abbildung 3.3-9). Für den Bereich der reaktiven Supply Chain ist die Verfügbarkeit aktueller Marktinformationen notwendig. Mit Hilfe dieses Ansatzes ist es möglich, mit einem innovativen Produkt gleichzeitig weitgehend kosteneffizient zu operieren. Dennoch besteht zwischen der kosteneffizienten und der reaktionsfähigen Ausgestaltung einer Supply Chain bis zu einem gewissen Grad immer eine „Trade off-Beziehung", die es in der Konkretisierung der Strategie zu berücksichtigen gilt.[552]

Mit der hybriden Supply Chain-Strategie ist die Idee des *Postponement* eng gekoppelt.[553] Im Kontext des Postponements gilt es – wie in Abschnitt 2.2.2 bereits ausgeführt – eine abschließende Wertschöpfungsaktivität so lange wie möglich aufzuschieben, um überschüssige (Fertig-)Warenbestände – trotz einer relativ hohen Produktvielfalt – vorzubeugen.[554] Dies kann entweder zeitlich oder physisch ausgestaltet sein.[555] Dabei werden bis zu einem Entkopplungspunkt die Produkte standardisiert gefertigt. Ab diesem Punkt werden sie kundenspezifisch differenziert.[556] Je nachdem, wo sich der Entkopplungspunkt befindet (am Ende oder Anfang), ist die Supply Chain eher kosteneffizient

551 In Anlehnung an Olhager/Selldin/Wikner (2006), S. 21 ff.
552 Vgl. Olhager/Selldin/Wikner (2006), S. 23 ff.
553 Im Gegensatz zum Postponement steht die „Spekulation", bei welcher im Voraus (vor Markteinführung) die Lager mit Fertigprodukten gefüllt werden, um die Unsicherheit in Bezug auf die Nachfrage zu reduzieren: Vgl. Grant et al. (2006), S. 423.
554 Vgl. Grant et al. (2006), S. 422.
555 Vgl. Heuermann (2002), S. 24.
556 Vgl. Payne/Peters (2004), S. 82 ff. oder Mason-Jones/Naylor/Towill (2000), S. 4065.

oder reaktiv auszurichten.[557] Insofern ergibt sich ein relativ fließender Übergang von kosteneffizienten auf reaktive Supply Chain-Strategien (vgl. Abbildung 3.3-10).

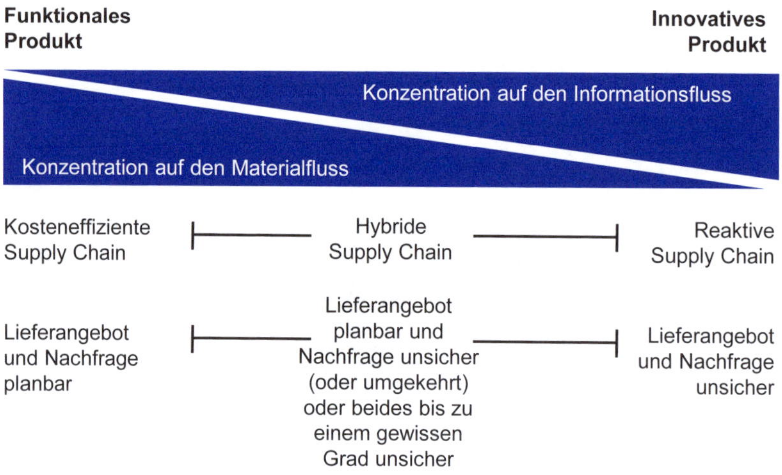

Abbildung 3.3-10: Fließende Grenzen der kosteneffizienten und reaktionsfähigen Supply Chain-Ausrichtung[558]

Im Kontext der Gestaltung hybrider Supply Chains werden in jüngster Zeit angesichts der zunehmenden strategischen Relevanz unternehmensexterner Risiken auch Strategien zur Erhöhung der „Resilience", d.h. der Robustheit bzw. Widerstandsfähigkeit von Supply Chains, vorgeschlagen. Dabei steht die Generierung von Wettbewerbsvorteilen durch eine möglichst risikobewusste Supply Chain-Konfiguration im Mittelpunkt.[559] Das Fallbeispiel des Brillenherstellers Rodenstock zeigt, wie eine solche robuste Supply Chain aufgebaut werden kann.

Fallbeispiel: Gestaltung von widerstandsfähigen Supply Chains beim Brillenhersteller Rodenstock

„Der Fokus von Einkauf und Logistik geht weg von der Optimierung und verschiebt sich in Richtung Risikominimierung und langfristige Versorgungssicherheit", sagte Roland Dimbath, Head of Logistics and Purchasing bei der Rodenstock GmbH. Der Logistikchef des Brillenherstellers, der in Thailand Kunststoffgläser fertigt und per Luftfracht nach Europa transportieren lässt, machte klar, dass wie im Falle von Rodenstock durch die Optimierung der Supply Chain die Kettenglieder leichter zu reißen drohen. Die Eintrittswahrscheinlichkeit von Störungen steige deutlich. Daher müsse bei schwerwiegenden Ereignissen der Übergang vom theoretischen zum praktischen Risikomanagement vollzogen werden. Die Supply Chain des Brillenproduzenten musste sich seit 2009 mehreren Stresstests stellen – zum Beispiel politischen Unruhen in Thailand, Flugverboten wegen Vulkanasche, Rohstoffverknappungen oder Überschwemmungs-Katastrophen. Rodenstock hat sich daher entschlossen, durch einen „abgestimmten Maßnahmenmix" die Robustheit der globalen Supply Chain zu stärken. Beispiele für solche Maßnahmen sind aus Sicht von Rodenstock

557 Vgl. Corsten/Gössinger (2008), S. 111 ff.
558 In Anlehnung Chopra/Meindl (2004), S. 34.
559 Vgl. Christopher/Peck (2004), S. 1 ff.

die Lagerreichweite bei kritischen Materialien zu erhöhen, ein „Fallback"-Konzept mit externen Lieferanten für die Serienproduktion aufzubauen oder Alternativmaterialien ausfindig zu machen.

Quelle: Entnommen aus Pieringer (2011), S. 46 f.

Die bisherigen Überlegungen zur Supply Chain-Strategie auf der Akteursebene orientieren sich zwar an verschiedenen Produkttypen, allerdings stützen sie sich hauptsächlich auf das Kriterium der „Sicherheit" bzw. „Unsicherheit" der Nachfrage ab. Daneben existieren weitere Produkteigenschaften, die einen Einfluss auf die Ausgestaltung einer Supply Chain besitzen.

Dazu zählt als physische Produkteigenschaft unter anderem die Produktwertdichte. Die *Produktwertdichte* berechnet sich aus dem Wert pro Volumeneinheit bzw. dem Wert pro Gewichtseinheit. Sind letztere hoch, ist auch die Produktwertdichte hoch.[560] Zum einen beeinflusst die Produktwertdichte den Transportmodus (insbesondere die Verkehrsträgerwahl) und die Lagerhaltung.[561] Zum anderen ist es vom Zeitpunkt des Wertzuwachses abhängig, an welcher Stelle sich der Entkopplungspunkt idealerweise zu befinden hat. Bei der Verarbeitung von hochwertigen Materialien in früheren Wertschöpfungsstufen, wird der Entkopplungspunkt näher am Ursprung der Supply Chain liegen (Quellenaffinität des Entkopplungspunkts), bei Wertzuwachs in späteren Stadien der Produktion näher zum Endkunden rücken (Senkenaffinität des Entkopplungspunkts). So ist die Produktwertdichte ein weiterer Einflussfaktor, ob eine Supply Chain eher kosteneffizient oder reaktiv auszugestalten ist.

Neben der Produktwertdichte kommt es weiterhin auf die *absolute Wertigkeit des Produktes* an. Bei steigendem Produktwert wird tendenziell der Produktqualität oder dem Lieferservice eine höhere Bedeutung beigemessen.[562] Folglich sollte auch die Supply Chain-Strategie einen Schwerpunkt auf Qualitäts- und Verfügbarkeitsaspekte setzen. Andere Produkteigenschaften, wie zum Beispiel vom Markt geforderte allgemeine bzw. etablierte Lieferzeiten, wirken sich ebenfalls auf die Ausrichtung der Supply Chain aus, indem gegebenenfalls eine hohe Priorität auf die Geschwindigkeit gelegt wird (z. B. bei Frischeprodukten oder im Ersatzteilwesen). In Verbindung mit der Qualität und den Kosten der Produkte sowie des Lieferservice und des Liefergrades ist schließlich die Standortwahl in die Ausgestaltung der Supply Chain zu integrieren.[563]

Es zeigt sich für die konkrete Ausgestaltung der Überlegungen von Fisher (1997) (kosteneffiziente oder reaktive Supply Chain-Strategien), dass neben den Produkteigenschaften weitere Determinanten für die Konfiguration von Supply Chains zu beachten sind. Dazu zählt auch die Wettbewerbsstrategie.

Konkretisierung einer wettbewerbsspezifischen Supply Chain-Strategie

Nach der Verknüpfung von Produkttyp und SCM gilt es den Zusammenhang zwischen den generischen Wettbewerbsstrategien „Kostenführerschaft" und „Differenzierung"

---

560 Vgl. Heuermann (2002), S. 67.

561 Z. B. innerhalb der Logistikstrategie sind Produkte mit geringerer Wertdichte teurer im Transport, Produkte mit größerem Volumen sind teurer in der Lagerhaltung: Vgl. Pfohl (2004b), S. 218.

562 Vgl. Heuermann (2002), S. 67.

563 Das Standortmanagement wird in Abschnitt 3.3.7 vertieft diskutiert und durch die Netzwerkebene ergänzt.

und der Supply Chain-Ausgestaltung weiter zu vertiefen. Prinzipiell existieren in Anlehnung an Mason-Jones/Naylor/Towill (2000) vier Möglichkeiten, eine Supply Chain auf der Akteursebene nach den Wettbewerbsstrategien auszurichten: Kosten, Qualität, Service[564] und Flexibilität, wobei es je nach strategischer Konkretisierung bestimmte Anforderungen zu berücksichtigen gilt.[565] Greift man die generischen Wettbewerbsstrategien – die Kostenführerschaft und die Differenzierung – auf, stellt sich die Frage, welche Supply Chain-Ausrichtung welche Wettbewerbsstrategie am besten unterstützt.

Bei der *Kostenführerschaft* scheint es relativ eindeutig zu sein, dass eine kosteneffiziente Supply Chain-Strategie sowohl branchenweit als auch segmentspezifisch den besten „Fit" bietet. Die Anforderungen sind eine adäquate Infrastruktur und minimale Kosten in Beschaffung, Produktion, Distribution und Logistik sowie in allen weiteren Bereichen der Supply Chain.

Bei der *Differenzierungsstrategie* ist die Frage nach einem „Fit" zur Supply Chain nicht pauschal zu beantworten. Denn es ist von Relevanz, über welche Differenzierungsart ein Wettbewerbsvorteil erzielt werden soll.

- Häufig wird eine innovative Wahrnehmung seitens des Kunden als Differenzierungsansatz gewählt (z. B. aktueller modischer Trend). Sofern ständig Produktinnovationen eingeführt werden, um sich von den Wettbewerbern abzuheben, sollte die Supply Chain auf *Flexibilität* und Geschwindigkeit ausgerichtet sein. Das bedeutet, dass wechselnde Kundenanforderungen oder Produkteinführungen schnell und sicher bearbeitet werden.
- Bei einer primären Differenzierungsstrategie über eine *Qualitätsführerschaft* bestehen die Anforderungen an die Supply Chain beispielsweise in niedrigen Fehler- sowie Ausschussquoten in den Wertschöpfungsprozessen bei einer hohen Lieferzuverlässigkeit sowie effektiver Qualitätssicherung (insbesondere bei der Produktqualität).
- Steht dahingegen die *Verfügbarkeit* (Service) im Zentrum der Differenzierungsstrategie, d. h. die Fähigkeit zur umgehenden und vollständige Belieferung des Kunden, dann ist auf eine möglichst stabile und leistungsstarke Infrastruktur sowie auf die Fähigkeit zu achten, das Produkt in kurzer Zeit zu beschaffen, zu produzieren, zum exakten Zeitpunkt anzuliefern und es immer verfügbar zu machen.

Abbildung 3.3-11 zeigt diese weiterführenden Implikationen der Differenzierung, Anforderungen und notwendigen Fähigkeiten der unterschiedlichen Ausrichtungen für die Supply Chain-Strategie auf der Akteursebene.

In jüngster Zeit wird in der Praxis vermehrt das weiterführende *Differenzierungskriterium „Nachhaltigkeit"* angeführt. Wie dieses Kriterium strategische Relevanz im SCM gewinnt, soll das folgende Fallbeispiel anhand des Unternehmens Bodyshop verdeutlichen.

---

[564] Unter „Service" lassen sich u. a. Liefergeschwindigkeit, Liefergenauigkeit und Verfügbarkeit subsumieren. Da die Liefergenauigkeit meist vertraglich fixiert ist, wird sie im Folgenden nicht als besondere Supply Chain-Ausrichtung, sondern als Performance-Voraussetzung aufgefasst. Service bezieht sich somit vornehmlich auf die Verfügbarkeit, unter die auch die Liefergeschwindigkeit fällt.

[565] Vgl. Mason-Jones/Naylor/Towill (2000), S. 4064.

Ausrichtung	Impuls für die Supply Chain-Strategie
Kosten	*Anforderungen*: Hoher Preisdruck und Realisierung minimaler Kosten über effiziente Supply Chain-Prozesse.
	Bereitstellungskosten: Fähigkeit zur Minimierung der Kosten in Beschaffung, Produktion und Distribution (inklusive Rückführung), unter Berücksichtigung der Kapazitätsauslastung sowie der Kapitalbindung. *Lebenszykluskosten:* Fähigkeit, die Entwicklungskosten, die Herstellungskosten sowie die Kosten für die Eliminierung eines Produktes zu minimieren.
Flexibilität	*Anforderungen*: Schnell wechselnde Kundenanforderungen sowie zügige und sichere Produkteinführung.
	Innovationsflexibilität: Fähigkeit, rechtzeitig und schnell neue Produkte im Markt einzuführen. *Anpassungsflexibilität:* Fähigkeit, eine große Produktvielfalt zu handhaben, die zum Bedarf eines segmentierten Marktes passt (Massenanpassung). *Produkt-Mix-Flexibilität:* Fähigkeit, das Produktsortiment bzw. Produktportfolio effektiv zu nutzen, als Antwort auf Nachfrageschwankungen verschiedener Produkte (z. B. in zyklischen Nachfragemärkte).
Qualität	*Anforderungen:* Hohe Produktqualität über niedrige Fehler- und Ausschussquoten in den Supply Chain-Prozessen sowie zuverlässige Qualitätssicherung.
	Qualität des Produktdesign: Funktionalität und andere Produkteigenschaften, welche das Handling in der Supply Chain und die Eignung zum Gebrauch verbessern.[566] *Anpassungsqualität:* Das Produkt bzw. die Leistungen passen sich an, um den Standards während des Wertschöpfungsprozesses zu folgen.
Verfügbarkeit (Service)	*Anforderungen*: Verfügbarmachung der aus Kundensicht nachgefragten Produkte und Dienstleistungen über herausragende Lieferleistungen.
	Lieferzuverlässigkeit: Fähigkeit, Produkte in einer kurzen Zeit zu beschaffen, zu produzieren oder anzuliefern. *Lieferplanung:* Fähigkeit, eine stabile und leistungsstarke Infrastruktur aufzubauen sowie der exakten (Zeit-) Planung, um Produkte jederzeit verfügbar zu machen.

Abbildung 3.3-11: Impulse für die wettbewerbsspezifische Supply Chain-Strategie[567]

[566] Dieser Aspekt wird unter dem Stichwort „Design for Supply Chain" diskutiert. Vgl. Sharifi/Ismail/Reid (2006), S. 1078 ff.

[567] In Anlehnung an Mason-Jones/Naylor/Towill (2000), S. 4064.

Fallbeispiel: „Nachhaltigkeit" als Qualitätsanforderung bei Body Shop

Das Unternehmen verfolgt seit seiner Gründung im Jahre 1976 ein ökologisch ausgerichtetes Grundkonzept und verkauft ausschließlich natürliche Körperpflegemittel und Kosmetika. Um dies sicherzustellen, werden alle Wertschöpfungsprozesse entsprechend überprüft und gesteuert, zum Beispiel ein ökologisch orientierter Vertrieb mit Mehrweggefäßen und der Auswahl wenig umweltbelastender Transportmittel, also z. B. Schiff statt Flugzeug. Entsprechend werden auch die Lieferanten nach ökologischen Gesichtspunkten ausgewählt. Sie dürfen nur natürliche Rohstoffe und Vorprodukte verwenden, und die Entwicklung der Produkte darf nicht mit Tierversuchen durchgeführt werden. Alle britischen Produktionsstätten sind nach der Norm EMAS-VO II geprüft, und es werden regelmäßig unternehmensinterne Öko-Audits durchgeführt. Die Mitarbeiter in den Filialen werden speziell über die ökologische Philosophie des Unternehmens informiert und im Detail geschult. Das Unternehmen mit einer großen Zahl von Franchise-Nehmern verfügt im Jahr 2004 in 48 Ländern über 1.800 Geschäfte. Die Zielgruppen, die umweltorientiertes Verhalten von Unternehmen honorieren, sind offensichtlich groß und international zu finden.

Quelle: Entnommen aus Wycherley (1999), S. 120 ff. und Hamprecht/Corsten (2007), S. 82 ff.

Da in einem Unternehmen die Produkttyp- sowie die Wettbewerbsstrategien nicht voneinander entkoppelt betrachtet werden können, geht es im Folgenden um den „kombinierten" Strategieeinfluss auf die Konfiguration einer Supply Chain.

Supply Chain-Strategie – Verknüpfung von Produkttyp und Wettbewerbsstrategie im SCM

Es stellt sich die Frage, wie Produkttyp und Wettbewerbsstrategie im SCM zusammenhängen. Bei funktionalen Produkten ist meistens von einer gut vorhersehbaren Nachfrage auszugehen, was gleichzeitig mit einem vergleichsweise niedrigen Preisniveau und hohem Wettbewerbsdruck einhergeht. Daher ist eine Wettbewerbsausrichtung auf den Kosten- respektive Preisaspekt eine notwendige Bedingung für funktionale Produkte. Anstatt ausschließlich auf Kosten zu achten, existieren aus Supply Chain-Sicht zunächst zwei Alternativen, um sich weiter von den Wettbewerbern abzuheben: Qualität oder Verfügbarkeit. Beispielsweise kann es für ein funktionales Produkt (z. B. Herrenhemden) entscheidend sein, gewisse qualitative Merkmale (z. B. einwandfreies, qualitativ hochwertiges Erscheinungsbild) zu besitzen oder eine sehr hohe Verfügbarkeit aufzuweisen. Zwar besteht noch die dritte Option, das Produkt „innovativ" zu positionieren. Dies ist jedoch aus strategischer Sicht bei funktionalen Produkten meist nicht erstrebenswert. Die Kunden würden es bei funktionalem Gebrauch des Produktes nicht „wertschätzen".[568]

Sobald ein Kunde einen höheren Preis aufgrund einer Innovation akzeptiert, liegt bereits ein innovatives Produkt vor, mit häufig unsicherer Nachfrage, aber gleichzeitig einem relativ gesehen geringeren Wettbewerbsdruck. Die Herausforderung bei innovativen Produkten liegt vornehmlich darin, dem Kunden das Produkt durch die Innovation „schmackhaft" zu machen. Eine Innovation, z. B. in Form einer neuen Technologie oder eines modischen Erscheinungsbilds, ist daher notwendige Bedingung. Wie auch bei den funktionalen Produkten, ist über das SCM eine weitere Differenzierung möglich. Verfügbarkeit oder herausragende Qualität sind zwei Varianten. Überdurchschnittliche Wettbewerbserfolge sind dann zu erreichen, wenn die Supply Chain weitestgehend kosteneffizient ausgestaltet ist.

[568] Vgl. Mason-Jones/Naylor/Towill (2000), S. 4064 ff.

Abbildung 3.3-12 zeigt zusammenfassend Kombinationen von Produkttyp und Wettbewerbsstrategie und ihre Auswirkungen auf die Supply Chain-Strategie.

Für die Supply Chain-Strategie resultieren aus der Produktart sowie der damit korrespondierenden Wettbewerbsstrategie folgende Impulse.

Bei *funktionalen Produkten* scheint es ratsam zu sein, sich zunächst auf die Ausgestaltung des Materialflusses zu fokussieren. Wird ein Schwerpunkt dabei ausschließlich auf die Kosten gelegt (z. B. beim Anspruch, günstigster Anbieter zu sein), dann ist der Materialfluss durchweg kostenminimal auszugestalten, wobei neben den Transportkosten auch die Kapitalbindungskosten zu berücksichtigen sind. Dabei sollten weiterhin möglichst aufwendige Qualitätskontrollen vermieden sowie bei der Beschaffung und Produktion kostengünstige Materialien und Verfahren verwendet werden. Kommt zur Kostenfokussierung noch das Kriterium Qualität zur Wettbewerbsstrategie dazu, so ist der Materialfluss zwar ebenfalls möglichst kostenminimierend zu gestalten, aber nur insofern, als dass sich dies mit ausreichenden Qualitätskontrollen sowie niedrigen Fehler- und Ausschussquoten vereinbaren lässt. In diesem Fall ist insgesamt von höheren Supply Chain-Kosten auszugehen, die sich jedoch auf den Preis des Produktes übertragen lassen, da der Kunde bereit sein dürfte, für das höhere Qualitätsniveau zu zahlen. Eine ähnliche Argumentation lässt sich bei der Kostenorientierung kombiniert mit der Verfügbarkeit aufstellen. Die Supply Chain ist hierbei über eine robuste Infrastruktur so auszugestalten, dass alle Zielbereiche möglichst kostengünstig abgedeckt werden. Diese Herausforderung ist zu bewältigen, wenn die Nachfrage sich relativ gut prognostizieren lässt und dies langfristig in eine hohe Planungssicherheit sowie eine kostenminimierende Ausgestaltung des Materialflusses mündet. Ein überdurchschnittliches Leistungsniveau lässt sich dann erreichen, wenn die drei Anforderungen Kosten, Qualität und Verfügbarkeit gleichzeitig erfüllt werden. In einem solchen Fall sind sowohl Qualitätskontrollen und niedrige Fehler- bzw. Ausschussquoten sowie eine robuste Infrastruktur mit hoher Planungsgenauigkeit bei möglichst niedrigen Kosten anzustreben.

Bei *innovativen Produkten* ist verstärkt auf den Informationsfluss einzugehen. Für den Materialfluss bedeutet dies, dass dieser flexibel und schnell (reaktiv) auf die wechselnden Anforderungen des Marktes auszurichten ist. Dies lässt sich z. B. durch zusätzliche Lagerbestände, vorgehaltene Produktionskapazitäten oder Eiltransporte (z. B. Luftfracht) erreichen. Hat ein Akteur solche Flexibilitätspotenziale etabliert, so kann er sich über die Supply Chain wettbewerbstechnisch weiter differenzieren, indem er zusätzlich Qualitäts- oder Verfügbarkeitsaspekte berücksichtigt. Allerdings geht eine solche breitere Positionierung mit Einbußen im Flexibilitätsgrad einher, da z. B. durch notwendige Qualitätskontrollen mehr Zeit beansprucht wird.

Von einer *Hybridorientierung* ist dann zu sprechen, wenn sich ein Akteur sowohl über Flexibilität (und Geschwindigkeit) als auch über die Kosten positionieren möchte (sogenannte Outpacing-Strategie).[569] Eine Outpacing-Strategie lässt sich über zwei alternative Wege erreichen: Entweder ist man bereits Kostenführer und wertet seine Produkte dahingehend auf, weitere Leistungsbestandteile bei gleichbleibenden Preisen für die Kunden zu erbringen, oder man verfolgt zunächst eine Differenzierungsstrategie und verbessert seine Wertschöpfungsprozesse hinsichtlich des Effizienzkriteriums solange, bis man mit den Kostenführern mithalten kann. Übertragen auf den Supply

[569] Zu „Outpacing Strategien" siehe Gilbert/Strebel (1987), S. 28 ff. bzw. zu hybriden Wettbewerbsstrategien vgl. Hungenberg (2004), S. 181 ff.

Produktart	
Funktionale Produkte • geringe Sortimentsvielfalt • gut prognostizierbare Nachfrage • hohe Wettbewerberanzahl • hoher Preisdruck • i.d.R. niedrige Gewinnmargen	Innovative Produkte • große Sortimentsbreite • unsichere Nachfrage • niedrige Wettbewerberanzahl • niedriger Preisdruck • i.d.R. hohe Gewinnmargen
Primäres Wettbewerbskriterium	
Kosten	Innovative Wahrnehmung (Unique Selling Proposition)
Weiterführende Wettbewerbskriterien	
• Qualität • Verfügbarkeit • Flexibilität	• Qualität • Verfügbarkeit • Kosten
Generelle Ausrichtung der Supply Chain	
• Kosteneffizient • Schlüsselrolle Materialfluss (MF)	• Reaktiv (flexibel) • Schlüsselrolle Informationsfluss (IF)
Mögliche Ausprägungsvarianten der Supply Chain	
a) Konzentration auf Kosten	a) Konzentration auf Flexibilität
Kosteneffiziente Gestaltung des Materialflusses. Einsatz des Informationsflusses zur Minimierung der Supply Chain-Kosten (z.B. Auslastung von Fahrzeugen).	Gestaltung des Informationsflusses zur Maximierung der Supply Chain-Flexibilität (z.B. Option von Eillieferungen). Reaktionsfähige Ausrichtung des Materialflusses.
b) Konzentration auf Kosten & Qualität	b) Konzentration auf Flexibilität & Qualität
Kosteneffiziente und qualitätsorientierte Gestaltung des Materialflusses. Einsatz des Informationsflusses zur Reduzierung der Supply Chain-Kosten bei gleichzeitiger Qualitätsmaximierung.	Gestaltung des Informationsflusses zur Maximierung der Supply Chain-Flexibilität bei gleichzeitiger Qualitätsorientierung. Reaktionsfähige und qualitätsorientierte Ausrichtung des Materialflusses.
c) Konzentration auf Kosten & Verfügbarkeit	c) Konzentration auf Flexibilität & Verfügbarkeit
Kosteneffiziente und verfügbarkeitsorientierte Gestaltung des Materialflusses. Einsatz des Informationsflusses zur Reduzierung der Supply Chain-Kosten bei gleichzeitiger Sicherung der Verfügbarkeit.	Gestaltung des Informationsflusses zur Maximierung der Supply Chain-Flexibilität bei gleichzeitiger Sicherung der Verfügbarkeit. Reaktionsfähige und verfügbarkeitsorientierte Ausrichtung des Materialflusses.
d) Konzentration auf Kosten & Flexibilität (Hybridorientierung)	d) Konzentration auf Flexibilität & Kosten (Hybridorientierung)
Kosteneffiziente und gleichzeitig verfügbarkeitsorientierte Gestaltung des Materialflusses. Einsatz des Informationsflusses zur Minimierung der Supply Chain-Kosten bei gleichzeitiger Sicherung der Supply Chain-Flexibilität.	Gestaltung des Informationsflusses zur Maximierung der Supply Chain-Flexibilität bei gleichzeitiger Reduzierung der Supply Chain-Kosten. Reaktionsfähige und (danach) kostenorientierte Ausrichtung des Materialflusses

Abbildung 3.3-12: Kombinierter Einfluss des Produkttyps und der Wettbewerbsstrategie auf die Supply Chain-Strategie

Chain-Kontext bedeutet dies, dass im ersten Fall zum kostenorientierten Materialfluss ein zusätzlicher Fokus auf den Informationsfluss zu legen ist, um zusätzlich Flexibilitätspotenziale in den Wertschöpfungsprozessen aufzubauen. Im zweiten Fall gilt es ausgehend von einer bereits hohen Flexibilität in der Supply Chain, den Materialfluss zunehmend nach Kosteneffizienzgesichtspunkten auszurichten. Zwar lässt sich eine Outpacing-Strategie über die Entkopplung der Informations- und Materialflüsse umsetzen,[570] allerdings stehen bei dieser Hybridorientierung die Kosten und die Flexibilität in einem gewissen Widerspruch zueinander. Zudem bedarf eine solche differenzierte Ausrichtung einer relativ hohen Supply Chain-Kompetenz bei den verantwortlichen Führungskräften.

3.3.2.3 Einfluss der Funktionsbereichsstrategie

Funktionsbereichsstrategien werden formuliert, um einerseits die strategischen Aktionen der Funktionsbereiche mit den Geschäftsfeldern zu verknüpfen und andererseits, um die Ausrichtungen der Funktionsbereiche untereinander abzustimmen und anzupassen.[571] Zunächst sollte ein „Fit" zwischen einer Geschäftsfeldstrategie und seinen – in Abbildung 3.3-13 dargestellten – Funktionsbereichsstrategien bestehen.[572]

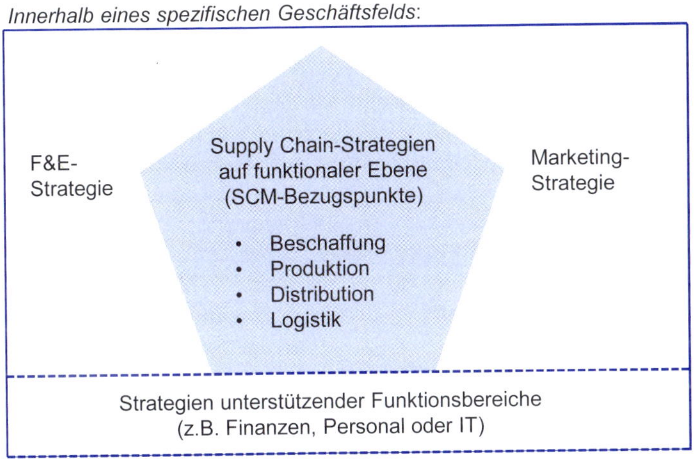

Abbildung 3.3-13: Überblick über die Funktionsbereichsstrategien im Unternehmen[573]

Zu diesen Funktionsbereichsstrategien gehören unter anderem die strategische Ausrichtung in der Beschaffung, der Produktion, der Distribution und der Logistik, welche allesamt Interdependenzen zur Supply Chain-Strategie besitzen (vgl. Kapitel 2). Daneben sollten auch die Strategien in den Funktionsbereichen Forschung und Entwicklung und Marketing sowie der unterstützenden Querschnittsbereiche Finanzen, Personal und Informationstechnologie auf die Geschäftsfeldstrategie abgestimmt und in Bezug zur Supply Chain-Strategie gesetzt werden.

570 Vgl. Olhager/Selldin/Wikner (2006), S. 27 ff.
571 Vgl. Lockamy (2004), S. 403 ff.
572 Vgl. Chopra/Meindl (2004), S. 37 ff.
573 In Anlehnung an Chopra/Meindl (2004), S. 39.

Wird beispielsweise in der Geschäftsfeldstrategie entschieden, dass man sich auf ein funktionales Produkt mit einer auf Kosten und Qualität ausgelegten Wettbewerbsstrategie ausrichten möchte, sollte eine kosteneffiziente Supply Chain-Strategie mit qualitativem Fokus gewählt werden. Gleichzeitig bedeutet eine solche Ausrichtung für die Beschaffung, kostengünstige Lieferanten mit einem geforderten Qualitätsniveau auszusuchen (vgl. Kapitel 2.3), in der Produktion adäquate Qualitätskontrollen einzuführen (vgl. Kapitel 2.2), die Vertriebskanäle in der Distribution (vgl. Kapitel 2.1) zu konsolidieren und in der Logistik kostengünstige Verkehrsträger im Transport (z. B. Schienen oder Schiff) bei gleichzeitiger Berücksichtigung der Kapitalbindungskosten einzusetzen (vgl. Kapitel 2.4). Im Bereich Forschung und Entwicklung sollten zudem möglichst günstige Materialien in der geforderten Mindestqualität eingesetzt, im Marketing adäquate Vermarktungsaktivitäten lanciert und dabei insgesamt die Vorgaben der Finanzstrategie (z. B. hinsichtlich der Rentabilität, Innovationen oder Liquidität) berücksichtigt werden.

Neben dieser ganzheitlichen Ausrichtung aller Funktionsbereiche auf die Geschäftsfeldstrategie sind die strategischen Aktivitäten der Funktionsbereiche untereinander abzustimmen.[574] Insbesondere zwischen der Supply Chain-Strategie sowie der Beschaffung, Produktion, Distribution und Logistik bestehen zahlreiche Interdependenzen, die es im Zusammenhang mit der Marketing-, F&E- sowie der Finanzstrategie auszugestalten gilt.

Die durchgängige Endkundenorientierung des SCM kommt vor allem in der erforderlichen Verknüpfung von Marketingstrategie – insbesondere der Marketing-Mix-Elemente – mit der Supply Chain-Strategie zum Ausdruck (vgl. Abbildung 3.3-14).[575] So sind funktionsbereichsübergreifende Entscheidungen zu treffen, wenn es um Verpackungsgrößen oder Losgrößen geht, letzteres beispielsweise im Kontext von geplanten Promotionsaktionen. Neben diesen Schnittstellen zum Produktions- und Beschaffungsbereich gibt es in der Distribution einen Harmonisierungsbedarf mit der Marketingstrategie. Hier geht es u. a. um die Festlegung von Vertriebspartnern, dem Auslieferungskonzept, dem kundenspezifischen Lieferservice, den Absatzregionen oder den einzusetzenden Logistikdienstleistern.

Fallbeispiel: Verknüpfung von Produktions- und Absatzstrategie bei Benetton

Eine enge Synchronisation von Produktion und Absatz wird im Modebereich beispielsweise von Benetton durchgeführt. Der italienische Hersteller sportlich-trendiger Bekleidung beliefert seine weltweiten Verkaufsstatten (über 5.000 Shops in 120 Ländern) zu Beginn einer Saison zunächst mit jeweils relativ kleinen Stückzahlen eines Produktsortiments in unterschiedlichen, aktuell im Produktionsprogramm vorgesehenen Farben. Im Anschluss daran wird die weitere Produktion vorwiegend auf die besonders stark nachgefragten Modefarben ausgerichtet. Hierfür ist das Einfärben vorgefertigter Kleidungsstücke als letzter Produktionsschritt eingeplant. In Abhängigkeit von der spezifischen Kundennachfrage in den Filialen werden die einzelnen Modelle also erst dann in diesen gut laufenden Farben endgefertigt.

Quelle: Entnommen aus Fenling (2007)

---

574 Vgl. Ehrmann (2005), S. 48 ff. und Chopra/Meindl (2004), S. 29 ff.

575 Vgl. Heuermann (2002), S. 19 ff. Da die Bedürfnisse und Erwartungen potenzieller Abnehmer besonders berücksichtigt werden müssen, werden Wettbewerbsstrategien und mitunter auch die Supply Chain-Strategie in der Praxis häufig im Rahmen strategischer Marketingentscheidungen geplant.

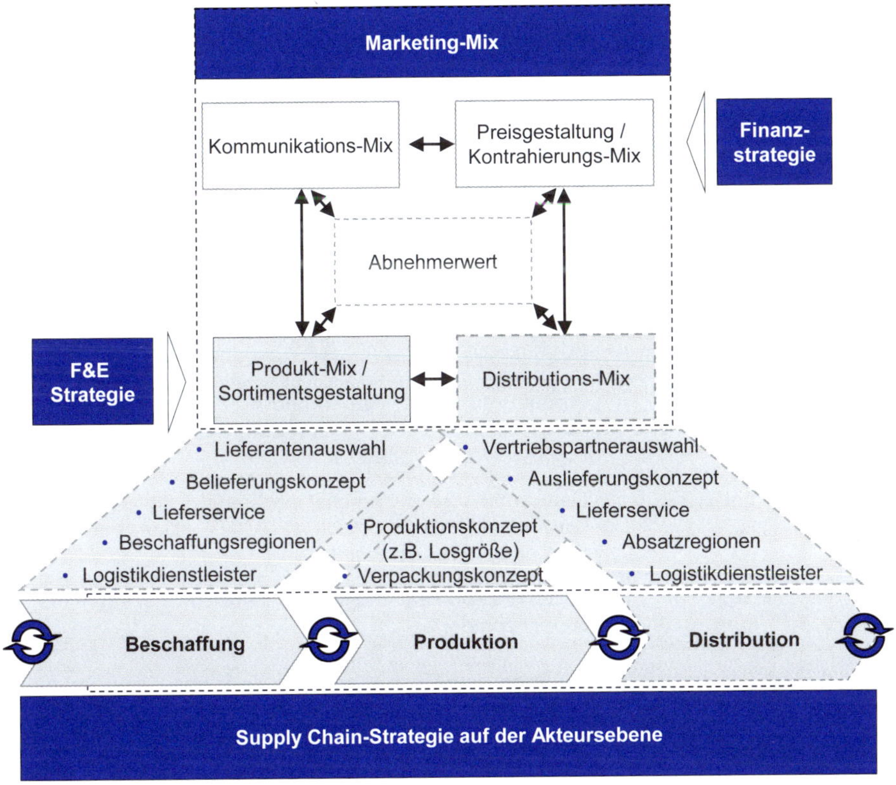

Abbildung 3.3-14: Beispielhafte Verknüpfung von Marketing-Mix und Supply Chain-Strategie

Eine nicht wesentlich geringere Bedeutung besteht in der Verknüpfung zwischen F&E (Forschung und Entwicklung), dem Marketing und dem SCM. So hängen beispielsweise von den vorhergesehenen Materialien die Lieferantenauswahl, das Belieferungskonzept, die Beschaffungsregionen oder die einzusetzenden Logistikdienstleister ab. Zudem werden durch den von Forschungs- und Entwicklungsbereich die Herstellungsverfahren sowie deren benötigte Zeit und Kosten beeinflusst.

Die Finanzen (ebenso wie das Personalwesen oder die Informationstechnologien) besitzen eine unterstützende Funktion, welche die restlichen Funktionsbereiche erst ermöglicht. Der Finanzbereich[576] und das Personalwesen sowie die Informationstechnologien spielen für die Supply Chain in prozessualer Hinsicht eine tragende Rolle, indem sie einerseits Mittel und Ressourcen für die Positionierung eines Unternehmens und die Konfiguration einer Supply Chain zur Verfügung stellen. Andererseits können sie selbst im Rahmen des SCM zum Gegenstand von Initiativen werden, beispielsweise dann, wenn die internationale Ausgestaltung der Supply Chain nach steuer- und zollrechtlichen Kriterien erfolgt, die Standortwahl des Unternehmens auf Basis von spezi-

[576] Vgl. Hofmann (2007), S. 173 ff. Mit der Betrachtung der Finanzflüsse ergibt sich eine neue Dimension im SCM mit dem Ziel, den Unternehmenswert der einzelnen Supply Chain-Akteure und damit die Wettbewerbsfähigkeit als Ganzes zu steigern.

fischen Mitarbeiteranforderungen getroffen wird oder die Etablierung von relevanten Prozessschritten auf der Neueinführung von IT-Standards fußt.

Fazit: Bei der Positionierung eines Unternehmens auf der Akteursebene geben die Entscheidungen auf den unterschiedlichen Strategieebenen sowie die unternehmensspezifischen und produktspezifischen Merkmale zahlreiche Impulse für die Supply Chain-Strategie (siehe Abbildung 3.3-15).

Funktionsbereichsstrategie	Impulse für die Supply Chain-Strategie
SCM-Bezugspunkte (Absatz, Produktion, Beschaffung und Logistik)	Impulse in den Bereichen Beschaffung, Produktion, Distribution und Logistik (z. B. hinsichtlich Durchlauf- und Lieferzeiten, Transport oder Lagerhaltung)
Marketing	Produktionsmenge, Verpackungsgröße, Vertriebspartner, Vertriebsregionen, Auslieferungskonzept, Lieferservice, Logistikdienstleister
Forschung & Entwicklung (F&E)	Lieferantenauswahl, Beschaffungsregion, Belieferungskonzept, Logistikdienstleister, Produktionskonzept (Zeit und Kosten der Herstellung)
Finanzen, Personal, IT	Mittel (Ressourcen) und Möglichkeiten (Fähigkeiten) der Supply Chain

Abbildung 3.3-15: Impulse der Funktionsbereichsstrategien für die Supply Chain-Strategie

Die vorangegangenen Ausführungen hatten primär die Ausgestaltung einer Supply Chain-Strategie aus Sicht eines Akteurs zum Inhalt. In der nun folgenden Betrachtung soll der Fokus auf die Netzwerkebene ausgeweitet und auf die Einbeziehung weiterer Partner abgestellt werden (Supply Chain-Strategie auf der Netzwerkebene). Denn es ist zu beachten, dass zwar jedes Unternehmen seine eigene Supply Chain-Strategie ausformulieren kann, deren Implementierung findet jedoch in einem Netzwerk von Beziehungen zu anderen Unternehmen statt.[577] Dabei gilt es zahlreiche Herausforderungen, wie z. B. die Vielschichtigkeit, Verschachtelungen, mögliche Widersprüche der Wettbewerbsstrategien oder das Fehlen einer hierarchischen Führungsinstanz zu überwinden.

3.3.3 Inhaltliche Ausgestaltung von Supply Chain-Strategien auf der Netzwerkebene

Ein zentrales Problem der inhaltlichen Ausgestaltung einer Supply Chain-Strategie auf der Netzwerkebene besteht darin, gemeinsame Ziele zu ermitteln sowie unterschiedlich ausgestaltete Positionierungen und Konfigurationen miteinander zu harmonisieren. Denn das Analyseobjekt ist dabei nicht mehr der einzelne Akteur, sondern ein spezifischer Supply Chain-Ausschnitt mit mehreren Unternehmen.[578] Nachfolgend wird zunächst die Bedeutung einer harmonisierten Supply Chain-Konfiguration auf der Netzwerkebene aufgezeigt. Danach wird die inhaltliche Ausgestaltung derselben in

[577] Vgl. Peck/Jüttner (2000), S. 35 ff.
[578] Vgl. Corsten/Gössinger (2001), S. 69 ff.

zwei Abschnitten ausgeführt. Zuerst werden unabhängig von den strategischen Ausrichtungen auf der Akteursebene die relevanten Aspekte einer Supply Chain-Strategie auf der Netzwerkebene erörtert. Danach wird ein Vorschlag für die inhaltliche Harmonisierung der akteursspezifischen Supply Chain-Strategien auf der Netzwerkebene diskutiert.

3.3.3.1 Bedeutung der Supply Chain-Strategie auf der Netzwerkebene

Ein Grundprinzip des SCM ist die Effizienzsteigerung durch intensivere Koordination entlang der Wertkette mit dem Ziel einer effizienten, schnellen und präzisen Reaktion auf Marktimpulse (vgl. hierzu Kapitel 1.2).[579] Mit einer intensiveren Koordination gehen allerdings ein höherer Grad an Komplexität sowie ein größerer Bedarf an Kommunikation zwischen den involvierten Akteuren einher.[580] Wie Harrison und van Hoeck (2002) definieren, ist eine Supply Chain-Strategie dazu da, die Leitlinien der Kommunikation der Ziele, Pläne und Taktiken durch alle relevanten Ebenen des Wertschöpfungsnetzwerkes hindurch festzulegen.[581]

Wie in Abbildung 3.3-16 idealtypisch dargestellt, ist der dafür erforderliche Blickwinkel auf die Supply Chain nicht auf Basis der strategischen Ausrichtung einzelner Akteure zu erreichen, da i. d. R. rivalisierende Netzwerkausschnitte dabei unberücksichtigt bleiben. Für Unternehmen U_{1b} etwa stellen die Akteure auf derselben Wertschöpfungsstufe (Unternehmen U_{1a} und U_{1c}) Wettbewerber dar, die aus seiner Sicht in Integrationsbemühungen zunächst nicht eingeschlossen werden sollten, wohl jedoch die abnehmenden Unternehmen U_{2a}, U_{2b} und U_{2c}. Für das Unternehmen U_{2b} hingegen sind etwa die Akteure U_{2a} und U_{2c} wiederum Wettbewerber, wohingegen U_{1a} und U_{1c} relevante Zulieferer darstellen. Aus welchen Akteuren besteht nun der relevante Supply Chain-Ausschnitt? Bevor die Supply Chain-Strategie auf der Netzwerkebene ausgestaltet werden kann, gilt es den zu berücksichtigenden Ausschnitt gemeinsam festzulegen.[582] Möglich wäre dies zunächst im Sinne des Key Network Managements.[583] Der definierte Supply Chain-Ausschnitt mit den relevanten Partnern lässt sich dann als integriertes „Quasi-Unternehmen" interpretieren.[584] Mit diesem Schritt ist es möglich, eine Harmonisierung der Supply Chain-Strategien der einzelnen Akteure auf der Netzwerkebene vorzunehmen (vgl. Abbildung 3.3-17), wobei allerdings diese Betrachtung nicht gleichzusetzen ist mit der „Ausblendung von Marktmechanismen".[585]

Bei der Harmonisierung stellt sich die Frage, welche Strategiebestandteile der Akteure beibehalten und welche Aspekte angepasst werden sollten.[586]

---

579 Vgl. Sydow/Möllering (2006), S. 1.

580 Durch stärkere Integration werden mehrere Akteure zwecks Planung eingebunden, was die Menge der zu bearbeitenden Daten stark erhöht. Des Weiteren steigt auch von Seiten des Marktes, durch Anforderungen der Kunden oder durch Wettbewerbsdruck die Komplexität von Supply Chains: Vgl. Geimer et al. (2005), S. 43.

581 Vgl. Harrison/van Hoeck (2005), S. 236 f.

582 Vgl. Sadler/Gough (2004), S. 892.

583 Vgl. Ojasalo (2004).

584 In Anlehnung an Sydow (1995), S. 70.

585 Bretzke (2006b), S. 3 ff.

586 Mit anderen Worten besagt dies, welche Strategiebestandteile einheitlich gestaltet werden sollten und welche unterschiedlich in einer Supply Chain koexistieren können.

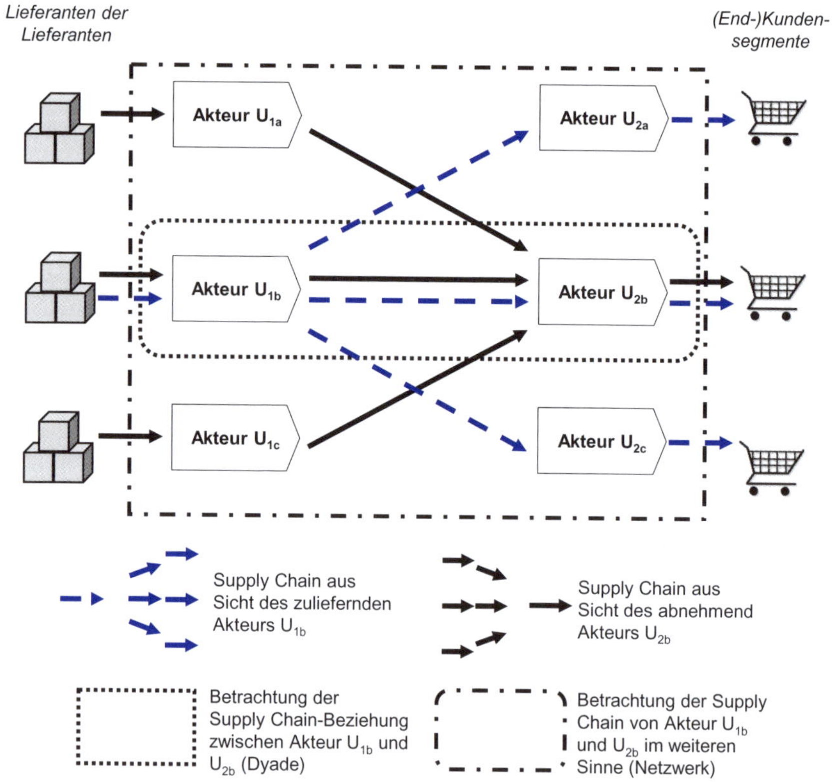

Abbildung 3.3-16: Rivalisierende Netzwerkausschnitte in der Supply Chain[587]

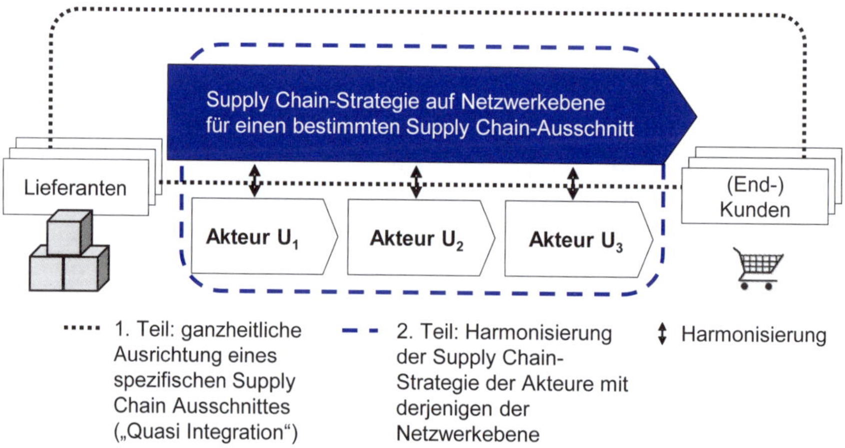

Abbildung 3.3-17: Supply Chain-Strategie auf der Netzwerkebene[588]

[587] In Anlehnung an Bretzke (2006a), S. 9.

[588] In der Abbildung 3.3-17 ist ein Supply Chain-Ausschnitt in Kettenform angedeutet. Wie bereits mehrfach ausgeführt, ist in der Praxis von einer Netzwerkstruktur auszugehen.

Im Folgenden wird zunächst eine gemeinsame Supply Chain-Strategie auf Netzwerkebene konkretisiert. Danach wird die inhaltliche Harmonisierung der akteursspezifischen Ausprägungen erläutert.

3.3.3.2 Festlegung einer gemeinsamen Supply Chain-Strategie auf der Netzwerkebene: Ansatz der „Quasi-Integration"

Zunächst steht die „harmonisierte" Supply Chain-Strategie auf der Netzwerkebene im Mittelpunkt des Interessens, wobei der betrachtete Ausschnitt, als *eine* Einheit – im Sinne eines vertikal integrierten „Quasi-Unternehmens" – interpretiert wird.[589] Ein „Quasi-Unternehmen" stellt „eine Anzahl lose miteinander verbundener, interorganisatorischer Arrangements mit strategischer Zielsetzung" dar[590]. Dabei ist davon auszugehen, dass ein „Quasi-Unternehmen" einer Teilintegration unterliegt, welche voneinander abhängige ökonomische Aktivitäten vor- oder nachgelagerter Wirtschaftsstufen zusammenbringt, ohne jedoch eine vollständige rechtliche Verflechtung (Unternehmenszusammenschluss) zu bewirken.[591] Idealerweise agieren die beteiligten Akteure wie ein Unternehmen, solange sie diesem spezifischen Netzwerk angehören.[592] Im prozessualen Sinne wird eine Supply Chain-Initiative auf der Netzwerkebene ähnlich wie eine solche auf der Akteursebene kreiert. Der Fokus liegt vor allem darauf, die Wünsche und Erwartungen des Endkunden bestmöglich zu befriedigen.[593] Diese spezifische Orientierung am Endkunden zieht sich durch den gesamten Supply Chain-Ausschnitt hindurch und betrifft neben den einzelnen involvierten Akteuren auch deren Lieferanten, Dienstleister und sogar Wettbewerber. Auf Basis eines eingeschlagenen Endkundenfokus' werden Ausschnitt und Ziele sowie Geschäftsfelder, insbesondere Produkttyp und Wettbewerbs- sowie Funktionsbereichsstrategien, für den Netzwerkausschnitt bestimmt.

3.3.3.3 Fixierung der Supply Chain-Ziele und des relevanten Supply Chain-Ausschnitts

Die Unternehmensgesamtstrategie orientiert sich u. a. an den langfristigen Zielen eines Akteurs.[594] Da die Supply Chain zunächst als ein „Quasi-Unternehmen" interpretiert wird, ist ebenfalls ein Set von strategischen Zielen nötig, an dem sich die auszugestaltende Initiative auf der Netzwerkebene ausrichten kann. In diesem Sinne gleicht die Festlegung der Ziele eines Supply Chain-Ausschnittes der Festlegung der Rahmenbedingungen für die Akteure des Netzwerksausschnitts. Die Supply Chain-Strategie erlangt auf der Netzwerkebene für die involvierten Akteure eine vergleichbare Bedeutung wie die Unternehmensgesamtstrategie für einen einzelnen Akteur.

Im Rahmen einer Zieldefinition auf der Netzwerkebene wird entschieden, was die Supply Chain als Ganzes erreichen und welche Akteure dafür in eine vertiefende Betrachtung mit einbezogen werden sollen.[595] Bei diesem Abstimmungsprozess kön-

---

589 In Anlehnung an Sydow (1995), S. 70.

590 Vgl. Sydow (1995), S. 70. Zur Idee der „Vertical Quasi Integration" vgl. ausführlich Blois (1972).

591 Vgl. Sydow (1995), S. 70.

592 Vgl. Scheer/Borowsky (1999) in Corsten/Gössinger (2001), S. 84.

593 Vgl. Pfohl (2004b), S. 325 f.

594 Vgl. Hungenberg (2004), S. 73 ff.

595 Auf welche Art und Weise dieser Vorgang erfolgen kann, wird im SCM-Arbeitsfeld Initiierung und Kreation erläutert.

nen erste Konflikte zwischen den einzelnen Supply Chain-Akteuren auftreten, wenn unterschiedliche Vorstellungen über die Ziele und Konfiguration der Supply Chain vorliegen. Eine inhaltliche Leitmaxime bei den Verhandlungen sollte die konsistente Orientierung an den Bedürfnissen der Endkunden sein, die in bestimmten Gruppen bzw. Segmenten zusammengefasst die Geschäftsfelder des Supply Chain-Ausschnittes bilden. Die weiteren Ziele orientieren sich an der Positionierung der zentralen Akteure, sowie den Eigenschaften der anzubietenden Produkte, wobei Kosten- und Flexibilitätsziele sowie Qualitäts- und Verfügbarkeitseigenschaften zu definieren sind (vgl. Abschnitt 3.3.2).

Neben den Zielen sollte als weitere Rahmenbedingung die Reichweite des relevanten Netzwerkes bzw. des Supply Chain-Ausschnittes festgelegt werden.[596] Aus theoretischer Sicht lässt sich der Ausschnitt in horizontaler, vertikaler oder diagonaler Richtung beliebig ausweiten.[597] Der Umfang des Supply Chain-Ausschnitts hängt von mehreren Faktoren ab. Zunächst ist die Anzahl der an der gesamten Supply Chain beteiligten Unternehmen im Rahmen der Produktion von Bedeutung. Wird ein Produkt aufwendig – im Rahmen der synthetischen Produktion – mit vielen unterschiedlichen Bestandteilen und Produktionsschritten hergestellt (z. B. ein Automobil oder Fernsehgerät) oder sind eher weniger Akteure an der Wertschöpfung beteiligt – etwa im Rahmen der analytischen Produktion (z. B. Raffinerieerzeugnisse) oder stoffneutralen Produktion (z. B. Walzprodukte aus Stahl) – mit relativ wenigen Arbeitsschritten bis zum Endkundenmarkt. Bei den letztgenannten Produkten ist es i. d. R. leichter, die gesamte Supply Chain zu betrachten. Je mehr Akteure jedoch in eine Supply Chain einzubinden sind, desto komplexer werden das Netzwerk und die damit einhergehenden Abstimmungsprozesse. Meist ist es sinnvoll, in einem ersten Schritt zunächst einen kleineren Ausschnitt mit ausgewählten Akteuren zu betrachten. In diesem Zusammenhang wird auch die Modularisierung relevant (vgl. hierzu Abschnitt 3.3.4). Danach kann eine sukzessive Erweiterung der Involvierung von weiteren Akteuren erfolgen.

Eng mit der Anzahl der in die Betrachtung zu involvierenden Akteure hängt die vertikale Integration bzw. Wertschöpfungstiefe der einzelnen Unternehmen zusammen. Grundlegend gilt: je höher der vertikale Integrationsgrad der beteiligten Unternehmen ist, desto eher kann ein größerer Supply Chain-Ausschnitt von der Quelle bis zur Senke bearbeitet werden. Gleiches bezieht sich auch auf die Effizienz der eingesetzten Kommunikations- und Interaktionsmittel (z. B. in Form von standardisierten Informationstechnologien mit einheitlichen Datenschnittstellen). Je effizienter diese Mittel und Instrumente sind, desto mehr unterschiedliche Akteure lassen sich damit miteinander verbinden und desto größer kann der betrachtete Supply Chain-Ausschnitt ausfallen. Die letztgenannten Aspekte werden im SCM-Arbeitsfeld Wertschöpfung und Regulation vertieft betrachtet.

Schließlich lassen sich Supply Chain-Ausschnitte nach Ländern oder Sprachen „clustern“ oder nach der Ähnlichkeit der „Zwischenprodukte“ bzw. Wertschöpfungsaktivitäten allokieren. So ist z. B. fraglich, ob ein in Europa ansässiger Hersteller von Autositzen mit Lederbezügen tatsächlich mit einem argentinischen Rinderzüchter (Lederproduzent) in einem Supply Chain-Ausschnitt zusammenzufassen sind.

[596] Dies könnte äquivalent zur Festlegung des Geschäftsfeldportfolios betrachtet werden.

[597] Horizontal: Akteure auf einer Wertschöpfungsstufe. Vertikal: Kettenglieder von aufeinander folgenden Wertschöpfungsstufen. Diagonal: hinzugezogene Dienstleister (Transporteur, Banken, etc.).

3.3.3.4 Festlegen einer Geschäftsfeldstrategie für einen Supply Chain-Ausschnitt

Eine Geschäftsfeldstrategie eines integrierten „Quasi-Unternehmens" legt auf der Netzwerkebene fest, wie ein spezifischer Supply Chain-Ausschnitt in einem bestimmten Markt tätig sein sollte.[598] Dabei ergeben sich in einem Netzwerk, je nach betrachtetem Ausschnitt, unterschiedlich ausgeprägte Geschäftsfeldtypen. Für die spezifische Ausrichtung ist dabei unerheblich, wie groß ein betrachteter Ausschnitt ist, d.h. ob sich zwei, drei oder mehr Akteure zu einem „Quasi-Unternehmen" miteinander verbunden haben. Maßgeblich für die strategische Ausrichtung auf der Netzwerkebene sind im Rahmen einer solchen Betrachtung vielmehr die für die Befriedigung der Endkundenwünsche her- und bereitzustellenden Produkte und Leistungen sowie die vorherrschenden Wettbewerbsverhältnisse.

Abbildung 3.3-18 stellt die Schwierigkeit der Definition des Geschäftsfeldes auf Netzwerkebene dar. Wird der Supply Chain-Ausschnitt 1 betrachtet, so ist der Kunde von Akteur U_3 des Geschäftsfeldes der Endkunde der Supply Chain. Das Produkt, welches für den Supply Chain-Ausschnitt relevant ist, ist das Endprodukt. Die Supply Chain-Initiativen sind an diesem Abnehmer und dem um ihn vorherrschenden Wettbewerb auszurichten. Im Supply Chain-Ausschnitt 2 dagegen ist der für das Geschäftsfeld relevante Kunde der Akteur U_3. Das relevante Geschäftsfeld dieses Ausschnitts wird dabei nicht unmittelbar direkt am Endkunden ausgerichtet. Eine Orientierung erfolgt am Produkt, welches als Komponente von Akteur U_3 nachgefragt wird, sowie am dazugehörigen Markt. Ebenso verhält es sich für den Supply Chain-Ausschnitt 3. In dieser Betrachtung sind der relevante Kunde der Akteur U_2 und das Produkt die Komponente, für die dieser nachfragende Akteur einen Bedarf hat.

Obwohl nur ein Teilausschnitt einer Supply Chain betrachtet wird, können sich durch die verschiedenen Ausschnitte sehr unterschiedliche Geschäftsfelder auf der Netzwerkebene ergeben. Zur Ermittlung eines adäquaten Geschäftsfelds für ein integriertes „Quasi-Unternehmen" ist daher der festzulegende Supply Chain-Ausschnitt von

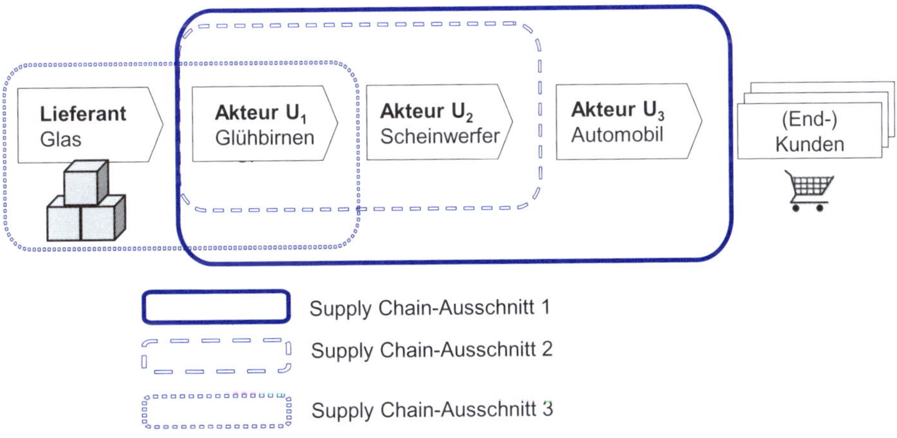

Abbildung 3.3-18: Exemplarische Betrachtung unterschiedlicher Supply Chain-Ausschnitte auf der Netzwerkebene

[598] Vgl. Hungenberg (2004), S. 73 ff.

tragender Bedeutung. In der Regel richtet sich das „Geschäftsfeld" nach dem Produkt, dem Kunden und dem Markt des „letzten" Akteurs im Supply Chain-Ausschnitt. Im exemplarischen Supply Chain-Ausschnitt ist das Geschäftsfeld „Scheinwerferanlagen" des Akteurs U_2 somit auf das Geschäftsfeld „Automobile" des Akteurs U_3 auszurichten. Der Glühbirnenhersteller U_1 orientiert sein Geschäftsfeld nach Akteur U_2 „Scheinwerferanlage". Aus einer solchen Interpretation und Ausrichtung folgt, dass eine Supply Chain-Strategie auf der Netzwerkebene – und die das darin zu bestimmende Geschäftsfeld – lediglich für einen ganz bestimmten Ausschnitt formuliert werden kann.

3.3.3.5 Abstimmung der Funktionsbereichsstrategien für einen Supply Chain-Ausschnitt auf der Netzwerkebene

Die Auslegung der Funktionsbereichsstrategien eines „Quasi-Unternehmens" ist, wie auch die der Geschäftsfeldstrategie, davon abhängig, welcher Ausschnitt der Supply Chain betrachtet wird. Während bei der Geschäftsfeldstrategie der gesamte Supply Chain-Ausschnitt als ein „Quasi-Unternehmen" zu beleuchten ist, können bei der Ausformulierung der Funktionsbereichsstrategien nicht alle Ausprägungen der involvierten Akteure ausgeblendet werden. Vielmehr sind die einzelnen Funktionsbereichsstrategien der Akteure innerhalb des Supply Chain-Ausschnitts aufeinander abzustimmen.

In Abbildung 3.3-19 werden die verschiedenen Funktionsbereiche der involvierten Akteure aus der Netzwerkperspektive dargestellt. Nach wie vor soll der betrachtete Supply Chain-Ausschnitt als integriertes „Quasi-Unternehmen" interpretiert werden. Das bedeutet, dass nach „außen" hin von *einer* Beschaffungs-, *einer* Produktions-, *einer* Distributions- sowie *einer* Logistikstrategie auszugehen ist. Für den betrachteten Supply Chain-Ausschnitt ergeben sich dann zwei „externe" Schnittstellen: eine in der Beschaffung (bei Akteur U_1) und eine in der Distribution (bei Akteur U_3). Für diese Funktionsbereiche können Strategien aufgestellt werden, die sich an der Geschäftsfeldstrategie des Supply Chain-Ausschnittes orientieren. Dabei legten Akteur U_1 die Beschaffungs-

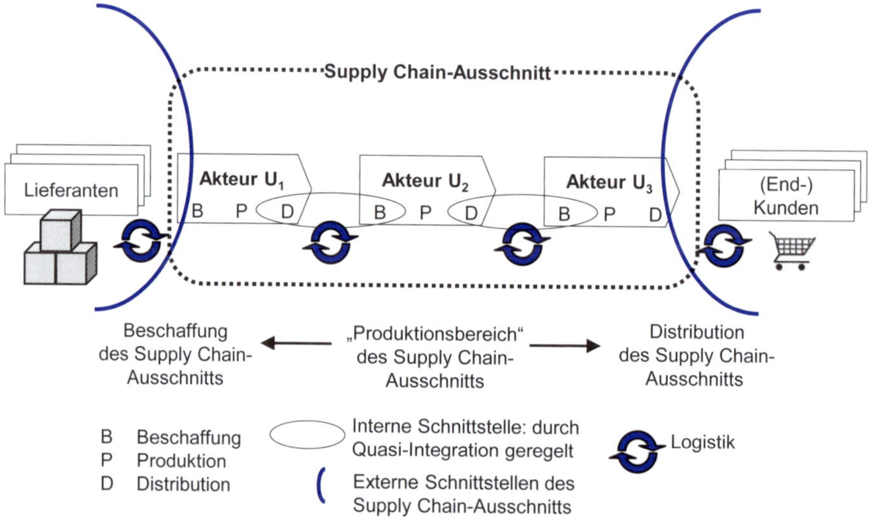

Abbildung 3.3-19: Funktionsbereiche im Supply Chain-Ausschnitt aus Netzwerkperspektive

strategie und Akteur U_3 die Distributionsstrategie nicht ausschließlich alleine fest. Bei der Konkretisierung dieser beiden Funktionsbereichsstrategien auf der Netzwerkebene sind vielmehr alle relevanten Akteure des Supply Chain-Ausschnittes einzubeziehen.

Die Produktion als „interner" Funktionsbereich des „Quasi-Unternehmens" und die Logistik als verbindende Querschnittsfunktion, sind nicht zwangsläufig mit einer einheitlichen netzwerkweiten Ausrichtung zu adressieren. Es ist vielmehr davon auszugehen, dass jedes Unternehmen des betrachteten Supply Chain-Ausschnitts eine eigene Strategie in Beschaffung, Produktion, Distribution und Logistik auf der Akteursebene besitzt. Für diese Vielzahl stellt sich nun die Frage, inwiefern sie an die Geschäftsfeldstrategie des gesamten Supply Chain-Ausschnittes angepasst und inwiefern die individuellen Ausrichtungen der involvierten, relevanten Akteure überhaupt „vereinheitlicht" werden sollten. Könnten alternativ mehrere unterschiedliche Ausrichtungen nebeneinander existieren? Dieser Frage nach der Harmonisierung der Supply Chain-Strategien auf der Netzwerkebene wird im nächsten Abschnitt nachgegangen.

3.3.3.6 Harmonisierung der Supply Chain-Strategie der Akteure mit derjenigen der Netzwerkebene

Bei den Harmonisierungsbestrebungen auf der Netzwerkebene ist zu klären, wie die einzelnen Strategien der involvierten Akteure aufeinander abgestimmt werden können, um einen strategischen „Fit" zwischen diesen zu erzielen. Damit gilt unter anderem zu klären, ob beispielsweise einige Akteure ihre Supply Chain auf Kosteneffizienz ausrichten, während andere Unternehmen des Netzwerkausschnittes eine auf Differenzierung ausgerichtete reaktive Supply Chain verfolgen.

Zunächst ist festzustellen, wie viele Akteure an der Supply Chain beteiligt sind, welche Art von Wertschöpfung sie erbringen und welche Eigenschaften diese Materialien, Komponenten und Produkte besitzen, um den Anforderungen am Markt zu entsprechen. Danach ist eine Material- und Warenklassifikation anzustreben. Ziel dieser Analyse ist die Beurteilung des gesamten Mengengerüsts, welches den spezifischen Supply Chain-Ausschnitt belastet. Anhand einer solchen Fokussierung ist beispielsweise festzustellen, welche Akteure ihre strategische Ausrichtung an die Supply Chain-Strategie des Netzwerkes anpassen müssten und in welchen Konstellationen ein gewisser „Mismatch" akzeptiert werden könnte.

Klassifikationskriterien für die Harmonisierung der Supply Chain-Strategien

Bei der Harmonisierung der akteursspezifischen Supply Chain-Strategien auf der Netzwerkebene bietet sich eine in der Praxis erprobte produkt- bzw. warenorientierte Klassifizierung mit Logistikbezug an. Die Kriterien bestehen aus dem Wert (ABC-Analyse), der Regelmäßigkeit des Verbrauchs (XYZ-Analyse) und dem durchschnittlichen Lagerbestand:[599]

- Das erste Kriterium, der *Wert*, besteht dabei aus einer Evaluation des monetären Anteils der Teilkomponenten für das Endprodukt und seiner anteiligen Menge bzw. Volumen. Es wird daher häufig auch Wertigkeit-Mengenbeurteilung genannt.[600]

---

599 In Anlehnung an Pfohl (2004a), S. 141 f. Vgl. auch Abschnitt 2.4.2. Es ist jedoch anzumerken, dass je nach Branche und Supply Chain auch andere Klassifikationskriterien gewählt werden können.

600 Vgl. Ehrmann (2005), S. 139 ff.

- Mit dem zweiten Kriterium, dem *Teileverbrauch*, wird die Bedarfsstruktur bzw. die Regelmäßigkeit des Verbrauchs der Teilekomponenten im Wertschöpfungsprozess innerhalb des betrachteten Supply Chain-Ausschnitts adressiert. Die Verbrauchsstruktur beeinflusst u.a. das Bestellverhalten, d.h. das Bestellvolumen und die Bestellfrequenz.
- Das Bestellverhalten wiederum steht in wechselseitiger Beziehung zum dritten Kriterium, dem durchschnittlichen *Lagerbestand*. Zum einen beeinflusst das Bestellverhalten die Lagerbestandshöhe (z.B. wächst der Lagerbestand mit zunehmenden Bestellvolumen an), zum anderen wird das Bestellverhalten vom Lagerbestand beeinflusst, der wiederum von der Bestandspolitik (u.a. Lageranzahl oder Sicherheitsbestand) sowie dem Verhältnis von Kapitalbindungs- und Transportkosten abhängt.[601]

Neben diesen drei Kriterien spielen weiterhin das mit den Produkten und Materialien verbundene Risiko sowie die Komplexität der entsprechenden Absatz- und Beschaffungsmärkte eine Rolle für den Harmonisierungsbedarf der Supply Chain-Strategien auf der Netzwerkebene.[602] Diese ergänzenden Kriterien bleiben zunächst (weitestgehend) unberücksichtigt. Vielmehr sollen die drei Kriterien Wert, Teileverbrauch und Lagerbestand kurz erläutert werden, bevor ihr Einfluss auf die Harmonisierungsbestrebungen der Supply Chain-Strategien auf der Netzwerkeebene thematisiert wird.

Differenzierungskriterium Wert

Die wertbezogene ABC-Analyse von Waren und Leistungen baut auf der „80–20-Faustformel" auf, welche besagt, dass ca. 80% des Wertes eines Gutes aus lediglich 20% des Teilespektrums bzw. der Teilenummern besteht. Wenn sich diese 20% ermitteln lassen, kann eine Konzentration auf 80% des Wertes erfolgen.[603] Bei der ABC-Analyse wird zwischen A-, B- und C-Gütern unterschieden. Dabei hängt die Unterscheidung vom Wert-Mengen-Anteil ab. A-Güter sind somit Güter, die für das Endprodukt von hohem Wert sind, jedoch absolut gesehen nur einen geringen Mengenanteil ausmachen, bei C-Gütern ist dies umgekehrt. B-Güter erfordern eine dezidierte Analyse, da sie zwischen A- und C-Gütern liegen. In Abbildung 3.3-20 ist dieser Zusammenhang exemplarisch dargestellt.

Kategorie	Wertanteil	Mengenanteil	Beispiel
A-Güter	70% – 80% des Gesamtwertes	10% – 20% der Gesamtmenge	Motor eines Automobils
B-Güter	15% – 20% des Gesamtwertes	30% – 50% der Gesamtmenge	Druckerpapier/-farbe einer Druckerei
C-Güter	5% – 10% des Gesamtwertes	40% – 50% der Gesamtmenge	Reagenzgläser/Werksanzüge eines Pharmakonzerns

Abbildung 3.3-20: Exemplarische ABC-Klassifizierung von Gütern[604]

[601] Vgl. Ehrmann (2005), S. 145.
[602] Vgl. Kraljic (1983), S. 109 ff.
[603] Vgl. Pfohl (2004b), S. 119 ff.
[604] Vgl. Ehrmann (2005), S. 139.

Bezogen auf die Harmonisierungsbestrebungen akteursspezifischer Ausgestaltungen von Supply Chain-Strategien auf der Netzwerkebene ist folgendes zu konstatieren: In solchen Geschäftsbeziehungen, in denen die gelieferten Inputgüter einen relativ hohen Wertanteil am Gesamtbeitrag aus Sicht des abnehmenden Kunden besitzen (A-Güter), ist eine Abstimmung der jeweiligen strategischen Ausrichtung anzustreben. Bei C-Gütern wird eine solche Übereinstimmung nicht zwangsläufig benötigt. So können, aufgrund der relativ niedrigen Wertigkeit für das Endprodukt, beispielsweise bei einem Modehersteller, dessen Supply Chain prinzipiell auf Reaktivität und Qualität ausgerichtet ist, C-Güter (wie z. B. Nähnadeln) in Zuliefer-Abnehmer-Beziehungen mit einem Fokus auf Kosten und Verfügbarkeit bezogen werden. Für B-Güter ist nach dieser Klassifizierung ein differenzierter Mittelweg erstrebenswert. So sollten bei besagtem Modeproduzenten beispielsweise B-Güter (wie z. B. Stoffe) entweder nach Kosten- und Qualitäts- oder nach Flexibilitäts- und Verfügbarkeitsgesichtspunkten beschafft werden.

Differenzierungskriterium Teileverbrauch

Je regelmäßiger der Teileverbrauch ist, desto planbarer bzw. prognosegenauer sind die Bedarfsmuster der Materialien und Waren der Supply Chain. Güter mit schwankendem bzw. sogar unregelmäßigem Verbrauch besitzen eine geringe Prognosegenauigkeit,[605] wobei zwischen der Prognosegenauigkeit über den Einsatz der Teilkomponenten innerhalb eines Supply Chain-Ausschnittes und der Nachfrage des Endproduktes zu unterscheiden ist.[606] Über eine sogenannte XYZ-Analyse lässt sich eine dreistufige Klassifizierung der Güter bezüglich des Teileverbrauchs vornehmen. X-Güter besitzen einen regelmäßigen Verbrauch und eine hohe Prognosegenauigkeit, Y-Güter eine i. d. R. mittlere Prognosegenauigkeit, wohingegen Z-Güter im Teileverbrauch sehr volatil sind und sich daher der Materialeinsatz nur schwer vorhersagen lässt.[607]

Der Teileverbrauch bzw. die Prognosegenauigkeit wirkt sich auf die Harmonisierung der Supply Chain-Strategie wie folgt aus: Je planbarer der Materialeinsatz eines Gutes wird, desto eher lässt sich die entsprechende Supply Chain kosteneffizient gestalten und desto weniger Bedeutung ist der Flexibilität beizumessen.[608] Dennoch sind Fälle denkbar, in denen sich die Wertigkeit und die Prognosegenauigkeit eines Gutes überlagern, so dass die Supply Chain auf Kosteneffizienz ausgerichtet sein kann, obwohl das (vorzuhaltende) Gut nicht exakt planbar ist (z. B. ein ungewöhnlicher Autolack), da Wertigkeit und Lagerkosten relativ gering sind.

---

605 Vgl. Pfohl (2004a), S. 141.

606 Zwischen der Planbarkeit in der Supply Chain und der des Endproduktes besteht z. B. dann ein Unterschied, wenn mit standardisierten Modulen gearbeitet wird (Postponement). Dann können diese Module „auf Lager" gefertigt werden, weil der Absatz relativ planbar ist, die Differenzierung (also das Endprodukt) jedoch eine unsichere Nachfrage aufweist (z. B. Standardpullover von Benetton werden je nach „Trend" möglichst spät im Wertschöpfungsprozess eingefärbt). Vgl. Camuffo/Romano/Vinelli (2001), S. 47. Zum Postponement siehe vertiefend Abschnitt 2.2.2.

607 Vgl. Pfohl (2004a), S. 141.

608 Vgl. hierzu den Ansatz von Fisher (1997) mit einer Konzentration auf den Material- oder Informationsfluss.

Differenzierungskriterium Lagerbestand

Das dritte Kriterium, welches die Harmonisierung der Supply Chain-Strategie beeinflusst, ist der durchschnittliche Lagerbestand. Dieser resultiert aus der Beziehung von Kapitalbindungskosten der Produktbestandteile zu den Transportkosten und wird im Wesentlichen vom Bestellverhalten geprägt.[609] Lagerkosten werden dabei sowohl von Produktmerkmalen wie Volumen, Empfindlichkeit, Gewicht, Gefahrengutklasse oder Stapelfähigkeit als auch von den Kapitalbindungskosten und dem Beschaffungsrisiko[610] beeinflusst.[611] Demgegenüber stehen Transportkosten, deren Höhe wiederum durch die Transportfrequenz und -auslastung sowie der Distanz bestimmt wird. Aus der Gegenüberstellung von Lagerkosten und Transportkosten resultiert ein Optimierungsproblem,[612] zu dessen Lösung die „Andlersche Losgrößenformel" bzw. das sogenannte „Economic Order Quantity" (EOQ)-Modell herangezogen werden kann.[613]

Mit Hilfe dieses Ansatzes lassen sich die Gesamtkosten berechnen und – wenn möglich – dann für den betrachteten Supply Chain-Ausschnitt minimieren. Dem Punkt der minimalen Gesamtkosten kann demnach ein bestimmtes Lagerbestandsniveau zugeordnet werden. Zur vereinfachten Handhabung ist zwischen einem durchschnittlich hohen, einem mittleren und einem niedrigen Lagerbestand zu unterscheiden.[614] Der jeweilige durchschnittliche Lagerbestand ist für die Harmonisierung der Supply Chain-Strategie auf der Netzwerkebene insofern von Relevanz, als dass ein Akteur mit einem prinzipiell höheren Bestandsniveau hinsichtlich Flexibilität und Verfügbarkeit zwar größere Spielräume (auf unvorhergesehene Nachfrageschwankungen) besitzt, gleichzeitig aber auch höhere Kapitalbindungskosten aufweist. Als ergänzende, moderierende Größe des Entscheidungsproblems sind die durchschnittlichen Transportkosten zu berücksichtigen.

Harmonisierung auf der Netzwerkebene

Die drei bislang separat diskutierten (Differenzierungs-)Kriterien gilt es nun zusammen zu führen. Unter Berücksichtigung der Endkunden-bezogenen Zielsetzungen eines spezifischen Supply Chain-Ausschnitts, kann auch auf der Netzwerkebene eine strategische Ausrichtung nach Kosten-, Flexibilitäts-, Qualitäts- sowie Verfügbarkeitsgesichtspunkten erfolgen.[615] Ob, und wenn ja, wie eine Harmonisierung der akteursspezifischen Supply Chain-Strategie mit der Ausrichtung auf der Netzwerkebene anzustreben ist, wird unter Zuhilfenahme der Klassifikation der Produktkomponenten (kundenseitig) bzw. Material-und Warengruppen (lieferantenseitig) diskutiert.

---

[609] Vgl. Stölzle/Heusler/Karrer (2004), S. 84 ff.

[610] Das Beschaffungsrisiko hängt von der Verfügbarkeit, der Anzahl der Lieferanten, dem Nachfragewettbewerb, den Lagerrisiken und der Möglichkeit zur Eigenfertigung oder Substitution ab.

[611] Vgl Ehrmann (2005), S. 146 ff.

[612] Vgl. Simchi-Levi/Kaminsky/Simchi-Levi (2004), S. 36 ff.

[613] Zur Vertiefung des Bestandsmanagement in Supply Chains siehe ausführlich Tempelmeier (2005).

[614] In Anlehnung an Pfohl (2004a), S. 141 f.

[615] Die Supply Chain-Strategien sind dabei jeweils auf das „Endprodukt" eines bestimmten Supply Chain-Ausschnittes und dessen Geschäftsfeld ausgerichtet.

Die Harmonisierung erfolgt in zwei Stufen:

- *Stufe 1*: Zunächst wird eine Klassifizierung der Supply Chains nach Werten in A-, B- und C-Güter vorgeschlagen.
- *Stufe 2*: Insbesondere bei B-Gütern wird danach eine weitere Differenzierung hinsichtlich Verbrauch und Lagerbestand herangezogen.

Zur Stufe 1 (A- bzw. C-Güter Supply Chains): Aus einer Wertperspektive heraus werden zunächst Supply Chains mit *A-Gütern* betrachtet. Das im Supply Chain-Ausschnitt bedarfsgerecht zu erstellende und bereitzustellende Endprodukt hängt kundenseitig von A-Gütern ab, da sie den größten monetären Wert ausmachen. Das in das Endprodukt eingehende A-Gut ist im großen Masse für den wirtschaftlichen Erfolg verantwortlich. Die spezifische Supply Chain für solche A-Produktkomponenten ist demnach an der Strategieausprägung der kundenseitigen Supply Chain auszurichten. Aufgrund von Verschachtelungen ist diese harmonisierte Ausrichtung lieferantenseitig insbesondere für solche Material- und Warengruppen anzustreben, die ihrerseits wiederum einen verhältnismäßig hohen Wertanteil an den identifizierten kundenseitigen A-Produktkomponenten besitzen.

Der Harmonisierungsbedarf für Supply Chains mit A-Gütern sei kurz an einem Beispiel skizziert. Es wird angenommen, dass eine Supply Chain aus Sicht der Konsumenten auf der Netzwerkebene prinzipiell hinsichtlich Flexibilität und Verfügbarkeit auszurichten ist. Ist ein Zulieferer für A-Güter nun anstatt auf Flexibilität und Verfügbarkeit auf Kosten und Verfügbarkeit spezialisiert, so ist zwar ggf. die Verfügbarkeit gewährleistet, die Supply Chain als Ganzes kann womöglich nicht flexibel genug auf sich schnell ändernden Marktbegebenheiten reagieren. Out-of-Stock Situationen oder aber überhöhte Bestände können die Folge sein.

Anders verhält es sich im Fall von *C-Gütern*, die in das Endprodukt der Supply Chain eingehen. Diese besitzen nur einen geringen Wert-, dafür allerdings häufig einen höheren Mengenanteil. Trotz des größeren Mengenanteils ist bei solchen C-Gütern meist eine geringere Kapitalbindung als bei A-Gütern in Lagerbeständen gegeben. C-Güter sind „Massenware“ (z. B. Schrauben) oder den Materialfluss und Produktionsprozess unterstützende Bestandteile (z. B. Werkzeug). Meist handelt es sich um standardisierte Teile, welche nicht auf die spezifischen Gegebenheiten (Form) des Endproduktes ausgerichtet sein müssen. So kann gegebenfalls eine bestimmte Art von Schrauben auch bei einem leicht veränderten Design weiterhin eingesetzt werden. Daher ist in einem sich rasch ändernden Marktumfeld die Gefahr von Fehlplanungen verhältnismäßig gering. Deshalb können C-Güter meist losgelöst von der strategischen Ausrichtung des Endproduktes stehen. Für gewöhnlich sind C-Güter gut nach durchschnittlichem Periodenbedarf zu planen und weisen aufgrund der relativ geringen Kapitalbindung in der Regel mittlere oder hohe Lagerbestände auf. Bei C-Teilen, die schlecht vorhersagbar sind (z. B. Arbeitskleidung), sind der Wert und somit auch die Auswirkungen gering, sodass meist kein dringender Bedarf nach schnellen, flexiblen Lösungen im Sinne einer reaktiven Supply Chain besteht. C-Güter lassen sich insofern als verbrauchsgesteuerte Teile klassifizieren. Meist wird beabsichtigt, diese möglichst kostengünstig zu beschaffen und bereitzustellen, unabhängig davon, ob die Supply Chain insgesamt auf Kosten oder Flexibilität, Qualität oder Verfügbarkeit ausgerichtet ist. Von den skizzierten Überlegungen sind solche C-Güter ausgeschlossen, die ein verhältnismäßig hohes Beschaffungsrisiko besitzen. Bei solchen „Bottleneck-Items“ – mit einem geringen Wert und einem verhältnismäßig hohen Beschaffungsrisiko – ist ggf. auch über eine Harmonisierung der Supply Chain-Strategien nachzudenken.[616]

Zur Stufe 2 (B-Güter Supply Chains): Vielfältigere Varianten existieren für die Ausrichtung für Supply Chains mit *B-Gütern*. Hierbei bietet sich vor allem eine weiterführende Differenzierung hinsichtlich des Verbrauchs und des durchschnittlichen Lagerbestands an. Impulsgeber ist zunächst die übergeordnete Gesamtausrichtung der Supply Chain auf der Kundenseite.

Zunächst seien die Supply Chain-Strategien mit *Kostenfokussierung* betrachtet:

- Ist die Supply Chain ausschließlich auf Kosten ausgerichtet, sollten alle Aktivitäten ebenfalls kostenfokussiert ausgelegt werden. Die involvierten Akteure flussaufwärts haben ihre Supply Chain-Strategie dementsprechend auf Effizienzgesichtspunkte hin zu gestalten.
- Bei einer Orientierung hinsichtlich Kosten und Qualität können Abweichungen von der Gesamtausrichtung auf der Netzwerkebene in Kauf genommen werden. Dadurch, dass der Qualitätsfokus eine einseitig strikte Kostenorientierung einschränkt, besteht ein Handlungsspielraum. Die betroffenen Akteure können beispielsweise solche Aktivitäten in die Ausrichtung der Supply Chain aufnehmen, die das Qualitätsniveau erhöhen (Supply Chain Quality).[617]
- Bei einer auf Kosten und Verfügbarkeit ausgerichteten Supply Chain, ist ebenfalls ein Ausgleich von konkurrenzierenden Zielen zu suchen. Beispielsweise muss ein einzelner Akteur seine Ausrichtung nicht unbedingt anpassen, wenn er für B-Güter (des Netzwerkausschnitts) mit hohen durchschnittlichen Lagerbeständen oder einem mittleren Lagerbestand mit planbarem Produkt verantwortlich ist und sich dabei primär auf Kosten oder Verfügbarkeit fokussiert. Im Bereich niedriger durchschnittlicher Lagerbestände oder schlechter Planbarkeit spielt die Verfügbarkeit hingegen eine ausgeprägte Rolle. Der entsprechende Akteur sollte versuchen, seine Supply Chain nach Verfügbarkeitskriterien auszugestalten und damit unter Inkaufnahme eines erhöhten Bestandsniveaus die Unsicherheit zu reduzieren.

Ist die Supply Chain auf der Netzwerkebene überwiegend nach *Flexibilitätsgesichtspunkten* ausgerichtet, ergeben sich für die Strategiebestandteile der Akteure von B-Gütern folgende Möglichkeiten:

- Bei einem hohen durchschnittlichen Lagerbestand oder einem prognostizierbarem Einsatz der B-Güter muss die Supply Chain des verantwortlichen Akteurs nicht unbedingt an die reine flexibilitätsfokussierte Ausrichtung des Netzwerkausschnittes angepasst werden. Der vorhandene Lagerbestand bzw. die gute Planbarkeit sorgen für die nötige Flexibilität. Geeignet scheint vielmehr eine zusätzliche qualitätsorientiere Ausrichtung, um einen Zusatznutzen für die gesamte Supply Chain und somit das Endprodukt zu generieren. Beispielsweise werden bei Benetton die Schnittmuster gleich gehalten, je nach Trend allerdings anders eingefärbt.[618] Insofern ist das Produkt eher innovativ und Marktschwankungen ausgesetzt. Hierbei ist die B-Komponente „weißer Stoff" relativ gut planbar, während die als A-Komponente einzustufende „Färbemittel" vom aktuellen Trend abhängen.

[616] Vgl. hierzu Kraljic (1983) sowie die Ausführungen zur Beanspruchung und Belastbarkeit von Supply Chains im SCM-Arbeitsfeld Wertschöpfung und Regulation (Abschnitt 3.4.1).
[617] Vgl. Foster (2008), S. 461 ff.
[618] In Anlehnung an Camuffo et al. (2001), S. 47.

- Vergleichbar ist die Situation bei der Netzwerkausrichtung auf Flexibilität und Qualität sowie Flexibilität und Verfügbarkeit. Die Supply Chain auf Netzwerkebene ist bei einem relativ hohen durchschnittlichen Lagerbestand oder einem prognostizierbaren Einsatz der B-Güter nicht ausschließlich auf eine Flexibilitätsausrichtung angewiesen. Bei niedrigem und mittlerem Lagerbestand oder gering bzw. teilweise prognostizierbarem Verbrauch sollte hingegen eine flexibilitätsorientierte Supply Chain-Ausrichtung dominieren.

Abschließend wird die mögliche Harmonisierung der B-Güter Supply Chain auf der Netzwerkebene bei einer hybriden Ausrichtung (*Kosten-Flexibilitäts-Fokus*) thematisiert. Wie bereits erläutert, besteht, bei einer Hybridstrategie die Möglichkeit einer Aufteilung der Supply Chain durch Entkopplungspunkte (sowohl einen materialfluss- als auch einen informationsflussbezogenen Entkopplungspunkt).[619] Diese Überlegung folgt dem Prinzip des Postponement (vgl. Abschnitt 2.2.2). Auf der Netzwerkebene besteht die Herausforderung darin, zu ermitteln, nach welchem Prinzip die einzelnen Akteure arbeiten sollten. Es ist beispielsweise zu klären, bis zu welchem Punkt (bei welchem Akteur) eine effiziente Supply Chain und ab welchem Punkt eine reaktive Supply Chain einzurichten ist und welchen Einfluss dies auf die Harmonisierungsbestrebung innerhalb des betrachteten Netzwerkausschnitts besitzt. Die Supply Chain-spezifische Frage nach dem Entkopplungspunkt hängt damit zusammen, welcher Grad an Postponement erreicht werden soll.[620]

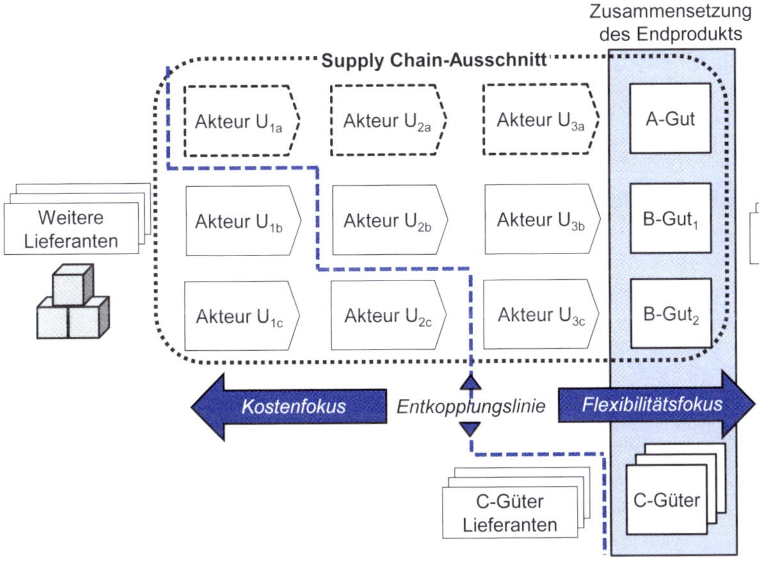

Abbildung 3.3-21: Exemplarische Darstellung der Entkopplungslinie in einem Supply Chain-Ausschnitt auf Netzwerkebene

Eine Besonderheit auf der Netzwerkebene besteht ferner darin, dass der Entkopplungspunkt nicht unbedingt für alle eingebundenen Akteure auf der selben Wertschöpfungshöhe liegt (vgl. Abbildung 3.3-21). Aus Netzwerksicht ist – unter Berücksichtigung

[619] Vgl. Olhager/Selldin/Wikner (2006), S. 23 ff.
[620] In Anlehnung an Payne/Peters (2004), S. 82.

mehrerer Supply Chains – daher auch von einer *„Entkopplungslinie"* zu sprechen. Zum Beispiel sollten manche Teilkomponenten (z. B. Armaturenbrett in einem Automobil) je nach Kundenwunsch in einem späten Stadium des Wertschöpfungsprozesses differenziert werden (möglichst weitreichender Flexibilitätsfokus aus Kundensicht), während die dazu benötigten Schrauben standardisiert in einer effizienten Supply Chain zu beziehen sind (möglichst weitreichender Kostenfokus aus Lieferantensicht).

Fazit zur Supply Chain-Strategie auf der Netzwerkebene

Die Harmonisierung der Supply Chain-Strategie stößt auf mehrere Herausforderungen. Es ergeben sich definitorische Probleme beim Festlegen einer Geschäftsfeldstrategie, da diese jeweils vom betrachteten Supply Chain-Ausschnitt abhängig ist. Eine klare Zuordnung eines Geschäftsfelds für einen unternehmensübergreifenden Supply Chain-Ausschnitt ist besonders dann problematisch, wenn das Netzwerk nicht eindeutig abzugrenzen ist, was mit der Berücksichtigung einer steigenden Zahl von Akteuren der Fall ist. In der Praxis ist genau diese Abgrenzung häufig nur schwer vorzunehmen. So definiert ein Akteur beispielsweise sein Geschäftsfeld als maßgeblich, obwohl für den Supply Chain-Ausschnitt ein anderer Bereich von Relevanz ist. Ferner zeichnen sich in der Praxis weitere Probleme ab: So existieren pro Wertschöpfungsstufe nicht nur ein oder zwei Akteure, sondern häufig mehrere. Diese zusätzliche Komplexität zeigt beim Einbezug aller relevanten Akteure weitere Grenzen der Überlegungen auf. Je mehr relevante Akteure zu berücksichtigen sind, desto schwieriger und langwieriger gestaltet sich der Entscheidungsfindungsprozess. Zudem erschweren Misstrauen und inadäquate Koordinations- und Interaktionsmechanismen eine Harmonisierung der Supply Chain-Strategie auf der Netzwerkebene. Inhaltlich wird diese Frage im SCM-Arbeitsfeld Wertschöpfung/Regulation thematisiert.

3.3.4 Gestaltungsdimension I: Netzwerkinhalt

Ein Supply Chain-Akteur hat grundsätzlich zu entscheiden, ob er Wertschöpfungsaktivitäten selbst erbringen oder extern beziehen möchte („Make or Buy"-Entscheidung). Das Unternehmen muss sich beispielsweise für ein oder mehrere Beschaffungskonzepte entscheiden (vgl. Kapitel 2.3). Von Bedeutung für die Konfiguration einer Supply Chain ist die Bereitstellung von Produkten, welche an den Bedürfnissen der Endkunden auszurichten ist. So wird sich die Supply Chain für innovative Produkte, welche häufig einen kurzen Lebenszyklus mit einer volatilen Kundennachfrage von der Supply Chain eines funktionalen Produktes, welches nach gleichbleibenden Qualitätsanforderungen und mit einem verhältnismäßig gut prognostizierbaren Volumen nachgefragt wird, unterscheiden.

Wie die einzelnen Kundengruppen bzw. Märkte bedient werden, hängt mitunter von den Wertschöpfungstiefen- und Modularisierungsentscheidungen ab.

3.3.4.1 Wertschöpfungstiefenentscheidung im Supply Chain Management

Die Wertschöpfungstiefenentscheidung ist eng mit dem Outsourcing (vgl. Kapitel 2.2) bzw. „Make or Buy" verknüpft. Sie ist sowohl auf Akteurs- als auch auf Netzwerkebene zu treffen. Die Wertschöpfungstiefe bezieht sich auf der Akteursebene vornehmlich auf den Anteil der Eigenfertigung bei der Gütererstellung, wobei der Terminus „Tiefe“ auf die vertikale Ausdehnung abzielt.[621] Auf der Netzwerkebne schließt die Wertschöpfungstiefenentscheidung weiterhin Fragen der „Netzwerktiefe“ mit ein, die – neben der Netzwerkbreite – Bestandteil der „Netzwerkkonfiguration“ sind.

In der betriebswirtschaftlichen Literatur wird die Wertschöpfungstiefenentscheidung auch unter dem Phänomen „Grad der vertikalen Integration“ diskutiert.[622] Bei der Identifikation zur „Make“- vs. „Buy“-Entscheidung spielen unterschiedliche Aspekte eine Rolle.[623] Im Folgenden werden hierzu[624] vier Analysestufen zur Unterstützung der Wertschöpfungsentscheidung vorgestellt: (1) Analyse der eigenen Kernkompetenzen, (2) Analyse der Fähigkeiten in der Supply Chain, (3) Analyse der Kostenvorteile einer Wertschöpfungstiefenreduktion und (4) Analyse der Schnittstellen nach einer Wertschöpfungstiefenreduktion.

Stufe 1: Analyse der eigenen Kernkompetenzen

Die Identifikation von Kernkompetenzen spielt eine wichtige Rolle bei Wertschöpfungstiefenentscheidungen. Kernkompetenzen sind Wissen oder Prozesse, die in der Struktur eines Unternehmens liegen und daher schwer zu entdecken sind und somit für Wettbewerber schwierig zu kopieren sind.[625]

Abbildung 3.3-22: Hierarchische Einteilung von Produkten und Fertigkeiten[626]

Produkte und Fertigkeiten lassen sich prinzipiell – wie in Abbildung 3.3-22 dargestellt – in drei unterschiedliche Gruppen einteilen:[627]

---

[621] Vgl. Weiß (1993).
[622] Vgl. Benkenstein (1993) oder Wrona (1999).
[623] Vgl. Bretzke (2010), S. 337 ff.
[624] In Anlehnung an McIvor (1997).
[625] Vgl. Prahalad (1990), S. 179.
[626] In Anlehnung an McIvor (1997), S. 180.
[627] Vgl. McIvor (1997), S. 180.

- Von hoher strategischer Bedeutung sind vor allen die *strategischen Produkte und Fertigkeiten*. Solche Kernkompetenzen tragen zum Erfolg eines Unternehmens bei. Diese sollten grundsätzlich selbst ausgeführt werden.
- Die *Hebel- sowie die unkritischen Produkte und Fertigkeiten* werden dabei als weniger wichtig angesehen und können ausgelagert werden.

Fallbeispiel: Toshiba und die Auslagerung der Produktion

Toshiba war ein Vorreiter innovativer, mobiler Computer im High End-Segment (Laptops bzw. Notebooks) und stellte seine Computer in Eigenleistung her. Mit zunehmendem Verlust der Sonderstellung konnte sich Toshiba dem Preisverfall und dem resultierenden Kostendruck immer weniger entziehen und begann, die Herstellung auszulagern. In 2004 wurde beschlossen, die Hälfte der Produktion an taiwanesische Hersteller zu vergeben. In Taiwan werden inzwischen etwa zwei Drittel der globalen Nachfrage von sogenannten „Lohnfertigern" befriedigt. Diese Form der Produktionsauslagerung wird auch als „Contract Manufacturing" bezeichnet.[628]

Wenn Technologien und Fertigkeiten zu den Kernkompetenzen des Unternehmens gehören, ist von einer Auslagerung abzusehen.[629]

Stufe 2: Analyse der Fähigkeiten in der Supply Chain

Als nächstes wird die Evaluierung von Produkten der Fertigkeiten vorgenommen und mit denen der Wettbewerber bzw. konkurrierenden Supply Chains verglichen. Ergebnis einer solchen Analyse kann sein, dass ein Unternehmen Kompetenzen an Lieferanten auslagert (und seine Wertschöpfungstiefe damit reduziert), obwohl diese Fähigkeiten eigentlich zu den Kernkompetenzen zählen. Denn schließlich stehen zukünftig nicht mehr einzelne Unternehmen, sondern ganze Supply Chains mit ihren Produkten und Fertigkeiten im Wettbewerb zueinander. Ein solches Outsourcing ist z. B. in der Automobilbranche zu beobachten, bei dem Hersteller die Endmontage für Nischenfahrzeuge auslagern (vgl. Fallbeispiel Magna Steyr). Denn für die Hersteller lohnt es sich erst bei Überschreitung einer „kritischen Masse", eine weitere Produktionsstraße aufzubauen.

Fallbeispiel: Übernahme der Endmontage durch Magna Steyr

Magna Steyr ist ein Tochterunternehmen des kanadischen Magna-Konzerns und gehört zu den führenden Auftragsproduzenten. Magna Steyr produziert spezielle Ausführungen einer Modelle, u. a. den BMW Offroader X3, die Mercedes Benz E-Klasse (Allradantrieb), das Saab 9–3 Cabrio, den Chrysler Voyager und den Chrysler Jeep Grand Cherokee. Die Tochterfirmen des Konzerns stellen Tier 2-Zulieferer dar und haben sich auf einzelne Systeme spezialisiert: Tesma (Motorkomponenten, Getriebesysteme), Decoma (Stoßdämpfer, Schweller, Kunststoffverkleidung), Intier (Interieur-Teile), Cosma (Pressteile) und Magna Donelly (Autospiegel). Parallel hat sich Magna Steyr eine hohe Kompetenz für Allradsysteme aufgebaut. In 2006 wurde von Porsche der Verdeckhersteller CTS übernommen.[630]

[628] Vgl. Lüthje/Schumm/Sproll (2002), S. 134 ff. sowie das Fallbeispiel Flextronics in Abschnitt 1.1.1.
[629] Vgl. McIvor (2000), S. 181.
[630] Vgl. Tiberisu/Reckenfelderbäumer (2004), S. 42–43.

Stufe 3: Analyse der Kostenvorteile einer Wertschöpfungstiefenreduktion

Eine mögliche Fremdvergabe im Rahmen der Wertschöpfungstiefenentscheidung ist im nächsten Schritt kostenseitig zu bewerten („Make" vs. „Buy"). Hierbei spielen mitunter Transaktionskosten eine besondere Rolle.[631] Kostenvorteile können in den folgenden Ausprägungen entstehen:[632]

- „Economies of Scale" (Kostendegression durch Volumen)
- „Economies of Scope" (Kosteneinsparungen durch Programmeffekte)
- Kostensenkung durch Risikoteilung und Auslastungsverstetigung
- Lohnkostenvorteile (z. B. aufgrund abweichender Branchentarifstrukturen)
- „Economies of Skill" (Effizienzsteigerung durch Spezialisierung)
- Produktivitätssteigerung durch Motivationssteigerung (z. B. aufgrund einer verstärkten Kundenorientierung)
- Niedrigere Transaktionskosten durch die Inanspruchnahme marktlicher Prinzipien

Den möglichen Kostenvorteilen sind dabei die potenziellen Nachteile gegenüberzustellen. Dazu zählen vor allem folgende Punkte:[633]

- Risiken einer einseitigen Abhängigkeit (inklusive Flexibilitätseinbußen)
- Reibungsverluste und zusätzliche Transaktionskosten
- Partieller Verlust der Entscheidungsfreiheit
- Schnittstellenprobleme und erhöhte Beanspruchung des Managements
- Ungewollter Know-how-Abfluss an Wettbewerber

Stufe 4: Analyse der Schnittstellen nach einer Wertschöpfungstiefenreduktion

Falls sich ein Unternehmen dazu entscheidet, einen Teil seiner Wertschöpfung an einen anderen Akteur der Supply Chain auszulagern (und seine eigene Wertschöpfungstiefe damit zu reduzieren), so ist es erforderlich, dass insbesondere an den neu entstehenden Schnittstellen eigene Fertigkeiten in ausreichendem Maße vorgehalten werden. So sollte z. B. die Fähigkeit der Steuerung und Kontrolle der Lieferanten und Dienstleister nicht mit ausgelagert werden. Das Fallbeispiel des Sportartikel-Herstellers Puma zeigt, dass Qualitätskontrollen bei den Lieferanten durchaus als Kernkompetenz im SCM zu interpretieren sind.

Fallbeispiel: Qualitätskontrolle der externen Produktion als Kernkompetenz von Puma

Der deutsche Sportartikelhersteller Puma hat die eigene Herstellung vollständig aufgegeben und an etwa 140 Lohnproduzenten ausgelagert, die überwiegend in China und Vietnam (Schuhe), Osteuropa sowie in Fernost angesiedelt sind (Textilien). Die Qualitätskontrolle in den Fabriken der Lohnproduzenten wird jedoch von Puma selbst durchgeführt. Inspektoren der eigenen regionalen Tochterfirma World Cat überprüfen die Qualität der versandfertigen Ware. Zusätzlich wird intern ein Team von 70 technischen Spezialisten zum Erhalt der Produktkompetenz vorgehalten, die vor Ort den Produktionsprozess der Fabriken begutachten und Verbesserungsvorschläge einbringen.

Quelle: Entnommen aus Koch (2006), S. 129.

---

631 Zur Transaktionskostentheorie siehe ausführlich Williamson (1991) sowie Picot (1991), Schwaner (1996) oder Ebers/Gotsch (1999) sowie Kapitel 2.3.

632 Vgl. Bretzke (2010), S. 342.

633 Vgl. Hofmann (2006), S. 14.

3.3.4.2 Modularisierung im Supply Chain Management

Unmittelbar anknüpfend an das Gestaltungsfeld der Wertschöpfungstiefentscheidung folgt die Modularisierung, wobei insbesondere Bezüge zum „Supply Management" (Kapitel 2.3) zu beachten sind. Da fast kein Unternehmen eine eigene Wertschöpfungstiefe von 100 % besitzt, bestehen leistungsbezogene Verknüpfungen zu vorgelagerten Lieferanten. Ein Unternehmen hat im Rahmen des Warengruppenmanagements zu entscheiden, in welcher Granularität es seine benötigten Materialien beschaffen möchte.[634] Es hat darüber zu befinden, ob es lieber viele kleine – häufig unspezifische – Einzelteile beschafft und diese selbst im Rahmen der Produktion zusammenführt, oder ob es lieber die einzelnen Materialien bereits kombiniert – häufig spezialisiert – als Modul erwirbt. Letztere Variante hat nicht nur den Vorteil, dass sich die Anzahl der Lieferanten reduziert, es wird eine Bereinigung im gesamten Materialgruppenbereich als solchem erreicht.

Um zu vermeiden, dass eine große Anzahl völlig unterschiedlicher Baureihen einer Produktgruppe bei jeweils kleinen Stückzahlen und damit hohen Kosten pro Stück hergestellt wird, gehen viele Unternehmen dazu über, die Zusammensetzung ihrer Produkte variabel zu gestalten. Hiermit wird das Ziel verfolgt, möglichst viele gleiche Bauteile in unterschiedliche Endprodukte einzubauen, die ihrerseits aus möglichst vielen gleichen Komponenten bestehen. Bei einer hohen Sortimentsbreite der Endprodukte und damit unterschiedlichen Produktvariationen erlaubt es dieses modulare Konzept als „Baukastenprinzip", wegen der hohen Anzahl identischer Teile die Produktion weiterhin nach dem Prinzip der Fließfertigung zu realisieren.

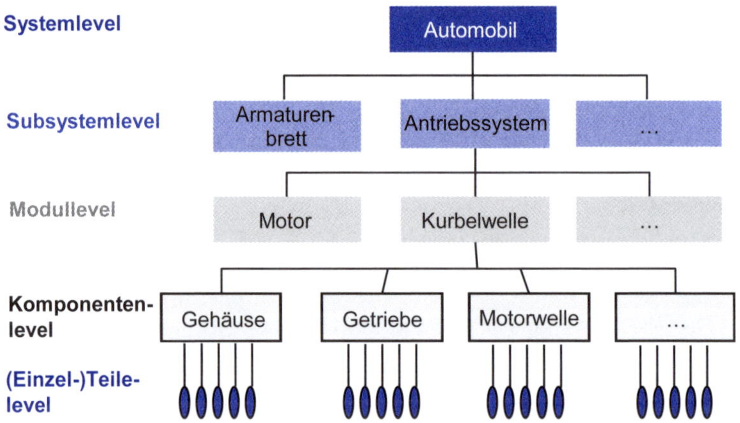

Abbildung 3.3-23: Modularisierung unterschiedlicher Produktkomponenten

In der Abbildung 3.3-23 wird die Aufteilung eines Automobils in seine unterschiedlichen Produktkomponenten schematisch aufgezeigt. Dabei reicht die Aufteilung vom Systemlevel bis zum Teilelevel. Damit lassen sich unterschiedliche Produktkomponenten und somit unterschiedliche Produktvarianten modular aufbauen. Es sind unterschiedliche Varianten der Modularisierung möglich. So können einzelne Bestandteile

[634] Vgl. Heß (2008), S. 121.

auf Subsysteme als ganze Module beschafft, wohingegen andere Komponenten auf gleicher Ebene in Einzelteilen bezogen werden.

Fallbeispiel: Plattformstrategie im Volkswagen-Konzern.[635]

Das Modularisierungsprinzip in Form einer Plattformstrategie wurde in der Automobilindustrie vor allem vom VW Konzern realisiert, indem die Anzahl der Bodengruppen für PKWs von früher 19 auf 4 reduziert wurde. Diese Plattformen können als technische Grundmuster eines Automobils in der weiteren Ausgestaltung zu unterschiedlichen Modellen und Typen endgefertigt werden. So basieren beim VW-Konzern über 40 Volumenmodelle der einzelnen Marken VW, AUDI, SEAT und SKODA auf diesen vier Grundplattformen. Die kundenseitig geforderte Variantenvielfalt bleibt damit wirtschaftlich beherrschbar.

2012 hat der VW Konzern ein neuartiges Konstruktionssystem angekündigt, um die Modularisierung sowie Vereinheitlichung von Entwicklung und Produktion weiter zu forcieren. Der Ansatz wird „MQB" – modularer Querbaukasten – genannt. Es ist eine Ergänzung zum modularen Längsbaukasten (MLB) für Autos mit längs eingebautem Motor. Weiterhin sind ein modularer Ottomotor-Baukasten (MOB) und ein Dieselmotor-Baukasten (MDB), die mit einem NSF-Baukasten für die Kleinstwagen des Konzerns (New Small Family) ergänzt werden.

Für alle Autos mit vorne quer eingebautem Motor sollen nach dem MQB künftig die gleichen Kernkomponenten verwendet werden – egal wie groß der Wagen ist, egal um welchen Autotyp es sich handelt und ganz gleich, ob der Wagen von VW, AUDI, SEAT oder SKODA stammt. Das Vorhaben betrifft allein bei der Marke VW zehn Baureihen, im ganzen Konzern sind es mehr als 30. Statt bislang rund 300 verschiedener Motor-Getriebevarianten gibt es künftig nur noch 36, statt 102 Klimaanlagenmodulen nur noch 28, statt mehrerer Dutzend Getriebeglocken – das Verbindungselement zwischen Motor und Getriebe – nur noch eine einzige.

Da künftig jedes MQB-Modell in jeder für den MQB ausgelegten Fabrik gebaut werden soll, wird die Flexibilität des VW Konzerns erhöht. Dazu kommt, dass die Fertigungszeit der einzelnen Modelle durch die MQB-Architektur stark reduziert werden kann.

Die erforderliche Teilespezifikation, die produktionsseitige Abstimmung und die Integration der Lieferanten kann beschaffungsseitig anhand folgender Klassifizierung vorgenommen werden:

- Von einem *Teilelieferant* sind kleinere, bereits montierte Einheiten zu beziehen. Als Beispiel aus dem Automobilbereich kann hierzu der Bezug von Tachometern oder Drehzahlmessern für Armaturenbretter genannt werden.
- Durch *Komponentenlieferanten* werden bereits einige Einzelteile zu Einheiten mit einer größeren Funktionalität zusammengefasst. Beim oben zitierten Beispiel könnte sich dies auf die Lieferung der hinter dem Armaturenglas befindlichen Anzeigeeinheit beziehen.
- Die Vorleistung von *Modul- und Subsystemlieferanten* erreicht einen wiederum höheren Funktions- und Wertschöpfungsumfang. Hierzu ist bereits eine umfangreiche Entwicklungskooperation zwischen Unternehmen und Lieferant erforderlich. Auf unser Beispiel bezogen besteht die Möglichkeit, den kompletten Armaturenträger mit allen Anzeige- und Steuerungsinstrumenten als Paketleistung des Modulzulieferers zu definieren.

[635] Vgl. Koch (2006), S. 75 sowie Pander (2012).

- Die höchste Integrationsstufe zwischen Zulieferer und Endproduzent wird im Fall des Systembezugs erreicht. Hierbei ist eine sehr enge Wertschöpfungspartnerschaft erforderlich. Im Automobilbeispiel kann als Leistung des *Systemlieferanten* vereinbart werden, das vollständige Cockpit und damit den gesamten vorderen Innenraum eines Fahrzeugs zum Einschwenken am Fließband anzuliefern.

3.3.5 Gestaltungsdimension II: Netzwerkpartner

Die von den Kunden geforderte Produkteigenschaften und -bereitstellungsformen beeinflussen die Ausgestaltung der Supply Chain, womit die Auswahl von potenziellen Netzwerkpartnern zum einen produkteigenschaftsgetrieben ist. Zum anderen hängen die Selektion und Spezifikation der Akteure grundsätzlich von der logistischen Leistungsfähigkeit ab. Weiterhin sind im Sinne einer Supply Chain-Differenzierung die einzelnen Kunden zu Kundengruppen „sinnvoll" zu clustern und von unterschiedlich konfigurierten Versorgungsnetzwerken zu bedienen. Eine solche Vorgehensweise führt allerdings dazu, dass mehrere Supply Chains parallel aufzubauen und zu betreiben sind. Da die jeweilige Zusammenstellung nach den Anforderungen der Kundengruppen und Märkte erfolgt, bietet sich für diese Konfigurationsaufgabe vor allem ein „modularer" Segmentierungsansatz an .

3.3.5.1 Selektion von Supply Chain-Partnern

„The key is to identify the type of the partners who are critical to the value-added activities and determine a manageable number of the supply chain partners given resources."[636] Dies gilt als Maßstab für die Selektion adäquater Supply Chain-Partner.

Sogenannte „Customer Interaction Models" geben Hinweise, mit welchen und mit wie vielen unterschiedlichen Supply Chains ein bestimmtes Kundensegment bearbeitet wird. In solchen Regelwerken ist u. a. festzuschreiben, welche Distributionskanäle prinzipiell angeboten werden, wie mit kurzfristigen Bestelländerungen umzugehen ist, welches Serviceniveau einzuhalten ist (Deliver-to-Promise) oder welche Preis- und Rabatterstattungen anzubieten sind.

Ähnlich wird in sogenannten „Supplier Interaction Models" vorgegangen. Hierbei wird ebenfalls in Form von Richtlinien adressiert, welche Koordinationsformen in bestimmten Lieferantensegmenten anzustreben sind (insbesondere Festlegung der Koordinationsintensität), ob und wie eine Lieferantenentwicklung zu erfolgen hat oder wie im Konfliktfall vorzugehen ist.

Die bisher behandelten Themengebiete wie die inhaltliche Ausgestaltung einer Supply Chain-Strategie, die Produkteigenschaften oder Wertschöpfungstiefenentscheidungen bilden den Rahmen für die Auswahl von adäquaten Geschäftspartnern. Im Folgenden wird auf die Kriterien bei der Selektion von Supply Chain-Akteuren eingegangen. Ein Ergebnis der Selektion soll sein, das Netzwerk bzw. den spezifischen Supply Chain-Ausschnitt betreffend der Knoten zu konfigurieren. Im SCM-Arbeitsfeld Wertschöpfung/Regulation werden Beziehungen innerhalb des Netzwerkes (entlang der Kanten) mit Inhalten gefüllt. In einer übertragenen Perspektive ist mit der Selektion der „Knoten des Netzwerks" auch deren physische Lokation angesprochen. Diese Frage wird später im Standortmanagement näher beleuchtet.

[636] Min/Zhou (2002), S. 233.

Zur Auswahl von Supply Chain-Partnern für eine Geschäftsbeziehung existiert eine nahezu unübersehbare Fülle an Literatur aus den Bereichen des Marketing, der Beschaffung, der Logistik sowie der Kooperationsforschung.[637] Ferner findet der Selektionsprozess auf unterschiedlichsten Ebenen und in verschiedensten Richtungen statt. So wählen beispielsweise Abnehmer ihre Lieferanten. Es kommt jedoch auch vor, dass Lieferanten ihrerseits die Kunden selektieren (insbesondere bei monopolartigen Marktstrukturen). Darüber hinaus wählen Unternehmen Distributionspartner und Logistikdienstleister für das internationale Geschäft im Ausland.

Grundsätzlich werden in allen Bereichen prägnante Bewertungsdimensionen identifiziert und die potenziellen Partner mittels eines Bewertungsverfahrens evaluiert.[638] In der Praxis werden u. a. folgende Kriterien häufig verwendet: Wettbewerbsfähigkeit der eingebrachten Teilleistungen, Leistungsbereitschaft des neuen Partners, wirtschaftliche Situation des Partners, vorhandene Informations- und Technologie-Infrastruktur oder die Unternehmenskultur.

Als Bewertungsverfahren im Netzwerkkontext werden Checklisten,[639] Profilanalysen und Nutzwertanalysen[640] vorgeschlagen. Methodisch liegt einem solchen Vorgehen der Ansatz des „Matching" zugrunde, der die Auswahl des bestmöglichen Anbieters anhand bestimmter Merkmale bezeichnet. Dies kann in mehreren aufeinander folgenden Phasen erfolgen. Zuerst werden dabei die grundsätzlich in Frage kommenden Anbieter ausgewählt (Checkliste) und die verbliebenen Kandidaten dann detailliert verglichen (Nutzwertanalyse). Dabei wird häufig die Möglichkeit eingeräumt, ihre Angebote mit einer detaillierten Leistungs- und Qualitätsbeschreibung sowie den Preisen vorzulegen (Konzeptwettbewerb). Eine Übereinstimmung bzw. ein guter „Fit" zwischen den Supply Chain-Partnern wird auf verschiedenen Ebenen gefordert.[641]

Übersicht über die Fit-Dimensionen

Die Selektionsentscheidung kann sowohl auf Akteursebene, als initiierendes Unternehmen, oder auf Netzwerkebene, wenn eine schon bestehende Supply Chain erweitert bzw. ergänzt werden soll, erfolgen.

In einem ersten Schritt – ohne geographische Einschränkungen – gilt es, potenzielle Partnerunternehmen zu identifizieren. Die Suche sowie eine erste Analyse können über Datenbanken, Fachartikel oder Wirtschaftsverbände erfolgen. Im nächsten Schritt werden die identifizierten Partner nach qualitativen Kriterien beurteilt. Die Informationen, anhand welcher die Akteure eingeschätzt werden können, sind beispielsweise:

- ISO-Zertifikate,
- Umsatz und Mitarbeiterzahl,
- Produktspektrum und Referenzkunden,
- verarbeitete Materialien in Tonnen pro Jahr (für Zulieferer),
- Anzahl und Typen des Anlagevermögens,
- grundsätzliches Interesse an einer Zusammenarbeit.

---

637 Vgl. Heß (2008), S. 261 ff.; Rennemann (2007), S. 125–193 oder Choi/Hartley (1996), S. 333 ff.

638 Ausgewählte Bewertungsverfahren werden im SCM-Arbeitsfeld Performance Messung und Evaluation (Kapitel 3.6) vorgestellt.

639 Vgl. Sieben/Zapf (1981).

640 Vgl. Utermarck (1996).

641 Vgl. Möller (2006), S. 117.

Durch die Anwendung formaler Auswahlkriterien lassen sich die Anzahl potenzieller Partner und damit auch der Aufwand für weitere Auswahlschritte reduzieren. Nach diesem Prozess werden die Anfragen an die möglichen Supply Chain-Partner vorbereitet. Kritisch dabei ist, nicht zu viel Informationen preiszugeben, gleichzeitig aber die wesentlichen Informationen und Daten zu kommunizieren, aufgrund derer ein potenzieller Partner seine Entscheidung treffen kann. Die Anforderungen sind dabei eindeutig und transparent zu formulieren, damit die Zusammenarbeit nicht auf fehlerhaften bzw. zweideutigen Grundannahmen basiert. Eine erste Mobilisierung der Partner findet durch den persönlichen Kontakt statt. Das Ziel besteht darin, den Akteur vom eigenen Unternehmen sowie der Supply Chain zu begeistern und die Ernsthaftigkeit der Anfrage zu bekunden. Darauf werden die Antworten der angefragten Unternehmen analysiert. Hierbei werden bestimmte Mindestanforderungen (K.O.-Kriterien) bzw. gewisse Leistungsstandards gefordert.

Im Folgenden wird ein ganzheitlicher Ansatz zur Selektion von Supply Chain-Partnern vorgestellt, welcher sich auf einen Strategie-, Kultur- und Logistikfit bezieht.[642] Dazu werden an jede einzelne Dimension spezifische Anforderungen gestellt, welche erfüllt sein müssen. Über das kombinierte Aufspannen der drei Fit-Dimensionen lassen sich dann konkrete Handlungsanweisungen für die Selektion ableiten.

Elemente eines Strategiefit

Die Auswahl der Supply Chain-Partner basiert auf der grundsätzlichen strategischen Ausrichtung der Beteiligten. Es ist darauf zu achten, dass die Akteure mit der eigenen Strategie zur Supply Chain-Strategie kompatibel sind. So wird ein Unternehmen, welches sich als Kostenführer positioniert, beschaffungsseitig auf niedrige Einstandspreise achten. Die Anforderungen an den Strategiefit umfassen beispielsweise:

- Wettbewerbsvorteile, die sich gemeinsam realisieren lassen
- Potenzial an Synergieeffekten durch die Zusammenarbeit
- Komplementäre Ressourcen
- Vergleichbare Bedeutung der Zusammenarbeit für den Geschäftserfolg
- Ausgewogenheit des Grads der Zielerreichung
- Kompatibilität langfristiger Ziele und gemeinsame Ziele der Partner bzgl. der Supply Chain
- Möglichkeit der Schaffung von Mehrwert für Kunden und andere Marktpartner
- Ähnliche zu erwartende Reaktionen von Shareholdern und Analysten

Von Relevanz beim Strategiefit ist, dass die an der Supply Chain beteiligten Akteure jeweils einen wertschaffenden Beitrag zum Ganzen leisten. Außerdem ist sicherzustellen, dass die durch die Zusammenarbeit entstehenden, transaktionsbedingten Koordinations- und Integrationsaufwände, wie Anbahnungs-, Informations- oder Adaptionskosten, die erzielbaren Effekte insgesamt wertmäßig nicht übersteigen.

Zum Strategiefit zählt weiterhin eine ausgewogene Machtverteilung zwischen den kooperierenden Unternehmen in der Supply Chain. Denn die Grenzen zwischen der Maximierung der individuellen Akteursinteressen und dem Streben nach überge-

[642] Vgl. dazu auch Möller (2006), S. 117 ff., welcher zwischen fundamentalem, strategischem und kulturellem Fit unterscheidet. Der fundamentale Fit bezieht sich dabei darauf, dass der Partner aus einer Situation heraus, einen Beitrag zum Netzwerkerfolg leisten kann.

ordneten Netzwerkzielen sind fließend. Daraus ergibt sich als Voraussetzung für die Beteiligten, dass sie – wenn möglich – über komplementäre Ressourcen verfügen. Um Ungleichgewichte zu vermeiden und die Vorteile der integrierten Zusammenarbeit auszuschöpfen, sollte jeder Partner einen relevanten Wertschöpfungsbeitrag zur Befriedigung der (End-)Kundenbedürfnisse leisten.

In dieselbe Richtung zielt die Abstimmung der Ziele der Akteure des betrachteten Supply Chain-Ausschnitts. Ein ausgewogener Strategiefit besteht insbesondere dann, wenn die individuellen Ziele mit den übergeordneten Supply Chain-Zielen übereinstimmen. Widersprüchliche Ziele sollten – wenn möglich – offen angesprochen und dokumentiert werden. Aus Akteursperspektive ist ferner zu beachten, dass ein Eintritt in bereits bestehende Supply Chain-Strukturen mit Spannungen gegenüber schon eingegangenen Netzwerkbeziehungen oder sonstigen Anspruchsgruppen (auch dyadischen Kooperationen, Behörden oder Kunden) verbunden sein kann. Hier ist zu prüfen, ob die neu konfigurierten Verbindungen zu Spannungsverhältnissen mit bestehenden Supply Chain-Partnern führen können.

Elemente eines Kulturfit

Durch die Zusammenarbeit mehrerer Akteure unterschiedlicher Wertschöpfungsstufen und Regionen treffen meist verschiedene Unternehmens- und Länderkulturen aufeinander.[643] Diese weichen Faktoren aufeinander abzustimmen, ist häufig im internationalen Bereich sehr anspruchsvoll, da die Kultur von Menschen getragen wird und eine gewisse „Trägheit" und „Resistenz" gegenüber externen Einflüssen besitzt. Zudem ist das Transparentmachen einer Kultur in der unternehmerischen Praxis eine nicht zu unterschätzende Herausforderung. Deshalb können lediglich beobachtbare Eigenschaften und Attribute, wie z. B. die Arbeitsweise der Mitarbeiter, die Risikobereitschaft oder die anzutreffenden hierarchischen Strukturen, in die Selektion einfließen. Die für die langfristige Ausrichtung der Zusammenarbeit in Supply Chains erforderlichen kulturellen Komponenten, wie z. B. Commitment und Vertrauen, bilden sich erst im Laufe der Interaktion. Diese Komponenten werden ausführlich im SCM-Arbeitsfeld Wertschöpfung/Regulation thematisiert.

Zusammen mit den Werten und Normen eines Unternehmens sowie den Motiven und Zielen der daran beteiligten Individuen konstituiert die Kultur das Beziehungsleitbild der Akteure gegenüber anderen Supply Chain-Partnern. Somit wird die Ausgangsposition der integrativen Zusammenarbeit innerhalb einer Supply Chain definiert. Das Beziehungsleitbild stellt daher einen Input für die Konkretisierung des Kulturfits dar.[644] Jedes beteiligte Unternehmen besitzt eigene spezifische Beziehungsleitbilder, welche nicht nur die eigenen Handlungen im Netzwerk grundsätzlich ausrichten, sondern mit deren Hilfe sich auch die Handlungen der anderen involvierten Supply Chain-Akteure interpretieren lassen. Das Ausmaß der Übereinstimmung zweier Beziehungsleitbilder bestimmt den Kulturfit.

Die Anforderungen an einen Kulturfit beinhalten u. a. folgende Komponenten:[645]

- Kompatibilität der Partner hinsichtlich der Unternehmenskultur und der Unternehmensziele sowie der Risiko- und Beziehungsneigung.

---

[643] Zum Interkulturellen Management vgl. ausführlich Hofstede (2001).
[644] Vgl. Trumpfheller/Hofmann (2004), S. 75.
[645] Vgl. Trumpfheller/Hofmann (2004), S. 77.

- Übereinstimmung von Managementverständnis und eingesetzten Managementinstrumenten.
- Wille zur langfristigen Zusammenarbeit in der Supply Chain.
- Symmetrie der Unternehmenscharakteristika (z. B. Unternehmensgröße, Marktanteile, technologische Leistungsfähigkeit).

Elemente eines Logistikfit

Über den Logistikfit wird geprüft, inwiefern die Material- und Waren- sowie die Informationsflüsse, die dabei eingesetzten Technologien und Handlungsprinzipien untereinander kompatibel sind. Wichtig ist hierbei der Grad der Standardisierung in Supply Chains und Logistiksystemen. In der Vergangenheit haben zahlreiche Standardisierungsinitiativen (z. B. Euro-Norm-Palette sowie 20′ und 40′ Container im Materialfluss oder EAN-Barcodes und EDI-Standards wie XML im Informationsfluss) dazu beigetragen, dass Unternehmen in Hinblick auf die Supply Chain effizienter zusammenarbeiten können.

Neben diesen branchenübergreifenden Standards konzentriert sich der Logistikfit weiterhin auf Industrie- und Unternehmensspezifika. Folgende Elemente sollten dabei beleuchtet werden:

- *Logistikstruktur und -organisation*: Intraorganisation (innerbetriebliche Logistikprozesse und Informationsflüsse, Aufbauorganisation) vs. Interorganisation (überbetriebliche Logistikprozesse und Schnittstellen sowie Informationsflüsse, horizontale, vertikale und diagonale Beziehungen).
- *Mitarbeiter in der Logistik:* Verhalten gegenüber der Logistik (insbesondere Motive, Einstellungen, Erwartungen) sowie Wissen über Logistik (Ausbildung und Informationsversorgung).
- *Technologien/Managementkomponenten der Logistik:* „Hardware" (Transport-, Umschlags-, Lager- und Verpackungstechniken, Kennzahlensysteme) sowie „Software" (EDV, Techniken der Entscheidungsvorbereitungen, arbeitswissenschaftliche Techniken, Führungskonzepte).

Wie beim Kulturfit sind hier die Mitarbeiter von Bedeutung. Ein Ungleichgewicht beim Wissen über die Logistik kann zu Vorteilen beim einen und zu Nachteilen beim anderen Akteur führen. Ferner vereinfachen ähnliche Logistikorganisationen und -strukturen sowie miteinander verknüpfbare Managementkomponenten die Interaktionen untereinander. Anderenfalls sind Anpassungen bei mindestens einem Akteur erforderlich, was sowohl mit Kosten als auch – wegen der Veränderungen – mit dem Widerstand der Mitarbeiter einhergehen kann. Vor dem Hintergrund der Lieferserviceanforderungen sind weiterhin auch die Informationsprozesse und die technische Ausgestaltung der Supply Chain-Akteure von Relevanz. Eine rasche Umsetzung der Zusammenarbeit erfordert Kompatibilität der eingesetzten Technologien. So können etwa unterschiedliche Techniken des Verpackens von Modulen beim Lieferanten und des Entpackens beim Produzenten den Einsatz zusätzlicher Arbeitskräfte zur Folge haben, womit Effizienzrückgänge einhergehen.

Kombination der Fit-Dimensionen

Die Handlungsempfehlungen für die Auswahl von geeigneten Supply Chain-Partnern werden in Abbildung 3.3-24 zusammengefasst. Wenn die Voraussetzungen auf den Ebenen der Strategie, der Kultur sowie der Logistik gegeben sind, ist eine Zusammenarbeit in einer Supply Chain empfehlenswert. Sind die Gegebenheiten auf allen drei Ebenen nicht zufriedenstellend, ist von der Zusammenarbeit mit dem spezifischen Akteur abzusehen. Für die dazwischenliegenden Konstellationen spezifische Maßnahmen einzuleiten, um den Fit auf allen drei Ebenen herzustellen.

Strategie	Kultur	Logistik	Exemplarische Handlungsanweisung
✓	✓	✓	Ideale Voraussetzungen für eine Zusammenarbeit in der Supply Chain
✓	✓	x	Herausforderungen mit der Gefahr des Scheiterns
✓	x	x	Annäherung in Kultur und Logistik dauert u. U. zu lange
✓	x	✓	Mitarbeiter schulen
x	✓	✓	Abwarten, ob sich mit der Zeit eine strategische Übereinstimmung ergibt
x	✓	x	Keine Wettbewerbsvorteile realisierbar
x	x	✓	Keine Wettbewerbsvorteile realisierbar
x	x	x	Zusammenarbeit nicht zu empfehlen

Abbildung 3.3-24: Kombination der einzelnen Fit-Dimensionen und die daraus resultierende Handlungsempfehlung

Die Auswahl adäquater Supply Chain-Partner lässt sich weiterhin mit Hilfe der Modellierungs- und Simulationstechnik vornehmen. Mit solchen Methoden sind z. B. kritische Kettenelemente zu identifizieren. Eine derartige Analyse ist jedoch sehr aufwendig und zeitintensiv. Schließlich ist die Auswahl auch mit Unterstützung mathematischer Methoden und multikriterielle Entscheidungsverfahren – wie z. B. DEA (Data Envelopment Analysis)[646] oder AHP (Analytical Hierarchy Process)[647] – möglich. Um die Risiken der Selektion geeigneter Partner in der Anfangsphase zu reduzieren, sind verschiedene Ansätze denkbar: Spezielle Kennzeichnung neuer Partner, Übernahme einer „Bürgschaft" durch einen etablierten Partner, Hinterlegung eines Pfandes oder offensive Kommunikation des Verhaltens in der Probe-/Anfangsphase (Reputation als Pfand).

[646] Zum DEA siehe ausführlich Cooper/Seiford/Zhu (2011).
[647] Zum AHP siehe ausführlich Saaty (1990).

3.3.5.2 *Clusterung von Netzwerkpartnern*

Fallbeispiel: Supply-Marktsegmentierung eines Elektronikzulieferers

Ein Elektronikunternehmen segmentiert seine Lieferanten im Markt für digitale Halbleiter nach der Stufe, welche die Halbleiter im Produktlebenszyklus einnehmen, ergänzt um die benötigte Bedarfsmenge. Hieraus resultieren vier Cluster:

- *Reife Produkte mit großem Volumen*: Benötigte Komponenten, die sich in der Reifephase ihres Produktlebenszyklus befanden, bezogen sich meist auf einen Industriestandard und waren somit hochgradig austauschbar. Kernelement der Strategie war der Preiswettbewerb, der insbesondere über Jahrespreisverhandlungen geführt wurde. Diese wettbewerbsorientierte Vorgehensweise war in der Industrie akzeptiert und behinderte auch nicht die grundsätzlich auf Partnerschaft ausgerichtete Beschaffungsmarktstrategie.
- *Reife Produkte mit kleinem Volumen:* Bei Komponenten mit nur kleinem Volumen stellte sich der Aufwand für Jahrespreisverhandlungen relativ zu den Einsparpotenzialen als zu hoch heraus. So wurde versucht, jeweils bereichsweise mehrere Komponenten gebündelt einzukaufen und über Mehrjahresvereinbarungen mit festgelegter jährlicher Preissenkung die Transaktionskosten zu senken. Die Kernstrategie zielte also auf die Abwicklungseffizienz.
- *Produkte in der Degenerationsphase:* Wechselten Produkte aus der Reifephase in die Degenerationsphase, zogen sich viele Lieferanten sehr schnell zurück. In der Konsequenz wurde das Angebot knapp und die Preise waren kaum verhandelbar. Der Einkauf konnte zufrieden sein, wenn sich überhaupt die Versorgung sichern ließ. Ein schneller Rückzug aus dem Segment war kaum möglich, da die Komponenten in die eigenen Produkte hineinkonstruiert waren. Kernstrategie in diesem Segment war es, durch intensive Marktanalyse sehr frühzeitig zu erkennen, ob eine Komponente in die Degenerationsphase wechselt, um so sehr frühzeitig das Ausphasen dieser Komponenten einzuleiten.
- *Produkte in der Einführungs- und Wachstumsphase:* In dieser Phase spielt sich der Innovationswettbewerb ab, der für Wettbewerbsvorteile auf dem Absatzmarkt von zentraler Bedeutung ist. Insofern wurde dieses Segment als zentral angesehen und auch mit besonderem Nachdruck betreut. Die Kernstrategie in diesem Segment zielte auf intensive und langfristige Partnerschaften mit Lieferanten, die in unterschiedlichen Technologiesegmenten jeweils besonders innovativ waren. Die Preise wurden auf Basis der Volumenentwicklung kostenorientiert vereinbart.

Quelle: Entnommen aus Heß (2008), S. 147 f., sowie Laseter (1998), S. 79 ff.

Wie das Beispiel aus der Halbleiterindustrie zeigt, bietet es sich an, bei komplexen Marktbedingungen sowie bei einer großen Anzahl an potenziellen Supply Chain-Akteuren, eine Segmentierung bzw. Clusterung der Interaktionspartner zu weitestgehend homogen Gruppen vorzunehmen. Die Akteure eines in sich harmonisierten Segments (Lieferanten oder Kunden) können dann mit Hilfe einheitlicher Supply Chain-Strategien „bearbeitet" werden. Über eine solche Clusterung ist eine Reduktion der Supply Chain-Komplexität möglich, da zu den einzelnen Akteursgruppen jetzt nicht mehr jeweils eine individuell ausgestaltete Verbindung und Zusammenarbeit aufgebaut wird, sondern dies – Segmentspezifisch – weitestgehend standardisiert erfolgt. Beim Segmentierungsprozess ist allerdings zu beachten, dass keine zu große Fragmentierung der Supply Chain stattfindet.

Folgende Vorgehensweise bietet sich bei der Supply Chain-orientierten Kundenclusterung an (siehe Abbildung 3.3-25):

1. *Aufstellen einer Kunden-Produkt-Matrix*: Ausgangspunkt des ersten Schritts sind einerseits Kundencluster nach Länderspezifika, Branchen oder Geschäftstyp (z. B.

Business-to-Consumer, Business-to-Business oder Business-to-Administration) sowie andererseits Produkte bzw. Produktvarianten nach technischen Spezifika, Wert oder Nachfrage (z. B. ABC-XYZ-Kriterien). In der Kunden-Produkt-Matrix wird festgehalten, welche Produkte von welchen Kundengruppen grundsätzlich nachgefragt werden könnten.

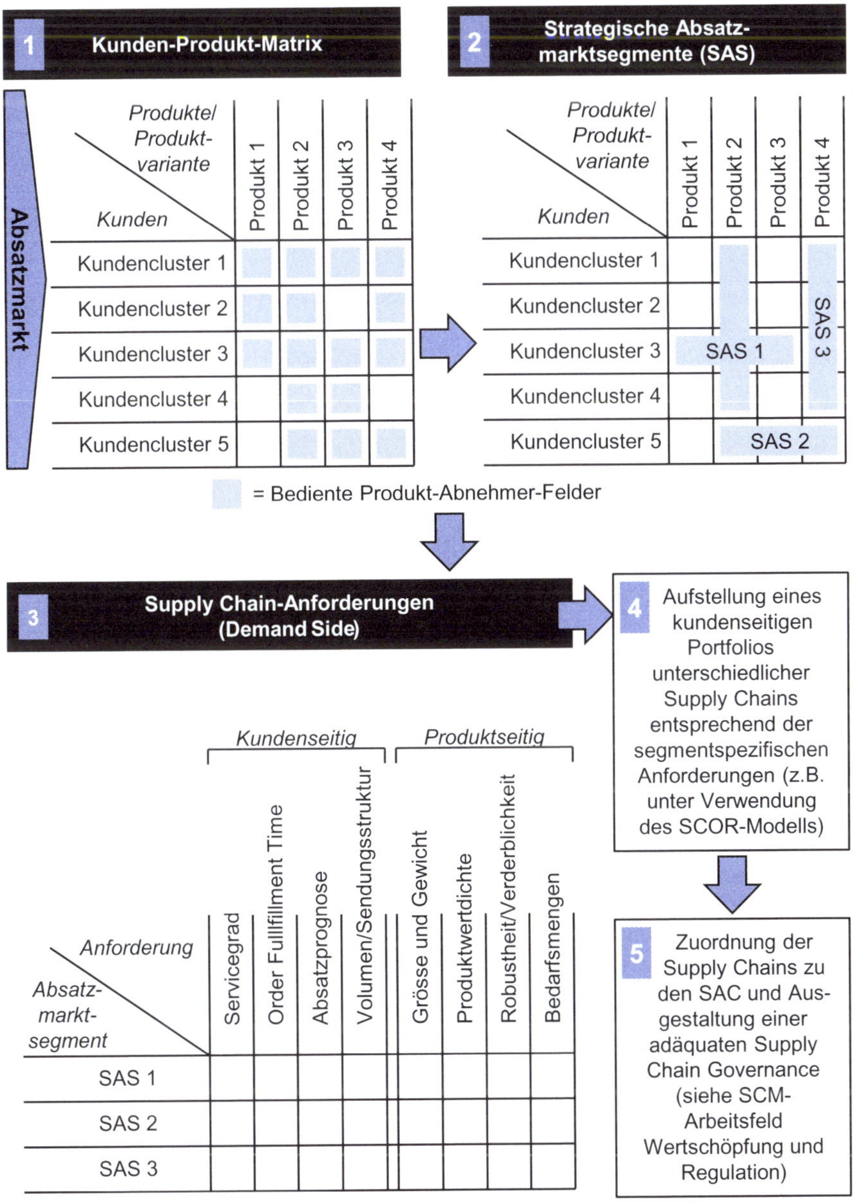

Abbildung 3.3-25: Supply Chain-orientierte Kundenclusterung[648]

[648] In Anlehnung an Heß, 2008, S. 149.

2. *Abgrenzen strategischer Absatzmarktsegmente:* In einem zweiten Schritt ist zu bestimmen, welche Produkte welchen Kundengruppen angeboten werden sollen. Um die Komplexität zu reduzieren, gilt es, weitestgehend homogene Kunden-Produkt-Kombinationen zu identifizieren und zu strategischen Absatzmarktsegmenten (SAS) zusammenzufassen.
3. *Identifizieren von Supply Chain-Anforderungen pro Absatzmarktsegment*: Im dritten Schritt sind je strategischem Absatzmarktsegment spezifische Anforderungen an das SCM zu formulieren. Es bietet sich an, zwischen kunden- und produktseitigen Kriterien zu unterscheiden. So kann erforderlich sein, dass einzelne Kunden-Produkt-Kombinationen in mehrere strategische Absatzsegmente einzuordnen sind. Dies ist beispielsweise dann der Fall, wenn ein Kunde einzelne Produkte sowohl im Standardsortiment führt, als auch mit dem gleichen Produkt punktuell „Promotions-Kampagnen" fährt. Im Standardsortiment ist Supply Chain-seitig ggf. ein Pull-Ansatz (KANBAN) geeignet, wohingegen sich für die „Kampagnen" ein Push-Ansatz (Prognose) anbietet.
4. *Aufstellen eines Portfolios an Supply Chains:* In Schritt vier ist ein Portfolio an Supply Chains aufzustellen. Die unterschiedlichen Typen können sich dabei an den grundsätzlichen Supply Chain-Strategien orientieren. Strategische Orientierungspunkte sind Kosteneffizienz-, Reaktionsfähigkeits-, Verfügbarkeits- und Qualitätskriterien. Darüber hinaus sind pro Supply Chain die adäquaten Entkopplungspunkte (z. B. Prognose- oder auftragsgetriebene Supply Chain),[649] die vorzuhaltenden Kapazitäten sowie die erforderlichen Ressourcen und Anlagen („Asset Deployment") zu bestimmen. Die konkrete Ausgestaltung der einzelnen Supply Chains (Supply Chain Segmentierung) kann mit Hilfe des SCOR-Modells erfolgen, welches im SCM-Arbeitsfeld Wertschöpfung und Regulation (Abschnitt 3.4.2) ausführlich vorgestellt wird.
5. *Zuordnung der Supply Chains zu den Absatzmarktsegmenten:* In einem fünften Schritt ist ein „Match" zwischen den strategischen Absatzmarktsegmenten und ihren spezifischen Supply Chain-Anforderungen sowie dem Supply Chain-Portfolio herzustellen. Es ist zu bestimmen, mit welchen Supply Chains welches strategische Absatzmarktsegment prioritär zu bedienen ist. Den Absatzmarktsegment-Supply Chain-Kombinationen können weiterhin standardisierte Interaktionstypen zugeordnet werden, welche im SCM-Arbeitsfeld Wertschöpfung und Regulation im Kontext der Governance sowie der Koordination vertieft erläutert werden.[650] Kundenseitig erfolgt dies beispielsweise im „Customer Relationship Management" (Abschnitt 2.1.2).

Die Supply Chain-orientierte Lieferantenclusterung orientiert sich weitestgehend an der Kundenclusterung. Unterschiedlich ausgeprägt sind die Einbindung von Anforderungen an die von den Zulieferern zu erbringenden Leistungen sowie an die bezogenen Materialien (Einzelteile, Komponenten, Module oder Subsysteme). Die Leistungsanforderungen beziehen sich beispielsweise auf das Preis-Qualitäts-Niveau oder das Fertigungsverfahren. Die einzelnen Lieferanten lassen sich ihrerseits u. a. nach Region, Preisniveau, Produkt- und Prozessqualität, technologischen Fertigkeiten oder Größe und Machtposition einteilen. Um eine Komplexitätsreduktion zu erzielen, sind die relevanten Lieferanten-Leistungs-Kombinationen ihrerseits zu strategischen Beschaffungsmarktsegmenten (SBS) zusammenzufassen. Pro Beschaffungsmarktsegment

[649] Die jeweilige Lage des Kundenauftragsentkopplungspunkts hat eine zentrale Auswirkung auf die Inhalte und Schwerpunkte der Supply Chain-Planung in den einzelnen Segmenten.

[650] Die Interaktionstypen werden idealerweise in Form von Standardprozessen im ERP-System des Unternehmens umgesetzt.

sind dann ebenfalls Supply Chain-Anforderungen abzuleiten, welche wiederum zu adäquaten Supply Chain-Segmenten führen. Die beschaffungsmarktspezifischen Supply Chain-Segmente sind schließlich mit dem „Supplier Relationship Management" (Abschnitt 2.3.2) zu verknüpfen.

Die fünf Schritte der Supply Chain-orientierten Lieferantenclusterung werden in Abbildung 3.3-26 schematisch dargestellt.

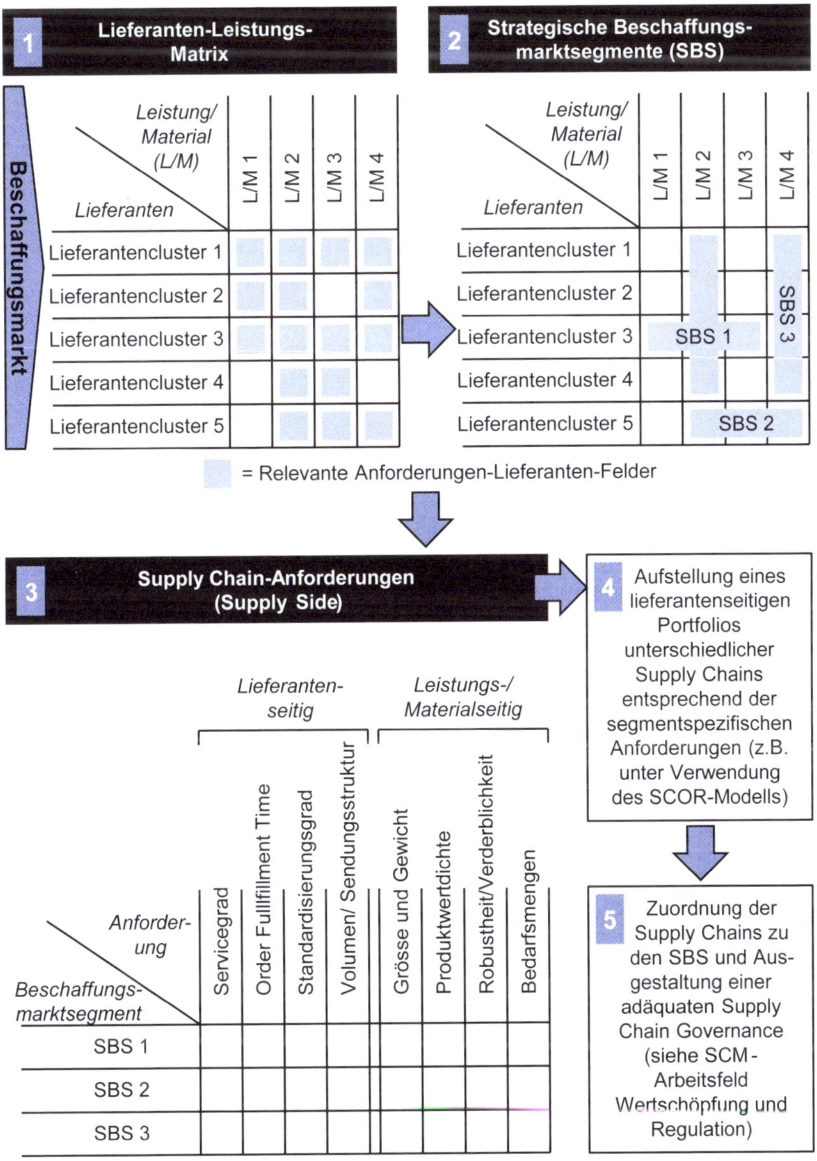

Abbildung 3.3-26: Supply Chain-orientierte Lieferantenclusterung[651]

[651] In Anlehnung an Heß, 2008, S. 149.

3.3.6 Gestaltungsdimension III: Netzwerkvarietät

Die Ausgestaltung der Netzwerkstruktur einer Supply Chain („Knoten" des Netzes) kann unterschiedlichste Formen annehmen (sogenannte Netzwerkvarietät). Hierbei ist vor allem die Aufteilung und Zuteilung von (Kunden-)Aufträgen zwischen den – bereits selektierten oder noch zu identifizierenden – Supply Chain-Akteuren (Aufgabendekomposition und -allokation) von Relevanz. Darüber hinaus sind verschiedene Strukturierungsoptionen zu unterscheiden, mit deren Hilfe sich die Netzwerkvarietät verändern und anpassen lässt.

3.3.6.1 Aufgabenallokation in Supply Chains

Eng verbunden mit der Festlegung der Netzwerkstruktur ist die Allokation von Aufgaben in der Supply Chain.[652] Grundsätzlich repräsentiert die Arbeitsteilung neben der Koordination das zweite zentrale organisationstheoretische Element im SCM. Die durch die Zerlegung einer Gesamtaufgabe (z. B. ein Kundenauftrag) entstandenen Teilaufgaben sind den unterschiedlichen Aufgabenträgern zuzuordnen und aufeinander abzustimmen.[653]

Insbesondere auf der Netzwerkebene ist es erforderlich, die – weitestgehend autonome – Leistungserstellung der involvierten Supply Chain-Akteure so zu koordinieren, dass diese in ihrer Gesamtheit der geforderten Leistung (dem „Outcome") der Endkunden entsprechen.[654] Aufgrund erwarteter oder vorliegender Kundenaufträge sind die Aktivitäten der Supply Chain unter Berücksichtigung auftrags- und ressourcenseitiger Restriktionen mengenmäßig und zeitlich aufzuteilen sowie aufeinander abzustimmen. Der Umfang der Aufgabenverteilung wird – aus Akteursperspektive – wiederum von der Wertschöpfungstiefen- sowie Modularisierungsentscheidungen beeinflusst.

Die Aufgabenverteilung in der Supply Chain hängt stark mit der Spezialisierung der einzelnen Akteure zusammen. Grundsätzlich lassen sich auf Netzwerkebene folgende Spezialisierungen unterscheiden:[655]

- *Spezialisierung nach Funktionen:* Eine funktionale Spezialisierung innerhalb der Supply Chain bedeutet, dass sich einzelne Unternehmen auf bestimmte SCM-Aufgaben spezialisieren. Beispielsweise könnte ein Hersteller die Strukturierung der Supply Chain, d. h. die Auswahl von Unternehmen innerhalb der Supply Chain, übernehmen, ein Zulieferer die Gestaltung der Prozesse durchführen und die operative Steuerung der Supply Chain durch den Handel erfolgen.
- *Spezialisierung nach Objekten:* Die SCM-Aufgaben werden so auf die Einzelunternehmen verteilt, dass jeder Akteur die Aufgaben für eine bestimmte Anzahl und Art von Objekten (Produkte oder Dienstleistungen) übernimmt. Im Konsumgüterbereich könnte beispielsweise die Supply Chain der „Endkundenbefriedigung" durch den Einzelhandel gesteuert werden, während die Steuerung der Supply Chains für Großkunden durch Key Account Manager des Konsumgüterherstellers erfolgt.

---

[652] Die Steuerung der verteilten Aufgaben in der Supply Chain wird im SCM-Arbeitsfeld Wertschöpfung und Regulation (Kapitel 3.4) vertieft thematisiert.
[653] Vgl. Corsten/Gössinger (2008), S. 51.
[654] Vgl. Corsten/Gössinger (2000), S. 253.
[655] Vgl. Heidtmann (2008), S. 115 ff.

- *Spezialisierung nach Prozessphasen:* Eine Spezialisierung nach Prozessphasen liegt dann vor, wenn ein Akteur der Supply Chain Entscheidungen trifft und andere diese Entscheidungen ausführen. Eine solche Situation findet sich in Supply Chains mit einem fokalen Unternehmen.

Die auftragsbezogene Aufgabenallokation in der Supply Chain fußt i.d.R. auf Rahmenvereinbarungen. Diese Rahmenvereinbarungen sollen das kollektive Handeln der involvierten Akteure in wiederkehrenden Entscheidungssituationen vorstrukturieren (z.B. in Produktionsnetzwerken mit mehreren selbstständigen Unternehmen).[656] Im SCM spielen insbesondere *Netzwerkaufträge* eine besondere Rolle. Hierbei handelt es sich um diejenigen Kundenanfragen, die von einem einzelnen Akteur der Supply Chain nicht alleine vollständig zu bewältigen sind.[657] Die Bearbeitung eines solchen Auftrags erfordert die Einbindung weiterer Supply Chain-Partner.

Grundsätzlich können sich Akteure der Supply Chain (als Auftragnehmer) um die Übernahme von Aufgaben, die sich aus einem Netzwerkauftrag ableiten lassen, beim fokalen Unternehmen „bewerben". Das fokale Unternehmen übernimmt dabei die Funktion des auftragsaufspaltenden und -allokierenden „Auftraggebers" im Netzwerk. In der Praxis werden solche Zuordnungsprozesse beispielsweise über Ausschreibungen oder Auktionen konkretisiert.

Die Aufgabenallokation in Supply Chains verläuft auf Netzwerkebene idealtypisch entlang folgender Schritte:

(1) *Interpretation des Kundenauftrags:* Bei Vorliegen einer neuen Netzwerkauftragsanfrage – i.d.R. beim fokalen Unternehmen der Supply Chain – ist zunächst die (technische) Realisierbarkeit des Auftrags zu prüfen. Hierbei gilt es, die bisherigen Produkte und Fertigkeiten der Supply Chain-Partner zu berücksichtigen. Ein elektronischer Produktkatalog bzw. eine Lieferantendatenbank erleichtern die Suche nach adäquaten Auftragsnehmern mit dem geforderten Leistungsvermögen.

(2) *Auftragsdekomposition:* In diesem Schritt geht es darum, den Netzwerkauftrag in vergabefähige Unteraufträge aufzusplitten, wobei bereits existierende Lösungen von unvollständig bekannten Produkten zu unterscheiden sind. In der Automobilbranche werden beispielsweise für bereits entwickelte oder marktgängige Einzelteile, Komponenten oder Module entsprechende Lieferanten vor dem Serienanlauf angefragt. Bei innovativen Komponenten oder Subsystemen, die durch hohe Komplexität und großen Neuigkeitsgrad gekennzeichnet sind, gilt es hingegen, die technische Realisierbarkeit kooperativ – im Sinne eines verteilten Problemlösungsprozess – auf Netzwerkebene anzugehen. Nachdem mögliche Interdependenzen zwischen den identifizierten Teilaufgaben offengelegt sind, gilt es, die technisch-funktionalen Sachverhalte in Lastenheften, Spezifikationen und technischen Regelwerken zu beschreiben.

(3) *Auftragsanfrage:* Dieser Schritt beinhaltet die konkrete Anfrage bei potenziellen Auftragnehmern. Eine Anfrage besteht dabei i.d.R. aus folgenden Elementen:[658] Anfrageanschreiben mit den wesentlichen kaufmännischen Rahmenbedingungen, Produktanforderungen (inklusive Lastenheft und Zeichnungen), Prozessanforderungen insbesondere Hinsichtlich der Zusammenarbeit in der Supply Chain, Anforderungen an den Aufbau und die Bestandteile des Angebots (z.B. Kostenstruktur,

[656] Vgl. Burr (1999), S. 1162 ff.
[657] Vgl. Corsten/Gössinger (2000), S. 253.
[658] Vgl. Fischer et al. (2007), S. 231.

Variantendarstellung oder Qualitätssicherungskonzept) sowie allgemeine rechtliche Prämissen (insbesondere Einkaufsbedingungen und Gewährleistungsvereinbarungen). Hierbei gilt es auch, die kapazitätsmäßige Realisierbarkeit der Gesamtaufgabe unter Angabe des Ausführungszeitraums sowie des Preises festzustellen. Lassen sich die Teilaufgaben mit den bisher bekannten Supply Chain-Akteuren nicht realisieren, ist über eine Ausdehnung des Wertschöpfungsnetzwerks um bislang externe Akteure vorzunehmen (siehe Abbildung 3.3-27).

(4) *Auftragsbewertung, -vergleich und -vergabe:* Die Lieferanten erstellen ihr Angebot. Auf Seiten des Auftraggebers folgen ein Angebotsvergleich sowie die Entscheidung für die Lieferantennominierung. Grundlage hierfür ist meist eine „Gesamtkostenbetrachtung". Ggf. finden vertiefende Verhandlungen mit mehreren Anbietern statt. Der Auswahlprozess schließt mit der Vergabeentscheidung sowie der Unterzeichnung der Verträge. Optional sind die Schritte 3 und 4 mehrmals zu durchlaufen. Ein elektronisches „Anfragesystem" (z.B. Marktplatz-Lösungen), in dem die Anfragestruktur und Angebotsstruktur des Auftraggebers, die Angebotsbearbeitung je Lieferant sowie die Auswertung und Vergleich der Angebot durch den Auftraggeber abgebildet sind, sichert eine effiziente Aufgabenallokation. Eine Allokationsalternative nach Marktprinzipien ist die Vergabe via Auktion.[659] Der Auftragsvergleich mündet schließlich in die Vergabeentscheidung.

(5) *Auftragssteuerung und -kontrolle*: Die eigentliche Auftragssteuerung und -kontrolle repräsentiert den letzten Schritt der Aufgabenallokation, wobei ein fließender Übergang zum SCM-Arbeitsfeld Wertschöpfung/Regulation zu konstatieren ist. Die Auftragssteuerung beinhaltet mitunter eine Termin- und Kapazitätsplanung auf der Netzwerkebene. Etwaige Unsicherheiten, z.B. hinsichtlich der kundenseitigen Auftragsspezifikation, sind fortlaufend zu berücksichtigen.

Die Allokation von Aufgaben in der Supply Chain kann insbesondere entlang der Prozesse des SCM erfolgen:[660]

- *Allokation entlang des Material- und Warenflusses:* Grundsätzliche Kompetenzregelungen bei der Leistungserstellung – Welche Infrastruktur (z.B. Produktionsanlage, Lagerhallen und IT-Systeme) existiert wo in der Supply Chain? Welcher Partner in der Supply Chain kann/darf/soll welche Leistung erbringen? Welche Interdependenzen sind bei einer kollektiven Leistungserfüllung zu beachten? Werden Ressourcen ggf. gemeinsam genutzt?
- *Allokation entlang des Informationsflusses:* Gestaltung von Informationsbereitstellung und -nutzung – Welche Informationen werden wo, wie, von wem und für wen in der Supply Chain bereitgestellt? Welche Personen nehmen welche Rolle dabei ein? Welche Erwartungen sind an diese Rollen geknüpft?
- *Allokation entlang des Finanzmittelflusses:* Zuordnung und Erhebung der erforderlichen Finanzmittel – Welcher Partner der Supply Chain verursacht welche Kosten bei der Leistungserstellung? Wie lassen sich Supply Chain-spezifische Verrechnungspreise zwischen den involvierten Akteuren konkretisieren?

Die Dimension der Aufgabenallokation in der Supply Chain können weiterhin innerhalb der Prinzipien der organisatorischen Strukturierung weiter konkretisiert werden.

---

[659] Auktionen sind nach einem festen Schema ablaufende Bietverfahren zum An- oder Verkauf eine Gutes: Vgl. Zelewski (1997), 237 ff. Weiterführende Auktionsmodelle werden bei Corsten/Gössinger (2008), S. 58 ff. vorgestellt.

[660] Vgl. Möller (2006), S. 118 ff.

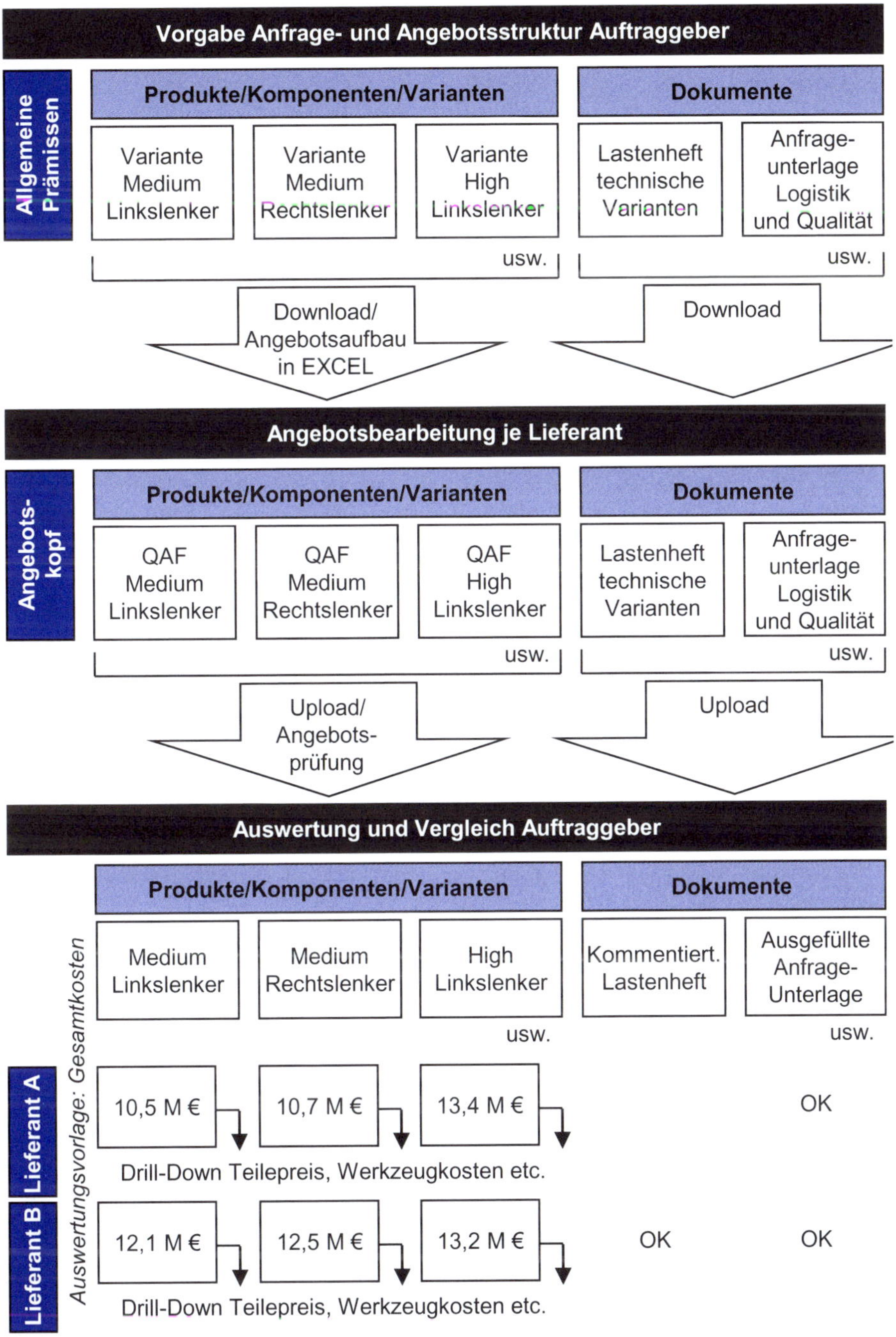

Abbildung 3.3-27: Schematischer Arbeitsablauf eines Anfragesystems im Rahmen der Aufgabenallokation in der Supply Chain[661]

[661] In Anlehnung an Fischer et al., 2007, S. 237.

Folgende grundsätzliche organisatorische Strukturierungsprinzipien lassen sich bei der Aufgabenallokation unterscheiden:[662]

- Mit dem *Subsidiaritätsprinzip* wird die qualifikationsabhängige Aufgabendelegation auf nachgelagerte Ebenen zur Richtlinie erhoben. Quintessenz hierbei ist, dass delegiert wird. Bezogen auf das im vorangegangenen Abschnitt erläuterte Dimensionskonzept der Koordination beinhaltet dieses Eingangsprinzip also die Empfehlung, bei der organisatorischen Gestaltung den Weg der Entscheidungsdezentralisation einzuschlagen. Über zwei Hierarchieebenen gesehen, sind sachliche Kompetenzen demnach so weit wie möglich auf die untere und damit ausführungsnähere Ebene zu verlagern. Auf der *Akteursebene* wird i. d. R. nicht begründet, was auf eine nachgeordnete Ebene/Stelle delegiert werden kann. Vielmehr werden zunächst alle delegierbaren Aufgaben auf nachgelagerte Ebenen übertragen. Danach wird im umgekehrten Sinne analysiert, was auf der nächsthöheren Organisationsebene entschieden, gesteuert und umgesetzt werden muss. Auf diese Weise wird also zugleich auch die „Beweislast" in der organisatorischen Gestaltung umgekehrt. Die delegierten Aufgabeninhalte entwickeln so eine identifikationsstiftende Wirkung. Auf der *Netzwerkebene* findet eine Delegation zwischen den Unternehmen eines Supply Chain-Ausschnitts – beispielsweise zwischen einem Automobilhersteller und seinen Modullieferanten – statt.
- Als umsetzungsbezogene Konkretisierung des Subsidiaritätsprinzips liefert das *Kongruenzprinzip* einen Impuls zur Gestaltung einzelner Parameter, welche für eine adäquate Delegation erforderlich sind. Ausgerichtet auf das Ziel betrifft diese zunächst die entsprechend klare Formulierung der Aufgabe. Quintessenz hierbei ist, was genau delegiert wird. Auf der *Akteursebene* muss das Unternehmen, das mit dieser Aufgabe betraut wird, über die Kompetenz verfügen, Aufgabenverteilungen im Hinblick auf die Zielerreichung zu fällen. Des Weiteren ist ein uneingeschränkter Zugang zu allen, in Verbindung mit der Aufgabenerfüllung relevanten Informationen sicherzustellen. Auf der *Netzwerkebene* findet eine Delegation von Güter-/ Warenströmen über die transparente Gestaltung des Informationsflusses zwischen den Akteuren statt.
- Über das *Operationalitätsprinzip* erfahren das Subsidiaritäts- und Kongruenzprinzip eine weitere Spezifizierung. Hier geht es darum, dass für die zuvor genannten Zielgrößen eindeutige und widerspruchsfreie Festlegungen zu treffen sind. Quintessenz ist, wie die Aufgabenverteilung und -erfüllung adäquat gemessen und gesteuert wird.[663] Hierzu sind auf der *Akteursebene* die mit einer Aufgabenübertragung verbundenen Zielgrößen nach Art, Ausmaß und weiteren detaillierenden Kriterien, wie zum Beispiel dem räumlichen und zeitlichen Bezug sowie der Ziel-und Aufgabenpriorität, eindeutig zu konkretisieren. Auf *Netzwerkebene* sollte eine Feststellung der Steuerungsgrößen auf Basis gemeinsam definierter Supply Chain-Strategien und Ziele erfolgen.
- Das Ziel des *Minimalebenenprinzips* unterstellt, dass möglichst wenige Führungsebenen für die Steuerung und Umsetzung der Aufgaben erforderlich sind. Die Anforderung geht dahin, im Interesse einer effektiven Ziel-und Aufgabenkoordination inklusive deren Erfüllung eine minimale Größenordnung zu schaffen. Quintessenz ist hierbei die Entscheidung, wer in eine Aufgabe einbezogen wird. Im Ergebnis

---

[662] Vgl. Töpfer (2007), S. 1211 ff.

[663] Hier ergibt sich ein nahtloser Übergang auf das SCM-Arbeitsfeld Wertschöpfung und Regulation.

wird auf der *Akteursebene* ein „Lean Management" mit umfangreicher Delegation auf die Ausführungsebene angestrebt. Voraussetzung hierfür sind eine ausreichende Befähigung der Mitarbeiter und eine Befugnisübertragung als Empowerment mit einem Job-Enlargement und -Enrichment. Auf der *Netzwerkebene* wird eine Auswahl der Supply Chain-Partner anhand ihrer spezifischen Kernkompetenzen getroffen. Nachdem die Entscheidung für eine intensivere Zusammenarbeit in der Supply Chain getroffen wurde, sollte die eigentliche Umsetzung der intendierten Initiativen auf den Fach- und Sachebenen – ohne ständige Einbeziehung der Top-Managementebene – autark erfolgen.

- Das *Leitungs- und Kontrollspannenprinzip* regelt, dass die Anzahl zu führender Einheiten nicht zu groß ist. Quintessenz hierbei ist die Aussage, wer von wem direkt geführt wird. Sollte die Zahl der Einheiten zu groß sein, wird keine neue Zwischenebene/-instanz eingezogen, sondern vielmehr der Grad der Delegation erhöht. Für die Größe der Leistungs- und Kontrollspanne in Unternehmen auf der *Akteursebene* gibt es keine allgemein gültigen Richtwerte. Vielmehr hängt sie von mehreren Situationsfaktoren (bspw. der Aufgabenart, der Qualifikation der Mitarbeiter, dem Führungsstil des Vorgesetzten) ab. Auf der *Netzwerkebene* werden die Leitung und Koordination eines Supply Chain-Ausschnitts häufig durch das fokale Unternehmen vorgenommen. Eine Alternative hierzu ist die Selbststeuerung/-koordination.
- Das *Doppelkontrollprinzip* ist die konsequente Weiterführung des Leitungs-/Kontrollspannenprinzips. Hierdurch wird determiniert, wie die Kontrolle der Zielerreichung bei einer weitreichenden Delegation auszugestalten ist. Quintessenz ist, wer wen wie oft kontrolliert.[664] Der Grundansatz des Doppelkontrollprinzips auf der *Akteursebene* besteht in der Kombination einer ständigen Eigenkontrolle durch die Mitarbeiter mit einer periodischen Fremdkontrolle durch den Vorgesetzten. Der Kerninhalt dieses Prinzips bezweckt damit die Festlegung, „wer wen, was und wie oft kontrolliert". Auf der *Netzwerkebene* werden Kontrollstrategien und Anreizsysteme in der Supply Chain (Principal-Agent-Theorie) eingesetzt.

3.3.6.2 Strukturierungsoptionen von Supply Chains

Für die Gestaltung der Netzwerkstrukturen einer Supply Chain wird zwischen verschiedenen Dimensionen unterschieden, innerhalb welcher verschiedene Handlungsoptionen bestehen.[665] In Analogie zur Bestimmung der optimalen Unternehmensgröße nach Hertz (2001) kann ein Ziel des Gestaltungsfelds „Netzwerkstruktur" darin bestehen, die optimale Länge von relevanten Supply Chain-Abschnitten bzw. die optimale Größe des relevanten Wertschöpfungsnetzwerks zu realisieren.[666]

Folgende Dimensionen werden unterschieden: (1) Skalierung von Supply Chains, (2) Anwendung organisatorischer Strukturierungselemente auf Supply Chains, (3) Ausbalancierung der Verbindungsintensitäten in Supply Chains sowie (4) Variation der Ausrichtung von Supply Chain-Beziehungen.[667]

---

664 Dieses Prinzip erfährt eine Konkretisierung im SCM-Arbeitsfeld Performance Messung und Evaluation.
665 Vgl. Hofmann (2006), S. 84 ff.
666 Vgl. Hertz (2001), S. 241.
667 Vgl. im Folgenden auch ausführlich Reiß (2005).

Dimension 1: Skalierung von Supply Chains

(a) *Reduktion und Erweiterung um Netzwerkpartner:* Damit sich ein Netzwerk überhaupt konstituieren kann, müssen sich mindestens drei Akteure zu einem solchen „zusammenschließen". Darauf aufbauend kann das Netzwerk beliebig um weitere Mitglieder erweitert oder reduziert werden, was einer Vergrößerung oder Verkleinerung der Anzahl an Knoten im Netzwerk gleich kommt.[668] Werden Netzwerkakteure auf gleicher oder ähnlicher Wertschöpfungsstufe hinzugezogen bzw. ausgeschlossen, ist die „Netzwerkbreite" von der Skalierung betroffen. Sind vor- oder nachgelagerte Wertschöpfungsstufen von der Reduktion (Erweiterung) tangiert, reduziert (erhöht) sich die „Netzwerktiefe".

(b) *Entmaschung von Netzwerkpartnern:* Gehört ein Unternehmen unterschiedlichsten Netzwerken an, ist von einer Mehrfachzugehörigkeit des Supply Chain-Akteurs zu sprechen. Durch die Entmaschung verhindert das Netzwerk die Zusammenarbeit eines Akteurs mit anderen (konkurrenzierenden) Netzwerken. In bestimmten Wertschöpfungsnetzwerken will man damit z. B. eine Verschmelzung von „Knoten" verhindern, wie etwa die mehrfache Mitwirkung eines Automobilzulieferers in Beschaffungsnetzen von unterschiedlichen Automobilherstellern.

(c) *Bündelung von Netzwerkpartnern:* Im Rahmen der Bündelung werden Akteure der Supply Chain zu möglichst adäquaten Subnetzen „geclustert". Adäquat bedeutet dabei die Berücksichtigung von reduzierten Transaktionskosten oder die Erzielung eines höheren Endkundennutzens. Diese Gestaltungsalternative führt zu einer heterogenen Beziehungsdichte in einer Supply Chain und folgt dabei Mechanismen einer schnittstellenminimierenden Unternehmenssegmentierung.[669] Die Bündelung forciert z. B. die Bildung einer eigenen Netzwerkkultur in den einzelnen Clustern, die in eine Supply Chain-bezogene Corporate Identity münden kann.[670]

Dimension 2: Anwendung organisatorischer Strukturierungselemente auf Supply Chains

(a) *Zentralisierung und Dezentralisierung von Netzwerkknoten:* Der Zweck von Supply Chains im Sinne von Netzwerken ist die gemeinsame Orientierung an einem Kundenbedürfnis und dessen Befriedigung. Mit Blick auf die zielorientierte Steuerung von heterarchischen Netzwerken übernehmen Akteure mit einer größeren Machtfülle als fokales Unternehmen wichtige Entscheidungskompetenzen. Dazu kann beispielsweise die Auswahl von Supply Chain-Partnern auf vor- oder nachgelagerten Stufen ebenso gehören wie die Setzung von Standards für die Abwicklung von Material-, Waren- und Informationsflüssen. Wird ein polyzentrisches bzw. heterarchisches Netzwerk in ein monozentrisches bzw. hierarchisches Netzwerk umgewandelt, spricht man von einer Zentralisierung.

(b) *Isolierung von Netzwerkknoten:* Bei der Isolierung handelt es sich um eine Konfigurationsentscheidung, welche bestehende Verbindungen zwischen einzelnen Supply Chain-Akteuren einschränkt. Damit wird gewährleistet, dass akteursspezifische Risiken nicht vom ganzen Netzwerk getragen werden müssen. Zudem kann die

---

668 Siehe dazu vertiefend die Abschnitte zur Supply Chain-Governance und Vertragsgestaltung als Koordinationsmechanismus.

669 Vgl. Brockhoff/Hauschildt (1993), S. 396 ff.

670 Vgl. Huemer (2004), S. 254.

Konkretisierung der unternehmensübergreifenden Produkthaftung in Wertschöpfungsnetzwerken vorangetrieben werden.[671]

Dimension 3: Ausbalancierung der Verbindungsintensitäten in Supply Chains

(a) *Verfestigung und Lockerung von Verbindungen innerhalb der Supply Chain:* Die Verbindungen innerhalb eines Netzwerks werden dadurch verfestigt, indem Netzwerkknoten zusammengeführt werden. Innerhalb des Netzwerkes findet auf Akteursebene eine Strukturänderung statt. Dazu gehören Unternehmenszusammenschlüsse zwischen Herstellern und Lieferanten (Rückwärtsintegration) oder zwischen Produzenten und Abnehmern bzw. Handelsunternehmen (Vorwärtsintegration). Durch die Verfestigung werden unternehmensübergreifende Beziehungen durch unternehmensinterne Strukturen ersetzt. Dabei muss eine Verfestigung nicht immer mit einem Unternehmenszusammenschluss einhergehen, wie auch eine Lockerung der Beziehung nicht automatisch eine Auflösung der Verbindung bedeutet. Eine Lockerung ist eine Verringerung der Verbindungsintensität zwischen zwei oder mehreren Supply Chain-Akteuren. Die Lockerung wird meist von einem der Akteure initiiert und macht sich durch einen reduzierten Informationsfluss oder einen geringeren Leistungsaustausch bemerkbar.

(b) *Variation der Intensität von Verbindungen innerhalb einer Supply Chain:* Je größer die Anzahl der beteiligten Unternehmen in einem Netzwerk, desto größer ist die Variationswahrscheinlichkeit. Variation bedeutet in diesem Sinne die differenziert ausgelegte Intensität der Zusammenarbeit zwischen den Akteuren.

Dimension 4: Variation der Ausrichtung von Supply Chain-Beziehungen[672]

(a) *Mehrdeutigkeit (Ambiguität) von Supply Chain-Beziehungen*: Wenn eindeutige Kanten im Netzwerk in mehrdeutige Verbindungen überführt werden, spricht man von einer „Ambiguisierung von Supply Chain-Beziehungen". Die Koordinationsintensität wird mittels der Ablösung stabiler durch labile Zusammenarbeitsformen reduziert. So kann es sein, dass Supply Chain-Akteure in einem anderen Leistungsfeld zu Wettbewerbern werden. Es bestehen also zwischen den gleichen Akteuren sowohl Kooperations- als auch Wettbewerbsbeziehungen. In diesem Fall spricht man von „Coopetition in Supply Chains" [673].

(b) *Verlagerung von Supply Chain-Beziehungen:* Im Laufe der Zeit können sich die Markt- und die Umweltbedingungen auch innerhalb eines Netzwerks ändern. Die einzelnen Akteure sollten darauf vorbereitet sein, dass sich eine dyadische Verbindung innerhalb einer Supply Chain von einer kooperativen Zusammenarbeit zu einem konkurrierenden Verhalten entwickeln kann. Zum einen liegen solche Veränderungen im Durchlauf des Lebenszyklus von Netzwerken begründet. Zum anderen sind Konflikte innerhalb des Netzwerks bspw. betreffend Integrationsdifferenzen dafür verantwortlich.[674]

(c) *Reduktion des Funktionalitätsniveaus von Supply Chain-Beziehungen:* Hierbei wird die Intensität von Netzwerkverbindungen herabgesetzt. Ehemals institutionalisier-

---

671 Vgl. Novak/Eppinger (2001), S. 189 ff.

672 Hier ergibt sich ein fliessender Übergang zum SCM-Arbeitsfeld Wertschöpfung/Regulation.

673 „Coopetition" steht für die Zusammenziehung aus engl. „cooperation" (= Zusammenarbeit) und engl. „competition" (= Wettbewerb). Vgl. Nalebuff/Brandenburger (1996).

674 Siehe dazu auch die Abschnitte zum Thema Konfliktmanagement im SCM-Arbeitsfeld Wertschöpfung/Regulation (Kapitel 3.4).

te Wertschöpfungspartnerschaften werden in lose Verbindungen überführt. Diese „Degeneration" ist z. B. dann vorzufinden, wenn die Funktionen, die vorher durch die Mitarbeiter eines institutionellen Supply Chain-Akteurs wahrgenommen wurden, von nun an durch eine E-Commerce-Applikation automatisiert ausgeführt werden.[675] Die Reduktion des Funktionalitätsniveaus von Supply Chain-Verbindungen ist weiterhin in der Zeitspanne zwischen dem „Auslauf" und dem neuen „Relaunch" einer Geschäftsbeziehung erforderlich (vgl. hierzu Abschnitt 3.1.2).

3.3.7 Gestaltungsdimension IV: Netzwerkstandorte

Die Bestimmung der Netzwerkstandorte ist – im grenzüberschreitenden Fall – eng mit dem Internationalisierungsansatz eines Unternehmens gekoppelt. Nicht nur absatz-, sondern auch produktions- und beschaffungsseitig sind adäquate (Länder-)Standorte festzulegen (Makroebene), wobei die grundlegende Wettbewerbsstrategie maßgeblich für die in den Regionen „anzusiedelnden" Wertschöpfungsaktivitäten ist. Nach der grundlegenden (Länder-)Konfiguration der internationalen Supply Chains gilt es, in den festgelegten Regionen konkrete Standorte für die einzelnen Beschaffungs-, Produktions-, Absatz- und Logistikaktivitäten zu identifizieren und zu evaluieren (Mikroebene). Zur Unterstützung dieser Aufgabe können zahlreiche Verfahren zur Standortbewertung und -auswahl herangezogen werden.

3.3.7.1 Internationale Supply Chains

Fallbeispiel: Internationale Konfigurationsstrategie bei Daimler

Eine genauere Betrachtung der Wertschöpfungskonfiguration eines Unternehmens zeigt, dass Wertschöpfungsfunktionen oftmals nicht in ihrem vollen Umfang an ausländischen Standorten durchgeführt werden. Vielmehr werden lediglich ausgewählte Teilprozesse im Ausland angesiedelt. Beispielsweise kann die Wertschöpfungsfunktion der Produktion in der Automobilindustrie in das Pressen der Blechteile, den Karosseriebau, das Lackieren der Karosserien, die Komponentenherstellung und die Endmontage der Fahrzeuge unterteilt werden. Diese verschiedenen Produktionsschritte müssen nicht zwangsläufig in einem Werk oder einem Land stattfinden, sondern können über Grenzen hinweg verstreut durchgeführt werden. Gerade in der Automobilindustrie existieren zum Beispiel zahlreiche Montagewerke, in denen lediglich die Endmontage von an anderen Standorten hergestellten Fahrzeugbausätzen erfolgt. Man differenziert hier vereinfachend zwischen den Fertigungsarten „semi knocked down" (SKD), wenn der Fahrzeugbausatz bereits montierte Elemente, wie die Karosserie, enthält, und „completely knocked down" (CKD), wenn das gesamte Fahrzeug noch in seine Einzelteile zerlegt ist.[676]

Zum Beispiel besitzt Daimler vier Werke in Südostasien (Thailand, Vietnam, Malaysia und Indonesien), in denen in Deutschland hergestellte CKD-Bausätze montiert werden. Auf diese Weise lassen sich die dortigen Einfuhrzölle umgehen, die etwa in Vietnam 50 % des Einfuhrwerts betragen. Die Existenz geographisch verstreuter Produktionswerke bedeutet also nicht automatisch eine Dezentralisierung aller Produktionsschritte. Ein Hersteller, der an seinen ausländischen Standorten lediglich im Inland vorgefertigte SKD- oder CKD-

[675] Vgl. Mills/Camek (2004), S. 714 ff.
[676] Vgl. Meyer (2008), S. 81 f.

Bausätze montiert, weist weniger ausländische Wertschöpfung auf als ein Hersteller, der in den Auslandswerken sämtliche Produktionsschritte vornimmt.

Quelle: Entnommen aus Schmid/Grosche (2008), S. 19 f.

Wie das Beispiel aus der Automobilbranche zeigt, spielten die Festlegung der geographischen Region und die Art der Bedienung durch internationale Supply Chains eine bedeutende Rolle bei der Netzwerkgestaltung. Die weltweiten Märkte gleichen sich immer weiter an, so dass eine Differenzierung einzig über Produktmerkmale zunehmend schwieriger wird. Die adäquate Gestaltung von Supply Chains ist gerade im internationalen Kontext eine notwendige Voraussetzung für die Sicherung und den Ausbau der Wettbewerbsfähigkeit von Unternehmen und ihrer Partner.[677] Die internationale Gestaltung von Supply Chains ist ein spezieller Teil des SCM-Arbeitsfelds Positionierung/Konfiguration. Die damit verbundene Auswahl und Optimierung von Wertschöpfungsorten (z. B. Produktions-, Lager- und Distributionsstandorte) sowie Prozessen muss unter Berücksichtigung der zugrunde liegende Supply Chain-Strategie, der Zuordnung von Kunden, Lieferanten und Dienstleistern zu diesen Standorten sowie weiterer relevanter Zusammenhänge der Supply Chain erfolgen. Für die Lösung solcher geographischen Konfigurationsaufgaben wird häufig auf quantitative Optimierungsmodelle des Operations Research zurückgegriffen. Neben „harten" Standortfaktoren sind dabei weitergehende Einflussfaktoren, wie z. B. Zölle, Steuern, Wechselkurse oder qualitative Standortfaktoren, zu berücksichtigen. Die grundlegende Struktur einer internationalen Supply Chain hat sich vor allem nach den Erfordernissen des (globalen) Produktmarktes (bzw. der einzelnen Ländermärkte) zu richten, wobei die Wettbewerbsintensität im Produktmarkt sowie das anzubietende Lieferserviceniveau von Relevanz sind. Gleichzeitig gilt es, die Supply Chain unter Beachtung der Effizienz-Grundsätze zu konfigurieren. Das Konfigurationsmodell von Cooper (1993), welches international verteilte Wertschöpfungsaktivitäten unter besonderer Berücksichtigung der Logistik abbildet, enthält folgende Typen (vgl. Abbildung 3.3-28):[678]

a) Ein als „*Invader*" charakterisiertes Unternehmen verfolgt eine Strategie, bei der die Produktionsstätten auf mehrere Länder verteilt sind, die Versorgung mit Bauteilen und Komponenten jedoch hauptsächlich auf dem Heimatmarkt erfolgt. Das Hauptziel besteht darin, einen neuen Markt unter Umgehung von hohen Einfuhrzöllen zu erschließen. Als Beispiel hierfür wäre etwa die japanische Automobilindustrie in den 1990er Jahren anzuführen.
b) Ein als „*Settler*" gekennzeichnetes Unternehmen produziert an mehreren ausländischen Standorten und beliefert die lokalen Märkte mit Produkten, während die erforderlichen Komponenten und Bauteile zu einem wesentlichen Teil (freiwillig oder auch gezwungener Massen) in diesen Ländern beschafft werden. Als Beispiel ist der Konsumgüterhersteller L'Òreal aufzuführen. Der Konzern besitzt weltweite Produktionsstandorte mit zahlreichen regionalen Lieferanten.
c) Ein Unternehmen des Typs „*Cloner*" beliefert seine Kunden in verschiedenen Ländern mit den in diesen Ländern hergestellten Produkten unter Einsatz länderspezfischer Komponenten und Bauteile bzw. Einsatzstoffe. Als Beispiel für eine solche Ausrichtung ist etwa die Supply Chain von McDonalds zu nennen. Charakteristisch ist hier, dass die meisten Input-Faktoren zwar zu einem gewissen Grad standardisiert

[677] Vgl. Heuermann (2002), S. 1.
[678] Vgl. Cooper (1993) sowie Dicken (1998) und Delfmann/Albers (2000), S. 44 ff.

sind, jedoch auf den lokalen Märkten, auf denen auch die Endprodukte verkauft werden, beschafft werden.

d) Die als *„Barons"* bezeichneten Unternehmen produzieren an einem oder wenigen Standorten der Welt und versorgen die globalen Märkte von dort mit ihren Produkten. Dieser Ansatz ist nur möglich, wenn (a) die Distributionskosten im Vergleich zum Gesamtproduktwert relativ gering sind oder (b) das Unternehmen eine herausragende, in seinem Markt monopolaähnliche Wettbewerbsposition innehat. Die dazu erforderlichen Bauteile und Komponenten beschaffen sie im Wesentlichen von lokal ansässigen Lieferanten. Diese Situation war etwa bei Miele der Fall. Die Produktion beschränkt sich auf Deutschland und ein Werk in Österreich, von wo aus die Produkte in die ganze Welt exportiert wurden.

e) Die Konfiguration eines Unternehmens mit *„Outreacher"*-Strategie ist durch einen umfassenden Global Sourcing-Ansatz gekennzeichnet (vgl. Kapitel 2.3). Ein Beispiel hierfür ist der Automobilhersteller Daimler mit mehreren globalen Produktionsstandorten. Bezeichnend ist hier die recht unterschiedliche Wertschöpfungstiefe an den jeweiligen Standorten.

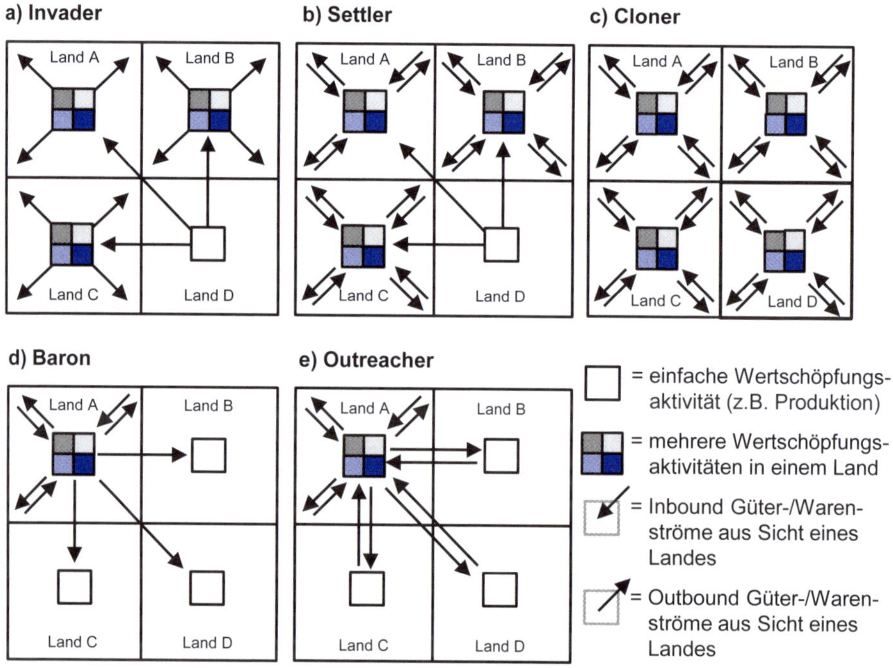

Abbildung 3.3-28: Gestaltung von Produktions-, Beschaffungs- und Distributionsprozesse im internationalen Kontext[679]

Der Internationalisierungsansatz von Cooper (1993) lässt sich weiter im SCM-Kontext unter Bezugnahme der grundlegenden Wettbewerbsstrategie (Kostenführer vs. Differenzierer) spezifizieren. Es sind folgende internationalen Wettbewerbsausrichtungen zu unterscheiden:[680]

679 In Anlehnung an Cooper (1993), S. 18 und S. 20.
680 Vgl. Heuermann (2002), S. 58.

- Bei der *globalen Kostenführerschaft* wird lediglich *ein* Produkt (ohne Anpassung) auf einem globalen Markt angeboten. Die bearbeiteten Auslandsmärkte „verschmelzen" dabei weitestgehend zu einer Gesamtheit.
- Der *globale Produktdifferenzierer* erschließt den Weltmarkt geschlossen mit einer Differenzierungsstrategie und einem differenzierten Produkt.
- Im Rahmen der sogenannten *multinationalen Kostenführerschaft* wird die Bearbeitung einer begrenzten Anzahl an Auslandsmärkten unter Kostengesichtspunkten angestrebt.
- Beim *multinationalen Produktdifferenzierungsansatz* werden – mehr oder weniger umfangreiche – länderspezifische Produktanpassungen vorgenommen. Es wird eine länderspezifische Profilierung ausgewählter internationaler Märkte angestrebt.

Die jeweiligen Differenzierungsansätze können ihrerseits entweder über die eigentlichen Produkteigenschaften (Variante A) oder aber über eine hohe Vielfalt individualisierbarer Produktvarianten (Variante B) ausgestaltet werden.[681] Bei Variante A ist vor allem die Reaktionsfähigkeit ausschlaggebend. Bei Variante B hingegen ist die reaktionsbedingte Verfügbarkeit nicht ganz so stark ausgeprägt, da die Kunden – aller Wahrscheinlichkeit nach – angesichts der vielfältigsten Auswahlmöglichkeiten gewisse (längere) Lieferzeiten der individualisierten Produkte akzeptieren werden.

Insgesamt lassen sich sechs idealtypische Supply Chain-Konfiguration im internationalen Kontext unterscheiden (vgl. Abbildung 3.3-29).

		Ausrichtung der Wettbewerbsstrategie	
		Kostenführerschaft	*Differenzierung*
Internationalisierungsstrategie	*global*	Supply Chain-Konfiguration der globalen Kostenführerschaft	Supply Chain-Konfiguration der globalen Differenzierung über… *… einzelne Produkteigenschaften* | *… mehrere Produktvarianten*
	Multinational	Supply Chain-Konfiguration der multinationalen Kostenführerschaft	Supply Chain-Konfiguration der multinationalen Differenzierung über… *… einzelne Produkteigenschaften* | *… mehrere Produktvarianten*

Abbildung 3.3-29: Alternativen internationaler Wettbewerbsstrategien bei der Supply Chain-Konfiguration

Die einzelnen Supply Chain-Konfigurationen werden nun in den Abbildung 3.3-30 bis 3.3-35 dezidiert vorgestellt, indem jeweils auf die grundlegende Zielsetzung, den Konfigurationsschwerpunkt sowie den Internationalisierungsansatz eingegangen wird. Ferner werden die phasenspezifischen Logistiksysteme der Beschaffung, Produktion und Distribution für die jeweilige internationale Wettbewerbsstrategie skizziert und erläutert.

---

[681] Vgl. Heuermann (2002), S. 74.

Supply Chain-Konfiguration der globalen Kostenführerschaft

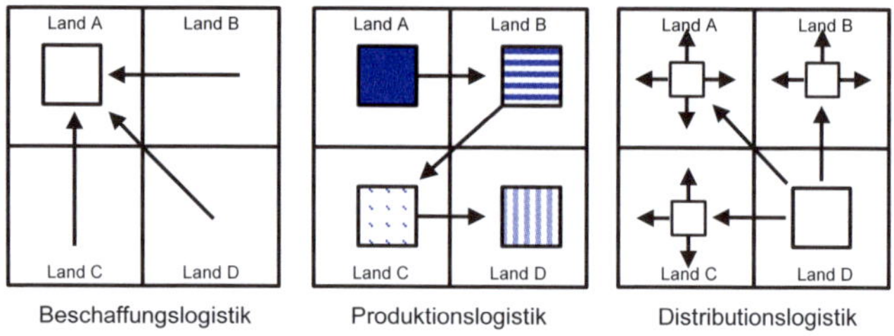

Ziel: Kostengünstigster Anbieter in einem globalen Markt
Konfigurationsschwerpunkt: Sicherstellung einer globalen Lieferbereitschaft nach dem Push-Prinzip (ohne Berücksichtigung des Postponements)
Internationalisierungsansatz: „Outreachers"

Beschaffungs- bzw. Distributionsprozesse (länderübergreifend bzw. länderspezifisch zentralisiert zur Erlangung von Grössenvorteilen) unter Berücksichtigung eines zentralen Einkaufs sowie länderspezifischer Umschlagsläger (Disposition und eigentlicher Material-/Güterfluss erfolgen dezentral))

Aufeinanderfolgende Produktionsprozesse ausführender Produktionseinheiten (länderübergreifend zentralisiert und spezialisiert) als „Produktionskette" unter Ausnutzung komparativer Kostenvorteile, z.B. aufgrund unterschiedlicher Faktorkosten, Kapazitäten und Verfügbarkeiten

Abbildung 3.3-30: Supply Chain-Konfiguration der globalen Kostenführerschaft

Supply Chain-Konfiguration der globalen Differenzierung ...
... über einzelne Produkteigenschaften und Reaktionsfähigkeit

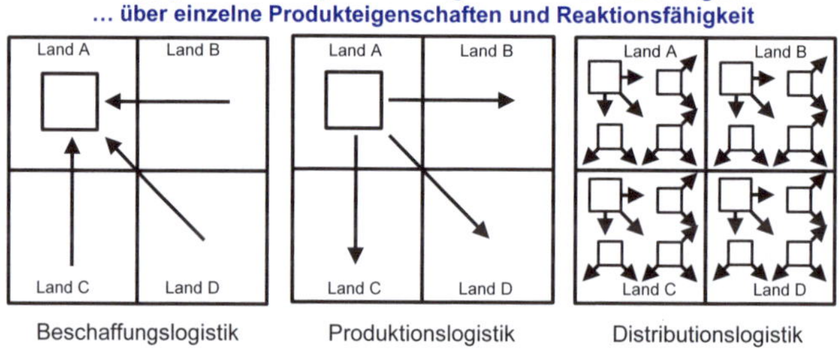

Ziel: Weltweites Angebot einer einzigartigen Leistung, wobei die Differenzierung neben den Produkteigenschaften über eine hohe Flexibilität und Reaktionsfähigkeit erfolgt
Konfigurationsschwerpunkt: Globale Supply Chain reagiert unmittelbar auf Marktveränderungen durch Verkürzung der Reaktions- und Durchlaufzeiten nach dem Pull-Prinzip
Internationalisierungsansatz: „Outreachers"

1) Weltweite Beschaffungszentralisierung, um Nachfrageschwankungen in den einzelnen Ländern auf globaler Ebene auszugleichen
2) Realisierung von Grössenvorteilen durch eine länderübergreifende Produktion
3) Länderspezifische, dezentrale Distribution mit mehreren Lagerstufen, um geforderte Verfügbarkeit sicherzustellen (ggf. Aufbau eines redundanten Alternativsystems für Eillieferungen)

Abbildung 3.3-31: Supply Chain-Konfiguration der globalen Differenzierung über einzelne Produkteigenschaften

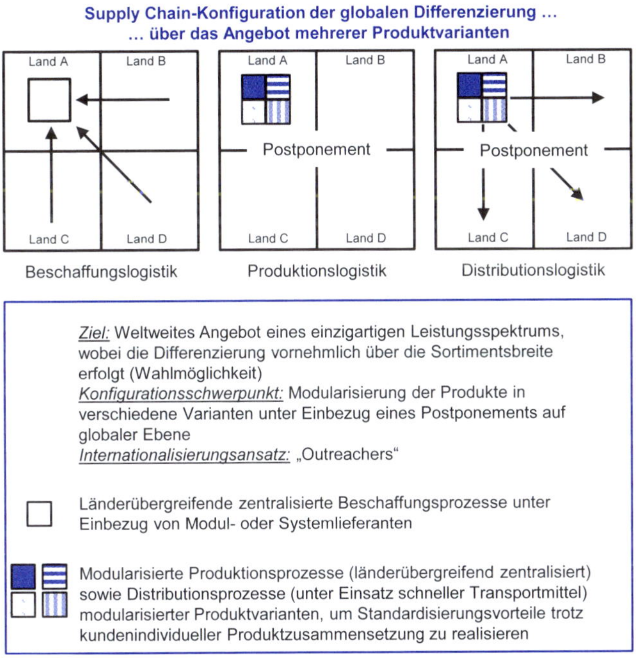

Abbildung 3.3-32: Supply Chain-Konfiguration der globalen Differenzierung über das Angebot mehrerer Produktvarianten

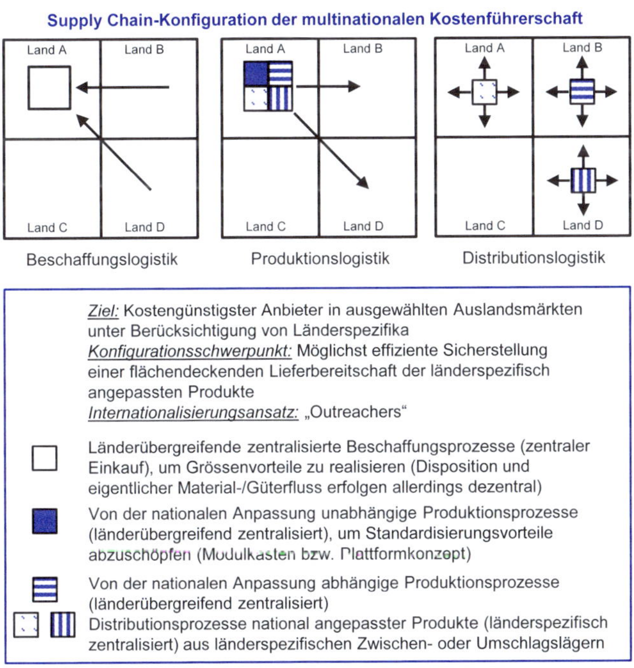

Abbildung 3.3-33: Supply Chain-Konfiguration der multinationalen Kostenführerschaft

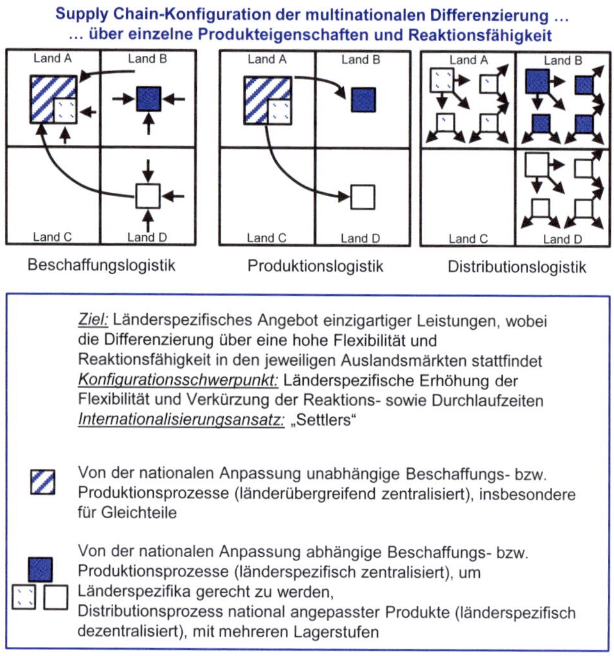

Abbildung 3.3-34: Supply Chain-Konfiguration der multinationalen Differenzierung über einzelne Produkteigenschaften

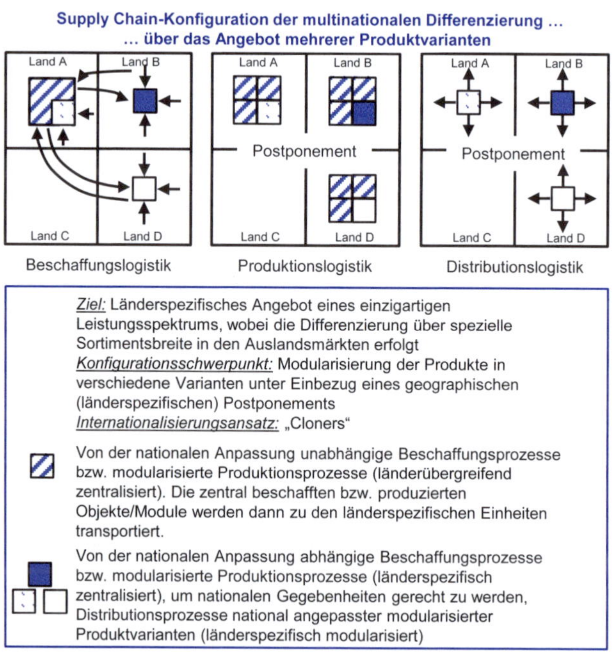

Abbildung 3.3-35: Supply Chain-Konfiguration der multinationalen Differenzierung über das Angebot mehrere Produktvarianten

Diese skizzierten Alternativen fußen auf unterschiedlichen Zielen und ziehen jeweils unterschiedliche Supply Chains nach sich, die sich durch ein unterschiedliches Maß an länderübergreifender und länderspezifischer Zentralität sowie Form des Postponements auszeichnen. Dabei ist insbesondere bei der Supply Chain-Konfiguration der multinationalen Differenzierung nicht mehr von *einer* Supply Chain, sondern von mehreren, voneinander – mehr oder weniger – unabhängigen Supply Chains zu sprechen. Die Operationalisierung der einzelnen Alternativen bedarf weiterhin der Auswahl von geeigneten Partnern (siehe hierzu die Ausführungen zur Selektion). Diese institutionelle Perspektive ist zudem durch eine konkrete standortbezogene Sichtweise zu ergänzen, welche die jeweils betroffene Supply Chain-Aktivität länderspezifisch „lokalisiert".

Fallbeispiel: Transformation von VW vom Outreacher zum Settler im US-amerikanischen Automobilmarkt

Auf dem US-amerikanischen Markt wird Volkswagen seit Jahren mit Problemen konfrontiert. Nach einer erfolgreichen Phase in den 1970er Jahren konnte der Wolfsburger Konzern dort nicht mehr richtig Fuß fassen. Volkswagen war zwar von 1978 an mit einem eigenen Montagewerk in Westmoreland, Pennsylvania, vertreten, in dem die amerikanische Version des VW Golf, der sogenannte Rabbit, produziert wurde. Nur zehn Jahre später beschloss der Volkswagen-Vorstand jedoch, den US-amerikanischen Standort wieder zu schließen. Die Kapazitätsauslastung war zu gering. Daraus resultierten finanzielle Verluste. Das VW-Werk in Puebla, Mexiko, lieferte von diesem Zeitpunkt an die meisten Fahrzeuge der Modelle VW Golf und VW Jetta für den nordamerikanischen Markt. Diese wurden in der Region unter allen Modellen des Wolfsburger Konzerns am häufigsten verkauft. Bis heute findet jedoch insbesondere die Marke VW nicht genügend Käufer in den Vereinigten Staaten, was sich auf die Ertragssituation von Volkswagen auswirkt. Inzwischen erschweren Währungsschwankungen den Export von Fahrzeugen des Volkswagen-Konzerns in den US-Markt zusätzlich. Entweder sind die in Europa gefertigten Fahrzeuge aufgrund des ungünstigen US-Dollar-Wechselkurses teurer als die der vor Ort produzierenden amerikanischen und japanischen Konkurrenz, oder aber ihr Verkaufspreis kann die Herstellungs- und Transportkosten nicht decken. Beispielsweise stellt selbst der Verkauf von in den USA inzwischen beliebten und als Imageträger fungierenden Fahrzeugen, zum Beispiel des in Wolfsburg gefertigten Geländewagens VW Tiguan, aufgrund des Wechselkurses ein Verlustgeschäft dar. „In den USA ist Toyota wesentlich erfolgreicher als wir", fasst Detlef Wittig, Leiter des Konzernvertriebs der Volkswagen AG, die aktuelle Situation zusammen.

Mit einem eigenen Werk in den USA wird Volkswagen hingegen bei den US-amerikanischen Käufern punkten, seine Abhängigkeit von Währungsschwankungen reduzieren, Transportkosten vermeiden und so den Rückstand auf Toyota verringern können. Zur Realisierung der ehrgeizigen Wachstumsziele des Volkswagen-Konzerns ist die Errichtung eines eigenen Werks in den USA unumgänglich. Um das Wachstum auch effizient und profitabel zu erreichen, sind folgende Punkte zu beachten: (a) Das Werk muss einen hohen „Local Content" in der Produktion erreichen, also möglichst viele Wertschöpfungsschritte vor Ort durchführen. (b) Der Standort muss einen hohen Lokalisierungsgrad in der Beschaffung aufweisen, also hauptsächlich von Zulieferern vor Ort beliefert werden.

Der Konzernvorstand von Volkswagen fällte die Grundsatzentscheidung für ein eigenes US-Werk im Frühjahr 2008.

Quelle: Entnommen aus Schmid/Grosche (2008), S. 37 f.

3.3.7.2 Standortwahl im Supply Chain Management

Ein weiterer Aspekt der Konfiguration von Supply Chains stellt die Wahl der Standorte dar, die im Zuge der internationalen Marktbearbeitung sowie verschiedener Standortspezifika (z. B. Lohnniveau, Kaufkraft der Konsumenten oder Spitzensteuersatz) weiter an Bedeutung gewinnt. Bspw. profitieren produzierende Unternehmen in Asien (z. B. China oder Vietnam) zwar von den tieferen Personalkosten, sehen sich jedoch im Gegenzug erhöhten Logistikkosten insbesondere für den Transport, mitunter aufgrund steigender Energiepreise, gegenüber. Im Zusammenhang mit der Supply Chain-Strategie ergeben sich weiterführende Fragestellungen bezüglich der Standortwahl. Die Standorte von potenziellen Partnerunternehmen werden zu einem Entscheidungskriterium über die mögliche Zusammenarbeit. Ein von der Leistungsfähigkeit her geeigneter, potenzieller Partner könnte etwa aufgrund der Unverhältnismäßigkeit der Distanz zu dessen vor- oder nachgelagerten Unternehmen aus der Supply Chain ausscheiden. Zudem ist die Standortwahl von strategischer Bedeutung, wenn beispielsweise ein Partner einem anderen Supply Chain-Akteur den Zugang zu bislang unerschlossenen Beschaffungs- oder Absatzmärkten ermöglicht. So kann der Einzugsbereich vergrößert werden. Eintrittsbarrieren lassen sich durch die Zusammenarbeit überwinden bzw. reduzieren. Dadurch sind Hindernisse wie politische Gegebenheiten im entsprechenden Land oder Investitionen zu umgehen. Zusätzlich wird das Risiko, der Abhängigkeit resultierend aus der Zusammenarbeit mit einem etablierten Partner reduziert.

Auch auf Akteursebene ist die Standortwahl relevant. Durch die zunehmende Konzentration auf die Kernkompetenzen steigt die Abhängigkeit von anderen Unternehmen im Kontext der Gesamtwertschöpfung. Steuerliche Elemente (Stichwort: Tax-efficient Supply Chain) beeinflussen den Standort der Zentrale, während die Produktion vor allem von den Fähigkeiten der Arbeitskräfte und den regionalen Kostenstrukturen abhängt.[682] Weiterhin sind Aspekte der Verkehrsinfrastruktur, wie bspw. die Nähe zu einer Autobahn oder zu einem See- oder Flughafen, zu berücksichtigen.

Im Folgenden wird die Standortwahl am Beispiel von Produktionsstätten im internationalen Kontext vertieft.

Auswahlkriterien für globale Produktionsstätten im internationalen Kontext

Die Wahl eines Standorts bei der Konfiguration von Supply Chains hängt im Wesentlichen von zwei Faktoren ab: den prozess- und den ortsgebundenen Standortfaktoren. Für die Wahl eines Produktionsstandorts ist zudem die dort zu erstellende Leistung von Relevanz. So sind für standardisierte Massenprodukte, welche einen hohen manuellen Arbeitsaufwand erfordern, andere Kriterien zu berücksichtigen, als bei der maschinen- und computergetriebenen Produktion (z. B. bei Medikamenten). Während die Prozessfaktoren auf den Fertigungsprozess eines Gutes abzielen, reflektieren die Standortfaktoren die Eigenschaften eines Ortes, welche dessen Attraktivität beeinflussen.[683]

Aus Abbildung 3.3-36 sind unterschiedliche Einflussfaktoren auf die Standort- sowie die Produkt- und Prozessfaktoren abzulesen. So gehören die Faktorkosten, die Produktivität und andere quantitative Elemente, wie z. B. Transportkosten und Distanzen zu Märkten, zu den Determinanten des Standortes, während die Menge der Inputfaktoren

682 Vgl. Hansmann, 2006, S. 107 ff.
683 Vgl. Meyer (2006), S. 37 ff.

vor allem die Prozesse bestimmen. Produkt- und Prozessfaktoren haben einen direkten Einfluss auf die Wertschöpfungskosten und somit auf die Supply Chain-Wirtschaftlichkeit. Daraus lassen sich indirekt Anforderungen an einen Standort ableiten.

Standortfaktoren		**Produkt- und Prozessfaktoren**	
Faktorkosten	• Arbeitskostensatz (pro Stunde) • Kapitalkostensatz • Beschaffungskosten für Teile, Rohstoffe, Energie usw.	Inputfaktormenge	• Arbeitsinhalt • Nominaler Kapitalbedarf für Betriebsmittel • Zukaufteile und Rohstoffe • Eigengefertigte Vorprodukte • Raumbedarf
Produktivität	• Arbeitsproduktivität • Kapitalproduktivität		
Sonstige quantitative Faktoren	• Transportkosten • Potenzielle Restrukturierungs- und Schließungskosten • Distanz zu Märkten	Sonstige quantitative Faktoren	• Volumen und Gewicht • Lieferzeitanforderungen • Instandhaltungskostenanteil
Qualitative Faktoren	• Verfügbarkeit von Land und Infrastruktur, Eigentumsrechte • Rechtssicherheit, Schutz von intellektuellem Eigentum • Regulierung/ Schutzanforderungen	Qualitative Anforderungen	• Prozesskomplexität • Know-how/Patente • Umweltverträglichkeit

Abbildung 3.3-36: Einflussfaktoren der Standortwahl[684]

Weiterhin von Bedeutung ist, dass Standortentscheidungen nicht ad-hoc, sondern unter Berücksichtigung langfristiger Entwicklungen getroffen werden. So kann etwa ein Produktionsstandort in Asien aus europäischer Sicht aktuell aufgrund relativ niedriger Lohnkosten attraktiv erscheinen. Erreichen die Transportkosten für einen erforderlichen Containertransport der produzierten Waren nach Europa jedoch einen kritischen Punkt, kann dies die gesamten Produktkosten in die Höhe treiben, wodurch der Standort aus Kostensicht nicht mehr attraktiv ist. Insofern sind Trends, wie beispielsweise die langfristige Entwicklung der Energiepreise und Transportkapazitäten, das politische Umfeld oder die allgemeine Arbeitskräftesituation am vorgesehenen Ort zu beobachten. Zudem hängt die Attraktivität eines Standorts von den damit zusammenhängenden Logistikkosten und diese wiederum von den zurückzulegenden Transportstrecken, der Produkt-Wertdichte oder dem durchschnittlichen Kapitalkostensatz ab.

Neben den Kosten beeinflusst das bereitzustellende Leistungsangebot die Attraktivität eines Standorts im Kontext der Supply Chain-Konfiguration. Die Ausrichtung auf die Befriedigung der Kundenwünsche ist dabei ein treibender Faktor, was dazu führt, dass Einbußen bei der Qualität oder dem Serviceniveau für ein Produkt nicht zu Gunsten von Kosteneinsparungen hinzunehmen sind. So kann sich beispielsweise die Dauer des Transports negativ auf ein gefordertes Lieferserviceniveau auswirken. Um diesem

[684] Meyer (2006), S. 38.

Problem entgegenzuwirken, werden beispielsweise Wartungs- und Reparaturstandorte häufig in der Nähe des Absatzmarktes errichtet. Empirische Untersuchungen zeigen, dass sich mit einer solchen integrierte Betrachtung im Vergleich zur isolierten Standortwahl zahlreiche Einsparungen erzielen lassen.[685]

Grundsätzlich sind singuläre und hybride Verfahren zur Standortbewertung und -auswahl zu unterscheiden (Abbildung 3.3-37). Singuläre Verfahren zeichnen sich vor allem dadurch aus, dass jeweils nur eine bestimmte Methodik zur Bewertung und Auswahl von Standortalternativen eingesetzt wird. Folgende Typen werden unterschieden:[686]

- Im Bereich der singulären Verfahren sind zunächst die Investitionsrechnungsverfahren für die Praxis von Bedeutung. Sie lassen sich weiterhin in Ansätze unter Sicherheit und Unsicherheit aufteilen. Die erste Gruppe unterscheidet weiterhin statische und dynamische Verfahren. Die statischen Verfahren beziehen sich i. d. R. auf Kosten-, Gewinn- oder Rentabilitätsvergleiche. Mit den dynamischen Verfahren ist hingegen die Betrachtung eines definierten Zeithorizonts unter Berücksichtigung von Zinseszinseffekten möglich. Es lassen sich die Kapitalwertmethode (Netto-Barwert), Zinsfuß- oder Annuitätenverfahren unterscheiden. Die gängigen Ansätze der Investitionsrechnung unter Unsicherheit sind der Realoptionsansatz, die Sensitivitäts- und Risikoanalyse sowie Monte-Carlo-Simulationen. Alle aufgelisteten Verfahren liefern präzise Werte für die Standortevaluation, die zudem einfach zu interpretieren und vergleichen sind. Allerdings sind entsprechende operationalisierbare Eingangsdaten für die Anwendung der Verfahren erforderlich.
- Ebenfalls weite Verbreitung finden „Scoring-Modelle“ und heuristische Verfahren, die in der Regel recht schnell auf Basis einfacher, meist subjektiv betrachteter Einschätzungen einen Vergleich erlauben. Häufig verwendete Ansätze bei der Standortbewertung sind die Nutzwertanalyse, das sogenannte „Country-Rating“ oder Checklisten-Verfahren.
- Im Unterschied zu den beiden erstgenannten Verfahrensgruppen bieten Ansätze der „Linearen Programmierung“ darüber hinaus die Möglichkeit, eine Optimierung mit Hilfe mathematischer Algorithmen vorzunehmen. Im Rahmen eines quantitativen Standortplanungsmodells mit einem beschränkten Lösungsraum, der durch eine mathematische Formulierung beschrieben wird, sucht ein geeigneter Algorithmus anhand einer zu maximierenden/minimierenden Zielfunktion den bestmöglichen Wert. Solche gemischt-ganzzahligen Optimierungsprobleme lassen sich beispielsweise mit einem „Branch-and-Bound“-Algorithmus ermitteln.[687] Es ist zu beachten, dass aufgrund des ausgedehnten Planungshorizonts von Standortentscheidungen die Anwendung der skizzierten deterministischen Modelle nicht immer eine „optimale“ Lösung in der Praxis bringt. Die Standortplanungsmodelle reagieren mitunter sensibel auf Parameteränderungen. Ermittelte Lösungen besitzen in solchen Fällen lediglich für ein sehr eingeschränktes Spektrum von Parameterkonstellationen eine Gültigkeit. Die systematische Variation und Kombination der eingesetzten Parameterkonstellationen kann hierbei Abhilfe schaffen.[688]

---

685 Vgl. Meyer/Jacob (2006), S. 146.

686 Vgl. Abele/Liebeck/Merz (2008), S. 95 ff.

687 In der einschlägigen Literatur werden zahlreiche Modelle und Lösungsvorschläge für quantitative Standortplanungsmodelle vorgestellt: Vgl. beispielsweise Aikens (1985), S. 263 ff.; Vidal/Goetschalckx (1997), S. 1 ff. oder Dogan/Goetschalckx (1999), S. 1027 ff.

688 Vgl. Corsten/Gössinger (2008), S. 197.

Da sich bei der Modellierung häufig die Schwierigkeit ergibt, einerseits die Gegebenheiten der Realität ausreichend genau zu erfassen und zu beschreiben, sowie andererseits das Problem noch mathematisch lösbar zu halten, haben sich in der Praxis vor allem hybride Verfahren der Standortbewertung durchgesetzt. Hybride Verfahren nutzen hierfür eine Kombination mehrerer singulärer Verfahren, die mögliche Nachteile der jeweiligen Methoden wechselweise ausgleichen sollen.

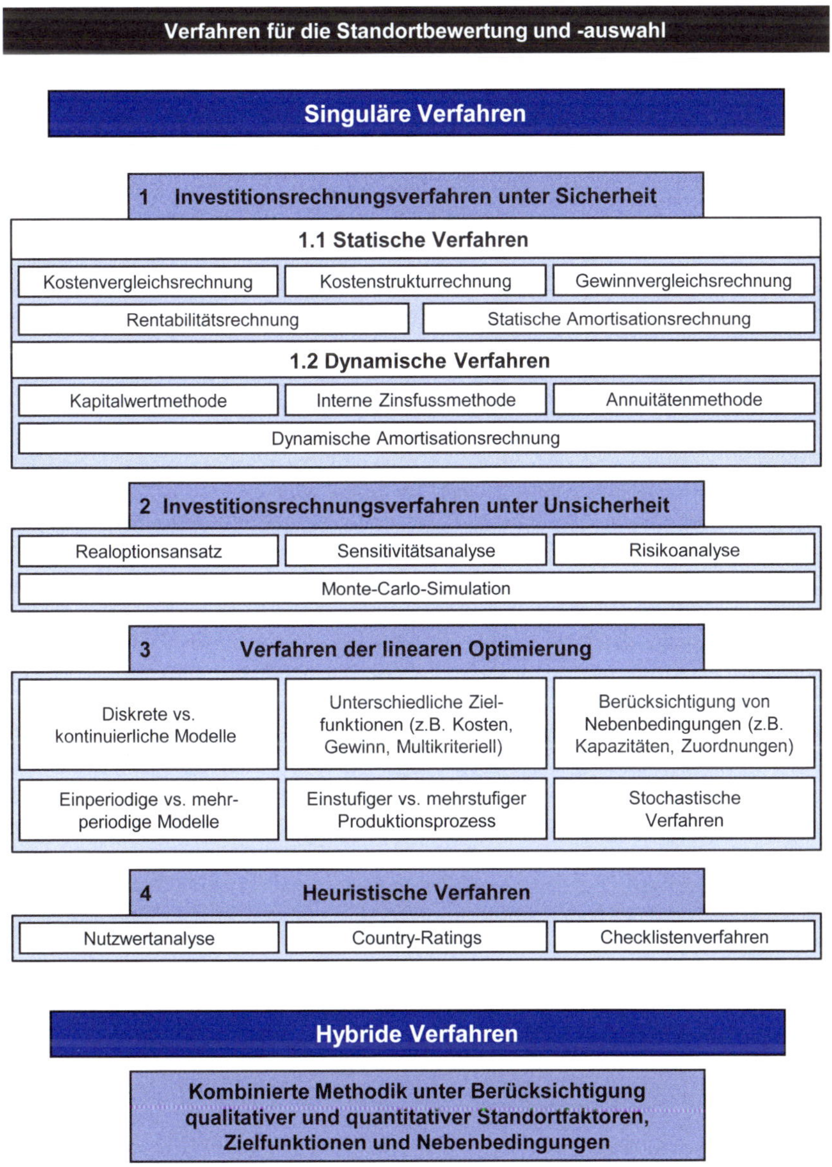

Abbildung 3.3-37: Übersicht gängiger Verfahren zur Standortbewertung und -auswahl[689]

[689] In Anlehnung an Abele/Liebeck/Merz (2008), S. 94.

Die Vorgehensweise zur Standortbewertung und -auswahl auf der Netzwerkebene unterliegt – aufgrund der erforderlichen Einbindung mehrerer Supply Chain-Akteure – einigen besonderen Fragestellungen.

Standortkonzept auf der Netzwerkebene

Im Vorfeld der Entscheidungen für die erforderlichen Standorte sind das Wettbewerbsumfeld sowie die Kundenanforderungen grundlegend zu bewerten. Dabei ist auch auf die jeweilige Supply Chain-Strategie auf der Akteurs- sowie Netzwerkebene einzugehen. Das Standortkonzept läuft in folgenden Schritten ab:[690]

(1) *Potenziale bestehender Standorte:* Die in den Supply Chain-Ausschnitt einbezogenen Akteure haben ihre Standorte vor dem Hintergrund der Wertschöpfungsteilung, des Sendungsaufkommens sowie der Versender-Empfänger-Relationen zu analysieren und zu bewerten. Durch die ganzheitliche Betrachtung eröffnen sich ggf. Rationalisierungspotenziale, wie etwa durch den Abbau von Beständen oder der Erhöhung der Kapazitätsauslastung. Ferner sollte deutlich werden, ob die bisher bestehenden Standorte den Kundenanforderungen entsprechen, oder ob neue Standorte zu errichten sind (beispielsweise um ein gefordertes Lieferserviceniveau zu garantieren).

(2) *Standortorientierte Segmentierung des Produkt- und Prozessportfolios:* Eine Segmentierung des Produkt- und Prozessportfolios verdeutlicht die notwendige Struktur für die Bewertung der Wirtschaftlichkeit von Standortkonfigurationen und führt dabei i. d. R. zu idealtypischen Standortvorschlägen. Impulse aus dem Produktlebenszyklus, der Produktwertdichte oder die kritischen Prozesspfade in der Supply Chain sollten in diesem Schritt der Standortplanung einfließen.

(3) *Standortgerechte Technologien:* In diesem Schritt werden die eingesetzten Technologien in der Beschaffung, der Produktion, der Distribution und in der Logistik an jedem Standort analysiert und hinsichtlich der gegenseitigen Kompatibilität bewertet. Zudem sollen Alternativen identifiziert und evaluiert werden, um zukünftige Entwicklungen in den Supply Chains zu antizipieren. Das Ziel ist dabei die Reduktion der Kapitalintensität und der Fixkosten in der Supply Chain.

(4) *Visualisierung und Simulation möglicher Standortszenarien:* Die bisherigen Erkenntnisse zu den Supply Chain-Standorten werden in diesem Schritt zusammengeführt. Dazu sollen die berechneten Gesamtkosten mit den tatsächlichen Kosten im Kontext einer Total Cost of Ownership-Betrachtung verglichen werden. Zudem sind die einzelnen Wertschöpfungsaktivitäten im Rahmen einer Prozessanalyse hinsichtlich Kosten, Zeiten, Qualität sowie Mitarbeiterintensität hin zu überprüfen.

(5) *Entwicklung der unternehmensübergreifenden Standortstrategie:* In diesem Schritt gilt es, die eigentliche Standortstrategie aus Netzwerkperspektive zu entwickeln, wobei u. a. folgende Fragen zu beantworten sind:
   - Wie viele Beschaffungs-, Produktions- und Distributionsstandorte werden im betrachteten Supply Chain-Ausschnitt benötigt?
   - An welchen Standorten sollen welche Wertschöpfungsschritte für welche Produkte in der Supply Chain angesiedelt werden?
   - Welche Implikationen ergeben sich für die jeweiligen bestehenden Standorte der einzelnen Supply Chain-Akteure?

---

[690] Das Standortkonzept lehnt sich an die Vorgehensweise sowie Relevanz von Einflussfaktoren im Verlauf eines Standortentscheidungsprozesses von Abele/Liebeck/Merz (2008), S. 95 an.

- Welche Vor- und Nachteile resultieren aus der intendierten Standortstrategie für die einzelnen Akteure sowie der Supply Chain als Ganzes?

Im Rahmen der Migration wird ausgehend von der bestehenden Standortstruktur schließlich die Zielstruktur geplant. Die Realisierung kann anhand folgender Fragen angegangen werden:

- Wann ist Kapazität für welche Wertschöpfungsprozesse an welchen Standorten zu schaffen oder abzubauen?
- Welche Kapazitäten werden benötigt, um die einzelnen Standorte miteinander zu verknüpfen?
- Wie beeinflussen Trends bei den Faktorkosten, der Absatzmenge oder anderen relevanten Faktoren die Struktur der Standorte in der Supply Chain sowie die verschiedenen Kostenpositionen?
- Welche finanziellen Implikationen ergeben sich für welchen Akteur beispielsweise hinsichtlich des Kapitalbedarfs für Investitionen, Restrukturierungsaufwendungen und Anlaufaufwendungen für die Standortstruktur in der Supply Chain?

(6) *Implementierung der Standortstruktur:* Im letzten Schritt soll die Umsetzung der Standortstruktur der Supply Chain auf der Netzwerk- wie auch der Akteursebene sichergestellt werden, wobei die konkreten Maßnahmen an den einzelnen Standorten in das übergeordnete Vorgehen einzubeziehen sind. Die Aufgaben, welche dazu gehören, sind u. a. die lokale Standortauswahl, die Vorbereitung der Investitionsvorlage, die detaillierte Layoutplanung an den Standorten sowie die Initiierung der Anlaufphasen. Als Beispiel für die Realisierung eines solchen Standortkonzepts unter Einbezug sowohl der Akteurs- als auch der Netzwerkebene, ist „Smartville" im saarländischen Hambach zu nennen. Dort wurden auf einem großen Gelände sowohl Teilelieferanten als auch Hersteller zur Fertigung der „Smart-Automobile" eigens in unmittelbarer räumlicher Nähe angesiedelt.

3.4 SCM-Arbeitsfeld Wertschöpfung und Regulation

LERNZIELE

Am Ende dieses Kapitels sollten Sie in der Lage sein,

- die theoretischen Impulse für das SCM-Arbeitsfeld Wertschöpfung und Regulation zu kennen,
- Methoden zur Modellierung von Supply Chain-Prozessen wiedergeben zu können,
- die Koordination von zusätzliche Schnittstellen und Interdependenzen sowie beschränkte Informationsverfügbarkeit in der Supply Chain einzuordnen,
- die unterschiedlichen Ebenen und Felder des Supply Chain-Planning aufzuführen,
- zu wissen, wie Konflikten in Supply Chains begegnet werden kann,
- die Bedeutung von Informationen und Kommunikation zu verstehen,
- welche Anforderungen an Soft- und Hardwarelösungen im Rahmen des SCM grundsätzlich zu stellen sind.

Der Aufbau und die Inhalte von Kapitel 3.4 gestalten sich wie folgt (vgl. Abbildung 3.4-1):

Erkenntnisebene des SCM-Arbeitsfelds Wertschöpfung und Regulation	Inhalte/Fragestellungen	Abschnitt des Kapitels	Ergebnis
Grundlagen	Was versteht man unter Wertschöpfung/Regulation im SCM-Piloten? Welche Theorien stützen die Wertschöpfung/ Regulation?	3.4.1	Grundlegendes Verständnis über das SCM-Arbeitsfeld Wertschöpfung/Regulation Geeignete Theorien, um die Wertschöpfung/ Regulation im SCM-Kontext zu erklären
↓			
Modellierung von Supply Chains	Wie kann die Modellierung von Supply Chains innerhalb der Wertschöpfung/Regulation erfolgen? Auf welche Ansätze zur Prozessmodellierung kann das SCM zurückgreifen?	3.4.2	Einführung in die Modellierung von Supply Chains Vorstellung des Supply Chain Operations Reference (SCOR) Modells zur Darstellung von Prozessen im SCM-Kontext Visualisierung der Beanspruchung und Belastbarkeit in Supply Chains
↓			
Gestaltungsdimensionen der Wertschöpfung/Regulation	Welche Bereiche des Supply Chain Managements müssen im Rahmen der Wertschöpfung/Regulation betrachtet werden? Wie können diese ausgestaltet werden?	3.4.3 bis 3.4.6	Einführung in die Gestaltungsdimensionen innerhalb des SCM-Arbeitsfelds Wertschöpfung/ Regulation (Governance Modes, Koordinationsdynamik und Koordinationstechnologien) Hinweise zur Operationalisierung der Gestaltungsdimensionen innerhalb des SCM-Arbeitsfelds Wertschöpfung/ Regulation

Abbildung 3.4-1: Aufbau des Kapitels 3.4 – SCM-Arbeitsfeld Wertschöpfung und Regulation

3.4.1 Begriffsabgrenzung und theoretische Grundlagen

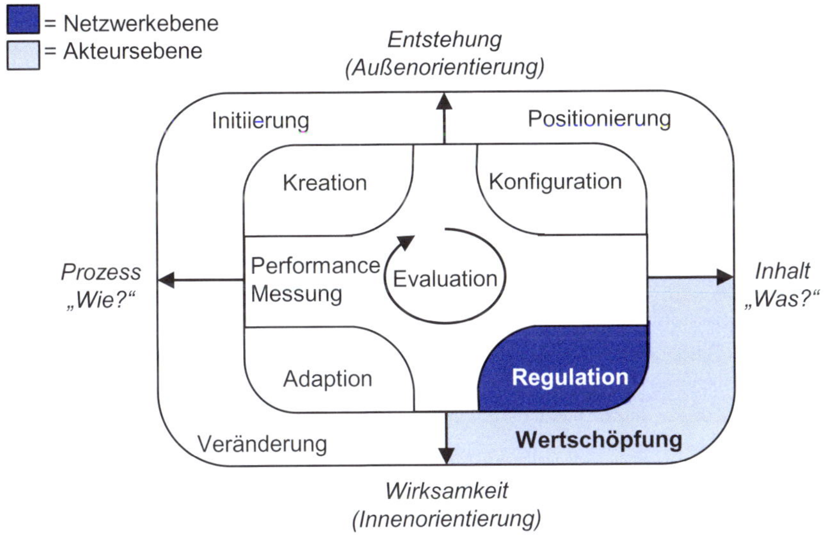

SCM-Arbeitsfeld Wertschöpfung:

- Das Arbeitsfeld Wertschöpfung thematisiert schwerpunktmäßig inhaltliche Koordinations-/Steuerungsaufgaben auf Akteursebene.
- Den Ausgangspunkt bildet die Modellierung der Wertschöpfungsaktivitäten.
- Es umfasst alle relevanten Ausrichtungen eines Akteurs Innenorientierung, welche sowohl die funktionsübergreifenden Interaktionen als auch die Beziehungen zu Kunden, Lieferanten, Kooperationspartnern und Wettbewerbern sowie zu staatlichen Stellen und Anspruchsgruppen (z.B. Verbände) betreffen.
- Im Rahmen des Arbeitsfelds erfolgt ein Abgleich der eigenen Anreiz- und Steuerungssysteme der SCM-Bezugspunkte mit den etablierten Governance-Strukturen der Supply Chain.

SCM-Arbeitsfeld Regulation:

- Im Fokus des Arbeitsfelds stehen die "Kanten" (Verbindungen/Interaktionen) eines Netzwerks.
- Das Arbeitsfeld Regulation setzt sich mit der Ausgestaltung Geschäftsbeziehung auf der Netzwerkebene auseinander. Es thematisiert dem zufolge gestalterische Aspekte der „Wirksamkeit" auf Netzwerkebene, welche die kurz- und langfristigen Zusammenarbeit in sowie Arbeitsweisen von Supply Chain-Regeln (Supply Chain-Governance).
- Im Rahmen der interorganisatorischen Verzahnung der Wertschöpfungsaktivitäten ist eine ad-hoc Koordination im Sinne eines Konfliktmanagements bzw. Verhandlung und Kommunikation sicher zustellen.
- Schließlich sind adäquate Enabler (insbesondere Informations- und Kommunikations-Systeme) zur zielgerichteten Koordination in der Supply Chain auszugestalten.

Abbildung 3.4-2: Position und Inhalte der Arbeitsfelder Regulation und Wertschöpfung im SCM-Piloten

Im Rahmen des SCM-Arbeitsfelds Wertschöpfung und Regulation gilt es, die folgende zentrale Frage zu beantworten:

„Wie wollen wir die Aufgaben und Wertschöpfungsaktivitäten zwischen den Unternehmen der Supply Chain aufteilen und wie wollen wir die operative Zusammenarbeit innerhalb der Supply Chain gestalten?"

Für die Konkretisierung des SCM-Arbeitsfelds Wertschöpfung/Regulation lässt sich kein theoretischer Ansatz identifizieren, der als alleinige Grundlage zur Fundierung des Aufgabenfelds geeignet ist. Mit der Hinzunahme verschiedener Theorieansätze aus unterschiedlichen Disziplinen lässt sich das vorliegende SCM-Arbeitsfeld aus diversen Blickwinkeln betrachten und Gestaltungshinweise ableiten. Ein Überblick über die theoretischen Ansätze wird in Abbildung 3.4-4 gegeben.

Die Theorieansätze zeigen, dass die „Unit of Analysis" des SCM-Arbeitsfelds Wertschöpfung und Regulation die Ausgestaltung der „Kanten" eines Netzwerks sind. Eine wichtige Voraussetzung hierfür ist das Beschreiben bzw. die Visualisierung der vom SCM betroffenen Austauschbeziehungen und Prozesse. Dieser Aspekt wird im Abschnitt „Modellierung von Supply Chains" thematisiert. Ferner zeigen die theoretischen Impulse, dass sich das Arbeitsfeld vor allem mit der Koordination in und von Supply Chains beschäftigt. Im weiteren Verlauf unterscheiden wir daher vier inhaltliche Felder, in denen Handlungsempfehlungen auszusprechen sind (Abbildung 3.4-3). Diese Gestaltungsdimensionen beziehen sich auf die instrumentelle Konkretisierung der

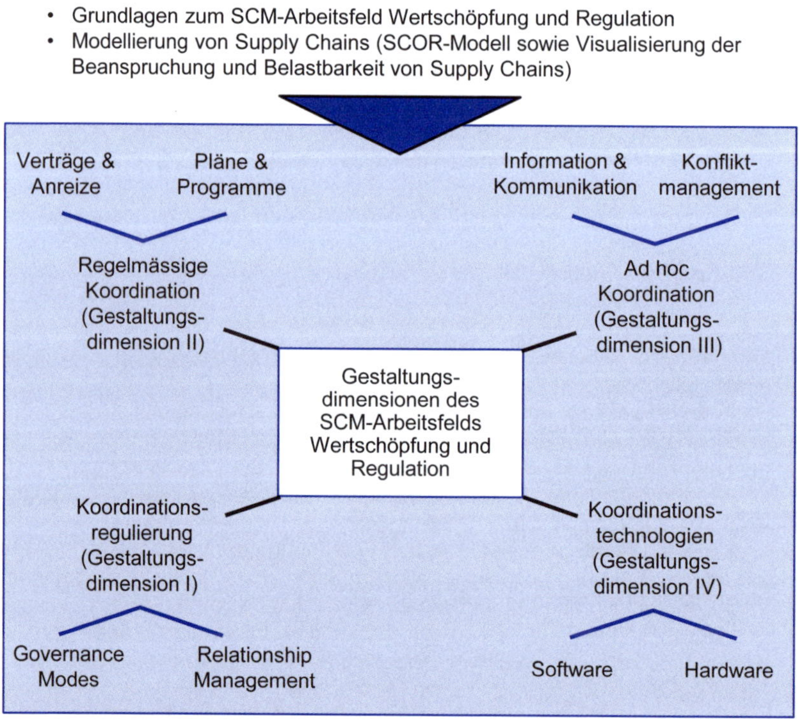

Abbildung 3.4-3: Übersicht über die Inhalte und Gestaltungsdimensionen des SCM-Arbeitsfelds Wertschöpfung und Regulation

Theoretischer Ansatz (Quelle)	Kernaussage	Impuls für das SCM-Arbeitsfeld Wertschöpfung und Regulation
Transaktionskostentheorie (Williamson, 1995)	Kernaussage ist, dass bei der Übertragung von Eigentumsrechten im Rahmen von Austauschbeziehungen Kosten anfallen (Transaktionskosten). Eine Weiterentwicklung der Idee führt zur These, dass zur Reduzierung von Transaktionskosten geeignete institutionelle Arrangements ökonomischer Institutionen erforderlich sind.	Für das SCM-Arbeitsfeld Wertschöpfung und Regulation ist von Bedeutung, welche wirtschaftliche Koordinationsform (Markt, Hierarchie [Anweisung], Hybridformen) und welche Ausgestaltung von Institutionen die größte Wertstiftung bietet bezüglich der Senkung der Transaktionskosten.[691]
Prinzipal-Agenten-Theorie (Eisenhardt, 1989; Grossman/Hart, 1983; Holmström/Milgrom, 1991)	Informationsasymmetrien können sich in den verschiedenen Koordinationsformen vom Markt bis zur Hierarchie durch Verhaltensunsicherheiten und Misstrauen, z. B. zwischen Partnern in der Supply Chain, widerspiegeln. Partner sind dabei ein Auftraggeber (Prinzipal) und ein Auftragnehmer (Agent).	Eine effektive Wertschöpfungssteigerung im Sinne einer gemeinsamen Zielerreichung muss über eine angemessene Vertragsausgestaltung (z. B. die Ausgestaltung der Kontrollsysteme) zwischen den Partnern angestrebt werden. Mit Hilfe der Prinzipal-Agenten-Theorie lassen sich u. a. Geschäftstypen in Supply Chains inklusive geeigneten Anreizmechanismen charakterisieren und ableiten.
Selbstorganisationsansatz und lose Kopplung (Rief, 2008 sowie Weick, 1985)	Der Selbstorganisationsansatz erklärt, wie Ordnung in sozialen Systemen entsteht und wie soziale Systeme in dynamischen Umwelten bestehen und koordiniert werden können. Selbstorganisierende Systeme sind insbesondere dort sinnvoll, wo z. B. gegenläufige Ziele verschiedener Unternehmenseinheiten ein hohes Maß an Komplexität erzeugen.	Das Management steckt unternehmerische Rahmenbedingungen ab, die insbesondere eine effektive Kommunikation zwischen den Unternehmenseinheiten der Supply Chain zulassen und diesen ausreichend Autonomie gewähren.
Eklektischer Koordinationsansatz (Horvath, 1999 und Malone/Crowston, 1991)	Die Koordinationstheorie untersucht zielgerichtete Koordinationsprozesse in komplexen sowie dynamischen Systemen und identifiziert dabei geeignete Methoden und Instrumente. Ein zentrales Anliegen der Koordinationstheorie besteht in der Suche nach Prozessen, die der Koordination in allen Systemen zugrunde liegen.	Hinsichtlich der praktischen Umsetzung kann die Analyse der Koordinationsprozesse in der Supply Chain an vier verschiedenen Komponenten ansetzen: Ziele, Aktivitäten, Akteure und Interdependenzen.

Abbildung 3.4-4: Theoretische Grundlagen für das SCM-Arbeitsfeld Wertschöpfung und Regulation

691 Die Transaktionskostentheorie lässt sich nicht nur zur Erklärung der adäquaten Ausgestaltung der Austauschbeziehungen („Kanten") zwischen Supply Chain-Akteuren heranziehen, sondern eignet sich auch zur theoretischen Fundierung der Auswahl und Zusammenstellung

Koordination im SCM. „Gestaltungsdimension I“ hat die grundsätzliche Koordinationsregulierung, in Form von Governance Modes sowie dem Relationship Management, zum Inhalt. Die Dimensionen II und III beziehen sich auf die Ausgestaltung hinsichtlich der situationsspezifischen Koordinationsdynamik, wobei zwischen Ansätzen unterschieden wird, die geplant-regelmäßig zum Einsatz kommen und solchen, die eher spontan, ad-hoc erforderlich sind. Die Dimension IV schließlich bezieht sich auf die technologische Koordinationsunterstützung (Koordinationstechnologien).

3.4.2 Modellierung von Supply Chains

Die bisherigen Ausführungen in diesem Lehrbuch haben gezeigt, dass das SCM eine komplexe Führungsaufgabe ist. Einflussfaktoren in der Supply Chain auf gleicher sowie auf vor- bzw. nachgelagerter Wertschöpfungsstufe sowie externe Größen beeinflussen die Ausgestaltung des Netzwerkes sowie die Abstimmung zwischen den beteiligten Akteuren.[692] Um die Komplexität herunter zu brechen, werden *Referenzmodelle* geschaffen, welche auf allgemeingültige Weise die Zusammenarbeit – häufig in Prozessform – modellieren. Im Rahmen der *Supply Chain-Visualisierung* können sog. *Supply Chain-Maps* als Instrumente zur Kartierung des relevanten Netzwerks herangezogen werden. Die Erstellung einer Supply Chain-Map stellt zudem einen ersten Schritt zur Erreichung eines gemeinsamen Grundverständnisses der Supply Chain unter den beteiligten Akteuren dar. Sie gilt als Basis des SCM-Arbeitsfeldes Wertschöpfung und Regulation. Ferner unterstützt sie die Supply Chain-Konfiguration durch die Schaffung von Transparenz über relevante „Äste“ des Netzwerks. Da die Kartierung primär der Abbildung des Status quo der Supply Chain dient, kommt ihr somit vor allem eine Informationsunterstützungsfunktion zu.[693] Das Ziel der Modellierung ist es, mit Hilfe von allgemeingültigen Symbolen und Ausdrücken die Supply Chain transparent darzustellen. Eine vollständige Visualisierung soll darüber hinaus die Kommunikationsgrundlage für jegliche Zusammenarbeit in der Supply Chain darstellen.

3.4.2.1 Modellierung von Prozessen im Kontext des SCM

Mittlerweile gibt es zahlreiche Ansätze, die sich mit der Visualisierung von Geschäftsprozessen und Netzwerken in einer standardisierten Sprache auseinandersetzen. Diese sind durch eine Veränderung ihrer Semantik (z. B. eine Supply Chain-spezifische Symbolik) an den Supply Chain-Kontext anzupassen. Die Prozessmodellierung im SCM dient zur Veranschaulichung der eigenen Wertschöpfung auf Akteursebene und ermöglicht eine Konkretisierung der Regulation in der Supply Chain auf Netzwerkebene. Die prozessorientierten Darstellungsformen zeichnen sich vor allem durch eine graphische Unterstützung aus, da so eine größere Übersichtlichkeit und – wie es Praxisanwendungen zeigen – eine höhere Akzeptanz bei den involvierten Beteiligten erzielt werden kann. Folgende Modelle werden unterschieden:[694]

---

von Supply Chain-Akteuren („Knoten“) in einem Netzwerk (siehe hierzu auch Abschnitt 3.3.1 im SCM-Arbeitsfeld Positionierung/Konfiguration).

[692] Vgl. Gardner/Cooper (2003), die unterschiedliche Arten von Supply Chain Maps vorstellen. Vgl. auch Bacher (2004), S. 178 ff., sowie Kaufmann/Germer (2001), S. 182 ff.

[693] Vgl. Heusler (2004), S. 79.

[694] Vgl. Rump (1999), S. 23 ff.

- *Aufgabenkettendiagramme:* Hierbei bilden die Modellierungskonstrukte für Prozesse Knoten, Kanten und Spalten. Diese stehen jeweils für Aufgaben, zeitlich-logische Verknüpfung von Aufgaben sowie Aufgabenträger.
- *Petri-Netz-basierte Modelle:* Die Technik der Petri-Netze wurde zunächst zur Beschreibung von Systemen entwickelt. Erst zu einem späteren Zeitpunkt erkannte man, dass diese Methode sich auch zur Darstellung von Geschäftsprozessen in Supply Chains eignet. Modellierungskonstrukte sind dabei Stellen bzw. „Knoten", die durch gerichtete Kanten miteinander verbunden sind. Stellen dienen zu Beschreibung statischer Aspekte, wohingegen Transitionen dynamische Ereignisse oder Aktivitäten verkörpern.
- *Interaktions- und Vorgangs-Ereignis-Schemata:* Als Bestandteil eines schematischen Objektmodells ermöglicht diese Modellierungsvariante die Beschreibung von Prozessen aus strukturorientierter und verhaltensorientierter Sichtweise. Die Kernkonstrukte bilden dabei einerseits betriebliche Objekte und Transaktionen sowie andererseits Aufgaben und Ereignisse.
- *Ereignisgesteuerte Prozessketten:* Diese Methodik wurde im Rahmen der Software-Entwicklung (SAP-System) eingeführt. Die wichtigsten Modellierungskonstrukte sind Ereignisse, Funktionen bzw. Prozesse sowie logische Verknüpfungsoperatoren. Zudem können Informationseinheiten, Organisationseinheiten sowie Stellen hinzugefügt werden.

Die aufgeführten Prozessmodelle zeichnen sich alle durch einen gewissen Abstraktionsgrad sowie eine technisch orientierte Sprache aus. Dies erfordert insbesondere im Falle der Modellierung von Geschäftsprozessen in der Supply Chain u.a. eine anschauliche Methodenschulung der involvierten Mitarbeiter. Neben der Einigung auf eine einheitliche Methode besteht eine zentrale Herausforderung beim Erstellen von Supply Chain-Maps in der Festlegung eines geeigneten Detaillierungsgrads. Ist er zu komplex und feingliedrig, besteht die Gefahr, sich in Details zu verlieren. Ist hingegen der Detaillierungsgrad zu einfach und grob, verbleibt bei der konkreten Auslegung der Prozesse zu viel Interpretationsspielraum.

Exkurs: Vorgangskettendiagramm

Eine Modellierungsmethode, die in einem relativ niedrigen Detaillierungsgrad zur Beschreibung von Geschäftsprozessen verwendet wird, ist das Vorgangskettendiagramm (VKD).[695] Abbildung 3.4-5 zeigt beispielhaft einen Ausschnitt aus einem Vorgangskettendiagramm eines Geschäftsprozesses.

In den ersten beiden Spalten sind die Funktionen des Geschäftsprozesses und die Ereignisse dargestellt, die zum einen für die Auslösung der Funktionen verantwortlich sind und zum anderen durch die Funktionen erzeugt werden, dargestellt. Die logischen Abhängigkeiten werden durch Pfeile symbolisiert und können darüber hinaus durch Verknüpfoperatoren veranschaulicht werden. Die dritte Spalte enthält Informationsobjekte, die von den Funktionen benötigt bzw. von ihnen erzeugt werden. In der vierten Spalte ist die für die Verarbeitung des entsprechenden Informationsobjekts verantwortliche Anwendungssoftware hinterlegt, während die fünfte Spalte die bei der Ausführung der einzelnen Funktionen beteiligten Organisationseinheiten dokumentiert.

[695] Vgl. Scheer (1994), S. 19.

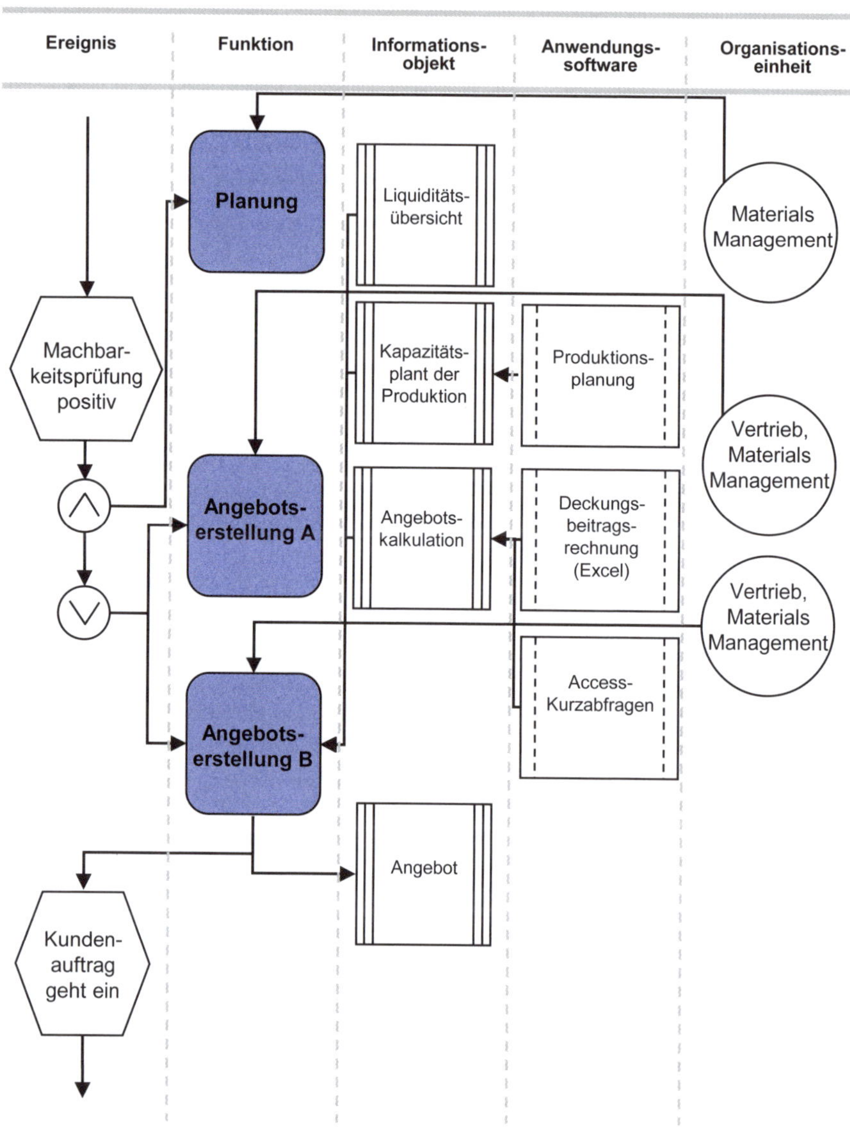

Abbildung 3.4-5: Beispielhafte VKD-Darstellung eines Geschäftsprozesses

Mit Hilfe von Vorgangskettendiagrammen lassen sich nicht nur unternehmensinterne Prozesse darstellen, sondern auch unternehmensübergreifende Vorgänge in einer Supply Chain visualisieren. Bereits erstellte VKDs ermöglichen eine zügige Umsetzung des Supply Chain-Mappings. Die VKD-Darstellung schafft Transparenz, auch hinsichtlich der involvierten Organisationseinheiten der Supply Chain-Akteure. Ferner helfen sie ein gemeinsames Verständnis hinsichtlich der Abläufe und Prozesszusammenhänge zwischen den Partnern auf der Netzwerkebene herzustellen.

Modellierung und Visualisierung von Prozessen auf Netzwerkebene

Struktur- und Prozesselemente bilden die entscheidenden Bestandteile einer Modellierung der Prozesse auf Netzwerkebene. Unter die Strukturelemente fallen die beteiligten Supply Chain-Akteure und im Detail auch Produktionsstätten, Abladestellen oder Umschlagspunkte im betrachteten Netzwerkausschnitt. Der Umfang der dargestellten Strukturelemente bietet ein Indiz für die Steuerungskomplexität der Supply Chain. Erst die Analyse der Prozesselemente ermöglicht, die Funktionsweise des Netzwerks als Ganzes zu verstehen. In den Prozesselementen werden Material-/Waren-, Informations- sowie Finanzflüsse in der Supply Chain abgebildet. Eine weitere, auf Kriterien gestützte Ausdifferenzierung der Prozesselemente erhöht zusätzlich die Aussagekraft der Supply Chain-Map. Beispielsweise kann der Umsatzanteil einer Lieferbeziehung die Intensität einer Beziehung in der Supply Chain und in Konsequenz ihre strategische Bedeutung verdeutlichen. In Verbindung mit der Anzahl von Verzweigungen lassen sich Beschaffungs- oder Distributionsalternativen entwickeln. So ist vom Automatisierungsgrad einer Verbindung (z. B. Umfang der EDI-Verbindungen) auf die Aktualität und Güte des Informationsflusses zu schließen und eine Lokalisierung transaktionskostenintensiver Austauschbeziehungen vorzunehmen. Weiterhin erscheint eine Darstellung der Machtverhältnisse sinnvoll, um die einzusetzende Steuerungsform in der Supply Chain bewerten zu können. Eine wertende Abbildung der Supply Chain-Prozesse ist hilfreich, um einen oder mehrere kritische Pfade innerhalb des Netzwerks aufzuzeigen. Im kritischen Pfad lassen sich neuralgische Punkte (wie z. B. Schnittstellen im Materialfluss oder Verantwortungsübergänge) herausstellen. Dies bildet die Grundlage einer anschließenden kennzahlengestützten Messung der Performance.

Fallbeispiel: Supply Chain-Mapping bei Daimler

Daimler hat das Thema Supply Chain-Mapping in Form eines gleichnamigen IT-Systems zur Erfassung und Analyse von Zuliefernetzwerken umgesetzt. Dabei werden zunächst die Ziele bzw. der Umfang des Mappings festgelegt, um anschließend durch ein strukturiertes Vorgehen alle relevanten Daten im Netzwerk zu erfassen. Bei der Datenbeschaffung werden Informationen über die Netzwerkstruktur, den Informations- und Materialfluss sowie über die Kostenstruktur und Qualität im Schneeballsystem abgefragt: Der OEM fordert seine direkten 1st-Tier-Lieferanten auf, die gewünschten Daten über ein internetbasiertes System einzugeben. Diese tragen die Daten dort ein und nehmen danach Kontakt zu ihren Sublieferanten auf, damit auch diese ihre Daten über das gleiche System zur Verfügung stellen. Auf diese Weise ist ein Mapping über mehrere Supply-Chain-Stufen möglich. In der Praxis durchgeführte Mapping-Projekte zeigen, dass eine vollständige Analyse von Liefernetzwerken maßgeblich von der Kooperationsbereitschaft der Zulieferer auf vorgelagerten Lieferstufen abhängt. Da ab der zweiten Tier-Stufe i. d. R. kein direktes Vertragsverhältnis zwischen dem OEM und den Lieferanten besteht, sind nicht alle Lieferanten bereit, die relevanten Informationen zur Verfügung zu stellen. Demzufolge besteht die Gefahr, dass Mapping-Ergebnisse unvollständig sind und damit an Aussagekraft verlieren. Um trotzdem eine hohe Rückmeldequote der Zulieferer auf vorgelagerten Supply-Chain-Stufen zu erzielen, ist ein relativ hoher Informations- und Kommunikationsaufwand seitens des OEM erforderlich. Dies legt eine selektive Anwendung der Technik vor allem bei kritischen Supply Chains nahe.

Quelle: Entnommen aus Ostertag (2008), S. 51.

Weitere Impulse für die Visualisierung und Modellierung geben prozessorientierte Referenzmodelle des SCMs, wie z. B. das SCOR-Modell.

3.4.2.2 SCOR-Modell

Das Supply Chain Operations Reference (SCOR)-Modell gilt als Referenzmodell, welches sich zur Anwendung auf die Geschäftsprozesse unterschiedlichster Supply Chains eignet.[696] Es wurde auf Initiative des 1996 gegründeten Supply Chain Council (SCC) mit bereits über 1000 Mitgliedsorganisationen aus Wissenschaft und Praxis entworfen. Als Ergebnis kontinuierlicher Weiterentwicklungen und Erweiterungen liegt mittlerweile die Version 10.0 vor. Wurzeln des Modells finden sich im Konzept des „Business Process Reengineering" sowie in weiteren Konzepten und Methoden wie beispielsweise dem Benchmarking. Ausgangsbasis ist dabei die Beschreibung aller Prozesse und Aktivitäten im Zusammenhang mit der Erfüllung der Endkundennachfrage.[697] In einer ersten groben Betrachtungsweise können dem SCOR-Modell folgende Aufgabenbereiche zugeordnet werden:[698] Durch die Modellierung der Prozesse soll die Transparenz erhöht sowie der Vergleichbarkeit der Abläufe in Supply Chains verbessert werden (deskriptive Zielsetzung). Ebenfalls nicht zu vernachlässigen ist der Einsatz von Software, welche in Anlehnung an die SCOR-Logik implementiert werden soll (gestalterische Zielsetzung). Das SCOR-Modell bildet darüber hinaus eine strukturierende Plattform zur Ausgestaltung spezifischer Modelle. Es empfiehlt sich als branchenübergreifender Quasi-Industrie-Standard und erleichtert somit den Austausch sowie die Zusammenarbeit von Unternehmen in Supply Chains (harmonisierende Zielsetzung).[699] Nachgeordnete Ziele des Modells liegen in der Schaffung einer Grundlage für eine unternehmensübergreifende Bewertung und der Suche nach Best Practice-Lösungen im SCM. Auf Basis von standardisierten Kenngrößen auf Teilprozessebene kann ein anonymes Benchmarking durchgeführt werden (analytische Zielsetzung). Weiterhin soll das Modell die Beurteilung alternativer Supply Chain-Konfigurationen sowie die Entwicklung und Auswahl leistungsfähiger SCM-Software unterstützen.[700]

Das SCOR-Modell basiert auf der Vorstellung einer integrierten Supply Chain unter Einbezug relevanter Beschaffungs-, Produktions- und Distributionsstufen. Es enthält vier hierarchisch geordnete Ebenen, von denen die obersten drei Ebenen näher spezifiziert sind. Diese heißen Top-Level-Prozesse, Prozesskategorien sowie Prozesselemente (vgl. Abbildung 3.4-6).

Auf der obersten Ebene (Top-Level-Prozesse) werden die Prozesse „Plan", „Source", „Make", „Deliver" und „Return" unterschieden:

- „*Plan*" adressiert alle Planungsprozesse und erhält somit einen gewissen übergeordneten Charakter.
- „*Source*" umfasst die Beschaffungsaktivitäten.
- „*Make*" beinhaltet die Produktionsprozesse und verwandte Aktivitäten wie die Kapazitätssteuerung.
- „*Deliver*" bezieht sich auf die Distributionsprozesse an der Schnittstelle zu den Kunden.
- „*Return*" spricht die Rücklaufprozesse (direkte Kundenrückgaben, Reparaturen und vor allem Entsorgungen nach Ende des Lebenszyklus) an.[701]

---

696 Vgl. Poluha (2006), S. 65 ff.; Heinzel (2001), S. 49 ff.; Arns et al. (2002), S. 885 ff.
697 Vgl. Huang et al. (2005), S. 378 ff.; Stölzle/Halsband (2005), S. 541 f.
698 Vgl. Poluha (2006), S. 81.
699 Vgl. Huang et al. (2005), S. 391.
700 Vgl. Weber (2002), S. 197 ff.
701 Vgl. Weber (2002), S. 198 ff.; Stölzle/Halsband (2005), S. 541 f.

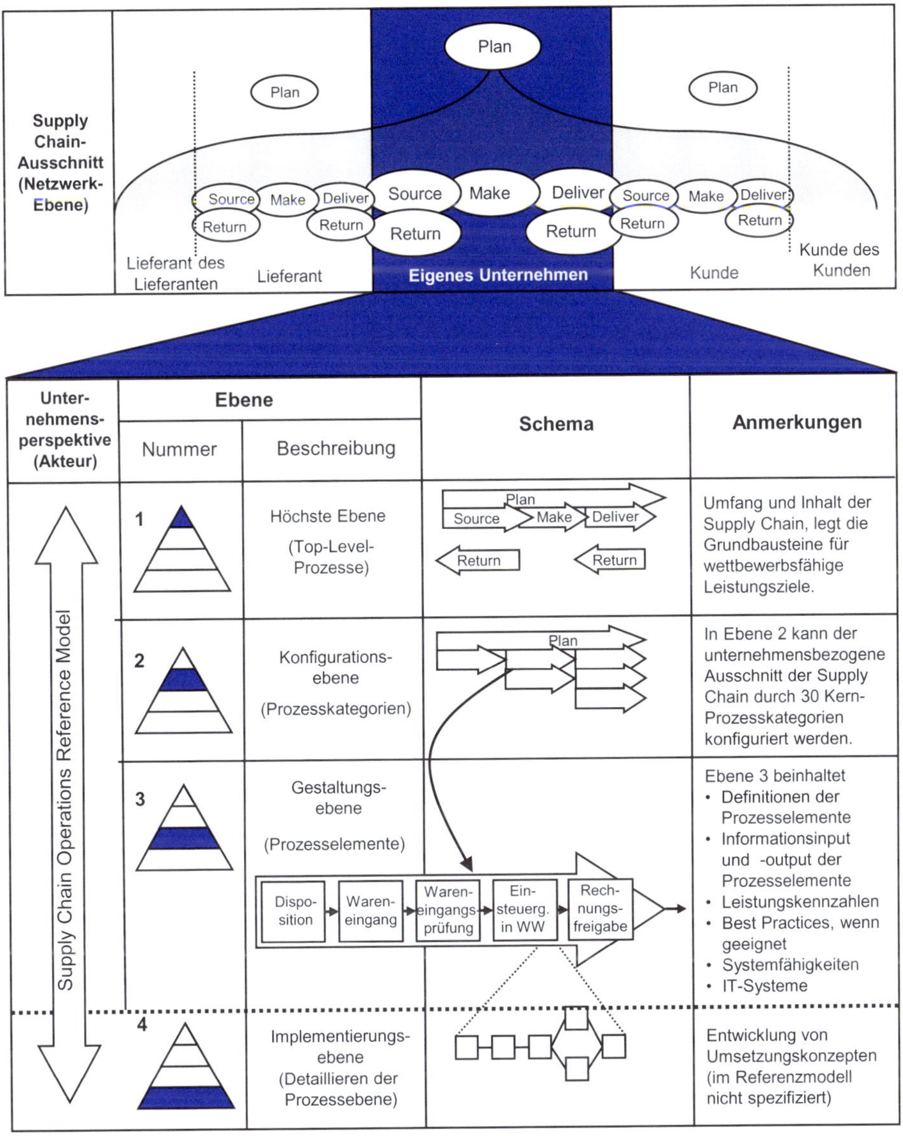

Abbildung 3.4-6: Die hierarchischen Ebenen des SCOR-Modells und Verknüpfung zum Supply Chain-Ausschnitt auf Ebene 1[702]

Die fünf Top-Level-Prozesse werden auf Ebene 2 des SCOR-Modells nach drei Prozesstypen (planning, execution, enable) in insgesamt 30 Prozesskategorien untergliedert. „Make" unterscheidet beispielsweise nach Art der Auftragsauslösung unter anderem in „Make-to-Stock"- und „Make-to-Order-Prozesse" (siehe hierzu auch Kapitel 2.2 Bezugspunkt Operations Management). Auf dieser Ebene werden Schnittstellenprobleme und Steuerungsaktivitäten durch den erhöhten Detaillierungsgrad

[702] In Anlehnung an SCC (2005), S. 3 und 6.

und die Verknüpfung der Teilprozesse stärker sichtbar.[703] Die Prozesskategorien teilen sich auf Ebene 3 weiter in Prozesselemente mit definierten In- und Outputs auf. Die Prozesskategorie „Source-stocked-Product" im Top-Level-Prozess „Source" wird so beispielsweise in fünf Prozesselemente (Disposition der Lieferungen, Wareneingang, Wareneingangsprüfung, Einsteuerung in die betriebliche Warenwirtschaft, Freigabe der Zahlung der Lieferantenrechnung) unterteilt. Die Ebene 4 und gegebenenfalls weitere Ebenen sind für die anwendungsspezifische und implementierungsbezogene Detaillierung einzelner Prozesselemente vorgesehen und werden deshalb im Referenzmodell nicht weiter spezifiziert.[704] Einen detaillierten Überblick über die einzelnen Prozesse im SCOR-Modell auf Ebene 1 und 2 gibt Abbildung 3.4-7.

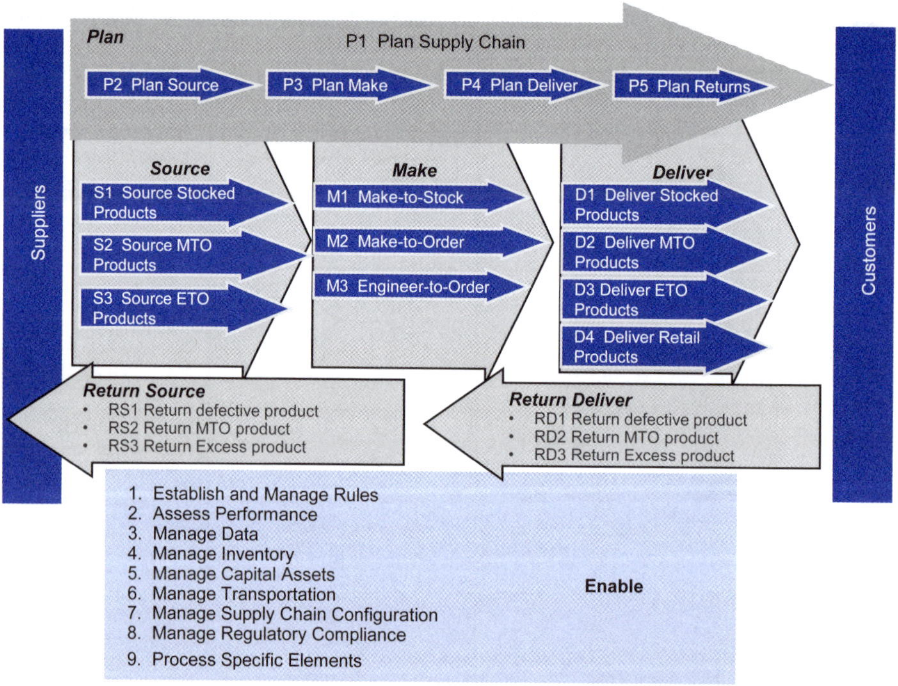

Abbildung 3.4-7: Die einzelnen Prozesselemente des SCOR-Modells auf Ebene 1 und 2[705]

Die unternehmensübergreifende Darstellung der Prozesse auf der Netzwerkebene erfolgt über eine Verknüpfung der Top-Level-Prozesse der beteiligten Unternehmen einer Supply Chain. Beispielsweise sind die Top-Level-Prozesse „Deliver" eines Lieferanten und „Source" des Abnehmers auf der nächsten Stufe miteinander verknüpft. Die SCOR-Standardisierung ermöglicht ein gemeinsames Verständnis und Vergleichbarkeit der Prozesse. Es schafft „koppelbare" Prozessschnittstellen, die auf der Netzwerkebene miteinander verbunden werden. Der Top-Level-Prozess „Plan" besitzt dabei einen übergeordneten Charakter, indem er Schnittstellen zwischen den anderen Top-Level-

[703] Vgl. Stölzle/Halsband (2005), S. 541 f.
[704] Vgl. Stölzle/Halsband (2005), S. 542.
[705] In Anlehnung an SCC, 2005.

Prozessen anspricht und damit für eine Prozessabstimmung sorgt. Durch eine solche Aufteilung in unterschiedliche Prozesse lassen sich in einem ersten Schritt die Geschäftsprozesse eines einzelnen Akteurs modellieren. In einem nächsten Schritt erlaubt es das Modell, zusätzliche Supply Chains der Kunden und der Lieferanten zu integrieren, um danach auch deren Kunden und Lieferanten jeweils einzubeziehen. Dadurch werden alle Interaktionen von der Auftragserfassung bis zum Bezahlen der Rechnung wie auch Interaktionen mit dem Markt von der Nachfrage bis zur Auftragserfüllung über das ganze Netzwerk hinweg transparent. Die Schnittstellen können darauf aufbauend, unterschiedlich analysiert werden.[706]

Das SCOR-Modell erlaubt es überdies, ungleichartige Branchen miteinander zu verbinden. In einem weiteren Sinne entsteht dadurch auch die Möglichkeit, Benchmarking bezüglich des eigenen Netzwerkes zu betreiben, was eine Prozessoptimierung erheblich unterstützen kann. Insgesamt ermöglicht das Modell, wie auch der vielfache Praxiseinsatz zeigt, die Beschreibung von Prozessen in Supply Chains. Dies fördert die Überwindung von Schnittstellen zwischen funktional ausgerichteten Unternehmensbereichen ebenso wie zwischen verschiedenen Unternehmen in einer Supply Chain. Damit erfährt das SCM bei der Definition, der Gestaltung und Implementierung von Supply Chain-Prozessen eine Unterstützung.[707] Hinsichtlich der Grundanforderungen der Flexibilität und der Robustheit müssen Unternehmen individuell zwischen den Chancen und Risiken der Standardisierung, die das Modell bietet, abwägen. Über die in den oberen Ebenen weitgehend geschlossene Systematik standardisierter Prozesselemente und Schnittstellen wird das Konsistenzziel des Referenzmodells insgesamt erreicht.[708]

Als zentrale Stärke des SCOR-Modells gelten die direkte Nähe zu den Bezugspunkten des SCM (Beschaffung, Produktion und Distribution) sowie die Praxisorientierung. Zudem wird durch die Visualisierung ein Potenzial zur Optimierung der Planungs- und Ausführungsaufgaben in der Supply Chain geschaffen, was langfristig wiederum hilft, die Kosten zu senken.[709] Ein weiterer Vorteil ist ein gemeinsames Verständnis über die eingesetzten Supply Chain-Prozesse für alle beteiligten Akteure. Es verbessert die gemeinsame Kommunikation, was zusätzlich positive Auswirkungen auf das Konfliktpotenzial in Netzwerken hat.

Wie viele andere Modellansätze beschränkt sich das SCOR-Modell allerdings auf die Deskription und verzichtet auf erklärende sowie entscheidungsunterstützende Aussagen. Zudem ist die Prozesshierarchie im Kern auf einzelne produzierende Unternehmen in der Supply Chain bezogen. Der unternehmensübergreifende Charakter wird erst durch die Verknüpfung der unternehmensbezogenen Modellspezifikationen sowie mittels genereller Kennzahlenstandards erreicht. Ferner lassen sich die Spezifika von Handelsunternehmen oder Logistikdienstleistern nur unzureichend mit dem Modell beschreiben. Über die laufende Weiterentwicklung hinaus gibt es einzelne Veränderungsvorschläge. So könnte die Erweiterung des SCOR-Modells um Prozesse aus Marketing und Entwicklung insbesondere für Unternehmen, in denen diese Funktionen in hohem Masse unternehmensübergreifend wahrgenommen werden, zu Nutzensteigerungen führen.[710] Ebenso würde die Öffnung für unternehmensspezi-

---

706 Vgl. Poluha (2006), S. 86.
707 Vgl. Heusler (2004), S. 83; Stölzle/Halsband (2005), S. 541 f.
708 Vgl. Weber (2002), S. 200 f.
709 Vgl. Poluha (2006), S. 109.
710 Vgl. Weber (2002), S. 201; Stölzle/Halsband (2005), S. 543.

fische Organisationsstrukturen und Kennzahlensysteme den hohen Einführungs- und Anpassungsaufwand reduzieren. Schließlich wird die Bereitstellung von zusätzlichen Services durch das Supply Chain-Council hinsichtlich Training und Implementierung empfohlen.[711]

3.4.2.3 Visualisierung der Beanspruchung und Belastbarkeit

Aufbauend auf einer Modellierung der Supply Chain-Prozesse – beispielsweise mit Hilfe des SCOR-Modells – lässt sich die Beanspruchung und Belastbarkeit ganzer Kettenglieder bzw. Subnetzwerke der Supply Chain ermitteln.[712] Der von Kaufmann und Germer (2001) entwickelte Ansatz ermöglicht hierzu eine Visualisierung von potenziell kritischen Kettengliedern.

Hinsichtlich der Belastbarkeit gilt es zunächst, Stärken und Schwächen einer „Kette" transparent zu machen (Potenzial). In einem nächsten Schritt ist die potenzielle Belastbarkeit der realen Beanspruchung gegenüberzustellen. Wenn Divergenzen zwischen Beanspruchung und Belastbarkeit vorliegen, sollten geeignete Gegenmaßnahmen lanciert werden.

Abbildung 3.4-8 führt in den Ansatz ein. Ausgangspunkt ist die Perspektive eines Unternehmens (0-Linie) mit den beschaffungsseitigen Lieferantenebenen (–1 bis –n) sowie den distributionsseitigen Kundenebenen (+1 bis +m). Die einzelnen Kettenglieder bzw. Subnetze können nun – nach erfolgter Prozessmodellierung – einer dezidierten Beanspruchungs- und Belastbarkeitsprüfung unterzogen werden:

- Die *Beanspruchung einer Supply Chain* ergibt sich aus den Umwelt- und Wettbewerbsfaktoren, die auf ein Kettenglied bzw. den Netzwerkausschnitt einwirken. Dazu zählen: (1) die Dynamik des Umfeldes, wie etwa der Umfang von Nachfrageschwankungen, (2) die Komplexität, wie z. B. die technische Beschaffenheit eines Produkts, (3) die Machtstrukturen, wie bspw. dominierende Marktanteile eines Zulieferers und (4) die geographischen Distanzen, die es mittels Logistik zu überwinden gilt. Ein Fragenkatalog für ein Scoring-Modell (Antworten in einer Skala von 1 = trifft voll zu bis 5 = trifft überhaupt nicht zu) hilft bei der praktischen Erfassung und Bewertung der Faktoren. Konkret sind demnach Informationen über die Materialgruppen eines Lieferanten, die mit diesem geschlossenen Vertragsbedingungen sowie die Individualität und Wichtigkeit des Produkts für den Abnehmer von Bedeutung.
- Die *Belastbarkeit der Supply Chain* lässt sich durch das SCM proaktiv beeinflussen. Vier Aspekte sind dabei von Relevanz: (1) die Materialfluss bezogene Robustheit der Verbindung, welche z. B. durch die kapazitative Flexibilität oder ein Multiple Sourcing beeinflusst wird, (2) die Informationsfluss bezogene Robustheit, wofür die Qualität der Informations- und Kommunikationssysteme (z. B. stabile und schnelle „Online"-Verbindungen) zu beurteilen sind. Mittelbar wirken zudem (3) die wirtschaftliche Stabilität der in die Kette involvierten Unternehmen und (4) das Vertrauensniveau in der Kette, für welches z. B. opportunistisches Verhalten der Supply Chain-Partner oder auch die Weitergabe falscher Informationen ein Indiz darstellen. Wie bei der Beanspruchung lässt sich eine Evaluation anhand eines Fragenkatalogs mit einem Scoring-Modell vornehmen.

---

[711] Vgl. Huang et al. (2005), S. 391 ff.; Stölzle/Halsband (2005), S. 543.
[712] Vgl. Kaufmann/Germer (2001), S. 184 ff.

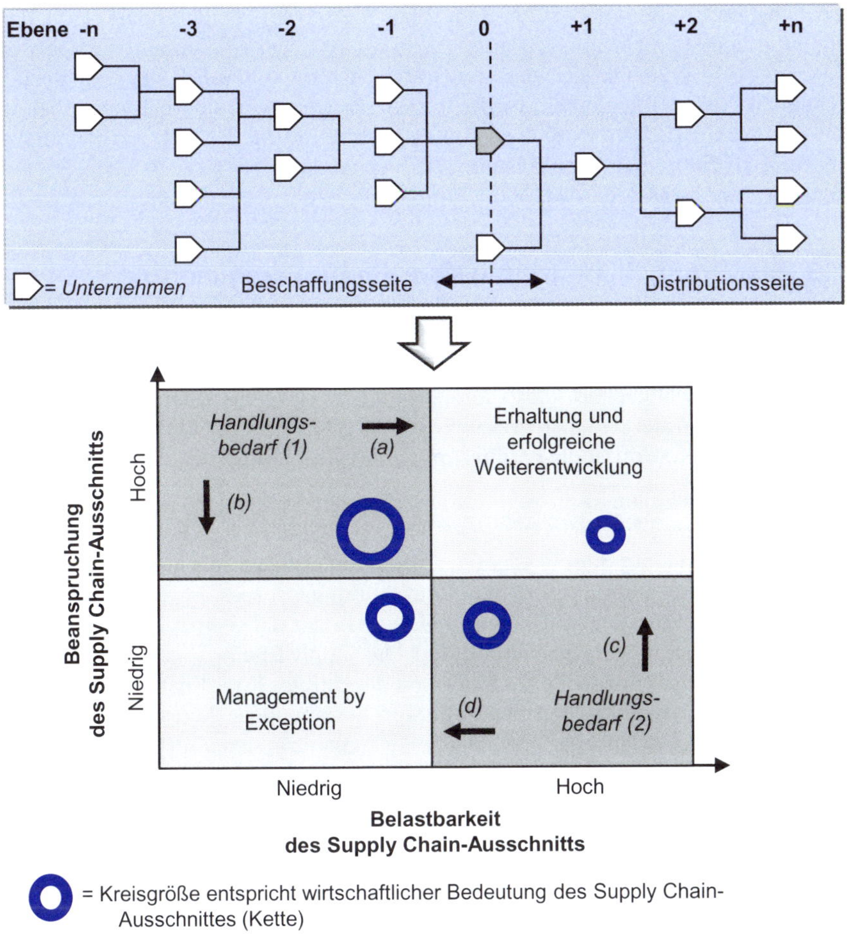

Handlungsbedarf (1): Langfristige Stärkung bzw. Austausch einzelner Akteure bzw. ganzer Supply Chain-Ausschnitte *(a)* oder kurzfristige Senkung der Beanspruchung *(b)*.

Handlungsbedarf (2): Erhöhung der Beanspruchung des Supply Chain-Ausschnitts durch zunehmende Nutzung des Astes *(c)* oder Überprüfung auf realisierbare Einsparungen durch Reduktion der Belastbarkeit *(d)*.

Abbildung 3.4-8: Supply Chain für Beanspruchungs- und Belastbarkeitsuntersuchungen[713]

Im Anschluss lässt sich die anhand der Punktwerte ermittelte Beanspruchung und Belastbarkeit in ein Beanspruchungs- und Belastbarkeitsportfolio übertragen (vgl. Abbildung 3.4-8). Insbesondere bei einem „Missverhältnis" zwischen der Beanspruchung und der Belastbarkeit der Partnerschaft in einer Supply Chain sind Maßnahmen erforderlich. Sofern die Beanspruchung und die Belastbarkeit kongruent sind, gilt es diesen Zustand zu überwachen und zu erhalten. In dem Falle, in dem die Beanspruchung die Belastbarkeit übersteigt, müssen der untersuchte Supply Chain-Ausschnitt unterstützt

[713] In Anlehnung an Kaufmann/Germer (2001), S. 183 und 188.

oder auch ganze Kettenglieder ausgetauscht werden. Wenn die Belastbarkeit die Beanspruchung übersteigt, lassen sich durch „Verschlankungsmaßnahmen" Einsparungspotenziale realisieren. Die sich aus dem Beanspruchungs- und Belastbarkeitsportfolio ergebenden Normstrategien sind jedoch nicht ungefragt zu übernehmen. Vielmehr dient der Ansatz als Transparenz stärkende Visualisierung der Netzwerk- und Wertschöpfungsstruktur einer Supply Chain. Das Instrument lässt sich auch für *Supply Chain Risk Management* einsetzen.

3.4.3 Gestaltungsdimension I: Koordinationsregulierung

Erst wenn ein Netzwerk sowohl seitens des fokalen Unternehmens als auch der anderen Akteure auf Basis ähnlicher Wertvorstellungen von einer geteilten Philosophie getragen wird, bei der ein weitgehend selbstständiges und auf die gemeinsamen Ziele gerichtetes Handeln im Vordergrund steht, kann die sog. „Governance", als Interpretation der grundsätzlichen Koordinationsregulierung, ihre volle Wirkung entfalten.

Supply Chain-Governance adressiert diesem Grundgedanken folgend zunächst *konstituierende Organisations- und Steuerungsfragen* innerhalb und zwischen den verschiedenen Handlungsebenen einer Supply Chain – sowohl auf Akteurs- als auch auf Netzwerkebene. Es wird u. a. konkretisiert, wie Entscheidungsprozesse in der Supply Chain verlaufen, welche Funktionen und Entscheidungsträger dabei einzubeziehen und wie Rollen und Entscheidungsrechte verteilt sind. Die Supply Chain-Governance beschreibt damit auch das Zusammenspiel zentraler und dezentraler Koordinationsformen unter Berücksichtigung der zwischen den Akteuren bestehenden „Machtkonstellationen" (Power Dependence Relations).[714] Ferner gilt es die Anreizsysteme auf die Supply Chain-Ziele konform auszurichten und adäquate Steuerungsmechanismen auszuwählen. Supply Chain-Governance auf der Netzwerkebene kann damit als Gesamtheit aller nebeneinander bestehenden Formen der kollektiven Regelung wertschöpfungsrelevanter Entscheidungen und Anreizstrukturen innerhalb eines bestimmten Netzwerkausschnittes interpretiert werden.

Da die Supply Chain-Governance weiterhin die Legitimität einzelner Akteure innerhalb einer Supply Chain bzw. die einer Supply Chain gegenüber anderen Anspruchsgruppen thematisiert, ist den Governance-Regelungen weiterhin ein *normativer Charakter* zuzusprechen.[715] Neben „Verhaltensregelungen" im Sinne des „Corporate Social Responsibility" (CSR) beinhaltet dieses Feld mitunter „Compliance-Vorgaben", wie sich die Supply Chain-Akteure gegenüber anderen Interessensgruppen sowie Lieferanten und Kunden zu verhalten haben (z. B. Einhaltung von ökologischen und sozialen Standards). In der Supply Chain-Governance werden somit nicht nur wirtschaftliche Aspekte der Organisation und Steuerung in Netzwerken, sondern auch soziale und ökologische Dimensionen thematisiert.

Die Supply Chain-Governance erfährt ihre Konkretisierung in spezifischen Modi (sog. „Governance Modes"), welche nun vor dem Hintergrund von Transaktionskosten sowie dem Zentralisierungsgrad erörtert werden. Im Anschluss daran wird das sog. Supply Chain Relationship Management vorgestellt, welches auf den Impulse des Customer und Supplier Relationship Managements (vgl. Kapitel 2.1 und 2.3) aufbaut.

---

[714] Vgl. Gereffi/Humphrey/Sturgeon (2005), S. 78 ff.
[715] Vgl. Suchman (1995), S. 571 oder Grewal/Ravi (2002), S. 82 ff.

3.4.3.1 Supply Chain Governance Modes

Aus der Transaktionskostentheorie wurden drei Governance-Strukturen ermittelt. Die Koordinationsmechanismen, welche diesen Strukturen (Markt, Hybrid und Hierarchie) zugewiesen werden, sind Preis, Vertrauen und Anweisung.[716] Neben dem Preis, welcher vor allem eine marktwirtschaftliche Dimension annimmt, wird das Führen in hierarchischen Strukturen durch Anweisungen unterschieden. Das Element, welches eine weitere Bedeutung entfalten kann, jedoch zu konkretisieren ist, ist die Steuerung auf Basis aufgebauten Vertrauens zwischen den Supply Chain-Akteuren.

Markt, Hierarchie und Hybridform unterscheiden sich vor allem in den Regelwerken, welche die Beziehungen innerhalb des Netzwerkes steuern sowie in der Art spezifischer Risiken.

- Als zentrales Risiko des Marktes ist der „Anreiz für Moral Hazard“ und somit das mögliche opportunistische Verhalten der Marktpartner zu nennen.
- Im Falle der hierarchischen Koordination besteht das größte Risiko in einer zunehmenden Verselbstständigung und „Überregulierung“.
- Zwischen diesen beiden Extremen liegende Hybridformen weisen, in unterschiedlicher Ausprägung, die Gefahr der „kognitiven Schließung“ auf. Akteure in einem ausgeprägten Beziehungsnetzwerk neigen in diesem Fall zu einem übertriebenen gruppenloyalen Verhalten. Auch gegen besseres Wissen werden beispielsweise Aufträge eher an Netzwerkpartner, anstelle von Unternehmen außerhalb des Netzwerks vergeben. Die Hybridform verzichtet auf marktliche Flexibilität, zugunsten einer hierarchischen Stabilität. Als „Mangel“ in der Austauschbeziehung ist auch die Wahl ungeeigneter Koordinationsinstrumente anzusehen. Als Beispiel sei der Abschluss von langfristigen Lieferverträgen für Leistungen geringer Spezifität genannt. Hier würde auf die Flexibilität bei der Lieferantenwahl zugunsten einer Versorgungssicherheit verzichtet, obwohl kein Versorgungsproblem gegeben ist.

In einer Supply Chain werden in der Regel verschiedenste Koordinationsformen zu finden sein.[717] Während die Unternehmen auf der Akteursebene selbst hierarchisch organisiert sind und überwiegend über Anweisungen steuern, können sie in der Zusammenarbeit mit anderen Unternehmen in der Supply Chain Lizenz- und Franchise-Verträge sowie langfristige Lieferverträge oder einfache Kaufverträge abschließen. Je nach Konfiguration und Vertragsgrundlage entspricht die Supply Chain dabei nicht nur einer reinen Hybridform, sondern kann ihrerseits auch einen heterarchisch-marktlichen oder einen hierarchisch-delegationsorientierten Charakter annehmen. Entsprechend dieses Interpretationsspielraums sind im SCM – auf der Netzwerkebene – neben dem Governance Mode „Vertrauen“ auch die Koordinationsmechanismen „Hybrid-Preise“ und „Hybrid-Anweisungen“ zu berücksichtigen.

Abbildung 3.4-9 stellt die Koordinationsmechanismen des SCM – Governance Modes – im Kontext der Transaktionskostentheorie überblicksartig zusammen.

Governance Mode „Hybrid-Preise“

Marktliche Geschäftsbeziehungen in Supply Chains, die durch eine relativ geringe Beanspruchung und Belastbarkeit gekennzeichnet sind, werden vornehmlich durch

---

716 Vgl. Ghosh/Fedorowicz (2008), S. 455.
717 Vgl. Holweg/Pil (2008), S. 389 ff.

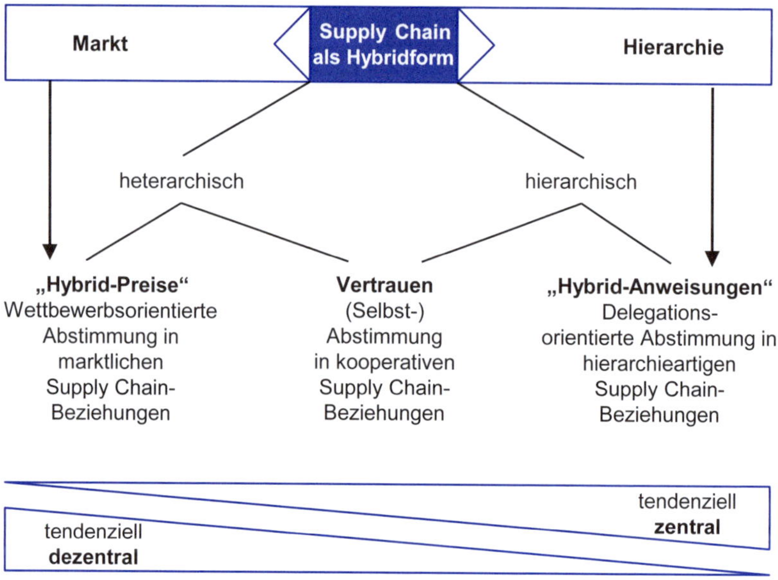

Abbildung 3.4-9: Koordinationsmechanismen des SCM im Kontext der Transaktionskostentheorie[718]

den Preis koordiniert. Die ausgetauschten Leistungen sind i. d. R. wenig spezifisch, die Unternehmen können leicht ersetzt werden. Der Preis wird definiert als ein im Vorhinein festgelegter Kontrollmechanismus, welcher vor allem bei standardisierten Produkten oder Dienstleistungen seinen Zweck erfüllt, da bei solchen Leistungen kein weitreichender formaler Bedarf zur Kontrolle besteht.[719] Der Preis legt fest, welche Produkte von wem, an wen verkauft werden. Dieses Prinzip ist innerhalb eines Supply Chain-Ausschnittes als Koordinationsmechanismus anwendbar, quasi als Markt innerhalb des Netzwerks. Hier erfolgen eine Allokation und Verteilung der Ressourcen überwiegend über die Preis- und Margengestaltung, die zwischen den Akteuren festgelegt werden.

So können die Preise in einem Supply Chain-Ausschnitt gebildet werden, wie dies am Markt der Fall wäre, wobei jedes Unternehmen einen Gewinnaufschlag entsprechend der Nachfrage kalkuliert. Zusammen mit einer Vollkostenrechnung kann damit ein Preis bestimmt werden. Eine Herausforderung im Zusammenhang mit der Preisfindung innerhalb des Netzwerkes sind „regulierende“ Eingriffe, welche bspw. durch ein striktes Zielkostenmanagement (Target Pricing) stattfinden könnten.[720] Es ist jedoch zu beachten, dass das explizite Vorschreiben von Preisen einen Anweisungscharakter erfährt, welcher primär als Kontrollmechanismus in der Hierarchieform gilt.[721]

Die Funktionen, welche Verrechnungspreise erfüllen, sind vielfältig.[722] Sie helfen bei der Erfolgsermittlung für die auszutauschenden Leistungen in einem Netzwerk. Durch

---

718 In Anlehnung an Busch/Dangelmeier (2002), S. 12.
719 Vgl. Welter et al. (2004), S. 3.
720 Siehe hierzu vertiefend das SCM-Arbeitsfeld Performance Messung/Evaluation (Kapitel 3.6).
721 Vgl. Kohtamäki et al. (2006), S. 1034.
722 Vgl. Möller (2006), S. 125 ff.

ihre koordinierende Funktion lenken sie die einzelnen Akteure zur Erreichung des Gesamtzieles. Zudem stellen sie eine effiziente Allokation der Ressourcen sicher, da sich das Preis-Leistungs-Verhältnis explizit in die Supply Chain-Strategie integrieren lässt. Außerdem beeinflussen sie die Entscheidung über die Eigenfertigung bzw. den Fremdbezug.[723]

Der Preis als zentraler Koordinationsmechanismus im SCM dominiert vor allem beim Austausch standardisierter Leistungen mit geringer Spezifität. Über diesen Mode lässt sich eine marktliche Koordination umsetzen.

Governance Mode „Hybrid-Anweisungen"

Der primäre Koordinationsmechanismus in hierarchischen Strukturen ist die Anweisung. Dieser wird meist bei einseitigen Austauschbeziehungen mit Über- bzw. Unterordnungsbeziehungen und einem ausgeprägten „Machtgefälle" verwendet. Sie sind in der Regel vertraglich geregelt (z. B. Arbeitsverträge) und in entsprechend formaler Struktur mit geregelten Prozeduren und Kontrollen eingebettet.[724] Die Befugnisse in einer solchen Zusammenarbeitsform sind den Aufgabenträgern klar zugeordnet und der jeweils mächtigere bzw. derjenige Akteur mit den kritischeren Ressourcen ist legitimiert, Anweisungen zu erteilen. Hierarchisch organisierte Akteure eines Unternehmensnetzwerkes besitzen ihren komparativen Konkurrenzvorteil in der Ressource „Wissen", welche eng mit den Entscheidungsbefugnissen verknüpft ist.[725] Die Entscheidungen folgen dem top-down Prinzip und die Mitsprache abhängiger Akteure ist beschränkt. Entsprechend eignet sich diese Form der Koordination für diejenigen Fälle, in denen automatisierte Fähigkeiten gefragt sind. Anweisungen in der Supply Chain können über die Form von Verträgen und vorgeschriebenen Qualitätssystemen, aber auch in Form von Zielpreisen und Drohungen durchgesetzt werden.[726] Die Wirkung von Sanktionsandrohungen ist allerdings davon abhängig, wie hoch das zu sanktionierende Unternehmen den Netzwerknutzen einschätzt, und ist damit eine Frage der individuellen Netzwerkevaluation. Der Ausschluss aus einer Supply Chain mit geringem Nutzen für das Unternehmen stellt somit kein wirksames Sanktionsmittel dar.

Persönliche Weisungen tragen angesichts der oftmals vorherrschenden Machtbeziehungen auch auf der Netzwerkebene zur Koordination unterschiedlicher Teilaufgaben bei (siehe hierzu auch den folgenden Exkurs). Im Gegensatz zum Einzelunternehmen liegt aber meist keine definierte Hierarchie mit einer einheitlichen Leitung vor. Verfügt kein einzelnes Unternehmen über eine ausreichende Marktmacht, um die Rolle eines fokalen Unternehmens auszufüllen, muss bzw. kann die Steuerung der Supply Chain durch einen Verbund mehrerer Unternehmen realisiert werden. Die unternehmensübergreifende Anwendbarkeit persönlicher Weisungen ist allerdings dann stark eingeschränkt.

[723] Vgl. dazu auch Kapitel 2.2.
[724] Vgl. Welter et al. (2004), S. 3.
[725] Vgl. Adler (2001), S. 216.
[726] Vgl. Kothamäki et al. (2006), S. 1044.

Exkurs: Das Machtgefälle in der Supply Chain der deutschen Automobilwirtschaft.[727]

Die Machtverteilung in der deutschen Automobil-Supply Chain hängt vor allem von der Position eines Unternehmens in der Supply Chain ab (vgl. Abbildung 3.4-10). Die größte Macht liegt beim Hersteller (OEM). Dieser hat durch seine Gestaltungshoheit über das Endprodukt Automobil erheblichen technischen Einfluss auf die übrigen Unternehmen in der Supply Chain. Darüber hinaus besitzt er aufgrund der großen Beschaffungsvolumina einen beachtlichen wirtschaftlichen Einfluss. Dieser zeigt sich zum einen in der Durchsetzung massiven Kosten- und Leistungsdrucks gegenüber dem Lieferanten, zum anderen in der Vorgabe von Qualitäts- und Prozessstandards. Die Macht der Tier-1-Zulieferer, wie z. B. Magna Steyr, die Robert Bosch GmbH oder die Schäffler-Gruppe, ist im Vergleich zu den Herstellern zwar geringer, ihr Einfluss hat sich jedoch in den letzten Jahren zunehmend erhöht. Insbesondere Zulieferer, die durch innovative Produkte eine Technologieführerschaft erreicht haben, konnten auf diese Weise ihre Macht vergrößern. Auch Zulieferer, die durch Entwicklungspartnerschaften eine engere Bindung an einen Hersteller erreicht haben, vermochten die Übermacht des Herstellers reduzieren. Auf den übrigen Stufen der Automobil-Supply Chain finden sich sehr unterschiedliche Machtkonstellationen. Mittelständische Unternehmen, die nur wenige Hersteller bzw. Tier-1-Zulieferer zu ihren Kunden zählen, sind in der Regel ebenfalls ihren Kunden unterlegen. Große Zulieferer, insbesondere aus anderen Branchen, für welche die Automobilindustrie nicht im Zentrum der Geschäftstätigkeit steht, befinden sich in der Regel in einer stärkeren Position. Beispiele hierfür sind etwa Halbleiterhersteller (z. B. Intel, Infinion oder AMD) oder die Stahl- und Aluminiumindustrie (z. B. ThyssenKrupp, Ferrostaal oder Hydro).

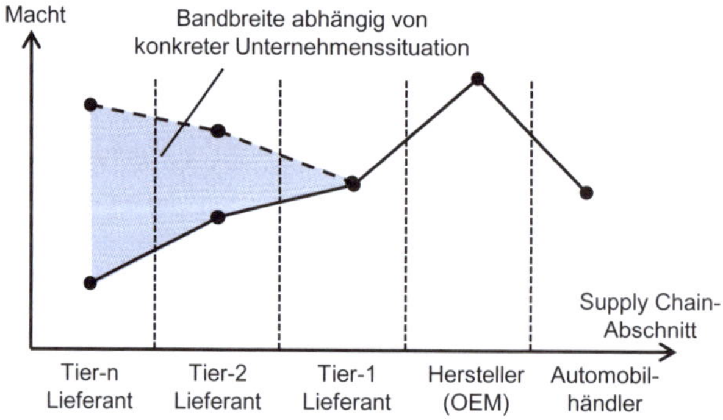

Abbildung 3.4-10: Schematische Illustration des Machtgefälles in der deutschen Automobilwirtschaft

Quelle: Entnommen aus Heidtmann (2007), S. 141 f.

Governance Mode „Vertrauen und Selbstabstimmung"

Auf der Netzwerkebene besteht auf Grund der tendenziell höheren Komplexität sowie des Fehlens einer Führungsinstanz erhebliche Intransparenz in Bezug auf die Prognostizierbarkeit der Wirkung von Steuerungsimpulsen. Daher bedarf es einer Reihe netzwerkweiter Verhaltensregeln. Dazu rücken nicht nur der Aufbau von Vertrauen, sondern auch kulturelle und soziale Komponenten wie Reziprozität, Selbstverpflichtung und Risikoteilung ins Blickfeld der Betrachtung.[728]

[727] Vgl. auch weiterführend Maloni/Benton (2000), S. 49 ff.
[728] Vgl. Bellmann (1999), S. 210.

Unter Selbstabstimmung kann die gegenseitige Abstimmung von Entscheidungen interdependenter Entscheidungsträger auf der Grundlage von Eigeninitiative in Kenntnis der Wirkungen dieser Entscheidungen verstanden werden. Der Prozess der Selbstabstimmung ist dezentral und nicht-hierarchisch ausgelegt.

Die unternehmensübergreifenden Prozesse zur Selbstabstimmung binden regelmäßig Vertreter mehrerer Unternehmen der Supply Chain ein und sind deutlich komplexer als Prozesse innerhalb eines Einzelunternehmens. Interessenkonflikte, mangelndes Vertrauen oder die Unkenntnis über die anderen Unternehmen können eine Selbstabstimmung zwischen Unternehmen dabei erheblich behindern. Problemlösungsteams als zeitlich begrenzte Form der Selbstabstimmung bieten sich vor allem in schnell veränderlichen Supply Chains an. Handelt es sich um nicht oder nur unzureichend planbare Aufgaben, kommt auch eine spontane Selbstabstimmung in Frage. Zeitlich begrenzte Aufgaben ergeben sich bei jeder Einführung eines neuen Produkts, dem Wechsel eines Lieferanten oder der Gewinnung eines neuen Kunden. Aber auch operative Probleme wie Lieferengpässe oder Qualitätsprobleme können Anlass zum Einsatz von Problemlösungsteams geben. Auch dauerhafte Strukturen kommen zur unternehmensübergreifende Selbstabstimmung in Frage. Koordinationsgruppen und Koordinatoren sind insbesondere dann erforderlich, wenn regelmäßig Aufgaben mit intensivem Abstimmungsbedarf anfallen. Dies kann etwa bei komplexen Abstimmungen von Produktionsplänen der Fall sein.[729]

Vertrauen, als verhaltensorientierte Koordination in Supply Chains, ist ein informeller Kontrollmechanismus und kann formale Regeln ergänzen oder auch ersetzen. Die wesentlichen Vorteile von Vertrauen sind die Reduktion von Transaktions-, Anbahnungs- und Vereinbarungskosten. Zudem kann Vertrauen für ein Wertschöpfungsnetzwerk einen erfolgskritischen Charakter einnehmen.[730]

Vertrauen wird als ein relevanter Faktor in der Entwicklung von Supply Chain-Beziehungen und deren erfolgreiche Ausgestaltung betrachtet.[731] Gemeinsame oder individuelle Zeichen wie große und langfristige Investments können als ein in die Zukunft gerichtetes Commitment interpretiert werden, wobei das Commitment eine weitaus stärkere Bedeutung als Vertrauen besitzt. Von besonderer Bedeutung sind in diesem Zusammenhang spezifische Investitionen, welche dadurch gekennzeichnet sind, dass sie bei Beendigung einer Partnerschaft wertlos werden.[732] Eine stabilisierende Wirkung wird insbesondere dann erzielt, wenn alle involvierten Partner spezifische Investitionen tätigen (sog. „Gleichgewicht spezifischer Investitionen"). (Vertrauens-)Probleme bestehen vornehmlich dann, wenn einseitig spezifisch investiert wird.

Vertrauen baut sich schrittweise über einen relativ langen Zeitraum auf, kann jedoch mit nur einer einzelnen Aktion zerstört werden. Ein wichtiger Einflussfaktor für die Bildung von Vertrauen ist das nach außen wahrgenommene Verhalten der Supply Chain-Akteure, wie es von den Netzwerkpartnern beobachtet wird.[733] Dabei ist zu berücksichtigen, dass Kontrolle von Vertrauen zu Misstrauen führt, wodurch die Motivation des Misstrauten meist abnimmt, was sich wiederum insgesamt negativ auf den angestrebten Erfolg der Zusammenarbeit auswirken kann.

---

729 Vgl. Heidtmann (2007), S. 114 ff.
730 Vgl. Welter et al (2004), S. 3.
731 Vgl. Sahay (2003), S. 556.
732 Vgl. Gierl (2004), S. 28.
733 Vgl. Gilbert (2003), S. 29 ff.

Ebenso trägt das gezeigte Commitment gegenüber der Supply Chain zur Vertrauensbildung bei. Akteure, welche Interesse am Gelingen des Gesamtzieles in Form von Investitionen in die Kooperation, in den Austausch von sensiblen Informationen oder in die Technik zur Unterstützung des Netzwerkes zeigen, werden langfristig als vertrauenswürdige Netzwerkpartner betrachtet, welche das Gesamtziel über die individuellen Interessen stellen.[734]

Ein weiterer Aspekt der Vertrauensbildung ist die Kommunikation, welche in häufiger und offener Ausprägung das gegenseitige Kennenlernen vereinfacht. Kommunikation dient der Vorbeugung von Informationsasymmetrien, denn Geheimnisse und Verschlossenheit schüren Angst und hemmen dadurch den Vertrauensaufbau. Mögliche vertrauensbildende Faktoren im SCM sowie ihre Erläuterungen sind in Abbildung 3.4-11 überblicksartig aufgelistet.

Zu den unternehmensübergreifenden Koordinationsinstrumenten der Selbstabstimmung in der Supply Chain zählen neben dem Vertrauen auch Verhandlungen (z. B.

Vertrauensfaktor	Erläuterung im Kontext des SCM
Adäquate Arbeitsweise und ähnliche Ansichten	Zuordnung der potenziellen Partner der Supply Chain zu bestimmten Gruppen und Feststellen von Ähnlichkeiten zwischen sich selbst, dem Unternehmen und den Geschäftspartnern.
Referenzen und erfolgreiche Projekte	Zuschreiben von Attributen aufgrund von Informationen aus dritter Hand (schriftliche oder mündliche Empfehlungen) sowie aufgrund von Arbeitszeugnissen und nachweisbar erfolgreichen Supply Chain-Projekten.
Fachkompetenz und Leistungsfähigkeit	Fachbezogene Fähigkeiten und Fertigkeiten sowie Kenntnisse und um deren Umsetzung in verschiedenen Situationen und Konstellationen in der Supply Chain.
Loyalität, Fairness, Ehrlichkeit und Kommunikationsqualität	Grundsätzliche wohlwollende Haltung und vertrauenswürdiges Auftreten gegenüber den Partnern der Supply Chain. Dazu gehört auch Transparenz, „mit offenen Karten spielen", das Eingestehen von Schwächen, etc. Zu „Gute Qualität der Kommunikation" gehören mitunter organisatorische Aspekte, wie z. B. ständige Erreichbarkeit und schnelles Beantworten von Anfragen.
Zuverlässigkeit und Berechenbarkeit	Dinge, die vereinbart wurden, sollen auch eintreffen, z. B. Termintreue im Rahmen der Lancierung gemeinsamer Supply Chain-Initiativen. Während „Zuverlässigkeit" zunächst einen Gegenwartsbezug aufweist, ist „Berechenbarkeit" in die Zukunft gerichtet.
Erfüllte Erwartungen	Erwartungskonformität der Ergebnisse der angestoßenen Supply Chain-Aktivitäten als übergeordneter Faktor.
Vereinbarungen und Verträge	Wenn die Zusammenarbeit in der Supply Chain bereits zu einem frühen Zeitpunkt angemessen schriftlich fixiert wird, trägt das zur Vertrauensbildung bei.

Abbildung 3.4-11: Vertrauensbildende Faktoren im SCM[735]

734 Vgl. Gilbert (2003), S. 32 ff.
735 In Anlehnung an Moranz (2004), S. 242.

Auktionen). Darüber hinaus lassen sich die gemeinsame Zielvereinbarungen, gemeinsame Verfahrensrichtlinien oder Sanktionsmechanismen dazu zählen.

Dezentrale vs. zentrale Koordination in der Supply Chain

Koordinationsinstrumente lassen sich weiterhin – wie in Abbildung 3.4-12 dargestellt – zu dezentralen und zentralen Netzwerkstrukturen der Supply Chain zuteilen. Da im dezentralen Supply Chain-Kontext die Ansätze typischerweise zwischen gleichberechtigten Akteuren zum Einsatz kommen, spricht man auch von heterarchischen Instrumenten. Dementsprechend besitzen zentrale Instrumente eher einen hierarchischen Charakter.

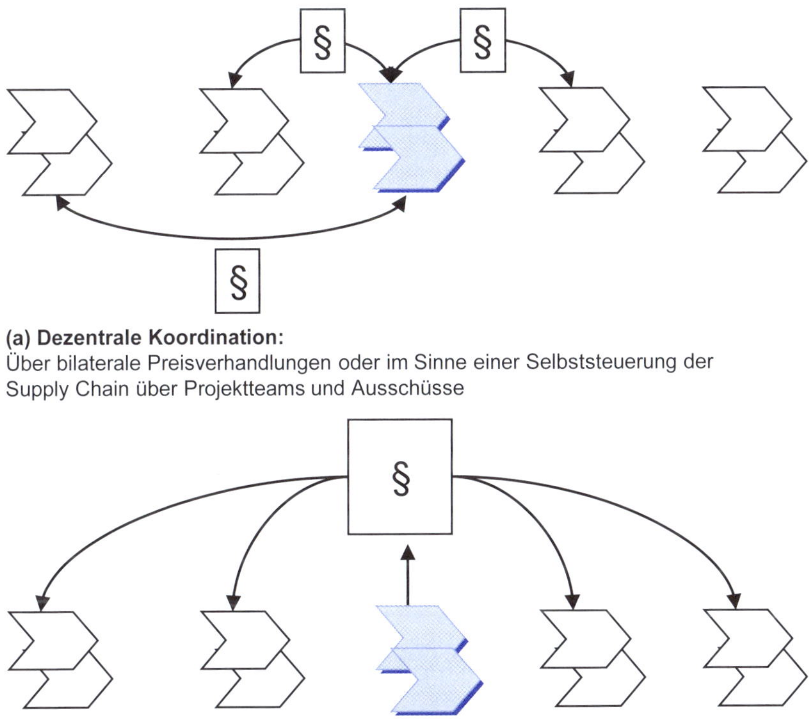

Abbildung 3.4-12: Veranschaulichung der dezentralen und zentralen Koordination in der Supply Chain[736]

Bei *dezentralen Koordinationsinstrumenten* des SCM werden meist gleichberechtigte Beziehungen zwischen interdependenten Entscheidungsträgern vorausgesetzt.[737] Entsprechend dieser Auslegung läuft die Koordination über den Markt bzw. über Preisverhandlungen ab. Über eine Orientierung an den Preisen ist es den einzelnen Akteuren gestattet, sich auf ihre individuellen Präferenzen abzustützen. Die Vor-

[736] In Anlehnung an Hahn (2000), S. 16.
[737] Vgl. Corsten (2001), S. 19.

aussetzung bleibt jedoch, dass die individuellen Ziele der Akteure mit den Zielen der Supply Chain auf Netzwerkebene übereinstimmen. Um dieser Anforderung gerecht zu werden, braucht es ein gewisses Maß an zentraler Entscheidungsmacht. Es wird vorgeschlagen, dass ein zentraler, unabhängiger Netzwerkkoordinator eine solche Aufgabe im Sinne des betrachteten Supply Chain-Ausschnitts übernimmt und damit den Aufwand der Koordination gleichzeitig reduzieren kann.[738] Als weiteres dezentrales Instrument zur Koordination der Wertschöpfung auf Netzwerkebene gilt die Selbstabstimmung.[739] Dabei treffen sich Entscheidungsträger auf derselben Hierarchiestufe in Beratungsausschüssen, Gremien oder Arbeitsgruppen und entscheiden gemeinsam über die unternehmensübergreifende Supply Chain-Initiativen. Auf der Netzwerkebene können diese Selbstabstimmungsprozesse die Form von regelmäßigen Partnertreffen oder institutionalisierten, auftragsspezifischen Projektgruppen annehmen.

Zentrale Koordinationsinstrumente des SCM zeichnen sich dadurch aus, dass ausgewählte Organisationsmitglieder mit Weisungsrechten ausgestattet sind und untergeordnete Akteure diesen Weisungen Folge zu leisten haben.[740] Dementsprechend werden die Entscheidungen zentral getroffen und über Hierarchiestufen hinweg delegiert. Bei persönlichen Weisungen gibt eine hierarchisch übergeordnete Einheit der untergeordneten Einheit direkte, einzelfallbezogene Verhaltensvorgaben. Unterstellt man die zentrale Planungsgewalt eines „autorisierten" Supply Chain-Koordinators (auf der Akteursebene), könnte dieser zum Beispiel einer anderen Organisationseinheit direkt vorgeben, ob, wie und zu welchen Konditionen ein Arbeitspaket zu bearbeiten ist. Auf die Netzwerkebene in Supply Chains bezogen würde dies bedeuten, dass der Netzwerkkoordinator grundsätzlich festlegt, welche Schritte ein anderer Supply Chain-Akteur zur Bearbeitung von Aufträgen durchzuführen hat. Da in der Praxis eine solche übergeordnete Machtinstanz meist nicht gegeben ist, besitzen die zentralen Koordinationsinstrumenten im SCM – insbesondere auf der Netzwerkebene – nur eine sehr eingeschränkte Bedeutung.

Vertrauen und Selbstabstimmung sind wichtige Elemente der Steuerung in Supply Chains. Ein Ansatz, der insbesondere die davon betroffene Beziehungsebene in den Vordergrund stellt, ist das Supply Chain Relationship Management.

3.4.3.2 Supply Chain Relationship Management

Im SCM-Bezugspunkt „Demand Management" (Kapitel 2.1) wurden bereits das Customer Relationship Management sowie im Bezugspunkt „Supply Management" (Kapitel 2.3) das Supplier Relationship Management als wichtige Elemente zur Gestaltung und Steuerung von Kunden- bzw. Lieferantenbeziehungen eingeführt. Wir möchten diese Impulse aufgreifen und mit Blick auf die Governance-Strukturen in Supply Chains miteinander verknüpfen.

Daher wird im Folgenden mit dem Supply Chain Relationship Management (SCRM) ein Ansatz adressiert, der das Beziehungsmanagement – basierend auf den Überlegungen des SCM – ausgestaltet und als konstitutives Element einer Netzwerkkompetenz in

[738] Vgl. Wittenberg (2006), S. 38.
[739] Vgl. Wittenberg (2006), S. 41.
[740] Vgl. Wittenberg (2006), S. 42.

Supply Chains interpretiert. Folgende Abgrenzung der verwendeten Begriffe ist im Vorfeld vorzunehmen.

Als Grundlage des Beziehungsmanagements wird die gemeinsame Formulierung eines Leitbildes sowie klarer Leitlinien empfohlen, an denen sich Zielsysteme und Gestaltungsansätze des SCM orientieren. Das Beziehungsmanagement kann dabei neben den zentralen vertikalen (Kunden- und Lieferantenbeziehungen), auch horizontale (z. B. Vertriebsgemeinschaften, Einkaufskooperationen) sowie diagonale (zu Dienstleistern) und laterale (zu Behörden) Beziehungen enthalten. Auch die Gestaltung der unternehmensinternen Beziehungen bspw. zu den Mitarbeitern fällt hierunter. Hervorzuheben ist, dass beim Beziehungsmanagement immer die soziale bzw. persönliche Ebene einer intra- oder interorganisatorischen Interaktion zwischen Individuen oder Gruppen angesprochen wird.

Im Rahmen des SCM wird das Customer Relationship Management eines vorgelagerten Supply Chain-Akteurs mit dem Supplier Relationship Management eines nachgelagerten Supply Chain-Akteurs gekoppelt. Im Rahmen dieser sogenannten „Supply Chain Collaboration" können dann die beiden Beziehungsmanagement-Elemente aufeinander abgestimmt und einer Optimierung zugeführt werden.

Das Supply Chain Relationship Management (SCRM) greift die Impulse aus den dyadischen Geschäftsbeziehungen auf. Nach diesen Überlegungen sind nun nicht mehr nur die Leistungsbeziehungen des Güter,- Informations- und Finanzflusses, sondern auch die „sozialen" bzw. „persönlichen" Beziehungen des sozialen und institutionellen Netzes Gegenstand der Betrachtung des SCM.[741] Folgt man dieser Auffassung, so gilt: SCRM umfasst insbesondere die Abstimmung von Zielen, Leitbildern und Maßnahmen zur langfristig angelegten Selektion, Planung, Steuerung und Kontrolle im Lebenszyklus von sozialen Beziehungen in Supply Chains.

Im Unterschied zu SRM und CRM wird nicht die gesamte Breite einer Supply Chain abgedeckt. Vielmehr liegt der Fokus auf den Beziehungen der Supply Chain-Länge, die im Modell der Netzebenen Abbildung 3.4-13 durch die soziale und institutionelle Ebene repräsentiert werden.

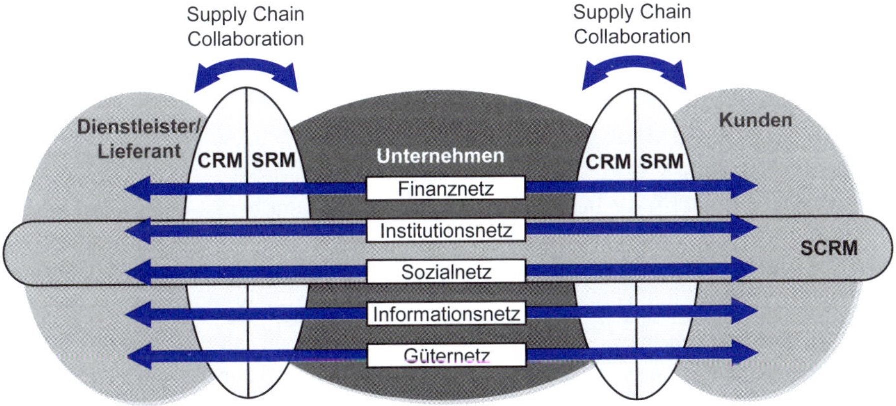

Abbildung 3.4-13: Einordung des Supply Chain Relationship Managements

[741] Vgl. Otto (2002), S. 25.

3.4.4 Gestaltungsdimension II: Regelmäßige Koordination

Da eine Supply Chain in der Regel über keine eigenen Ressourcen wie Personal oder Maschinen verfügt, hat eine koordinierende Instanz im Netzwerk, wie bspw. ein institutionalisiertes Netzwerkgremium, zur Durchführung eines Auftrags auf die Ressourcen der Supply Chain-Akteure zurückzugreifen.[742] Wertschöpfung findet an unterschiedlichen Orten statt, wobei eine Mehrzahl rechtlich unabhängiger Unternehmen daran beteiligt ist. Die spezifischen Herausforderungen im SCM ergeben sich aus zusätzlichen Schnittstellen und Interdependenzen sowie beschränkter Informationsverfügbarkeit über die Ressourcen und Fähigkeiten der einzelnen Supply Chain-Akteure.

Wie bereits mehrfach aufgezeigt (bspw. in Kapitel 1.1), ist ein Koordinationsproblem in Supply Chains zu identifizieren, das sich aus der Dekomposition eines Gesamtauftrags in Teilaufgaben (zur Erfüllung der Endkundenbedürfnisse), der Delegation der interdependenten Teilaufgaben an die involvierten Akteure der Supply Chain sowie einer informationsorientierten Deckung des Koordinationsbedarfs (Pläne und Programme) sowie der Ausgestaltung von Anreizsystemen und Verträgen entsteht.

Verträge stellen die Grundlage von Austauschbeziehungen und Interaktionen in einer Supply Chain dar. Die Besonderheiten der Vertragsgestaltung im SCM werden daher zunächst erläutert, bevor auf Anreizsetzung eingegangen wird.

3.4.4.1 Supply Chain-Verträge und Anreize

In der Transaktionskostentheorie wird von Verträgen als Grundlage wirtschaftlicher Tätigkeit ausgegangen. Aus Sicht der Prinzipal-Agent-Theorie entschärfen Verträge mögliche Spannungsfelder in der Beziehung von Auftraggeber und Auftragnehmer, welches durch Informations- und Zielasymmetrien hervorgerufen werden.[743] Zu berücksichtigen ist dabei, dass die Beziehungen von kooperationsartigen Geschäftsverbindungen in einer Supply Chain in einem Ungleichgewicht sind, sofern ein fokales Unternehmen aufgrund seiner Machtstellung einen verhältnismäßig großen Einfluss auf seine Partner ausüben kann.[744] Eine Herausforderung besteht darin, für eine adäquate Anreizsetzung auf der Netzwerkebene zu sorgen, um opportunistischem Verhalten vorzubeugen.

Supply Chain-Verträge

Die konkrete Netzwerkstruktur wird durch die vertragliche Zusammenarbeit bestimmt.[745] Je näher sich die Zusammenarbeit am Markt orientiert, desto autonomer und unabhängiger ist sie für die beteiligten Akteure. Demgegenüber ist eine hierarchische Struktur (in diesem Zusammenhang kann nicht mehr von Zusammenarbeit gesprochen werden) durch starke Abhängigkeit mindestens eines Akteurs und eingeschränkter Autonomie geprägt.

Verträge sind Maßnahmen zur Verhinderung bzw. Vorbeugung opportunistischen Verhaltens. In der Theorie wird zwischen vollständigen und unvollständigen Verträ-

[742] Vgl. Wittenberg (2006), S. 37.
[743] Vgl. Krupp (2005), S. 150.
[744] Vgl. Kaluza et al. (2003), S. 2.
[745] Vgl. Wittig (2005), S. 122.

gen unterschieden. In vollständigen Verträgen werden laut Milgrom/Roberts (1992) für alle Eventualitäten spezifische Handlungsnormen festgelegt.[746] Damit soll opportunistisches Verhalten gezielt unterbunden werden. Allerdings setzten vollständige Verträge voraus, dass alle relevanten Situationen absehbar sind und sich die Vertragspartner für jedes Szenario auf eine Vorgehensweise einigen können. Zudem müssen die Vertragsparteien an den Vereinbarungen festhalten. Aufgrund der (vertraglichen) Vielschichtigkeiten der Austauschbeziehungen sowie der Dynamik in Supply Chains, sind vollständige Verträge im SCM wenig praktikabel.

Für das SCM eher geeignet sind sogenannte unvollständige Verträge. Sie kommen in verschiedenen Formen vor. Vor allem relationale und bedingte Verträge sind für das SCM von Relevanz:[747]

- *Relationale Verträge* (Relational Contracting) enthalten lediglich Ziele und Regeln, die bei unvorhergesehenen Konstellationen angewendet werden. Dazu gehören beispielsweise Mechanismen der Konfliktbewältigung, Methoden der Entscheidungsfindung und die Verteilung von Nutzen und Kosten. Solche impliziten Kontrakte sind nicht ausformulierte, aber gemeinsame Erwartungen der Vertragsparteien über die Zusammenarbeit. Szyperski/Klein (1993) weisen in diesem Zusammenhang auf den „langwierigen vertrauensbildenden Prozess hin, in dessen Verlauf sich unvollständige Verträge herausbilden, die den faktischen Spielraum für Anpassungsverhandlungen in einer unsicheren Umwelt beschreiben."[748]
- Häufig kommt zwischen Vertragsparteien keine Einigung zustande, weil die Vertragsparteien unterschiedliche Auffassungen bezüglich künftiger Entwicklungen haben. Stattdessen werden in *bedingten Verträgen* (Contingent Contracts) die unterschiedlichen Erwartungen offen gelassen. Ein Abnehmer und ein Zulieferer werden in einem bedingten Vertrag beispielsweise nicht nur ein bestimmtes Mengenvolumen (und damit einen Rabattsatz auf dem Bruttopreis) festlegen, sondern unterschiedliche Volumen mit unterschiedlichen Rabattsätzen aushandeln. Der effektive Preis der Geschäftsbeziehung ergibt sich somit erst während der Vertragslaufzeit.

Auf der Netzwerkebene einer Supply Chain gelten Verträge nicht nur als Sicherungsmaßnahme, sondern auch als Koordinationsinstrument zwischen den involvierten Parteien. Verträge sind das Ergebnis von Verhandlungen zwischen den Supply Chain-Akteuren und sind von den jeweiligen Risikoeinstellungen der Vertragsparteien geprägt.[749] Somit bestimmen die Verträge die Handlungsmöglichkeiten der Unternehmen, indem sie inhaltliche und zeitliche Strukturen festlegen, welche den Güter- und den Geldfluss regeln. Indirekt werden damit auch die Erlös- sowie die Kostenstrukturen definiert und verbindlich festgehalten.[750] So werden die Verträge in Verbindung mit dem Netzwerkgedanken in Supply Chains als „Brücke zwischen Leistungen und Zahlungsflüssen" definiert, in welchen „für die einzukaufenden Produktionsfaktoren und zu verkaufenden Produkte die finanzielle Gegenleistungen und deren zeitlichen Strukturen beschrieben werden".[751]

[746] Vgl. Milgrom/Roberts (1992), S. 127–129.
[747] Vgl. Bazerman/Gillespie (1999), S. 155–160 und Milgrom/Roberts (1992), S. 129–132.
[748] Szyperski/Klein (1993), S. 187 ff.
[749] Vgl. Taylor/Plambeck (2007), S. 1577 ff.
[750] Vgl. Fischer (2006), S. 129.
[751] Fischer (2006), S. 132.

Die Merkmale von Supply Chain-Verträgen lassen sich in drei Gruppen untergliedern:[752]

- Die *Bindungsmerkmale* beschreiben, für welchen Zeitraum welche Vereinbarung zwischen den Vertragspartnern in der Supply Chain bestehen (z. B. Vertragshorizont, Verlängerungsoptionen, Interdependenzen zu bereits bestehenden Rahmenverträgen). Hierbei ist u. a. festzulegen, welche Reversionsmöglichkeiten (z. B. Vertragsauflösung und Kündigung) bestehen.
- *Leistungsmerkmale* legen fest, für welche Zeiträume welche Leistungen zu erbringen sind. Grundsätzlich ist zu regeln, wie diese Leistungen durch die Vertragsparteien „disponiert" werden können. Neben der zeitlichen Dimension (z. B. Terminfixierung, Vorhalten auf Abruf oder Kopplung der Leistung an eine erfolgte Zahlung) sind das Volumen bzw. die Mengen sowie die Art der zu erbringenden Leistung zu fixieren.
- Die *Zahlungsmerkmale* determinieren den Zeitraum der finanziellen Gegenleistung sowie die Konditionen, unter den diese zu erfolgen haben (u. a. Festlegung der Zahlungsziele und -höhen, Bestimmung des Abrechnungsmodus (z. B. Einzelabrechnung vs. Gutschriftverfahren) sowie Berücksichtigung von Preisanpassungsklauseln).

Im SCM werden häufig Verträge auf mehreren Ebenen abgeschlossen (vgl. Abbildung 3.4-14). Auf Vertragsebene 1 werden die allgemeinen Bedingungen der Zusam-

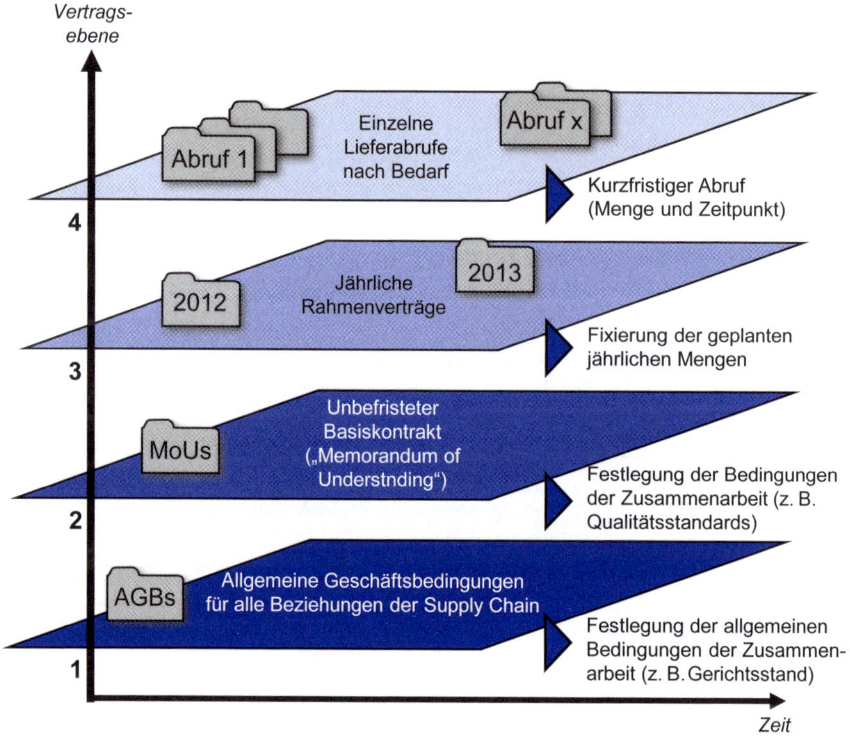

Abbildung 3.4-14: Mehrstufige Vertragsgestaltung im SCM[753]

[752] Vgl. Fischer/Hoos (2002), S. 255 ff.
[753] In Anlehnung an Large (2009), S. 209.

menarbeit festgelegt (z.B. in Form der Allgemeinen Geschäftsbedingungen). Die Vertragsebene 2 beinhaltet den unbefristeten Basiskontrakt (häufig in Form eines „Memorandum of Understanding"), in dem u.a. Qualitätsstandards festgehalten werden. Auf Vertragsebene 3 werden in 1-jährigen Rahmenverträgen die geplanten Bestellmengen fixiert. Auf Vertragsebene 4 schließlich finden die einzelnen Lieferabrufe statt. Durch diese mehrstufige Vertragsgestaltung lassen sich vor allem Redundanzen vermeiden.

Eine besonders für die Supply Chain-Betrachtung relevante Komponente von Kontrakten ist, dass die im Netzwerk geschlossenen Verträge voneinander abhängen können. In einer Supply Chain wirken Vertragsänderungen und -anpassungen einer Stufe auf die Verträge vor-, nachgelagerter oder paralleler Stufen. Ein Beispiel sind Zuliefernetzwerke in der Automobilindustrie: Verändert sich die langfristige Nachfrage beispielsweise zugunsten von Dieselmodellen, ist neben der Motorenfertigung und deren Zulieferern (Einspritzanlagen) die Fahrwerkfertigung und deren Zulieferer (Achsen, Federn etc.) von den Veränderungen betroffen. Die korrespondierenden Verträge zwischen den betroffenen Akteuren sind entsprechend den grundsätzlich strukturellen Bedarfsänderungen anzupassen.

Die Art formeller Regelungen kann – wie in Abbildung 3.4-15 dargestellt – im Verlaufe der Zeit sowie in Abhängigkeit der Beziehungsintensität variieren. Es lässt sich beispielsweise beobachten, dass erste Transaktionen als Ausgangspunkt von Beziehungen zu einem Großteil auf Basis der allgemeinen Geschäftsbedingungen (AGB) abgewickelt werden. Dies ist auch ein Merkmal kurzfristiger Marktbeziehungen. Bei mittelfristigen Zulieferer-Abnehmer-Beziehungen nimmt der abzuschließende Vertrag (inklusive einem mehrjährigen Rahmenvertrag) einen wesentlich größeren Raum ein. Das Beziehungsmanagement als Komponente der sozialen Ebene ist noch nicht so bedeutsam wie

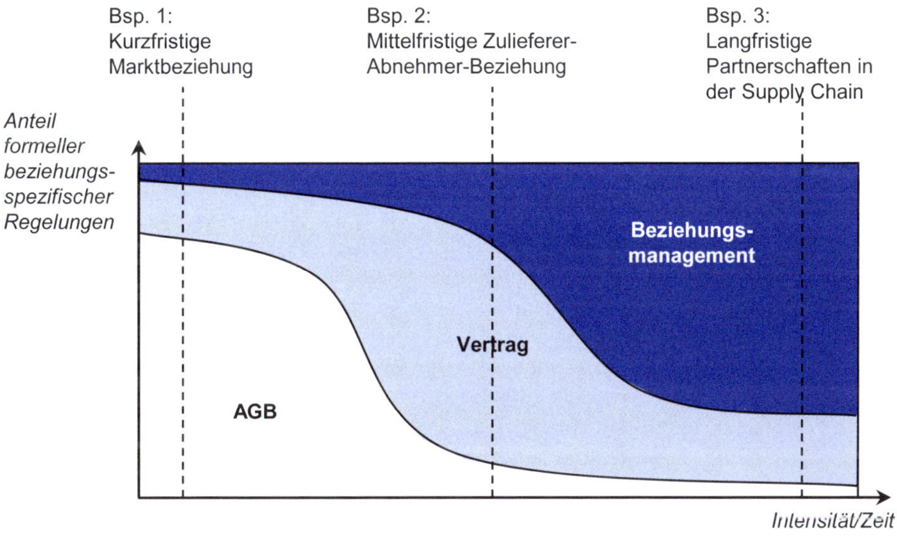

Abbildung 3.4-15: Zusammensetzung formeller Regelungen im Beziehungslebenszyklus einer Supply Chain[754]

[754] In Anlehnung an Trumpfheller/Hofmann (2004), S.86.

bei der langfristigen oder strategischen Beziehung in der Supply Chain. Hier besteht zwar ebenfalls ein Vertrag, ein Großteil der Beziehung wird allerdings durch die Aktivitäten des Beziehungsmanagements geprägt. Gemeinsame Wertvorstellungen und eine größere Kompatibilität des Beziehungsleitbilds bestimmen diese Konstellation.

Anreizgestaltung im Supply Chain Management

Wie schon mehrfach diskutiert, müssen die Ziele auf der Netzwerkebene nicht zwangsläufig mit den individuellen Zielsetzungen auf der Akteursebene übereinstimmen. Eine derartige Zieldifferenz vermag zu Interessenkonflikten führen. Beispielsweise kann ein Netzwerk, das auf langfristige Gewinnmaximierung angelegt ist, von Supply Chain-Akteuren, die an kurzfristiger Zielmaximierung interessiert sind, opportunistisch ausgenutzt werden.[755] Unternehmen sehen sich daher dazu veranlasst, nach Möglichkeiten für eine Reduktion der Verhaltensunsicherheiten zu suchen, wobei insbesondere spezifische Verträge zum Einsatz kommen.[756] Da es bei der Vertragsgestaltung nicht möglich ist, alle denkbaren Situationen der Interaktionsbeziehung zu antizipieren, ergeben sich Freiräume für opportunistisches Verhalten. Die daraus resultierenden Verhaltensunsicherheiten lassen sich vor allem mit Hilfe von adäquaten Anreizsystemen absichern.

Es sind vor allem drei Gründe für Anreizprobleme in Supply Chains aufzuführen:[757] (a) mangelnde Beobachtbarkeit des Verhaltens eines Supply Chain-Akteurs, (b) die Geheimhaltung relevanter Informationen sowie (c) ungeeignete Anreizprogramme zwischen den Supply Chain-Akteuren.

In Supply Chains entstehen die beschriebenen Informationsasymmetrien in vielfacher Hinsicht. Es scheint daher notwendig zu sein, die unterschiedlichen Geschäftsbeziehungsvarianten innerhalb einer Supply Chain aus Sicht des Prinzipal-Agenten-Ansatzes zu analysieren, um Rollen und Machtpositionen zu identifizieren. Es ist zwischen Beeinflussbarkeit und Beobachtbarkeit des Agenten zu differenzieren.[758]

In einer Supply Chain lassen sich folgende Prinzipal-Agenten-Beziehungen identifizieren:[759]

- Auf der Akteursebene (Unternehmen im Netzwerk) besteht ein „klassisches" Prinzipal-Agenten-Problem mit Supply Chain-Bezug beispielsweise zwischen einem Geschäftsführer (Prinzipal) und einer Führungskraft, die für Beschaffungs-, Produktions- und/oder Distributionsprozesse verantwortlich ist (Agent). Der Supply Chain Manager baut beispielsweise hohe Sicherheitsbestände auf, um die in seiner Zielvereinbarung festgehaltene hohe Lieferzuverlässigkeit jederzeit sicherstellen zu können. Diese bedeuten jedoch eine erhöhte Kapitalbindung mit negativen Auswirkungen auf den Unternehmenswert.
- Auf der dyadischen Kooperationsebene besteht eine Prinzipal-Agenten-Beziehung beispielsweise dann, wenn ein „mächtiger" Auftraggeber (Prinzipal) einem kleineren Zulieferer (Agent) Vorschriften bzgl. Produkteigenschaften macht, die tatsächliche Umsetzung dieser Restriktionen allerdings aufgrund fehlender Informationen nicht nachvollziehen kann.

---

[755] Vgl. Chen (2005), S. 60 ff.
[756] Vgl. Cachon/Lariviere (2005), S. 30 ff.
[757] Vgl. Narayanan/Raman (2005), S. 41.
[758] Vgl. Kaluza et al. (2003), S. 2.
[759] Vgl. Hofmann/Hofmann/Pfeiffer (2008), S. 3 f.

- Auf der Netzwerkebene ist von einem Prinzipal-Agenten-Problem dann zu sprechen, wenn ein von mehreren Unternehmen eingerichtetes Supply Chain-Gremium (z. B. Executive Governance Council nach Fawcett et al. (2006), S. 31) die Funktion des Auftraggebers und die involvierten Unternehmen die Rolle der Auftragnehmer übernehmen.

Die Beeinflussbarkeit innerhalb einer Prinzipal-Agenten-Konstellationen zwischen einem abnehmenden Unternehmen (Prinzipal) und einem Zulieferer (Agent) lässt sich dabei mit Hilfe der folgenden Kriterien bestimmen:

- Der *Wertschöpfungsanteil am Produkt* beschreibt die Bedeutung und die davon abhängige Macht eines Agenten gegenüber dem Prinzipal.
- Damit im Zusammenhang steht die *Komplexität der Zulieferteile*. Je komplexer eine Leistung ist, desto schwieriger ist sie zu substituieren und desto höher ist die Macht des Agenten.
- Der Einfluss des Zulieferers ist bei einem hohen *Anteil an Forschungs- und Entwicklungsleistungen* der zu beziehenden Güter ebenfalls groß.
- Beim vierten Kriterium entscheidet der *Zugang zu kritischen Ressourcen* das Ausmaß des Einflusses eines Agenten.
- Unter das letzte Kriterium werden *besondere Fähigkeiten der Zulieferer* subsumiert.

Die Beobachtbarkeit der Handlungen des Agenten (Zulieferer) durch den Prinzipal (abnehmendes Unternehmen) wird durch drei Kriterien bestimmt:

- Das *Ausmaß der Kapitalbeteiligung* des Prinzipals am Agenten bestimmt direkt (und gesetzlich) den Umfang des Kontrollrechts.
- Ein höheres Ausmaß der Beobachtbarkeit kann weiterhin durch die *grundsätzliche Machtstellung des Prinzipals* erzeugt werden.
- Schließlich kann das Ausmaß der offen zu legenden Informationen durch *Verträge* geregelt werden.

Das Ausmaß der Prinzipal-Agenten-Probleme in Supply Chains wird von der Höhe der Informationsasymmetrie zwischen den Akteuren sowie der Bedeutung dieser Informationsasymmetrie bestimmt. Ein besonders intensiver Einsatz von Kontrollstrategien und Anreizsystemen ist dann zu erwarten, wenn sowohl Höhe als auch Bedeutung der Informationsasymmetrie hoch sind. So wäre beispielsweise keine hohe Kontrollintensität bei dem Fall eines Lieferanten zu erwarten, der zwar über weit mehr Informationen als der Auftraggeber verfügt, aber aus Sicht des Abnehmers strategisch unbedeutend ist.

3.4.4.2 Planung und Programme im Supply Chain Management

Der Koordinationsbedarf im SCM lässt sich mit Hilfe eines weitestgehend standardisierten Informationsaustauschs über Pläne und Programme realisieren.[760]

[760] In diesem Zusammenhang wird zusätzlich auch von Koordination durch Budgets gesprochen. Grundsätzlich sind bei der Budgetierung im Vorfeld in Abhängigkeit von der Organisations- bzw. Netzwerkstruktur verschiedene Variablen festzulegen: Geltungsdauer, Inhalt, Detaillierung, Verbindlichkeit etc., der Budgets sowie die Hierarchiedynamik (Top-Down-, Bottom-Up- oder Gegenstrom-Verfahren). Aufgrund der rechtlichen Selbstständigkeit der Supply Chain-Akteure und der daraus folgenden Autonomie ist jedoch von einer eingeschränkten Wirksamkeit dieses Koordinationsinstruments auf der Netzwerkebene auszugehen.

Planung im Supply Chain Management

Eine Möglichkeit der Koordination besteht in der Nutzung von Plänen. Pläne entwickeln aus periodenbezogenen Vorgaben spezifische Ziele, Maßnahmen zur deren Erreichung, sowie eine Ressourcenzuteilung. Die Vorgaben sind z. T. detaillierter Natur (Teilpläne). Bei der Erstellung von Teilplänen bedarf es der Koordination zwischen unterschiedlichen Bereichen, Perioden und Ebenen. Auf der Netzwerkebene werden bei dieser Koordination lediglich konkrete Zielvorgaben vereinbart, so dass das „Wie" der Zielerreichung dem jeweiligen Akteur überlassen bleibt. Zielvorgaben können sich z. B. auf Lieferzeiten, Produktqualität oder auch die Erreichung gewisser Kennzahlen bei Lieferantenaudits beziehen.

Des Weiteren kommt es zu einer Beschleunigung des Koordinationsprozesses, da eine aufwendige Eskalation auf höheren Stufen vermieden wird. Aufgrund der meist eng gefassten Vorgaben, die aus Plänen resultieren, wird teilweise die Flexibilität in einem sich rasch verändernden Umfeld reduziert. Dies kann zu Trägheit in der Organisation – besonders in Bezug auf Entscheidungen – führen. Weiterhin gilt es zu beachten, dass es zu Vereinfachung der Umwelt durch Pläne kommt. Daher ist eine konstante und regelmäßige kritische Betrachtung und Anpassung der Pläne notwendig, um deren Leistungsfähigkeit zu gewährleisten.

Es lassen sich grundsätzlich drei Planungshorizonte im SCM unterscheiden:[761]

- Dem *langfristigen Planungshorizont* sind strategische Entscheidungen zur Struktur und Konfiguration der gesamten Supply Chain zuzuordnen, die sich über einen Wirkungszeitraum von mehreren Jahren erstrecken. Dabei handelt es sich z. B. um Entscheidungen im Hinblick auf die zu integrierenden Supply Chain-Akteure und deren Wertschöpfungstiefe sowie die Gestaltung und Konfiguration des Netzwerkes hinsichtlich der Anzahl und geografischen Lage der Wertschöpfungsstandorte.[762]
- Bei einem *mittelfristigen Planungshorizont* werden Entscheidungen für einen Zeitraum von etwa 6 bis 24 Monaten getroffen. Primäres Ziel ist die grobe Bestimmung von unternehmensübergreifend abgestimmten Bestell-, Produktions- und Distributionsmengen.
- Die Planung im Rahmen des *kurzfristigen Planungshorizonts* dient der Anpassung und Realisierung der festgelegten Leistungsprogramme aus der mittelfristigen Planung und damit der Beantwortung der Frage: Wann genau sollen welche Mengen an Rohstoffen, Zwischenprodukten oder Endprodukten bei welcher Einheit der Supply Chain produziert, transportiert oder gelagert werden? Sie umfasst einen Zeitraum von wenigen Tagen bis zu 3 Monaten. Generell hängen die angegebenen Zeiträume stark von der betrachteten Branche ab. Im Branchenvergleich können sich so völlig unterschiedliche Zeithorizonte für ein und dieselbe Kategorie ergeben.

---

[761] Vgl. Fleischmann/Meyr/Wagner (2007), S. 82.

[762] Der langfristige Planungshorizont ist daher auch dem SCM-Arbeitsfeld Positionierung und Konfiguration zuzuordnen.

Fallbeispiel: Kurz- und Mittelfristplanung auf der Akteursebene in der Automobilindustrie

Das Ziel der einmal jährlich durchgeführten *Jahres(budget)planung* besteht in der Bestimmung der Produktionspläne für die einzelnen Werke sowie in der Ermittlung der Absatzpläne für die Regionen im Folgejahr, jeweils auf Ebene der Fahrzeugmodelle. Dabei werden die Produktions- und Absatzmengen auf Monatsebene berechnet. Auf Basis dieser Pläne erfolgt anschließend die Gesamtbudgetplanung für alle Unternehmensbereiche für das folgende Jahr, indem die benötigten Mittel für die zuvor festgelegten Jahresmengen ermittelt werden. Zudem wird daraus die zur Erfüllung der Produktionspläne erforderliche Jahresarbeitszeit abgeleitet. Im Rahmen der *Prognoseplanung* werden Prognosen für zukünftige Absatzmengen und Einbauraten erstellt. Sie dient als wichtiger Datenlieferant für die Jahres(budget)planung und die Programmplanung. Die Basis für die mittelfristigen Absatzprognosen bilden neben Vergangenheitswerten vor allem Lieferwünsche spezifizierter Händler sowie einige wenige Endkundenaufträge. Um einen Abgleich zwischen den Bedarfen und Kapazitäten mit den Produktionswerken des OEM und des Lieferanten durchführen zu können, sind zudem Prognosen für zukünftige Einbauquoten auf Ausstattungs- oder Teileebene bei den geplanten Absatzmengen zu erstellen. Ähnlich wie bei der Jahres(budget)planung werden auch bei der *Programmplanung* Produktions- und Absatzmengen ermittelt, jedoch mit kürzeren Zeitfenstern, d. h. nicht auf Monatsebene, sondern in Form von Wochenmengen. Die Planung erfolgt (monatlich) rollierend und erstreckt sich über einen Horizont von 3 bis 12 Monaten. Als Input fungieren sowohl die Pläne aus der Jahres(budget)planung sowie die prognostizierten Absatzmengen und Einbauraten aus der Prognoseplanung. Die aus der Programmplanung resultierenden Produktionspläne dienen wiederum als Input für die später erfolgende Lieferplanerstellung sowie für die Produktionsplanung in den Werken. Auf der Beschaffungsseite stellen die *Prognoseplanung (ProgP) und Stücklistenauflösung* die Basis für die Abstimmung mit Lieferanten in Form von Lieferplänen und Lieferabrufen dar. Sofern die Produktionspläne auf Fahrzeugmodellebene bestimmt wurden, ist in diesem Schritt häufig eine Prognose von Sekundärbedarfen notwendig. Diese werden auf Teileebene durch eine Stücklistenauflösung aus den Primärbedarfen auf Fahrzeugebene ermittelt. Bei Lieferplänen handelt es sich um eine mittelfristige Bedarfsprognose für Zulieferer auf Teileebene ohne verbindlichen Charakter, bei Lieferabrufen um verbindliche Abrufe im mittel- bis kurzfristigen Horizont. Die *„Absatzallokationsplanung"* stellt die Schnittstelle zwischen der mittelfristigen zentralen Prognoseplanung sowie der kurzfristigen dezentralen Lieferterminvergabe dar. Eine Hauptaufgabe besteht in der Detaillierung und anschließenden Verteilung der aggregierten Quoten aus der Programmplanung hinsichtlich der verschiedenen Vertriebsstufen. Die *Lieferterminvergabe* spielt dabei eine wesentliche Rolle in Bezug auf die Zufriedenheit der Endkunden. Die Kunden im Premiumsegment wünschen einen möglichst kurzfristigen Liefertermin sowie die Einhaltung dieses Termins. Wenn ein Kunde bei einem Händler ein Fahrzeug bestellt, kann er i. d. R. auf Wochenebene einen Wunschtermin nennen. Der Händler prüft dann, ob er diesen Termin auf Grundlage der ihm zugeteilten Quote zusagen kann. Ist dies nicht möglich, schlägt er die nächstmögliche Auslieferwoche vor. Vollständig spezifizierte Kundenaufträge werden aus der Lieferterminvergabe über die verschiedenen Vertriebshierarchien an die „Absatzallokationsplanung" zurückgespielt. Für den Fall, dass ein Fahrzeugmodell in mehreren Produktionswerken gefertigt wird, werden die Aufträge an die *Werkszuordnung* weitergeleitet, wo unter Berücksichtigung der jeweils geplanten Produktionsmengen und Kapazitäten eine Verteilung der Aufträge auf die alternativen Werke vorgenommen wird. Im kurzfristigen Zeithorizont werden die den Werken zugeordneten Aufträge an die *Modell-Mix-Planung* und *Linienzuweisung* übergeben. Beide Planungsschritte finden dezentral in den Produktionsstandorten statt. Im Rahmen der Modell-Mix-Planung werden die wöchentlichen Produktionspläne auf die einzelnen Tage der Woche verplant, wobei vorgegebene Restriktionen für den Modell-Mix eingehalten werden müssen. Bei mehreren alternativen Fertigungslinien sind die Tagesmengen zusätzlich auf die Linien zu verteilen.

Die *Bestelllosgrößenplanung* ermittelt im Kurzfristzeitraum auf Basis der bekannten Tagesproduktionsmengen in den Werken die Bestelllosgrößen und -termine für Teile, die von den Lieferanten nicht direkt ans Band, sondern in ein Lager beim OEM geliefert werden. Hierbei spielt der Trade-off zwischen Lagerkosten und mengendegressiven Transportkosten eine wichtige Rolle. Bei der *Sequenzbildung* handelt es sich um die Feinplanung der Tagesproduktionsmengen aus der Modell-Mix-Planung, bei der unabhängig von der Belieferungsform täglich rollierend für einen Zeitraum von ein bis drei Wochen die untertägige Produktionsreihenfolge der Fahrzeugaufträge auf den Linien in den Werken festgelegt wird. Bei diesem Planungsschritt müssen u. a. die Teileverfügbarkeit sowie zahlreiche Restriktionen hinsichtlich der Reihenfolge beachtet werden. Das sog. „Perlenkettenprinzip" wird verwendet, um ab einem gewissen Zeitpunkt die Reihenfolge der Fahrzeugaufträge einzufrieren (sog. „Freeze Point").

In der Belieferungsform Just-in-Sequence erfolgen der Teileabruf und die Anlieferung produktionssynchron in der Reihenfolge der montierten Fahrzeuge beim OEM. Um die Teile in der richtigen Reihenfolge bei den Lieferanten abzurufen, ist zuvor eine Umrechnung der Ausstattungsbedarfe der Fahrzeuge in Teilebedarfe (*Stücklistenrechnung*) notwendig.[763]

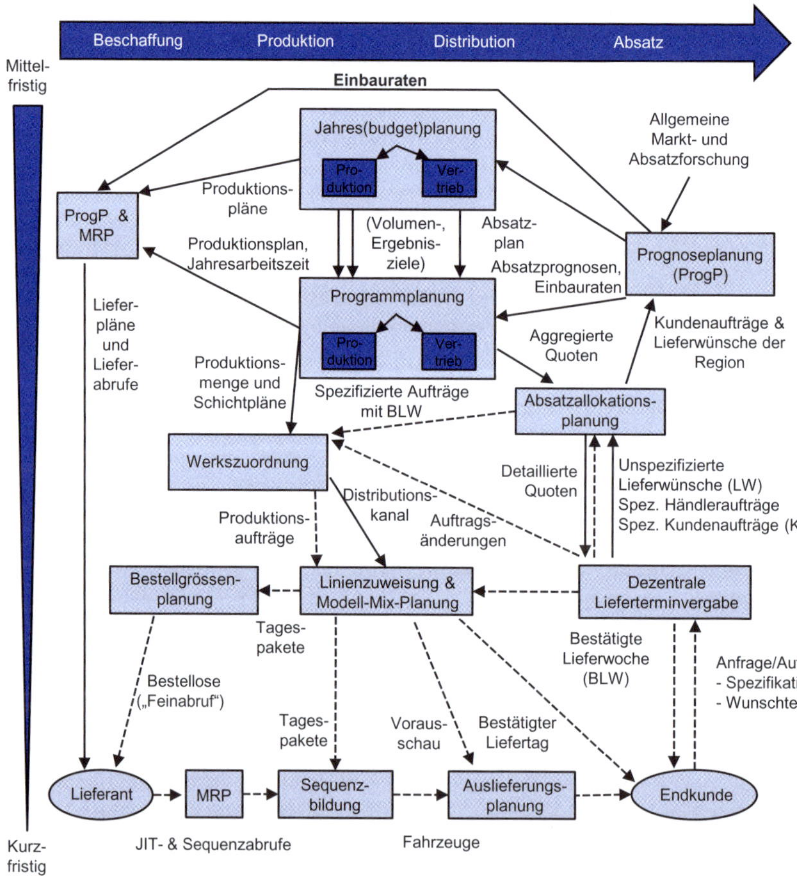

Abbildung 3.4-16: Kurz- und mittelfristige Planung in der Automobilindustrie zwischen Lieferant und Kunde

763 Im Englischen wird für die Materialbedarfsrechnung über eine Stücklistenauflösung der Begriff „Material Requirement Planning" (MRP) verwendet.

Fertige Fahrzeuge können von den Kunden direkt im Kundenzentrum beim Herstellerwerk abgeholt werden, wobei die meisten Autos über Händler oder Niederlassungen an diese ausgeliefert werden. Für die Planung des Transports der Fahrzeuge von den Produktionswerken zu den Händlern und Niederlassungen ist die *Auslieferungsplanung* verantwortlich, die in vielen Fällen durch externe Logistikdienstleister wahrgenommen wird und zahlreiche Optimierungsmöglichkeiten aufgrund von Freiheitsgraden hinsichtlich der eingesetzten Verkehrsträger, möglichen Transportlosen und der Gestaltung von Auslieferntouren bietet.

Quelle: Entnommen aus Ostertag (2008), S. 25 ff.

Das Fallbeispiel aus der Automobilbranche zeigt, wie viele unterschiedliche Planungen im SCM auf der Akteursebene zwischen Absatz/Distribution, Produktion und Beschaffung anzustoßen sind. Im interorganisationalen Kontext sind die korrespondierenden Planabstimmungen mit Kunden, Lieferanten und Dienstleistern vor allem erforderlich. Auf der Netzwerkebene werden diese Aufgaben unter dem Term „Supply Chain Planning" subsumiert.

Auf der Netzwerkebene stehen besonders die Planungsbereiche an den Unternehmensschnittstellen im Vordergrund der Betrachtung. Im SCM kann zwischen folgenden Merkmalsausprägungen des *Supply Chain-Planning* differenziert werden:[764]

- Collaborative Master Planning: Beim Collaborative Master Planning werden mittelfristige Produktions-, Beschaffungs- und Transportmengen sowie Lagerbestände mit dem Ziel der kostenoptimalen Nutzung der Ressourcen unternehmensübergreifend bestimmt.
- Collaborative Demand Planning I: Das Collaborative Demand Planning I dient der Koordination der Nachfrageplanung der Supply Chain-Partner, also der gemeinsamen Prognose des zukünftigen Absatzes des Endprodukts der Supply Chain.
- Collaborative Demand Planning II: Im Rahmen des Collaborative Demand Planning II erfolgt eine Abstimmung zwischen der Nachfrageplanung des Lieferanten und der Beschaffungsplanung des Kunden, wobei das primäre Ziel in der Sicherstellung der Versorgung des Kunden besteht.
- Demand Capacity Collaboration: Die Koordination der taktischen Supply Chain-Planung (Bestimmung der Produktions-, Beschaffungs- und Transportmengen sowie Lagerbeständen) und Beschaffungsplanung (kurzfristige Bestellungen) eines Kunden mit der Nachfrageplanung des Lieferanten wird als Demand Capacity Collaboration bezeichnet.
- Demand Inventory Collaboration: Die Demand Inventory Collaboration steht für den Abgleich der Beschaffungsplanung eines Kunden mit der kurzfristigen Absatzplanung (Demand Fulfillment & ATP) des Lieferanten. Auf diese Weise sollen potenzielle Engpässe im Vorfeld vermieden werden.
- Collaborative Scheduling: Das Collaborative Scheduling hat einen kurzfristigen Planungshorizont und wird zur Koordination der Produktionssteuerung (Auftragsreihenfolge und kurzfristiger Personaleinsatz) verschiedener Unternehmen eingesetzt.[765]

[764] Vgl. Ostertag (2008), S. 97.
[765] Kilger/Reuter/Stadler (2007), S. 263 ff.

Programme im Supply Chain Management

Bei der Koordination durch Programme werden allgemeine Handlungsanweisungen i.d.R. schriftlich vorgegeben. Im Rahmen des SCM ist hier beispielsweise eine spezifische Konkretisierung der SCM-Prozesse und eine unternehmensübergreifende Implementierung mit verschiedenen Partnerunternehmen aufzuführen (siehe SCM-Arbeitsfeld Veränderung/Adaption). Auch die Einigung auf die Einführung von SCM-Konzepten, wie etwa Just-in-Time, Efficient Consumer Response (ECR) und Quick Response oder die Einigung auf bestimmte Standards beim Datenaustausch kann hierunter subsumiert werden. Diese Art der Koordination ist gut geeignet, um eine große Anzahl von Unternehmen zu steuern in der Supply Chain.

Neue Supply Chain-Akteure lassen sich durch die Vorgabe der Programmstandards relativ leicht in das bestehende Netzwerk integrieren. Einschränkend scheint es jedoch schwierig, komplexe Aufgaben mit hohen situativen Abhängigkeiten durch Programme abzubilden, so dass diese Koordinationsform eher für Routineaufgaben geeignet ist. Eine Transaktionskosten-senkende Wirkung liegt in der Wiederverwendbarkeit und Standardisierung der Programme begründet. Eine bilaterale Vereinbarung und Anpassung kann bei Einsatz von Programmen ganz oder teilweise entfallen, so dass von einer Senkung der Vereinbarungs- und Anpassungskosten auszugehen ist.

3.4.5 Gestaltungsdimension III: Ad hoc-Koordination

Neben der bereits dargestellten regelmäßigen Koordination, kommt es im Rahmen der Aufgabenwahrnehmung im SCM – insbesondere auf der Netzwerkebene – immer wieder zu Situationen, in denen sich eine Entscheidungsfindung schwierig gestaltet oder gar ganz blockiert ist. Aufgrund des „relationalen" Charakters der abgeschlossenen Verträge zwischen den Supply Chain-Akteuren kann es zudem immer wieder zu Uneinigkeiten bzgl. der Auslegung eines Sachverhalts in der Supply Chain kommen. Falls es keine übergeordnete formale Entscheidungsinstanz gibt und die Verhandlungen zu keinem Resultat führen, sind Meinungsverschiedenheiten und Konflikte zwischen den Unternehmen (fast) „vorprogrammiert". In zahlreichen Fällen scheitert gar die Umsetzung der angedachten Supply Chain-Initiativen. Dem Konfliktmanagement sowie der proaktiven Information und Kommunikation sind daher im SCM eine besondere Bedeutung zuzusprechen. Diese Instrumente werden – in Ergänzung zur Gestaltungsdimension II – als „ad hoc Koordinationsformen" bezeichnet.

3.4.5.1 Konfliktmanagement in Supply Chains

Ein Konflikt wird definiert als eine Situation, in welcher die Interessen mehrerer Parteien nach unvereinbarten Handlungen nicht mehr übereinstimmen.[766] Etwas konkreter und auf den Fall einer Supply Chain bezogen wird ein Konflikt dann ausgelöst, wenn die Handlung eines Akteurs die Zielerreichung eines anderen oder des ganzen Netzwerkausschnittes negativ beeinflusst.

Konfliktursachen im Netzwerk sind Interdependenzen und Interessensgegensätze, welche kooperativer wie auch konkurrierender Art sein können. Interdependenzen

[766] Vgl. Jost (1999), S. 12.

sind die Folge von Spezialisierung und Arbeitsteilung, wodurch der Koordinationsbedarf in einer Supply Chain ansteigt. Da auf der Netzwerkebene das Kollektiv vor die Interessen der einzelnen Akteure der Supply Chain gestellt wird, entstehen Konflikte bei gegensätzlichen Interessen. In Folge dessen können einzelne (oder alle involvierten) Supply Chain-Akteure ihre Interessen nur partiell umsetzen. Weiteres Konfliktpotenzial resultiert auf dem Sachverhalt, dass Ressourcen gemeinsam genutzt werden. Ferner sind Ungerechtigkeiten bezüglich der Ergebnisaufteilung sowie die Verteilung von Verantwortlichkeiten und Handlungsbefugnissen potenzielle Quellen von Streitigkeiten zwischen Supply Chain-Akteuren.[767]

Aus den jeweiligen Konfliktursachen lassen sich Aufgaben zur Bewältigung der Konflikte, sogenannte *Konfliktansätze*, ableiten. Dabei gilt es zu beachten, dass sowohl die positiven Auswirkungen funktionaler Konflikte genutzt werden, wie auch die unerwünschten Reaktionen auf dysfunktionale Konflikte entsprechend bearbeitet werden. Um beiden Formen gerecht zu werden, kann ein präventives Konfliktmanagement eingerichtet werden, welches Konflikte frühzeitig erkennt und in angemessener Weise darauf Reaktionen vorsieht. Das kurative Konfliktmanagement bewältigt dagegen bestehende Konflikte. Ziel ist es, sowohl präventiv als auch kurativ auf Konflikte zu reagieren. Ansatzpunkte des Konfliktmanagements sind die Koordination der Netzwerkaktivitäten hinsichtlich einer adäquaten Arbeitsteilung im zugrunde gelegten Supply Chain-Ausschnitt (z. B. bezogen auf die Finanz- und Ressourcenausstattung der Unternehmen), sowie die Motivation der jeweiligen Akteure zu einem auf das Netzwerkinteresse ausgerichtetem Verhalten.[768]

Die Reaktionsmöglichkeiten im Falle des kurativen Konfliktmanagements sind vielfältig. So bietet sich insbesondere bei asymmetrischen Machtverhältnissen eine Anpassung an das dominierende Unternehmen an, was unter dem Ausdruck der Machtduldung beschrieben wird. Oft kann es auch hilfreich sein, den Konflikt offen auszutragen und damit dem Ansatz des Machtkampfes zu folgen. Dies ist vor allem bei vergleichbaren Machkonstellationen möglich. Von einem Kompromiss spricht man dann, wenn keine involvierte Partei ihre eigenen Interessen durchsetzen kann, die Zusammenarbeit jedoch auf keinen Fall aufgelöst werden soll, da man aufeinander angewiesen ist. Als Instrument zur Erreichung dieser Ziele und der Vorbeugung sowie der Behandlung bzw. Lösung von Konflikten gelten Verhandlungen bzw. Mediationen. Dabei stehen Drittparteien (z. B. Unternehmensberatungen) als *Mediatoren* zur Verfügung.

Konfliktlösungen können auf unterschiedliche Weise angegangen werden. So können Konflikte unterdrückt werden, sofern eine adäquate Lösungsmöglichkeit unwahrscheinlich ist. Die *Konfliktunterdrückung* kommt zur Anwendung, falls eine Auseinandersetzung aus strategischen Überlegungen gemieden wird oder die Kosten zu ihrer Bereinigung zu hoch sind. Diese Variante wird meist vom fokalen Unternehmen der Supply Chain gewählt, welches in der Regel keine Nachteile daraus fürchten muss. Jedoch ist es im Netzwerkverständnis nicht immer erstrebenswert, da die Zusammenarbeit grundsätzlich kooperativ ausgerichtet sein sollte.

Ein Konflikt kann auch verschoben werden. Die *Konfliktverschiebung* lässt sich auf sachlicher, adressatenbezogener oder zeitlicher Art vornehmen. Dadurch wird der

767 Vgl. Jost (1999), S. 34.
768 Vgl. Jost (1999), S. 36.

Konflikt auf einer anderen Ebene angegangen, auf der wiederum anderen Konfliktlösungsmechanismen angewendet werden können. Im SCM bietet sich beispielsweise die „Eskalation" eines Konflikts auf höhere Hierarchieebenen an. Ferner kann eine Verschiebung des Entscheidungsproblems in einen anderen Funktionsbereich eine Lösung herbeiführen. Falls es z. B. zwischen dem Einkauf des einen und dem Vertrieb des anderen Supply Chain-Partner zu einem (vermeintlich) nicht-auflösbaren Konflikt bezüglich der Auslegung einer Just-in-Tim-Anlieferung kommt, so erringen womöglich die jeweiligen Logistikbereiche eine für beide Akteure tragbaren Kompromiss.

Bei der *Konfliktvermeidung* wird ein Konflikt vor einer Eskalation entschärft. Eine Vermeidung kann durch formale oder informelle Machtstrukturen erzwungen werden oder sie findet freiwillig statt.

Der für das SCM wohl beste, jedoch auch schwierigste Umgang mit Konflikten, ist deren Bewältigung. Die *Konfliktbewältigung* kann direkt zwischen den involvierten Parteien geschehen oder es wird eine neutrale dritte Partei zu Hilfe gezogen. Diese neutrale (Dritt-)Partei kann extern oder aber auch intern, bspw. in Form eines Netzwerkgremiums, besetzt werden. Die Instrumente welche zur Bewältigung von Konflikten eingesetzt werden, sind neben der Verhandlung (Mediation) vor allem die Schlichtung und der Machteingriff:

- Bei der *Schlichtung* erhält die externe Instanz zusätzlich die Aufgabe, zwischen den Parteien als Schiedsrichter aufzutreten und aufgrund der Aussagen ein Urteil zu fällen. Es sind Kompromisse anzustreben.
- Insbesondere dem Mittel des *Machteingriffes* kann sich ein mit einer entsprechenden Entscheidungshoheit ausgestattetes Netzwerkgremium bemächtigen. Dabei wird teilweise ohne Beteiligung der Konfliktparteien der Konflikt durch die Anwendung verordneter oder repressiver Maßnahmen beendet.

Eine besondere Herausforderung beim Konfliktmanagement im SCM besteht, wenn nicht nur zwei Akteure auf bilateraler Ebene, sondern mehrerer Unternehmen von den Dissonanzen des Entscheidungsproblems betroffen sind. Die Wahl der Konfliktlösungsmechanismen im SCM hängt zudem von der grundsätzlichen Koordinationsregulierung – den etablierten Governance Modes – ab. Langbestehende und auf Vertrauen aufbauende Geschäftsbeziehungen erfordern beispielsweise eher eine Konfliktvermeidung bzw. -bewältigung, wohingegen in marktlichen Beziehungen mitunter die Konfliktverschiebung oder gar die Konfliktunterdrückung dominieren können.

3.4.5.2 Information und Kommunikation im Supply Chain Management

Fallbeispiel: Informationsaustausch in der Supply Chain auf Empfehlung des VDA (Verband der Deutschen Automobilindustrie)

Bedarfsinformationen werden von OEM an Zulieferer beispielsweise im Rahmen von JiT/JiS-Konzepten (vgl. Kapitel 2.4) weitergereicht, um diesen mitzuteilen, wann welche Menge an Teilen angeliefert oder versendet werden soll. Für die rollierende Übermittlung der Bedarfe unterscheidet der VDA drei Abrufarten:

- Lieferabruf (LAB) nach VDA 4905: Der für alle Teile versendete Lieferabruf dient den Lieferanten als Vorschau für ihre Planung, hat einen mittelfristigen Planungshorizont von 6 bis 10 Monaten und weist mit zunehmenden Zeithorizont eine abnehmende Granularität auf. Das bedeutet, dass für die nahe Zukunft Bedarfe auf Tagesebene und anschließend nur noch auf Wochen- oder Monatsebene dargestellt werden. Der Lieferabruf wird bei Bedarfsänderungen rollierend (z. B. täglich oder wöchentlich) aktualisiert und versendet. Ein LAB ist demnach so lange gültig, bis er durch einen neuen LAB ersetzt wird.
- Feinabruf (FAB) nach VDA 4915: Der Feinabruf kann ergänzend zum Lieferabruf eingesetzt werden und findet Anwendung bei hochwertigen, volumenintensiven und ausstattungsabhängigen Teilen. Der Bedarfshorizont liegt im kurzfristigen Bereich zwischen 5 und 18 Arbeitstagen. Bezogen auf diesen Horizont ist der FAB bindend, danach der LAB. Der Feinabruf wird zur Feinsteuerung der Anlieferung beim OEM sowie als Versandanweisung für den Zulieferer verwendet. Die Bedarfsmengen können auf Tages- und Stundenebene angegeben werden, die Planung findet täglich statt.
- Produktionssynchroner Abruf (PAB) nach VDA 4916: Der PAB ist die Abrufart mit den feinsten Steuerungsmöglichkeiten und kann ergänzend zum Liefer- und zum Feinabruf für Teile aus der Belieferungsform Just-in-Sequence eingesetzt werden. Auf dessen Basis nimmt der Lieferant die Feinsteuerung der Produktion und des Versands für die Anlieferung von Teilen in einer vorgegebenen Reihenfolge vor. Eine Besonderheit des PAB im Vergleich zu den anderen Abrufarten besteht in der Zuordnung der abgerufenen Teilenummer zur Fahrzeug-Ident-Nummer des Automobilherstellers. Der Planungshorizont liegt bei wenigen Tagen, wobei die Bedarfe auf Stunden und Minuten genau abgebildet werden. Der Planungszyklus ist untertätig.

Die VDA-Empfehlungen lassen Spielräume für OEM, die in der Praxis auch genutzt werden. Beim Lieferabruf beispielsweise können Bedarfshorizont, die Granularität der Bedarfe und der Zyklus für den Versand der LABs variiert werden. Infolgedessen unterscheiden sich die Bedarfshorizonte im LAB von Volkswagen (6 Monate), Daimler (9 Monate) und BMW (10 Monate).

Neben den Bedarfsinformationen werden dem Lieferabruf auch kumulierte Wareneingänge in Form von Fortschrittszahlen vom OEM an die Lieferanten übertragen. Mit Hilfe der Differenz zwischen den kumulierten Abrufmengen und den Wareneingangsmengen lassen sich die noch offenen Liefermengen der Zulieferer ermitteln.

Eine weitere planungsrelevante, an die Zulieferer weitergeleitete Information stellt die Übermittlung der Bestände des Automobilherstellers dar. Für diese Information gibt es derzeit keine VDA-Empfehlung. Daimler vermittelt den Lieferanten aktuelle Bestandsinformationen über eine Internetanwendung.

Der Informationsfluss von den Lieferanten in Richtung der OEM ist sogestaltet, dass über die VDA-Empfehlung VDA 4913 Lieferschein- und Transportdaten übermittelt werden. Andere planungsrelevante Informationen, wie mittelfristige Lieferkapazitäten oder zugesagten Mengen und Termine in Engpasssituationen, werden nicht über VDA-Standardformate übertragen. Für solche Informationen setzen die OEM in den meisten Fällen internetbasierte SCM-Systeme ein, die es den Zulieferern ermöglichen, die Daten manuell einzugeben oder über Schnittstellen automatisch einzuspielen.

In Abbildung 3.4-17 wird der Informationsaustausch nach den VDA-Vorschriften zwischen Automobilhersteller (OEM) und seinen Lieferanten nochmals visualisiert.

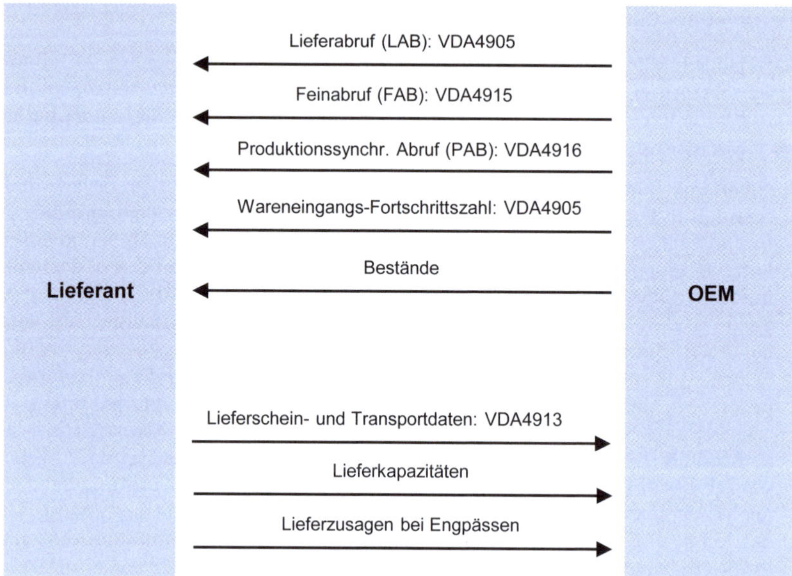

Abbildung 3.4-17: Informationsaustausch zwischen OEM und Lieferant in der Automobilindustrie

Quelle: Entnommen aus Ostertag (2008), S. 31–33.

Das Fallbeispiel zeigt, wie ein standardisierter Informationsaustausch zwischen Zulieferer und Hersteller einer Automotive-Supply Chain nach den VDA-Vorschriften zu erfolgen hat. *Aber*: Wie sollte eine Kommunikation jenseits dieser konkreten Vorschriften ablaufen? Und was passiert, falls solche Regelungen zwischen den Akteuren einer Supply Chain bislang nicht etabliert wurden? Zudem ist kritisch darauf hinzuweisen, dass sich der beschriebene Informationsaustausch auf die dyadische Beziehung zwischen einem Automobilhersteller (OEM) und einem Lieferanten bezieht. Für das SCM auf der Netzwerkebene im Allgemeinen besitzt diese branchenspezifische Aufstellung daher nur eine eingeschränkte Aussagekraft.

Kommunikationsverhalten und Supply Chain Management

Kommunikation verläuft häufig meist so unbewusst, dass der Zeitaufwand, der für einen erfolgreichen Austausch nötig ist, in der Praxis unterschätzt wird. Tatsächlich können Gruppen – und auch Supply Chains – ohne Kommunikation nicht existieren. Durch den Informationsaustausch und die Kommunikation werden Rollen, Normen und Ziele geschaffen sowie Führung und gemeinsame Aufgabenbearbeitung ermöglicht. Bedingt durch die Arbeitsteilung und Internationalisierung in Supply Chains, müssen verantwortliche Führungskräfte und Mitarbeiter vielfältigste Aufgaben übernehmen, wozu häufig auch das Management interfunktionaler und oft international zusammengesetzter Projektteams zählt. Die arbeitsbezogene Interaktion und Kommunikation mit Mitarbeitern anderer Fachrichtungen und möglicherweise Kulturkreise wird somit für viele Führungskräfte und Mitarbeiter zum Bestandteil ihrer täglichen Arbeit, was sich auf die Tätigkeitsfelder eines Supply Chain Managers auswirkt.

Insbesondere der im SCM stattfindende, unternehmensübergreifende Informationsaustausch setzt geeignete Informations- und Kommunikationssysteme (IuK-Systeme) voraus, stellt aber auch Anforderungen an das Kommunikationsverhalten von Mitarbeitern und Führungskräften.[769] Gammelgaard und Larson (2001) konnten zeigen, dass die Fähigkeit, Informationen weiterzugeben und zu erlangen, für Supply Chain Manager von großer Bedeutung ist.[770]

Den positiven Zusammenhang zwischen dem externen Kommunikationsverhalten von Einkäufern und einem erfolgreichen Lieferantenmanagement wird beispielsweise von Large (2005) beleuchtet. In dieser wissenschaftlichen Untersuchung wird herausgearbeitet, dass die Kommunikationsquantität, die Offenheit der Kommunikation und der Grad der Freundlichkeit als Dimensionen des Kommunikationsverhaltens einen wesentlichen Einfluss auf den Erfolg des Lieferantenmanagements ausüben. Als wichtigste Determinanten des individuellen Kommunikationsverhaltens werden die mündliche Kommunikationsfähigkeit und die Einstellungen der Einkäufer identifiziert.[771] Auch die Kommunikation in Supply Chain-Projekten ist deshalb nicht nur eine große Herausforderung, sondern eine wichtige Managementaufgabe für Projektleiter und ihre Projektteams.

Das Kommunikationsverhalten im SCM orientiert sich mitunter an folgenden Dimensionen:

- *Kommunikationsverhalten auf Akteursebene:* Interfunktional zwischen den verschiedenen betroffenen Funktionen (z. B. zwischen Beschaffung, Produktion und Distribution) sowie in hierarchischer Richtung (z. B. zwischen der Fachebene und den Führungskräften auf Geschäftsfeldebene). Je mehr Hierarchieebenen in einer Organisation existieren, desto stärker werden i. d. R. auch Informationen gefiltert. Dies ist insbesondere für die Rolle von Projektleitern im Rahmen ihrer Informations- und Kommunikationsverpflichtung gegenüber der Hierarchie von Relevanz.
- *Kommunikationsverhalten auf Netzwerkebene:* Unternehmensübergreifende – überwiegende vertikale – Kommunikation zwischen den Mitarbeitenden der involvierten Supply Chain-Akteure, wobei wiederum auf adäquate Hierarchieebenen von Informationssender und -empfänger zu achten ist. So sollten Geschäftsführer mit Geschäftsführern kommunizieren und Sachbearbeiter mit Sachbearbeitern. Eine besondere Herausforderung der ad hoc-Koordination auf der Netzwerkebene besteht in der Kommunikation mit den zu adressierenden Hierarchieebenen (inklusive Ansprechpartnern) bei den Partnerunternehmen.

Kommunikationsprinzipien und Informationsfluss im Supply Chain Management

Im Rahmen der Bearbeitung von unternehmensübergreifenden Supply Chain-Initiativen entstehen fast immer Informationslücken, Spannungen und Konflikten zwischen den involvierten Mitarbeitern. Die Arbeitskoordination durch das Projektmanagement kann hierbei eine wichtige koordinierende „Brückenfunktion" übernehmen, und zwar unter anderem durch die Gewährleistung klarer Informationsflüsse und Zuständig-

[769] Vgl. Pfohl (1999), S. 173 ff.
[770] Vgl. Gammelgaard/Larson (2001), S. 35 ff.
[771] Vgl. Large (2005), S. 1005.

keiten, zielgerichteter Besprechungen sowie funktionierender Verbindungen zu den Organisationseinheiten bzw. Abteilungen sowohl im eigenen Unternehmen als auch auf der Netzwerkebene.[772]

Probleme und Konflikte in der Supply Chain ergeben sich häufig aus Störungen in der Kommunikation zwischen den involvierten Akteuren. Eine unzureichende Sender-Empfänger-Passung (z. B. zwischen den Sach- und Beziehungsebenen der Kommunikation) und eine inadäquate Aufarbeitung von Kommunikationsinhalten verhindern eine effiziente Zusammenarbeit in der Supply Chain.[773]

Im Rahmen der direkten Interaktion können unterschiedliche Kommunikationsstrukturen zum Einsatz kommen. Das sind vor allem Informationsketten und -kreise oder eine weitreichende vernetzte Kommunikation zwischen allen involvierten Mitarbeitenden. Diese Kommunikationsstrukturen sind nicht grundsätzlich mit den Entscheidungsstrukturen in der Supply Chain gleichzusetzen. So können z. B. ausstehende Entscheidungen mittels einer vernetzten Kommunikationsstruktur innerhalb des Projektteams beraten und die endgültige Entscheidung dennoch bei der Projektleitung belassen werden. Die Entscheidungsform wäre somit zentralistisch, die Kommunikationsstruktur jedoch konsultativ.[774]

Folgende grundlegende Fragestellungen sollten im Kontext des SCMs beantwortet werden, um das Kommunikationsverhalten sowohl auf der Akteurs- wie auch auf der Netzwerkebene zu verbessern:

- Durch die Kommunikation welcher Inhalte möchten wir welche Ziele des SCM erreichen?
- Welche Zielgruppen und Stakeholder müssen wir erreichen und welche Bedeutung haben diese für das SCM?
- Welche Anforderungen und Bedürfnisse stellen unsere Zielgruppen nach Information, Kommunikation und Beteiligung bezüglich des SCM?
- Mittels welcher Kommunikationsmedien, -mittel und -wege erreichen wir unsere Zielgruppen adressatengerecht und zielorientiert bezüglich der intendierten Supply Chain-Initiativen?
- Welches Kommunikationsverhalten erwarten unsere Zielgruppen und welches wollen wir zeigen?

Die Beantwortung der Fragestellungen kann sich aus Sicht des Netzwerks sowohl „nach innen“ (Adressaten: Supply Chain-Akteure) als auch „nach außen“ (Adressaten: Anspruchsgruppen des Netzwerks als Ganzes) richten. In der konkreten Zusammenarbeit im SCM können u. a. folgende einfachen Kommunikationstechniken angewendet werden:[775]

- Spezifisches Kommunikationsziel hinsichtlich der intendierten Supply Chain-Initiative klarmachen.
- Senden von kurzen Mitteilungen („Weniger ist häufig Mehr“); die meist komplexen Sachverhalte des SCM sind in kompakte, leicht verständliche Botschaften „zu verpacken“.

[772] Vgl. Wunderer/Küpers (2003), S. 211.
[773] Vgl. Schulz von Thun/Ruppel/Stratmann (2001), S. 33 ff.
[774] Vgl. Rosenstiel (2004), S. 387 ff.
[775] Vgl. in Anlehnung an Ruppert (1999), S. 540 f.

- Mehrfache Codierung (mündlich, bildlich, schriftlich) der wichtigen Botschaften (z. B. Kombination von Prozessvisualisierungen und textlichen Beschreibungen der Supply Chain-Initiative).
- Einsatz anschaulicher Beispiele zur Unterstützung abstrakter Sachverhalte beispielsweise anhand eines konkreten Kunden- oder Lieferanten-Konzepts.
- Einfordern und Anstoßen von Rückmeldung der involvierten Personen und Funktionen – hierdurch werden Feedback-Schleifen eingeführt, ob Mitteilungen zur Supply Chain-Initiative adäquat angekommen und verstanden wurden.
- Zur Vermeidung von Fehlinterpretationen aufgrund der ausgeprägten Tragweite potenzieller Supply Chain-Initiativen sollte möglichst eine direkte Form der Ansprache gewählt werden; besser ein Gespräch oder Telefonat als eine E-Mail oder ein Fax.
- Aufgrund des kooperativen Charakters im SCM gilt es jederzeit die Wertschätzung der Gesprächs-/Interaktionspartner – auch und gerade im Konflikt – sicherzustellen.

Treibende Kräfte in der Kommunikation – auch im Supply Chain-Kontext – basieren auf technologischen Weiterentwicklungen. Diese sind zukünftig von Supply Chain Managern im Rahmen ihrer Information und Kommunikation zu berücksichtigen:

- Schnelle Informationsvermittlung durch den Ausbau digitaler und sozialer Netze (z. B. XING, Facebook).
- Neue technologische Lösungen (z. B. Videokonferenzen via Skype, spezifische SCM-Foren oder Intranet-Lösungen für die eingebundenen Supply Chain-Partner).
- Innovative Kommunikationsgestaltung (z. B. Web-Bloggs und Podcasts).
- Schnellere, aktuellere Informationsvermittlung (insbesondere via E-Mail und EDI).
- Individuellere Kommunikationsinhalte.

Die verschiedenen Informationsflüsse und Kommunikationswege inklusive der unterstützenden IuK-Systeme sind in Abbildung 3.4-18 exemplarisch für eine Supply Chain dargestellt.

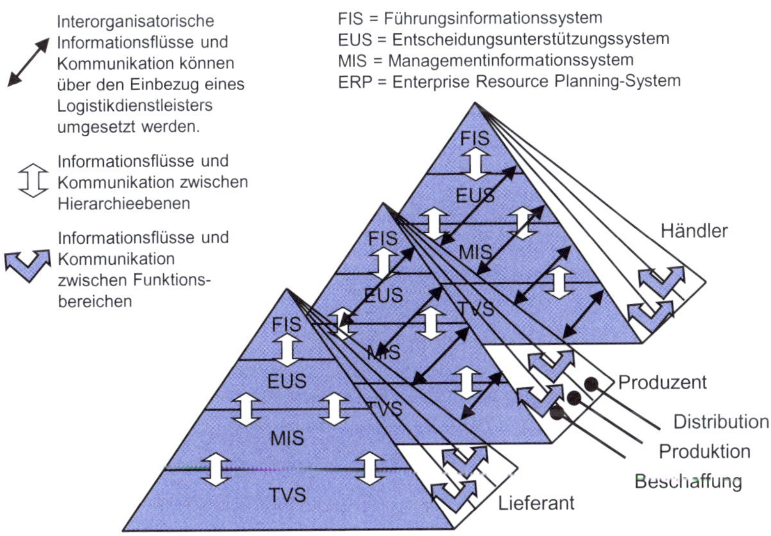

Abbildung 3.4-18: Vertikaler und horizontaler Informationsfluss in einer Supply Chain[776]

[776] In Anlehnung an Jehle (2005), S. 124.

Eine besondere Form der Koordination in Netzwerken unter Rückgriff von Informations- und Kommunikationssystemen stellt das Supply Chain Event Management dar.

Exkurs: Supply Chain Event Management

Viele Probleme, die im Rahmen von Supply Chain Management auftreten, lassen sich auf eine mangelnde unternehmensübergreifende Visibilität kritischer Logistikprozesse zurückführen. Da sich Störungen im Leistungserstellungsprozess niemals vollständig eliminieren lassen, müssen Planabweichungen in der Wertschöpfungskette zeitnah erkannt werden, um so früh Gegensteuerungsmaßnahmen einleiten zu können. Dieser Problematik widmet sich das Supply Chain Event Management, welches die methodische Lücke zwischen der mittel- bis langfristigen Supply Chain Planung und der operativen Prozessdurchführung zu schließen vermag.

Im Mittelpunkt dieses Ansatzes steht die unternehmensübergreifende Visibilität von logistischen Prozessen, die es ermöglichen soll, Störungen im Material-, Waren und Informationsfluss bereits frühzeitig zu erkennen und proaktiv Steuerungsmaßnahmen zu ergreifen, bevor diese die Erfüllung des Plans gefährden. Aus technischer Sicht kann der Ursprung des Supply Chain Event Managements in Systemen zur Sendungsverfolgung, dem sogenannten Tracking & Tracing, gesehen werden. Diese Systeme generieren Statusinformationen über Objekte (z. B. Packstücke, Behälter etc.), die logistische Prozessketten durchlaufen. Insofern leisten sie einen Beitrag, Informationsdefizite in einer Supply Chain auszugleichen.

Auch wenn Tracking & Tracing-Systeme mittlerweile in einigen Branchen eine weite Verbreitung gefunden haben, sind sie mit verschiedenen Problemen behaftet, welche die Effektivität und Effizienz ihres Einsatzes einschränken. Zentrale Kritikpunkte liegen dabei in Defiziten in der Datenqualität sowie vor allem in einer fehlenden Selektivität bei der Datenbereitstellung (Informationsflut). Hinzu kommt die Tatsache, dass Informationen vornehmlich manuell aus Datenbanken abgefragt werden müssen, was zum Teil hohe Suchkosten verursacht.

An diesen beiden Schwachstellen setzt das Supply Chain Event Management an. Um die Informationsbereitstellung zu verbessern, versorgen Supply Chain Event Management-Systeme die entsprechenden Entscheidungsträger selbstständig (z. B. per E-Mail oder SMS) mit Statusmeldungen. Als konstitutiv für Supply Chain Event Management gilt die Eigenschaft, dass im Sinne einer Komplexitätsreduktion nur diejenigen Informationen weitergegeben werden, deren Kenntnis für einen spezifischen Empfänger wesentlich ist und einen dementsprechenden Handlungsimpuls beinhalten. Die Selektion solcher als Events bezeichneten Meldungen basiert auf einem Vergleich der geplanten mit den tatsächlich realisierten Prozessabfolgen.

Während Informationen über den tatsächlichen Verlauf aus den Statusmeldungen (z. B. eines Tracking & Tracing-Systems) gewonnen werden, müssen Plandaten für die relevanten Prozesse bereits im Vorfeld definiert werden. Im Mittelpunkt steht dabei die Festlegung von Meilensteinen und die Ermittlung der dazugehörigen Plantermine. Da geringfügige Abweichungen oftmals noch keinen Steuerungsbedarf implizieren, müssen neben den Planwerten auch Toleranzbereiche fixiert werden. Erst wenn die erhobenen Ist-Werte diesen Bereich über- oder unterschreiten, entsteht ein Handlungsbedarf. Damit wird aus der Statusmeldung ein Event, welches an den jeweiligen Entscheidungsträger weiterzuleiten ist.

Aus konzeptioneller Sicht beinhaltet Supply Chain Event Management folgende Kernfunktionen:

- *Monitor* (Überwachen) – Das Monitoring stellt die Überwachung aller relevanten Supply Chain Prozesse sicher. Als Datenlieferanten können bereits existierende Tracking & Tracing-Systeme eingesetzt werden. Um Abweichungen identifizieren zu können,

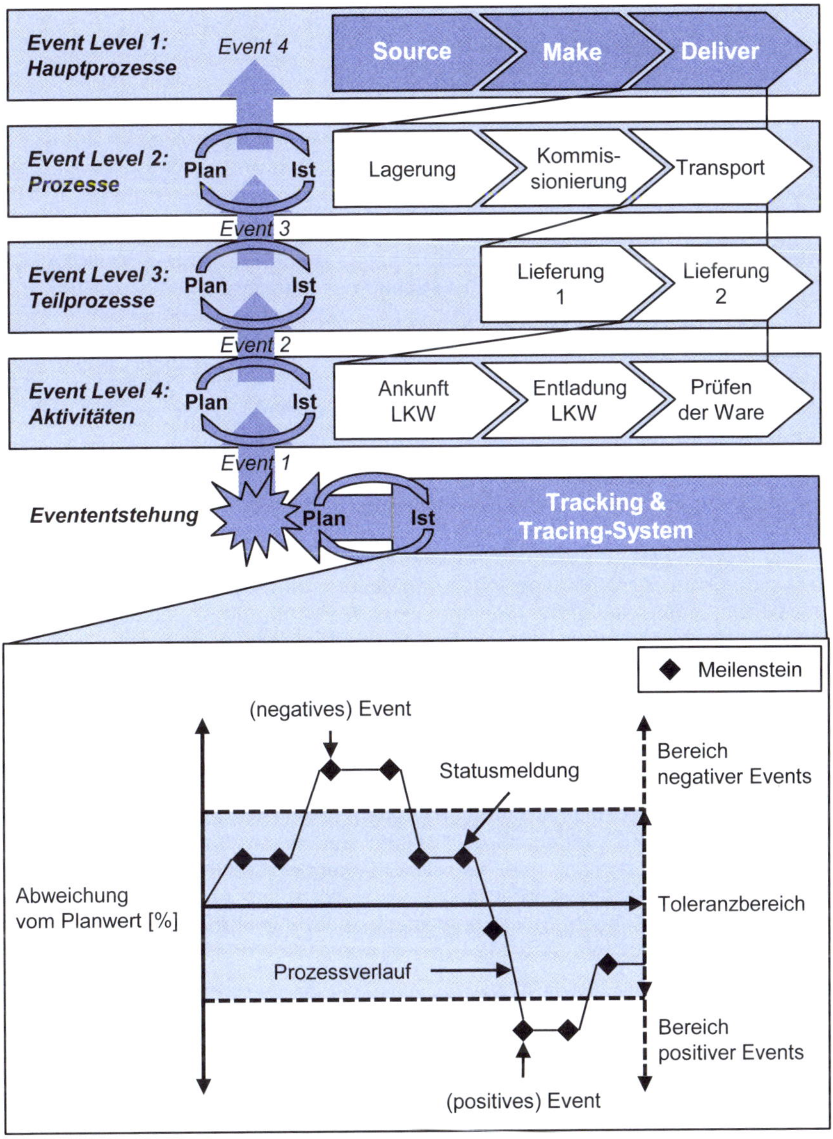

Abbildung 3.4-19: Schematische Darstellung des Managements von Events in der Supply Chain[777]

findet neben der reinen Erfassung jedoch auch ein Abgleich mit den vorab definierten Planwerten und Toleranzgrenzen statt.

- *Notify* (Melden) – Stellt die Monitoringkomponente eine kritische Planabweichung fest, so wird durch die Notifyfunktion die entsprechende Entscheidungsinstanz in Echtzeit informiert. Die auf diesem Weg realisierte Visibilität ermöglicht es den Prozessver-

[777] In Anlehnung an Heusler/Stölzle/Bachmann (2006), S. 21 und 22.

antwortlichen, unmittelbar einzugreifen und so das Risiko größerer Störungen im Leistungserstellungsprozess zu reduzieren. Dieser Sachverhalt spiegelt den proaktiven Charakter des Supply Chain Event Managements wider.

- *Simulate* (Simulieren) – Nachdem ein Event registriert und der verantwortliche Entscheidungsträger eines Supply Chain-Akteurs benachrichtigt wurde, erfolgt im Rahmen der Simulationskomponente eine Prüfung und Bewertung alternativer Reaktionsmöglichkeiten.
- *Control* (Steuern) – Auf Basis des Simulationsergebnisses wird die erfolgversprechendste Alternative ausgewählt und deren Umsetzung initiiert. Zentrale Zielsetzung ist dabei die Beseitigung der Plan-Ist-Abweichung im betrachteten Prozessabschnitt.
- *Measure* (Messen) – Die Measurekomponente befasst sich mit der Berechnung und Aufbereitung von Performanceindikatoren, die der Überwachung der Supply Chain-Prozesse dienen. Es handelt sich dabei jedoch nicht um eine nachträgliche Betrachtung im Sinne einer ex-post Kontrolle, sondern um eine prozessbegleitende Überwachung, die durch eine kontinuierliche Zielüberprüfung die Erreichbarkeit des Soll-Zustands gewährleisten soll (Prämissenkontrolle).

Hinsichtlich der potenziellen Betreiber eines Supply Chain Event Managements gibt es mehrere Varianten. Prinzipiell erscheinen traditionelle Logistikdienstleister (Third Party Logistics Provider) als Anbieter von Tracking & Tracing-Lösungen auch für den Betrieb von Supply Chain Event Management prädestiniert. Da traditionelle Sendungsverfolgungssysteme jedoch lediglich Fragmente einer Wertschöpfungskette abdecken, stellt sich die Frage, ob sich andere Unternehmen für die Realisierung von Supply Chain Event Management besser eignen.

Es besteht die Möglichkeit, dass ein oder mehrere Unternehmen einer Supply Chain selbst ein Event Management-System schaffen. Technisch betrachtet basiert eine solche Lösung meist auf einer Erweiterung respektive unternehmensübergreifenden Integration bereits vorhandener ERP-Systeme. Der wesentliche Vorteil dieser Variante ist darin zu sehen, dass die Unternehmen nicht nur über die für das Event Management notwendige Prozesshoheit verfügen, sondern angesichts ihrer dominanten Stellung in hierarchischen Netzwerken auch in der Lage sind, ein solches System organisatorisch-institutionell zu verankern. Es kann daher davon ausgegangen werden, dass diese Lösungsalternative durch den direkten Zugriff auf alle relevanten Unternehmensdaten eine umfassende Abbildung aller logistischen Aktivitäten in der Supply Chain ermöglicht.

Quelle: Entnommen aus Heusler/Stölzle/Bachmann (2006), S. 19 ff.

3.4.6 Gestaltungsdimension IV: Koordinationstechnologien

Im Rahmen der operativen Steuerung von Supply Chain-Prozessen sind Aufgaben der kurzfristigen Planung und Kontrolle wahrzunehmen. Dabei kommen vor allem die inhaltlichen Ziele der Handlungsfelder Supply Chain-Prozesse sowie Information/IT zum Tragen. Es erfolgt vor allem eine Zuordnung auftragsspezifischer Aufgaben und Kapazitäten zu bestimmten operativen (Teil)Prozessen. In vielen Unternehmen wird auf programmgesteuerte Planungsmethoden zurückgegriffen, die innerhalb von *Enterprise Resource Planning-(ERP)* bzw. *Production Planning & Scheduling-(PPS)-Systemen* abgebildet werden.[778] Ähnliche operative Planungsansätze werden zur Steuerung von

[778] Vgl. Steven (2002), S. 754; Welge/Al Laham (2001), S. 570; Al-Mashari/Al-Mudimigh/Zairi (2003), S. 352 ff.; Bendoly/Jacobs (2004), S. 99 ff.

Beschaffungsprozessen (z. B. Bedarfs-, Bestellmengen- oder Bestandsplanung) oder Distributionsprozessen (z. B. Tourenplanung, Steuerung von Außendienst und Lieferservice) eingesetzt.

Die zunehmende Verbreitung moderner Informations- und Kommunikationstechnologie eröffnet neue Potenziale für die Gestaltung und Steuerung der Aufgabenabwicklung in der Supply Chain Dabei kann der IT eine ermöglichende Funktion („Enabler") und eine unterstützende bzw. stabilisierende Funktion („Support") zugeschrieben werden. Ihr Potenzial ist jedoch nur bei einem adäquaten Einsatz über die Unternehmensgrenzen hinweg auszuschöpfen.

ERP- und PPS-Systeme haben seit Beginn der 1990er Jahre einen großen Verbreitungsgrad gefunden und sind heute in den meisten Unternehmen implementiert. Sie ermöglichen eine ganzheitliche Steuerung der operativen Abläufe und unternehmensinternen Prozesse, eine Standardisierung von Geschäftsprozessen sowie eine bessere und konsistentere Datenhaltung. In ihrer ursprünglichen Konzeption konzentrieren sie sich auf die Datentransaktionen zwischen den Organisationseinheiten eines Unternehmens und erlauben somit keine interorganisationale Sicht auf die Wertschöpfungsprozesse.

Seit einigen Jahren ist eine starke Entwicklung des Marktes für SCM-Software zu beobachten. Dabei werden Bezeichnungen wie zum Beispiel *„Supply-Chain-Software"*, *„Supply-Chain-Management-Software"* , *„Supply-Chain-Planning-Software"* und *„Advanced Planning Systems"* oftmals synonym benutzt. Eine Übersicht über gängige Module eines Advanced Planning Systems (APS) gibt Abbildung 3.4-20.

Die Auswahl eines Softwareanbieters für APS erfolgt i. d. R. anhand der Analyse und Bewertung eines Lastenhefts. Wichtiger noch als die Bewertung der Softwareanbieter ist die Einschätzung der mit dem Einsatz einer SCM-Software zu realisierenden Potenziale, die den Kauf der oft recht teuren Produkte rechtfertigen. Dazu muss zunächst geklärt werden, wie diese Software funktioniert und was sie zu leisten imstande ist.

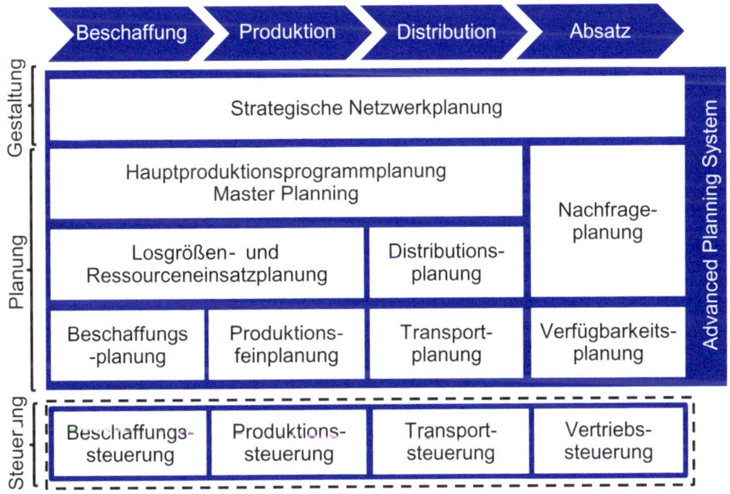

Abbildung 3.4-20: Typische Module eines Advanced Planning Systems[779]

[779] In Anlehnung an Meyr/Wagner/Rohde (2007), S. 109 ff.

Kommuniziert wird zwischen den Supply Chain-Akteuren zum großen Teil automatisiert und elektronisch über *EDI* (*Electronic Data Interchange*). Für den Datenaustausch über EDI lassen sich unterschiedliche Standardformate einsetzen. So kann die Kommunikation z. B. nach branchenunabhängigen Standards wie EDIFACT (Electronic Data Interchange for Administration, Commerce and Trade) oder nach branchenspezifischen Standards erfolgen (z. B. für die Automobilbranche ODETTE – Organization for Data Interchange by Teletransmission in Europe). Die Vorteile des Datenaustauschs über EDI liegen in einer Beschleunigung des Datentransfers, der Reduzierung von Medienbrüchen und damit Fehlerquellen, sowie der Verringerung von Transaktionskosten. Der Informationsaustausch erfolgt jedoch häufig nicht über das Internet, sondern über ein eigenes Intranet, weshalb die Integration eines Unternehmens in EDI und der Betrieb mit hohen Kosten verbunden sind, die für kleinere und mittlere Unternehmen in vielen Fällen nicht tragbar erscheinen. Aus diesem Grund ist die EDI-Kommunikation vor allem für langfristige Beziehungen zwischen größeren Unternehmen geeignet. Für kleinere Unternehmen besteht inzwischen die Möglichkeit, über WebEDI Informationen mit anderen Unternehmen direkt über das Internet auszutauschen.

In der Praxis werden zahlreiche Informationen zwischen unterschiedlichen Funktionsbereichen der in der Supply Chain miteinander verknüpften Unternehmen ausgetauscht, u. a. auch Konstruktionszeichnungen zwischen den Entwicklungsbereichen oder Vertragsabschlüsse zwischen dem Vertrieb eines Lieferanten und dem Einkauf des OEM. Im Kurz- und Mittelfristbereich kann der Informationsaustausch standardisiert erfolgen.

Neben der beschriebenen Software sind verschiedene Hardwarelösungen am Markt verfügbar, die die Prozesse innerhalb einer Supply Chain unterstützen. Abbildung 3.4-21

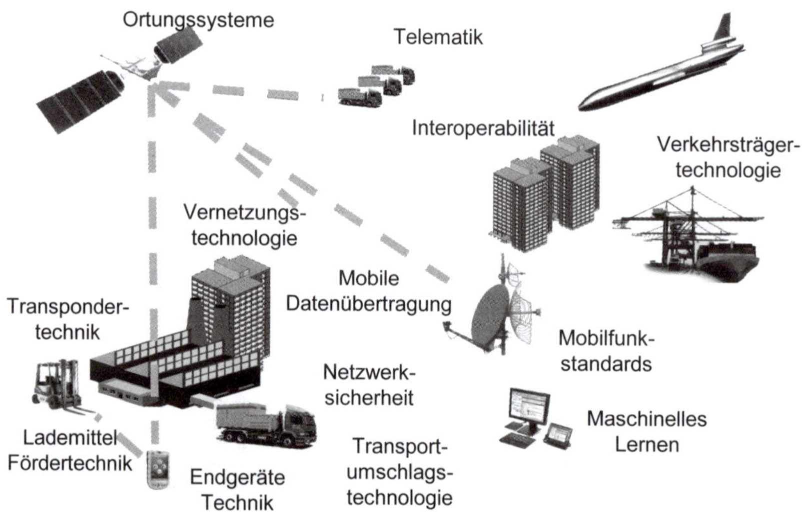

Abbildung 3.4-21: Technologische Entwicklungen für die operative Unterstützung einer Supply Chain[780]

[780] In Anlehnung an das Forschungsprogramm des SFB 637 „Selbststeuernde Logistik" der Universität Bremen.

zeigt, welche technologischen Entwicklungen für die operative Unterstützung einer Supply Chain relevant sind.

Bei der Planung bzw. Implementierung von modernen Informations- und Kommunikationstechnologien im SCM stehen Unternehmen verschiedenen Herausforderungen gegenüber. Nicht nur die oftmals hohen Investitionskosten stellen eine Barriere dar, sondern auch personelle Engpässe aufgrund mangelnder IT-Kompetenzen. Ebenfalls machen Zeitengpässe den Unternehmen zu schaffen, da die Entwicklung und Implementierung neuer IT-Komponenten, insbesondere von Software, sehr zeitaufwendig sein können.[781]

Aufbauend auf der starken Entwicklung des Marktes für SCM-Software und den genannten Herausforderungen, zeigt sich jüngst das Cloud Computing als zukunftsorientierte IT-Lösung – insbesondere für das SCM. Unter Cloud Computing wird dabei der Bezug von IT-Lösungen, von der Entwicklung über die Implementierung bis hin zum Support von einem externen Anbieter verstanden.[782] Dabei wird auch die gesamte IT-Infrastruktur vom externen Betreiber auf virtualisierten Servern zur Verfügung gestellt.[783]

Im Rahmen des Cloud Computing können Dienste verschiedener Anbieter kombiniert werden, um Software-Lösungen bedarfsgerecht zusammen zu stellen. Insbesondere kleine Unternehmen, die mit den hohen Kosten zum Teil standardisierter, jedoch zu umfangreicher Software-Lösungen konfrontiert sind, können durch individualisierte Cloud-Lösungen Kosten sparen.[784] Gleichzeitig lassen sich Cloud-Lösungen auf SCM-Ebene jederzeit und von jedem Ort in der Welt nutzen, ohne aufwendige Eingriffe in die IT-Systeme der Unternehmen vornehmen zu müssen.[785] Damit trägt Cloud Computing zur Vereinfachung der operativen Steuerung von Supply Chain-Prozessen bei.

[781] Vgl. ten Hompel et al. (2012), „Arbeitsseite 5".
[782] Vgl. Terplan/Voigt (2011), S. 24–28.
[783] Vgl. ten Hompel/Meinhardt/Lippmann (2011), S. 19.
[784] Vgl. ten Hompel et al. (2012), „Arbeitsseite 19".
[785] Vgl. Heistermann (2012), S. 4.

3

3.5 SCM-Arbeitsfeld Veränderung und Adaption

LERNZIELE

Am Ende dieses Kapitels sollten Sie in der Lage sein,

- die Grundlagen der Prozesse zur Veränderung und Adaption von Supply Chain-Initiativen wiederzugeben,
- die Prozessphasen und Dimensionen der Implementierung von Supply Chain-Initiativen auf der Akteursebene zu konkretisieren,
- die Spezifika der Prozesse der Umsetzung von Supply Chain-Initiativen auf der Netzwerkebene zu bestimmen sowie
- die unterstützenden Maßnahmen zur Realisation von Supply Chain-Initiativen kennen.

Das Kapitel 3.5 besteht aus drei Abschnitten, wie in der folgenden Abbildung dargestellt.

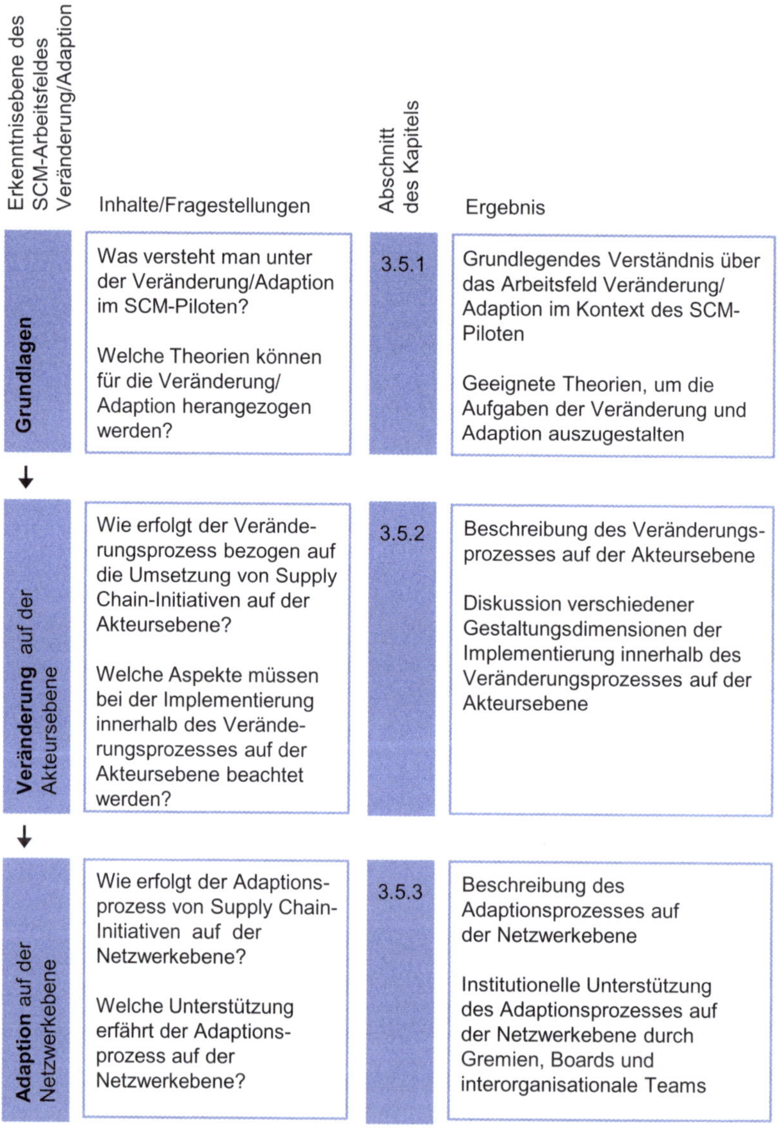

Abbildung 3.5-1: Aufbau des Kapitels 3.5 – SCM-Arbeitsfeld Veränderung und Adaption

3.5.1 Begriffsabgrenzung und theoretische Grundlagen

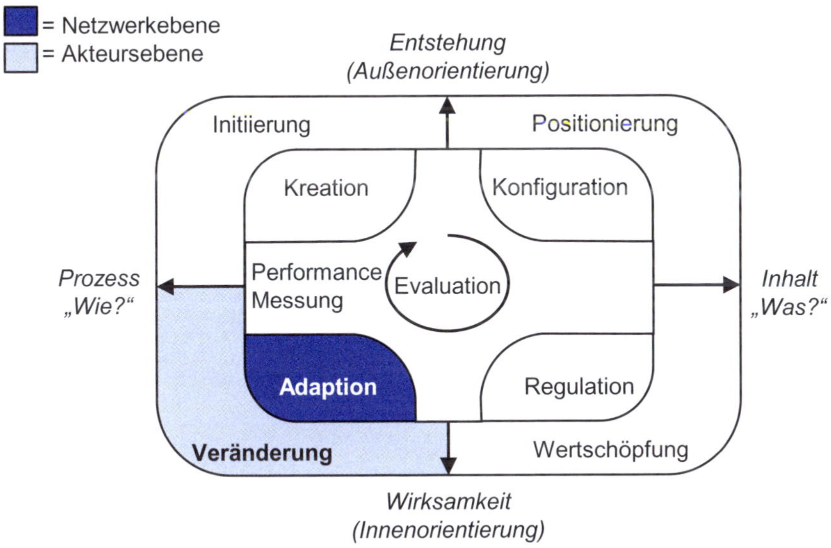

SCM-Arbeitsfeld Veränderung:

- Das Arbeitsfeld thematisiert die Umsetzung der „Repositionierung" eines Unternehmens in der Supply Chain sowie die Neuausrichtung der dabei betroffenen Geschäftsprozesse.
- Es steht somit die unternehmensweite Implementierung von Supply Chain-relevanten Methoden und Instrumenten (z.B. Vendor Managed Inventory, Postponement) im Vordergrund der Betrachtung.
- Veränderungen im Unternehmen bezüglich einer Supply Chain-Initiative folgen keinem Automatismus, sondern bedürfen einer aktiven Beeinflussung und Mitwirkung relevanter Entscheidungsträger.
- Unter Umständen sind Maßnahmen zur Abkopplung von Kooperationspartnern anzustoßen (insbesondere Entnetzung und Auflösung von Geschäftsbeziehungen auf der Akteursebene).

SCM-Arbeitsfeld Adaption:

- Das Arbeitsfeld setzt sich mit der Realisation von Supply Chain-Initiativen und dem daraus resultierenden organisatorischen Wandel auf der Netzwerkebene auseinander.
- Im Zentrum steht die interorganisationale Ausgestaltung des Umsetzungs- und Implementierungsprozesses von Supply Chain-Strategien bzw. -Initiativen.
- Um Supply Chain-Initiativen gemeinsam mit Partnern umsetzen zu können, ist eine institutionelle Unterstützung auf der Netzwerkebene erforderlich (z.B. interorganisatorische Teamzusammenstellung).
- In diesem Arbeitsfeld sind ggf. Maßnahmen zur Auflösung einer rigiden „Netzwerkidentität" umzusetzen.

Abbildung 3.5-2: Position und Inhalte der Arbeitsfelder Veränderung und Adaption im SCM-Piloten

Das Arbeitsfeld verfolgt damit die folgende zentrale Fragestellung:

„Wie – auf welche Art und Weise – wollen wir Supply Chain-Initiativen im eigenen Unternehmen umsetzen und welcher Veränderungsprozess ist dabei einzuschlagen, damit sich die ausgewählten interorganisatorischen Instrumente und Konzepte gemeinsam mit den Netzwerkpartnern adaptieren lassen?"

Die Beantwortung dieser Fragestellung führt zu einem zentralen Begriff dieses Kapitels: der Implementierung. Sie umfasst Änderungen der erarbeiteten Ausgestaltungen des betrachteten Supply Chain-Ausschnitts und versucht, Anregungen für deren konkrete Umsetzung in der Praxis zu geben. Dabei ist jeder Akteur eines Wertschöpfungsnetzwerks gefordert, sich über die Entwicklung und Bereitstellung adäquater Ressourcen und Fähigkeiten in jeglicher Hinsicht „Fit for SCM" zu machen.

Denn die Einbindung in eine Supply Chain kann für die einzelnen Akteure mit zahlreichen Veränderungen, bspw. in Form einer Repositionierung oder einer Neugestaltung der Geschäftsprozesse, einhergehen. Letztendlich unterliegen sämtliche Supply

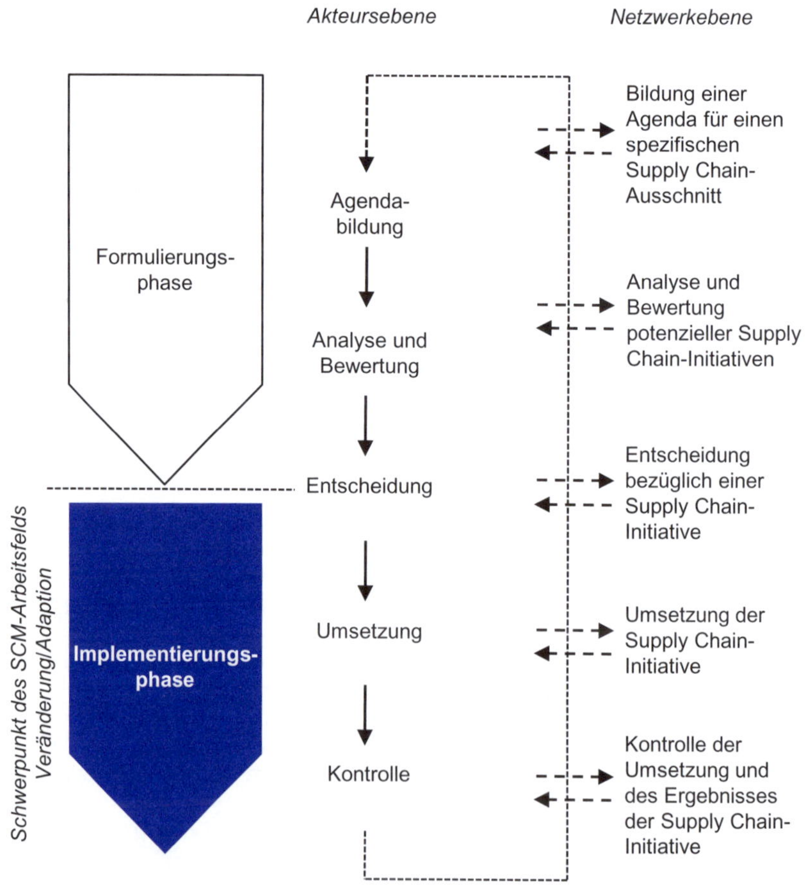

Abbildung 3.5-3: Schematische Darstellung der Phasen des klassischen Strategieprozesses im Supply Chain-Kontext (Implementierungsfokus)

Chain-Ausschnitte einem permanenten Wandel, wodurch nicht nur Veränderungen beim betroffenen Akteur selbst, sondern – aufgrund von Verflechtungen in der Supply Chain – auch bei anderen involvierten Unternehmen (Adaption) anzustoßen sind. Die zu konstatierende „Implementierungsherausforderung" des SCM gilt es nicht zu unterschätzen, sondern als spezifisches Reorganisationsvorhaben unter Einbezug einer ausreichenden Veränderungsbereitschaft proaktiv auszugestalten.[786]

Die Implementierungsphase ist ein integrativer Bestandteil des in Abschnitt 3.2.1 eingeführten Strategieprozessmodells (vgl. Abbildung 3.5-3). Im SCM bezieht sich diese Phase vor allem auf die konkrete Realisation von ausgewählten Supply Chain-Initiativen – und zwar sowohl auf der Akteurs- als auch auf der Netzwerkebene. Da bereits Entscheidungen pro oder contra konkreter Supply Chain-Initiativen getroffen wurden (im SCM-Arbeitsfeld Initiierung/Kreation), ist davon auszugehen, dass die Aktivitäten in diesem Arbeitsfeld auf Kenntnissen zu Kerninhalten des SCM-Konzepts sowie die daraus zu erwartenden Potenziale aufsetzen können. Es geht folglich nicht mehr um das „ob", sondern um das „wie" der Umsetzung der ausgewählten Supply Chain-Initiativen.

Das SCM-Arbeitsfeld Veränderung/Adaption fußt auf eine Reihe unterschiedlichster theoretischer Ansätze. Einen Überblick über ausgewählte Impulse gibt Abbildung 3.5-4.

3.5.2 Prozess der Supply Chain-Veränderung auf der Akteursebene

Der Prozess der Supply Chain-Veränderung auf der Akteursebene ist entlang mehrerer Dimensionen auszugestalten (vgl. Abbildung 3.5-5).

Je nach Ausgestaltungsform der Koordination und Zusammenarbeit, welche während der Phase der Regulation getroffen wurde, kann die Realisierung der fixierten Supply Chain-Initiative ganz unterschiedlich erfolgen. Die Implementierung von SCM umfasst folgendes Aktivitätenspektrum:

- In der *Implementierungsplanung* sind die der eigentlichen Realisation inhaltlich und/oder zeitlich vorgelagerte Problemfelder zu lösen.[787] Neben der Konkretisierung der Ziele der Implementierung (1) sowie der Erörterung der grundsätzlichen Vorgehensweise (2, 3 und 4) gilt es, umsetzungsfähige Maßnahmenpakete in den einzelnen SCM-Bezugsfeldern zu spezifizieren (5) und mitarbeiter-/funktionsbereichsbezogene Kompetenzprofile aufzustellen (6).
- Die *Implementierungsrealisation* hat die eigentliche Umsetzung der erarbeiteten Vorschläge und Implementierungsmodule zum Inhalt. Hierzu zählen vor allem die Koordination aller Implementierungsaktivitäten (7) sowie Schaffung bzw. Stärkung der Bereitschaft und Fähigkeiten, die Maßnahmen tatsächlich umzusetzen (8).
- Den „Abschluss" der Planungs- und Realisationsaktivitäten bildet die *Implementierungskontrolle* (9). Hierbei gilt es, die Ergebnisse der Implementierung zu erfassen und den Erreichungsgrad der Implementierungsziele zu bestimmen. Die Implementierungskontrolle ist Teil des SCM-Arbeitsfelds Performance Messung (Abschnitt 3.6.3).

[786] Vgl. hierzu auch Bask/Juga (2001), S. 139 ff. oder Vokurka/Lummus (2000), S. 95 f.
[787] Vgl. Kolks (1990), S. 258 ff.

Theoretischer Ansatz (Quelle)	Kernaussagen	Impuls für das SCM-Arbeitsfeld Wertschöpfung und Regulation
Implementierungsorientierte Strategieforschung (Welge/ Al-Laham, 2001; Kolks, 1990; Tarlatt, 2001)	Der Prozess des strategischen Managements besteht im Kern aus zwei bedeutungsgleichen Phasen: Die Strategieplanung bzw. -formulierung sowie die Strategierealisierung. Strategien gelten als „gescheitert", wenn keine Implementierung erfolgt ist. Die Strategiedurchsetzung hat in Form von Maßnahmenprogrammen auf den unterschiedlichsten Ebenen des Unternehmens zu erfolgen.	Supply Chain-Initiativen sind auf den verschiedenen Ebenen des Unternehmens (insbesondere in den Geschäftsfeldern sowie den Funktionsbereichen) stringent umzusetzen. Bei der Umsetzung von Supply Chain-Initiativen sind sowohl sachbezogene („hart") als auch verhaltensbezogene („weiche") Implementierungsmaßnahmen prozessual auszugestalten.
Reorganisationsforschung (Reiss, 1995; Staehle, 1999; Krüger, 1999)	Die Reorganisation umfasst tiefgreifende Veränderungsprozesse in einem Unternehmen und steht in enger Beziehung zum organisationalen Wandel. Es ist zwischen inkrementalen Veränderungen (Wandel erster Ordnung) und einer (voll-)umfassenden Reorganisation (Wandel zweiter Ordnung) zu unterscheiden.	Die Implementierung von Supply Chain-Initiativen bedarf eines umfassendes „Change Management" unter Einbezug aller relevanten Entscheidungsträger und geeigneter institutioneller Unterstützung. Die Einführung vom SCM kann kleine Veränderungen, z.B. in einzelnen Unternehmensfunktionen, mit sich bringen, aber auch umfassende unternehmensübergreifende Maßnahmenbündel erfordern.
Social Network- und Social Exchange Theory (Cook/ Whitmeyer, 1992)	Die Social Exchange Theory ist eine soziopsychologische Theorie, welche soziale Veränderungen und Stabilität als einen Prozess ansieht, bei dem Parteien Verhandlungen führen, indem sie eine Kosten-Nutzen Analyse vollführen und die Ergebnisse mit Alternativen vergleichen. Dabei wird die menschliche Interaktion als rationaler Prozess gesehen, bei dem Verhalten voraussehbar gemacht wird. Unterschiedliche Variablen werden in diesen Prozess mit einbezogen wie bspw. Kosten, Nutzen, Wirkung, Abhängigkeit oder Level der Vergleichbarkeit.	Die unterschiedlichen Umsetzungsvarianten und Arbeitspakete der SCM-Implementierung werden einander gegenübergestellt. Die Priorisierung von SCM-Arbeitspaketen erfolgt vor dem Hintergrund der akteursspezifischen Zielsetzungen.

Abbildung 3.5-4: Theoretische Grundlagen zum SCM-Arbeitsfeld Veränderung und Adaption

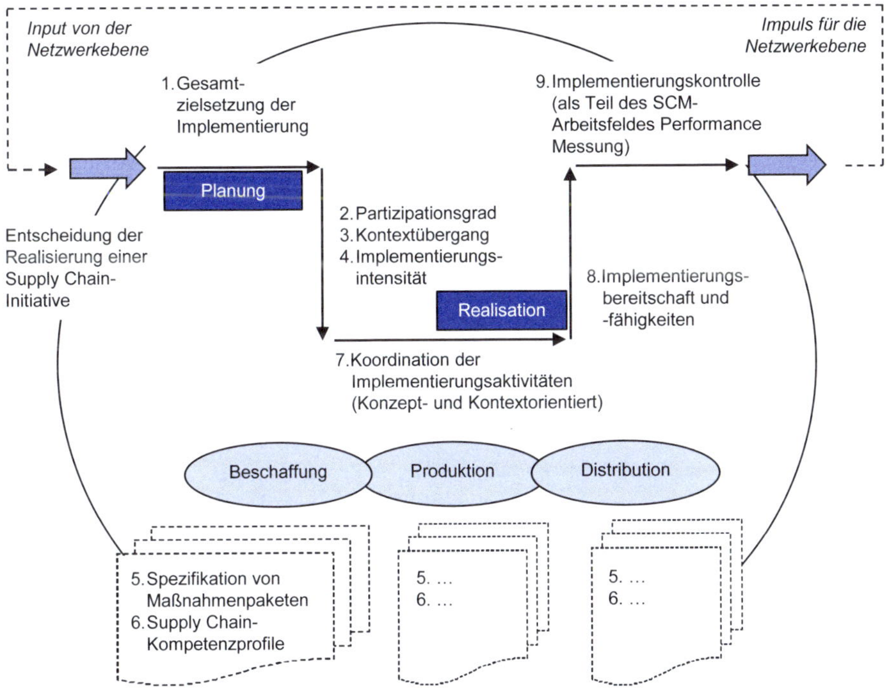

Abbildung 3.5-5: Vorgehen zur Implementierung einer akteursspezifischen Supply Chain-Initiative im Netzwerkkontext

3.5.2.1 Planung von Supply Chain-Veränderungen aus Akteurssicht

Die Planung von Supply Chain-Veränderungen lässt sich – in Analogie zu den Dimensionen der Initiierung von Supply Chain-Initiativen (Abschnitt 3.2.2) – in mehrere relevante Dimensionen und Fragestellungen untergliedern, an denen sich der „Wandel" orientieren soll bzw. die es bei der Gestaltung der zukünftigen Supply Chain-Entwicklung zu beantworten gilt. Nach diesem entwicklungsorientierten Verständnis besteht die *Implementierungsplanung* abstrakt aus dem Entwicklungsfokus, der Entwicklungslogik, der Entwicklungsdynamik sowie dem Entwicklungsobjekt (vgl. Abbildung 3.5-6).[788] Diesem Verständnis folgende lassen sich folgende konkrete Bezüge der Implementierungsplanung unterscheiden: (1) Zielsetzung der Implementierung (unter Einbezug der „inhaltlichen" Ziele der umzusetzenden Supply Chain-Initiative), (2) Bestimmung des Partizipationsgrads (unter Beachtung der organisatorischen Tragweite der zu realisierenden Supply Chain-Initiative), (3) Festlegung des Kontextübergangs (vom Ist- zum angestrebten Soll-Zustand der Supply Chain), (4) Determinierung der Implementierungsintensität (je nach Dringlichkeit und anzustoßenden Maßnahmen) sowie – jeweils ausgestaltet für die relevanten Funktionsbereiche des SCM – (5) die Spezifikation von Maßnahmenpaketen und (6) das Aufstellen von Supply Chain-Kompetenzprofilen.

Die einzelnen Gestaltungsdimensionen sind im Rahmen des SCM-Arbeitsfelds zu operationalisieren und zueinander in Bezug zu setzen. So hat etwa die Konkretisie-

[788] Vgl. Van de Ven/Poole (1995), S. 19 ff.

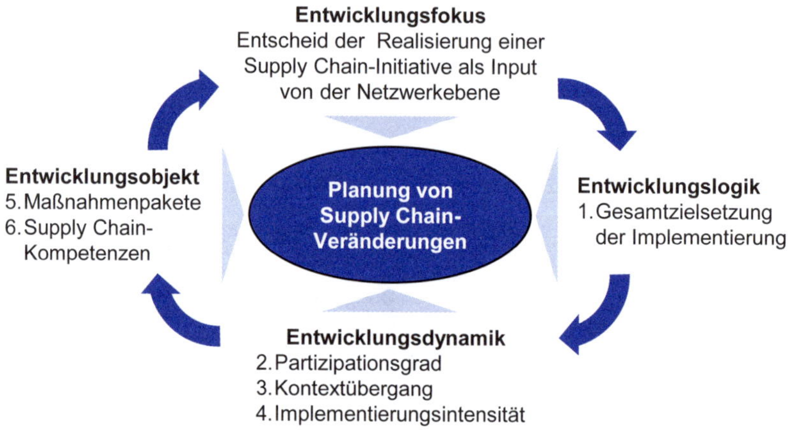

Abbildung 3.5-6: Entwicklungsorientiertes Verständnis der Planung der Veränderungsarbeit im SCM

rung der Gesamtzielsetzung der Implementierung einer Supply Chain-Initiative einen Einfluss auf die Festlegung des Partizipationsgrads der involvierten Akteure und Funktionen oder der Gestaltung des Kontextübergangs von einer „alten" Ist-Supply Chain in einen „neuen" Soll-Zustand. Letztgenannte Aspekte können sich ihrerseits wiederum auf die erforderliche Anzahl und die Ausrichtung der inhaltlichen Module in Reflexion der vorherrschenden und erforderlichen Supply Chain-Fähigkeiten bei den Mitarbeitern auswirken.[789]

Zielsetzung der Implementierung

Sollen Supply Chain-Initiativen realisiert werden, sind sie zunächst auf der Akteursebene jeweils umzusetzen, bevor sie ihre Wirkung auf der Netzwerkebene entfalten können. Auf der Akteursebene sind vor allem Implementierungsziele in Hinblick auf den erforderlichen Zeitbedarf, die Kosten und die Qualität der Realisierung zu formulieren, während das übergeordnete Implementierungsziel auf der Netzwerkebene vornehmlich die Akzeptanz der Maßnahmen darstellt. Die jeweiligen Implementierungsziele besitzen zahlreiche Interdependenzen, womit die Zielerreichung auf Akteursebene die Zielerreichung auf der Netzwerkebene beeinflusst und umgekehrt (vgl. Abbildung 3.5-3):

- Unter dem *Zeitziel* wird die rechtzeitige Einführung der Maßnahmen und Fertigstellung von Prozessanpassungen verstanden. Von Relevanz ist dabei meist eine kurze Implementierungsdauer. Es gilt zu beachten, dass die Zeitziele der Implementierung von Supply Chain-Initiativen objekt- und einzelfallspezifisch festzulegen sind.[790]
- Das *Kostenziel* der Implementierung besteht zum einen aus einer relativ kostengünstigen Realisierung der Maßnahmen und zum anderen in der Begrenzung möglicher Folgekosten. Um eine hohe Transparenz zu gewährleisten, bietet sich der Einsatz ei-

[789] Der hier vorgestellte Ansatz der Implementierung des SCM basiert im Wesentlichen auf den Ausführungen von Heusler (2004).

[790] Vgl. Heusler (2004), S. 166; Daniel (2001), S. 169 ff.; Veil (2000), S. 48 ff.

nes Kostenmanagements an, welches den Umfang der unterschiedlichen Implementierungsmaßnahmen sowie deren Verlaufskosten dokumentiert und miteinander vergleicht.[791] Die Kostenziele stehen oft in einem Konflikt mit den Qualitätszielen.[792]

- Die Qualität der Implementierung zielt auf die Effektivität der Realisierung ab und betrachtet das Ausmaß der geplanten im Verhältnis zu den erreichten Veränderungen.[793] Das *Qualitätsziel* verlangt auf Akteursebene eine gewisse Kompatibilität zwischen Implementierungsobjekt und Kontext, weil dadurch eine komplette, reibungslose und fehlerfreie Umsetzung der ausgewählten Initiativen in der betrachteten Supply Chain-Situation ermöglicht wird.[794] Eine qualitätsorientierte Koordination während der Implementierungsphase ist hier bedeutend, da die vorhandenen Ressourcen adäquat, d.h. ohne Gefährdung der Funktionsfähigkeit des laufenden „Tagesgeschäfts", einzusetzen sind. Insbesondere im Leistungserstellungsprozess sind Ressourcen aufeinander abzustimmen, damit ein effizienter Beitrag zum Gesamtziel entsteht.
- Das *Akzeptanzziel* ist primär auf der Netzwerkebene angesiedelt und beinhaltet damit eine übergeordnete, für alle in die Betrachtung einbezogenen Akteure relevante Zielsetzung. Es ist sicherzustellen, dass die Motivation, im Netzwerk zu arbeiten, durch die Akzeptanz gegenüber dem Implementierungsobjekt und dem Implementierungsvorgehen gewährleistet ist. Die Akzeptanzforschung zeigt, dass Betroffene eine Implementierung nur dann mittragen, wenn die damit verbunden Veränderungen den Mitarbeitern gelegen kommen.[795] Durch die Schaffung einer positiven Wertschätzung und Handlungsbereitschaft gegenüber der Veränderung/Adaption kann die Akzeptanz gesteigert werden.[796]

In dieser Phase der Implementierung wird eine intendierte Supply Chain-Initiative in konkrete Handlungen umgesetzt. Bei sachorientierten Implementierungsaufgaben werden vor allem aufbau- und ablauforganisatorische Aufgabenstellungen tangiert. Die verhaltensorientierten Implementierungsziele sind demgegenüber auf die Erreichung einer größtmöglichen Zustimmung der beteiligten Akteure ausgerichtet. Sie bezieht sich somit insbesondere auf „weiche" und „soziale" Faktoren.

Partizipationsgrad

Mit der Partizipation werden die Beteiligungsmöglichkeiten der betroffenen Mitarbeiter beschrieben.[797] Für die Implementierung von Supply Chain-Initiativen gibt es unterschiedliche Taktiken, welche sich durch den Grad der Partizipation der beteiligten Akteure zum einen, und durch den Grad der Partizipation der Mitarbeiter zum anderen unterscheiden. Zudem lässt sich eine Differenzierung anhand der Implementierungsrichtung vornehmen:[798]

- Bei der sogenannten *„Bombenwurftaktik"* wird das Implementierungsobjekt von einem kleinen Entscheidungsträgerkreis geplant und anschließend den Betroffenen unter Ausnutzung eines Überraschungseffektes verkündet. Diese Vorgehens-

[791] Vgl. Heusler (2004), S. 165.
[792] Vgl. Tarlatt (2001), S. 301 ff.
[793] Vgl. Heusler (2004), S. 164; Tarlatt (2001), S. 154.
[794] Vgl. Daniel (2001), S. 33.
[795] Vgl. Gattermeyer/Neubauer (1996), S. 330.
[796] Vgl. Heusler (2004), S. 163 ff.
[797] Vgl. Daniel (2001), S. 120; Marr/Kötting (1992), Sp. 834.
[798] Vgl. Heusler (2004), S. 166 ff.

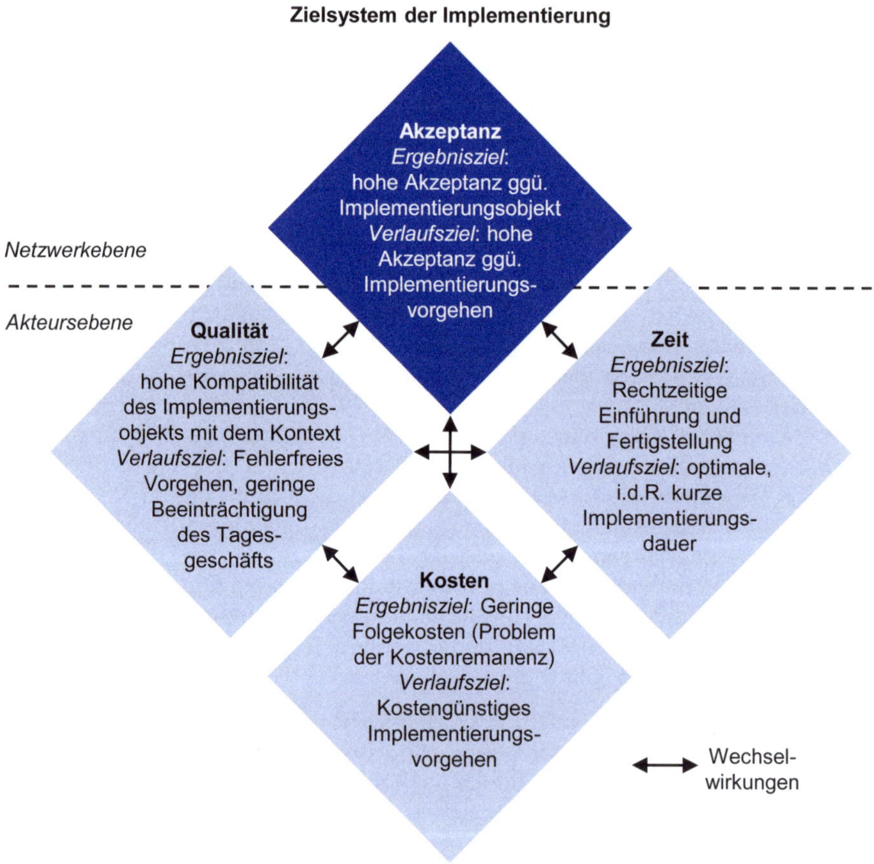

Abbildung 3.5-7: Zielsystem der Implementierung einer Supply Chain-Initiative[799]

weise wird vorwiegend bei tiefgreifendem Veränderungs- bzw. Adaptionsbedarf angewandt. Übertragen auf die Netzwerkebene heißt das, dass beispielsweise von einer Supply Chain-Initiative betroffene Lieferanten nicht in den Entscheidungsprozess, wie – auf welche Art und Weise – das ausgewählte Konzept einzuführen ist, einbezogen werden. Alle wesentlichen Vorgaben werden in einem solchen Fall vom fokalen Akteur festgelegt.

- Wie bei der Bombenwurftaktik verläuft die Richtung der Implementierung beim Vorgehen einer *Teilinvolvierung* vornehmlich top-down. Dabei erhalten die betroffenen Akteure bzw. die involvierten Mitarbeiter einen gewissen, überschaubaren Einfluss bei der Implementierungsplanung. Wiederum erfolgen die Entscheidungen auf der Netzwerkebene weitestgehend vom fokalen Unternehmen, nun aber unter Einbeziehung der anderen Supply Chain-Partner.
- Ein Austauschprozess im Gegenstromverfahren (sowohl top-down als auch bottom-up) wird bei der *Vollinvolvierung* praktiziert. Dabei haben beide Parteien, die einzelnen Akteure wie auch deren Mitarbeiter, einen hohen Einfluss auf die Gestaltung der Realisierung. Auf der Ebene des Netzwerkes werden die Entscheidungen in

[799] In Anlehnung an Heusler (2004), S. 163.

gemeinsamer Absprache getroffen. Die involvierten Akteure besitzen ein weitestgehend gleichgewichtetes „Stimmrecht".

- Bei der sogenannten *„Partisanentaktik"* erfolgt die Initiierung der Veränderung durch eine entscheidungsbefugte und kooperationsbereite Basis. Die betroffenen Supply Chain-Akteure bestimmen gemeinsam den Grad der Partizipation in Eigeninitiative. Auf der Akteursebene bedeutet diese Herangehensweise, dass die Mitarbeiter als erfolgsversprechende Ideengeber betrachtet und deshalb vollständig in den Prozess miteinbezogen werden. Die Richtung der Implementierung ist damit bottom-up getrieben.

In Abbildung 3.5-8 werden die Taktiken überblicksartig zusammengefasst.

Vorgehen bei der Implementierung	Grad der Partizipation der Mitarbeiter (Akteursebene)	Grad der Partizipation der Supply Chain-Partner in der Supply Chain (Netzwerkebene)	Richtung der Implementierung
„Bombenwurftaktik"	Voller Ausschluss der Mitarbeiter ohne Interessenberücksichtigung	Voller Ausschluss der einzelnen Akteure ohne Interessenberücksichtigung	Top-Down
	Voller Ausschluss der Mitarbeiter mit Interessenberücksichtigung	Voller Ausschluss der einzelnen Akteure mit Interessenberücksichtigung	
Teilinvolvierung	Geringer Einfluss der Mitarbeiter	Geringer Einfluss der Supply Chain-Akteure	
Vollinvolvierung	Hoher Einfluss der Mitarbeiter	Hoher Einfluss der einzelnen Supply Chain-Akteure	Gegenstrom (Top-Down/ Bottom-Up)
„Partisanentaktik"	Eigeninitiative der Mitarbeiter	Eigeninitiativen der einzelnen Supply Chain-Akteure	Bottom-Up

Abbildung 3.5-8: Wahl des Partizipationsgrades und der Richtung bei der Implementierung einer Supply Chain-Initiative[800]

Kontextübergang

Der Kontextübergang beschreibt die Art und Weise, wie die erarbeiteten Supply Chain-Initiativen in das „tägliche Geschäft" eingeführt werden. Er behandelt den Übergang vom realisierten Soll- zum Ist-Zustand, wobei grundsätzlich vier Strategien zu unterscheiden sind:[801]

- Die *Direktstrategie* ist eine Konsequenz aus der „Bombenwurfstrategie". Es handelt sich dabei um einen gekoppelten Kontextübergang, wobei der (alte) Ist-Zustand der Supply Chain von einem Tag auf den anderen von einem (neuen) Soll-Zustand abgelöst wird. Diese Strategie findet vorwiegend bei der Implementierung begrenzt wirkender Konzepte Anwendung, wie bspw. der Einführung einer KANBAN-Steuerung, und zeichnet sich durch ihre Schnelligkeit, relativ niedrige Kosten, aber auch durch ein erhebliches Erfolgsrisiko aus.
- Ein überlappender Kontextübergang findet bei der *Dehnstrategie* statt. Wenn die neuen Überlegungen eingeführt werden, wird parallel dazu eine gewisse Zeit der gegenwärtige Ist-Zustand weiter betrieben. Sie wird u.a. bei Supply Chain-Konzepten, wie bspw. der Einführung eines APS-Systems, angewandt und führt aufgrund der Parallelisierung zu relativ hohen Kosten. Dafür zeichnet sie sich durch ein geringes Risiko aus.

[800] In Anlehnung an Zeyer (1996), S. 72.
[801] Vgl. Henn (1999), S. 338 ff.; Krüger (1994), S. 211 f.

- Noch stärker ausgeprägt ist das Charakteristikum der Parallelisierung bei der *Dualstrategie.* Hier wird das alte System erst durch den neuen Soll-Zustand ersetzt, wenn Letzteres vollständig implementiert wurde und keine Gefahren bezüglich des Scheiterns mehr bestehen. Dies ist wiederum mit erheblichen Kosten verbunden, andererseits wird das Risiko minimiert. Auch diese Strategie wird bei unternehmensübergreifenden Konzepten verwendet, wie z. B. bei der Einführung eines Supply Chain weiten Kennzahlensystems.
- Die letzte Strategie des Kontextübergangs heißt *Distanzstrategie.* Dabei handelt es sich um einen entkoppelten Kontextübergang. Es gibt hier keine Berührungspunkte der Ausgangssituation und des angestrebten neues Zustands. Bevor man sich auf den Aufbau des neuen Systems konzentriert, wird das alte beendet. Entsprechend lang dauert diese Strategie und die Kosten sind hoch. Es wird explizit darauf Wert gelegt, dass keine Vermischungen zwischen Ist- und Soll-Zustand besteht, womit sich gleichzeitig die Komplexität reduzieren lässt. Im Rahmen eines „Relaunch" eines Produkts werden Lieferanten beispielsweise derart gewechselt, dass die Geschäftsbeziehungen zu bestehenden Zulieferern beendet und aufgelöst werden, noch bevor Beziehungen zu Neulieferanten bestehen.

Abbildung 3.5-9 gibt eine Übersicht über die Wahl des Kontextübergangs. Der Soll-Ist-Übergang ist dabei unabhängig von der Aktionsebene auf Akteurs- bzw. Netzwerkebene zu betrachten. Die Unterschiede sind höchstens im Ausmaß der Transformation zu finden. Gleiches gilt ebenfalls für die nachfolgend erläuterte Implementierungsintensität.

	Darstellung	Beschreibung	Bewertung	Anwendungsbezug
Direkt-strategie	ALT NEU	Gekoppelter Kontextübergang (vgl. Bombenwurftaktik)	Schnell, kostengünstig, grosses Erfolgsrisiko	Bei der Implementierung kleinerer Konzepte, wie z.B. Einführung einer KANBAN-Steuerung
Dehn-strategie	ALT NEU	Überlappender Kontextübergang	Kostspielig, geringeres Risiko	Bei unternehmens-übergreifenden Konzepten, wie z.B. der Einführung eines APS-Systems
Dual-strategie	ALT NEU	Paralleler Kontext (übergang)	Kostspielig, geringeres Risiko,Komplexitäts-treiber	Bei unternehmens-übergreifenden Konzepten, wie z.B. der Einführung eines Supply Chain-weiten Kennzahlensystems
Distanz-strategie	ALT NEU	Entkoppelter Kontextübergang	Längere Dauer, kostspielig, Möglichkeit des „Entlernens"	Bei unternehmens-übergreifenden Konzepten, wie z.B. der Einführung eines Supply Chain Relationship Managements

Abbildung 3.5-9: Wahl des Kontextübergangs bei der Implementierung einer Supply Chain-Initiative[802]

Implementierungsintensität

Nach der Fixierung des Partizipationsgrads und des Kontextübergangs ist die Intensität der Implementierung zu bestimmen. Wird bspw. aufgrund einer neuen Technologie die Fertigung für ein Gut maßgeblich verändert, müssen die in den wesentlichen Wertschöpfungsschritten eingebundenen Akteure darauf reagieren. Zum einen braucht es unmittelbare Veränderungen in den Produktionsabläufen, zum anderen können Anpassungen auf Netzwerkebene erforderlich sein, insbesondere dann, wenn ganze

802 In Anlehnung an Zeyer (1996), S. 169.

Wertschöpfungsschritte entfallen oder neu hinzukommen. Eine weniger intensive Implementierung findet bei personellen Anpassungen und Tätigkeitsveränderungen statt.

Veränderungsprozesse in und zwischen den Unternehmen bezüglich des SCMs verlaufen grundsätzliche schrittweise. Man spricht von folgenden drei Intensitätskategorien:[803]

- Die *revolutionäre Implementierung* weist eine hohe Implementierungsgeschwindigkeit auf und wird daher meist top-down initiiert. Sie wird in Verbindung mit der Bombenwurftaktik bzw. der Direktstrategie angewandt und findet insbesondere in Krisensituationen statt, wenn eine schnelle Veränderung von Nöten ist. Das könnte bspw. der Fall sein, wenn sich die Wettbewerbssituation schnell verändert und zeitnahe Anpassungen zur erfolgreichen Bewältigung erforderlich sind.[804]
- Die *evolutionäre Implementierung* ist durch kleine sowie inkrementelle Umsetzungsschritte gekennzeichnet und findet Anwendung bei „weichen" Aufgabenstellungen, welche sich auf zwischenmenschliche Veränderungen konzentrieren. Dazu gehören bspw. neue Verhaltensregeln für die Mitarbeiter, gegenüber in die Supply Chain einzubindende Lieferanten oder Kunden. Es findet eine verhältnismäßig langsame Annäherung an die angestrebte Soll-Situation statt.
- Die *gestufte Implementierung* orientiert sich an den einzelnen Phasen des Implementierungsprozesses und stellt somit einen Mittelweg dar, welcher entweder progressiv oder degressiv verlaufen kann. Bei der progressiven Ausgestaltung wird versucht, die Akzeptanz damit zu fördern, dass zu Beginn der Änderungsumfang gering gehalten wird. Bei der degressiven Planung wird angestrebt, schnelle Erfolge durch einen großen Änderungsumfang zu realisieren.

Die drei Implementierungsintensitäten sind in Abbildung 3.5-10 schematisch dargestellt. Bei den vorgestellten Implementierungsverläufen handelt es sich um ide-

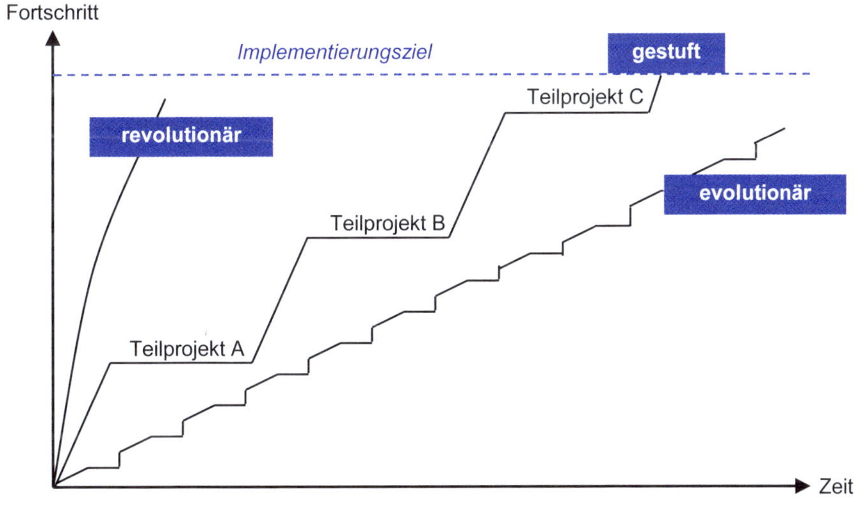

Abbildung 3.5-10: Grundsätzliche Typen der Implementierungsintensität[805]

[803] Vgl. Zeyer (1996), S. 169 ff.
[804] Vgl. Zeyer (1995), S. 288; Krüger (1999), S. 869.
[805] In Anlehnung an Zeyer (1995), S. 288.

aisierte Annahmen, welche auch kombiniert auftreten können.[806] Des Weiteren ist darauf hinzuweisen, dass die idealtypischen Verläufe einer Vielzahl unterschiedlicher Einflussfaktoren ausgesetzt sind und in der Praxis deshalb oft in Mischformen vorkommen.

Spezifikation der Maßnahmenpakete

Die zu implementierenden Supply Chain-Initiativen beziehen sich häufig auf das einzelne Unternehmen unter Einbezug der lieferanten- und kundenseitigen Schnittstellen. Darüber hinaus zählen auch Supply Chain-Initiativen auf der Netzwerkebene dazu. Die konzeptorientierte Realisation zielt entsprechend auf das intra- wie auch interorganisationale Spektrum der notwendigen inhaltlichen Modifikationen der umzusetzenden Initiativen. Ein erster Schritt besteht zunächst darin, abstrakte Konzeptinhalte in konkrete Maßnahmenpläne zu überführen.[807] Die umfassende Einführung von Supply Chain-Konzepten auf allen Hierarchieebenen sowie mit allen Lieferanten und Kunden erscheint dabei aufgrund der Vielschichtigkeit und Komplexität sowie des erforderlichen Veränderungsumfangs als wenig zielführend. Vielmehr ist es praktikabler, ausgewählte Inhalte und Gestaltungsfelder des SCM in Form von dezidierten Maßnahmenbündeln einer Umsetzung in den einzelnen Funktionsbereichen zuzuführen. Je nach Größe und Umfang dieser Bündel, empfiehlt sich eine weitere Zerlegung in Teilprojekte.[808] Damit lassen sich mehrere Ebenen der Implementierung unterscheiden:[809]

- Auf *Ebene der Gesamtimplementierung* erfolgt die inhaltliche und zeitliche Spezifizierung des Gesamtvorhabens, wobei eine Abstimmung zwischen der Akteurs- und Netzwerkebene im Sinne eines Multi-Projektmanagements zu erfolgen hat.
- Auf *Ebene der Maßnahmenbündel* werden in sich stimmige und abgegrenzte Teilprojekte auf Monats- und Wochenebene lanciert, welche sich mit der Umsetzung der Objekte beschäftigen.
- Auf *Ebene der Einzelmaßnahmen* erfolgt das operative Herunterbrechen einzelner Aktivitäten der Teilprojekte auf Wochen- und Tagesbasis.

Bei der Spezifikation der Maßnahmenbündel ist eine grundsätzliche Realisierbarkeit der anzustoßenden Aktivitäten sicherzustellen. Zu berücksichtigen sind potenzielle Überschneidungen und Wechselwirkungen zwischen einzelnen Teilprojekten, die sich bei der Einbindung mehrerer Funktionsbereiche und vor allem auf Netzwerkebene ergeben können. Die Priorisierung der einzelnen Aktivitäten gibt zudem Hinweise darauf, in welcher Reihenfolge die Realisierung erfolgen sollte. Die Implementierungsziele (Akzeptanz, Qualität, Kosten und Zeit) geben eine erste Orientierung hierzu. Eine alternative Maßnahmenabfolge lässt sich – wie in Abbildung 3.5-11 dargestellt – anhand der Kriterien „erwarteter wirtschaftlicher Erfolg" und „geschätzter Realisationsaufwand" vornehmen.

SCM-Kompetenzprofile

Zur konkreten Planung der Implementierung bietet sich die Nutzung von Kompetenzprofilen auf Mitarbeiterebene und – aggregiert – auf Funktionsbereichsebene

---

806 Vgl. Krüger (1999), S. 872.
807 Vgl. Daniel (2001), S. 143.
808 Vgl. Picot/Freudenberg/Gassner (1999), S. 134 f.
809 Vgl. Zeyer (1996), S. 10 f.

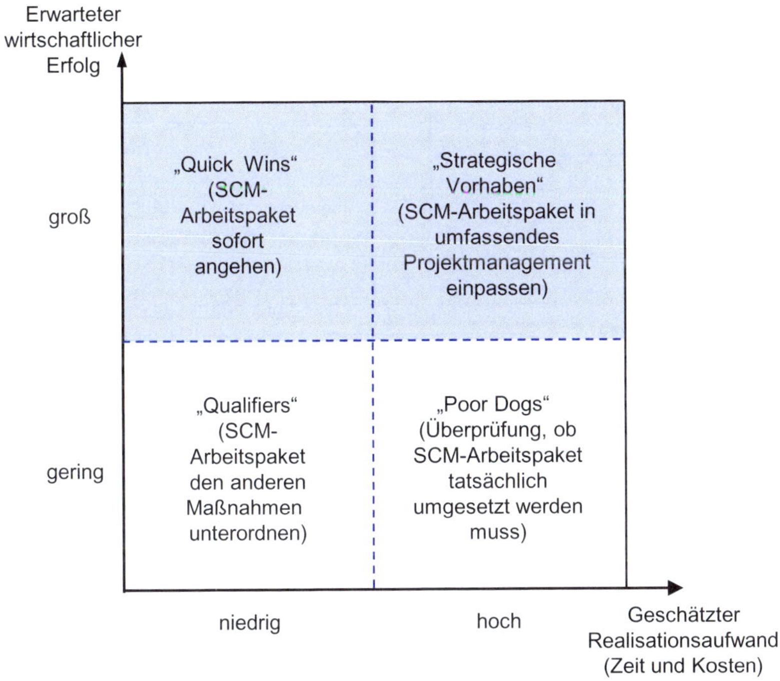

Abbildung 3.5-11: Matrix zur Planung der Implementierungsreihenfolge der SCM-Arbeitspakete

an. Solche Profile befassen sich einerseits mit sachlogischen, inhaltlichen Kriterien zur intendierten Supply Chain-Initiative und deren konkreten Handhabung nach der Einführung, beispielsweise in Form des aktuellen Wissensstands zur Maßnahme (inhaltliches SCM-Kompetenzprofil). Andererseits schließen sie verhaltens- und umsetzungsbezogenen Faktoren ein, welche Einfluss auf den Umsetzungserfolg ausüben (Profil der Implementierungskompetenz i. e. S.). Letztere Faktoren befassen sich sowohl mit den „Realisationsfähigkeiten“ als auch mit der Bereitschaft der Beteiligten zur Veränderung. Hierbei werden die Dimensionen „Kennen“, „Können“, „Wollen“ sowie „Sollen“ einbezogen (zu den einzelnen Dimensionen siehe auch den nachfolgenden Abschnitt zur Implementierungsbereitschaft und -fähigkeit). Eine integrierte Betrachtung aus inhaltlichen sowie verhaltens- und umsetzungsbedingen Fähig- und Fertigkeiten ermöglicht zusammenfassend eine mehrdimensionale, umfassende Beurteilung der vorherrschenden Kompetenzen eines Supply Chain-Akteurs (Profil der Implementierungskompetenz i. w. S.). Abbildung 3.5-12 zeigt ein exemplarisches Kompetenzprofil.

Während bislang vor allem Analyseaktivitäten im Zentrum der Betrachtung standen, wird nun der Fokus auf die eigentliche Umsetzung der ausgearbeiteten Vorschläge gerichtet. Dazu werden im Rahmen der Implementierungsrealisation zuerst die Grundlagen anhand von Erfolgskennlinien der Implementierung und der Koordinationsaufgabe gelegt, bevor anschließend auf relevante Ansätze der Realisierung eingegangen wird.

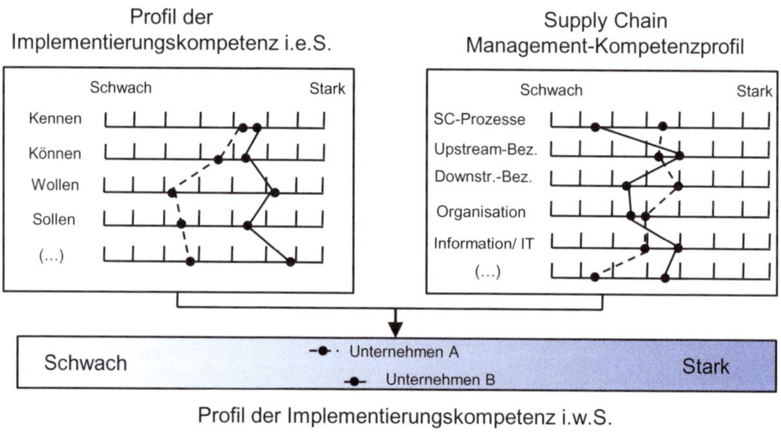

Abbildung 3.5-12: Beispiel eines Implementierungskompetenzprofils im Supply Chain-Kontext[810]

3.5.2.2 Realisierung von Supply Chain-Veränderungen aus Akteurssicht

Das Ziel der Implementierungsrealisation ist es, von einem fiktiven Soll-Zustand in einen zukünftigen, konkreten Ist-Zustand zu überführen. Nachdem sowohl auf der Akteurs- als auch auf der Netzwerkebene jeweils die Rahmenbedingungen geklärt wurden, wie die Implementierung zu vollziehen ist, steht nun der konkrete Ablauf der Implementierung im Zentrum der Betrachtung. Einen typischen Verlauf dieser Realisationsphase gibt die sogenannte ‚Erfolgskennlinie' (vgl. Abbildung 3.5-13) wieder:

- So ist oft zu beobachten, dass in einer ersten Phase eine gewisse Verunsicherung stattfindet. Diese Phase der *Konfusion* ist eine Folge unspezifischer Konzepte bzw. Supply Chain-Initiativen oder der Angst vor Veränderung. Eine solche Situation entsteht insbesondere dann, wenn die zeitlich davor liegenden Maßnahmen und Aktivitäten nicht ausreichend analysiert und bearbeitet wurden.
- Im Stadium der *Diffusion* sind die ersten Hürden überwunden und eine allgemeine Akzeptanz der neuen Konzepte und Strukturen verbreitet sich. Auch hierbei kommt es u. U. vor, dass Mitarbeiter sich gegen Veränderungen stellen. In der Regel legen diese „kritischen" Beschäftigten mit der Zeit ihre Zweifel ab und unterstützen das Vorhaben.
- Nachdem der Soll-Zustand in der Implementierungsrealisation erreicht wird, startet die Phase der *Erosion* bzw. der neu erlangten Routine. Werden die erreichten Erfolge nicht genügend im Unternehmen verankert, kann es zu einem Rückfall in alte Gewohnheiten und Strukturen führen.

Im SCM-Arbeitsfeld Veränderung und Adaption gilt es folglich, die Phase der Konfusion möglichst schnell zu überwinden und die Phase der Diffusion auf einem hohen Niveau – gemessen am erreichten Implementierungsnutzen (bzw. am vermiedenen Implementierungsschaden) – zu verstetigen. Der Implementierungsschaden (a) bzw. -nutzen (b) lässt sich beispielsweise über folgende Kosten- und Erlösdimensionen operationalisieren:

810 In Anlehnung an Heusler (2004), S. 245.

a) *Minimierung der mit der Implementierung verbunden Kostensteigerungen und Erlösschmälerungen:* Veränderungsaktivitäten aufgrund der Umsetzung einer Supply Chain-Initiative gehen i. d. R. mit einem Realisationsaufwand einher (z. B. erhöhter Koordinationsbedarf, zusätzliche Schulungen und Informationsveranstaltungen zur Überwindung von Implementierungshürden oder erforderliche technologische Anpassungen). Zudem könnte es, aufgrund der „Ablenkung" der Mitarbeiter vom Tagesgeschäft, zu Erlösschmälerungen kommen.
b) *Maximierung der mit der Implementierung angestrebten Kostenreduzierungen und Erlössteigerungen:* Eine grundsätzliche Zielsetzung der Einführung der ausgewählten Supply Chain-Initiative besteht in der der Erhöhung der Akteurs- und/oder Netzwerkwirtschaftlichkeit (vgl. hierzu Abschnitt 1.1.2). So werden beispielsweise mengen- oder verbundinduzierten Kostendegressionseffekte angestrebt (z. B. aufgrund von Effizienzsteigerungen oder der Bündelung von Beschaffungs- und Absatzaktivitäten). Ferner könnten sich differenzierungs- oder verbundinduzierte Erlössteigerungen einstellen (z. B. aufgrund von Effektivitätssteigerungen, einer kundenspezifischen Supply Chain-Segmentierung oder positiven Cross-Selling- und Spill-over-Effekten).

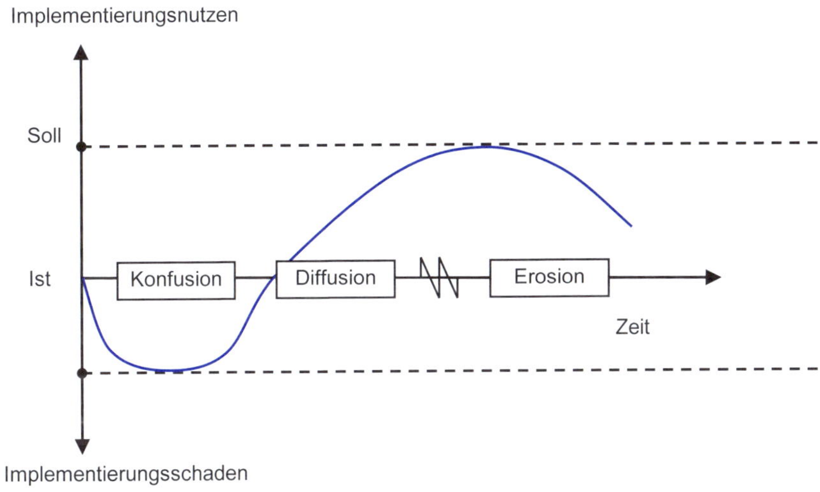

Abbildung 3.5-13: Allgemeine Erfolgskennlinie der Implementierung[811]

Koordination der Implementierungsaktivitäten

Zur Unterstützung der Realisation werden Instrumente zur Koordination der Implementierungsaktivitäten eingesetzt, welche dafür sorgen, dass die Komplexität der Umsetzung über Maßnahmen reduziert wird. Dazu sind auf der Akteurs- sowie auch auf der Netzwerkebene die betroffenen Organisationseinheiten sowie deren Aufgaben aufeinander abzustimmen. Ferner gilt es, zwischen den zu koordinierenden Einheiten und Elementen eine Verbindung zu schaffen, welche darauffolgend harmonisiert wird.[812] Es lassen sich folgende Koordinationsinstrumente bei der Realisierung unterscheiden:[813]

---

811 In Anlehnung an Reiß (1993), S. 553.
812 Vgl. Heusler (2004), S. 172.
813 Vgl. Reiss (2003), S. 6 ff.

- *Personelle Adaptionsinstrumente* zielen auf die Förderung der Integrations- und Koordinationsbereitschaft sowie Koordinationsfähigkeit der beteiligten Mitarbeiter ab. Ein Beispiel hierfür ist der Auf- und Ausbau von Qualifizierungsmaßnahmen hinsichtlich der neuen Konzepte und Supply Chain-Initiativen.
- *Technokratische Adaptionsinstrumente* dienen dem Einsatz koordinationswirksamer Richtlinien und Pläne. Mit auf der Netzwerkebene abgestimmten Budgets, Standards oder Verrechnungspreisen werden Vorgaben auf der Akteursebene gemacht, welche als Orientierungspunkte auf dem Weg der Implementierung dienen.
- *Informatorische Adaptionsinstrumente* sorgen dafür, dass die Koordination konzept- und kontextorientierter Implementierungsaktivitäten durch den Einsatz geeigneter Informations- und Kommunikationsinstrumente sowohl auf der Akteurs- als auch auf der Netzwerkebene unterstützt wird. Zu diesen Instrumenten zählen Informationsdienste, wie z. B. Richtlinienhandbücher (Online-Prozesshandbuch als „Prozess-Wiki"), DV-gestützte Kompetenzkataloge (Auflistung der SCM-Wissensträger sowie Unterschriftsrechte) oder Projektmanagement-Plattformen.
- Als *strukturelle Adaptionsinstrumente* werden Hilfsmittel verstanden, welche die Interaktionsverhältnisse der beteiligten organisatorischen Einheiten gestalten und visuell miteinander in Verbindung bringen. In Betracht zu ziehen sind hierfür bspw. der Einsatz von Koordinationsorganen (z. B. Netzwerkkoordinatoren und Supply Chain-Gremien) sowie die Prozesskoordination (z. B. Modularisierung und räumliche Zentralisierung).[814]

Im Rahmen der Koordination der Implementierungsaktivitäten spielen vor allem die Konzept- und die Kontextorientierung eine Rolle.

Unter *Konzeptorientierung* wird die inhaltliche Modifikation des Implementierungsobjekts verstanden, um dieses prozessual in den bestehenden Kontext einfügen zu können. Dabei sind zwei Gestaltungsdimensionen zu unterscheiden: Der Implementierungsumfang und die Perfektion der Konzeptorientierung:

- Der Implementierungsumfang spiegelt ein Kontinuum zwischen der Einführung des gesamten Objektes bzw. der Supply Chain-Initiative und der stufenweisen Implementierung bspw. in Form von Modulen wider.[815] Die Vorteile dieser Vorgehensweise in der Supply Chain sind zudem eine größere Erreichung von Akzeptanz bei den Betroffenen und ein mit der fortschreitenden Zeit einsetzender Lerneffekt.[816]
- Der Begriff der Implementierungsperfektion umschreibt den Umstand, dass die reibungslose Umsetzung einer Supply Chain-Initiative in der Praxis meist einer schwer zu realisierenden Ideallösung gleichkommt. Das Konzept kann sich während einer Implementierungsphase anpassen oder sogar ändern. Für diesen Fall werden Versionen mit Substituten eingesetzt. Die Versionen entsprechen provisorischen Anpassungen von Konzepten je nach Bedarf bzw. Hindernissen im Realisationsprozess.[817] Verändern sich die Konzepte während des Verlaufs der Implementierung grundlegend, so kommen Substitute zur Anwendung.[818] Schließlich kann es vorkommen, dass es zu einer vollständigen Abkehr von den ursprünglich vorgesehenen

[814] Vgl. Heusler (2004), S. 173.
[815] Vgl. Daniel (2001), S. 116.
[816] Vgl. Daniel (2001), S. 150.
[817] Vgl. Krüger (1994), S. 211.
[818] Vgl. Zeyer (2004), S. 289.

Konzeptinhalten kommt. Dies ist bspw. dann nötig, wenn die Implementierung aufgrund zwingender Gründe (z. B. Veränderung der Wettbewerbssituation, Änderung in der Zusammensetzung des Netzwerkes) abgebrochen und der bisher erreichte Implementierungsfortschritt abgesichert werden muss.[819]

Die *Kontextorientierung* hingegen zielt auf die vorherrschende Mitarbeiter-, Unternehmens- und Supply Chain-Situation ab. Im Vordergrund stehen zu berücksichtigende sowie bewusst zu prägende, situationsspezifische Faktoren des Realisationsprozesses.[820] Damit soll u. a. erreicht werden, dass sich personell-organisatorische Barrieren überwinden lassen. Es ist bei den beteiligten Supply Chain-Akteuren eine Kultur der Implementierungsfähigkeit und -bereitschaft zu schaffen. Die Fähigkeit wird dadurch unterstützt, dass die betroffenen Mitarbeiter durch Informations- und Kommunikationssysteme über alle relevanten Sachverhalte und Schritte aufgeklärt werden. Gleichfalls sind die Mitarbeiter dazu zu befähigen, mit der neuen Situation auf der Netzwerkebene und den neuen Systemen sowie Applikationen auf der Akteursebene umzugehen.

Schaffung von Implementierungsbereitschaft und -fähigkeit

Als wesentliche Voraussetzung für eine erfolgreiche Bewältigung des SCM-Arbeitsfeldes Veränderung/Adaption gilt die Schaffung einer Implementierungsbereitschaft sowie der Aufbau einer Implementierungsfähigkeit. Damit wird versucht, möglichst alle Implementierungswiderstände bei den Mitarbeitern der involvierten Supply Chain-Akteure zu beseitigen. Die Ansätze zur Akzeptanzförderung spielen daher eine wesentliche Rolle im kontextorientierten Implementierungsmanagement.[821] Grundsätzlich ist – wie in Abbildung 3.5-14 dargestellt – zwischen der Implementierungsbereitschaft (*Wollen* und *Sollen*) sowie der Implementierungsfähigkeit (*Kennen* und *Können*) zu unterscheiden (siehe hierzu auch das SCM-Kompetenzprofil auf Seite 344).

Es wird davon ausgegangen, dass bei den Betroffenen zuerst die Implementierungsbereitschaft erreicht werden muss, bevor die Implementierungsfähigkeiten erlernt und gefördert werden können. Ist die Bereitschaft nicht vorhanden, macht eine Befähigung der Mitarbeiter wenig Sinn. Dennoch kann die Adaption auf einer vorhanden Bereitschaft für den Wandel bzw. auf der Motivation aufgebaut werden, wodurch die Erlangung der Fähigkeiten intrinsisch als etwas Positives wahrgenommen wird.

Implementierungsbereitschaft

Zur Implementierungsbereitschaft gehört der Wille (Dimension *Wollen*) der Mitarbeiter, die Supply Chain-Initiative tatsächlich auch umzusetzen und „mitzutragen". Um eine adäquate Einstellung gegenüber der Veränderung/Adaption zu vermitteln, werden unterschiedliche Ausgestaltungsformen der Motivation verwendet. Motivation lässt sich durch Vorbilder erzielen. Durch eine öffentliche Ergebnisdarstellung werden die Mitarbeiter bspw. dazu angespornt, ihre Leistungen gegenseitig zu übertreffen. Ferner kann durch die Involvierung von Meinungsführern und Führungspersönlichkeiten der Stellenwert der Maßnahmen transportiert werden. Dadurch sollte neben der Motivation auch das Engagement steigen. Ebenfalls ist durch die Bildung von Freiräumen und die Übertragung von Verantwortung eine Förderung des unternehmerischen Denkens ver-

[819] Vgl. Henn (1999), S. 275.
[820] Vgl. Zeyer (2004), S. 294.
[821] Vgl. Heusler (2004), S. 177.

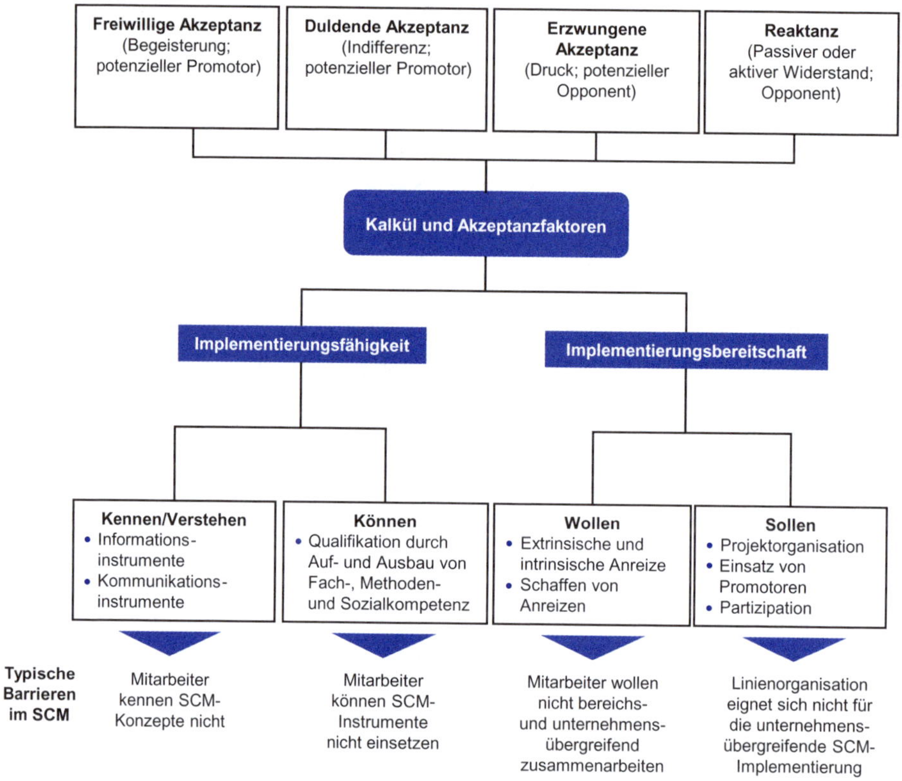

Abbildung 3.5-14: Akzeptanzfaktoren der Implementierungsrealisation im Supply Chain-Kontext[822]

bunden. Dies löst einen Motivationsanstieg aus. Schließlich bieten Anreize zahlreiche Anknüpfungspunkte zur Förderung der Motivation.

Unter *Anreizsystemen* sind die Gesamtheit von Anreizen sowie die Gesamtheit der Kriterien als Bemessungsgrundlage für Anreize und deren Beziehungen untereinander zu verstehen. Ziel des Einsatzes von Anreizsystemen in der Supply Chain ist die Unterstützung eines zielkonformen Verhaltens der Mitarbeiter in der Supply Chain (Akteursebene) sowie der Supply Chain-Partner (Netzwerkebene). Insbesondere im interorganisationalen Kontext wird eine Harmonisierung der unternehmerischen Einzelinteressen der einzelnen Supply Chain-Akteure mit den Zielen der Supply Chain angestrebt. Dabei werden über Anreize wichtige Steuerungs- und Motivationsfunktionen für das Verhalten der Vertragspartner ausgeübt.[823] Die hierbei erforderliche Spezifikation der Bemessungskriterien der Anreize wird maßgeblich von der spezifischen Zielsetzung des Supply Chain-Ausschnitts und der dabei verfolgten Strategie geprägt. Als Bezugsgrößen der Anreizkopplung sollten vornehmlich solche Faktoren dienen, welche die Implementierung der intendierten Supply Chain-Initiativen fördern.

[822] In Anlehnung an Reiß (1997), S. 93, sowie Grewe (2000), S. 41.
[823] Vgl. Brandenberg (2001), S. 17.

Anreizsysteme können unterschiedlich ausgestaltet sein. Ein weit verbreitetes System ist das Bonussystem, bei welchem Ziele vereinbart werden bei deren Erreichung z. B. eine finanzielle Tantieme ausbezahlt wird. Ebenso können Aussichten auf Karriere oder Auslandaufenthalte die Mitarbeiter zu außergewöhnlichen Leistungen stimulieren. Bei der Gestaltung eines Anreizsystems ist u.a darauf zu achten, dass neben der individuellen Anreizsetzung auch Gruppenziele formuliert werden. Folgende Kriterien sind bei der Ausgestaltung eines Anreizsystems im Rahmen des SCM-Arbeitsfeldes Veränderung/Adaption zu beachten:[824]

- *Leistungsorientierung:* Die Anreize sollten so gesetzt werden, dass ein für die Veränderung und Adaption förderliches Verhalten erreicht werden kann. Die Zielvorgaben sind also an den Zielen der Implementierung auszulegen.
- *Transparenz:* Die Betroffenen sollten über die Verteilung der Anreize informiert werden und die Logik hinter dem System nachvollziehen können. Im Vorhinein sollten ferner die Art der Belohnung und deren konkrete Größe bekannt sein, um averses Verhalten seitens der Führungskräfte auszuschließen.
- *Individualisierung:* Nicht alle Mitarbeiter werten dieselbe Belohnung gleich. Daher sollte die Belohnung individuell und im Dialog im Vorhinein festgelegt oder im Nachhinein eine Auswahl an unterschiedlichen Vergütungen in Aussicht gestellt werden. Dabei ist allerdings zu beachten, dass gerade Gehalts- bzw. Boni-Unterschiede ein Treiber für „Neid" zwischen den Mitarbeitern sein kann.
- *Kompatibilität:* Das Anreizsystem ist auf schon bestehenden Führungsgrundsätzen aufzubauen und an bereits etablierte Anreizsysteme im Rahmen der generellen Geschäftstätigkeit anzupassen. Eine Orientierung geben Anreizsysteme verbundener Partnerunternehmen der Supply Chain.
- *Flexibilität:* Das Anreizsystem sollte während der ganzen Realisationsphase eine motivierende Wirkung besitzen. Dementsprechend ist es von Relevanz, dass sich das Anreizsystem flexibel auf veränderte Bedingungen in- und außerhalb des Unternehmens anpassen lässt.
- *Wirtschaftlichkeit:* Die Belohnungen sind in einem angemessenen Verhältnis zur honorierten Leistung zu stellen. Zu beachten ist, dass durch das Entgeltsystem keine falschen Anreize in dem Sinne gesetzt werden, dass die Belohnung alleine die Aktivitäten und das Handeln der Mitarbeiter bestimmt.

Traditionelle Anreizsysteme sind also im SCM umzugestalten, da sie i. d. R. auf die Akteursebene ausgerichtet sind und damit vielfach die „Erfolgsoptimierung für das Unternehmen" und nicht die „Erfolgsoptimierung für die Supply Chain" im Vordergrund steht. Denn, wenn die Anreizsysteme nicht geändert werden, ändert sich auch das Verhalten der Entscheidungsträger nicht!

Ein SCM-orientiertes Anreizsystem lässt sich insbesondere nach der Orientierung, der Zielgruppe und der Anreizart differenzieren. Die Belohnung kann sowohl strategische, wie auch operative Auswirkungen auf die Zielgruppen haben. Dabei ist zu entscheiden, ob Belohnungen für Gruppen oder für Individuen ausgelobt werden. Zudem kann die Ausgestaltung des Anreizes materiell oder immateriell erfolgen. Abbildung 3.5-15 gibt eine Übersicht über die unterschiedlichen Kombinationen von Anreizsystemen und deren Inhalte im SCM-Kontext.[825]

[824] Vgl. Heusler (2004), S. 184 ff.
[825] Vgl. Heusler (2004), S. 323.

Zielgruppe	Orientierung (Steuerungscharakter): Strategisch	Orientierung (Steuerungscharakter): Operativ	Anreizart
Individuum	Beteiligung am langfristigen Unternehmenserfolg bzw. Erfolg der Supply Chain An unternehmensübergreifender Supply Chain Strategie orientierte Anreizsysteme	Individuelle Prämien für Erreichung relevanter Vorgaben des unternehmensübergreifenden SCM Prämien bei Verbesserungsvorschlägen hinsichtlich des SCM auf Akteurs- und Netzwerkebene	Materiell
Individuum	Supply Chain Management Kompetenz als Aufstiegsqualifikation (auch an Erfolg der Supply Chain geknüpft) Entscheidungsdelegation als Führungsprinzip	Förderung von SCM-Konzepten durch Einzelcoaching und Einzelsupervision sowie unternehmensübergreifende Schulungen Symbolische Prämierung des „Supply Chain Managers des Jahres" (auch auf Netzwerkebene) Flexible Aufgabenzuweisung	Immateriell
Gruppe	Gruppenbonus für SCM-relevante strategische Aktivitäten Prämie für im Team realisierte Supply Chain-Initiativen (jeweils auch auf Netzwerkebene)	Gruppenorientierter Anteil an der laufenden Entlohnung und Abhängigkeit vom Erfolg der Supply Chain Auslobung von Preisen für funktions- bzw. bereichsübergreifende Zusammenarbeit	Materiell
Gruppe	Schaffung einer Vertrauenskultur im Unternehmen/Netzwerk Steigerung des Autonomiegrad des Teams	Angebot teamorientierter Entwicklungsmaßnahmen Teamorientiertes Management by Objectives Unternehmensübergreifende Teambildungsmaßnahmen	Immateriell

Abbildung 3.5-15: Relevante Kategorien und Inhalte eines Supply Chain-orientierten Anreizsystems[826]

Die Implementierungsbereitschaft (Dimension *Sollen*) lässt sich durch eine adäquate Sekundärorganisation unterstützen. Diese – temporär bestehende – Projektorganisation unterstreicht die Interpretation der Implementierungsaktivitäten als „Spezialaufgabe". Es lassen sich folgende drei Typen unterscheiden (vgl. Abbildung 3.5-16), wobei jeweils die Besonderheiten (z. B. lange Laufzeit, hohe Interdisziplinarität, starke IT-Affinität oder schlecht berechenbarer Return-on-Investment) von SCM-Projekten zu berücksichtigen sind:

[826] In Anlehnung an Heusler (2004), S. 324.

- Eine *reine Projektorganisation*, welche auch als reine sekundäre Organisation bezeichnet wird, kommt i.d.R dann zum Einsatz, wenn eine kontinuierliche Zusammenarbeit innerhalb eines Projekts erforderlich ist. Die dazu notwendigen Projektaufgaben werden aus der bestehenden, primären Organisation ausgegliedert. Eine eigens dafür ins Leben gerufene Projektleitung führt die Projektmitarbeiter und ist für den Erfolg der Umsetzung verantwortlich. Dabei wird möglichst eindeutig zwischen alltäglichen Routinearbeiten und den Sonderaufgaben im Zusammenhang mit der Implementierung unterschieden. Im SCM eignet sich diese Organisationsform vor allem für verhältnismäßig kritische Vorhaben mit hoher Priorität. Ein Beispiel hierfür ist der Aufbau einer differenzierten Supply Chain (inklusive Standorten und Partnern) in einem neuen Absatzmarkt. [827]
- Bei der *Stabs-Projektorganisation* wird die Struktur der Projektorganisation in die bestehende Primärorganisation eingegliedert, wobei zusätzlich ein Projektstab eingerichtet wird. Der verantwortliche Projektleiter übernimmt keine Fach- und keine Führungsverantwortung. Die Aufgabe des Stabes beschränkt sich auf die Koordination der Implementierung. In seiner Koordinationsfunktion schlägt er der Linie Maßnahmen und nächste Arbeitsschritte vor. Hierbei sind nur geringe organisatorische Anpassungen/Umstellungen notwendig. Diese Organisationsform eignet sich insbesondere für niedrig priorisierte Supply Chain-Projekte (auf der Akteursebene),

Typ der Projektoganisation	Schematische Darstellung	Ausgewählte Charakteristika
Reine Projektorganisation (Linienorganisation)	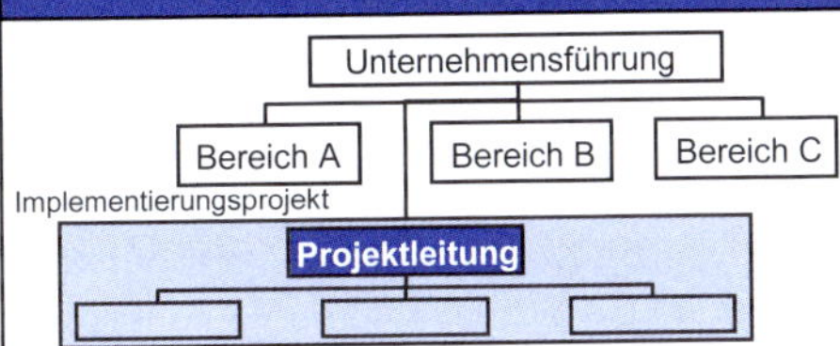	Kontinuierliche Zusammenarbeit der Projektmitglieder Eher hohe Autonomie Projekte mit eher hoher Komplexität
Stabs-Projektorganisation	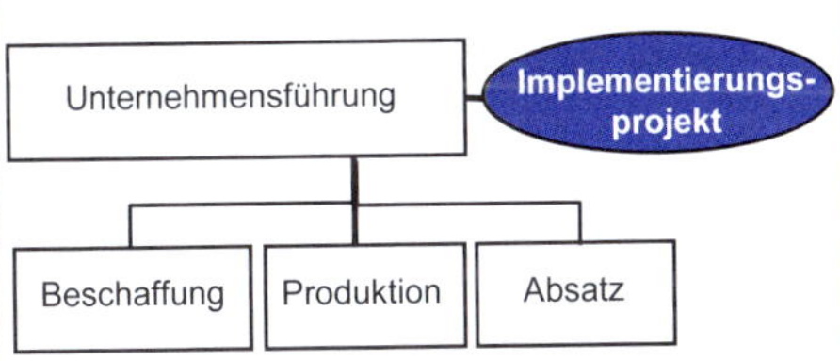	Sporadische Zusammenarbeit der Projektmitglieder Eher geringe Autonomie Projekte mit eher geringer bis mittlerer Komplexität
Matrix-Projektorganisation	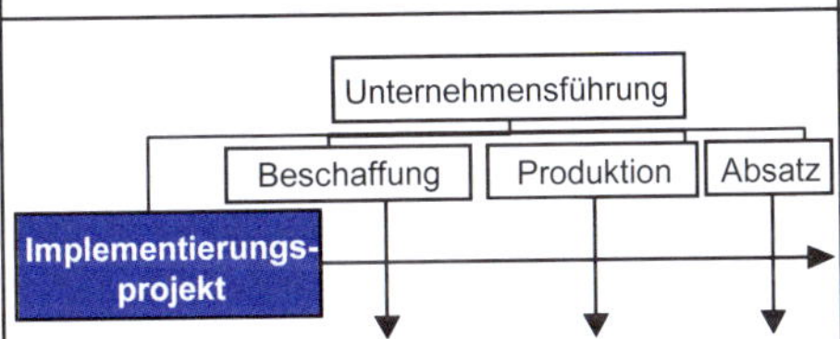	Mischform aus Stabs- und Linienorganisation Diskontinuierliche Zusammenarbeit der Projektmitglieder Überschneidung der Leitungskompetenzen

Abbildung 3.5-16: Organisatorische Unterstützung der Implementierung von Supply Chain-Initiativen auf der Akteursebene[827]

[827] In Anlehnung an Frese (2000), S. 507 ff.

wie beispielsweise den „Roll-out" eines bereits mehrfach erprobten Vendor-Managed Inventory-Ansatzes auf einen weiteren Lieferanten. Ferner bietet sich diese Form für „Konsensprojekte" auf der Netzwerkebene an (z. B. Entwicklung eines gemeinsamen Supply Chain-Strategieverständnisses).

- Eine *hybride Organisationsform* bildet die zeitlich befristete Matrix-Projektorganisation. Hierbei kümmern sich die betroffenen Mitarbeiter sowohl um die alltäglichen Routinearbeiten in der Primärorganisation, als auch parallel um Implementierungsaufgaben. Durch den Umstand, dass Aufgaben in der Linie und im Projekt von den gleichen Mitarbeitern durchgeführt werden, wird die Überführung des Projekts in die Primärorganisation vereinfacht, da die Betroffenen die Veränderungen von Beginn an mit tragen. Im Gegensatz zur reinen Projektorganisation sind jedoch die Komplexität und das Konfliktpotenzial größer, da die Mitarbeiter jeweils selbst die Schnittstellen bilden. Zusätzlich ist darauf zu achten, dass keine Überforderung durch die Doppelbelastung entsteht, was auf die Dauer mit Widerständen einhergehen könnte.[828] Diese Organisationsform bietet sich vor allem für eine flexible Abwicklung von Supply Chain-Projekten an, wie beispielsweise die Umstellung von einer Push- in eine Pull-Steuerung der Supply Chain.

Die vorgestellten Formen der organisatorischen Unterstützung beziehen sich vornehmlich auf die Implementierung von Supply Chain-Initiativen auf der Akteursebene. Im Rahmen des Supply Chain Management sind entsprechende Aktivitäten auch auf der Netzwerkebene anzustoßen. So braucht es entweder zusätzlich zu den organisatorischen Maßnahmen auf der Akteursebene entsprechende unternehmensübergreifende Sekundärstrukturen oder eine autorisierte Form der Primärorganisation auf der Netzwerkebene (vgl. hierzu ausführlich Abschnitt 3.5.3).

Implementierungsfähigkeit

Ist die Bereitschaft zur Veränderung/Adaption vorhanden, gilt es sicherzustellen, dass die nötigen Qualifikationen – also die Implementierungsfähigkeiten – aufgebaut werden (Dimensionen *Kennen/Verstehen* sowie *Können*). Für die Schaffung einer Implementierungsfähigkeit sind vor allem Informations- und Kommunikationsinstrumente einzusetzen. Sie dienen neben der Informationsübermittlung u. a. dazu, bei den Betroffenen akzeptanzfördernde Überzeugungsarbeit betreffend der angestrebten Veränderung/Adaption zu leisten.[829] So können unvollständige Informationen über bevorstehende Änderungen einen Anlass zu Spekulationen geben. Daher ist ein transparentes Informationskonzept von den zentralen Entscheidungsträgern („Sender") anzustreben. Adressaten („Empfänger") dieses Konzepts sind einerseits die eigenen Mitarbeiter in den relevanten Funktionen (auf Akteursebene) sowie die involvierten Unternehmen des Supply Chain-Ausschnitts (auf Netzwerkebene). Je nach Informationsziel sind unterschiedliche Medien einzusetzen, um einen verhaltenssteuernden Einfluss auf die jeweiligen Zielgruppen zu nehmen.[830]

[828] Unabhängig von der Ausgestaltung der Projektorganisation sind unterschiedliche Gruppen von Personen mit jeweils unterschiedlichen Aufgaben und Kompetenzen an der Adaption beteiligt. Diese Gruppen werden vertiefend in den Abschnitten zu den Rollen der Belegschaft während der Implementierung behandelt.

[829] Vgl. Heusler (2004), S. 178.

[830] Siehe hierzu auch den Abschnitt zur Information und Kommunikation in Kapitel 3.4.

In Abbildung 3.5-17 werden die unterschiedlichen Medien, ihre Anwendungsgebiete, sowie die jeweiligen Vor- und Nachteile einander gegenüber gestellt:[831]

- Die *persönliche Ansprache* ist sehr zeitintensiv, erreicht jedoch einen hohen Wirkungsgrad und wird bei der Kommunikation relevanter Meilensteine und Entscheidungen eingesetzt. Sie findet oft im Rahmen von Besprechungen innerhalb kleiner Gruppen statt. In einigen Fällen bietet es sich an, spezielle Workshops dafür einzuberufen, in welchen zusätzlich anhand von Fallstudien die zu lernenden Inhalte weitergegeben werden.
- Bei der *unpersönlichen Direktansprache* findet die Kommunikation schriftlich statt, wobei die Mitarbeiter direkt adressiert werden. Sie dient insbesondere dem Aufbau neuer (sozialer) Beziehungen in der Supply Chain. Im Vorfeld eines persönlichen Treffens können so unterschiedliche Mitarbeiter bzw. Fachabteilungen von verschiedenen Akteuren einer Supply Chain miteinander kommunizieren und sich bezüglich der intendierten Supply Chain-Initiative austauschen.
- *Selektive Medien* sind oft akteursspezifisch, wie das Intranet oder ein „schwarzes Brett". Bei dieser Alternative ist nicht sichergestellt, dass die Information tatsächlich beim Empfänger ankommt, da solche Medien einen unpersönlichen und nicht verpflichtenden Charakter besitzen.
- Völlig unspezifisch und mit großen Streuverlusten behaftet ist der Einsatz von *Massenmedien*. Streuverluste lassen sich über die Abstimmung der Kommunikationsinhalte auf die Zielgruppen reduzieren.

	Effektivität → Effizienz			
Medium	**Persönliche Direktansprache**	**Unpersönliche Direktansprache**	**Selektive Medien**	**Massenmedien**
Anwendung	Wichtige Meilensteine und Entscheidungen in der Supply Chain	Aufbau von neuen Supply Chain-Beziehungen	Bringschuld bei differenziertem Adressatenkreis bei der Einführung von Supply Chain-Initiativen	Marketing für undifferenzierten Adressatenkreis bei der Einführung von Supply Chain-Initiativen
Ausprägung	• Besprechungen • Vorträge • Meetings • Seminare • Workshops • Qualitätszirkel	• Rundbriefe • E-Mail • Berichte • Verteilerlisten • Umläufe	• Pressedienst • Schwarzes Brett • Abteilungsinfo• Homepage • Intranet • Newsletter	• Werkszeitung • Tageszeitung • Geschäftsbericht • Bekanntmachung • Anzeige
Vorteile	• Verbale/nonverbale Rückmeldung • Erfolgskontrolle	• Individuell auch bei großen Volumina • Rückmeldung	• Relativ billig • Kundenorientiert • Mittlere Reichweite	• Billig • Wenig zeitintensiv • Große Reichweite
Nachteile	• Teuer • Zeitaufwendig • Kleine Reichweite	• Weckt hohe Erwartungen • Verwaltungsaufwand	• Indirekte Informationen • Reizüberflutung • Keine Rückmeldung	• Gefahr der Blockade/ Abstumpfung • Keine Rückmeldung

Abbildung 3.5-17: Typische Informationsmedien der Implementierungsrealisation[832]

Als Adressaten der Information bzgl. der Implementierung kommen unterschiedliche Anspruchsgruppen in Frage. Je nach Funktion im Rahmen der Veränderung/Adaption sind die Informationen zu vertiefen bzw. zu differenzieren. Bei manchen Adressaten besteht ferner der Bedarf, die Hintergründe und das Zustandekommen der jeweili-

[831] Vgl. Henn (1999), S. 225 ff.
[832] In Anlehnung an Henn (1999), S. 226.

gen Informationsinhalte in Erfahrung zu bringen, während bei anderen ein passives Wissen ausreicht. So sollten im Rahmen einer unternehmensübergreifenden Supply Chain-Initiative alle Mitarbeiter der involvierten Akteure zwar grundsätzlich wissen, mit welchen Partnern zusammengearbeitet wird, die Spezifika der Form bzw. der Art-und-Weise der Zusammenarbeit sind weniger von Relevanz.

Zudem müssen die Medien mit der Implementierungsphase in Einklang gebracht werden. In der Planungsphase sind qualitativ hochwertige Informationen an ausgewählte Mitarbeiter im Rahmen von Dialogen zu kommunizieren. In der Realisierungsphase hingegen ist es wichtig, die Mitarbeiter zu mobilisieren, wobei eine große Prozentzahl der Belegschaft erreicht werden muss. Insofern besteht für das SCM-Arbeitsfeld Veränderung/Adaption die Herausforderung, die richtigen Informationen zur richtigen Zeit an den richtigen Personenkreis zu adressieren. Während auf der Akteursebene die Kompetenzen für solche Entscheidungen i.d.R. klar geregelt sind, müssen auf der Netzwerkebene zuerst die Voraussetzungen dafür geschaffen werden. Unternehmensübergreifende Gruppen und Teams – wie sie ausführlich im folgenden Abschnitt vorgestellt werden – unterstützen die Schaffung der Implementierungsfähigkeit.

Im Rahmen des Akzeptanzfaktors *Können* ist die Mitarbeiterqualifizierung im Sinne der SCM-Kompetenz ebenfalls von Bedeutung (vgl. hierzu auch Abschnitt 3.5.2.1). Veränderung bringt meistens für die Betroffenen eine Neuausrichtung ihrer Tätigkeitsbereiche mit sich. Deshalb besteht eine wichtige Aufgabe im SCM-Arbeitsfeld Veränderung/Adaption darin, den Qualifikationsbedarf zu bestimmen, um darauf aufbauend nötige Qualifizierungspläne zu entwickeln und diese umzusetzen. Die Anknüpfungspunkte zur Qualifizierung der Mitarbeiter werden einerseits in Situationen aufgeteilt, welche praxisbezogen sind und damit eine Aufgabennähe widerspiegeln, und andererseits in Situationen, welche einen theoretischen Bezug aufweisen (sogenannte Laborsituationen). Es lassen sich vier Qualifizierungsmechanismen unterscheiden:[833]

- *Into-the-job* wird der Mitarbeiter von erfahrenen Mentoren von Grund auf in seine neue Position „hineingearbeitet". Relevant ist diese Form im Rahmen des SCM insbesondere dann, wenn durch die Zusammenarbeit neue Tätigkeitsfelder mit neuen Berufsprofilen geschaffen werden.
- *On-the-job* steht für das klassische Prinzip von ‚learning by doing'. Man wird speziell für einen Bereich ausgebildet und soll anhand der eigenen Fehler lernen. Bezogen auf das SCM werden die Fähigkeiten immer dann on-the-job gelernt, wenn ein Mitarbeiter eine neue, jedoch schon bestehende Funktion übernehmen soll.
- *Near-the job* Situationen sind dadurch charakterisiert, dass die Mitarbeiter in Kursen bzw. Projekten auf die zukünftigen Aufgaben vorbereitet werden und das erworbene Wissen im Anschluss an die Schulungsmaßnahme unmittelbar anwenden. In der Vorbereitung auf eine schon beschlossene Intensivierung der Zusammenarbeit mit Lieferanten oder Kunden, werden die Mitarbeiter near-the-job auf ihre zukünftigen Aufgabenbereiche vorbereitet.
- *Off-the-job* hat keinen direkten Bezug zur konkreten Arbeitssituation. Hier werden in Seminaren generalistische Kenntnisse vermittelt. Diese Maßnahme kann im Rahmen des Supply Chain Managements dazu genutzt werden, unternehmensübergreifende,

[833] Vgl. Heusler (2004), S. 180 ff.

Supply Chain-bezogene Fort- und Weiterbildungsmaßnahmen in Form von Workshops und Schulungen durchzuführen.

Insbesondere die Varianten Into- und On-the-job lassen sich auch auf Netzwerkebene beispielsweise über ein „unternehmensübergeifende Job-Rotation" realisieren. Mitunter wird hierdurch ein „Lernen von und mit anderen Unternehmen der Supply Chain" (*Supply Chain-Learning*) erreicht.

Institutionelle Unterstützung durch Boards und Councils

Die strukturellen Ausprägungen einer institutionellen Unterstützung der avisierten Supply Chain-Initiativen können von Fall zu Fall bzw. Netzwerk zu Netzwerk variieren. Im Folgenden werden unterschiedliche Alternativen beschrieben, die sich zur Adaption im Supply Chain-Kontext einzeln oder in Verbindung einsetzen lassen. Haben die drei Typen der Implementierungs(projekt)organisation einen temporären Charakter, so sind die folgenden Alternativen eher dauerhaft zu interpretieren. Dabei handelt es sich nicht um keine abschließende Liste, sondern lediglich um eine Auswahl an Möglichkeiten der Institutionalisierung des Supply Chain Managements. Boards und Councils fungieren dabei als Lenkungsebene des SCM-Arbeitsfeldes der Veränderung/Adaption, wobei die spezifischen Lenkungsformen und Governance Modes zu berücksichtigen sind (vgl. hierzu Abschnitt 3.4.3.1). In Abbildung 3.5-18 sind unterstützende Stellen und Gremien mit dem entsprechenden Teilnehmerkreis, den angestrebten Zielen und den möglichen Resultaten aufgeführt.

	Teilnehmerkreis	Ziel	Resultat
Executive Governance Council	Divisionale Führungskräfte ggf. unterstützt durch Unternehmensberatern Falls Großteile der Produktion an „Lohnfertiger" ausgelagert sein sollte, sind diese ebenfalls zu involvieren	Überwindung interner Widerstände gegen Supply Chain-Initiativen Harmonisierung akteursspezifischer Ziele mit den übergeordneten Supply Chain-Initiativen der Netzwerkebene	Zielgerichteter Einsatz von Ressourcen, optimale Auslastung von Kapazitäten und strategiekonformes Verhältnis aus Kostenminimierung und Flexibilitätsmaximierung Höheres Leistungsniveau (Servicegrad und Qualität) für die (End-)Kunden
Customer Advisory Boards	Repräsentanten des Unternehmens aus Vertrieb bzw. Marketing und ggf. Logistik Bedeutende nachgelagerte Unternehmen (Kunden) sowie „Schnittstellenpartner" (z.B. Logistik- und IT-Dienstleister)	Einsicht über relevanten Anliegen und Interessen anderer Unternehmen (Fokus Kunde) Erhöhung der „Kundendurchdringung"	Einsatz von Ressourcen und Kapazitäten gemäß den Bedürfnissen der Kunden Weniger Konflikte im kundenseitigen Netzwerk

	Teilnehmerkreis	Ziel	Resultat
Supplier Advisory Board	Repräsentant des Unternehmens aus dem Einkauf bzw. der Produktion und ggf. der Logistik Bedeutende vorgelagerte Unternehmen (Lieferanten) sowie „Schnittstellenpartner" (z. B. Logistik- und IT-Dienstleister)	Einsicht über relevante Anliegen und Interessen anderer Unternehmen (Fokus Lieferant) Erhöhung der „Lieferantendurchdringung"	Einsatz von Ressourcen und Kapazitäten gemäß den Fähigkeiten der Lieferanten Weniger Konflikte im lieferantenseitigen Netzwerk
Senior-Level Supply Chain Executive	Position direkt unter dem CEO Unterstützung ggf. durch Unternehmensberater	Supply Chain-Prozesse, von der Beschaffung über die Produktion und Distribution bis zum After Sales, werden einer Person bzw. Organisationseinheit unterstellt	Durchgängige Prozesstransparenz und -steuerung auf Akteursebene Unterstützung der Entscheidungsfindung in der Supply Chain auf Netzwerkebene

Abbildung 3.5-18: Beispiele aufbauorganisatorischer Unterstützungsmaßnahmen der Adaption von Supply Chain-Initiativen[834]

Abbildung 3.5-19 und Abbildung 3.5-20 verdeutlichen das mögliche Zusammenspiel der einzelnen unterstützenden Stelle und Gremien. Das Ziel des *Executive Governance Coun-*

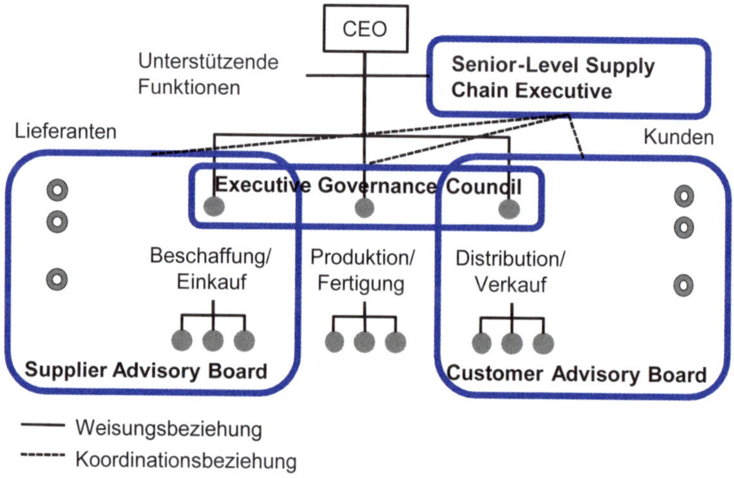

Abbildung 3.5-19: Unterstützende Stellen und Gremien in einem produzierenden Unternehmen mit einem Geschäftsfeld

[834] In Anlehnung an Fawcett et al. (2006), S. 31 ff.

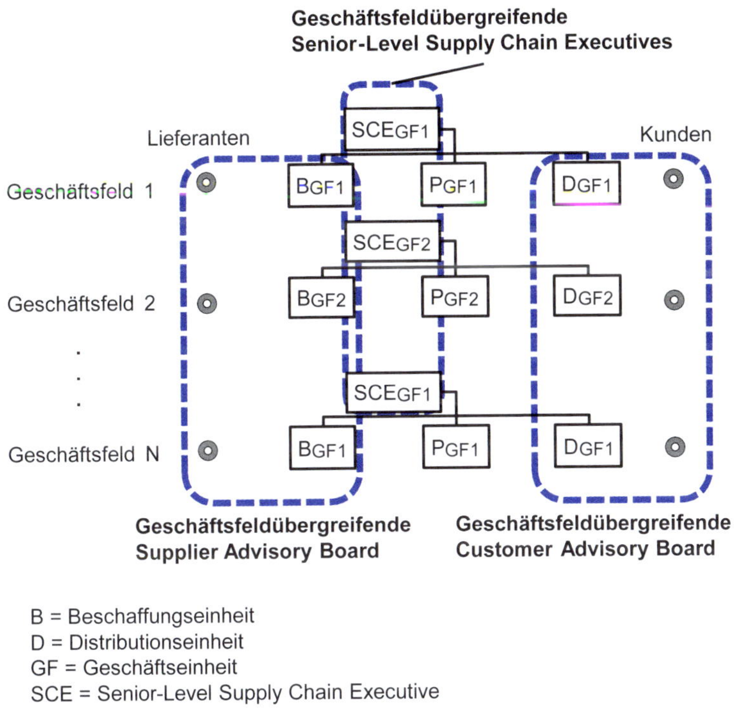

Abbildung 3.5-20: Unterstützende Stellen und Gremien in einem produzierenden Unternehmen mit mehreren Geschäftsfeldern

cils ist es, interne Widerstände gegen Supply Chain-Initiativen abzubauen und Supply Chain-Aktivitäten unternehmensübergreifend so zu koordinieren, dass die relevanten Wertschöpfungsbereiche auf ein gleiches Ziel hin arbeiten.[835] Der Teilnehmerkreis des Governance Councils besteht überwiegend aus Führungskräften mit divisionalen Verantwortungsbereichen, da diese die Möglichkeit besitzen, über Ressourcen zu entscheiden und somit die Art der Zusammenarbeit mit vor- und nachgelagerten Unternehmen sowie mit Dienstleistern zu beeinflussen. Die Interaktion der Führungskräfte erlaubt es, den Abstimmungsaufwand bereichsübergreifend zu reduzieren, Ressourcen zielgerichtet einzusetzen sowie Kapazitäten möglichst gut und ausgewogen auszulasten. Ferner wird es möglich, den Kunden durch abgestimmte Prozesse und harmonische Arbeitsabläufe ein höheres Leistungsniveau in Bezug auf Servicegrad und Qualität anzubieten. Das Executive Governance Council trifft sich in regelmäßigen Abständen, um Vorschläge zu analysieren, mögliche Auswirkungen auf das Unternehmen sowie auf die Supply Chain zu besprechen und die Realisierbarkeit zu hinterfragen. Mit der Einrichtung dieser Gruppe lässt sich weiterhin die Implementierung von Supply Chain-Initiativen begleiten.[836]

Wie die Ausführungen zum Demand Management (Kapitel 2.1) zeigen, ist die Schnittstelle zum Kunden aus Akteurssicht von hoher Relevanz (Ausrichtung des SCM an den Bedürfnissen der Endkunden). Prioritär bedeutende Kunden sollten daher in die

[835] Vgl. Fawcett et al. (2006), S. 31.
[836] Vgl. Fawcett et al. (2006), S. 31 ff.

Weiterentwicklung und Optimierung der Wertschöpfungsaktivitäten der Unternehmen integriert werden. Im sogenannten *Customer Advisory Board* sind Repräsentanten der wichtigsten Kunden – und sogar der Kunden-der-Kunden – einzuladen, um über die Produkte und Leistungen des Unternehmens zu sprechen.[837] Das einladende Unternehmen erhält mit dieser Aktivität relevante Einsichten über die wichtigsten Interessen der unmittelbar nachgelagerten Supply Chain-Akteure, der Bedürfnisse der Endkunden und Impulse für Verbesserungsinitiativen. Neben inhaltlichen Aspekten lassen sich dabei auch persönliche, verhaltensbezogene Sachverhalte thematisieren, die einem reibungslosen Ablauf auf der Netzwerkebene bislang im Wege standen. Verfügt ein Unternehmen über mehrere Geschäftseinheiten und dezentrale Distributionsstrukturen, ist über ein geschäftsfeldübergreifendes Customer Advisory Board zur Unterstützung von Veränderungs- und Adaptionsprozessen nachzudenken. In einem solchen Gremium könnten beispielsweise diejenigen Kunden zentral angesprochen werden, die aus verschiedenen Geschäftsfeldern des Unternehmens Leistungen beziehen. Analogien bestehen im Rahmen der Umsetzung eines Customer Relationship Management mit Key Account-Funktion.[838] Eine Herausforderung bei Einrichtung der Customer Advisory Boards kann dann bestehen, falls das Unternehmen eine große Kundenbasis besitzt. Erforderlich ist dann die Erarbeitung von Selektionskriterien für die Auswahlentscheidung (z. B. aufgrund der Wertigkeit der Kunden).

Der Bezugspunkt Supply Management (Kapitel 2.3) geht explizit auf die Bedeutung der Beschaffung und des Einkaufs sowie die Schnittstellen zu den Lieferanten ein. Daher bietet sich in Analogie zur Abnehmerseite auch auf der Beschaffungsseite an, ein Gremium zur Unterstützung von Supply Chain-Initiativen zu institutionalisieren – das sogenannte *Supplier Advisory Board*. Dort kann über den Einsatz von Ressourcen und Kapazitäten gemäss den Fähigkeiten der Lieferanten gemeinsam befunden werden. Darüber hinaus werden Einblicke in die Arbeitsweisen und das Leistungsvermögen vorgelagerter Supply Chain-Akteure möglich. Die aktiv eingebundenen Lieferanten erhalten dadurch zudem eine Plattform, sich gegenseitig bzgl. weiterführender Supply Chain-Initiativen auszutauschen. Im Falle eines Unternehmens mit mehreren Geschäftsfeldern und dezentralen Einkaufs-/Beschaffungsstrukturen ist ein geschäftsfeldübergreifendes Supplier Advisory Board ins Auge zu fassen. Darin könnten u. a. auch Lieferantenentwicklungsvorhaben aufeinander abgestimmt oder die „Inbound-Supply Chain" Zuliefer-übergreifend koordiniert werden. Problematisch bei der Einrichtung von Supplier Advisory Boards sind bestehenden Mehrfachmitgliedschaften in Supply Chains sowie eine umfassende Lieferantenbasis.

Direkt unter der Geschäftsführungsebene übernehmen *Senior-Level Supply Chain Executives* die Koordination über die verschiedenen Wertschöpfungsbereiche des Unternehmens. Diese spezifischen Entscheidungsträger sind zunächst nur auf der Akteursebene tätig. Ein Vorteil dieser Institutionalisierungsform besteht darin, dass der gesamte Prozess von der Beschaffung über die Produktion bis hin zur Distribution der Produkte und After Sales Services einer Person bzw. einer Einheit untersteht.[839] Probleme an Schnittstellen lassen sich mit Hilfe dieser Einheit überwinden.

---

[837] Vgl. Fawcett et al. (2006), S. 32 ff. Alternative Bezeichnungen sind „Kundenbeiräte", wie sie beispielsweise bei der Deutschen Bahn existieren, oder „User Groups", wie sie häufig bei Softwareherstellern und IT-Anbietern vorkommen.

[838] Siehe hierzu auch Kapitel 2.1 „Bezugspunkt Demand Management".

[839] Vgl. Fawcett et al. (2006), S. 32 ff.

3.5.3 Prozess der Supply Chain-Adaption auf der Netzwerkebene

Sind Unternehmen dazu bereit, eine Supply Chain-Initiative auf der Netzwerkebene gemeinsam umzusetzen, sind auch unternehmensübergreifend strukturelle Voraussetzungen zu schaffen. Dafür bietet sich insbesondere die Einführung von Arbeitsgruppen bzw. Projektteams an. Die Bildung von unternehmensübergreifenden Arbeitsgruppen, welche die Gestaltung, Lenkung und Kontrolle der Supply Chain-Aktivitäten in „Workshop-Form" steuern, ist ein Instrument, das den Einbezug der verschiedenen Perspektiven und Interessen der einzelnen Akteure und deren Mitarbeiter sowie Stakeholder bei der Realisation von Supply Chain-Initiativen ermöglicht und unterstützt. Diese „Supply Chain-Teams" haben das Ziel, die Lücke zwischen den akteursspezifischen Tätigkeiten und der umzusetzenden Supply Chain-Initiative auf der Netzwerkebene zu schließen.[840]

Die Zusammenstellung einschlägiger Teams für das SCM auf Netzwerkebene sollte schrittweise erfolgen. Die idealtypisch zu durchlaufenden Stadien der Teamgestaltung lassen sich in Analogie zum Prozess der Kreation von Supply Chain-Initiativen formulieren (vgl. Abbildung 3.5-21).

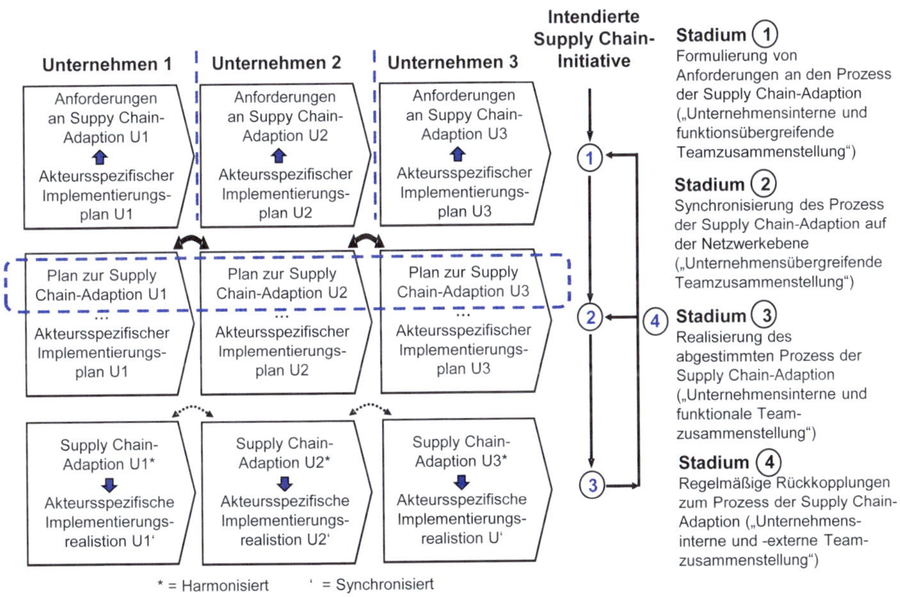

Abbildung 3.5-21: Idealtypischer Ablauf der Adaption von Supply Chain-Initiativen auf der Netzwerkebene

[840] Vgl. Fawcett et al. (2006), S. 32.

3.5.3.1 Stadium 1: Formulierung von Anforderungen an den Prozess der Supply Chain-Adaption

In diesem überwiegend unternehmensintern ausgerichteten Stadium geht es zunächst darum, auf Basis einer Supply Chain-Strategie spezifische Anforderungen für deren Etablierung sowie den dafür umzusetzenden Supply Chain-Initiativen zu formulieren. Es gilt vor allem, die Implementierungsplanung zu konkretisieren. Dafür ist ein unternehmensinternes Team zusammenzustellen, welches über ausreichende Kenntnisse der Wertschöpfungsbereiche verfügt. Bedeutend ist dabei, dass Unternehmen möglichst eine teamorientierte Kultur entwickeln, in der eine bereichsübergreifende Zusammenarbeit in Gruppen und eine ganzheitliche Bearbeitung von Problemen gefördert werden. Abbildung 3.5-22 zeigt die beispielhafte Zusammensetzung des Teams (gestrichelte Linie), in dem alle Supply Chain-relevanten Bereiche eines Unternehmens zusammengeführt werden.

Funktion	Supply Chain-Akteur 1	Supply Chain-Akteur 2	Supply Chain-Akteur 3	Supply Chain-Akteur 4
Geschäftsführung				
Controlling: Controller				
Beschaffung: Einkaufsleiter				
Produktion: Produktionsleiter				
Distribution: Produktmanager				
Logistik: Logistikleiter/Supply Chain-Manager				
etc.				

Anmerkung: Unter die Supply Chain-Akteure fallen sowohl „klassische" Zulieferer bzw. Abnehmer als auch Lohnfertiger und Logistik- sowie IT-Dienstleister

Abbildung 3.5-22: Unternehmensinterne und funktionsübergreifende Teamzusammenstellung

Eine solche Teamzusammenstellung sollte zunächst bei den von der umzusetzenden Supply Chain-Initiative betroffenen Unternehmen erfolgen, bevor auf der Netzwerkebene vertiefende zwischenbetriebliche Fragestellungen und Herausforderungen der Implementierung angegangen werden (z. B. Lancierung einer Pilot-Implementierung).[841]

[841] Vgl. Fawcett et al. (2006), S. 29 ff.

Ein typisches Problem, welches in diesem Stadium auftreten kann, ist ein unzureichendes Verständnis der Notwendigkeit der Realisierung der intendierten Supply Chain-Initiative sowohl auf Akteurs- als auch auf Netzwerkebene.

3.5.3.2 Stadium 2: Synchronisierung des Prozesses der Supply Chain-Adaption auf der Netzwerkebene

Das Ziel des nächsten Stadiums ist es, die aus der den einzelnen Akteursperspektiven entwickelten Vorgehenspläne zur Implementierung auf der Netzwerkebene miteinander zu vergleichen und die avisierten Teilprojekte aufeinander abzustimmen. Dafür hat jedes Unternehmen Kontakt zu vor- und nachgelagerten Stufen der Supply Chain – zunächst meist auf bilateralem Wege – aufzunehmen. Es stehen demnach überbetriebliche Prozesse der Teambildung im Zentrum der Betrachtung.

Sobald die einzelnen Akteure des betrachteten Supply Chain-Ausschnitts namentlich bekannt sind, kann eine unternehmensübergreifende Teamzusammenstellung erfolgen. Dies bietet den Akteuren weiterhin die Gelegenheit, sich vertiefend bezüglich der umzusetzenden Supply Chain-Initiativen auszutauschen. Neben dem Abgleich weicher Faktoren (wie z. B. Unternehmenskultur und Beziehungsleitbilder) lassen sich Schnittstellen in den zwischen den Akteuren ablaufenden Prozessen identifizieren, um darauf aufbauend Ansätze einer unternehmensübergreifenden Vorgehensweise zu bestimmen, die in abgestimmten Prozesse der Supply Chain-Adaption münden sollte. Graphisch wird dies in Abbildung 3.5-23 angedeutet.

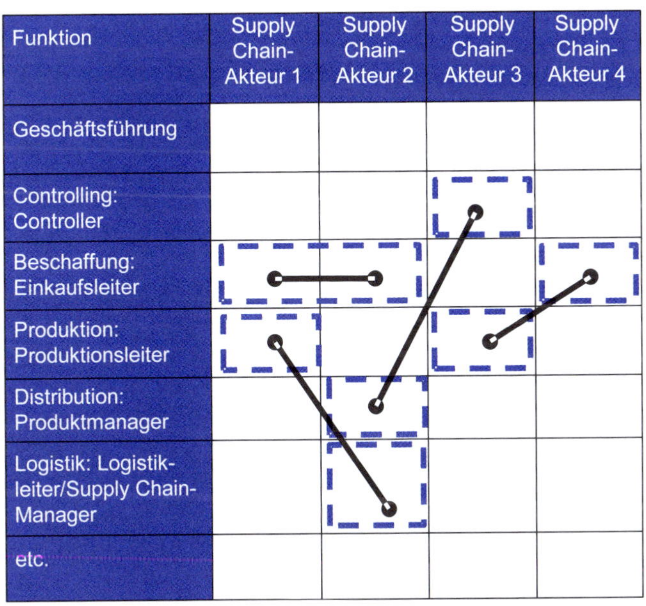

Anmerkung: Unter die Supply Chain-Akteure fallen sowohl „klassische" Zulieferer bzw. Abnehmer als auch Lohnfertiger und Logistik- sowie IT-Dienstleister

Abbildung 3.5-23: Unternehmensübergreifende Teamzusammenstellung (Dyade)

Herausforderungen in diesem Stadium bestehen in der Identifikation der relevanten Ansprechpartner in den involvierten Unternehmen des Supply Chain-Ausschnitts, die mögliche ablehnende Haltung und etwaiges destruktives Verhalten der Interaktionspartner bezüglich der intendierten Zusammenarbeit sowie Unstimmigkeiten bei der Festlegung gemeinsamer Ziele, welche das Einbinden weiterer Akteure erfordern. Falls die angestrebten Ziele der Akteure sich einander widersprechen und kein Kompromiss in absehbarer Zeit zu finden ist, sollte eine Mediation angestoßen werden (vgl. hierzu Abschnitt 3.4.5.1).

In dieser Prozessphase sind – in Analogie zur Implementierung einer akteursspezifischen Supply Chain-Initiative – folgende Aspekte gemeinsam zu fixieren:

- Gesamtzielsetzung der Implementierung auf der Netzwerkebene.
- Unternehmensübergreifende Implementierungsplanung, inklusive der Bestimmung des Partizipationsgrades, der Transformation vom Soll- zum tatsächlichen Ist-Zustand (Kontextübergang) sowie der Implementierungsintensität.
- Harmonisierte Implementierungsrealisation, vor allem bezüglich der Koordination der Implementierungsaktivitäten sowie der Maßnahmen zur Förderung der Implementierungsbereitschaft und -fähigkeit.
- Abgestimmte Implementierungskontrolle (als Aufgabe des SCM-Arbeitsfeldes Performancemessung und -evaluation, vgl. hierzu Kapitel 3.6).

Ein nächster Schritt der unternehmensübergreifenden Teamzusammenstellung besteht in der Ausdehnung der Arbeitsgruppe um weitere Funktionsverantwortliche und Supply Chain-Akteure. Die Etablierung von „Verhaltensregeln“ und „Kommunikationskanälen“ – z. B. in Form von DV-gestützten Projektplattformen – erleichtert die Harmonisierung der akteursspezifischen Unternehmensziele in Bezug auf die Supply Chain. Die erweiterte Teamzusammenstellung lässt sich in Abbildung 3.5-24 idealtypisch erkennen.

Ein typisches Problem besteht darin, dass die involvierten Unternehmen in diesem Stadium viele unterschiedliche Meinungen und Zielsetzungen vertreten können. Da Konflikte zwischen einzelnen Supply Chain-Akteuren in einer solchen Situation oft unvermeidlich sind, sollten mögliche Spannungen zwischen Wettbewerb und kooperativer Zusammenarbeit offen thematisiert und ein Interessenausgleich herbeigeführt werden.[842] Für eine erfolgreiche Zusammenarbeit in den überbetrieblichen Arbeitsgruppen ist es erforderlich, bestimmte Regeln und Entscheidungsprozesse eindeutig zu definieren, die für alle Beteiligten verbindlich sind.

3.5.3.3 Stadium 3: Realisierung des abgestimmten Prozesses der Supply Chain-Adaption

In diesem Stadium geht es darum, das einzelne Unternehmen intern so auszurichten, dass sich die definierten Ziele und die gemeinsam ausgewählten Supply Chain-Initiativen umsetzen lassen. Dafür kann man wiederum zwei unterschiedliche Teamzusammenstellungen einsetzen.

Für die tatsächliche Realisierung der abgestimmten Implementierungsmaßnahmen sollte ein unternehmensinternes funktionsübergreifendes Team mit Top-Management-Support eingesetzt werden. Dieses ist in Abbildung 3.5-25 dargestellt und stimmt in

[842] Vgl. Sydow/Möllering (2004), S. 226.

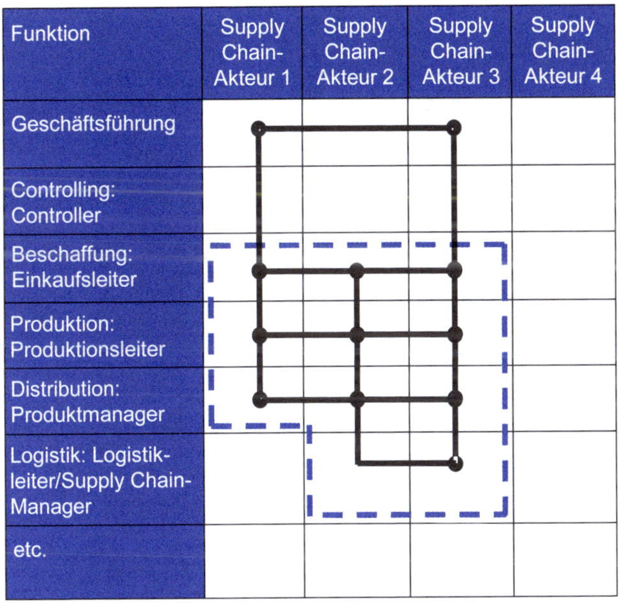

Anmerkung: Unter die Supply Chain-Akteure fallen sowohl „klassische“ Zulieferer bzw. Abnehmer als auch Lohnfertiger und Logistik- sowie IT-Dienstleister

Abbildung 3.5-24: Unternehmensübergreifende Teamzusammenstellung (Netzwerk)

etwa mit der Struktur des Teams der Entwicklung einer Supply Chain-Initiative aus Akteursperspektive überein. Ein Unterschied resultiert aus der Zielsetzung der eingesetzten Gruppe. In diesem Stadium besteht das Ziel darin, die Umsetzungsaktivitäten bei den einzelnen Akteuren so anzupassen, dass die Implementierung der Supply Chain-Strategie bzw. der Initiativen weitestgehend ermöglicht wird.

Zu den dabei entstehenden Herausforderungen gehört, dass getroffene Kompromisse wieder in Frage gestellt werden, dass vorher nicht aktiv begleitende Personen Widersprüche mit der Unternehmensstrategie erkennen sowie dass neue, nicht erwartete Hindernisse auftauchen können. So könnten sich beispielsweise die Kundenerwartungen aufgrund einer neuen Lösung auf dem Markt verändern.

Im zweiten Teil dieser Phase werden die relevanten Funktionsbereiche für die Umsetzung der Supply Chain-Strategie und die Implementierung der Supply Chain-Initiative beauftragt. Mit diesen Aufgaben werden wiederum verschiedene Arbeitsgruppen betraut, die sich schwerpunktmäßig auf einen einzelnen Funktionsbereich konzentrieren. Dies wird in Abbildung 3.5-25 skizziert.

3.5.3.4 Stadium 4: Regelmäßige Rückkopplung zum Prozess der Supply Chain-Adaption

In diesem letzten Stadium geht es darum, Feedback auf die Implementierung sowie auf die Abstimmungsprozesse der Veränderung und Adaption zu geben. Hierbei gibt es einen fliessenden Übergang zum SCM-Arbeitsfeld Performance Messung/ Evaluation. Damit geht eine Förderung des interorganisationalen Lernens ein-

Funktion	Supply Chain-Akteur 1	Supply Chain-Akteur 2	Supply Chain-Akteur 3	Supply Chain-Akteur 4
Geschäftsführung				
Controlling: Controller				
Beschaffung: Einkaufsleiter				
Produktion: Produktionsleiter				
Distribution: Produktmanager				
Logistik: Logistikleiter/Supply Chain-Manager				
etc.				

Anmerkung: Unter die Supply Chain-Akteure fallen sowohl „klassische" Zulieferer bzw. Abnehmer als auch Lohnfertiger und Logistik- sowie IT-Dienstleister

Abbildung 3.5-25: Unternehmensinterne, funktionale Teamzusammenstellung

her.[843] Ziel ist es, solche Arbeitsgruppen zu institutionalisieren, die in Abstimmung mit den Teams der beteiligten Supply Chain-Akteure den Wissenstransfer sowohl intern wie auch extern vorantreiben (vgl. Abbildung 3.5-26).

Eine typische Herausforderung in dieser Phase kann sein, dass einzelne Funktionsbereiche oder Akteure keinen bzw. einen unzureichenden Beitrag für die Supply Chain-Veränderung und -Adaption sowie die Weiterentwicklung von Supply Chain-Initiativen liefern. Ferner besteht die Gefahr – insbesondere bei einem langwierigen Implementierungsprozess – dass die anfangs getroffenen Annahmen bzw. die anfänglichen Rahmenbedingungen sich bereits verändert haben, bevor es zu deren Umsetzung kommt.

Aus der Adaption von Supply Chain-Initiativen ist unter Einbezug der Netzwerkebene zu konstatieren: Die Workshopgestaltung sowie die Teamzusammenstellung sind ein dynamischer Prozess, der die Ziele und Interdependenzen der verschiedenen Phasen der Strategieimplementierung auf der Akteurs- und Netzwerkebene zu berücksichtigen hat. Dem Implementierungsmanagement steht unabhängig vom konkreten Realisationsobjekt eine Vielzahl an konzept- und kontextorientierten Gestaltungsinstrumenten zur Verfügung, die adäquat zur spezifischen Supply Chain-Situation zum Einsatz gelangen sollten. Das modulare Vorgehen in Form von SCM-Arbeitspaketen erlaubt eine Priorisierung der umzusetzenden Maßnahmen sowie eine Reduktion der Gesamtkomplexität.

843 Siehe zum interorganisationalen Lernen bzw. „Supply Chain-Learning" den Abschnitt 3.2.3.4.

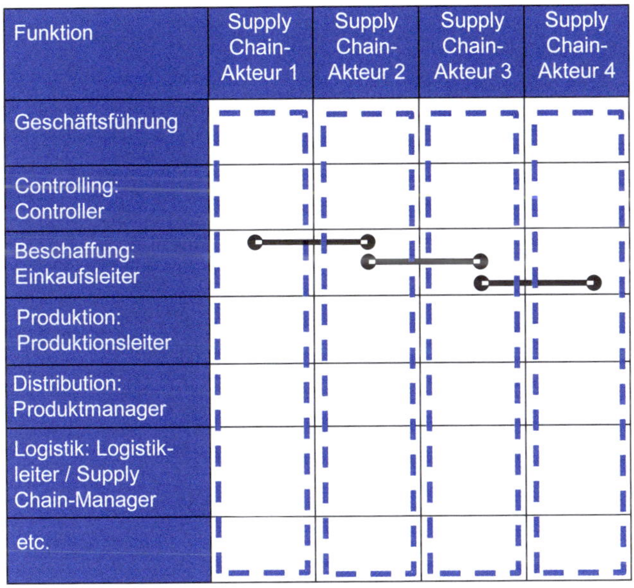

Anmerkung: Unter die Supply Chain-Akteure fallen sowohl „klassische“ Zulieferer bzw. Abnehmer als auch Lohnfertiger und Logistik-sowie IT-Dienstleister

Abbildung 3.5-26: Unternehmensinterne und -externe Teamzusammenstellung

3.6 SCM-Arbeitsfeld Performance Messung und Evaluation

LERNZIELE

Am Ende dieses Kapitels sollten Sie in der Lage sein,

- die Grundlagen und Herausforderungen bei der Performance Messung in und Evaluation von Supply Chains zu kennen,
- die Deutung des Performancebegriffs im Supply Chain-Kontext vornehmen zu können,
- den Einfluss des Supply Chain Managements auf die Unternehmenswertsteigerung sowie Ansätze zu kennen, um diese transparent zu machen,
- adäquate Kennzahlen für das SCM zu spezifizieren,
- geeignete Methoden und Instrumente zu konkretisieren, die das Controlling in Supply Chains ermöglichen, sowie
- den ganzheitlichen Steuerungsansatz der Balanced Scorecard auf Supply Chains übertragen zu können.

Der Aufbau und die Inhalte von Kapitel 3.6 gestalten sich wie folgt (vgl. Abbildung 3.6-1):

Erkenntnisebene des SCM-Arbeitsfelds Performance Messung und Evaluation	Inhalte/Fragestellungen	Abschnitt des Kapitels	Ergebnis
Grundlagen	Was versteht man unter der Performance Messung und Evaluation im SCM-Piloten? Welche Impulse liefern das Controlling und das Wertorientierte Management zum SCM-Arbeitsfeld Performance Messung und Evaluation?	3.6.1	Grundlegendes Verständnis über die Performance Messung/ Evaluation im Rahmen des SCM-Piloten Geeignete theoretische Anknüpfungspunkte zur Erklärung der performancegestützten Steuerung von Supply Chains sowie der Unternehmenswertsteigerung durch SCM
↓			
Instrumente der Performance Messung/Evaluation	Welche Instrumente stehen zur Verfügung, um die Performance Messung auf Akteursebene sowie die Evaluation auf Netzwerkebene im SCM-Piloten durchzuführen?	3.6.2	Vorstellung geeigneter Instrumente für die Performance Messung und Evaluation im Umfeld des SCM: – Erfolgsbestimmung der prozentualen SCM-Arbeitsfelder – Management von Kennzahlen – Total Cost of Ownership – Prozesskostenrechnung – Target Costing – Open Book Accounting – Nutzwertanalyse
↓			
Ganzheitliche Performance Messung/Evaluation	Wie kann mit Hilfe der Supply Chain Balanced Scorecard eine ganzheitliche Performance Messung/Evaluation im SCM stattfinden?	3.6.3	Einführung in die Supply Chain Balanced Scorecard als ganzheitlicher Ansatz zur Performance Messung und Evaluation im Rahmen der interorganisatorischen Zusammenarbeit Konkrete Ausgestaltung der Supply Chain Balanced Scorecard mit ihren Elementen

Abbildung 3.6-1: Aufbau des Kapitels 3.6 – SCM-Arbeitsfeld Performance Messung und Evaluation

3.6.1 Begriffsabgrenzung und theoretische Grundlagen

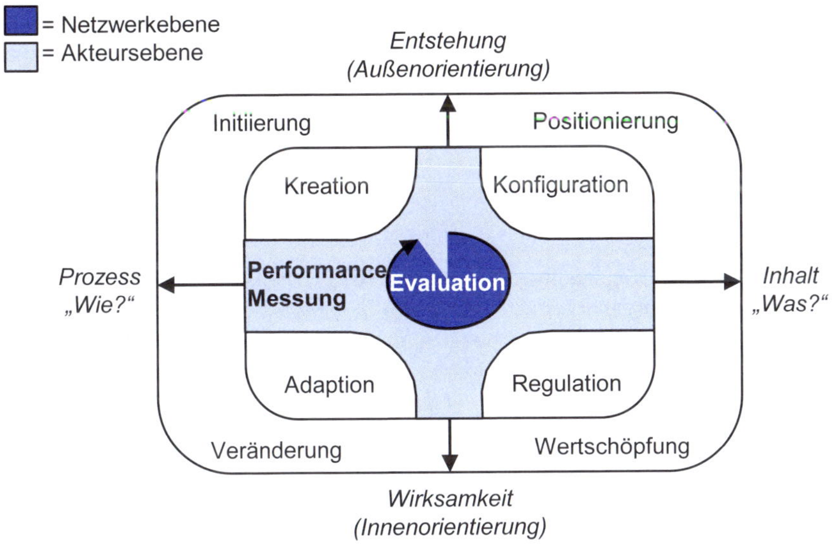

SCM-Arbeitsfeld Performance Messung:

- Die Performance Messung auf der Akteursebene hinsichtlich Supply Chain-Initiativen richtet sich auf die Prüfung der zugrunde liegenden Prämissen, die Überwachung des Umsetzungsfortschritts sowie die laufende Kontrolle der relevanten Kennzahlen.
- Das Arbeitsfeld ist darauf ausgerichtet, möglichst frühzeitig Feedback zur Qualität aus der geleisteten Strategiearbeit und des organisatorischen Wandels in der Wertschöpfung des Unternehmens zu erhalten.
- Performance Messung der Supply Chain-Aktivitäten ist zudem als Möglichkeit zur Beschleunigung von Supply Chain-relevanten Lernprozessen auf der Akteursebene zu verstehen.
- Ansätze zur Supply Chain-orientierten Performance Messung sind u.a. die Balanced Scorecard oder die Prozesskostenrechnung, welche an der Schnittstelle zur Netzwerkebene um interorganisationale Dimensionen erweitert bzw. ergänzt werden müssen.

SCM-Arbeitsfeld Evaluation:

- Im SCM-Arbeitsfeld Evaluation gilt es, Leistungs-, Kosten- und Fortschrittskontrollen auf der Netzwerkebene anzustoßen und zu realisieren.
- Eine zentrale Aufgabe besteht darin, für eine einheitliche Definition von Schlüssel-Kennzahlen (KPI's) im Netzwerk zu sorgen.
- Ferner sind qualitative sowie quantitative Netzwerkeigenschaften und -veränderungen bei den involvierten Akteuren zu erfassen.
- Schließlich ist die Wirtschaftlichkeit der Supply Chain sowie der Erfolg – vor allem in Form von Wertsteigerungseffekten – der lancierten und umgesetzten Supply Chain-Initiativen auf der Netzwerkebene zu bewerten.

Abbildung 3.6-2: Position und Inhalte der Arbeitsfelder Performance Messung und Evaluation im SCM-Piloten

Gegenstand des SCM-Arbeitsfeldes Performance Messung und Evaluation ist die Unterstützung von Entscheidungen und deren Umsetzung in der Supply Chain. Neben der adäquaten Informationsversorgung der Entscheidungsträger, steht die koordinierte Steuerung unternehmensübergreifender Wertschöpfungsaktivitäten unter Rückgriff auf „Controlling-Konzepte" im Vordergrund dieses Arbeitsfeldes.[844]

Das SCM-Arbeitsfeld setzt sich demnach aus Sicht eines Unternehmens vor allem mit folgender Fragestellung auseinander:

„Wie – mit welchen Informationen und Kenngrößen – wollen wir Entstehungs- und Realisierungsprozesse von Supply Chain-Initiativen messen und wie wollen wir die Performance der Supply Chain gemeinsam mit den Partnern evaluieren?"

Zur Beantwortung der Fragestellung nimmt das SCM-Arbeitsfeld Performance Messung/Evaluation die Aufgaben einer erweiterten Steuerungs-, Kontroll- und Evaluationsfunktion wahr. Es beschränkt sich somit nicht nur auf eine Feedback-orientierte Ergebniskontrolle, sondern beinhaltet zudem begleitende und Feedforward-orientierte Steuerungs- und Evaluationsaufgaben. Eine Verknüpfung mit den weiteren Aufgabenfeldern des SCM-Piloten erfolgt dabei über spezifische Formen der strategischen und operativen Kontrolle:

- Die *Prämissenkontrolle* verbindet Performance Measurement/Evaluation mit dem Aufgabenfeld Positionierung/Konfiguration. Hier findet u. a. ein Abgleich zwischen den Zielvorgaben, der institutionellen Konfiguration der Supply Chain sowie der ausgewählten strategischen Stoßrichtung statt.
- Insbesondere vor dem Hintergrund der bereits angesprochenen Dynamik von Supply Chains erscheint es bedeutsam, die Gültigkeit der diesen Entscheidungen zu Grunde gelegten Annahmen regelmäßig zu überprüfen. Das SCM-Arbeitsfeld der Veränderung/Adaption wird über *Fortschrittskontrollen* begleitet.
- Mit der Wertschöpfung/Regulation sowie der dabei stattfindenden operativen Steuerung von Supply Chain-Prozessen ist schließlich die Realisationskontrolle assoziiert. Diese entspricht am ehesten dem Charakter einer klassischen, nachlaufenden *Ergebniskontrolle*.[845]

3.6.1.1 Impulse des Controllings und Anpassungsbedarfe

Über die erweiterten Kontrollen und Bewertungen hinaus repräsentiert das Arbeitsfeld im SCM-Kontext jene „Controlling-Aufgaben", die sich mit Erfolgsgrößen sowie kennzahlengestützten, unternehmensübergreifenden Messsystemen auseinandersetzt. Für diese Aufgabe existieren zahlreiche Erfolgsmaße: Einerseits werden subjektive Indikatoren, wie z. B. die „wahrgenommene Zufriedenheit" oder der „Grad der Zielerreichung der Partner" angewandt, während andererseits weitgehend objektive Maße, wie z. B. die Profitabilität oder die Einkaufs- und Logistikkosten, Anwendung finden.

Allerdings ist gerade in Supply Chains von pluralistischen Zielen auszugehen. Damit ist eine ausschließliche Betrachtung von monetären Erfolgsgrößen nicht ausreichend. Eine mehrdimensionale Messung und Bewertung des Erfolgs der Supply Chain-Initiativen werden erforderlich. Eine adäquate Erfolgsermittlung – insbesondere auf der

---

[844] Diese Aufgaben werden im deutschsprachigen Raum unter dem Begriff „Supply Chain Controlling" subsummiert, vgl. Weber/Wallenburg (2010), Zäpfel/Piekarz (1996) oder Otto (2002).

[845] Vgl. Karrer (2006), S. 230.

Netzwerkebene – wird als notwendig erachtet, da Unternehmen sich nur dann an unternehmensübergreifenden Initiativen beteiligen, wenn dies aus ihrer Sicht von Vorteil ist. Das Erreichen einer definierten Erfolgskennzahl ist zusammen mit weiteren quantitativen und qualitativen Faktoren beispielsweise dafür entscheidend, wie sehr sich ein Akteur für die übergeordneten Interessen der Supply Chain einsetzt.[846] Dabei nimmt ihr Bedürfnis zu, den „gemeinsamen" Erfolg des betrachteten Supply Chain-Ausschnitts möglichst exakt und verursachergerecht beurteilen zu können. Zudem haben weitere Anspruchsgruppen (Stakeholder) ein Interesse an einer Ermittlung und Bewertung des Erfolgs der Supply Chain. Denn auch für potenzielle neue Partner auf der Beschaffungs- und Absatzseite oder der selben Wertschöpfungsstufe, für Dienstleister oder für Investoren könnten die Bestimmung sowie die Steigerung des Erfolgs der Supply Chain eine relevante Information darstellen.

Anpassungsbedarfe des Controlling im SCM-Kontext

Die Impulse – insbesondere Instrumente und Konzepte – des Controllings gilt es im Zuge des SCM-Paradigmas „Wirtschaften im Netzwerk" im Arbeitsfeld Performance Messung/Evaluation anzupassen und zu erweitern. Ein Handlungsbedarf besteht grundsätzlich in der Berücksichtigung von Mehrfachmitgliedschaften der einzelnen Akteure, der damit gekoppelten erforderliche Allokation und Zuweisung von Initiierungs- und Adaptionsprozessen sowie in der generell erhöhten Dynamik und Komplexität im Supply Chain-Kontext.[847] Bezüglich der Performance Messung und Evaluation auf Netzwerkebene bestehen konkret folgende Anpassungsbedarfe:[848]

- *Inhaltlicher Anpassungsbedarf:* Methoden des Controllings müssen auf unternehmensübergreifende Informationen zurückgreifen. Akteursspezifische Messgrößen für die Planung, Steuerung und Kontrolle der eigenen Supply Chain-Aktivitäten sind für andere Interaktionspartner zugängig zu machen. Das gilt sowohl in Hinblick auf diagnostische, als auch interaktive Eigenschaften. Mitunter besteht die Notwendigkeit, neue Kennzahlen für das SCM zu bilden, welche unternehmensübergreifende Sachverhalte abbilden (z. B. gemeinsam wahrgenommene Beziehungsqualität).
- *Struktureller Anpassungsbedarf:* Strukturelle Veränderungen sollen die Einsetzbarkeit von Methoden und Instrumenten des Controllings innerhalb der Supply Chain sicherstellen. Die Hierarchie in der Anordnung von Steuerungsebenen sollte so ausgestaltet sein, dass Aufgaben mit unterschiedlicher Relevanz voneinander abgegrenzt werden. Ein modularer Aufbau, der das Ein- und Ausblenden von Funktionalitäten erlaubt, kann die Anpassungsfähigkeit der Methoden und Instrumente auf der Netzwerkebene erhöhen. Strukturelemente können dabei sachlogisch oder rechnerisch miteinander verbunden werden, um Zielkonflikte und Ursache-Wirkungsbeziehungen zwischen den einzelnen Supply Chain-Akteuren transparenter zu machen.
- *Prozessualer Anpassungsbedarf:* Da hierarchisch legitimierte Führungsinstanzen auf der Netzwerkebene fehlen, müssen Prozesse der Planung, Implementierung, Evaluation und dynamischen Anpassung an die Anforderungen in Supply Chains adaptiert werden. Steuerungsengpässe, die sich etwa aus der Analyse der IST-Prozesse in der Supply Chain ergeben, müssen bei der Bildung von Messgrößen berücksichtigt werden, ebenso wie die individuelle – und ggf. voneinander abweichende – Zielsetzung

[846] Vgl. Balke/Küpper (2003), S. 949.
[847] Vgl. Keebler (2001a), S. 430.
[848] Vgl. Stölzle et al. (2001), S. 144; Stölzle (2002b), S. 17.

der involvierten Akteure. Die Durchsetzungsaufgaben und die Durchführung sind instrumentell zu unterstützen. Die „Controlling-Werkzeuge" des SCM-Arbeitsfeldes Performance Messung und Evaluation sind dabei ständig an den Entwicklungsstand der Supply Chain-Beziehungen anzupassen.

3.6.1.2 Begriffsverständnis „Supply Chain-Performance"

Die Präzisierung des „Supply Chain-Performance"-Verständnisses knüpft am logistischen Leistungsbegriff an. Nach Weber (2002) sowie Ihde (2001) lassen sich in diesem Kontext eine potenzialorientierte („Input" als Leistungsfähigkeit), eine prozessorientierte („Throughput" als Leistungsprozess), eine ergebnisorientierte („Output" als Prozessergebnis) sowie eine wirksamkeitsorientierte Leistungsebenen („Outcome", im Sinne des wahrgenommenen Ergebnisses) unterscheiden.[849] Darüber hinaus sind Effizienz- („Die Dinge richtig tun" im Sinne des Nutzungsgrads und der Produktivität) und Effektivitätskriterien („Die richtigen Dinge tun" im Sinne einer angestrebten Zielerreichung) konstituierende Elemente des Performance-Begriffs.[850]

Unter Rückgriff auf diese Komponenten lässt sich Supply Chain-Performance – wie in Abbildung 3.6-3 dargestellt – demnach als Erreichungsgrad der aufgestellten SCM-Ziele unter „Vorgaben der Wirtschaftlichkeit" interpretieren, wobei zwischen einer Akteurs- und Netzwerkebene zu unterscheiden ist. Insbesondere auf Netzwerkebene entzieht

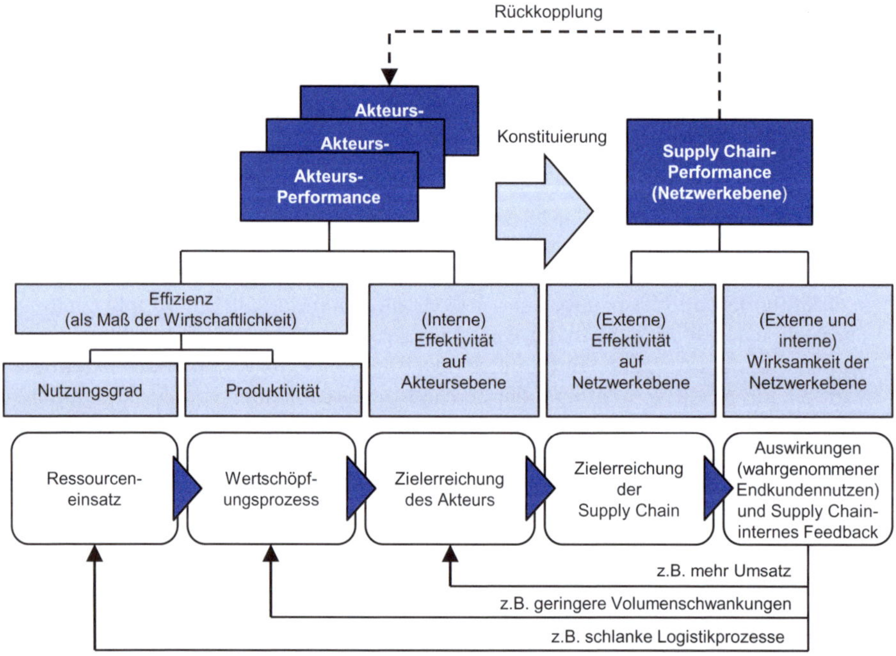

Abbildung 3.6-3: Performance-Verständnis im Supply Chain Management[851]

[849] Vgl. Weber (2002), S. 65 und Ihde (2001), S. 332 f. Ein ähnliches „Performance-Verständnis" verfolgen auch Pfohl (2004), S. 24 und Göpfert (2000), S. 300.

[850] Vgl. Caplice/Sheffi (1994), S. 19.

[851] In Anlehnung an Caplice/Sheffi (1994), S. 19, und Karrer (2006), S. 141.

sich die Performance graduell der Einflussnahme durch die involvierten Supply Chain-Akteure. Sie stellt vielmehr eine eigene Zielkategorie dar, die auf einer externen Effektivität des Netzwerks im Außenverhältnis beruht (z. B. gegenüber konkurrenzierenden Supply Chains) sowie sich auf die wahrgenommene externe Wirksamkeit im Sinne der resultierenden Effekte am Endkundenmarkt bezieht. Die interne Wirksamkeit der Netzwerkebene gibt in Form von Rückkopplung ihrerseits wiederum Impulse auf die Performance-Dimensionen der Akteure, wie beispielsweise ein erhöhter Umsatz als Effektivitätsziel oder reduzierte Volumenschwankungen (Produktivität) bzw. schlanke Logistikprozesse (Ressourceneinsatz).

Eine Präzisierung des Performance-Verständnisses hat über die Zielgrößen im SCM zu erfolgen.

3.6.1.3 Zielgrößen im Supply Chain Management

Der Umfang aktiv zu steuernden Akteure und Beziehungen (Knoten und Kanten des Netzwerks) prägt im Besonderen das SCM-Arbeitsfeld Performance Messung und Evaluation. Um die Frage nach dem Nutzen von bzw. dem Erfolg durch SCM zu beantworten, ist ein erweiterter Ansatz heranzuziehen, da häufig eine monetäre Erfolgsrechnung der Zusammenarbeit nicht möglich ist.[852] Die Erfolgsmessung zeigt sich vor allem in der Erreichung der gesteckten Ziele. Nachteil einer zielerfüllungsorientierten Vorgehensweise ist, dass sie keine Aussagen über den eigentlichen Nutzen von SCM erlaubt.

Bei dem hier zugrunde liegenden Performanceverständnis soll daher nicht nur eine Zielerreichung abgebildet, sondern auch der Nutzenbeitrag des SCM spezifiziert werden.[853] Die relevanten Ziele lassen sich – ausgehend von den Merkmalen des SCM in Kapitel 1.2 – grob in die Kategorien „Steigerung des Endkundennutzens", „Realisierung von Zeitvorteilen", „Verbesserung der Qualität" und „Kostensenkung" (im Sinne einer Prozesseffizienz) sowie „Minimierung der Kapitalbindung" zusammenfassen.[854] Diese meist auf Teilbereiche fokussierten SCM-Ziele richten sich ihrerseits wiederum nach einem „höher gestellten" Ziel. Neben der Supply Chain-Wirtschaftlichkeit, bei der eine Output-Input-Relation (Produktivität) über Aufwendungen/Erträge oder Kosten/Leistungen bewertet wird, zählt die monetäre „Wertsteigerung" auf der Gesamtunternehmensebene zu diesen übergeordneten Zielsetzungen des SCM (vgl. Abbildung 3.6-4).

In der Praxis sind im SCM häufig potenzielle Zielkonflikte zu konstatieren. So ist es meist nicht möglich, alle Zielkategorien gleichzeitig vollumfänglich mit Supply Chain-Initiativen zu adressieren. Die Maximierung des durch den Kunden wahrgenommenen Serviceniveaus (z. B. im Sinne der Verfügbarkeit von Teilen) ist beispielsweise nur möglich, indem entweder ausreichend viele Bestände dieses Teiles vorgehalten werden – was das Ziel der Minimierung der Kapitalbindung untergräbt – oder wenn auf den Einsatz „schneller", aber gleichzeitig teurer Transportmittel (z. B. Expresssendungen oder Luftfracht) gesetzt wird. Ähnliches gilt für die Minimierung der Kapitalbindung,

---

852 Vgl. Otto/Kotzab (2003), S. 306.

853 Vgl. Grüning (2002), S. 6; Gleich (2001), S. 39; Schrank (2002), S. 69, Chan/Qi (2003a), S. 212; Gomez/Wunderlin (2000), S. 426; Brunner (1999), S. 34.

854 Vgl. Heusler (2004), S. 17; Arnold/Warzog (2001), S. 20; Karrer (2006), S. 19. Siehe hierzu die vertiefend die Impulse des wertorientierten Managements.

Maximierung der Supply Chain-Wirtschaftlichkeit bzw. der Wertsteigerung durch SCM

Maximierung des kundenseitig wahrgenommenen Serviceniveaus
- Steigerung des Endkundennutzens (z. B. Verfügbarkeit)
- Realisierung von Zeitvorteilen (z. B. Flexibilität)
- Verbesserung der Qualität (z. B. Produkte)

(Fokus auf Ertragsgrößen der Gewinn und Verlustrechnung)

Maximierung der Prozesseffizienz
- Transportkosten
- Mitarbeiterproduktivität
- Materialkostenstruktur

(Fokus auf Aufwandsgrößen der Gewinn- und Verlustrechnung)

Minimierung der Kapitalbindung
- Anlagevermögen (Mobilien und Immobilien)
- Bestände
- Cash-to-Cash Zyklus

(Fokus auf Bilanzgrößen)

Abbildung 3.6-4: „Magisches" Zieldreieck des SCM

die ggf. mit Fehlbeständen und damit einem niedrigen Serviceniveau oder – falls Out-of-Stocks vermieden werden sollen – mit zusätzlichen Prozessaktivitäten (z. B. Transporte) einhergehen. Schließlich kann die Überbetonung der Prozesseffizienzziele mit Einbußen bei der effektiven Kundenzufriedenheit oder – falls die durchgängige Auslastung von Ressourcen und Anlagen im Vordergrund stehen – zu überhöhten Lagerbeständen führen.

Aufgrund der skizzierten Konflikte ist das Zieldreieck des SCM als „magisch" zu bezeichnen, da es meist nicht möglich ist, alle Ziele gleichzeitig vollumfänglich zu erreichen. Der aus der Unternehmens- und Supply Chain-Strategie abgeleitete Priorisierungsansatz stellt einen möglichen Ausweg aus diesem „Zieldilemma" dar.

Aus Akteurssicht sind vor allem folgende Aufgabenbereiche von Relevanz: Das Management von Zielgrößen unterliegt einigen Besonderheiten. So ist zunächst ist im Bereich der unternehmensinterne „Supply Chain" zu prüfen, inwieweit bereits dort durch geeignete Steuerungsmaßnahmen die angestrebten Ziele des SCM (vor allem Kostensenkungen, (End-)Kundennutzensteigerung, Qualitäts- und Zeitvorteile) im Rahmen der intendierten Initiativen realisiert werden konnten. Weiterhin sind die Effekte bestehender und potenzieller Supply Chain-Zugehörigkeiten – und damit die Ergebnisse der Entscheidungen hinsichtlich Positionierung und Wertschöpfung – auf das Wirtschaftlichkeits- oder weiterführend gar das Wertsteigerungsziel als übergeordnete Zielsetzung des eigenen Unternehmens einer kontinuierlichen Bewertung zu unterziehen.

Auf der Netzwerkebene steht die Ermittlung (und Verteilung) des Erfolges eines ganzen Supply Chain-Ausschnitts mit mehreren Unternehmen im Vordergrund. Dabei ist Erfolg dem entwickelten Performanceverständnis gemäß als mehrdimensionales Konstrukt zu verstehen. Eine direkte Ermittlung einer monetarisierbaren Supply Chain-Performance erscheint dabei zwar theoretisch denkbar, beschränkt sich jedoch häufig auf Netzwerkausschnitte mit hoher gegenseitiger Abhängigkeit sowie geringer Mitgliederfluktuation. Dies trifft vor allem auf hierarchisch strukturierte Netzwerke der Automobilindustrie mit dem Hersteller (OEM) als fokalem Akteur zu. In vergleichsweise heterarchischen Netzwerken ohne fokales Unternehmen stehen typischerweise die lose Koppelung, die Möglichkeit von Mehrfachmitgliedschaften sowie vergleichsweise hohe Opportunismus-Spielräume der beteiligten Unternehmen einer Abstimmung von monetären Performancezielen, wie z. B. Wertsteigerungseffekten – entgegen.

Die Verbreitung von wertorientierten Zielgrößen führt zu einem Bedarf an Methoden, die eine Steuerung im operativen Bereich sicherstellen. Die Verknüpfung von Performance Measurement mit wertorientierten Zielgrößen scheint somit notwendig zu sein, um eine langfristige Steigerung des Unternehmenswerts zu realisieren. Dabei sind insbesondere die monetäre Bewertung von Strategien und die Überprüfung der Wertsteigerungsziele notwendig.[855]

3.6.1.4 Weiterführende Impulse des Wertorientierten Managements für das Supply Chain Management

Ein gemeinsames, die Aktivitäten aller Akteure in der Supply Chain koordinierendes Ziel, bietet sich mit der Steigerung des Unternehmenswertes[856] – ausgedrückt durch den Shareholder Value[857] – an. Übertragen auf die Netzwerkebene sind die einzelnen Akteure als Anspruchsgruppen der Supply Chain zu interpretieren. Ihr individueller Erfolg ist damit vom Erfolg der Supply Chain als Ganzes abhängig. Die Gesamtheit der Akteure profitiert von der Wertorientierung Einzelner, solange sich dadurch der Wert ihres Unternehmens nicht reduziert und sich der Wert der Supply Chain insgesamt erhöht.

Ausgangspunkt der wertorientierten Betrachtung stellen die „finanziellen" Stromgrößen des Unternehmens mit der Bilanz sowie Gewinn- und Verlustrechnung dar (vgl. Abbildung 3.6-5). Der Zusammenhang zwischen dem Fluss finanzieller Mittel und den Stromgrößen eines Unternehmens lässt sich in den Shareholder Value-Ansatz überführen. Nach dem Shareholder Value-Ansatz sollen alle Entscheidungen im Unternehmen darauf ausgerichtet sein, den Unternehmenswert für die Anteilseigner auf lange Sicht nachhaltig zu steigern.[858] Dabei generieren Unternehmen nur dann Wert, wenn der Ertrag ihrer Investitionen die dafür aufgebrachten Kapitalkosten übersteigt.[859] Damit stellt sich der Shareholder Value-Ansatz gegen die traditionellen gewinnorientierten

---

855 Vgl. Günther (1997), S. 62 ff., sowie Rappaport (1986), S. 76, und Horvath (2003a), S. 520.

856 Vgl.Ballwieser (1993), Bellinger/Vahl (1992), Moxter (1983), Pape (2010), Rappaport (1999) oder Sieben (1993).

857 Wertsteigerungsorientierte Managementansätze, die ihren Ausgangspunkt im Shareholder Value-Ansatz von Rappaport (1986) finden, richten die gesamte Unternehmenstätigkeit an der Erhöhung des Unternehmenswertes, dem Shareholder Value, aus. Zu den Shareholder Value-Ansätzen vgl. beispielsweise Copeland/Koller/Murrin (1990) in den USA oder Günther (1994), S. 13 ff., im deutschsprachigen Raum.

858 Vgl. Steiner/Tebroke (1998), S. 322.

859 Vgl. Höschler (1997), S. 22.

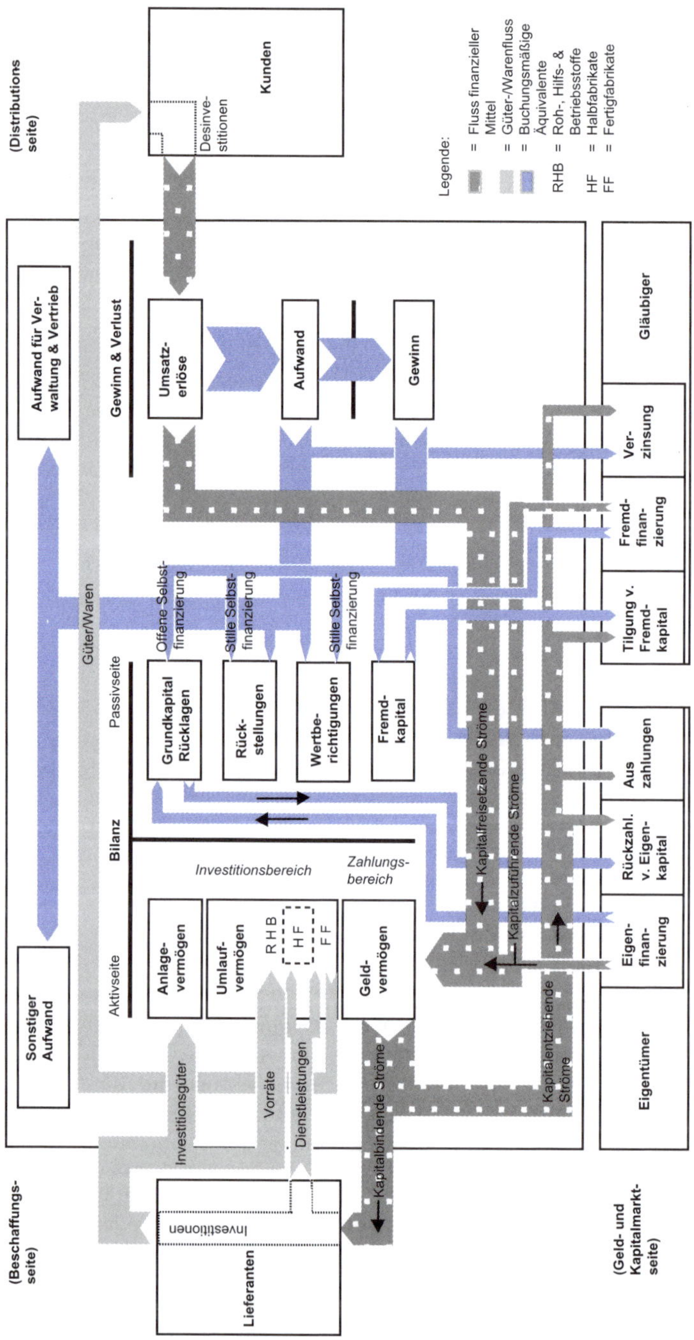

Abbildung 3.6-5: „Finanzielle" Stromgrößen im Unternehmen als Ausgangspunkt der Wertorientierung im SCM[860]

[860] Vgl. Pfohl/Elbert/Hofmann (2003), S. 18.

Ansätze der Unternehmenssteuerung.[861] Zur Wertbestimmung werden eine Vielzahl an Berechnungsmethoden angewendet, z. B. Discounted Cash Flow (DCF) und Economic Value Added (EVA).[862]

Werthebel des Supply Chain Managements sind zu bestimmen, indem Einflussgrößen des Unternehmenswerts durch formal- oder sachlogische Verdichtung mit einer wertorientieren Spitzenkennzahl – wie den EVA – in Beziehung gesetzt werden. Werttreiber sind dabei in den operativen Geschäftsprozessen bzw. Bezugspunkten des SCM zu finden (vgl. Abbildung 3.6-6):

- *SCM-Einflussbereich Erträge:* Zu diesen sachlogischen Treibergrößen zählen u. a. die Steigung des (End-)Kundennutzens (Wert für den Kunden), welcher in eine

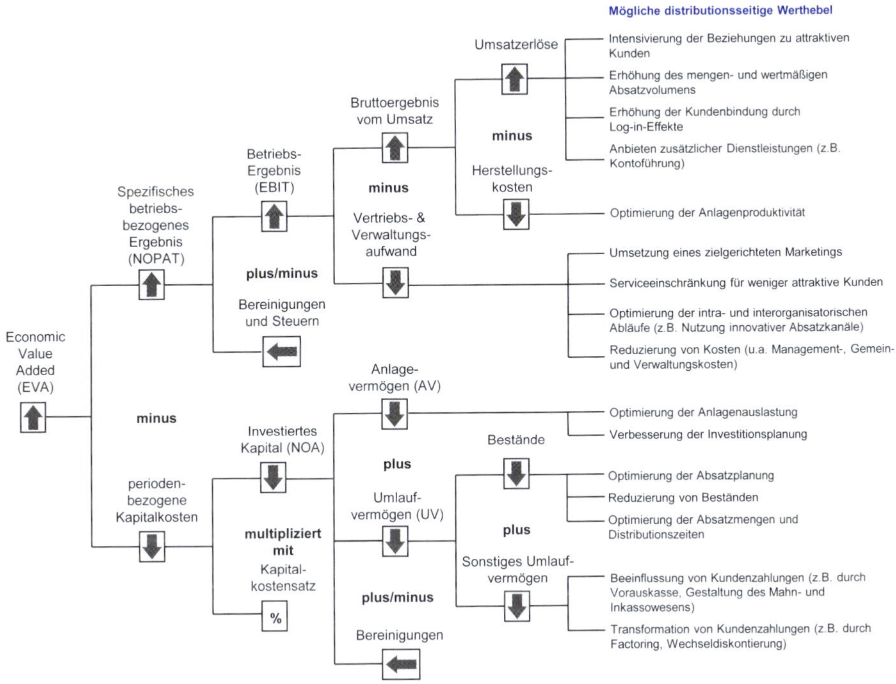

Abbildung 3.6-6: Distributionsseitiger Treiberbaum mit möglichen Werthebeln des SCM[863]

[861] Als Argument für die Unzulänglichkeiten gewinnorientierter Kennzahlen werden zum Beispiel die Vernachlässigung des Zeitwertes des Geldes, die fehlende Berücksichtigung der Eigenkapitalkosten sowie die Beeinflussbarkeit durch alternative Bewertungsverfahren des Rechnungswesens aufgeführt. Vgl. Brink (2000), S. 128 ff.; Rappaport (1986), S. 80 ff. und Rappaport (1999), S. 15 ff. Im Gegensatz dazu lässt sich der Shareholder Value-Ansatz durch folgende Merkmale charakterisieren: die Zeitwertigkeit des Geldes wird durch eine Diskontierung berücksichtigt; das einzugehende Risiko wird in die Berechnung mit einbezogen; die Kosten des Eigenkapitals werden anhand von Kapitalmarkt- und nicht von Buchwerten bestimmt; der Shareholder Value-Ansatz entspricht zudem einer in die Zukunft gerichteten Betrachtung. Vgl. dazu ausführlich Knorren (1998), S. 16 f.

[862] Weitere Methoden sind der Economic Profit, die Total Returns to Shareholders (TRS) oder der Market Value Added (MVA). Zu einer detaillierten Darstellung der betrachteten Bewertungsmethoden zum Shareholder Value vgl. Knorren (1998), S. 37 ff. oder Copeland/Koller/Murrin (2000), S. 131 ff.

[863] Vgl. Pfohl/Elbert/Hofmann (2003), S. 34.

Ertragswirksamkeit (Wert *des* Kunden) zu „überführen" ist.[864] Da die unternehmensübergreifende Zusammenarbeit in der Supply Chain auf die Befriedigung von Kundenbedürfnissen ausgerichtet ist, steigern zusätzliche Erträge den Wert der Supply Chain.[865]

- *SCM-Einflussbereich betriebliche Aufwendungen:* Zu diesem formallogischen Werttreibern zählen im SCM-Kontext u. a. Durchlaufzeiten – wie z. B. Lagerverweildauer oder Auftragsabwicklungszeit –, das Beschaffungsvolumen oder die Sortimentsbreite und die Produktkomplexität. Je tiefer die variablen und fixen Aufwendungen sind, desto höher ist der Wert eines Unternehmens. Der Wert einer Supply Chain lässt sich also steigern, indem die fixen und die variablen Kosten gesenkt werden.[866]
- *SCM-Einflussbereich Umlaufvermögen:* Zentrale Werttreiber des Umlaufvermögens sind die Bestände (Höhe und Umschlagshäufigkeit) sowie Forderungen und Verbindlichkeiten aus Lieferungen und Leistungen. Über ein gemeinsames Bestandsmanagement sowie abgestimmte Debitoren- und Kreditorenansätze lassen sich das Umlaufvermögen und das darin gebundene Kapital auf der Netzwerkebene optimieren.

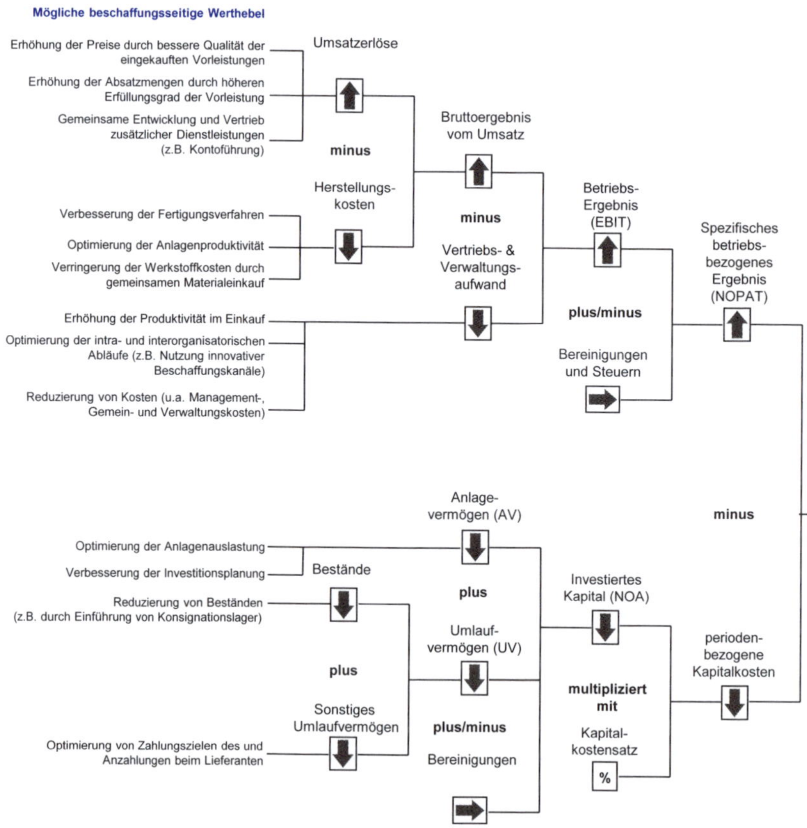

Abbildung 3.6-7: Beschaffungsseitiger Treiberbaum mit möglichen Werthebeln des SCM[867]

[864] Vgl. Gummesson (2004), S. 141.
[865] Vgl. Delfmann/Reihlen/Wickinghoff (2003a), S. 17 ff.
[866] Vgl. Delfmann/Reihlen/Wickinghoff (2003b), S. 57 ff.
[867] Vgl. Pfohl/Elbert/Hofmann (2003), S. 35.

- *SCM-Einflussbereich Anlagevermögen*: Das Anlagevermögen wird primär durch Investitionen in Immobilien (z. B. Produktionsstätten und Lagerhäuser) sowie Mobilien (z. B. Flurfahrzeuge) geprägt. Zentraler Werttreiber durch das SCM ist die Internationalisierungs- sowie Standortpolitik.[868] Von weiterer Relevanz ist die Outsourcing- bzw. Wertschöpfungstiefenentscheidung. Denn durch eine Auslagerung von Wertschöpfungsaktivitäten ist eine „Bilanzverkürzung" (= Umschichtung von fixem Anlagevermögen in variable Kosten aus Lieferungen und Leistungen) möglich.

Abbildung 3.6-6 und Abbildung 3.6-7 stellen mögliche distributions- sowie beschaffungsseitige Werthebel des SCM im EVA-Treiberbaum exemplarisch dar.

Eine erste Herausforderung der Darstellung von Wertsteigerungseffekten des SCM über den EVA-Treiberbaum liegt in möglichen Interdependenzen zwischen den einzelnen Hebeln. So lassen sich gegenseitig verstärkende Effekte (z. B. Intensivierung der Kundenbeziehungen und Erhöhung des Absatzvolumens) ebenso schwierig berücksichtigen, wie sich gegenseitig aufhebende Wirkungen (z. B. Erhöhung der Produktivität im Einkauf via größerer Bestellmengen und längerer Bestellzyklen vs. Erhöhung des durchschnittlichen Bestandsniveaus). Ein Nachteil dieses Ansatzes besteht darin, dass diese Art der Wertberechnung auf Akteursebene betrieben wird und die Netzwerkperspektive ausgeblendet ist. Für die Ermittlung auf der Netzwerkebene müssten die Wertvorteile aller Akteure aufsummiert werden, wobei die Situation ohne Netzwerk mit der Situation im SCM zu vergleichen wäre. Problematisch ist hierbei wiederum, dass die einzelnen Akteure in mehreren, unterschiedlichen Supply Chains aktiv sind (Mehrfachmitgliedschaft). Eine Isolation einer einzelnen Supply Chain-Initiative und deren Wertsteigerungseffekt auf die beteiligten Unternehmen lassen sich daher nur schwierig im Rahmen einer ceteris paribus-Betrachtung umsetzen.

Potenzielle Wertpfade durch Supply Chain Management

Es ist festzustellen, dass unter dem Druck des Kapitalmarktes der Shareholder Value zunehmend zum Maßstab der unternehmerischen Tätigkeit wird.[869] Einem Unternehmen werden demnach nur dann finanzielle Mittel für Investitionszwecke und Wachstumsvorhaben zur Verfügung gestellt, wenn sich die angestoßenen Initiativen eines Akteurs als so erfolgreich erweisen, dass sie für den Investor eine höhere Verzinsung seines eingesetzten Kapitals erwirtschaften, als diesem bei vergleichbaren Alternativen ähnlichen Risikos am Kapitalmarkt offen stehen.[870] Die Übertragung dieser Prinzipien der wertorientierten Unternehmensführung auf das Supply Chain Management geht mit spezifischen Anforderungen an das SCM-Arbeitsfeld Performance Messung und Evaluation einher: der Offenlegung und Transparenzschaffung des Wertbeitrags von Supply Chain-Initiativen bzw. des SCM als Ganzes. Denn Initiativen und Maßnahmen ohne positiven Effekt auf den Shareholder Value haben nur geringe Chancen auf Realisierung.

---

868 Vgl. hierzu das SCM-Arbeitsfeld Positionierung und Konfiguration (Kapitel 3.3).

869 Zwar richtet die Shareholder Value-Orientierung primär kapitalgeberorientierte Interessen in den Vordergrund. Dies bedeutet jedoch nicht, dass zwangsläufig die Rendite der Anteilseigner kurzfristig zu Ungunsten anderer Anspruchsgruppen (z. B. Mitarbeiter oder öffentliche Institutionen, die i. d. R. über langfristige Zielvereinbarungen an das Unternehmen gebunden sind und damit der Dauerhaftigkeit der Wertschaffung einen höheren Stellenwert beimessen) maximiert werden sollte. Zum Unterschieden zwischen der Shareholder- und Stakeholder Value-Orientierung im Supply Chain-Kontext vgl. Stölzle/Karrer (2004), S. 167–194.

870 Vgl. Rappaport (1999), S. 53 ff.

Das Ergebnis der operativen Unternehmenstätigkeit – und damit auch des SCMs – lässt sich in Form des „Return On Capital Employed“ (ROCE) operationalisieren. Diese erwirtschaftete „Kapitalrendite“ – ermittelt aus dem Betriebsergebnis einer Periode (EBIT, abzulesen aus der Gewinn- und Verlustrechnung) bezogen auf das eingesetzte Kapital (CE, zusammengesetzt aus den Bilanzgrößen operatives Anlage- und Nettoumlaufvermögen) – lässt sich aus SCM-Sicht sowohl im Zähler als auch im Nenner beeinflussen, wobei drei zentrale Treiber hervorzuheben sind: Kostenreduktion, Umsatzsteigerung sowie Kapitalproduktivität. Ein bestimmter Unternehmenswert kann unter Rückgriff des ROCE mit unterschiedlichen Kapitalausstattungen erreicht werden. In Abbildung 3.6-8 sind die gleichen EVA-Niveaus als Isoquanten dargestellt. Nach dieser Logik kann jeweils ein Unternehmen den gleichen EVA entweder mit einem verhältnismäßig hohen Anteil an eigenen Ressourcen und Anlagen erreichen (sogenanntes Asset-based Business) oder aber über einen sehr niedrigen Kapitaleinsatz (sogenanntes Non-Asset-based Business).

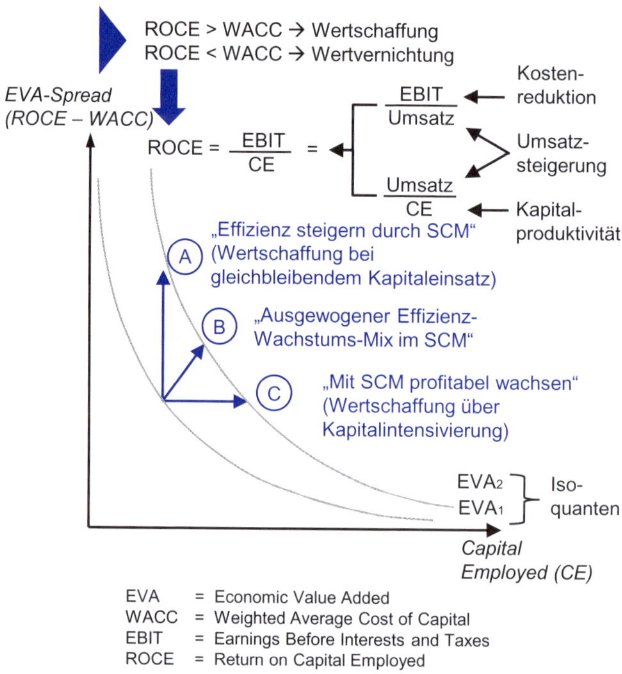

Abbildung 3.6-8: Potenzielle Wertpfade durch SCM

Ist die durch SCM erwirtschaftete Kapitalrendite größer als der gewichtete Eigen- und Fremdkapitalkostensatz (Weighted Average Cost of Capital, WACC) wird grundsätzlich Wert „geschaffen“, im umgekehrten Fall wird Wert „vernichtet“. Ein positiver EVA-Spread (Differenz aus ROCE und WACC) kann prinzipiell über drei unterschiedliche Wertpfade durch SCM erzielt werden (Sprung von einer niedrigeren auf eine höhere EVA-Isoquante):

(A) *„Effizienz steigern durch SCM“*: Ein erster Wertpfad besteht darin, den Unternehmenswert bei gleichem Kapitaleinsatz durch Effizienzsteigerung zu erhöhen (insbesondere durch Kostenreduktion oder Optimierungen im Umlaufvermögen).

(B) *„Ausgewogener Effizienz-Wachstums-Mix im SCM"*: Eine dritte – und in der Praxis meist vorzufindende – Variante besteht aus einer Kombination von Weg (A) und (C). Hierbei werden mehrere Supply Chain-Initiativen mit ihren unterschiedlichen Wertdeterminanten miteinander verbunden.

(C) *„Mit SCM profitabel wachsen"*: Ein zweiter möglicher Wertpfad führt – unter der Annahme eines konstanten Kapitalumschlags – über Umsatzwachstum und höheren Kapitaleinsatz (insbesondere durch ein angepasstes Produktmanagement, wie z. B. Pricing oder Cross-Selling-Aktivitäten).

Die vorgestellten Wertpfade im SCM beziehen sich zunächst schwerpunktmäßig auf die Akteursebene. In einem nächsten Schritt gilt es, diese Überlegungen auch auf die Netzwerkebene auszuweiten, wobei auch unterschiedliche „Refinanzierungssätze" (bzw. WACCs) der involvierten Supply Chain-Akteure zu berücksichtigen sind. In Abbildung 3.6-9 ist dieser Erweiterungsschritt mit der Einführung des sogenannten „Total Value Added" angedeutet.

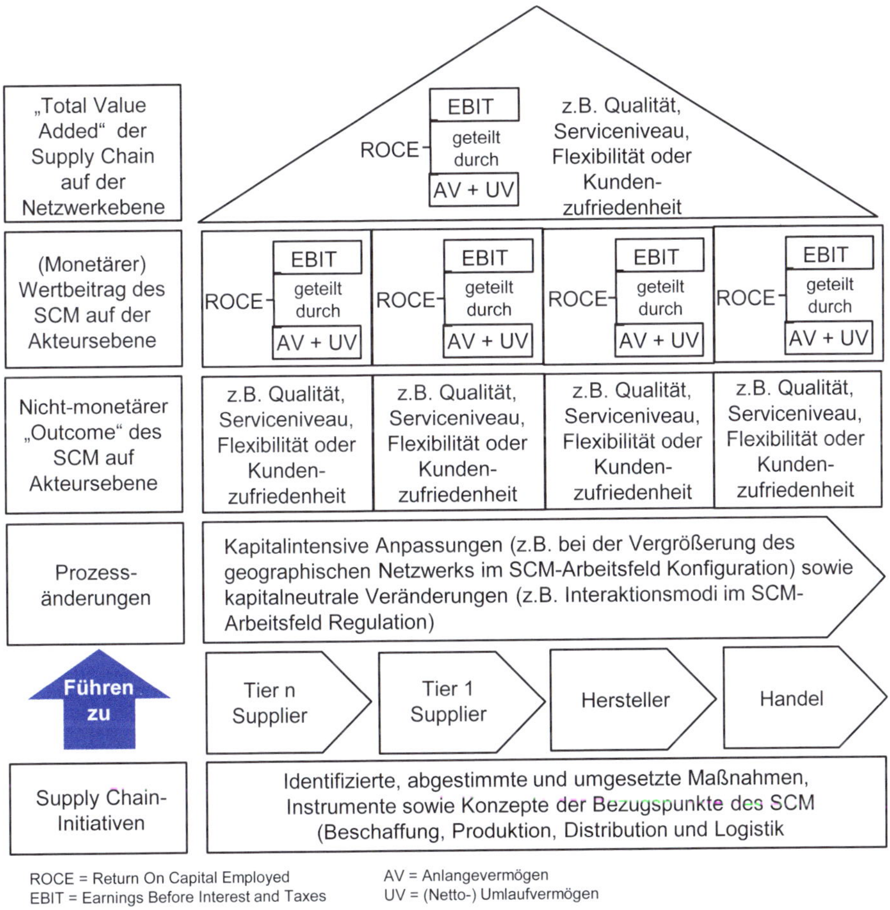

Abbildung 3.6-9: „Total Value Added" des SCM unter Einbezug der Netzwerkebene

Exkurs: Immaterielle Vermögenswerte durch Supply Chain Management

Zwei wesentliche Herausforderungen bei der Ermittlung von Wertsteigerungseffekten durch SCM konnten bisher identifiziert werden. Zum einen ist es schwierig, die Geschäftstätigkeiten in der Supply Chain auf Akteursebene von jenen auf Netzwerkebene zu trennen. Es gibt eine Vielzahl an ständig wechselnden Interdependenzen zwischen den beiden Bewertungsperspektiven. Eine besondere Herausforderung besteht also darin, einen spezifischen Evaluationsbereich auf der Netzwerkebene abzugrenzen. Ein weiteres Problem steht in unmittelbarem Zusammenhang mit der Zuordnung von materiellen und immateriellen Werten durch SCM. Denn durch die intensivierte Zusammenarbeit in der Supply Chain werden neben den physischen Produkten oder Dienstleistungen immaterielle Vermögenswerte gebildet. Dazu gehören das Wissen und die Fähigkeiten der Mitarbeiter, die Informationstechnologie zur Unterstützung zwischenbetrieblicher Transaktionen sowie die Netzwerkkultur, welche ebenfalls wertschaffend sein kann. Welche Wirkung solche immateriellen Werte auf den gesamten Wert einer Supply Chain (Netzwerkwert) ausüben, ist schwierig zu ermitteln.

Die immateriellen Werte bestehen aufgrund ihrer eher qualitativen Natur aus sieben Subkategorien. Diese Kategorien sind: Innovationskapital (Mehrwert an Potenzial durch Netzwerk; Schutz von geistigem Eigentum), Humankapital (Netzwerkkultur, Vertrauen und Motivation), Kundenkapital (verkürzte Entwicklungszeiten, neue Kundenkontakte), Lieferantenkapital (Lieferantenservicekriterien und Lieferantenverträge), Investorenkapital (Aufbau günstiger Konditionen zur Eigen- und Fremdkapitalbeschaffung), Prozesskapital (organisatorische und infrastrukturelle Unterstützung zur Generierung von Wertschöpfung) und Standortkapital (Infrastruktur, steuerliche Vorteile, Absicherung gegen Währungsrisiken). Diese spezifische Bewertung der immateriellen Subkategorien lässt sich beispielsweise über eine Nutzwertanalyse konkretisieren. Nach einer Operationalisierung der einzelnen Kategorien kann über die Summe der gewichteten Zielerfüllungsgrade der Netzwerkwert der immateriellen Vermögenswerte durch SCM bestimmt werden.

3.6.2 Instrumente der Performance Messung und Evaluation von Supply Chains

Nachfolgend werden relevante Konzepte und Instrumente des SCM-Arbeitsfeldes Performance Messung und Evaluation vorgestellt. Der Überblick beleuchtet folgende Ansätze: (1) Erfolgsbestimmung der prozessualen SCM-Arbeitsfelder, (2) Management von Kennzahlen in der Supply Chain, (3) Total Cost of Ownership in Supply Chains, (4) Prozesskostenrechnung in Supply Chains, (5) Target Costing in Supply Chains, (6) Open Book Accounting in Supply Chains, (7) Nutzwertanalysen in Supply Chains sowie (8) Gewinnverteilung in Supply Chains.[871]

3.6.2.1 Erfolgsbestimmung der prozessualen SCM-Arbeitsfelder

Im SCM ist grundsätzlich zwischen (a) der kumulativen Erfolgsbestimmung in einer Supply Chain sowie (b) der kollektiven Erfolgsbestimmung von einer Supply Chain zu unterscheiden:[872]

(a) Der kumulative Ansatz geht zunächst davon aus, dass die Erfolgsbestimmung bei den einzelnen Akteuren anhand des Zielerreichungsgrades erfolgt. Falls alle

[871] Vgl. Möller (2006), S. 150 ff.
[872] Vgl. Wohlgemut/Hess (1999) S. 30 ff.

Unternehmen separat ein positives Fazit aus der Zusammenarbeit in der Supply Chain ziehen können, ist von einer „all win-Konstellation" zu sprechen. Wenn ein gespaltener Erfolg bzw. Misserfolg zu konstatieren ist und nur vereinzelte Akteure die gesetzten Ziele als erfüllt ansehen, spricht man von einer „win-lose-Situation". In dem Fall, in dem alle Beteiligten die Situation als erfolglos betrachten, liegt eine „all lose-Situation" vor. Zwar ist diese Variante der Erfolgsbestimmung recht eingängig und nachvollziehbar, allerdings werden mögliche Synergien aus den gemeinsam umgesetzten Supply Chain-Initiativen (oder Dyssynergien) bei diesem unternehmensindividuellen Ansatz nicht berücksichtigt.

(b) Die kollektive, überbetriebliche Erfolgsbestimmung beurteilt die Zusammenarbeit anhand des gemeinsam definierten Ziels und der daraus abgeleiteten Teilziele. Das Gesamturteil wird durch die involvierten Akteure „kollektiv" gebildet. Der überbetriebliche Ansatz zur Erfolgsbestimmung orientiert sich an den von den jeweiligen Akteuren aufgestellten Anforderungen und Zielen bezüglich der Zusammenarbeit in der Supply Chain als Ganzes. Mögliche Synergien aus den implementierten Supply Chain-Initiativen sind dabei explizit zu berücksichtigen. Auf der Netzwerkebene können also durchaus die Aktivitäten der Supply Chain in Summe als Erfolg beurteilt werden, obwohl einzelne Akteure individuell zu einem anderen Schluss gelangen. Gerade in solchen Konstellationen ist zu analysieren, ob sich diese Unternehmen bewusst „schlechter stellen", damit die Supply Chain als Ganzes einen Erfolg ausweisen kann. Falls ja, ist über Kompensation (z. B. Preisnachlässe) oder Ausgleichszahlungen im Rahmen der Erfolgsteilung (Revenue Sharing in Supply Chains) nachzudenken.

In Abbildung 3.6-10 werden die zwei grundsätzlichen Formen der Erfolgsbestimmungen in Supply Chains bildlich dargestellt.

Der Anspruch das SCM-Arbeitsfeld Performance Messung und Evaluation in einem prozessualen Managementansatz zu integrieren, erfordert, die auf die Entstehung von Supply Chain-Initiativen (SCM-Arbeitsfeld Initiierung und Kreation, Kapitel 3.2) sowie deren Umsetzung (SCM-Arbeitsfeld Veränderung und Adaption, Kapitel 3.5) ausgerichteten Aufgaben im Controlling zu berücksichtigen. Denn Ziel ist es nicht nur,

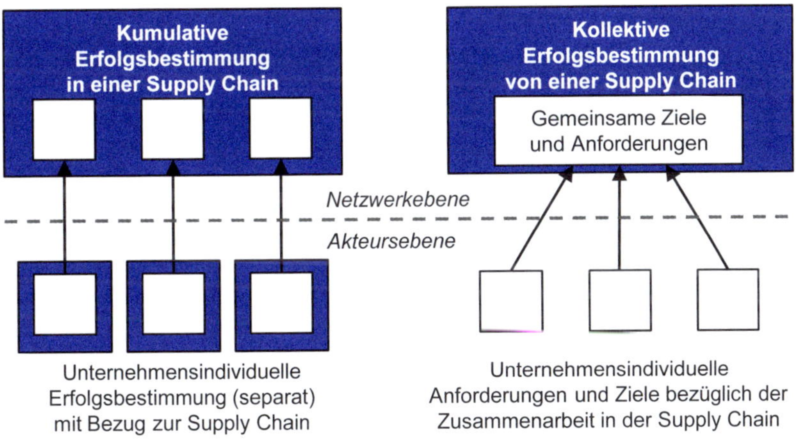

Abbildung 3.6-10: Formen der Erfolgsbestimmung in und von Supply Chains

den inhaltlichen Gegenstandsbereich des SCM und dessen „Outcome" – in Form der wahrgenommenen Wirkung – zu messen und zu bewerten, sondern ebenfalls die dafür verantwortlichen Abläufe und Prozesse. Damit soll die Beurteilung des Fortschritts bzw. des „Professionalisierungsgrads" der Initiierungs-/Kreations- sowie Implementierungsprozesse als solche im Vordergrund der folgenden Betrachtung stehen.

Evaluierung des SCM-Arbeitsfelds Initiierung und Kreation

Eine wesentliche Herausforderung bei der Erfolgsbestimmung ist es, ein möglichst frühzeitiges Feedback zur Qualität der geleisteten Strategie-, Planungs- und Initiierungsarbeit sowohl auf der Akteurs- als auch auf der Netzwerkebene zu erhalten, damit erforderliche Änderungen angestoßen werden können. Die folgenden Dimensionen lassen sicher heranziehen, um das SCM-Arbeitsfeld Initiierung und Kreation schrittweise zu evaluieren:

(1) *Ermittlung des generellen Stellenwerts von Supply Chain-Initiativen*: Zunächst gilt es, die Bedeutung des Supply Chain-Bereichs im Unternehmen und für die Netzwerkebene zu bestimmen. Dabei sind folgende Fragen zu beantworten: Welcher Stellenwert wird bislang Supply Chain-Initiativen generell beigemessen? Gibt es Unterschiede bezüglich der Bedeutung der Supply Chain in den betroffenen Unternehmensbereichen oder Funktionseinheiten? Danach sollte präzisiert werden, wo Supply Chain-Initiativen im Unternehmen bislang entstehen bzw. woher von der Netzwerkebene wichtige Impulse kommen und wie sie sich eigentlich – nach Intuition – entwickeln sollten? Dabei hilft zu analysieren, welche Supply Chain-Intitiativen sich in der Vergangenheit erfolgreich durchgesetzt haben und warum andere gescheitert sind.

(2) *Ermittlung des Wissens über Initiierungs- und Kreationsprozesse von Supply Chain-Initiativen:* In Analogie zum Innovationsmanagement sollte in einem nächsten Schritt präzisiert werden, welches „Wissen" grundsätzlich bezüglich der Entstehungsprozesse von Supply Chain-Initiativen in den einzelnen Organisationeinheiten vorliegt. Folgende Fragen sind dabei zu klären: Existieren spezifische Prozessroutinen, die regelmäßig angestoßen werden, um den Bedarf nach Supply Chain-Initiativen zu identifizieren? Gibt es eine systematische Aufnahme, Bewertung und Auswahl potenzieller Supply Chain-Initiativen? Sind bei kritischen Herausforderungen auch die relevanten Entscheidungsträger involviert? Ferner ist zu ermitteln, ob adäquate Unterstützungstools (z. B. Wissensdatenbanken oder Ideenpools) vorhanden sind und ob den Mitarbeitern spezielle Anreize gesetzt sind, Supply Chain-Initiativen voranzutreiben.

(3) *Ist-Analyse der Initiierungs- und Kreationsprozesse von Supply Chain-Initiativen:* In einem dritten Schritt ist der Entstehungsprozess von Supply Chain-Initiativen sowohl auf der Akteurs- als auch auf der Netzwerkebene einer konkreten Ist-Analyse zu unterziehen. Im Rahmen dieser „Diagnose" wird konkret dargestellt, wie der Prozess in einem und zwischen den eingebundenen Unternehmen abläuft, welche Organisationseinheiten einbezogen werden, welche Hierarchieebenen tangiert sind, wie lange die einzelnen Prozessschritte in der Regel dauern sowie welche Ergebnisse und Resultate nach den einzelnen Schritten konkret vorliegen.

(4) *Soll-Bestimmung der Initiierungs- und Kreationsprozesse von Supply Chain-Initiativen:* Nach der Ist-Analyse sind Soll-Prozesse zu definieren. Dabei ist festzulegen, wie ein solcher Initiierungsprozess im Unternehmen aussehen sollte. Gleiches gilt auch für Abläufe auf der Netzwerkebene. Das Aufstellen konkreter Maßnahmen zur Schließung der Lücke zwischen dem Ist- und dem Soll-Zustand schließt diesen Schritt ab.

(5) *Fortschrittsbewertung der Initiierungs- und Kreationsprozesse von Supply Chain-Initiativen:* In einem letzten Schritt gilt es, die Prozesse einer regelmäßigen Kontrolle im Rahmen einer Fortschrittsbewertung zu unterziehen. Hierbei sind Kriterien aufzustellen, anhand derer die Vorgänge gemessen und evaluiert werden sollen. Zudem ist ein Fahrplan zu entwickeln, in welchen Abständen diese Evaluation im Unternehmen und gemeinsam mit den Supply Chain-Partnern vorzunehmen ist.

Evaluierung des SCM-Arbeitsfelds Veränderung und Adaption (Implementierungskontrolle)

Wenn die Implementierung einer Supply Chain-Initiative im SCM-Arbeitsfeld Veränderung und Adaption operativ abgeschlossen ist, folgt die Phase der Implementierungskontrolle. Ihre Aufgabe umfasst die Ermittlung der Umsetzungsergebnisse, indem der erreichte Ist- und der angestrebte Soll-Zustand miteinander verglichen werden.[873] Daraus lassen sich der Zielerreichungsgrad der Veränderung/Adaption eruieren und Rückschlüsse für mögliche Folgeaktivitäten ableiten.[874] Weiterführende Maßnahmen sind darauf ausgerichtet, den Soll-Zustand so rasch wie möglich zu erreichen. Eine strikte sequentielle Trennung zwischen Maßnahmenumsetzung und Implementierungskontrolle wäre jedoch als Missverständnis der Ergebniskontrolle zu interpretieren.

Damit geeignete Maßnahmen zur richtigen Zeit ergriffen werden können, braucht es eine implementierungsbegleitende, prozessorientierte Kontrolle, welche sofort auf drohende Zielabweichungen aufmerksam macht.[875] Insbesondere bei einer umfangreichen Veränderung/Adaption, welche sich über eine lange Zeitdauer erstreckt, sollten die Entscheidungsträger über den aktuellen Zielerreichungsgrad der Realisierungsmaßnahmen jederzeit informiert sein. Hierfür sind Zwischenziele erforderlich. Ein idealisierter Ablauf eines solchen Kontrollprozesses sollte also sowohl die Ergebniskontrolle, als auch die Kontrolle von Zwischenzielen beinhalten. Ein schematischer Prozess der Implementierungskontrolle auf der Akteursebene verläuft in folgenden Schritten (siehe Abbildung 3.6-11):[876]

(1) In einem ersten Schritt gilt es, ein adäquates Messsystem für die Implementierung der Supply Chain-Initiativen sowie die Ziel- und Kontrollgrößen zu definieren.
(2) Danach müssen die jeweiligen Kriterien während der Umsetzung gemessen und die sich daraus ergebenden Ergebnisse des Veränderungsvorgangs analysiert werden.
(3) Die erhaltenen Informationen werden in einem dritten Schritt miteinander verglichen und sind den Verantwortlichen für die jeweiligen Arbeitsschritte zu kommunizieren.
(4) Der vierte Schritt besteht darin, die für die Implementierung zu erwartenden Auswirkungen etwaiger Abweichungen aufgrund der erhobenen Informationen zu prognostizieren.
(5) Darauf sind entsprechende Anpassungen und Korrekturen im Wandlungsprozess vorzunehmen, um den zu erreichenden Soll-Zustand trotzdem zu erreichen.

[873] Vgl. Schreyögg/Steinmann (1985), S. 397.
[874] Vgl. Pfohl/Stölzle (1997), S. 15.
[875] Vgl. Heusler (2004), S. 194.
[876] Vgl. Heusler (2004), S. 196.

(6) Der letzte Schritt kann durchaus – optional – die Form einer Modifikation bzw. einer Überarbeitung der Implementierungsplanung inklusive der angepassten Neudefinition von Soll-Kriterien mit sich bringen.

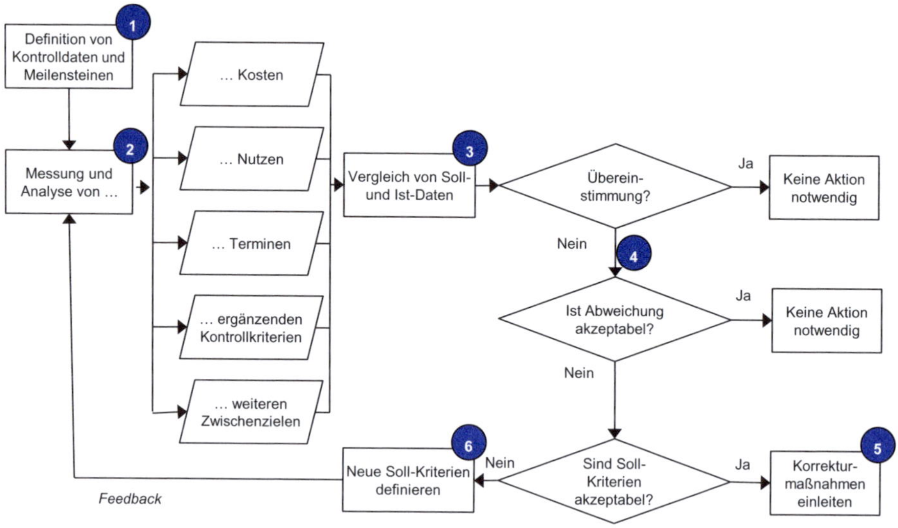

Abbildung 3.6-11: Idealisierter Kontrollprozess für die Implementierung einer Supply Chain-Initiative auf Akteursebene[877]

Für die Bewältigung der Aufgaben des SCM-Arbeitsfeldes Performance Messung/Evaluation existiert eine Vielzahl von Ansätzen, welche in den folgenden Ausführungen genauer betrachtet und auf ihre Kompatibilität auf der Netzwerkebene geprüft werden.

Auf der Netzwerkebene ist die Erfolgskontrolle des Adaptionsprozesses deutlich komplexer. Zunächst sind die Umsetzungsziele auf der Netzwerkebene miteinander abzugleichen und ein harmonisierter Vorgehensplan zu erarbeiten. Die Einhaltung des abgestimmten Zeitplanes ist essentiell, da ansonsten die Implementierung von einzelnen Akteuren blockiert wird. Die Zerlegung der Realisierung in Teilprozesse/-schritte verlangt auf der Netzwerkebene zudem eine spezifische Zuordnung und Einteilung von Maßnahmen auf die einzelnen Akteure sowie die Fixierung deren Verantwortlichkeiten. Einzelne Akteure können daher gleich für mehrere Implementierungsschritte verantwortlich sein.

Die Beurteilung des SCM-Arbeitsfeldes Adaption kann entlang der folgenden Schritte erfolgen (vgl. Abbildung 3.6-12):

(1) Aufgrund der übergeordneten Zielsetzung auf der Netzwerkebene sind Kontrolldaten und Meilensteine zunächst dort gemeinsam zu definieren. Diese müssen jeweils von den betroffenen Unternehmen auf der Akteursebene aufgenommen und entsprechend umgesetzt werden.
(2) Dazu definiert jeder Akteur ein abgestimmtes Messsystem, welches die Komponenten Kosten, Ergebnisse, Termine, ergänzende Kontrollkriterien und weitere Zwischenschritte beinhaltet.

[877] In Anlehnung an Tarlatt (2001), S. 321; Pfohl/Stölzle (1997), S. 14.

(3) Danach werden auf der Akteursebene die Soll- mit den Ist-Daten verglichen.
(4) Ist das Ergebnis des dritten Schrittes auf der Akteursebene positiv, findet der Vergleich der Ist- und der Soll-Daten auf der Netzwerkebene ebenfalls statt (Schritt 3 auf der Netzwerkebene). Ist das Ergebnis jedoch negativ, werden die schon bekannten Schritte auf der Akteursebene eingeleitet (siehe oben). Erst wenn alle Ist- und Soll-Daten sowohl auf der Akteurs-, wie auch auf der Netzwerkebene übereinstimmen, sind keine weiteren Aktionen mehr nötig.
(5) Die Schritte 5 und 6 auf der Netzwerkebene laufen nach demselben Muster wie auf der Akteursebene ab, nur dass hierbei eine übergreifende Gesamtperspektive eingenommen wird. Im Falle von inakzeptablen Soll-Daten, müssen neue Soll-Kriterien definiert werden und der Prozess beginnt bei Schritt 2 erneut. Grundsätzlich sind Fälle denkbar, in denen die Soll-Kriterien aufgrund der ursprünglichen Netzwerkziele nicht realistisch zu erreichen sind. In diesem Fall müssen die übergeordneten Supply Chain-Ziele im Schritt 1 überarbeitet werden.

Abschließend ist darauf hinzuweisen, dass der Aufwand für die Errichtung solcher Kontrollsysteme deren Nutzen nicht übersteigen darf.

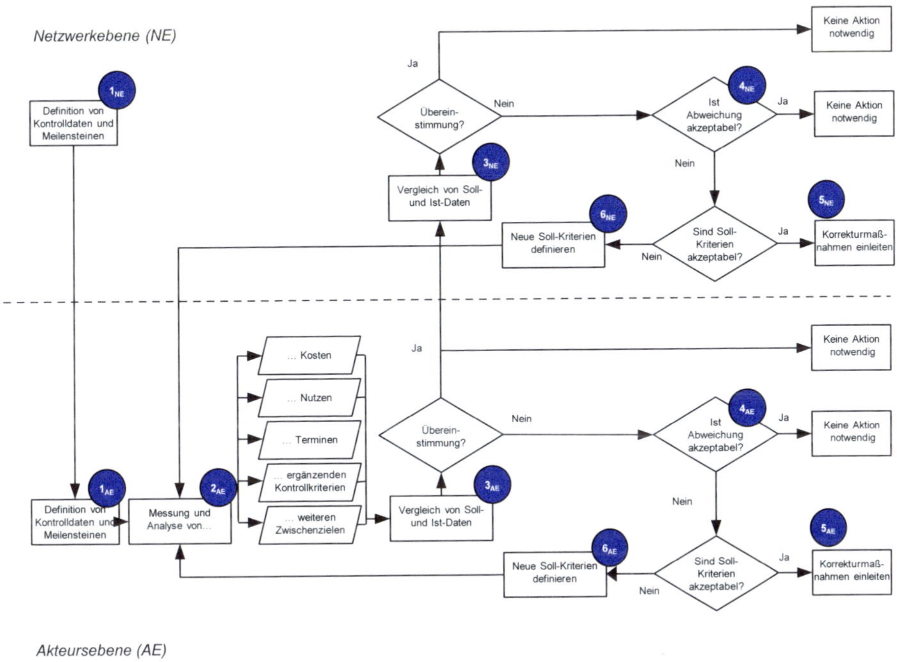

Abbildung 3.6-12: Idealisierter Kontrollprozess für die Implementierung einer Supply Chain-Initiative auf Netzwerkebene

3.6.2.2 Management von Kennzahlen in der Supply Chain

Kennzahlen sollen – allgemein gesprochen – aussagekräftige Information über betriebswirtschaftliche Sachverhalte liefern und dies in (quantitativer) konkreter Form. In der Praxis werden relevante Messgrößen auch als KPI (Key Performance Indicator) bezeichnet. Kennzahlen lassen sich zunächst als Absolutgrößen (z. B. Kosten) oder relativ ausdrücken. Relative Messgrößen sind ihrerseits entweder eine Gliederungszahl (z. B. absoluter Marktanteil in %), eine Beziehungszahl (z. B. Kosten pro Prozessschritt und Periode) oder eine Indexzahl (z. B. Preisindex für Rohstoffe). Weiterhin können Mengen- von Wertkennzahlen unterschieden werden, wobei das „Mengengerüst" die Voraussetzung für ein „Wertgerüst" ist.

Die Aussagekraft isolierter Kenngrößen ist meist stark eingeschränkt. Erst in einem Verbund (Kennzahlensystem), in dem verschiedene Aufgabenbereiche und Sachverhalte miteinander in Beziehung gesetzt sind, entfalten sie ihre volle Steuerungs- und Entscheidungsunterstützungskraft. Einen weiteren Bedeutungszuwachs erfahren die Kenngrößen, wenn sie im unternehmensinternen und -übergreifenden Vergleich zum Benchmarking eingesetzt werden.[878]

Nachdem die Ziele auf Akteursebene und Netzwerkebene festgelegt (SCM-Arbeitsfeld Initiierung und Kreation) und deren Erreichung transparent visualisiert sind (SCM-Arbeitsfeld Positionierung und Konfiguration), können den jeweiligen Zielen geeignete Messgrößen zugeordnet werden. Die Kriterien, welche die Kennzahlen zu erfüllen haben, sind nebst den formalen Gütekriterien (Validität, Objektivität und Reliabilität): Vor allem die Wirtschaftlichkeit, das Integrationspotenzial, die Aggregationsfähigkeit, der Anwendungsbezug, die Anreizverträglichkeit sowie die Frühindikatorfunktion.[879]

- Die Wirtschaftlichkeitsbetrachtung der Ableitung von Kenngrößen drückt aus, dass Kosten und Nutzen der Messgrößenerhebung i. d. R. auf unterschiedliche Akteure entfallen. Die potenziellen Erhebungskosten einer Messgröße sind daher frühzeitig abzuschätzen und entsprechend auf die beteiligten Unternehmen „umzulegen".
- Rückschlüsse auf den interorganisatorischen Anwendungsspielraum erlaubt das Integrationspotenzial einer Kenngröße. Lässt sich beispielsweise eine Messgröße zur Steuerung von Prozessen auf der Netzwerkebene vielfältig einsetzen, besitzt sie ein hohes Integrationspotenzial (Beispiel: Durchlaufzeit).
- Die Aggregationsfähigkeit einer Kenngröße drückt aus, wie sich Indikatoren über formal- oder sachlogische Zusammenhänge zu einer Kennzahl über mehrere Akteure hinweg verdichten lassen (z. B. Kosten).
- Der Anwendungsbezug zielt auf die Fähigkeit ab, Entscheidungen in der Supply Chain zu unterstützen. Zu diesen Kriterien zählt beispielsweise die intuitive Interpretation der Kenngröße oder die IT-seitige Abdeckung.
- Die Anreizverträglichkeit spricht die Kompatibilität der Kenngröße mit den Anreizsystemen der einzelnen Supply Chain-Akteuren an. So sollten auf der Netzwerkebene eingesetzte Kennzahlen – und insbesondere deren angestrebte Soll-Vorgaben – nicht von den Ziel- und Schwellenwerten der SC-Akteure abweichen.
- Die Frühindikatorfunktion drückt die Eigenschaft der einfachen und rechtzeitigen Erfassung sowie der zügigen Weiterleitung einer Kenngröße aus.
- Betriebswirtschaftliche Kennzahlen im Supply Chain-Kontext, welche die Gütekriterien erfüllen, lassen sich grundsätzlich nach folgenden Kriterien weiter präzisieren:[880]
  - *Differenzierung nach SCM-Bezugspunkt:* Im SCM sind Kenngrößen zunächst nach der funktionalen Wertschöpfungsart zu unterscheiden. Stehen spezifische Messgrößen in der Beschaffung, Produktion, Distribution oder der Logistik zur Verfügung. Mit

---

[878] Vgl. Hofman/Barrett (2010), S. 30 ff.
[879] Vgl. Caplice/Sheffi (1994), S. 14, Delfmann/Reihlen/Wickinghoff (2003a), S. 44, Neidhard/Morschett (2004), S. 16; Erdmann (2003), S. 160 ff.
[880] Vgl. Werner (2004), S. 278 ff. und S. 286 ff.

dieser Einteilung lässt sich zudem die Zunahme der Wertschöpfung, resultierend aus der sukzessiven Zunahme der Faktoren Personaleinsatz, Material-, Betriebs- und Hilfsmittelverbrauch sowie Abschreibungen (auf getätigte Investitionen), darstellen.

- *Differenzierung nach Hierarchieebene:* Kennzahlen können sich im Unternehmen auf verschiedene Entscheidungsebenen beziehen. So lassen sich beispielsweise Messgrößen auf Gesamtunternehmensebene, auf Ebene einzelner Geschäftsbereiche oder lediglich in einzelnen Funktionen ausrollen. Je höher die Ebene, desto aggregierter die Darstellung, allerdings desto unspezifischer ist die Aussagekraft. Im Supply Chain-Kontext ist weiterhin die Netzwerkebene von Relevanz. Entweder werden auch dort unternehmensspezifische Kenngrößen der involvierten Akteure aggregiert, oder es werden spezifische interorganisatorische Steuerungsgrößen definiert (z. B. Beziehungsqualität).
- *Differenzierung nach Konfigurationsdimension:* Für das SCM ist es ausschlaggebend, auf welchen Aggregationsebenen Materialien (in der Beschaffung), Zwischenprodukte (in der Produktion) oder (End-)Produkte (in der Distribution) mit Kennzahlen gesteuert werden. So lassen sich Messgrößen auf einzelne Materialien bzw. Produkte oder ganze Materialgruppen bzw. Produktsortimente beziehen. Zudem ist hierbei die geographische Dimension zu ergänzen. Denn Kenngrößen können für einzelne Standorte (Werkstätten, Läger, Werke) oder ganze Länder bzw. Regionen aggregiert werden.
- *Differenzierung nach Regulationsdimension:* Eine Aufsplittung von Kenngrößen bezüglich der Regulationsdimension bezieht sich im SCM vornehmlich auf die Beziehungsrelationen. Neben Messgrößen für die Material-, Informations- und Finanzmittelflüsse sind hierbei Kennzahlen für soziale Interaktionsvorgänge von Relevanz.
- *Differenzierung nach Monetarisierungsgrad:* Schließlich lassen sich Kennzahlen im SCM nach ihrem Monetarisierungsgrad einteilen. Zu monetären Größen gehören vor allem Erfolgskennzahlen (z. B. Return on Capital Employed (ROCE) als erwirtschaftete „Kapitalrendite"), Finanzmittelüberschüsse (z. B. Discounted Cash Flow (DCF) als abdiskontierte Einzahlungsüberschüsse aus dem betrieblichen Leistungsprozess) oder residuale Wertsteigerungskennzahlen (z. B. Economic Value Added (EVA) als Messgröße für den Shareholder Value). Jegliche Kostengrößen besitzen ebenfalls einen monetären Charakter. Nichtmonetäre Messgrößen des SCM sind Qualitäts-, Servicegrad- und Flexibilitätskennzahlen. Kennzahlen zur Messung von Produktivitäten und Wirtschaftlichkeiten besitzen einen „mittleren" Monetarisierungsgrad. Produktivitätskennzahlen spiegeln das Ergebnis einer Output-Input-Relation wider (z. B. „bereitgestellte Paletten pro Tag"). Bei Wirtschaftlichkeitskennzahlen wird des Weiteren eine Produktivität über Aufwendungen bzw. Erträge oder Kosten bzw. Leistungen bewertet (z. B. „Kosten für die Bereitstellung von Paletten pro Tag").

Mit Hilfe dieser Differenzierungskriterien lassen sich nun eine Vielfalt von KPIs für das SCM identifizieren. Die einschlägige Literatur schlägt hierfür konkrete Kennzahlenkataloge vor.[881] Eine Kennzahlenauswahl für das SCM ist in Abbildung 3.6-13 dargestellt.

Neben den zahlreichen Vorteilen besitzt das Kennzahlenmanagement in Supply Chains auch Grenzen.[882] Zunächst ist der relativ statische Charakter von Kennzahlen aufzu-

---

[881] Vgl. Beamon (1999), S. 282 ff.; Gunasekaran et al. (2004), S. 336 ff., Otto/Kotzab (2003), S. 310 ff. oder Lapide (2001), S. 391 ff. Als in der Praxis weit verbreiteter Ansatz gilt das SCOR-Modell, dem ein ausführlicher Kennzahlenkatalog angehängt ist. Siehe hierzu auch Kapitel 3.4.

[882] Vgl. Siegwart (2002), S. 143 ff.

führen. KPIs werden i.d.R. zu einem bestimmten Zeitpunkt ermittelt. Das hat zur Folge, dass Kennzahlen einer ex post-Betrachtung entsprechen. Zudem lassen sich dynamische Sachverhalte nur über das wiederholte Erfassen in einer Zeitraumbetrachtung abbilden. Eine weitere Gefahr besteht ggf. darin, qualitative Faktoren (z.B. das „Wissen von Mitarbeitern“) in ein quantitatives „Messkorsett“ zwängen zu wollen. Daneben sind Ermessensspielräume bei der Kennzahleninterpretation zu berücksichtigen („Welche Maßnahmen sollen aus einem gemessenen Kennzahlenwert abgeleitet werden?“). Schließlich gilt es, vor sogenannten „Kennzahlenfriedhöfen“ zu warnen. Diese entstehen insbesondere dann, wenn es nicht gelingt, sich auf die wesentlichen Messgrößen – inklusive deren Erhebungsmethoden, Messzyklen und Erhebungs- sowie Ergebniswahrscheinlichkeiten – festzulegen („Steht der Informationswert der Kenngrößen im Verhältnis zu den verursachten Erhebungskosten?“).

	Bezugspunkt Beschaffung	Bezugspunkt Produktion	Bezugspunkt Distribution	Finanzwirtschaftlicher Bezug
Generische Kennzahlen	• Einkaufsvorteile (Savings) • Einkaufsvolumen • Bestellpositionen • Lieferanten-anzahl • Preisindex • Volumenstruktur • Maverick-Buying-Quote • Lagerkostensatz (Rohmaterialien) • Eigentransport-quote (Inbound)	• Sachnummern • Verpackungseinheiten • Gelagerte Teile • Ein-/Auslagerungs-vorgänge • Auftragsvolumen • Disponierte Teile • Auftragseingänge • Umschlagshäufigkeit • Reichweite • Flächennutzungsgrad • Lagerflächenanteil • Vorratsquote • Kommissionierungs-positionen • Automatisierungsgrad	• Kundenanzahl • Auslieferungen • Lagerstätten • Auftragsvolumen • Lagerstufen • Umsatz pro Kunde • Eigentransport-quote (Outbound) • Order Fulfillment • Durchlaufzeit • Lagerkostensatz (Fertigwaren) • Umschlag Fertigwaren	• Supply Chain-Kosten • Cash-to-Cash-Cycle • Skontoziehungs-quote • Rabattstruktur • Bestellobligo • Liquidität • Cashflow • (Netto-)Umlauf-vermögen • Economic Value Added (EVA) • Return On Capital Employed (ROCE)
Produktivitäts- und Wirtschaftlichkeitszahlen	• Anzahl täglicher Sendungen • Annahmezeit • WEK-Kosten • Bestandskonten (Rohmaterialien)	• Lagerbewegungen • Raumnutzungsgrad • Lagerplatzkosten • Lagerbewegungs-kosten • Kosten Kommissio-nierung • Auftragseingänge • Maschinennutzung • Bearbeitungskosten • Dispositionskosten	• Auftragsabwick-lungsquote • Versendungen • Nutzungsgrad • Versandkosten • Bestandskonten (Fertigwaren) • Kommissionie-rungen	• Fakturierungsquote • Materialintensität
Qualitäts- und Servicekennzahlen	• Lieferantensei-tiger Servicegrad • Zurückweisungs-quote • Verzugsquote	• Lagerverlust • Servicegrad (intern) • Zurückweisungsquote • Verzögerungsquote • Verbrauchs-abweichung • Ausschuss/Nach-bearbeitung • Ausfall/Reparatur	• Kundenseitiger Servicegrad • Availability-to-Promise • Zurückweisungs-quote • Verzugsquote	• Supply Chain Disputes • Cost-to-Charge-Back • Inventory Reserve

Abbildung 3.6-13: Exemplarische Kennzahlen des SCM auf Akteursebene differenziert nach Bezugspunkten

Das folgende Fallbeispiel aus der Automobilbranche verdeutlicht, wie das Management von Supply Chain-relevanten Kennzahlen auf Akteursebene ausgestaltet werden kann.

Fallbeispiel: Kennzahlenmanagement in der gemeinsamen Supply Chain von Continental und Daimler.

Die Continental AG ist ein großer Systemlieferant der Automobilbranche, der eine breite Palette von Komponenten für PKW und Nutzfahrzeuge produziert. Der Geschäftsbereich „Nutzfahrzeugreifen" fertigt mit etwas über 11.000 Mitarbeitern jährlich ca. 6.000.000 Reifen für Transporter, Lkws und Busse. Die Reifen werden sowohl an verschiedene Nutzfahrzeughersteller (Erstausrüstergeschäft) als auch an den Reifen- und Ersatzteilhandel (Ersatzgeschäft) vertrieben. Von Daimler wurde im Segment „Transporter" (Modellreihen „Sprinter", „Vaneo" und „Vito") im Geschäftsjahr 2003 eine Stückzahl von 550.000 Einheiten abgenommen, deren Lieferung u. a. vom Logistikdienstleister Schüchen übernommen wird.

Die Schüchen International GmbH & Co. KG ist ein mittelständisches Speditionsunternehmen, welches sich auf die Erbringung logistischer Dienstleistungen in der Automobilbranche spezialisiert hat. Daimler fertigt am betrachtet am betrachteten Standort Düsseldorf jährlich rund 130.000 Einheiten des Nutzfahrzeugs „Sprinter". Auf Grund zahlreicher Konfigurationsmöglichkeiten der Fahrzeuge ist das Produktionsprogramm durch eine relativ hohe Variantenvielfalt gekennzeichnet. Die zur Fertigung benötigten Teile werden mit ca. 200 Lkws pro Tag von ca. 500 verschiedenen Lieferanten angeliefert. Die Mehrzahl der Lieferanten stellen die gelieferten Materialien und Waren eigenverantwortlich in einem Konsignationslager bereit, wo Daimler diese selbstständig entnimmt. Im Fall von Continental erfolgt eine JIT-Lieferung der bezogenen Reifen ans Band von Daimler.

In der betrachteten Supply Chain sind sowohl Continental als auch Schüchen direkte Auftragnehmer von Daimler. Die Wertschöpfungskette wird dabei hauptsächlich auf Grundlage von geplanten Produktionsabrufen gesteuert, d. h. Daimler stellt Continental Daten über Bestell- bzw. Transportmengen zur Verfügung, auf Basis derer Continental und in weiterer Folge Schüchen ihre eigenen Planungen aufbauen. Obwohl Daimler dabei die Supply Chain direkt über Vorgaben steuert und dadurch in gewisser Weise die Rolle eines fokalen Unternehmens einnimmt, kann das Beziehungsgefüge zwischen den Akteuren nicht als rein hierarchisch charakterisiert werden. Vor allem das Verhältnis zwischen Daimler und Continental ist eher als partnerschaftlich zu bezeichnen.

Die derzeitigen Aktivitäten in der Automobil-Supply Chain zielen vornehmlich auf eine Erhöhung der Verlässlichkeit in der Lieferkette ab. Der Fokus liegt dabei in erster Linie auf der Erreichung einer möglichst hohen Versorgungsdienstleistung „am Band" von Daimler. Um diese Ziel zu erreichen, wird insbesondere eine Verbesserung der Prozessqualität angestrebt. Diesbezüglich zentrale Aspekte sind unter anderem die Einhaltung von Anlieferungszeitfenstern oder die Vollständigkeit des übermittelten Datenmaterials. Dementsprechend werden derzeit hauptsächlich Kennzahlen und erhoben und ausgetauscht, welche die Qualität der Logistikprozesse reflektieren. Obwohl generell auch eine Senkung der Kosten sowie eine Steigerung der Flexibilität angestrebt werden, findet eine Messung derartiger Größen für den unternehmensübergreifenden Kontext bislang noch nicht statt. Um die Transparenz in der Kette zu steigern, soll zukünftig der unternehmensübergreifenden Austausch von Daten intensiviert werden. Angedacht wird unter anderem eine Weitergabe von Bedarfsprognosen (Forecasts) von Daimler an Continental.

Nach der Erfassung der Ziele – „Perfect Order" zu möglichst geringen Kosten – sind Steuerungskennzahlen zu identifizieren und aktivitätenspezifisch zuzuordnen. Im Sinne des unternehmensübergreifenden Charakters sollen dabei nur jene Messgrößen betrachtet werden, die für mindestens zwei Akteure in der Wertschöpfungskette relevant sind und im Idealfall entweder gemeinsam gemessen oder zwischen den Akteuren ausgetauscht werden. Die in der Automobil-Supply Chain herausgearbeiteten Kennzahlen sind in Abbildung 3.6-14 dargestellt.

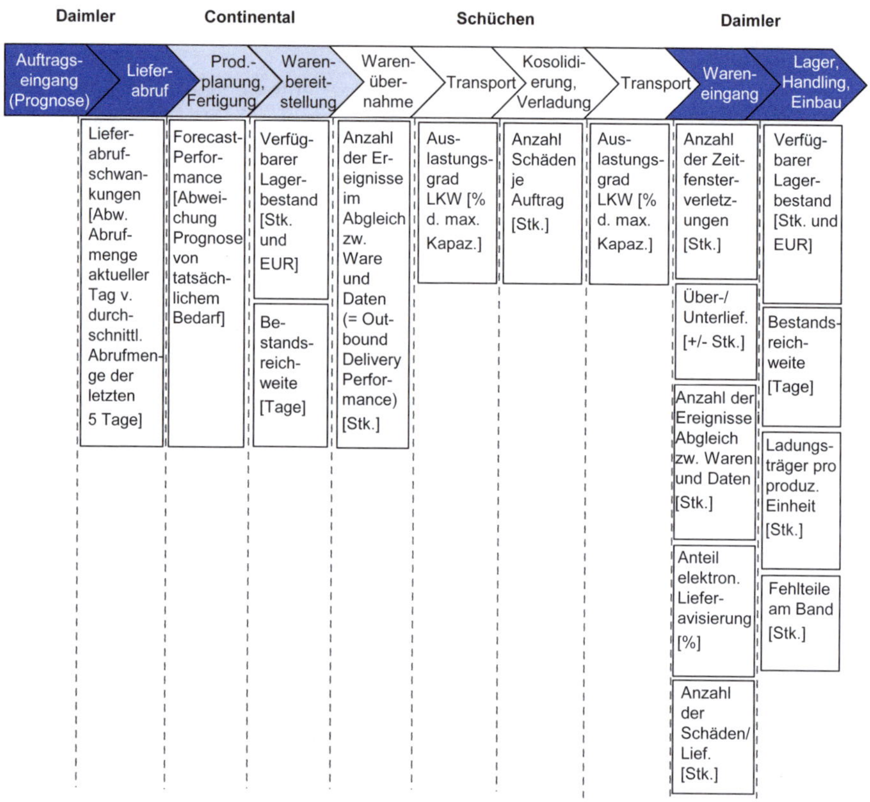

Abbildung 3.6-14: Unternehmensübergreifende relevante Kennzahlen in einer Automobil-Supply Chain[883]

Von einer „echten" unternehmensübergreifenden Kenngrößenmessung kann jedoch nur bedingt gesprochen werden, da viele der aufgeführten KPIs bislang nur intern verwendet und nicht an andere Akteure in der Supply Chain weitergeleitet werden.

Angestrebt wird die Entwicklung eines kohärenten Zielsystems für die gemeinsame Supply Chain von Daimler, Continental und Schüchen. Aufbauend auf der prozessorientierten Messgrößenableitung sind die Ziele und die dazugehörigen Messgrößen miteinander zu verknüpfen. Dies erfolgt mit Hilfe von Ursache-Wirkungsbeziehungen, die im Rahmen von pyramidalen Key Performance Indicator-Hierarchien grafisch visualisiert werden. In der Automobil-Supply Chain werden zwei pyramidale Key Performance Indicator-Hierarchien gebildet, deren Spitzen die beiden Oberziele „Steigerung der Qualität" und „Senkung der Kosten" bilden. Exemplarisch ist die Zielpyramide für die Dimension Qualität in Abbildung 3.6-15 dargestellt.

[883] In Anlehnung an Karrer (2006), S. 293.

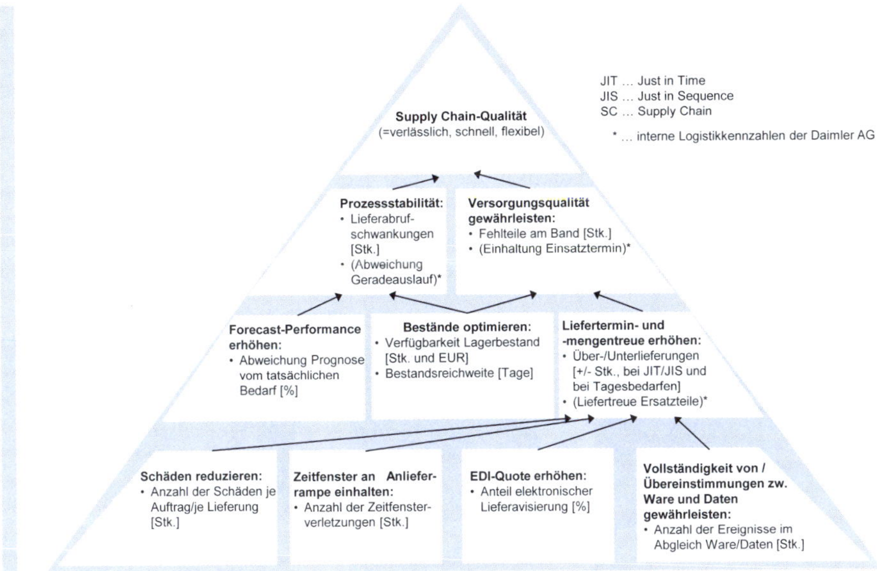

Abbildung 3.6-15: Key Performace Indicator-Hierarchie für die Automobil-Supply Chain (Dimension Qualität)[884]

Quelle: Entnommen aus Karrer (2006), S. 286–297.

3.6.2.3 Total Cost of Ownership in Supply Chains

Der mit dem Ansatz des Total Cost of Ownership verbundene Anspruch besteht im Wesentlichen darin, bei Outsourcing- bzw. Wertschöpfungstiefenentscheidungen in der Supply Chain[885] und insbesondere beim Einkauf von Produkten die gesamten Kosten eines spezifischen Zulieferers in die Betrachtung miteinzubeziehen. Grundlegend ist dabei die Erkenntnis, dass der Bezug von Inputfaktoren über die Auswahl eines Zulieferers Kostenkomponenten nach sich ziehen kann, die in der eigentlichen „Kaufentscheidung" zunächst nicht transparent sind. Das bedeutet, dass zusätzlich zum „Einstandspreis" weitere Kostenfaktoren im Entscheidungsprozess zu berücksichtigen sind. Reisekosten, um einen Lieferanten zu auditieren oder um ihm beim Fertigungsanlauf zu unterstützen, zählen ebenso dazu, wie die zur Verfügungsstellung von speziellen Werkzeugen oder der Kauf von Prüfmitteln sowie die Übersetzung von Arbeitsanweisungen. Nach Ellram (1995) können diese Kosten folgendermaßen gegliedert werden: Transaktionskosten in Verbindung mit der Auswahl des Zulieferers, Kosten die sich auf die eigentliche Kaufentscheidung beziehen (etwa der Einkaufspreis) und Kosten, die erst nach dem Kauf entstehen.[886] In der Praxis sind nach dem TCO-Ansatz ggf. qualitätsbezogene Überarbeitungskosten, lieferbedingte Mehrkosten aufgrund von Fehlmengen oder zusätzlich Kommunikations- und Informationskosten aufgrund inkompatibler IuK-Systeme in der Outsourcing- bzw. Wertschöpfungsentscheidung mit zu berücksichtigen.

TCO bietet zwei Formen zum Umgang mit der Gesamtkostenbetrachtung an. Zum einen den „dollar-based" Ansatz, der versucht, weitgehend zu allen Kostenelementen eine

[884] In Anlehnung an Karrer (2006), S. 296.
[885] Zum Outsourcing vgl. Kapitel 2.2 sowie zu den Wertschöpfungstiefenentscheidungen Kapitel 3.3.
[886] Vgl. Ellram (1995), S. 4.

direkte quantitative Kostenzuordnung herzustellen. Zum anderen der „value-based“ Ansatz, der zusätzlich qualitative Elemente in die Betrachtung einfließen lässt, welche durch ein Punkte- und Gewichtungssystem in monetäre Werte übersetzt werden.[887]

Die prägnantesten Vorteile durch TCO sind die Möglichkeit einer einheitlichen Definition von Leistungskriterien, das Aufzeigen von Kostenreduktionspotenzialen sowie die Schaffung einer Basis zur langfristigen Zusammenarbeit in der Supply Chain. Nachteilig hingegen stellt sich die jeweils neu eintretende Komplexität, die sich aus dem häufigen Nichtvorhandensein der erforderlichen Daten in den bestehenden Kostenrechnungssystemen, ergibt. Abbildung 3.6-16 stellt den TCO-Ansatz mit seinen grundlegenden Vor- und Nachteilen vor.

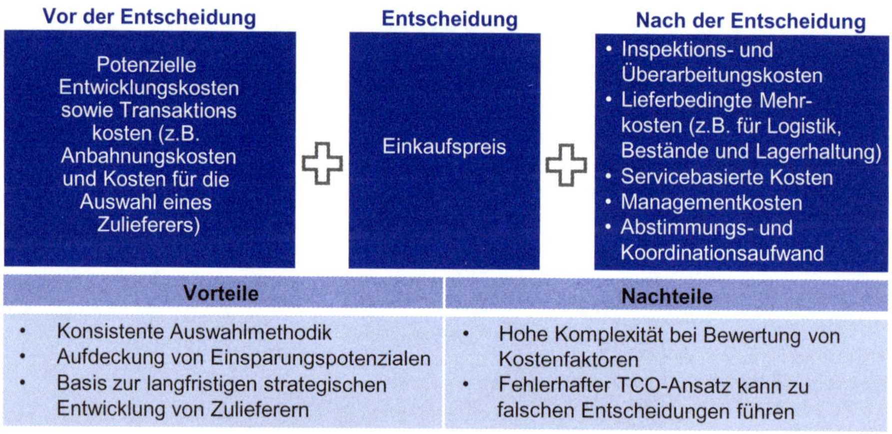

Abbildung 3.6-16: TCO-Ansatz im Überblick

Weiterhin ist kritisch anzumerken, dass sich der „ursprüngliche“ TCO-Ansatz weitgehend auf die Auswahl von geeigneten physischen Komponenten beschränkt. Insbesondere bemerkbar macht sich dies, wenn es um die Auswahl von Dienstleistern für die Supply Chain geht. Zudem bezieht sich der unternehmensübergreifende Aspekt des TCO auf die Messung des Einflusses der Leistung eines Akteurs auf die eines anderen. Dabei werden jedoch die insgesamt, über die gesamte Supply Chain, für beide Beteiligten kumuliert verursachten Kosten weitestgehend vernachlässigt. Damit – so stellen LaLonde/Pohlen (1996) fest[888] – werden eventuell interorganisationale Potenziale nicht erkannt. So finden verhaltensbezogene Aspekte zwischen den Unternehmen und ihre Konsequenzen bzw. Auswirkungen auf die Wettbewerbsfähigkeit der Supply Chain keine ausreichende Berücksichtigung im TCO-Ansatz. Zwar besitzt der TCO-Ansatz in der Praxis einen hohen Bekanntheitsgrad, allerdings sind immer noch Defizite in der methodisch-instrumentellen Umsetzung zu konstatieren.

Trotz der aufgezeigten Schwächen bleibt festzuhalten, dass der TCO-Ansatz die Transparenz erhöht und somit eine bessere Basis für Supply Chain-Entscheidungen schafft. Eine Voraussetzung dafür ist jedoch die integrierte Betrachtung der Supply Chain und damit verbunden die Schaffung einheitlich anwendbarer Kostenkriterien auf der Netzwerkebene.

Das nachfolgende Beispiel des „China Sourcing“ soll den Anwendungskontext des TCO-Ansatzes im Bezugspunkt Beschaffung exemplarisch veranschaulichen.

---

[887] Vgl. Ellram/Siferd (1998), S. 55 ff.
[888] Vgl. LaLonde/Pohlen (1996), S. 4.

Fallbeispiel: Total Cost of Ownership des „China Sourcing"

Der Trend, personalkostenintensive Bauteile und Produkte in Niedriglohnländern – und insbesondere in China – zu beschaffen, scheint sich unvermindert fortzusetzen.[889] Nicht nur Großkonzerne, sondern zunehmend auch kleinere und mittelständische Unternehmen (KMU) machen vom sogenannten „China Sourcing" Gebrauch. Doch mit den vermeintlichen Sparpotenzialen fallen auch nicht zu unterschätzende Zusatzkosten an, die bis zu 30 % des Warenwerts ausmachen können.[890] Darüber hinaus sind häufig versteckte Kosten zu konstatieren.[891] Einen Überblick über die zu berücksichtigenden Kostenkategorien eines „China Sourcing" gibt die folgende Abbildung 3.6-17.

Anbahnungskosten
1. Kosten für die Informationssuche über die Lieferanten (z.B. Teilnahme an Fachmessen, Bezahlung eines Agenten, usw.)
2. Kosten für die Anpassung und Konfiguration des Daten- und Informationsaustauschs (z.B. Informationssammlung, Designanpassung aufgrund unterschiedlicher Umgebungen, usw.)
3. Postgebühr für die Versendung technischer Daten, Proben, usw.
4. IP (Intellectual Property) Registrierungsgebühr im Gastland
5. Zahlung an vorangegangene Lieferanten für Entwicklungs- und Design-Leistungen
6. Qualitätsaudit und Bestätigungskosten
7. Zeitkosten der Angestellten für die Lieferantensuche und -besuche sowie für Verhandlungen, Vertragsvorbereitungen, Aufnahme des Lieferanten in den Lieferantenpool, usw.
8. Reisekosten (Transport, Verpflegung und Unterkunft)
9. Kosten für Telefongespräch, Fax oder Videokonferenz
10. Werkzeugkosten (bei Bereitstellung für den Lieferanten)
11. Investitionen in das IT-System des Lieferanten (z.B. MRP, ERP)
12. Kosten für Lagererweiterungen
13. Personalrekrutierung und -schulung
14. Kosten den Abbau redundanter Kapazitäten und Arbeitsschritte
15. Kosten für die Langfristentsendung von Mitarbeitenden nach Übersee (z.B. Kosten für Unterkunft, internationale Schulen für Kinder, Versicherung, usw.)

Erweiterter Preis (laufend)
1. Listenpreis
2. Steuern und Importzölle
3. Verluste durch Änderung der Zahlungskonditionen
4. Potenzielle Verluste durch Wechselkursschwankungen

Administrative Kosten (laufend)
5. Zusätzliche Kosten für Prognosen/Bestellplanungen
6. Zusätzliche Kosten für Zahlung/Abwicklung
7. Bankgebühren

Logistikkosten (laufend)
8. Transporte (Vor- und Hauptlauf) per Wasser, Straße oder Schiene (einschließlich der Kosten für Transportagenten)
9. Versicherung
10. (Eil-)Versand via Luftfracht
11. Verlust von Verkäufen durch verspätete Lieferungen oder längere Durchlaufzeiten
12. Haltungs- und Administrativkosten in Verbindung mit unerwartet früher Lieferung
13. Verglichen mit der Situation bevor in China beschafft wurde: extra Kosten für dem Empfang (z.B. Überführung der Waren ins Lager, Entsorgung zusätzlichen Verpackungsmaterials)
14. Verglichen mit der Situation bevor in China beschafft wurde: zusätzlich Kosten für Qualitätsprüfungsprozesse (Arbeitskräfte und Mittel)

Bestands- und Lagerhaltungskosten (laufend)
15. Zusätzliche Lagerhaltungskosten aufgrund der Beschaffung aus China (Miete, Tarif, Licht, Heizung, Unterhalt, Versicherung, usw.)
16. Veraltung der Lagerbestände
17. Kapitalbindungskosten aufgrund durchschnittlich erhöhtem Lagerbestandsniveau

Qualitätsbezogene Kosten (laufend)
18. Verweigerung, Rückgaben und Nachlieferungen
19. Nachbesserungen
20. Kosten der Entsorgung oder Ausrangieren fehlerhafter und defekter Produkte
21. Verluste durch Abfall, einschlie?lich der Arbeitskraftkosten für die Entsorgung
22. Verluste durch Ausfallen der Produktionsmaschinen
23. Kosten für die Analyse von Qualitätsproblemen, Umplanung von Terminen, Frage nach Kompensation durch das Personal
24. Kosten für Umgang mit Gewährleistungen und Kundenbeschwerden
25. Qualitätsbedingter Erlösrückgang

Kosten des Lieferantenmanagements (laufend)
26. Laufende Reisekosten (Transport, Verpflegung und Unterkunft)
27. Kosten der Entwicklungszeit für technische Unterstützung
28. Kosten der Arbeitszeit für Performance Evaluation und Neuverhandlungen
29. Kosten für Telefonate, Faxe und Videokonferenzen mit dem Lieferanten
30. Kosten, die durch kulturelle und sprachliche Unterschiede bedingt sind (Übersetzer, Geschenke, Gesellschaftliche Ereignisse)
31. Kosten für Streitigkeiten mit dem Lieferanten (Rechtsanwaltskosten)
32. Im Fall, dass andere Teile vom vorherigen Lieferanten beschafft werden, Verluste aufgrund erhöhter Preise anderer von diesem Lieferanten angebotener Teile bedingt durch kleinere Bestellvolumina

Sonstige Kosten in Verbindung mit der Beschaffung in China
33. Kosten des Umgangs mit minderwertiger Infrastruktur (z.B. Straßen, Elektrizität, Internet)
34. Auswirkung der Bezeichnung «Made in China» auf die Kunden
35. Kosten des Umgangs mit speziellen Vorgaben oder Korruption der örtlichen Behörden
36. Kosten des Umgangs mit gefälschten Produkten oder IP-Urheberrechtsverletzungen

Abbildung 3.6-17: Total Cost of Ownership-Betrachtung des „China Sourcing"[892]

[889] Vgl. Bogaschewsky/Müller (2009), S. 15 ff.
[890] Vgl. Voss (2009), S. 102.
[891] Vgl. Stalk (2006), S. 64 ff.
[892] In Anlehnung an Song/Platts/Bance (2007), S. 858–875.

3.6.2.4 Prozesskostenrechnung in Supply Chains

Zur Überwindung der Probleme traditioneller Kostenrechnungsmethoden, wurde auf Basis des im angloamerikanischen Raum verbreiteten Activity-based Costing der Prozesskostenansatz entwickelt.[893] Bei der Prozesskostenrechnung werden im Rahmen einer Vollkostenbetrachtung die Gemeinkosten verursachungsgerecht (und eben nicht pauschal) den relevanten Kostenträgern zugeordnet. Zur Bestimmung der tatsächlichen Ressourcenverwendung aus dem indirekten Bereich werden mit Hilfe der Kostenträgerrechnung die Prozesskosten in Hinblick auf den Kausalzusammenhang den Kategorien Produkte, Aufträge, Kunden oder Marktsegmente zugewiesen.

LaLonde/Pohlen (1996) haben in diesem Zusammenhang zunächst vier Kostenverursacher identifiziert, die untersucht werden müssen.[894] Namentlich sind dies: die Kosten des physischen Güterflusses, die Kosten des Informationsflusses, durch gebundene Lagerbestände entstandene Kosten sowie die Transaktionskosten durch den übergeordneten Produkterstellungsprozess unter Einbezug mehrerer SC-Akteure. Weiterhin haben die Autoren ein sechsstufiges Verfahren entwickelt, welches der systematischen Ermittlung von prozessualen Kosten in Supply Chains dient. Dieses beruht grundsätzlich auf dem herkömmlichen Vorgehen der Prozesskostenanalyse, greift allerdings unternehmensübergreifende Aspekte des SCM konzeptionell auf:[895]

(1) *Analyse der Prozesse der Supply Chain und Veranschaulichung in einem Prozessdiagramm* mit dem Ziel, die Aufgaben und Prozesse für die beteiligten Akteure zu definieren und transparent zu beschreiben.[896]
(2) *Zerlegung der Teilprozesse zur Erkennung der teilprozessspezifischen Aktivitäten*, wobei zwischen maschinellen und rein personellen Aktivitäten zu differenzieren ist.
(3) *Bestimmung der zur Ausführung der Aktivitäten notwendigen Ressourcen in Verbindung mit der Zuordnung zum spezifischen Akteur* vor dem Hintergrund der Identifikation des anfallenden Ressourcenverbrauchs.
(4) *Bestimmung der durch die Erledigung der Aktivität entstandenen gesamten Kosten* zur Erlangung eines vollständigen Bildes der Kostentreiber entlang der Supply Chain.
(5) *Zuordnung der Kosten der Aktivitäten zu den Leistungsergebnissen der Supply Chain*, wodurch das Input-Output-Verhältnis für die einzelnen Akteure transparent wird. Ermöglicht wird damit z. B. die Profitabilitätsbewertung eines Kundensegments oder Produkts, die Identifizierung von Aktivitäten, die keinen Wert generieren, oder das Messen des Verhältnisses zwischen Wertgenerierung und den dabei entstandenen Kosten.
(6) *Analyse und Simulation der Kosteneinflussgrößen* unter Verwendung der Ergebnisse aus dem vorhergehenden Schritt.

Zur Veranschaulichung des Prinzips folgt die grundsätzliche Darstellung einer Prozesskostenbewertung in Abbildung 3.6-18. Sowohl der Ansatz von LaLonde/Pohlen (1996) als auch weiterführende Überlegungen, wie z. B. Hirschmann (1998), gehen davon aus, dass die in die unternehmensübergreifende Prozesskostenrechnung eingebundenen Unternehmen der Supply Chain bereits selbst die Prozesskostenrechnung im Einsatz haben. Zwar reduziert dies die Komplexität, es besteht allerdings die Gefahr einer

[893] Vgl. Horvath/Mayer (1989), S. 96 ff.
[894] Vgl. LaLonde/Pohlen (1996), S. 5.
[895] Vgl. LaLonde/Pohlen (1996), S. 6 ff.
[896] Hierbei wird auf das Supply Chain-Mapping zurückgegriffen. Siehe Kapitel 3.4.

abweichenden Definition von Kostentreibern und einer unterschiedlichen Bewertung der Kosten durch einzelne Akteure.

Der prägnanteste Vorteil dieser Methode liegt in der Praxisnähe, die durch den Prozessbezug entsteht. Zu beachten gilt es jedoch, dass durch die Vielzahl der beteiligten Akteure schnell eine hohe Komplexität sich herausbildet, weshalb die Anzahl der eingebundenen Unternehmen beschränkt werden sollte.

Anhand des folgenden Fallbeispiels sollen die Herangehensweise sowie die Komplexität der unternehmensübergreifenden Prozesskostenrechnung anhand einer Supply Chain der Bauzubehörbranche verdeutlicht werden.

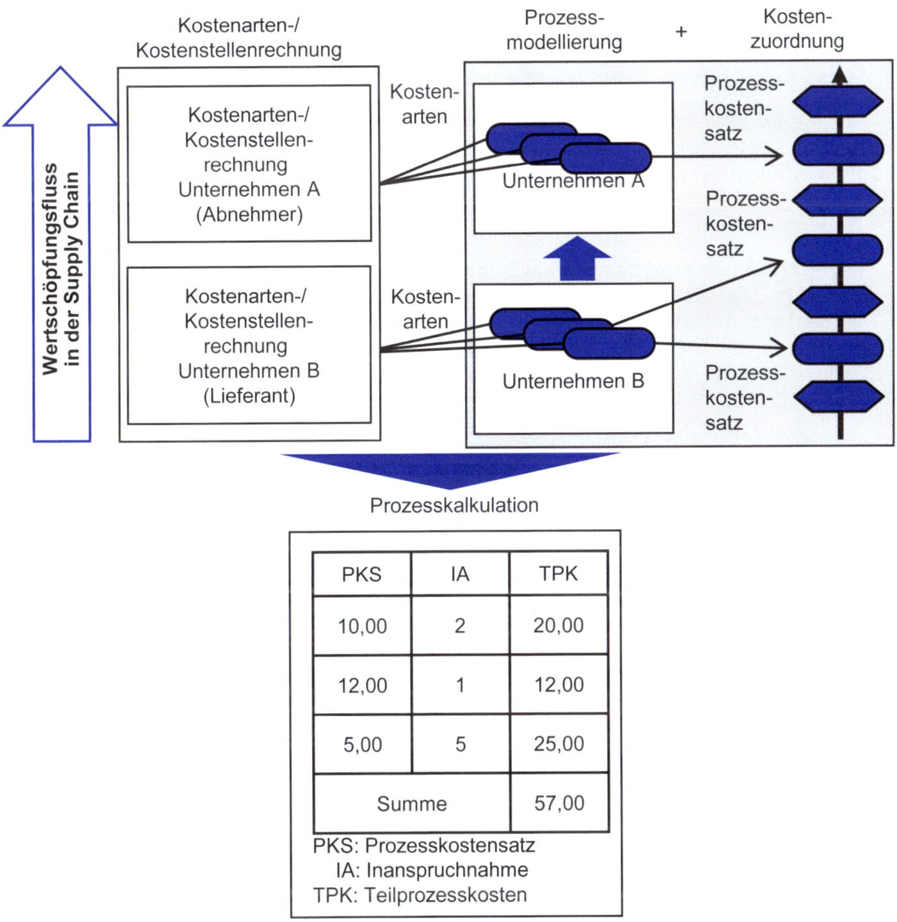

Abbildung 3.6-18: Prozessbewertung unternehmensübergreifender Geschäftsprozesse[897]

[897] In Anlehnung an Hirschmann (1998) S. 106.

Fallbeispiel: Management von Prozesskosten in der Supply Chain des SchücoNetwork®

Die Schüco International KG ist europäischer Markführer für systemgestütztes Bauen mit Aluminium-, Kunststoff- und Stahlprofilen. Dabei werden Lösungen für die gesamte Gebäudehülle angeboten, wie Fassaden, Glasdächer, Fenster, Türen sowie Gebäude- und Solartechnologie. In Abhängigkeit vom Werkstoff erstreckt sich dabei der Anteil am Wertschöpfungsprozess von reinen Vertriebstätigkeiten (Stahlprofile), über die Konstruktion und den Vertrieb von Aluminiumprofilen bis hin zur eigenständig durchgeführten Konstruktion, Extrusion und den Vertrieb der Profile im Kunststoffbereich. Auch die Schüco International KG hat die Bedeutung der Kooperation mit vor- und nachgelagerten Partnern erkannt. Dementsprechend soll gemäß der Vision 2012 das SchücoNetwork® gebildet werden: SchücoNetwork®-Partner verfügen in ihren Märkten durch lokal erfolgreiche Produkte und Services auf Basis einer globalen System- und Produktstrategie über einen entscheidenden Wettbewerbsvorteil. Die hieraus abgeleitete Zielsetzung ist es, gemeinsam mit den Partnerunternehmen zusätzliche Serviceleistungen für Bauinvestoren, Architekten und Kunden zu erbringen.

Die Schüco International KG ist bestrebt, ihre Supply Chain im Rahmen der Einführung einer Build-to-Order Supply Chain-Strategie (BTO-SCS) neu aufzustellen. Da dabei die Produktionsprozesse der Zulieferer auf den Kundenaufträgen der Schüco International KG gesteuert werden, müssen die vor- und nachgelagerten Partner besonders hohe Anforderungen hinsichtlich des Material- und Informationsflusses erfüllen.

Das Wertschöpfungsnetzwerk aus Sicht der Schüco International KG vom Rohstoff bis zu fertigen Fassadenelement besteht grob aus sechs Stufen. Abbildung 3.6-19 stellt den vorher beschriebenen Wertschöpfungsprozess aufbauorganisatorisch dar.

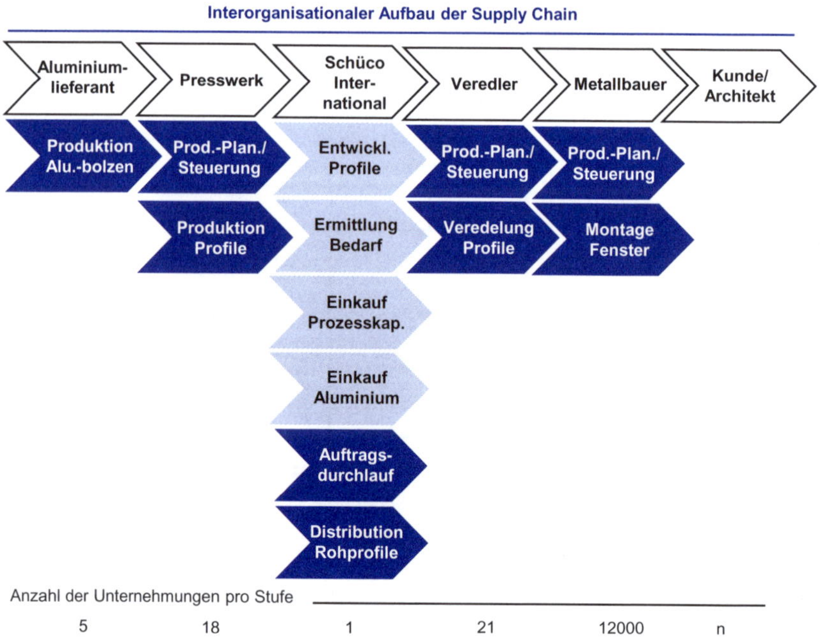

Abbildung 3.6-19: Interorganisationaler Aufbau der Supply Chain der Schüco International KG[898]

[898] Schulze (2008), S. 172.

Der Wertschöpfungsprozess der Schüco International KG im Bereich Aluminiumsysteme ist durch unterschiedliche Grade an Eigen- und Fremdleistungen gekennzeichnet. So ist Schüco für die Entwicklung der Fenster- und Fassadensysteme zunächst ebenso zuständig, wie für die Versorgung der eigenen Distributionszentren mit Profilen. Auch die Auftragsabwicklung hinsichtlich des Auftragsdurchlaufs und der Distribution durch den eigenen Fuhrpark wird seitens Schüco ausgeführt. Die Produktionsplanung und -steuerung sowie die Herstellung der Profile und der dafür benötigten Pressbolzen übernehmen im Rahmen der Auftragsabwicklung hingegen die Zulieferer. Ebenso sind eine mögliche Beschichtung (Veredelung) sowie Montage des eigentlichen Fenster- bzw. Fassadenelements an externe Partner fremdvergeben.

Aufgrund der nur durch kapitalintensive Lagerbestände in begrenztem Umfang gewährleisteten Reaktivität der Supply Chain wurden seitens der Schüco International KG Überlegungen angestellt, wie die Build-to-Order-Prinzipien in die Herstellungs- und Distributionsprozesse von Aluminiumprofilen integriert werden können.

Die Schüco International KG verfolgt darüber die Zielsetzung, sowohl die Service Level zu verbessern, als auch die Kosten zu senken. So soll durch eine kundenauftragsgetriebene Produktion eine möglichst hohe Verfügbarkeit der Profile für den Kunden gewährleistet werden. Hiermit verbunden ist eine Verkürzung der Lieferzeit zu den flussabwärtsseitigen Veredelungspartnern. Allen voran sollten die Kosten des mehrmaligen Handlingaufwands reduziert und als sekundäres Ziel auch die Kosten der Kapitalbindung verringert werden. Hierfür wurde eine unternehmensübergreifende Prozesskostenrechnung unter Einbezug der Presswerke sowie Veredler in zwei Schritten durchgeführt:

- Schritt 1: Prozesskostenbasiertes Supply Chain Produktdesign, inkl. der Aktivitäten (a) Mapping und Dokumentation der Supply Chain Aktivitäten in Anlehnung an das SCOR-Modell, (b) Definition der Kostentreiber und Mengenvariation, (c) prozesskostenbasierte Auswahl geeigneter Akteure und Produkte für das Supply Chain-Redesign sowie (d) prozesskostenbasierte Bestimmung des Artikelspektrums in der Produktentwicklung.
- Schritt 2: Prozesskostenbasierte Supply Chain Produktion, inkl. der Aktivitäten (a) Kalkulation der Prozesskostensätze, (b) Berechnung der Gesamtprozesskosten pro Supply Chain-Mitglied, (c) prozesskostenbasierte (Neu-)Gestaltung des Produktionsnetzwerks und – falls erforderlich – Reallokation von Aufgaben zwischen den Supply Chain-Aktivitäten sowie (d) prozesskostenbasierte Optimierung der operativen Steuerung von Produktion und Logistik.

Abbildung 3.6-20 zeigt die Prozesskosten in der Schüco-Supply Chain nach der Re-Allokation der Teilprozesse sowie der Schnittstellenoptimierung mit den vor- und nachgelagerten Partnern. Neben der Build-to-Order-Einführung wurden Automatisierungen im Presswerk zur Reduktion der Verpackungszeit sowie die Beseitigung manueller Bestellpositionen durch EDIFACT-Datenübertragung umgesetzt.

	Teilprozess	Kostentreiber-menge [Stk.]	Prozess-kostensätze	Prozesskosten
Presswerk	M2.2 Set-up	+ 19.500	21,10 €/Setup	+ 411.450 €
	M2.4 Verpackung Wickeln Profile	Alt: 11.250 Neu: 11.250 Nettoeffekt: 0 + 216.220	Alt: 105,00 € Neu: 26,66 € 2,29 €/Pick	Alt: 1.181.250 € Neu: 299.925 € Nettoeffekt: – 881.325 € + 495.144 €
	M2.5 Transport der Profile zum Lagerplatz	– 11.250	12,00 €/Tonne	– 135.000 €
	D2.2 Empfang und Erfassung Auftrag	+ 19.500	0,03 €/Auftrags-position	+ 585 €
	D2.9 Auftragszusammen-stellung	– 80.358	1,41 €/Karton	– 113.304 €
			Gesamtergebnis Presswerke netto	– 222.983 € – 717.595 €
Schüco	S2.4 Vereinnahmung Profil	Alt: – 7.000 Neu: – 11.250	20,83 €/Tonne	Alt: – 145.810 € Neu: – 234.338 € (zusätzl. Effekt: – 88.528 €)
	D2.9 Picken LI Picken LII	– 64.939 – 216.220	2,73 €/Pick 3,35 €/Pick	– 177.283 € – 724.337 € (+ 495.144 €) Nettoeffekt: – 229.193 €
			Gesamtergebnis Schüco netto	– 1.135.958 € – 640.814 €
Veredler	S2.4 Vereinnahmung Profil	Alt: 7.000 Neu: 7.000 Nettoeffekt: 0	Alt: 110,38 €/Tonne Neu: 91,73 €/Tonne	Alt: 772.660 € Neu: 642.110 € Nettoeffekt: – 130.550 €
			Gesamtergebnis Veredler	– 130.550 €
			Gesamtergebnis Supply Chain	**– 1.488.959 €**

* Dem Aufwand entsprechend angegeben mit + als Vorzeichen für steigende u. – für sinkende Kosten

M = Produktionsaktivitäten D = Distributionsaktivitäten S = Beschaffungsaktivitäten

Abbildung 3.6-20: Exemplarische Prozesskosten der Schüco-Supply Chain nach Re-Allokation und Schnittstellenoptimierung[899]

Quelle: Entnommen aus Schulze (2008), S. 155ff.

[899] Schulze (2008), S. 205.

3.6.2.5 Target Costing in Supply Chains

Es wurde bereits darauf aufmerksam gemacht, dass es das übergeordnete Ziel des SCM auf Netzwerkebene ist, die Kundenbedürfnisse bestmöglich zu befriedigen. Daher sollte auch die Performance Messung und Evaluation zu einem relevanten Teil auf diese Kundenzufriedenheit ausgerichtet sein. Dieser Anforderung entspricht vor allem das Instrument des „Target Costing" bzw. das Zielkostenmanagement in Supply Chains.[900]

Das Target Costing möchte sicherstellen, dass ein Produkt mit einer konkreten Funktion, Qualität und Verkaufspreis hergestellt werden kann, so dass die Vorgaben der Kunden und des Marktes – insbesondere des finalen Kaufpreises – berücksichtigt sind.[901] Das Zielkostenmanagement geht der Frage nach: „Was darf ein Produkt kosten?" (und nicht: „Was wird das Produkt kosten?").[902] Entsprechend wird Target Costing auch als „a mechanism for determining a total supply chain cost that meets the requirments of the customer"[903] definiert. Durch diese ganzheitliche Betrachtungsweise im Sinne einer marktfokussierten Vollkostenrechnung werden die Bereiche Produktentwicklung und Produkteinführung als wesentliche Kostentreiber im SCM integriert. Das Target Costing im SCM kann nach Lockamy/Smith (2000) auf drei unterschiedliche Arten erfolgen:[904]

- *Price-based Cost Management:* Diese Form des Zielkostenmanagements wird primär in marktlich-orientierten Supply Chain-Verbindungen angewandt. Es wird angenommen, dass die Nachfrage nach den Gütern verhältnismäßig stabil und der zentrale Koordinationsmechanismus in solchen Beziehungskonstellationen der Preis ist. Der Preis, welchen die jeweiligen Akteure zugesprochen bekommen, ist so auszugestalten, dass zum einen die langfristige Profitabilität der Supply Chain-Akteure gewährleistet bleibt. Zum anderen müssen die Kompensationen hoch genug sein, damit die teilnehmenden Akteure ausreichende Anreize besitzen, sich an dieser marktlich-orientierten Form der Zusammenarbeit zu beteiligen.
- *Value-based Cost Management:* Diese Form des Target Costing ist vorteilhaft bei sich sehr rasch wandelnden und anspruchsvollen Kundenbedürfnissen. Die Supply Chain hat ein breites Angebot an innovativen Produkten flexibel bereitzustellen. Dazu ist eine enge Zusammenarbeit und ein steter Austausch von Informationen zwischen den Supply Chain-Akteuren erforderlich. Bei dieser Form des Zielkostenmanagements können u. a. Höchstpreise festgelegt werden, die auf einer Wertschöpfungsstufe bei den Akteuren nicht übertroffen werden dürfen. Sollte ein Partner nicht mehr in der Lage sein, die erforderliche Leistung zu diesem Preis zu erstellen, wird im Markt ein alternativer Akteur gesucht (Re-Konfiguration der Supply Chain). Wertbasiertes Zielkostenmanagement alloziert jeder Wertschöpfungsaktivität in der Supply Chain einen erlaubten Preis, im Verhältnis zum dadurch geschaffenen Wert für den Kunden. Die Schwierigkeit einer solchen Spezifizierung auf Netzwerkebene besteht darin, die Supply Chain gemeinsam so zu konfigurieren und zu regulieren, dass das angestrebte Kostenniveau – trotz definierter Wertversprechen gegenüber den Kunden – jederzeit eingehalten wird.
- *Activity-based Cost Management:* Die prozesskostenorientierte Variante des Target Costing ist insbesondere in solchen Situationen geeignet, bei denen die Kunden der Supply Chain überwiegend gleichartige Bedürfnisse besitzen, welche relativ stabil

[900] Vgl. Lockamy/Smith (2000), S. 210.
[901] Vgl. Tanaka (1989), S. 49 ff.
[902] Vgl. Dekker/Schmidt (2003), S. 293.
[903] Lockamy/Smith (2000), S. 216.
[904] Vgl. Lockamy/Smith (2000), S. 213.

und gut vorhersehbar sind. Die Beziehungen der Supply Chain-Akteure basieren auf einer engen Form der Zusammenarbeit. Die Akteure in solchen stabilen Netzwerkbeziehungen sind bestrebt, gemeinsam die anfallenden Gemein- und Herstellungskosten zu begrenzen. Diese Variante des Zielkostenmanagements wird idealerweise mit einer Prozesskostenrechnung unternehmensübergreifend ergänzt.

Ein alternativer Ansatz für das Zielkostenmanagement in Supply Chains wird von Cooper/Slagmulder (1999), S. 181 ff., und Cooper/Slagmulder (2004), S. 1–26, vorgeschlagen. Target Costing wird dabei als ein Instrument zur Steuerung und Disziplinierung der flussaufwärtsliegenden Supply Chain-Partner eingesetzt. Dieses Instrument hat einen Austausch von Funktions-, Qualitäts- und Preiszielen zwischen den zusammenarbeitenden Unternehmen zum Inhalt. In Fällen, in denen die Zielvorgaben durch einen Akteur nicht erreicht werden können, ist ein sogenannter Funktions-Preis-Qualitäts-Trade-off zu konstatieren. Die Vorgehensweise des Target Costing nach Cooper/Slagmulder (2004) erfolgt in drei Phasen (vgl. Abbildung 3.6-21):

(1) *Market-Driven Target Costing:* In der ersten Phase wird durch Kundenanalysen der geforderte Funktionsumfang und der zu erzielende Preis eines Produktes ermittelt. Dieses Market-Driven Target Costing soll sicherstellen, dass die Produkte nicht zu teuer sind und lediglich den Funktionsumfang erfüllen, für den die Kunden zu zahlen bereit sind. Die Kundenanforderungen werden dabei in Basis-, Leistungs- und Begeisterungsanforderungen unterteilt. Unter Abzug einer Gewinnmarge werden die Zielkosten für das Produkt bestimmt.[905]

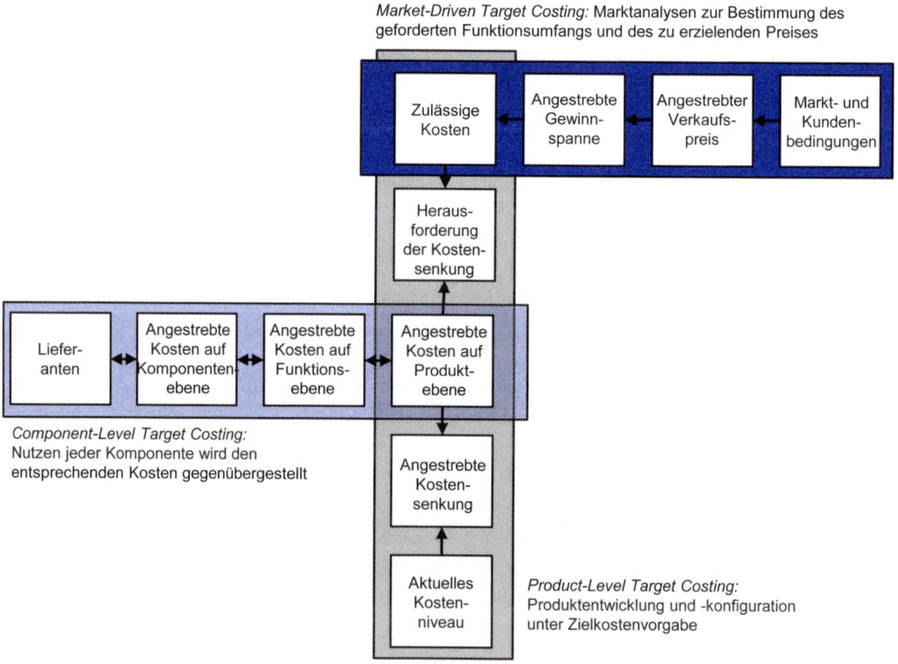

Abbildung 3.6-21: Target Costing in der Supply Chain auf Akteursebene

[905] Vgl. Ramos (2004), S. 135.

(2) *Product-Level Target Costing:* In dieser zweiten Phase gilt es, die ermittelten, zulässigen Kosten für das Produkt leistungsseitig sicherzustellen. Hierbei sind Parameter des gesamten Produktlebenszyklus und aller an der Wertschöpfung direkt oder indirekt beteiligten Funktionsbereiche in die Kalkulation mit einzubinden (vor allem die anfallenden Kosten in Beschaffung, Produktion, Distribution und Logistik). Die auf Basis einer ersten Schätzung erhobenen tatsächlichen Kosten werden den Zielvorgaben gegenübergestellt und eine etwaige Zielkostenlücke bestimmt. Für den Fall, dass die vom Markt geforderten Zielkosten bzw. die intendierten Kostensenkungen auf Produktebene nicht erreicht werden, sind die einzelnen Funktionsbereiche und deren Kostenbestandteile einer dezidierten Analyse zu unterziehen.

(3) *Component-Level Target Costing:* Auf der Komponentenebene werden die geforderten und tatsächlich realisierten Nutzengewinne jeder Funktion und Komponente zur Befriedigung der Kundenbedürfnisse den dafür entstehenden Kosten gegenübergestellt. Diese Informationen werden unter Einbezug der jeweiligen Zulieferer in einem Zielkostenindex zusammengefasst sowie ein oberes und unteres Limit bestimmt. Mit dieser Vorgehensweise lassen sich diejenigen Elemente mit der größten Abweichung identifizieren und Alternativen aufstellen.

Auf der Netzwerkebene lässt sich dieses dreiphasige Zielkostenverfahren dergestalt anwenden, indem das Component Level Target Costing des flussabwärtsseitigen Supply Chain-Akteurs (Abnehmer) mit dem Market Level Target Costing der relevanten Zulieferunternehmen verknüpft wird (siehe Abbildung 3.6-22). Der Erfolg dieses „Chained Target Costing“[906] hängt vor allem von der adäquaten Integration der eingebundenen

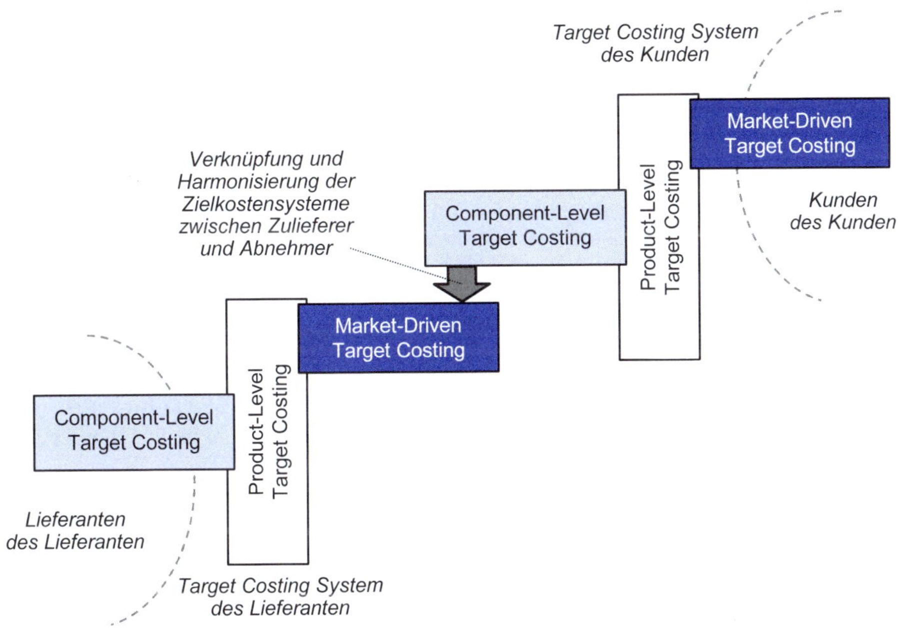

Abbildung 3.6-22: Target Costing in der Supply Chain Netzwerkeben[907]

[906] Vgl. Cooper/Slagmulder (2004).
[907] In Anlehnung an Cooper/Slagmulder (1999), S. 204.

Lieferanten ab[908], wobei hauptsächlich der marktseitige „Kostendruck" an die Zulieferer weitergegeben werden soll.

Einen zentralen Vorteil des Target Costing in Supply Chains stellt der Wissens- und Erfahrungsaustausch zwischen den involvierten Akteuren dar. Ein relevanter Nutzen besteht vor allem in der Kommunikation von Funktions-, Preis- (bzw. Kosten-) und Qualitätszielen. Eine mögliche Gefahr der Anwendung dieses Instruments liegt darin, dass der Kostendimension (im Vergleich zur Qualitäts- und Funktionsdimension) zu viel Gewicht beigemessen wird (Trade-off-Gefahr). Weiterhin ist problematisch, dass das Target Costing – im Sinne einer Vollkostenrechnung – i. d. R. produktferne Verwaltungs-, Material- und Fertigungsgemeinkosten proportional zu den Einzel- bzw. Herstellkosten auf die Produktionseinheiten verteilt (Proportionalisierungsgefahr). Schließlich bestehen Akzeptanzgefahren bei den Mitarbeitern, insbesondere dann, wenn die Festlegung der Zielkorridore (Limite) willkürlich erscheinen und Top-down vorgegeben werden.[909]

3.6.2.6 Open Book Accounting in Supply Chains

Ziel des Open Book Accountings ist es, durch kooperative Zusammenarbeit der Unternehmen innerhalb der Supply Chain konkrete Potenziale zur Kostenreduktion aufzudecken, wobei bei gegenseitiger Offenlegung von Informationen und Daten des internen Rechnungswesens das entgegengebrachte Vertrauen eine besondere Rolle einnimmt.[910] Durch die Einblicke, die ein abnehmender Akteur einem Zulieferer in seine Kostenstruktur gewährt, soll es möglich werden, kostenkritische Faktoren zu identifizieren und diesen mit geeigneten Maßnahmen zu begegnen.

Das Open Book Accounting und die damit zusammenhängenden Einblicke in die Kostenrechnung lassen sich unterschiedlich weit auslegen:[911]

- Open Book Accounting ist zunächst als eine grundsätzliche Zustandsaussage zu interpretieren, in der ein Abnehmer auf weiterführende Informationen vorgelagerter Wertschöpfungsaktivitäten zurückgreifen kann, welche dem Unternehmen eigentlich nicht zur Verfügung stehen. Dieses *einseitige Open Book Accounting*, bei dem lediglich der Zulieferer seine Kostenrechnungsinformationen offen legt, wird auch als „Open Book Costing" bezeichnet.[912]
- Beim *gegenseitigen Open Book Accounting* teilen die Supply Chain-Akteure ihre Rechnungswesensdaten untereinander aus. Die involvierten Unternehmen besitzen bei dieser gegenseitigen Offenheit vor allem einschlägige Kenntnisse über die Kostenstruktur sowie die grundlegenden Parameter von Preis-Kalkulationen der Partner.[913]

Weitere Zielsetzungen des Open Book Accountings bestehen in der Schaffung einer aussagekräftigen Daten- und Informationsbasis, um über einen unternehmensübergreifenden Vergleich (Benchmarking) Kostentreiber sowie Best Practices zu entdecken. Ferner erhalten die Akteure eine Gelegenheit, die Angemessenheit der veranschlagten (Gewinn-)Marge zu überprüfen. Welche Preise allerdings als „fair" eingestuft werden, lässt sich auch mit dem Instrument des Open Book Accountings nicht abschließend klären.

[908] Vgl. Seidenschwarz/Niemand (1994), S. 262 ff.
[909] Vgl. Werner (2010), S. 348 f.
[910] Vgl. Lührs (2010), S. 25 ff.
[911] Vgl. Hoffjan/Kruse (2006), S. 95.
[912] Vgl. McIvor (2001), S. 236.
[913] Vgl. Agndal/Nilsson (2008), S. 154 ff.

Im Rahmen des Supply Chain Managements kann also von zwei Aufgaben des Ansatzes gesprochen werden. Dies wären einerseits die Erhöhung der Kosteneffizienz in der Supply Chain und andererseits die Schaffung einer engeren partnerschaftlichen Beziehung durch den gegenseitigen Zugriff auf die vertraulichen Daten des jeweils anderen Akteurs. Dadurch entsteht ebenfalls ein tieferes Verständnis der kritischen Kosteninformationen, was die Vertrauensbildung fördert.

In der Praxis wird die Gefahr des Missbrauchs der Informationen, beispielsweise aufgrund unterschiedlicher Marktmacht (Power Dependence Relations), hoch bewertet. So kann ein abnehmendes Unternehmen die Informationen des Zulieferers etwa nutzen, um dessen Gewinnmarge in anstehenden Verhandlungen zu drücken. Daher sollten bei der Einführung des Instruments nach Kajüter/Kulmala (2005) vor allem drei Einflussgruppen – wie in Abbildung 3.6-23 dargestellt – Beachtung finden (Externe Umweltfaktoren, Supply Chain-spezifische Faktoren und Akteurs-spezifische Faktoren):

- Die erste Gruppe stellen die exogenen und damit nicht veränderlichen Faktoren dar. Dazu zählt beispielsweise die Intensität des Wettbewerbs. Ist diese tendenziell hoch, besteht ein erhöhter Kostendruck auf die Akteure, was den Einsatz des Open Book Accountings ggf. erforderlich macht.
- Eine weitere Gruppe bilden die Supply Chain-spezifischen Faktoren. Hierzu zählen etwa der vorherrschende Netzwerktyp, das Vertrauensverhältnis zwischen den Partnern sowie das in der Supply Chain hergestellte Produkt. 3Als dritte Gruppe sind die unternehmensspezifischen (veränderlichen) Faktoren zu nennen. Beispiele hierfür sind etwa die Größe des Unternehmens oder die Professionalität des Kostenrechnungssystems.

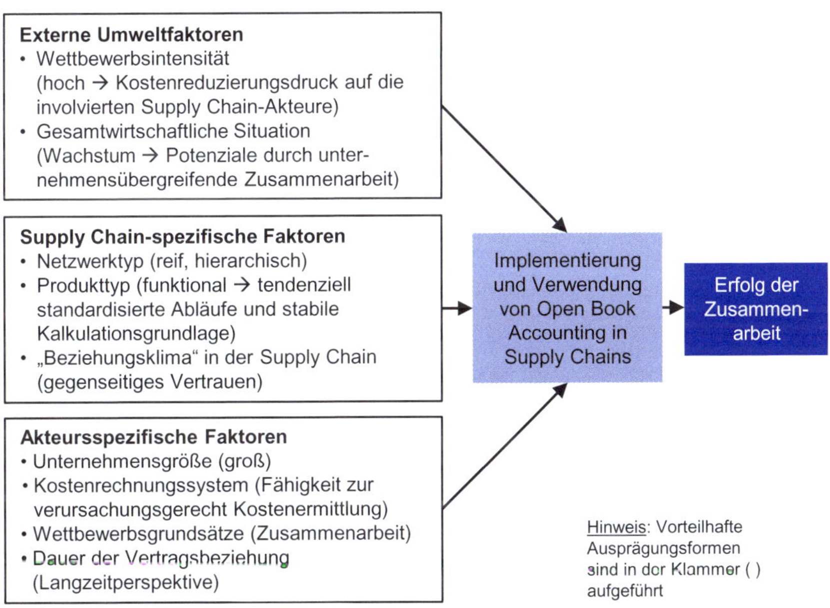

Abbildung 3.6-23: Rahmenmodell und Einflussgröße des Open Book Accounting in Supply Chains[914]

[914] In Anlehnung an Kajüter/Kulmala (2005), S. 198.

- Eine große Herausforderung beim Einsatz des Open Book Accountings in der Supply Chain besteht darin, dass die involvierten Akteure durch das Instrument weitestgehend gleichartig an den Vorteilen und den angestrebten Kosteneinsparungen partizipieren. Empirische Untersuchungen, wie die von Lührs (2010) zeigen, dass überproportional die abnehmenden Unternehmen von diesem Ansatz profitieren. Zulieferer neigen mitunter eher dazu, solche Kosteninformationen, die an den Kunden gehen, zu manipulieren.[915] Trotz dieser Tendenz ist der mit dem Austausch von Kosteninformationen verbundene administrative Aufwand – einschließlich des Anreizes für Manipulation – weitestgehend zu begrenzen.

Das Prinzip des Open Book Accounting ist als Basis für die spezifisch ausgelegten Instrumente des Target Costing sowie der Prozesskostenrechnung in Supply Chains zu verstehen. Weiterhin stellt er eine Voraussetzung für die unternehmensübergreifende Umsetzung des Lean-Manufacturing dar.[916]

3.6.2.7 Nutzwertanalysen in Supply Chains

Die Nutzwertanalyse stellt eine häufig angewandte Methode zur Analyse und Bewertung von Supply Chain-Entscheidungen dar. Nutzwertanalysen kommen häufig im SCM-Arbeitsfeld Positionierung und Konfiguration zum Einsatz. Sie entsprechen der Analyse einer Menge von Handlungsalternativen mit dem Zweck, die Komponenten dieser Menge entsprechend den Präferenzen der eingebundenen Entscheidungsträger hinsichtlich eines mehrdimensionalen Zielsystems zu ordnen. Folgende Entscheidungssituationen im Supply Chain-Kontext lassen sich durch eine Nutzwertanalyse unterstützen:

- Bewertung und Auswahl von Lieferanten und Dienstleistern,
- Evaluation von Standortalternativen für Produktionsstätten oder Konsolidierungspunkte und Distributionszentren im Rahmen der Netzwerkplanung,
- Analyse von IT-Systemen (Hard- und Software) für das Supply Chain Management,
- Beurteilung von spezifischen Investitionen für das SCM (z. B. Fuhrpark, Förder- und Lagereinrichtungen sowie Flurfahrzeuge).

Die Methode bietet sich insbesondere dann an, wenn als Auswahlkriterien die Einfachheit der Durchführung, die Minimierung des Datenerhebungsaufwandes und die Annahme der Verbreitung der Entscheidungssituation im Vordergrund stehen. Die Nutzwertanalyse, die mitunter auch als „Scoring-Modell" bezeichnet wird, erweist sich als besonders adäquat, wenn es um die Bewertung mehrerer (nicht unbedingt monetärer) Aspekte geht. Dies resultiert besonders daraus, dass sie über mehrere Stufen hinweg die Summe der Teilnutzen aggregiert, wodurch ein Gesamtnutzen entsteht. Hierbei empfiehlt sich folgendes Vorgehen: Zunächst ist die Gewichtung der Haupt- und Subkriterien nach ihrer Wichtigkeit vorzunehmen (Summe der Gewichte ergibt 100 %), darauf folgt die Festlegung eines Punktebewertungssystems zur Evaluierung der Subkriterien. Im Anschluss daran werden die eigentliche Bewertung durchgeführt, die Ermittlung des gewichteten Teilpunktwertes durch Gewichtung und Aufsummierung der einzelnen Subkriterienbewertung vorgenommen, worauf die Ermittlung der Teilnutzen auf Basis der Gewichtung für das Hauptkriterium folgt. Im letzten Schritt wird der Gesamtnutzen durch Aufsummieren der Teilnutzenwerte gebildet.[917]

---

[915] Vgl. Hoffjan/Lührs (2010), S. 248.

[916] Vgl. Womack/Jones/Roos (1990), S. 149. Siehe hierzu auch die Ausführungen zum SCM-Bezugspunkt „Operations Management" (Kapitel 2.2).

[917] Vgl. Harting (1994), S. 57.

Bei der Durchführung einer Nutzwertanalyse sind einige Anforderungen zu beachten, welche die Bewertungskriterien erfüllen sollten. Dies sind etwa die vollständige Erfassung des Bewertungsobjekts (ohne Doppelerfassungen), die einfache Operationalisierbarkeit und die Unabhängigkeit der Kriterien.

Die Nutzwertanalyse stellt aufgrund ihres Zielbezuges ein Verfahren mit Zielansätzen dar. Bezeichnend hierfür ist, dass die zu erreichenden Ergebnisse bereits im Vorhinein festgelegt werden und die Messung sich lediglich auf den Grad der Zielerreichung durch unterschiedliche Alternativen bezieht. Die Nutzwertanalyse ermöglicht, die Ergebnisalternativen in eine Rangfolge bezüglich ihrer Eignung zu bringen und zusätzlich eine Kategorisierung nach Potenzialen (Stärken) oder Risiken (Schwächen) vorzunehmen.

Eine nicht zu unterschätzende Herausforderung der Anwendung der Nutzwertanalyse im Supply Chain-Kontext besteht darin, die Kriterien in nachvollziehbarer und geeigneter Weise zu bestimmen und zu gewichten. Daraus ergibt sich auch der Kritikpunkt, dass die Auswahl und Gewichtung der Kriterien subjektiv erfolgen.[918] Um die Leistungsfähigkeit der Analyse zu gewährleisten, sollten daher im Vorfeld die zu erreichenden Ziele gemeinsam mit anderen relevanten Entscheidungsträgern formuliert werden. Schließlich tritt in der Praxis das grundsätzliche Problem auf, dass nach der Nutzwertbestimmung eine Monetarisierung erfolgt.

Fallbeispiel: Einsatz der Nutzwertanalyse bei der Lieferantenauswahl

Da die Nutzwertanalyse häufig bei der Lieferantenbewertung und -auswahl zum Einsatz kommt, soll sie nun für diese spezifische Entscheidungssituation des SCM konkretisiert werden. Folgende Schritte sind dabei zu durchlaufen:[919]

(1) *Bestimmung der Zielkriterien:* Erstellung eines Zielsystems mit den dazugehörigen Subkriterien, welchen die potenziellen Lieferanten entsprechen müssen.
(2) *Gewichtung der Zielkriterien:* Festlegung des Gewichts aufbauend auf der Evaluation der Bedeutung des jeweiligen Kriteriums (z. B. auf Basis einer im Vorfeld durchgeführten Supply Chain-Prozessanalyse).
(3) *Aufstellung der Zielertragsmatrix:* Für jedes Kriterium wird ein Zielwert festgelegt, der dem Sollwert des Zulieferers gegenübergestellt wird.
(4) *Transformation der Zielertrags- in die Zielwertmatrix:* Aufgrund der unterschiedlichen Dimensionen, welche die Kriterien annehmen können (z. B. Zeit, Menge), werden sie – aufbauend auf festgelegten Transformationsregeln – umgewandelt und in eine objektive, dimensionslose und damit kombinierbare Zielwertmatrix gefasst.
(5) *Ermittlung der gewichteten Zielwertmatrix:* Aus der Multiplikation der Gewichte mit den Zielwerten werden die Teilnutzenwerte abgeleitet. Die Summe dieser Werte ergibt den Gesamtnutzen eines spezifischen Zulieferers.
(6) *Auswahl des besten Zulieferers:* Der Zulieferer mit dem höchsten Gesamtnutzen ist der geeignetste und damit zu wählen.

Voraussetzung für die Durchführung einer Lieferantenbewertung und -auswahl mit Hilfe der Nutzwertanalyse ist, dass man die zu evaluierenden Zulieferer kennt und einen ausreichend guten Kenntnis- und Informationsstand bezüglich dieser Akteure besitzt. In Abbildung 3.6-24 erfolgt zur Veranschaulichung eine schematische Darstellung der Nutzwertanalyse mit den Kriterien „Zuverlässigkeit" sowie „Kosten".

[918] Vgl. Ahlert/Zelewski (2004), S. 28.
[919] Vgl. Harting (1994), S. 24.

Nutzwertanalyse											
	Entscheidungs-kriterium	Beurteilung anhand	G (%)	Soll-wert (S)	Ist-Wert (I)		Formel	Zielwert		Gewichteter Zielwert	
					L1	L2		L1	L2	L1	L2
	a	b	c	d	e		f=f(d,e)	g=f(f)		h=c*g	
11	Kurze Lieferzeiten	Lieferzeit	5	4 T	3 T	5 T	2-(I/S)	1.3	0.8	6.25	3.75
12	Lieferzeittreue	Mittlere Abweichung	10	2 T	1 T	2 T	2-(I/S)	1.5	1	15	10
13	Mengentreue	Mittlere Abweichung	10	5%	10%	2%	2-(I/S)	0	1.6	0	16
14	Produktqualität	Reklamationsquote	15	3%	0.6%	0.9%	2-(I/S)	1.8	1.7	27	25.5
15	Qualitätsniveau	Qualitätsklasse (Q)	10		2	3	0.5 *Q	1	1.5	10	15
1 Zuverlässigkeit		Summe:	50								
21	Material-einstandskosten	Materialkosten/ Einheit	8	5	5	4	2-(I/S)	1	1.2	8	9.6
22	Beschaffungs-kosten	Beschaffungs-kosten/Einheit	8	3	2.7	3.3	2-(I/S)	1.1	0.9	8.8	7.2
23	Lagerhaltungs-kosten	Lagerhaltungs-kosten/Einheit	8	1	0.8	0.9	2-(I/S)	1.2	1.1	9.6	8.8
24	Fehlmengen-kosten	Fehlmengen-kosten/Einheit	8	0.3	0.3	0.3	2-(I/S)	1	1	8	8
25	Preistreue	Mittlere Abweichung	8	5%	6%	3%	2-(I/S)	0.8	1.4	7.2	11.2
2 Kosten		Summe:	40								
31	Ruf	Rufklasse (R)	3		2	2	0.2*R	0.4	0.4	1.2	1.2
32	Konditionen	Konditionenklasse (K)	3		4	5	0.2*K	0.8	1	2.4	3
33	Technisches Know-how	Know-how-Klasse (Kh)	4		3	2	0.2*Kh	0.6	0.4	2.4	1.6
3 Sonstige Ziele		Summe:	10								
Summe = Gesamtnutzwert										105.85	120.85

Abbildung 3.6-24: Beispiel für den Einsatz von Nutzwertanalysen zur Lieferantenbewertung[920]

Vorteile der Nutzwertanalyse bestehen in der einfachen Durchführbarkeit sowie der klaren und nachvollziehbaren Darstellung der Ergebnisse, die selbst bei Situationen mit mehreren Zielfunktionen gewahrt bleibt. Von Nachteil ist der relativ hohe Anteil an Subjektivität, der in die Bewertung einfließt. Eine generelle Schwäche zielorientierter Verfahren ist zudem die Tatsache, dass Zielvorgaben zwingend formuliert werden müssen. Zudem bestehen teilweise Schwierigkeiten bezüglich der erforderlichen Unabhängigkeit der Evaluationskriterien. Dies schmälert wiederum die Aussagekraft der Analyse, da solche Beziehungen die Ergebnisse verfälschen können.

[920] In Anlehnung an Müssigmann (2007), S. 82.

Um eine ganzheitliche Betrachtung zu erhalten, ist es ggf. erforderlich, neben dem „Nutzen" auch die „Kosten" in die Entscheidung einzubeziehen.

Fallbeispiel: Gewinnverteilung in der Supply Chain von Sainsbury

Der britische Lebensmitteleinzelhändler hat mit der Mehrheit seiner Hauptlieferanten zur kooperativen Steuerung der Supply Chain-bezogenen Kosten ein Instrument auf Basis der Prozesskostenrechnung eingeführt. Um das Problem zu umgehen, dass die Lieferanten nicht in der Lage sein könnten, die nötigen Informationen aus ihren Controllingsystemen ad-hoc abzulesen, werden im Vorherein zwischen allen Beteiligten standardisierte Kennzahlen und Ermittlungsmethoden vereinbart. Ebenso erfolgen die Fixierung der Kooperationsbedingungen und die Gewinnverteilung. Sainsbury's traf im Projektverlauf folgende Regelung zur Gewinnverteilung mit seinen Lieferanten: Für jede potenzielle gemeinsame Investition wurde zunächst eine Wirtschaftlichkeitsbetrachtung durchgeführt. Diese war zum einen Basis der Entscheidung, ob das Projekt vorteilhaft war und demzufolge überhaupt durchgeführt werden sollte. Zudem wurden konkrete Kompensationsleistungen fixiert. Sainsbury erklärte sich beispielsweise bereit, entweder die Investitionskosten des Lieferanten zu übernehmen oder eine lieferantenseitige Preiserhöhung infolge der zusätzlichen Aufwendungen zu akzeptieren. Weiterhin hat Sainsbury im Rahmen der Maßnahme, die den Transfer von Kostendaten beinhaltete, klare Vereinbarungen mit den Lieferanten zur Verwendung dieser Informationen getroffen. So durften diese nicht für direkte Vergleiche der Lieferanten verwendet werden. Dadurch konnten die Bedenken der Lieferanten verringert und die Initiative umgesetzt werden. Zudem wurde eine gemeinsame Vertrauensbasis geschaffen. Die erforderliche Koordination in der Supply Chain wurde von Sainsbury – als fokalem Unternehmen – übernommen.

Quelle: Entnommen aus Dekker (2003), S. 19 ff.

3.6.3 Ganzheitlicher Ansatz zur Performance Messung und Evaluation von Supply Chains

3.6.3.1 Grundsätze der Supply Chain-spezifischen Balanced Scorecard

Einer der bekanntesten Ansätze, die Performance im Unternehmen zu erfassen und zu steuern, ist die von Kaplan und Norten (1997) entwickelte Balanced Scorecard.[921] Das Ziel dieses Ansatzes ist es, nicht nur durch quantitative Treiber den Wert eines Unternehmens oder einer Organisationseinheit zu bestimmen, sondern bewusst die Vision und die Strategie in praktikable und eingängige Performancemasse zu übersetzen. Es wird argumentiert, dass eine einseitige Fokussierung auf die finanzielle Perspektive nur die Vergangenheit beleuchtet und dadurch die Fähigkeit, in der Zukunft, Werte zu schaffen, unberücksichtigt bleibt.[922] Deshalb wurde – in der Ur-Version – die traditionelle finanzielle Betrachtung um eine Kunden-, eine interne Prozess- sowie eine Lern- und Entwicklungsperspektive erweitert. In der Balanced Scorecard sollen die neuen Perspektiven nun ausgewogen in einer Ursachen-Wirkungs-Beziehung zur finanziellen Perspektive stehen. Dabei reflektiert die Kundenperspektive die strategischen Ziele der Organisation hinsichtlich der Kunden- und Marktsegmente. Die interne Prozessperspektive bildet vor allem die Aufgaben ab, um die Ziele der finanziellen

[921] Vgl. Kaplan/Norten (1997).
[922] Vgl. Hieber (2002), S. 85.

und der Kundenperspektive zu erreichen. Schließlich sind in der Lern- und Entwicklungsperspektive dynamische Entwicklungen angesprochen. Über die Berücksichtigung von Frühindikatoren (z. B. Anteil der Produkte am Gesamtsortiment) wird die „Wandlungsfähigkeit" im Sinne eines „Fit for Future" in den Fokus der Betrachtung und Steuerung gestellt.

Grundsätzlich basiert die Balanced Scorecard auf den folgenden Prinzipien:[923]

- Herunterbrechen der Unternehmensvision bzw. der Gesamtstrategie auf konsensfähige Vorgaben,
- Verknüpfung strategischer Ziele mit Maßnahmen (top-down) und Kommunikation derselben im Unternehmen,
- Planung von operativen Zielen und bottum-up Abstimmung strategischer Initiativen sowie
- Verbesserung von strategischem Feedback und Lernen.

Für die Anwendung der Balanced Scorecard im Supply Chain-Kontext sind Anpassungen und Erweiterungen vorzunehmen. Vorschläge zu inhaltlichen Ergänzung zielen beispielsweise auf die zusätzlichen Berücksichtigung unternehmensübergreifender Kennzahlen,[924] die Ausrichtung der finanziellen Perspektiven auf Unternehmenswertsteigerungen, z. B. Economic Value Added (EVA),[925] oder die Fokussierung auf Kenngrößen zur Intensität und Qualität der Kooperationsbeziehungen ab. Insbesondere Letzteres bedarf einer strukturellen Anpassung der BSC, in dem beispielsweise die Kooperationsqualitäts- statt der Kundenperspektive und die Kooperationsintensität statt der Lern- und Entwicklungsperspektive verwendet werden.[926] Eine weitere adäquate Erweiterung besteht in der Ergänzung einer Lieferanten- und einer – eher generell ausgelegten – Beziehungsdimension.[927] Schließlich ist bei einer Supply Chain-BSC wiederum zwischen der Akteurs- und der Netzwerkebene zu unterscheiden (vgl. Abbildung 3.6-26). Die akteursspezifische Supply Chain-BSC gilt es weiterhin mit einschlägigen Kennzahlen auszustatten. Eine exemplarische Kenngrößenauswahl hierfür ist in Abbildung 3.6-25 aufgeführt.

[923] Vgl. Karrer (2006), S. 237.
[924] Vgl. z. B. Brewer/Speh (2000), Mayer (2002), Jehle et al. (2002) oder Schweier (2004).
[925] Vgl. z. B. Otto (2002).
[926] Vgl. Stölzle/Heusler/Karrer (2001) oder Heusler (2004).
[927] Vgl. Weber/Bacher/Groll (2002) oder Bacher (2004).

Zielsetzung (BSC-Dimension)	Mögliche Kennzahlen
Beziehungsebene (sowie Lernen und Entwicklung)	
Datentransfer	Digital Links, Gemeinsam genutzte Datensätze
Organisation/Vertrauen	Vertrauensindex, Kooperationsdauer
Kooperation	Squeeze-in-Time (erforderliche Zeitspanne für die Integration eines Supply Chain-Partners)
Kontinuierliche Verbesserung	Verbesserungsvorschläge, Schulungsrate,
Mitarbeiterzufriedenheit	Fehlzeiten/Kündigungen, Schulungen pro MA
Finanzen	
Erfolg	Umsatz, Rohertrag, EBIT, Jahresüberschuss
Liquidität	Cashflow, Cash-to-Cash-Cycle
Rentabilität	Return On Capital Employed (ROCE)
(Residual)Wert	Economic Value Added (EVA)
Bestand	Lagerreichweite, Turn Rate
Supply Chain-Kosten	Kapitalbindungs- und Transportkosten
Kunden	
Kundentreue/-zufriedenheit	Kundentreueindex
Kundenreklamation	Kundenzufriedenheitsindex, Servicegrad
Neukundengewinnung	Umsatzanteil Neukunden
Marktanteil	Relativer Marktanteil, Absoluter Marktanteil
Order Fulfillment	Auftragsabwicklungszeit
Absatzprognosegenauigkeit	Forecast Accuracy
Innovation	Neuproduktrate
Lieferanten	
Qualität/Service	Servicegrad, Zurückweisungsquote, Verzugsquote
Lieferantenzufriedenheit	Lieferantenzufriedenheitsindex
Wareneingangsproduktivität	Sendungen pro Tag, Warenannahmezeit je Sendung
Wareneingangskontrollen	Wareneingangskontrollen
Supply Chain-Prozesse	
Kapazitätsauslastung	Kapazitätsauslastungsgrad und -nutzungsintensität
Produktivität	Lagerbewegung pro Mitarbeiter, Picks pro Mitarbeiter
Zugangszeit/Durchlaufzeit	Time-to-Market, Total Cycle Time
Produkt-/Prozessqualität	Ausschuss-/Nacharbeitsrate, Parts por Million
Produktionsflexibilität	Auftragsabwicklungsdauer und -zuverlässigkeit Upside Production Flexibility

Abbildung 3.6-25: Exemplarische Kenngrößenauswahl einer akteursspezischen Supply Chain-BSC auf Gesamtunternehmens- bzw. Geschäftsfeldebene

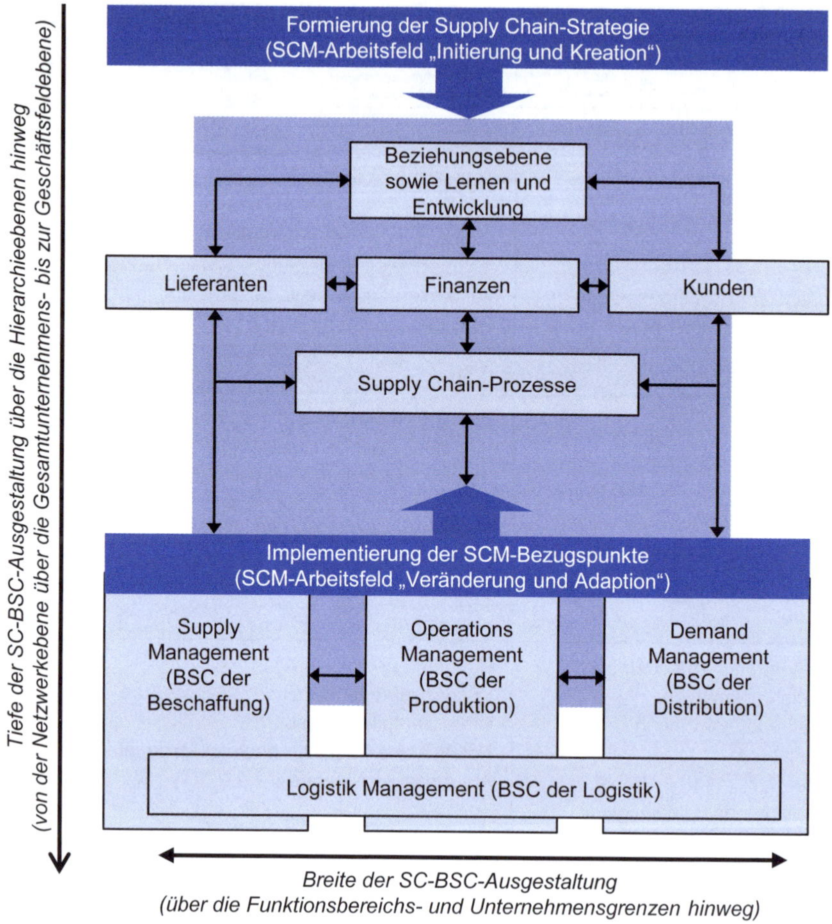

Abbildung 3.6-26: Möglicher Aufbau einer Supply Chain-BSC auf Akteursebene[928]

3.6.3.2 Ausgestaltung der Supply Chain Balanced Scorecard

Auf der Akteursebene wird vorgeschlagen, die grundsätzlich strategische Ausrichtung des Unternehmens (BSC auf Unternehmensgesamt- oder auf Geschäftsfeldebene) in funktionsspezifische Scorecards „herunter zu brechen".[929] Eine spezifische „Purchasing BSC"[930] reflektiert die Ziele der Beschaffung und des Lieferantenmanagements, die „Manufacturing BSC"[931] berücksichtigt die Belange der Produktion, die „Sales BSC" (BSC in Marketing und Vertrieb)[932] fokussiert die Distributionsaktivitäten und die „Logistics BSC"[933] stellt auf Transport-, Lagerungs- und Umschlagsaktivitäten ab. Inhaltlich

928 In Anlehnung an Heusler (2004), S. 329.
929 Vgl. Kaufmann (2004), S. 1–5, der in diesem Zusammenhang auch von der Cross-Balanced Scorecard (X-BSC) spricht.
930 Vgl. Entchelmeier (2008), Siepermann/Vockeroth (2009) oder Doolen et al. (2006), S. 26–34.
931 Vgl. Fohrholz/Gronau (2012).
932 Vgl. Happe (2004), Homburg/Schäfer (2010) oder Preißner (2002).
933 Vgl. Liberatore/Miller (1998) oder Karrer/Placzek (2004).

miteinander verknüpft und abgestimmt sind dabei die „Purchasing BSC" mit der „Manufacturing BSC" und letztere wiederum mit der „Sales BSC". Die fokusspezifischen BSC können wiederum auf spezifische Teams oder gar bis zur Einzelmitarbeiterebene konkretisiert (stufenweise Top-down-Ansatz von Zielvorgaben, Messgrößen und Maßnahmenpakete) werden.[934]

Die Netzwerkebene erfordert zunächst die Berücksichtigung unternehmensübergreifender Zielvorgaben und Messgrößen (z. B. Gesamtbestände in einem spezifischen Supply Chain-Ausschnitt).[935] Weiterhin sollten – wie in Abbildung 3.6-27 angedeutet – unternehmensübergreifende Kosten- und Leistungstreiber bei der Auslegung der Supply Chain-BSC auf der Netzwerkebene berücksichtigen werden (z. B. Cash-to-Cash Cycle oder Total Cycle Time für Material- und Informationsflüsse).[936] Schließlich ist eine verknüpfende Synchronisierung zwischen der Kundenperspektive der zuliefernden

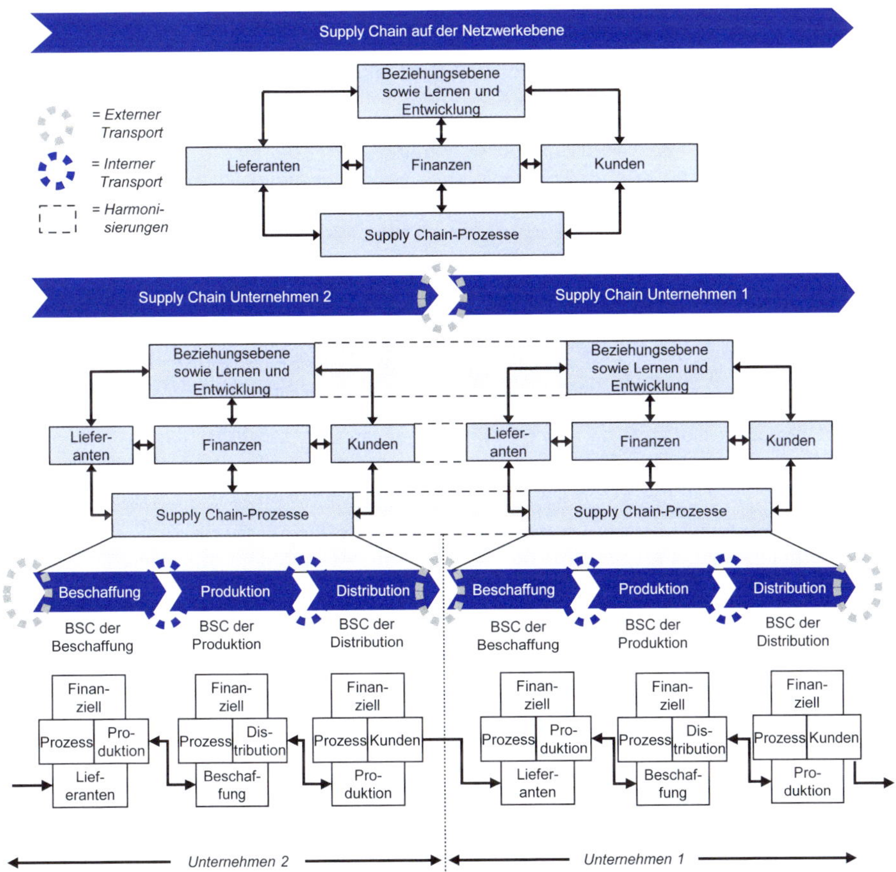

Abbildung 3.6-27: Mögliche Konzipierung einer Supply Chain-BSC auf Netzwerkebene

[934] Vgl. Zimmermann (2003), S. 146.
[935] Vgl. Zimmermann (2002).
[936] Siehe hierzu auch die „Supply Chain Cycle Time" bei Brewer/Speh (2000), S. 87.

Unternehmen und der Lieferantenperspektive der abnehmenden Akteure sicherzustellen.

Eine besondere Herausforderung auf der Netzwerkebene besteht darin, die der Supply Chain-BSC zugrunde liegenden Ursache-Wirkungs-Beziehungen transparent darzustellen. Denn insbesondere im unternehmensübergreifenden Kontext sind wechselseitige Wirkungsbeziehungen zwischen den Aktivitäten einzelner Akteure und deren Implikationen für andere Supply Chain-Partner zu erfassen.[937] Zu diesen über- bzw. unteradditiven Wirkungen zählen insbesondere Synergien (positiv) oder Dyssynergien (negativ).[938]

Fallbeispiel: Verknüpfung der Supply Chain-BSC mit der Sales-BSC bei der AssembleIT AG

Die High-Tech-Industrie ist auf starke SCM-Unterstützung angewiesen. High-Tech-Produkte haben oftmals Produktlebenszyklen von nur wenigen Monaten bei teilweise längerer Entwicklungszeit. Die Nachfrage schwankt sehr stark und hat enorme Spitzen zu verzeichnen, typischerweise im dritten Quartal aufgrund der Ferienzeit. Die Wiederbeschaffungszeiten sind sehr lange, da Komponentenhersteller oft in Asien produzieren, die Transportzeit per Seeweg beträgt mehrere Wochen. Der Wertschöpfungsanteil der Hersteller ist gering, die Produktion sehr materialintensiv. Eine Differenzierung über Technologie ist schwierig, da konkurrierende Hersteller die gleichen Komponenten benutzen. Aufgrund der hohen Materialintensivität sind Preisdifferenzierungen schwierig, wenngleich der Preisdruck sehr hoch ist. Ein wichtiges Differenzierungsmerkmal ist deswegen der Service, d. h., die Logistik stellt einen entscheidenden Wettbewerbsvorteil dar.

Das fiktive Unternehmen „AssembleIT" schätzt die Wettbewerbssituation der Branche als schwierig ein. Die Eintrittsbarrieren sind relativ gering. Dies zeigt sich an der starken Verbreitung bei nur regional aktiven Fachhändlern, die individuelle Systeme herstellen. Substitutionsprodukte greifen Marktanteile ab, hauptsächlich im Entertainment-Bereich. Die Lieferantenmacht ist bei Standardkomponenten zwar zu vernachlässigen, trotzdem gibt es dominierende Lieferanten, wie z. B. Intel. Wie auch die Lieferantenmacht ist die Abnehmermacht durch große Handelsketten sehr ausgeprägt.

Das Steuerungssystem des Unternehmens AssembleIT orientiert sich an der Prozess-Performance. SCOR gibt hierfür den Rahmen vor. AssembleIT unterscheidet zwischen finanziellen Berichten und operativen Berichten. Es hat die Kennzahlen in einem Drei-Ebenen-Modell angeordnet, welches den drei SCOR-Ebenen entspricht. Die erste Ebene leitet sich aus Anforderungen der Unternehmensstrategie ab.

Die Zielwerte der Kennzahlen sind historisch gewachsen. Beispielsweise für den KPI „Forecast Accuracy" beträgt der Zielwert 80 %. Die Auswahl der Kennzahlen basiert auf Erwartungen über die Unterstützungen der Zielerreichung auf niederen für die höheren Ebenen.

Vor diesem Hintergrund wurde die Entwicklung einer Supply Chain-BSC vorgeschlagen. Bei diesem Vorhaben zeigte sich schnell, dass eine Abstimmung zwischen dem Supply Chain und den einzelnen Funktionsbereichen zwingend erforderlich war. Offensichtlich wurde dieser Handlungsbedarf beim Dokumentationsversuch der Kenngröße „Prognosekomplexität". In der Supply Chain Balanced Scorecard wurde das strategische Ziel *Prognose verbessern* identifiziert. Die Prognose kann durch einen besseren Prozess verbessert werden oder durch die Vereinfachung der Datengrundlage. Es besteht ein starker

[937] Vgl. Karrer (2006), S. 242.
[938] Vgl. ausführlich Hofmann (2004).

Zusammenhang zwischen der Anzahl der unterschiedlichen Komponenten, die für eine Konfiguration eines PCs zur Verfügung stehen, und der Prognosekomplexität. Da die Prognose zuerst auf der Ebene der PCs definiert wird, gleichen sich Überschätzungen und Unterschätzungen zu einem gewissen Anteil auf Komponentenebene aus. Dieser Effekt verstärkt sich positiv mit abnehmender Anzahl der Komponenten. Für die Supply Chain ist somit das Verringern der Anzahl der Komponenten ein Mittel zur Verbesserung der Prognosegenauigkeit. Die Anzahl der Komponenten wird jedoch die „Sales-Abteilung" definiert. Sales hat großes Interesse an möglichst vielen Komponenten, um über eine hohe Produktvielfalt möglichst jedes Kundenbedürfnis zu befriedigen. In diesem Beispiel liegt ein Zielkonflikt vor, der gelöst werden muss. Deswegen sind eine Dokumentation und eine Vereinbarung der Zielwerte zwischen den involvierten Funktionen von Relevanz. Abbildung 3.6-28 zeigt, wie das Problem konkret „gelöst" wurde.

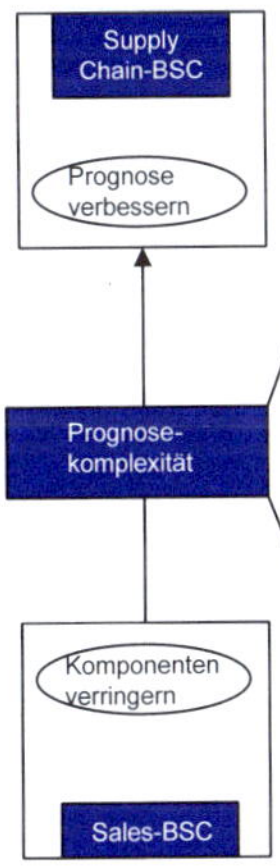

Kausalbeziehung		Prognosekomplexität		Verant-wortlich	J. Smith
Supply Chain-BSC		Sales-BSC			
Ziel	KPI	Ziel	KPI	Frequenz	monatlich
Prognosen verbessern	Sales Forecast Accuracy	Komplexität verringern	Anzahl Komponenten		
Zielwert	80%	Zielwert	700	Aktionen	
Istwert	66%	Istwert	900	Projekt X: Zielgruppendef.	
Zeitraum	1Jahr	Zeitraum	1 Jahr	Projekt Y: Komponentenwerbung	
Verantwortlich	R. Boehringer	Verantwortlich	J. Ingelheim	Projekt Z: Phase-In/Out Sync.	
Beschreibung			Beeinflussung	92% für Zielwert-/Istwert-Spanne	
Forecast Accuracy ist ein wesentlicher Treiber unseres SC-Erfolges. Mit dem Status quo ist es nicht mehr möglich, den Wert konstant über 70% zu halten. Ein Ausweg besteht in der Verringerung der Komponenten, d.h. der bestehende Forecasting Prozess sollte zu einem besseren Ergebnis führen , wenn die Komplexität des Materialstammes verringert wird. Aufgrund der Analyse vergangener Daten kommt man zu dem Schluss, dass eine Verringerung der Komponenten von 900 auf 700 eine zusätzliche Prognosegenauigkeit von 4% (nachhaltig) zur Folge hätte.					

Abbildung 3.6-28: Beispielhafte Wirkbeziehung der Prognosekomplexität in der Supply Chain-BSC der AssembleIT AG

Quelle: Entnommen aus Richert (2006), S. 109–117.

Literaturverzeichnis

Abele, E./Liebeck, T./Merz, N. (2008), Globale Produktion – eine Frage des Standorts?!, in: wt Werkstattstechnik online, 98, 2008, 1/2 , S. 92–97.

Ackermann, R. (2003), Die Pfadabhängigkeitstheorie als Erklärungsansatz unternehmerischer Entwicklungsprozesse, in: Schreyögg, G./Sydow, J. (Hrsg.), Strategische Prozesse und Pfade, Wiesbaden 2003, S. 225–255.

Aderhold, J. (2002), Genese von Netzwerkunternehmen – Bildungsmodalitäten Strukturierungsweisen und Prozessdynamik, in: Freitag, M./Winkler, I. (Hrsg.), Kooperationsentwicklung in zwischenbetrieblichen Netzwerken, Würzburg/Boston 2002, S. 5–29.

Aderhold, J./Meyer, M./Ziegenhorn, F. (2001), Wie funktionieren Netzwerke?, in: Teich, T. (Hrsg.), Hierarchielose regionale Produktionsnetzwerke, Chemnitz 2001, S. 131–160.

Adler, P.S. (2001), Market, hierarchy, and trust: The knowledge economy and the future of capitalism, in: Organization Science, 12, 2001, 2, S. 215–234.

Agndal, H./Nilsson, U. (2008), Supply chain decision-making supported by an open books policy, in: International Journal of Production Economics, 116, 2008, 1, S. 154–167.

Agrawal, M./Kumaresh, T.V./Mercer, G.A. (2001), The False Promise of Mass Customization, in: The McKinsey Quarterly, 38, 2001, 3, S. 62–71.

Ahlert, D./Zelewski, S. (2004), State-of-the-art der Bewertung von Lieferantenbeziehungen. MOTIWIDI-Projektbericht Nr. 19, Essen/Münster 2004.

Aikens, C.H. (1985), Facility Location Models for Distribution Planning, in: European Journal of Operational Research, 22, 1985, 3, S. 263–279.

Alicke, K. (2003), Planung und Betrieb von Logistiknetzwerken: Unternehmensübergreifendes Supply Chain Management, Berlin und Heidelberg 2003, S. 129–152.

Al-Mashari, M./Al-Mudimigh, A./Zairi, M. (2003), Enterprise resource planning: A taxonomy of critical factors, in: European Journal of Operational Research, 146, 2003, 2, S. 352–364.

Alvarado, U.Y./Kotzab, H. (2001), Supply Chain Management: The Integration of Logistics in Marketing, in: Industrial Marketing Management, 30, 2001, 2, S. 183–198.

Amit, R./Schoemaker, P.J.H. (1993), Strategic asset and organizational rent, in: Strategic Management Journal, 14, 1993, 1, S. 33–46.

Andraski, J.C./Haedicke, J. (2003), CPFR: Time for the Breakthrough?, in: Supply Chain Management Review, 7, 2003, 3, S. 54–60.

Arbeitskreis Weber-Hax der Schmalenbach-Gesellschaft (1960), Der Einkauf im Industriebetrieb als unternehmerische und organisatorische Aufgabe, Opladen 1960.

Arndt, H. (2010), Supply Chain Management: Optimierung logistischer Prozesse, 5. Aufl., Wiesbaden 2010.

Arnold, U. (1982), Strategische Beschaffungspolitik: Steuerung und Kontrolle strategischer Beschaffungssubsysteme von Unternehmen, Frankfurt/Main 1982.

Arnold, U. (1989), Ziele, Aufgaben und Instrumente des Materialmanagements, in: Beschaffung Aktuell, 1989, 9, S. 47–54.

Arnold, U. (1996), Sourcing-Konzepte, in: Kern, W./Schröder, H. H./Weber, J. (Hrsg.), Handwörterbuch der Produktionswirtschaft, 2. Aufl., Stuttgart 1996, Sp. 1861–1874.

Arnold, U. (1997), Beschaffungsmanagement, 2. Aufl., Stuttgart 1997.

Arnold, U. (1999), Basisstrategien des Outsourcing aus Sicht des Beschafffungsmanagements, in: Controlling, 11, 1999, 7, S. 309–316.

Arnold, U./Eßig, M. (2002), Grundlagen des internationalen Supply Chain Management, in: Macharzina, K./Oesterle, M.-J. (Hrsg.), Handbuch Internationales Management, 2. Aufl., Wiesbaden 2002, S. 237–254.

Arnolds, H./Heege, F./Tussing, W. (1996), Materialwirtschaft und Einkauf: Praxisorientiertes Lehrbuch, 9. Aufl., Wiesbaden 1996.

Arnold, U./Warzog, F. (2001), Supply Chain Management – Konzeptabgrenzung und branchenspezifische Differenzierung, in: Arnold, U./Mayer, R./Urban, G. (Hrsg.), Supply Chain Management: Unternehmensübergreifende Prozesse, Collaboration, IT-Standards, Bonn 2001, S. 13–47.

Arns, M./Fischer, M./Kemper, P./Tepper, C. (2002), Supply chain modelling and its analytical evaluation, in: The Journal of the Operational Research Society, 53, 2002, 8, S. 885–894.

Astley, W.G./Fombrun, C.J. (1983), Collective strategy: Social ecology of organizational environments, in: Academy of Management Journal, 8, 1983, 4, S. 576–587.

Aulinger, A. (1999), Wissenskooperationen – Eine Frage des Vertrauens?, in: Engelhard, J./Sinz, E.J. (Hrsg.), Kooperationen im Wettbewerb. Neue Formen und Gestaltungskonzepte im Zeichen von Globalisierung und Informationstechnologie, Wiesbaden 1999, S. 89–111.

Bacher, A. (2004), Instrumente des Supply Chain Controlling: Theoretische Herleitung und Überprüfung der Anwendbarkeit in der Unternehmenspraxis, 2004.

Backhaus, K./Aufderheide, D./Späth, G.-M. (1994), Marketing für Systemtechnologien: Entwicklung eines theoretisch-ökonomisch begründeten Geschäftstypenansatzes. Stuttgart 1994.

Backhaus, K./Meyer, M. (1993), Strategische Allianzen und strategische Netzwerke, in: WiSt, 22, 1993, 7, S. 330–334.

Backhaus, K./Voeth, M. (2010), Industriegütermarketing, 9. Aufl., München 2010.

Bain, J.S. (1956), Barriers to new competition, Cambridge, Massachusetts 1956.

Balke, N./Küpper, H.-U. (2003), Controlling in Netzwerken: Struktur und Systeme, in: Zentes, J./Swoboda, B./Morschett, D. (Hrsg.), Kooperationen, Allianzen und Netzwerke: Grundlagen – Ansätze – Perspektiven, Wiesbaden 2003, S. 941–964.

Ballou, R. H. (2004), Business logistics/ supply chain management: Planning, organizing, and controlling the supply chain, 5. Aufl., Upper Saddle River, NJ 2004.

Ballwieser, W. (1993), Methoden der Unternehmensbewertung, in: Handbuch des Finanzmanagements, München, 1993, S. 151–176.

Bamberger, I./Wrona, T. (1996), Der Ressourcenansatz im Rahmen des strategischen Managements, in: WiSt – Wirtschaftswissenschaftliches Studium, 25, 1996, 8, S. 386–391.

Bamberger, I./Wrona, T. (1996), Der Ressourcenansatz und seine Bedeutung für die Strategische Unternehmensführung, in: ZfbF, 48, 1996, 2, S. 130–153.

Barney, J.B. (1991), Firm resources and sustained competitive advantage, in: Journal of Management, 17, 1991, 1, S. 99–120.

Bask, A.H./Juga, J. (2001), Semi-integrated supply chains: Towards the new era of supply chain management, in: International Journal of Logistics: Research and Applications, 4, 2001, 2, S. 137–152.

Bartlett, C.A./Ghoshal, S. (1993), Beyond the M-form: Toward a managerial theory of the firm, in: Strategic Management Journal, 14, 1993, S2, S. 23–46.

Bauer, M./Cohen, E. (1983), The Invisibility of Power in Economics: Beyond Markets and Hierarchies, in: Francis, A./ Turk, J./Willman, P. (Hrsg.), Power, efficiency, and institutions. A critical appraisal of the markets and hierarchies paradigm. London 1983, S. 81–104.

Bazerman, M.H./Gillespie, J.J. (1999), Betting on the Future: The Virtues of Contingent Contracts, in: Harvard Business Review, 77, 1999, 5, 155–160.

Beamon, B.M. (1999), Measuring supply chain performance, in: International Journal of Operations & Production Management, 19, 1999, 1, S. 275–292.

Bechtel, C./Jayaram, J. (1997), Supply Chain Management: A Strategic Perspective, in: International Journal of Logistics Management 8, 1997, 1, S. 15–34.

Bechtel, C./Mulumudi, J. (1996), Supply Chain Management: A Literature Review, in: National Association of Purchasing Management (Hrsg.), Proceedings of the 1996 NAPM Annual Academic Conference March 21–23, 1996, S. 1–10.

Becker, N. (1999), Regelungsfelder für Unternehmensnetzwerke, Wiesbaden 1999.

Beißel, J. (2003), Anreizsysteme in der Beschaffung. Eine informationsökonomische Analyse der Abnehmer-Lieferanten-Beziehung, Wiesbaden 2003.

Bellinger, B./Vahl, G. (1992), Unternehmensbewertung in Theorie und Praxis, 2. Aufl., Wiesbaden 1992.

Bellmann, K. (1999), Produktion im Netzwerkverbund: Strategischer Faktor im globalen Wettbewerb, in: Nagel, K./Erben, R.F./Piller, F.T. (Hrsg.), Produktionswirtschaft 2000: Perspektiven für die Fabrik der Zukunft, Wiesbaden 1999, S. 195–215.

Bellmann, K./Himpel, F. (2002), Management von Beschaffungsnetzwerken, in: Hahn, D./Kaufmann, L. (Hrsg.), Handbuch Industrielles Beschaffungsmanagement, 2. Aufl., Wiesbaden 2002, S. 859–882.

Bendoly, E./Jacobs, F.R. (2004), ERP architectural/operational alignment for order-processing performance, in: International Journal of Operations & Production Management, 24, 2004, 1, S. 99–117.

Benkenstein, M./Henke, N. (1993), Der Grad vertikaler Integration als strategisches Entscheidungsproblem, in: Die Betriebswirtschaft, 53, 1993, 1, S. 77–91.

Bensaou, M. (1999), Portfolios of Buyer-Supplier Relationships, in: Portfolios of Buyer-Supplier Relationships, 40, 1999, 4, S. 35–44.

Bernardes, E./Zsidisin, G.A. (2008), An examination of strategic supply management benefits and performance implications, in: Journal of Purchasing and Supply Management, 14, 2008, 4, S. 209–219.

Bessant, J./Levy, P./Sang, B./Lamming, R. (1994), Managing Successful Total Quality Relationships in the Supply Chain, in: European Journal of Purchasing and Supply Management, 1, 1994, 1, S. 7–17.

Bititci, U.S./Martinez, V./Albores, P./Parung, J. (2004), Creating and managing value in collaborative networks, in: International Journal of Physical Distribution & Logistics Management, 34, 2004, 3/4, S. 251–268.

Bleicher, K. (1991), Das Konzept Integriertes Management, Frankfurt a. M./New York 1991.

Bliesener, M. (1994), Outsourcing als mögliche Strategie zur Kostensenkung, in: BFuP, 46, 1994, 4, S. 277–290.

Blois, K.J. (1972), Vertical quasi-integration, in: Journal of Industrial Economics, 20, 1972, 3, S. 253–272.

BMW Group (2008), Geschäftsbericht 2008, München 2008.

Boddy, D. et al. (1998), Success and Failure in Implementing Supply Chain Partnering: An Empirical Study, in: European Journal of Purchasing & Supply Management, 4, 1998, 2/3, S. 143–151.

Böing, C./Jullens, J./Schrader, M.F. (2003), Customer Relationship Management im Multikanalvertrieb, in: Ahlert, D./Heese, J./Jullens, J./Smend, P. (Hrsg.), Multikanalstrategien, Konzepte, Methoden und Erfahrungen, Wiesbaden 2003, S. 67–92.

Bogaschewsky, R./Glock, C. (2009), Organisationskosten im Einkauf – eine institutionenökonomisch fundierte Analyse, in: Bogaschewsky, R./ Eßig, M./Lasch, R./Stölzle, W. (Hrsg.), Supply Management Research, Wiesbaden 2009, S. 3–29.

Bogaschewsky, R./Müller, H. (2009), China als Teil des globalen Wertschöpfungsnetzwerks, in: BME/Bogaschewsky, R. (Hrsg.), BME-Leitfaden Internationale Beschaffung: Einkaufen und Innovation in China, Frankfurt 2009, S. 15–27.

Bolumole, Y.A./Knemeyer, A.M./Lambert, D.M. (2003), The Customer Service Management Process, in: International Journal of Logistics Management, 14, 2003, 2, S. 15–32.

Börner, C.J. (2000), Die Integration marktorientierter und ressourcenorientierter Strategien, in: Wisu – Wirtschaftsstudium, 29, 2000, 6, S. 817–821.

Brandenberg, A. (2001), Anreizsysteme zur Unternehmenssteuerung: Gestaltungsoptionen, motivationstheoretische Herausforderungen und Lösungsansätze, Wiesbaden 2001.

Bretzke, W.-R. (1999), Die Eignung der Transaktionskostentheorie zur Begründung von Make-or-Buy-Entscheidungen in der Logistik, in: Pfohl, H.-C. (Hrsg.), Logistikforschung, Entwicklungszüge und Gestaltungsansätze, Berlin 1999, S. 335–363.

Bretzke, W.-R. (2005), Supply Chain Management: Wege aus einer logistischen Utopie, in: Logistik Management, 7, 2005, 2, S. 21–30.

Bretzke, W.-R. (2006a), SCM: Sieben Thesen zur zukünftigen Entwicklung logistischer Netzwerke, in: Supply Chain Management, 6, 2006, 3, S. 7–15.

Bretzke, W.-R. (2006b), Wettbewerb zwischen Supply Chains: Mehr Erfolg durch weniger Markt?, in: Jacquemin, M./Pibernik, R./Sucky, E. (Hrsg.), Quantitative Methoden der Logistik, Hamburg 2006, S. 3–20

Bretzke, W.-R. (2007). Available to Promise: Der schwierige Weg zu einem berechenbaren Lieferservice. Logistik Management, 2, 2007, S. 8–18.

Bretzke, W.-R. (2010), Logistische Netzwerke, 2. Aufl., Berlin/Heidelberg 2010.

Brink, A. (2000), Holistisches Shareholder-Value-Management. Eine regulative Idee für globales Management in ethischer Verantwortung, München 2000.

Brockhoff, K./Hauschildt, J. (1993), Schnittstellenmanagement – Koordination ohne Hierarchie, in: Zeitschrift Führung und Organisation 62, 1993, 6, S. 396–403.

Broich, A. (1994), Die Genese von Unternehmensstrategien. Zur Neuorientierung der Theoriediskussion, Herrsching 1994.

Bruce, M./Daly, L./Towers, N. (2004), Lean or Agile, A Solution for Supply Chain Management in the Textiles and Clothing Industry, in: International Journal of Operations & Production Management, 24, 2004, 2, S. 151–170.

Bruhn, M. (1999), Internes Marketing, 2. Aufl., Wiesbaden 1999.

Bruhn, M. (2004), Handbuch Markenführung: Kompendium zum erfolgreichen Markenmanagement. Strategien, Instrumente, Erfahrungen, Wiesbaden 2004.

Brunner, J. (1999), Value-Based Performance Management – Wertsteigernde Unternehmensführung: Strategien, Instrumente, Praxisbeispiele, Wiesbaden 1999.

Buchenau, M.W. (2004), Magna Steyr sucht weitere Standorte, in: Handelsblatt, 09.11.2004.

Bühner, R./Tuschke, A. (1997), Outsourcing, in: DBW, 57, 1997, 1, S. 20–30.

Burmann, C. (2003), „Customer Equity" als Steuerungsgröße für die Unternehmensführung, in: ZfB, 73, 2003, 2, S. 113–138.

Burr, W. (1999), Koordination durch Regeln in selbstorganisierenden Unternehmensnetzwerken, in: ZfB, 69, 1999, 10, S. 1159–1179.

Burt, D./Petcavange, S./Pinkerton R. (2010), Supply Management, 8. Aufl., New York 2010

Burt, D.N./Starling, S. (2002), World Class Supply Management, in: Hahn, D./Kaufmann, L. (Hrsg.), Handbuch industrielles Beschaffungsmanagement, 2. Aufl., Wiesbaden 2002, S. 93–113.

Busch, A./Dangelmaier, W. (2002), Integriertes Supply Chain Management – ein koordinationsorientierter Überblick, in: Busch, A./Dangelmaier, W. (Hrsg.), Integriertes Supply Chain Management, Wiesbaden 2002.

Busch, A./Dangelmeier, W./Pape, U./ Rüther, M. (2003), Marktspiegel Supply Chain Management Systeme: Potentiale – Konzepte – Anbieter im Vergleich, Wiesbaden 2003.

Buscher, U. (1999), ZP-Stichwort: Supply Chain Management, in: ZP, 10, 1999, S. 449–456.

Buscher, U. (2003), Konzept und Gestaltungsfelder des Supply Network Managements, in: Bogaschewsky, R. (Hrsg.), Integrated Supply Management – Einkauf und Beschaffung: Effizienz steigern, Kosten senken, Köln 2003, S. 55–86.

Cachon, G.P./Lariviere, M.A. (2005), Supply chain coordination with revenue-sharing contracts: Strengths and limitations, in: Management Science, 5, 2005, 1, S. 30–44.

Camuffo, A./Romano, P./Vinelli, A. (2001), Back to the future: Benetton transforms its global network, in: MIT Sloan Management Review, 43, 2001, 1, S. 46–52.

Caplice, C./Sheffi, Y. (1994), A review and evaluation of logistics metrics, in: The International Journal of Logistics Management, 5, 1994, 2, S. 11–28.

Carr, S.M./Karmarkar, U.S. (2005), Competition in Multiechelon Assembly Supply Chains, in: Management Science, 51, 2005, 1, S. 45–59.

CCG (2002), Supply Chain Management, Handbuch ECR Supply Side, Band 1, Köln 2002.

Chachon, G./Lariviere, M. (2005), Supply chain coordination with revenue sharing contracts: strenghts and limitations, in: Management Science, 51, 2005, 1, S. 30–44.

Chakravarthy, B.S./Doz, Y. (1992), Strategy process research: Focusing on corporate self-renewal, in: Strategic Management Journal, 13, 1992, 2, S. 5–14.

Chan, F.T.S./Qi, H.J. (2003), An innovative performance measurement system for supply chain management, in: Supply Chain Management – An International Journal, 8, 2003, 3, S. 209–223.

Chandra, C./Kumar, S. (2000), Supply Chain Management in Theory and Practice: A Passing Fad or a Fundamental Change?, in: Industrial Management & Data Systems, 100, 2000, 3, S. 100–113.

Chen, F. (2005), Salesforce incentives, market information and production/inventory planning, in: Management Science, 51, 2005, 1, S. 60–75.

Choi, T.Y./Hartley, J.L. (1996), An exploration of supplier selection practices across the supply chain, in: Journal of Operations Management, 14, 1996, 4, S. 333–343.

Chopra, S./Meindl, P. (2007). Supply chain management: Strategy, planning, and operation, 3. Aufl., Upper Saddle River, NJ 2007.

Christopher, M. (2004), Supply Chains: A Marketing Perspective, in: New, S./Westbrook, R. (Hrsg.), Understanding Supply Chains: Concepts, Critiques, and Futures, New York 2004, S. 23–42.

Christopher, M. (2005). Logistics and supply chain management: creating value-added networks, 3. Aufl., Harlow 2005.

Christopher, M./Gattorna, J. (2005), Supply Chain Cost Management and Value-Based Pricing, in: Industrial Marketing Management, 34, 2005, 2, S. 115–121.

Christopher, M./Jüttner, U. (1998), Developing Strategic Partnerships in the Supply Chain, in: Lamming, R.C. (Hrsg.), The Second Worldwide Research Symposium on Purchasing and Supply Chain Management, Proceedings, London 1998, S. 88–107.

Christopher, M./Jüttner, U. (2000), Supply Chain Relationships: Making the Transition to Closer Integration, in: International Journal of Logistics, 3, 2000, 1, S. 5–23.

Christopher, M./Peck, H. (2004), Building the resilient supply chain, in: The International Journal of Logistics Management, 15, 2004, 2, S. 1–13.

Cichon, W. (1988), Globalisierung als strategisches Problem, München 1988.

Coase, R. H. (1937), The Nature of the Firm, in: Economica, 4, 1937, 16, S. 386–405.

Conrad, C. (2005), Co-opetition und funktionsfähiger Wettbewerb, in: WiSt, 34, 2005, 3, S. 169–171.

Cook, K.S./Whitmeyer, J.M. (1992), Two approaches to social structure: Exchange theory and network analysis, in: Annual Review of Sociology, 18, 1992, 1, S. 109–127.

Cookson, C./Delattre, A.J. (2001), Collaborative Manufacturing: A New Supply Chain Opportunity, in: Supply Chain Management Review Global Supplement, 2001, January/February, S. 10–14.

Cooper, J.C. (1993), Logistics Strategies for Global Businesses, in: International Journal of Physical Distribution & Logistics Management, 23, 1993, 4, S. 12–23.

Cooper, M.C./Lambert, D.M./ Pagh, J.D. (1997), Supply Chain Management: More than a New Name for Logistics, in: International Journal of Logistics Management, 8, 1997, 1, S. 1–14.

Cooper, W.W./Seiford, L.M./Zhue, J. (2011), Handbook on Data Envelopment Analysis, 2. Aufl., New York u. a. 2011.

Cooper, R./Slagmulder, R. (1999), Supply chain development for the lean enterprise, Portland 1999.

Cooper, R./Slagmulder, R. (2004), Interorganizational cost management and relational context, in: Accounting, Organisations and Society, 29, 2004, 1, S. 1–26.

Copeland, T.E./Koller, T./Murrin, J. (1990), Measuring and managing the value of companies, New York 1990.

Copeland, T.E./Koller, T./Murrin, J. (2000), Valuation. Measuring and managing the value of companies, 3. völlig überarb. Aufl., New York 2000.

Corsten, H.(2001), Dienstleistungsmanagement, 4. Aufl., München und Wien 2001.

Corsten, H. (2001), Grundlagen der Koordination in Unternehmensnetzwerken, in: Corsten, H. (Hrsg.), Unternehmensnetzwerke, München u. a. 2001, S. 1–58.

Corsten, H. (2001), Supply Chain Management: Grundlagen und Konzepte, in: Corsten, H. (Hrsg.), Unternehmungsnetzwerke: Formen unternehmungsübergreifender Zusammenarbeit, München und Wien 2001, S. 189–215.

Corsten, H. (2002), Herausforderungen an das Supply Chain Management im internationalen Unternehmensverbund, in: Macharzina, K./Oesterle, M.-J. (Hrsg., 2002), Handbuch Internationales Management, 2. Aufl., Wiesbaden, S. 943–968.

Corsten, H. (2004), Produktionswirtschaft, 10. Aufl., München 2004.

Corsten, H./Gössinger, R. (2000), Produktionsplanung und -steuerung in virtuellen Unternehmen und Unternehmensnetzwerken, in: Kaluza, B./Blecker, T. (Hrsg.), Produktions- und Logistikmanagement in Virtuellen Unternehmen und Unternehmensnetzwerken, Berlin u. a. 2000, S. 249–294.

Corsten, H./Gössinger, R. (2006). Material-und Informationsflüsse in Supply Chains-Ansatzpunkte für eine gemeinsame Lagerhaltungspolitik. Wertschöpfungsnetzwerke: Festschrift für Bernd Kaluza, S. 269–290.

Corsten, H./Gössinger, R. (2008), Einführung in das Supply Chain Management, 2. Aufl., München, Wien 2008.

Cousin, P.D./Spekman, R. (2003), Strategic Supply and the Management of Inter- and Intra-Organisational Relationships, in: Journal of Purchasing & Supply Chain Management, 9, 2003, 1, S. 19–29.

Croom, S./Romano, P./Giannakis, M. (2000), Supply Chain Management: An Analytical Framework for Critical Literature Review, in: European Journal of Purchasing Supply Management, 6, 2000, 1, S. 67–83.

Croxton, K.L. (2003), The Order Fulfillment Process, in: International Journal of Logistics Management, 14, 2003, 1, S. 19–32.

Darby, M. R./Karni, E. (1973), Free Competition and the Optimal Amount of Fraud, in: JoLE, 16, 1973, 4, S. 67–88.

Darkow, I.-L./Richter, M. (2004), Supply Chain Controlling, in: Baumgarten, H./Darkow, I.-L./Zadek, H. (Hrsg.), Supply Chain Steuerung und Services: Logistik-Dienstleister managen globale Netzwerke – Best Practices, Berlin 2004, S. 113–122.

D'Aveni, R.A. (1994), Hypercompetition: Managing the Dynamics of Strategic Maneuvering, New York 1994.

D'Aveni, R.A. (1995), Hypercompetitive Rivalries: Competing in Highly Dynamic Environments, New York 1995.

DaimlerChrysler AG (2001), Jahresabschluss zum 31.12.2001, Stuttgart 2001.

Daganzo, C.F. (2003), A Theory of Supply Chains, Berlin et al. 2003.

Daniel, A. (2001), Implementierungsmanagement – Ein anwendungsorientierter Gestaltungsansatz, Wiesbaden 2001.

Dekker, H.C. (2003), Value chain analysis in interfirm relationships: a field study, in: Management Accounting Research, 14, 2003, 1, S. 1–23.

Dekker, H./Schmidt, P. (2003), A survey of the adoption of target costing in Dutch firms, in: International Journal of Production Economics, 84, 2003, 3, S. 293–320.

Delfmann, W. (1995), Logistische Segmentierung. Ein modellanalytischer Ansatz zur Gestaltung logistischer Auftragszyklen, in: Albach, H./Delfmann, W. (Hrsg.), Dynamik und Risikofreude in der Unternehmensführung, Wiesbaden 1995, S. 171–201.

Delfmann, W. (1999), ECR: Efficient Consumer Response, in:DBW, 59, 1999, 4, S. 565–568.

Delfman, W./Albers, S. (2000), Supply Chain Management in the Global Context. Arbeitsbericht Nr. 102 des Seminars für Allgemeine Betriebswirtschaftslehre, Betriebswirtschaftliche Planung und Logistik, Universität zu Köln, Köln 2000.

Delfmann, W./Dangelmaier, W./Günther, W./Klaus, P./Overmeyer, L./Rothengatter, W. (Hrsg.) (2010). Eckpunktpapier zum Grundverständnis der Logistik als wissenschaftliche Disziplin. Hamburg.

Delfmann, W./Nikolova, N. (2002). Strategische Entwicklung der Logistik-Dienstleistungsunternehmen auf dem Weg zum X-PL. Wissenschaftssymposium Logistik der BVL, S. 421–435.

Delfmann, W./Reihlen, M./Wickinghoff, C. (2003a), Prozessorientierte Logistik-Leistungsrechnung, in: Delfmann, W./Reihlen, M. (Hrsg., 2003), Controlling von Logistikprozessen – Analyse und Bewertung logistischer Kosten und Leistungen, Stuttgart 2003, S. 17–56.

Delfmann, W./Reihlen, M./Wickinghoff, C. (2003b), Prozessorientierte Logistik-Kostenrechnung, in: Delfmann, W./Reihlen, M. (Hrsg., 2003), Controlling von Logistikprozessen – Analyse und Bewertung logistischer Kosten und Leistungen, Stuttgart 2003, S. 57–117.

DeWit, B./Meyer, R. (1994), Strategy – process – content. An international perspective, St. Paul 1994.

Dicken, P. (1998), Global Shift. Transforming the World Economy, 3. Aufl., London u. a. 1998.

Dieckheuer, G. (2001), Makroökonomik. Theorie und Politik, 4. Aufl., Berlin 2001.

Disney, S. M./Potter, A. T./Gardner, B. M. (2003). The impact of vendor managed inventory on transport operations. Transportation Research Part E: Logistics and Transportation Review, 39, 2003, 5, S. 363–380.

Dittmar, H. (2001), E-Manufacturing: Das Managen der Produktion und der Supply Chain, in: HMD Praxis der Wirtschaftsinformatik, 38, 2001, 219, S. 29–41.

Dogan, K./Goetschalckx, M. (1999), A Primal Decomposition Method for the Integrated Design of Multi-Period Production-Distribution Systems, in: IIE Transactions, 31, 1999, 11, S. 1027–1036.

Doolen, T./Traxler, M./McBride, K. (2006), Using scorecards for supplier performance improvement: case application in a lean manufacturing organization, in: Engineering Management Journal, 18, 2006, 2, S. 26–34.

Dörflinger, M./Marxt, C. (2001), Mass Customization: neue Potenziale durch kundenindividuelle Massenproduktion, in: IO New Management, o. Jg., 2001, 3, S. 86–93.

Dörr, M. (1999), Individualstrategien und die Genese von Unternehmensstrategien, Herrsching 1999.

Dubois, A./Pedersen, A.-C. (2002), Why Relationships Do Not Fit into Purchasing Portfolio Models: A Comparison Between the Portfolio and Industrial Network Approaches, in: European Journal of Purchasing & Supply Chain Management, 8, 2002, 1, S. 35–42.

Duffy, R./Fearne, A. (2004), The Impact of Supply Chain Partnerships on Supplier Performance, in: International Journal of Logistics Management, 15, 2004, 1, S. 57–71.

Duray, R. (2002), Mass Customization Origins: Mass or Custom Manufacturing?, in: International Journal of Operations & Production Management, 22, 2002, 3, S. 314–328.

Duschek, S. (1998), Kooperative Kernkompetenzen: Zum Management einzigartiger Netzwerkressourcen, in: Zeitschrift Führung + Organisation (ZFO), 67, 1998, 4, S. 230–236.

Duschek, S./Sydow, J. (1999), Netzwerkkooperation als Quelle neuer Produkte und Prozesse, in: Thexis, 16, 1999, 3, S. 21–25.

Duschek, S./Sydow, J. (2010), Aktionsforschung zum Management von Innovationsnetzwerken, in: Jacobsen, H./Schallock, B. (Hrsg.), Innovationsstrategien jenseits traditionellen Managements, Stuttgart 2010, S. 182–189.

Dwyer, F. R./Schurr, P. H./Oh, S. (1987), Developing Buyer-Seller Relationships, in: Journal of Marketing, 51,1987, 4, S. 11–27.

Dyer, J.H./Singh, H. (1998), The relational view: Cooperative strategy and sources of interorganizational competitive advantage, in: Academy of Management Review, 23, 1998, 4, S. 660–679.

Ebers, M./Gotsch, W. (1999), Institutionenökonomische Theorien der Organisation, in: Kieser, A. (Hrsg.), Organisationstheorien, 3. Aufl., Stuttgart 1999, S. 199–251.

Ehrmann, T. (2005), Strategische Planung. Methoden und Praxisanwendungen, Berlin 2005.

Eisenbarth, M. (2003), Erfolgsfaktoren des Supply Chain Managements in der Automobilindustrie, Frankfurt am Main et al. 2003.

Eisenhardt, K.M. (1989), Agency theory: An assessment and review, in: Academy of management review, 14, 1989, 1, S. 57–74.

Eisenkopf, A. (1994), Just-In-Time-orientierte Fertigungs- und Logistikstrategien. Charakterisierung, transaktionskostentheoretische Analyse und wettbewerbspolitische Würdigung veränderter Zulieferer-Abnehmer-Beziehungen am Beispiel der Automobilindustrie. Hamburg 2004.

Ellram, L.M. (1995), Total Cost of Ownership. An analysis approach for purchasing, in: International Journal of Physical Distribution & Logistics Management, 25, 1995, 8, S. 4–23.

Engelke, M. (1997), Qualität logistischer Dienstleistungen: Operationalisierung von Qualitätsmerkmalen, Qualitätsmanagement, Umweltgerechtigkeit, Berlin 1997.

Entchelmeier, A. (2008), Supply Performance Measurement. Leistungsmessung in Einkauf und Supply Management, Wiesbaden 2008.

Erdmann, M.-K. (2003), Supply Chain Performance Measurement – Operative und Strategische Management- und Controllingansätze, Lohmar 2003.

Eßig, M. (1999), Cooperative Sourcing: Erklärung und Gestaltung horizontaler Beschaffungskooperationen in der Industrie, Frankfurt/Main et al. 1999.

Eßig, M. (2002), Preispolitik in Netzwerken. Ein institutionenökonomisch und spieltheoretisch fundierter Integrationsansatz für das Supply Chain Management, Stuttgart 2002.

Eßig, M. (2004), Marketing in der Supply Chain, in: Backhaus, K./Voeth, M. (Hrsg.), Handbuch Industriegütermarketing: Strategien, Instrumente, Anwendungen, Wiesbaden 2004, S. 891–922.

Eßig, M. (2007), Beschaffungskooperationen, in: Arnold, U./Kasulke, G. (Hrsg.), Praxishandbuch innovative Beschaffung: Wegweiser für den strategischen und operativen Einkauf, Weinheim 2007, S. 101–127.

Eßig, M./Wagner, S. (2003), Strategien in der Beschaffung, in: Zeitschrift für Planung und Unternehmenssteuerung, 14, 2003, 3, S. 279–296.

Evans, J.R./Berman, B. (2001), Conceptualizing and Operationalizing the Business-to-Business Value Chain, in: Industrial Marketing Management, 30, 2001, 2, S. 135–148.

Evered, R. (1983), So what is strategy?, in: Long Range Planning, 16, 1983, 3, S. 57–72.

Faltin, G. (2001), Creating a culture of innovative entrepreneurship, in: Journal of international Business and Economy, 2, 2001, 1, S. 123–140.

Fandel, G./Giese, A./Raubenheimer, H. (2009), Supply Chain Management: Strategien, Planungsansätze, Controlling, Berlin et al. 2009.

FAW (2002), Forschungsstelle Automobilwirtschaft der Universität Bamberg: Händler-Zulieferer-Index 2002, Bamberg 2002.

Fawcett, S.E./Ogden, J.A./Magnan, G.M./Cooper, M.B. (2006), Organizational commitment and governance for supply chain success, in: International Journal of Physical Distribution & Logistics Management, 36, 2006, 1, S. 22–35.

Feuling, B.A. (2007), Learning from Supply Chains: Benetton Group S.p.A. and the Apparel Industry. Herausgegeben von Kong and Allan, Shanghai 24/05/2007, online verfügbar unter http://www.kongandallan.com/en/us_pdf/LFSCBS0707U.pdf.

Finsterwalder, J./Reinecke, S./Stadelmann, M./Wolter, S. (2001), Customer Relationship Management bei Dienstleistern, in: IO New Management, 30, 2001, 6, S. 54–60.

Fischer, B. (2006), Vertikale Innovationsnetzwerke, Wiesbaden 2006.

Fischer, B./Grosche, B./Kuhn, M./Oberlik, S. (2007), Transparenz im Partnernetzwerk – elektronische Beschaffung von Produktionsmaterial bei der BMW AG, in: Brenner, W./Wenger, R. (Hrsg.), Elektronische Beschaffung: Stand und Entwicklungstendenzen, Berlin u. a. 2007, S. 225–244.

Fischer, J./Hoos, J. (2002), Vertragscontrolling als Schlüsselelement des Supply Chain Managements, in: Dangelmaier, W./Emmrich, A./Kaschula, D. (Hrsg.), Modelle im E-Business, Paderborn 2002, S. 255–272.

Fischer, B./Huber, F. (2005), Innovationserfolg durch vertikale Vernetzung, in: Eichen, S.A.F. von der/Stahl, H.K. (Hrsg.), Vernetzte Unternehmen. Wirkungsvolles Agieren in Zeiten des Wandels, Berlin 2005, S. 243–261.

Fisher, M.L. (1997), What is the right supply chain for your product?, in: Harvard Business Review, 75, 1997, 2, S. 105–116.

Fitzek, D. (2005), Anlaufmanagement in Netzwerken: Grundlagen, Erfolgsfaktoren und Gestaltungsempfehlungen für die Automobilindustrie, Bamberg 2005.

Fleischmann, B./Meyr, H./Wagner, M. (2007), Advanced planning, in: Stadtler, H./Kilger, C. (Hrsg.), Supply chain management and advanced, 4. Aufl., Berlin u. a. 2007, S. 81–106.

Flint, D.J. et al. (2005), Logistics Innovation: A Customer Value-oriented Social Process, in: Journal of Business Logistics, 26, 2005, 1, S. 113–147.

Fohrholz, C./Gronau, N. (2012), The Manufacturing Adaptability Scorecard – a tool to analyze the benefit of autonomous production processes, in: ElMaraghy, H.A. (Hrsg.), Enabling Manufacturing Competitiveness and Economic Sustainability – Proceedings of the 4th International Conference on Changeable, Agile, Reconfigurable and Virtual production (CARV2011), Heidelberg et al., S. 166–171.

Ford, D./Berthon, P. (2002), The business marketing course. Managing in complex networks. Chichester et al. 2002.

Forrester, J.W. (1958), Industrial Dynamics: A Major Breakthrough for Decision Makers, in: Harvard Business Review, 36, 1958, 4, S. 37–66.

Foster, S.T. (2008), Towards an understanding of supply chain quality management, in: Journal of Operations Management, 26, 2008, 4, S. 461–467.

Freiling, J. (1995), Die Abhängigkeit der Zulieferer. Ein strategisches Problem. Wiesbaden 1995.

Frese, E. (2000), Grundlagen der Organisation. Konzept – Prinzipien – Strukturen, 8. überarb. Aufl., Wiesbaden 2000.

Gälweiler, A. (1979), Strategische Geschäftseinheiten (SGE) und Aufbau-Organisation der Unternehmen, in: Zeitschrift für Organisation, 48, 1979, 5, S. 252–260.

Gälweiler, A. (1987), Strategische Unternehmensführung, Frankfurt am Main 1987.

Gammelgaard, B./Larson, P.D. (2001), Logistics skills and competencies for supply chain management, in: Journal of Business Logistics, 22, 2001, 2, S. 27–50.

Gardner, J.T./Cooper, M.C. (2003), Strategic supply chain mapping approaches, in: Journal of Business Logistics, 24, 2003, 2, S. 37–64.

Gareis, K. (2002), Das Konzept Industriepark aus dynamischer Sicht: Theoretische Fundierung – empirische Ergebnisse – Gestaltungsempfehlungen, Wiesbaden 2002.

Garvin, D.A. (1998), The processes of organization and management, in: Sloan Management Review, 39, 1998, 4, S. 33–50.

Gattermeyer W./Neubauer, R.M. (1996), Change Management zur Umsetzung von Strategien, in: Handlbauer, G. (Hrsg.), Das neue strategische Management, Wiesbaden 1996, S. 321–343.

Gattorna, J.L./Walters, D. W. (1996), Managing the Supply Chain – A Strategic Perspective, Houndmills 1996.

Geiger, I. (2007), Industrielle Verhandlungen, Wiesbaden 2007.

Geimer, H./Kühn, H./Salje, R. (2005), Komplexitätsmanagement: Basis für ein erfolgreiches Supply Chain Management, in: Supply Chain Management, 5, 2005, 3, S. 43–48.

Gemünden, H.G./Heydebreck, P. (1994), Geschäftsbeziehungen in Netzwerken: Instrumente der Stabilitätssicherung und Innovation, in: Kleinaltenkamp, M./Schubert, K.

(Hrsg.), Netzwerkansätze im Business-to-Business Marketing: Beschaffung, Absatz und Implementierung neuer Technologien, Wiesbaden 1994, S. 251–283.

Georgi, C./Darkow, I.L./Kotzab, H. (2010), The Intellectual Foundation of the Journal of Business Logistics and its Evolution between 1978 and 2007, in: Journal of Business Logistics, 31, 2010, 2, S. 63–109.

Gereffi, G./Humphrey, J./Sturgeon, T. (2005), The governance of global value chains, in: Review of International Political Economy, 12, 2005, 1, S. 78–106.

Ghoshal, S./Nohria, N. (1993), Horses for Courses: Organizational Forms for Multinational Corporations, in: Sloan Management Review, 34, 1993, 2, S. 23–35.

Ghosh, A./Fedorowicz, J. (2008), The role of trust in supply chain governance, in: Business Process Management Journal, 14, 2008, 4, S. 453–470.

Giannakis, M./Croom, S.R./Slack, N. (2004), Supply Chain Paradigms, in: New, S./Westbrook, R. (Hrsg.), Understanding Supply Chains – Concepts, Critiques, and Futures, New York 2004, S. 1–22.

Gierl, H. (2004), Welche Abnehmer verhalten sich gegenüber ihren Zulieferern opportunistisch?, in: Die Unternehmung, 58, 2004, 1, S. 27–51.

Gilbert, D.U. (2003), Vertrauen in strategischen Unternehmensnetzwerken. Ein strukturationstheoretischer Ansatz, Wiesbaden 2003.

Gilbert, X./Strebel, P. (1987), Strategies to outpace the competition, in: Journal of Business Strategy, 8, 1987, 1, S. 28–36.

Gladen, W. (2003), Kennzahlen- und Berichtssysteme – Grundlagen zum Performance Measurement, 2. Aufl., Wiesbaden 2003.

Gleich, R. (2001), Das System des Performance Measurement – Theoretisches Grundkonzept, Entwicklungs- und Anwendungsstand, München 2001.

Gleißner, H./Femerling, J.C. (2008), Logistik und Supply Chain Management: Grundlagen, Methoden, Anwendungen, Wiesbaden 2008.

Gomez, P./Wunderlin, G. (2000), Stakeholder Value-orientierte Unternehmensführung: Das Konzept des Performance Management, in: Hinterhuber, H.H./Friedrich, S.A./Al-Ani, A./Handlbauer, G. (Hrsg.), Das Neue Strategische Management, 2. Aufl., Wiesbaden 2000, S. 323–338.

Goold, M./Campbell, A./Alexander, M. (1994), Corporate-level strategy. Creating value in the multibusiness company, New York, NY 1994.

Göpfert, I. (2000), Logistik Führungskonzeption. Gegenstand, Aufgaben und Instrumente des Logistikmanagements und -controllings, München 2000.

Göpfert, I. (2002), Einführung, Abgrenzung und Weiterentwicklung des Supply Chain Managements, in: Busch, A./Dangelmaier, W. (Hrsg.), Integriertes Supply Chain Management: Theorie und Praxis effektiver unternehmensübergreifender Geschäftsprozesse, Wiesbaden 2002, S. 25–44.

Grant, D.B./Lambert, D./Stock, J.R./Ellram, L.M. (2006), Fundamentals of logistics management, European ed., Maidenhead 2006.

Grewal, R./Ravi, D. (2002), The role of institutional environment in marketing channels, in: Journal of Marketing, 66, 2002, 7, S. 82–97.

Grewe, A. (2000), Implementierung neuer Anreizsysteme. Grundlagen, Konzepte und Gestaltungsempfehlungen, München u. a. 2000.

Grochla, E. (1977), Der Weg zu einer umfassenden betriebswirtschaftlichen Beschaffungslehre, in: DBW, 37, 1977, 2, S. 181–191.

Grochla, E. (1978), Grundlagen der Materialwirtschaft: Das materialwirtschaftliche Optimum im Betrieb, 3. Aufl., Wiesbaden 1978.

Grochla, E./Kubicek, H. (1976), Zur Zweckmäßigkeit und Möglichkeit einer umfassenden betriebswirtschaftlichen Beschaffungslehre, in: ZfbF, 28, 1976, S. 257–275.

Grochla, E./Schönbohm, P. (1980), Beschaffung in der Unternehmung: Einführung in eine umfassende Beschaffungslehre, Stuttgart 1980.

Grossman, S.J./Hart, O.D. (1983), An Analysis of the Principal-Agent Problem, in: Econometrica, 51, 1983, 1, S. 7–45.

Grün, O. (2002), Beschaffung, Materialwirtschaft, Logistik: Von der institutionellen Abgrenzung zur prozessualen Verschmelzung, in: Gaugler, E./Köhler, R. (Hrsg.), Entwicklungen der Betriebswirtschaftslehre – 100 Jahre Fachdisziplin, Stuttgart, S. 435–457.

Grundmann, M. (2001), Supply Chain Management: Eine Schlüsselkompetenz im Wettbewerb, in: HMD Praxis der Wirtschaftsinformatik, 38, 2001, 219, S. 54–64.

Grüning, M. (2002), Performance-Measurement-Systeme: Messung und Steuerung von Unternehmensleistung, Wiesbaden 2002.

Guggemos, W.C. (2000), Strategische Führung: Ein Beitrag zu einer Neufassung vor dem Hintergrund einer evolutionären Organisationstheorie, Herrsching 2000.

Gulati, R./Nohria, N./Zaheer, A. (2000), Strategic networks, in: Strategic Management Journal, 21, 2000, 3, S. 203–215.

Gunasekaran, A./Patel, C./McGaughey, R.E. (2004), A framework for supply chain performance measurement, in: International Journal of Production Economics, 87, 2004, 3, S. 333–347.

Günther, T. (1994), zur Notwendigkeit des Wertsteigerungsmanagements, in: Höfner, K./ Pohl, A. (Hrsg.), Wertsteigerungs-Management, Frankfurt 1994, S. 13–58.

Günther, T. (1997), Unternehmenswertorientiertes Controlling, München 1997.

Gutenberg, E. (1983), Grundlagen der Betriebswirtschaftslehre, Band I: Die Produktion, 24. Aufl., Berlin u. a. 1983.

Hachmeister, D. (1997), Shareholder Value, in: Zeitschrift für betriebswirtschaftliche Forschung, 57, 1997, 6, S. 823–839.

Hagen, N./Springer, V./Stabenau, H. (2002), Gestaltungsfeld Prozessmanagement, in: Baumgarten, H./ Stabenau, H./Weber, J./ Zentes, J., Management integrierter logistischer Netzwerke, Bern et. al 2002, S. 9–104.

Hahn, D. (2000), Problemfelder des Supply Chain Management, in: Wildemann, H. (Hrsg.), Supply Chain Management, München 2000, S. 9–19.

Håkansson, H./Persson, G. (2004), Supply Chain Management: The Logic of Supply Chains and Networks, in: International Journal of Logistics Management, 15, 2004, 1, S. 11–26.

Halldórsson, A./Skjott-Larsen, T./Kotzab, H. (2003), Interorganizational Theories Behind Supply Chain Management: Discussion and Applications, in: Seuring, S./Müller, M./Goldbach, M. (Hrsg.), Strategy and Organization in Supply Chains, Heidelberg und New York 2003, S. 31–47.

Haller, A. (1997), Wertschöpfungsrechnung: Ein Instrument zur Steigerung der Aussagekräftigkeit von Unternehmenszusammenschlüssen im internationalen Kontext, Stuttgart 1997.

Hammann, P./Lohrberg, W. (1986), Beschaffungsmarketing: Eine Einführung, Stuttgart 1986.

Hamprecht, J./Corsten, D. (2007), Excellenz durch Nachhaltigkeit im Einkauf, in: Marxt, C./Hacklin, F. (Hrsg.), Business Excellence in technologieorientierten Unternehmen, Berlin, New York 2007, S. 81–96.

Handfield, R.B. (1993), A Resource Dependence Perspective of Just-in-Time Purchasing, in: Journal of Operations Management, 11, 1993, 3, S. 289–311.

Handfield, R./Ragatz, G./Peterson, K. (2003), A model of supplier integration into new product development, in: Journal of Product Innovation Management, 20, 2003, 4, S. 284–299.

Hansmann, K.-W. (2006), Industrielles Management, 8. Aufl., München, Wien 2006.

Happe, G. (2004), Vertriebssteuerung mit der Balanced Scorecard, in: Pufahl, M./Happe, G. (Hrsg.), Innovatives Vertriebsmanagement, Wiesbaden 2004, S. 100–114.

Harrison, A./van Hoek, R. (2008), Logistics Management and strategy, 3. Aufl., Harlow 2008.

Harting, D. (1994), Lieferanten-Wertanalyse: Ein Arbeitshandbuch mit Checklisten und Arbeitsblättern für Auswahl, Bewertung und Kontrolle von Zulieferern, 2. völlig überarb. und erw. Aufl., Stuttgart 1994.

Hartmann, R. (2002), Customer Relationship Management: Stand und Entwicklungsperspektiven, in: Möhlenbruch, D./Hartmann, M. (Hrsg.), Der Handel im Informationszeitalter, Wiesbaden 2002, S. 79–97.

Häusler, P. (2002), Integration der Logistik in Untemehmensnetzwerken – Entwicklung eines konzeptionellen Rahmens zur Analyse und Bewertung der Integrationswirkungen, Frankfurt a. M. 2002.

Hawranek, D. (2001), Der Druck ist enorm: Ford-Manager Wolfgang Reitzle über Quartalsergebnisse und seine Strategie für die Luxusmarken Jaguar, Volvo, Land Rover, Aston Martin und Lincoln, in: Der Spiegel, 2001, 34, S. 102–104.

Hecker, M.H. (2005), Organisatorische Gestaltung des Informations- und Kommuniaktionsprozesses der Demand Creation in der Automobilzulieferindustrie: Eine empirische Analyse, München 2005.

Heidtmann, V. (2007), Organisation von Supply Chain Management: Theoretische Konzeption und empirische Untersuchung in der deutschen Automobilindustrie, Wiesbaden 2007.

Heidtmann, V. (2008), Organisation von Supply Chain Management, Wiesbaden 2008.

Heikkilä, J. (2002), From Supply to Demand Chain Management: Efficiency and Customer Satisfaction, in: Journal of Operations Management, 20, 2002, 6, S. 747–767.

Heinzel, H. (2001), Supply Chain Management und SCOR-Modell – Ein Methodenframework für wettbewerbsfähige Netzwerke, in: Arnold, U./Mayer, R./Urban, G. (Hrsg.), Supply Chain Management, Bonn 2001, S. 49–68.

Heistermann, F. (2012), Supply Chain Management auf Knopfdruck – Innovation in der Logistik IT, in: Stölzle, W./Lieb, T. (Hrsg.), Business Innovation in der Logistik. Berlin, Heidelberg [in Druck].

Henn, H. (1999), Customer-Value-Implementierung: Ansätze und Praxisbeispiele zur wertorientierten Unternehmensführung, Wiesbaden 1999.

Hermanns, A./Kiendl, S./Overloop, P.C. van (2007), Marketing: Grundlagen und Managementprozess, München 2007.

Hertz, S. (2001), Dynamics of alliances in highly integrated supply chain networks, in: International Journal of Logistics: Research and Application, 4, 2001, 2, S. 237–256.

Hertz, S./Alfredsson, M. (2003). Strategic development of third party logistics providers. Industrial Marketing Management, 32, 2002, 2, S. 139–149.

Heß, G. (2008), Supply-Strategien in Einkauf und Beschaffung. Systematischer Ansatz und Praxisfälle, Wiesbaden 2008.

Heuermann, C. (2002), Internationalisierung und Logistikstrategie: Wettbewerbsstrategische Implikationen für die Gestaltung internationaler Logistiksysteme. Arbeitsbericht Nr. 104 des Seminars für Allgemeine Betriebswirtschaftslehre, Betriebswirtschaftliche Planung und Logistik, Universität zu Köln, Köln 2002.

Heusler, K.F. (2004), Implementierung von Supply-chain-Management. Kompetenzorientierte Analyse aus der Perspektive eines Netzwerkakteurs, Wiesbaden 2004.

Hieber, R. (2002), Supply chain management – A collaborative performance measurement appproach, Zürich 2002.

Hilb, M. (2006), Integriertes Personal-Management. Ziele, Strategien, Instrumente, 15. Aufl., Neuwied 2006.

Hill, C.W. (1990), Cooperation, Opportunism, and the Invisible Hand: Implications for Transaction Cost Theory, in: Academy of Management Review, 15, 1990, 3, S. 500–513.

Hilmola, O.-P./Hejazi, A./Ojala, L. (2005), Supply chain management research using case studies: a literature analysis, in: International Journal of Integrated Supply Management, 1, 2005, 3, S. 295–303.

Hinterhuber, H.H. (1989), Strategisches Handeln. Direktiven, Organisation, Umsetzung, Unternehmenskultur, strategische Führungskompetenz, 4. Aufl., Berlin 1989.

Hippner, H./Martin, S./Wilde, K.D. (2001), Customer Relationship Management, in: WiSt, 30, 2001, 8, S. 417–422.

Hirschmann, P. (1998), Kooperative Gestaltung unternehmensübergreifender Geschäftsprozesse, Wiesbaden 1998.

Hoek van, R.I./Vos, B./Commandeur, H.R. (1999), Restructuring European Supply Chains by Implementing Postponement Strategies, in: Long Range Planning, 32, 1999, 5, S. 505–518.

Hoek van, R.I. (1998), Logistics and Virtual Integration, in: International Journal of Physical Distribution & Logistics Management, 28, 1998, 7, S. 508–523.

Hoek van, R.I. (1999), Postponement and the Reconfiguration Challenge for Food Supply Chains, in: Supply Chain Management, 4, 1999, 1, S. 18–34.

Hoek van, R.I. (2000), Role of the Third Party Logistic Services in Customization through Postponement, in: International Journal of Service Industry Management, 11, 2000, 4, S. 374–387.

Hofer, F. (2009), Management der Filiallogistik im Lebensmitteleinzelhandel: Gestaltungsempfehlungen zur Vermeidung von Out-of-Stocks, Wiesbaden 2009.

Hofer, C.W./Schendel, D. (1982), Strategy formulation. Analytical concepts, St. Paul 1982.

Hoffjan, A./Kruse, A. (2006), Open book accounting in supply chains. When and how it is used in practice?, in: Cost Management, 20, 2006, 1, S. 94–95.

Hoffjan, A./Lührs, S. (2010), Offenlegung von Kosteninformationen in der Supply Chain. Wie es die Lieferanten sehen, in: Controlling & Management, 54, 2010, 4, S. 246–250.

Hoffman, J.M./Mehra, S. (2000), Efficient Consumer Response as a Supply Chain Strategy for Grocery Businesses, in: International Journal of Service Industry Management, 11, 2000, 4, S. 365–373.

Hofmann, E. (2004), Strategisches Synergie- und Dyssynergiemanagement, Lohmar 2011.

Hofmann, E. (2006), Entkopplung von Supply Chains: Konzeptionelle Anregungen zum lebenszyklusgerechten Verständnis von Wertschöpfungsnetzwerken, in: Logistik Management, 8, 2006, 1, S. 10–27.

Hofmann, E. (2007), The flow of financial resources: An inevitable part of supply chain design activities, in: Delfmann, W./ Klaas-Wissing, T. (Hrsg.), Strategic Supply Chain Design. Theory, Concepts and Applications, Köln 2007, S. 173–201.

Hofmann, E. (2010), Linking corporate strategy and supply chain management, in: International Journal of Physical Distribution & Logistics Management, 40, 2010, 4, S. 256–276.

Hofmann, C./Hofmann, E./Pfeiffer, T. (2008), Kontrollrechte und Anreize in Supply Chains, in: ZfbF, Sonderheft 59, 2008, S. 1–29.

Hofman, D./Barrett, J. (2010), Benchmarking your supply chain, in: Journal of Commerce, 37, 2010, 11, S. 30A–33A.

Hofstede, G.H. (2001), Culture's Consequences: Comparing Values, Behaviors, Institutions and Organizations Across Nations, 2. Aufl., Thousand Oaks 2001.

Holmström, B./Milgrom, P. (1991), Multi-task Principal-agent Problems, Incentive Contracts, Asset Ownership and Job Design, in: Journal of Law, Economics and Organization, 7, 1991, Special Issue, S. 24–52.

Holweg, M./Pil, F.K. (2008), Theoretical perspectives on the coordination of supply chains, in: Journal of Operations Management, 26, 2008, 3, S. 389–406.

Homburg, C./Schäfer, H. (2011), Zielvereinbarungen – Die Balanced Scorecard im Vertrieb, in: Homburg, C./Schäfer, H./Schneider, J. (Hrsg.), Sales Excellence, Vertriebsmanagement mit System, 6. Aufl., Wiesbaden 2011, S. 148–154.

Homburg, C./Werner, H. (1998), Kundenorientierung mit System: mit Customer-Orientation-Management zu profitablem Wachstum, Frankfurt 1998.

Horváth, P. (1999), Controlling & Finance: Aufgaben, Kompetenzen und Tools effektiv koordinieren, Stuttgart 1999.

Horváth, P. (2003), Controlling, 9. Aufl., München 2003.

Höschler, R. (1997), Investitionsentscheidungen aus Sicht des Shareholder-Value-Konzeptes, in: Technologie & Management, 46, 1997, 2, S. 20–23.

Hou, W.C./Sheang, L.K./Hidajat, B.W. (1991), Sun Tzu: War and Management, New York 1991.

Houghton, T./Markham, B./Tevelson, B. (2002), Thinking Strategically about Supply Management, in: Supply Chain Management Review, 6, 2002, 5, S. 32–38.

Huang, S.H./Sheoran, S.K./Keskar, H. (2005), Computer-assisted supply chain configuration based on supply chain operations reference (SCOR) model, in: Computers & Industrial Engineering, 48, 2005, 2, S. 377–394.

Huemer, L. (2004), Balancing between stability and variety: Identity and trust trade-offs in networks, in: Industrial Marketing Management, 33, 2004, 3, S. 251–259.

Huff, A.S./Reger, R.K. (1987), A review of strategic process research, in: Journal of Management, 13, 1987, 2, S. 211–236.

Hungenberg, H. (2011), Strategisches Management in Unternehmen. Ziele, Prozesse, Verfahren, 6. Aufl., Wiesbaden 2011

Hungenberg, H/Wulf, T. (2006), Grundlagen der Unternehmensführung, 2. Aufl., Berlin und Heidelberg 2006.

Ihde, G.B. (1988), Die relative Betriebstiefe als strategischer Erfolgsfaktor, in: Zeitschrift für Betriebswirtschaft, 58, 1988, 1, S. 12–23.

Ihde, G.B. (2001), Transport, Verkehr, Logistik – Gesamtwirtschaftliche Aspekte und einzelwirtschaftliche Handhabung, 3. Aufl., München 2001.

Jansen, R./Reising, A. (2001), E-Demand Chain Management als kundenorientierte „re-altime" Prozeßsteuerung, in: Controlling, 13, 2001, 4/5, S. 197–202.

Jehle, M. (2005), Wertorientiertes Supply Chain Management und Supply Chain Controlling: Modelle, Konzeption und Umsetzung, 2005.

John, G. (1984), An Empirical Investigation of Some Antecedents of Opportunism in a Marketing Channel, in: Journal of Marketing Research, 21, 1984, August, S. 278–289.

Jost, P.-J. (1999), Strategisches Konfliktmanagement in Organisationen. Eine spieltheoretische Einführung, 2. Aufl., Wiesbaden 1999.

Kajüter, P./Kulmala, H.I. (2005), Open-book accounting in networks. Potential achievements and reasons for failures, in: Management Accounting Research, 16, 2005, 2, S. 179–204.

Kaluza, B./Blecker, T. (1999), Dynamische Produktdifferenzierungsstrategie und Produktionsnetzwerke, in: Nagel, K./Erben, R.F./Piller, F.T. (Hrsg.), Produktionswirtschaft 2000: Perspektiven für die Fabrik der Zukunft, Wiesbaden 1999, S. 261–280.

Kaluza, B./Blecker, T. (2000), Supply Chain Management und Unternehmen ohne Grenzen: Zur Verknüpfung zweier interorganisationaler Konzepte, in: Wildemann H. (Hrsg.), Supply Chain Management, München 2000, S. 117–152.

Kaluza, B./Dilling, H./Malle, F. (2003), Principal-Agent-Probleme in der Supply Chain – Problemanalyse und Diskussion von Lösungsvorschlägen. Diskussionsbeitrag Nr. 3 des Instituts für Wirtschaftswissenschaften. Universität Klagenfurt, Klagenfurt 2003.

Kaplan, R.S./Norton, D.P. (1998), Balanced Scorecard. Strategien erfolgreich umsetzen, Stuttgart 1998.

Kaplinsky, R./Bessant, J./Lamming, R. (2003), Putting supply chain learning into practice, in: International Journal of Production Management, 23, 2003, 2, S. 167–184.

Kapoor, V./Gupta, A. (1997), Aggresive Sourcing: A Free-Market Approach, in: Sloan Management Review, 39, 1997, 1, S. 21–31.

Kappelhoff, P. (2000), Der Netzwerkansatz als konzeptueller Rahmen für eine Theorie interorganisationaler Netzwerke, in: Sydow, J./Windeler, A. (Hrsg.), Steuerung von Netzwerken, Konzepte und Praktiken, Opladen, 2000, S. 25–57.

Karrer, M. (2006), Supply Chain Performance Management. Entwicklung und Ausgestaltung einer unternehmensübergreifenden Steuerungskonzeption, Wiesbaden 2006.

Karrer, M./Placzek, T./Stölzle, W. (2004), Einsatz strategieorientierter Steuerungsinstrumente in der Logistik. Die Logistik-BSC am Beispiel großer Handelsunternehmen, in: Controlling, 16, 2004, 8/9, S. 503–510.

Kasouf, C.J./Celuch, K.G. (1997), Interfirm Relationships in the Supply Chain: The Small Supplier's View, in: Industrial Marketing Management, 26, 1997, 6, S. 475–486.

Kaufmann, L. (2004), X-BSC-measuring the performance of truly strategic supplier relationships, in: Praticx CAPS, 7, 2004, 1, S. 1–5.

Kaufmann, L./Germer, T. (2001), Controlling internationaler Supply Chains: Positionierung – Instrumente – Perspektiven, in: Arnold, U./Mayer, R./Urban, G. (Hrsg.), Supply Chain Management, Bonn 2001, S. 177–192.

Keebler, J.S. (2001), Measuring performance in the supply chain, in: Mentzer, J.T. (Hrsg.), Supply Chain Management, Thousand Oaks 2001, S. 321–345.

Kidd, J.B./Richter, F.-J/Stumm, M. (2003), Learning and trust in supply chain management: Disintermediation, ethics and cultural pressures in brief dynamic alliances, in: International Journal of Logistics Research and Applications, 6, 2003, 4, S. 259–276.

Kieser, A. (1996), Moden & Mythen des Organisierens, in: DBW, 56, 1996, 1, S. 21–39.

Kilger, C./Reuter, B./Stadler, H. (2007), Collaborative Planning, in: Stadler, H./Kilger, C. (Hrsg.), Supply Chain Management and Advanced Planning. Concepts, Models, Software and Case Studies, 4. Aufl., Berlin u. a. 2007, S. 263–283.

Kinder, T. (2003), Go with the Flow – A Conceptual Framework for Supply Relations in the Era of the Extended Enterprise, in: Research Policy 32, 2003, 3, 503–523.

Kinkel, S. (2009), Erfolgsfaktor Standortplanung: In- und ausländische Standorte richtig bewerten, Berlin, Heidelberg 2009.

Kirsch, W. (1990), Planung – Kapitel einer Einführung, in: Kirsch, W./Maaßen, H. (Hrsg.), Managementsysteme. Planung und Kontrolle, 2. Aufl., München 1990, S. 23–125.

Kirst, P. (2008), Supplier switching management: An empirical analysis of supplier switching activities in an industrial context. Göttingen 2008.

Klanke, B. (1995), Kooperation als Instrument der strategischen Unternehmensführung. Osnabrück 1995.

Klaus, P. (1999), Bürgernähe als logistisches Problem, in: Bräunig, D./Greiling, D. (Hrsg.), Stand und Perspektiven der Öffentlichen Betriebswirtschaftslehre, Berlin 1999, S. 408–418.

Klaus, P. (1999), Die organisatorische Integration von Versorgungsketten: Best Practices für die Organisation des Supply Chain Managements in früheren US-amerikanischen Unternehmen, in: Pfohl, H.-C. (Hrsg.), Logistikforschung: Entwicklungszüge und Gestaltungsperspektiven, Berlin 1999, S. 109–138.

Klaus, P. (2002), Trends in der Logistik, Stuttgart 2002.

Kleinaltenkamp, M. (1992), Investitionsgüter-Marketing aus informationsökonomischer Sicht, in: ZfbF, 44, 1992, 9, S. 809–829.

Kleinaltenkamp, M. (1994), Typologien von Business-to-Business-Transaktionen: Kritische Würdigung und Weiterentwicklung, in: Marketing ZFP, 16, 1994, 2, S. 77–88.

Kleinaltenkamp, M. (1997), Integrativität als Kern einer umfassenden Leistungslehre, in: Backhaus, K. et al. (Hrsg.), Marktleistung und Wettbewerb, Wiesbaden 1997, S. 83–114.

Klien, W. (1999), Shareholder value. Ein Handbuch für Manager und Investoren, 2. vollst. überarb. und aktual. Aufl., Stuttgart 1999.

Knorren, N./Weber, J. (1998), Wertorientierte Gestaltung der Unternehmensführung, Wiesbaden 1998.

Koch, F.-K. (1987), Verhandlungen bei der Vermarktung von Investitionsgütern, Darmstadt 1987.

Koch, W.J. (2006), Zur Wertschöpfungstiefe von Unternehmen: Die strategische Logik der Integration, Wiesbaden 2006.

Kohtamäki, M./Vesalainen, J./Varamäki, E.Vuorinen T. (2006), The governance of a strategic network: supplier actors' experiences in the governance by the customer, in: Management Decision, 44, 2006, 8, S. 1031–1051.

Kolks, U. (1990), Strategieimplementierung: Ein anwenderorientiertes Konzept, Wiesbaden 1990.

Kopczak, L.R./Johnson, E.R. (2003), The supply chain management effect, in: MIT Sloan Management Review, 44, 2003, 3, 27–34.

Kopfer, H. v./Bierwirth, C. (Hrsg., 1999), Logistikmanagement, intelligente I+K Technologien, Berlin 1999.

Kortzfleisch, H.F.O. von (1999), Virtuelle Unternehmen, in: DBW, 59, 1999, 5, S. 664–685.

Kotler, P. (1999), Grundlagen des Marketing, 2. Aufl., München et al. 1999.

Kotzab, H.W. (2000), Zum Wesen von Supply Chain Management vor dem Hintergrund der betriebswirtschaftlichen Logistikkonzeption: Erweiterte Überlegungen, in: Wildemann, H. (Hrsg.), Supply Chain Management, München 2000, S. 21–47.

Kotzab, H.W./Schnedlitz, P. (1999), The Integration of Retailing to the General Concept of Supply Chain Management, in: Journal für Betriebswirtschaft, 50, 1999, 4, S. 140–153.

Kraljic, P. (1983), Purchasing must become supply management, in: Harvard Business Review, 61, 1983, 5, S. 109–117.

Kreikebaum, H. (1997), Strategische Unternehmensplanung, 6. Aufl., Stuttgart 1997.

Krüger, W. (1994), Umsetzung neuer Organisationsstrategien: Das Implementierungsproblem, in: ZfbF, 33, 1994, Sonderheft, S. 197–221.

Krüger, W. (1999), Implementierung als Kernaufgabe des Wandlungsmanagements, in: Hahn, D./Taylor, B. (Hrsg.), Strategische Unternehmensplanung, 8. Aufl., Heidelberg 1999, S. 863–891.

Krüger, W./Homp, C. (1997), Kernkompetenz-Management: Steigerung von Flexibilität und Schlagkraft im Wettbewerb, Wiesbaden 1997.

Krupp, M. (2005), Kooperatives Verhalten auf der sozialen Ebene einer Supply Chain, Lohmar 2005.

Krystek, U. (1999), Beschaffung und Vertrauen, in: Hahn D./Kaufmann, L. (Hrsg.), Handbuch industrielles Beschaffungsmanagement, Wiesbaden 1999, S. 827–828.

Kubicek, H./Klein, S. (1994), Optionen und Realisierungschance der Kooperationen bei branchenübergreifenden Wertkartensystemen, in: Sydow, J./Windeler, A. (Hrsg.), Management interorganisationaler Beziehungen – Vertrauen, Kontrolle und Informationstechnik, Opladen 1994, S. 93–114.

Kudla, N. (2010). Nachhaltigkeitsmanagement. In Stölzle, W./Fagagnini, H.P. (Hrsg.), Lehrbuch Güterverkehr kompakt. München, S. 230–242.

Kuhn, T. (1988), Die Struktur wissenschaftlicher Revolutionen, 9. Aufl., Frankfurt am Main 1988.

Kuhn, A./Hellingrath, H. (2002), Supply Chain Management: Optimierte Zusammenarbeit in der Wertschöpfungskette, Berlin et al. 2002.

LaLonde, B.J./Pohlen, T.L. (1996), Issues in supply chain costing, in: The International Journal of Logistics Management, 7, 1996, 1, S. 1–12.

Lambert, D.L./Burduroglu, R. (2000), Measuring and selling the value of logistics, in: International Journal of Logistics Management, 11, 2000, 1, S. 1–17.

Lambert, D.M./Cooper, M.C. (2000), Issues in Supply Chain Management, in: Industrial Marketing Management, 29, 2000, 1, S. 65–83.

Lambert, D.M./Pohlen, T.L (2001), Supply Chain Metrics, in: International Journal of Logistics Management, 12, 2001, 1, S. 1–19.

Lamming, R. (2005), Supplier Relationship Management, in: Eßig, M. (Hrsg.), Perspektiven des Supply Management: Konzepte und Anwendungen, Berlin 2005, S. 81–94.

Lamming, R./Caldwell, N./Phillips, W. (2004), Supply Chain Transparency, in: New, S./Westbrook, R. (Hrsg.), Understanding Supply Chains: Concepts, Critiques, and Futures, New York 2004, S. 191–208.

Lancioni, R.A. (2000), New Developments in Supply Chain Management for the Millenium, in: Industrial Marketing Management, 29, 2000, 1, S. 1–6.

Lapide, L. (2000), What about measuring supply chain performance?, in: Woods, J.A./Marien, E.J. (Hrsg.), Supply Chain Yearbook 2001, New York 2000, S. 373–393.

Large, R. (2005), Interpersonelle Kommunikation und erfolgreiches Lieferantenmanagement. Analyse des externen Kommunikationsverhaltens von Beschaffungsmanagern auf Basis eines Strukturgleichungsmodells, in: ZfB, 76, 2005, 10, S. 1005–1034.

Large, R. (2009), Strategisches Beschaffungsmanagement: Eine praxisorientierte Einführung mit Fallstudien, 5. Aufl., Wiesbaden 2009.

Larsson, R./Bengtsson, L./Henriksson, K./Sparks, P. (1999), Barriers to interorganizational learning: Developing collective knowledge across corporate boundaries, in: Garud, J.R./Porac, J. (Hrsg.), Advances in Managerial Cognition and Organizational Information Processing – Cognition, Knowledge, and Organization (Band 6), Stamford 1999, S. 115–148.

Larson, P. D./Halldorsson, A. (2002), What is SCM? And, Where Is It?, in: Journal of Supply Chain Management, 38, 2002, 4, S. 36–43.

Laseter, T. (1998), Balanced Sourcing – Cooperation and Competition in Supplier Relationships, San Francisco 1998.

Lechner, C./Müller-Stewens, G. (1999), Strategische Prozessforschung: Zentrale Fragestellungen und Entwicklungstendenzen. Arbeitspapier 33, Institut für Betriebswirtschaftslehre an der Universität St. Gallen, St. Gallen 1999.

Leenders, M. R./Fearon, H. E./Flynn, A. E./ Johnson, P. F. (2002), Purchasing and Supply Management, 13. Aufl., Boston et al. 2002.

Leonidou, L.C. (2004), Industrial Manufacturer – Customer Relationships: The Discriminating Role of the Buying Situation, in: Industrial Marketing Management, 33, 2004, 3, S. 731–742.

Lewicki, R.J./McAllister, D.J./Bies, R.J. (1998), Trust and Distrust: New Relationships and Realities, in: Academy of Management Review, 23, 1998, 3, S. 438–458.

Liberatore, M.J./Miller, T. (1998), A framework for integrating activity-based costing and the balanced scorecard into the logistics strategy development and and monitoring process, in: Tan Miller Journal of Business Logistics, 19, 1998, 2, S. 131.

Liebig, O. (1997), Unternehmensführung aus der Perspektive der neueren Systemtheorie – Beobachtungen der Führungspraxis und ihre Implikationen für eine Theorie der Führung, München 1997.

Link, J. (1985), Organisation der strategischen Planung, Wien 1985.

Lockamy, A. (2004), Linking manufacturing and supply chain strategies: a conceptual framework, in: International journal of manufacturing technology and management, 6, 2004, 5, S. 401–425.

Lockamy, A./Beal, R.M./Smith, W. (2000), Supply chain excellence for accelerated improvement, in: Interfaces, 30, 2000, 4, S. 22–31.

Lockamy, A./McCormack, K. (2004), Linking SCOR planning practices to supply chain performance: An exploratory study, in: International Journal of Operations & Production Management, 24, 2004, 12, S. 1192–1218.

Lockamy, A./Smith, W.I. (2000), Target Costing for supply chain management: criteria and selection, in: Industrial Management and Data Systems, 100, 2000, 5, S. 210–218.

Luczak, H./Eversheim, W. (1999). Produktionsplanung und -steuerung – Grundlagen, Gestaltung und Konzepte. Berlin 1999.

Lüthje, B./Schumm, W./Sproll, M. (2002), Contract Manufacturing: Transnationale Produktion und Industriearbeit in der IT-Branche, Frankfurt 2002.

Lührs, S. (2010), Kostentransparenz in der Supply Chain. Der Einsatz von Open Book Accounting in Zulieferer-Abnehmer-Beziehungen, Wiesbaden 2010.

Macbeth, D. (1996), Partnering in Internationally Competitive Supply Chains: Principles and Operational Management, in: Berndt, R. (Hrsg.), Global Management, Berlin 1996, S. 245–261.

Macharzina, K./Oesterle, M.-J. (2002), Handbuch Internationales Management. Grundlagen, Instrumente, Perspektiven – Handbuch Internationales Management. Grundlagen, Instrumente, Perspektiven. 2. Aufl., Wiesbaden 2002.

Mahoney, J.T. (1992), The choice of organizational form: vertical financial ownership versus other methods of vertical integration, in: Strategic Management Journal, 13, 1992, 8, S. 559–584.

Malone, T.W./Crowston, K./Sloan School of Management. Center for Coordination Science (1991), Towards an interdisciplinary theory of coordination, Cambridge 1991.

Männel, W. (1981), Die Wahl zwischen Eigenfertigung und Fremdbezug, 2. Aufl., Stuttgart 1981.

Marbacher, A. (2001), Demand & Supply Chain Management, Bern et al. 2001.

Marr, R./Kötting, M. (1992), Implementierung, organisatorische. In: Frese, E. (Hrsg.): Handbuch der Organisation, Sp. 827–841, Stuttgart 1992.

Martin, J.H./Grbac, B. (2003), Using Supply Chain Management to Leverage a Firm's Market Orientation, in: Industrial Marketing Management, 32, 2003, 1, S. 25–38.

Mason-Jones, R./Naylor, B./Towill, D.R. (2000), Lean, agile or leagile? Matching your supply chain to the marketplace, in: International Journal of Production Research, 38, 2000, 17, S. 4061–4070.

Mason-Jones, R./Towill, D.R. (1999), Using the Information Decoupling Point to Improve Supply Chain Performance, in: International Journal of Logistics Management, 10, 1999, 2, S. 13–26.

Matthyssens, P./Bulte van den, C. (1994), Getting Closer and Nicer: Partnerships in the Supply Chain, in: Long Range Planning, 27, 1994, 1, S. 72–83.

Mayer, A.G. (2000), Strategische Untemehmensnetzwerke und Marketing, Regensburg 2000.

McKnight, D.H./Cummings, L.L./Chervany, N.L. (1998), Initial Trust Formation in New Organizational Relationships, in: Academy of Management Review, 23, 1998, 3, S. 473–490.

McIvor, R. (2000), A practical framework for understanding the outsourcing process, in: Supply Chain Management: An International Journal, 5, 2000, 1, S. 22–36.

McIvor, R. (2001), Lean supply: the design and cost reduction dimensions, in: European Journal of Purchasing and Supply Management, 7, 2001, 4, S. 227–242.

McIvor, R./Humphreys, P.K. (1997), A strategic model for the formulation of an effective make or buy decision, in: Management Decision, 35, 1997, 2, S. 169–178.

Mejza, M.C./Wisner, J.D. (2001), The Scope and Span of Supply Chain Management, in: International Journal of Logistics Management, 12, 2001, 2, S. 37–55.

Mentzer, J.T./DeWitt, W./Keebler, J.S./Min, S./Nix, N.W./Smith, C.D./Zacharia, Z.G. (2001a), What is Supply Chain Management?, in: Mentzer, J.T. (Hrsg.), Supply Chain Management, Thousand Oaks 2001, S. 1–26.

Meyer, M./Kern, E./Diehl, H.-J. (1998), Geschäftstypologien im Investitionsgütermarketing: Ein Integrationsversuch, in: Büschken, J./Meyer, M./Weiber, R. (Hrsg.), Entwicklungen des Investitionsgütermarketing. Wiesbaden 1998, S. 117–175.

Meyer, T. (2006), Globale Standortwahl – Einflussfaktoren, in: Abele, E./Kluge, J./Näher, U. (Hrsg.), Handbuch Globale Produktion, München 2006, S. 36–101.

Meyer, T. (2008), Selection Criteria: Assessing the Relevant Trends and Indicators, in: Abele, E./Meyer, T./Näher, U./Strube, G./Sykes, R. (Hrsg.), Global Production. A Handbook for Strategy and Implementation, Berlin, Heidelberg 2008, S. 34–101.

Meyer, T./Jacob, F. (2006), Gestaltung globaler Produktionsnetzwerke, in: Abele, H./Kluge, J./Näher, U. (Hrsg.), Handbuch Globale Produktion, München 2006, S. 144–198.

Meyr, H. (2003), Die Bedeutung von Entkopplungspunkten für die operative Planung von Supply Chain, in: ZfB, 73, 2003, 9, S. 941–962.

Meyr, H./Wagner, M./Rohde, J. (2007), Structure of advanced planning systems, in: Stadtler, H./Kilger, C. (Hrsg.), Supply chain management and advanced, 4. Aufl., Berlin u. a. 2007, S. 109–115.

Mildenberger, U. (2001), Systemische Kompetenzen und deren Einfluss auf das Kompetenzentwicklungspotenzial in Produktionsnetzwerken, in: ZfbF, 53, 2001, 11, S. 705–722.

Milgrom, P./Roberts, J. (1992), Economics, Organization and Management, Upper Saddle River, New Jersey 1992.

Mills, J.F./Camek, V. (2004), The risks, threats and opportunities of disintermediation: A distributor's view, in: International Journal of Physical Distribution & Logistics Management, 34, 2004, 9, S. 714–727.

Min, H./Zhou, G. (2002), Supply chain modeling: past, present and future, in: Computers & Industrial Engineering, 43, 2002, 1–2, S. 231–249.

Mintzberg, H./Quinn, B.J./Ghoshal, S. (1995), The strategy process, Prentice-Hall 1995.

Möller, K. (2006), Unternehmensnetzwerke und Erfolg – Eine empirische Analyse von Einfluss und Erfolg, in: ZfbF, 58, 2006, 8, S. 1051–1076.

Möller, K. (2006), Wertschöpfung in Netzwerken, München 2006.

Möllering, G. (2003), A Typology of Supplier Relations: From Determinism to Pluralism in Inter-Firm Empirical Research, in: Journal of Purchasing & Supply Management, 9, 2003, 1, S. 31–41.

Moranz, C. (2004), Vertrauen bilden auf Community-Plattformen: Evaluation der Unternehmer-TUM-Community: Ergebnisse einer Online-Befragung im Rahmen des Projekts „Telekooperation in Beziehungsnetzwerken für informationsbezogene Dienstleistungen (TiBiD)", 2004.

Morschett, D./Schramm-Klein, H. (2004), Contract Manufacturer als Outsourcing-Partner international tätiger Industrieunternehmen – Flextronics International Ltd., in: Zentes, J./ Swoboda, B. (Hrsg., 2004), Fallstudien zum Internationalen Management – Grundlagen – Praxiserfahrungen – Perspektiven, 2. Aufl., Wiesbaden 2004, S. 279–294.

Moxter, A. (1983), Grundsätze ordnungsmäßiger Unternehmensbewertung, 2. Aufl., Wiesbaden 1983.

Müller, J. (1996), Diversifikation und Reputation: Transferprozesse und Wettbewerbswirkungen, Wiesbaden 1996.

Müller, P. (2011), Kernkompetenzen und ihr Beitrag zur ressourcenorientierten Unternehmensführung, München 2011.

Müller-Stewens, G./Lechner, C. (2011), Strategisches Management. Wie strategische Initiativen zum Wandel führen, 4. Aufl., Stuttgart 2011.

Naim, M./Disney, S./Towill, D. (2004), Supply Chain Dynamics, in: New, S./Westbrook, R. (Hrsg.), Understanding Supply Chains: Concepts, Critiques, and Futures, New York 2004, S. 109–132.

Nalebuff, B./Brandenburger, A. (1996), Coopetition – kooperativ konkurrieren, Frankfurt, New York 1996.

Narayanan, V.G./Raman, A. (2005), Teile und gewinne, in: Harvard Businessmanager, 26, 2005, 9, S. 38–49.

Neale, M.A./Northcraft, G.B. (1991), Behavioral negotiation theory: A framework for dyadic bargaining, in: Research in Organizational Behavior, 1991, 13, S. 147–190.

Neidhart, M./Morschett, D./Biesiada, H. (2004), Supply chain Performance Measurement im Handel, in: Supply Chain Management, 4, 2004, 1, S. 13–19.

Nelson, P. (1970), Information and Consumer Behavior, in: Journal of Production Economics, 78, 1970, 2, S. 311–329.

Niebuer, A. (1996), Qualitätsmanagement für Logistikunternehmen, Wiesbaden 1996.

Nirja, R./Gupta, M./Narasimhan, C. (2001), Customer Profitability in a Supply Chain, in: Journal of Marketing, 65, 2001, 3, S. 1–16.

Nissen, V./Bothe, M. (2002). Fourth Party Logistics – ein Überblick. Logistik Management, 4, 2002, 1, S. 16–26.

Nix, N.W. (2001), Purchasing in a Supply Chain Context, in: Mentzer, J.T. (Hrsg.), Supply Chain Management, Thousand Oaks, 2001, S. 205–235.

Nollet, J./Ponce, S./Campbell, M. (2005), About „strategy" and „strategies" in supply management, in: Journal of Purchasing & Supply Management, 11, 2005, 2–3, S. 129–140.

Norris, D.G./McNeilly, K.M. (1995), The Impact of Environmental Unvertainty and Assect Specificity on the Degree of Buyer-Supplier Commitment, in: Journal of Business-to-Business Marketing, 2, 1995, 2, S. 59–85.

North, D. (1990), A Transaction Cost Theory of Politics, in: Journal of Theoretical Politics, 2, 1990, 4, S. 355–367.

Novak, S./Eppinger, S.D. (2001), Sourcing by design: Product complexity and the supply chain, in: Management Science, 47, 2001, 1, S. 189–204.

o.V. (2004), Reboosting Toshiba (2004), in: Business Week, 31.05.2004, S. 32–33.

o.V. (2006), Was „Plattformstrategie" bei Autos bedeutet. Keine Gleichmacherei, in: Handelsblatt, 10.03.2006.

Olhager, J. (2002). Supply chain management: a just-in-time perspective. Production Planning and Control, 13, 2002, 8, S. 681–687.

Olhager, J./Selldin, E./Wikner, J. (2006), Decoupling the value chain, in: International Journal of Value Chain Management, 1, 2006, 1, S. 19–32.

Ojasalo, J. (2004), Key network management, in: Industrial Marketing Management, 33, 2004, 3, S. 195–205.

Okamuro, H. (1992), Zuliefer-Abnehmer-Netzwerk. Entwicklung des Abhängigkeitsverhältnisses im Zuliefer-Abnehmer-Netzwerk mit besonderer Berücksichtigung der Auswirkungen der neuen Kommunikationstechnologie in der deutschen Automobilbranche, Eigendruck 1992.

Oliver, R.K./Webber, M.D. (1982), Supply-Chain Management: Logistics Catches up with Strategy, in: Christopher, M. (Hrsg.), Logistics: The Strategic Issues, London et al. 1982, S. 63–75.

Österle, H./Fleisch, E./Alt, R. (2000), Business Networking: Shaping Enterprise Relationships on the Internet, Berlin et al. 2000.

Ostertag, R. (2008), Supply-Chain-Koordination im Auslauf in der Automobilindustrie – Koordinationsmodell auf Basis von Fortschrittszahlen zur dezentralen Planung bei zentraler Informationsbereitstellung, Wiesbaden 2008.

Otto, A. (2002), Kein Thema für die Supply Chain? – Das Management und Controlling institutionaler Vernetzung, Wiesbaden 2002.

Otto, A. (2002), Management und Controlling von Supply Chains, Wiesbaden 2002.

Otto, A./Kotzab, H. (2001), Der Beitrag des Supply Chain Management zum Management von Supply Chains: Überlegungen zu einer unpopulären Frage, in: ZfbF, 53, 2001, 3, S. 157–176.

Otto, A./Kotzab, H. (2002), Ziel erreicht? Sechs Perspektiven zur Ermittlung des Erfolgbeitrags des Supply Chain Management, in: Hahn, D., Kaufmann, L. (Hrsg), Handbuch Industrielles Beschaffungsmanagement, 2. Aufl., Wiesbaden 2002, S. 125–150.

Otto, A./Kotzab, H. (2003), Does supply chain management really pay? Six perspectives to measure the performance of managing a supply chain, in: European Journal of Operational Research, 144, 2003, 2, S. 306–320.

Pagh, J.D./Cooper, M.C. (1998). Supply chain postponement and speculation strategies: how to choose the right strategy. Journal of Business Logistics, 19, 1998, S. 13–34.

Pander, J. (2012), Neues Konstruktionssystem bei VW: Gleich ist geil, online verfügbar unter http://www.spiegel.de/auto/aktuell/0,1518,814246,00.html

Pape, U. (2010), Wertorientierte Unternehmensführung, 4. überarb. Aufl., Sternenfels 2010.

Patterson, J.L./Forker, L.B./Hanna, J.B. (1999), Supply Chain Consortia: The Rise of Transcendental Buyer-Supplier Relationships, in: European Journal of Purchasing and Supply Management, 5, 1999, 2, S. 85–93.

Payne, T./Peters, M.J. (2004), What is the right supply chain for your products?, in: The International Journal of Logistics Management, 15, 2004, 4, S. 77–92.

Peck, H./Jüttner, U. (2000), Strategy and relationships: Defining the interface in supply chain contexts, in: International Journal of Logistics Management, 11, 2000, 2, S. 33–44.

Pett, T.L./Dibrell, C.C. (2001), A process model of global strategic alliance formation, in: Business Process Management Journal, 7, 2001, 4, S. 349–364.

Pfohl, H.-C. (1999), Konzept des Supply Chain Managements und das Berufsbild des Logistikmanagers, in: Pfohl, H.-C. (Hrsg.), Logistikforschung, Berlin 1999, S. 173–228.

Pfohl, H.-C. (1999), Logistikforschung. Entwicklungszüge und Gestaltungsansätze, Berlin 1999.

Pfohl, H.-C. (2000), Supply Chain Management: Konzept, Trends, Strategien, in: Pfohl, H.-Chr. (Hrsg.), Supply Chain Management: Logistik plus? Logistikkette – Marketingkette – Finanzkette. Berlin 2000, S. 1–43.

Pfohl, H.-C. (2001), Management von Produktionsnetzwerken, in: Baumgarten, H. (Hrsg.), Logistik im E-Zeitalter: Die Welt der globalen Logistiknetzwerke, Frankfurt am Main 2001, S. 35–54.

Pfohl, H.-C. (2002), Logistiktrends: Supply Chain Management aus der Sicht des Top Managements, in: Pfohl, H.-Chr. (Hrsg.), Risiko- und Chancenmanagement in der Supply Chain: proaktiv – ganzheitlich – nachhaltig, Berlin 2002, S. 168–191.

Pfohl, H.-C. (2004), Logistikmanagement – Funktionen und Instrumente, 2. Aufl., Berlin 2004.

Pfohl, H.-C. (2004), Netzkompetenz in Supply Chains – Grundlagen und Umsetzung, Wiesbaden 2004.

Pfohl, H.-C. (2010). Logistiksysteme: Betriebswirtschaftliche Grundlagen, 8. Aufl., Berlin 2010.

Pfohl, H.-C./Braun, G.E. (1981), Entscheidungstheorie. Normative und deskriptive Grundlagen des Entscheidens, Landsberg am Lech 1981.

Pfohl, H.-C./Elbert, R./Hofmann, E. (2003): Management der „finanziellen" Supply Chain: Charakterisierung – Aufgabenbereiche – Interdependenzen, in: Bundesvereinigung Logistik (Hrsg.): Finanzierung – eine neue Dimension der Logistik, Berlin 2003, S. 1–64.

Pfohl, H.-C./Stölzle, W. (1997), Planung und Kontrolle. Konzeption, Gestaltung, Implementierung, 2., neu bearb. Aufl., München 1997.

Picot, A. (1991), Ein neuer Ansatz zur Gestaltung der Leistungstiefe, in: Zeitschrift für betriebswirtschaftliche Forschung, 43, 1991, 4, S. 336–357.

Picot, A./Freudenberg, H./Gassner, W. (1999), Management von Reorganisationen: Maßschneidern als Konzept für den Wandel, Wiesbaden 1999.

Picot, A./Reichwald, R. (1994), Auflösung der Unternehmung? Vom Einfluß der IuK-Technik auf Organisationsstrukturen und Kooperationsformen, in: ZfB, 64, 1994, 5, S. 547–570.

Picot, A./Reichwald, R./Wigand, R.T. (2003), Die grenzenlose Unternehmung, 5. aktual. Auflage, Wiesbaden 2003.

Pieringer, M. (2011), Stresstests für die Supply Chain, in: Logistik Heute, o. Jg., 2011, 12, S. 46–47.

Piller, F.T. (2002), Mass Customization, in: Albers, S./Hermann, A. (Hrsg.), Handbuch Produktemanagement, 2. Aufl., Wiesbaden, S. 929–957.

Piller, F.T. (2003), Mass Customization: Ein wettbewerbsstrategisches Konzept im Informationszeitalter, 3. überarb. und erw. Aufl., Wiesbaden 2003.

Piller, F.T./Schoder, D. (1999), Mass Customization and Electronic Commerce, in: ZfB, 69, 1999, 10, S. 1111–1136.

Pinkerton, R.L. (2002), The Evolution of Purchasing to Supply Chain Management, in: Hahn, D./Kaufmann, L., Handbuch Industrielles Beschaffungsmanagement – Internationale Konzepte, innovative Instrumente, aktuelle Praxisbeispiele, 2. Aufl., Wiesbaden, S. 507–522.

Placzek, T. S. (2007), Optimal Shelf Availability. Analyse und Gestaltung integrativer Logistikkonzepte in Konsumgüter-Supply Chains, Wiesbaden 2007.

Poluha, R.G. (2006), Anwendung des SCOR-Modells zur Analyse der Supply Chain. Explorative empirische Untersuchung von Unternehmen aus Europa, Nordamerika und Asien, 2. Aufl., Lohmar 2006.

Porter, M.E. (1980), Competitive advantage, New York 1980.

Porter, M.E. (1981), The contributions of industrial organization to strategic management, in: Academy of Management Review, 6, 1981, 4, S. 609–620.

Porter, M.E. (1999), Wettbewerbsstrategie. Methoden zur Analyse von Branchen und Konkurrenten, 10. Aufl., Frankfurt 1999.

Prahalad, C.K./Hamel, G. (1990), The Core Competence of the corporation, in: Harvard Business Review, 68, 1990, 3, S. 79–91.

Preißner, A. (2002), Balanced Scorecard in Vertrieb und Marketing. Planung und Kontrolle mit Kennzahlen, 2. Aufl., München 2002.

Presutti Jr., W.D. (2003), Supply Management and e-Procurement: Creating Value Added in the Supply Chain, in: Industrial Marketing Management, 32, 2003, 3, S. 219–226.

Ramos, M.M. (2004), Interaction between management accounting and supply chain management, in: Supply Chain Management: An International Journal, 9, 2004, 2, S. 134–138.

Ramsay, J. (2001a), Purchasing's strategic irrelevance, in: Journal of Purchasing and Supply Management, 7, 2001, 4, S. 257–263.

Ramsay, J. (2001b), The Resource Based Perspective, Rents and Purchasing's Contribution to Sustainable Competitive Advantage, in: Journal of Supply Chain Management, 37, 2001, 3, S. 38–47.

Rappaport, A. (1986), Creating shareholder value – The new standard for business performance, New York 1986.

Rappaport, A. (1999), Shareholder Value, 2. Aufl., Stuttgart 1999.

Rasche, C. (1994), Wettbewerbsvorteile durch Kernkompetenzen, Wiesbaden 1994.

Rasche, C./Wolfrum, B. (1994), Ressourcenorientierte Unternehmensführung, in: DBW, 54, 1994, 4, S. 501–517.

Reichwald, R./Piller, F.T. (2000), Produktionsnetzwerke für Mass Customization: Potentiale, Arten und Implementierung, in: Kaluza, B./Blecker, T. (Hrsg.), Produktionsmanagement in Unternehmensnetzwerken und Virtuellen Unternehmen, Heidelberg 2000, S. 601–630.

Reichwald, R./Piller, F.T. (2002), Mass Customization, in: Possel-Doelken, F./Zheng, L. (Hrsg.), Strategic Production Networks, Berlin et al. 2002, S. 389–422.

Reinartz, W.J./Krafft, M. (2001), Überprüfung des Zusammenhangs von Kundenbindungsdauer und Kundenertragswert, in: ZfB, 71, 2001, 11, S. 1263–1281.

Reiner, G. (2005), Customer-Oriented Improvement and Evaluation of Supply Chain Processes Supported by Simulation Models, in: International Journal of Production Economics, 96, 2005, 3, S. 381–395.

Reinhard H./Ritzer J./Leopold M. (2011), Addicted to Action – Wie Unternehmen schneller und schlagkräftiger werden – eine Fallstudie. In: ZFO, 80, 2011, 6, S. 403–411.

Reiß, M. (1993), Führungsaufgabe „Implementierung", in: Personal, 45, 1993, 12, S. 551–555.

Reiß, M. (1998), Mythos Netzwerkorganisation, in: ZFO, 67, 1998, 4, S. 224–229.

Reiß, M. (2003), Koordination und Integration. Arbeitspapier des Lehrstuhls für ABWL. Universität Stuttgart, 2003.

Reiß, M. (2005), Entnetzung – Erscheinungsformen und Erklärungsansätze, in: Stahl, H.K./von den Eichen, S.A.F. (Hrsg.), Vernetzte Unternehmen: Wirkungsvolles Agieren in Zeiten des Wandels, Berlin 2005, S. 101–118.

Reiß, M./Präuer, A. (2002), Netzwerkbasiertes Beschaffungsmanagement, in: WiSt, 31, 2002, 1, S. 21–27.

Reithofer, N. (2005), „KOVP": Kundenorientierter Vertriebs- und Produktionsprozess, in: Kaluza, B./Blecker, T. (Hrsg.), Erfolgsfaktor Flexibilität, Berlin 2005, S. 269–291.

Rennemann, T. (2007), Logistische Lieferantenauswahl in globalen Produktionsnetzwerken: Rahmenbedingungen, Aufbau und Praxisanwendung eines kennzahlenbasierten Entscheidungsmodells am Beispiel der Automobilindustrie, Wiesbaden 2007.

Richert, J. (2006), Performance Measurement in Supply Chains: Balanced Scorecard in Wertschöpfungsnetzwerken, Wiesbaden 2006.

Rief, A. (2008), Entwicklungsorientierte Steuerung strategischer Unternehmensnetzwerke, Wiesbaden 2008.

Riemer, K./Klein, S. (2002), Supplier Relationship Management: Supplier Relationship im Rahmen des Partner Relationship Managements, in: Hildebrand, K. (Hrsg.), Supplier Relationship Management, Heidelberg 2002, S. 5–23.

Ritter, T./Wilkinson, I.F./Johnston, W.J. (2004), Managing in Complex Business Networks, in: Industrial Marketing Management, 33, 2004, 3, S. 175–183.

Root, F.R. (1994), Entry Strategies for International Markets, New York 1994.

Rosenstiel, L. von (2004), Kommunikation in Arbeitsgruppen, in: Schuler, H. (Hrsg.), Lehrbuch Organisationspsychologie, Bern 2004, S. 387–414.

Rudberg, M./Olhager, J. (2003), Manufacturing Networks and Supply Chains: An Operations Strategy Perspective, in: Omega, 31, 2003, 1, S. 29–39.

Rüggeberg, C. (2003), Supply Chain Management als Herausforderung für die Zukunft. Prozessorientierte Materialwirtschaft in KMU, Wiesbaden 2003.

Rump, F.J. (1999), Geschäftsprozeßmanagement auf der Basis ereignisgesteuerter Prozeßketten, Stuttgart u. a. 1999.

Rumelt, R.P./Schendel, D. E./Teece, D.S. (1991), Strategic management and economics, in: Strategic Management Journal, 12, 1991, S. 5–29.

Ruppert, F. (1999), Kommunikation, Kooperation und Gesprächsführung in Arbeitsbeziehungen, in: Graf Hoyos, C./Frey, D. (Hrsg.), Arbeits- und Organisationspsychologie, Weinheim 1999, S. 537–557.

Saaty, T.L. (1990), How to make a decision: The analytic hierarchy process, in: European Journal of Operational Research, 48, 1990, 5, S. 9–26.

Sadler, I./Gough, R. (2005), Applying a strategic planning process to several supply chain partners, in: Journal of Manufacturing Technology Management, 16, 2005, 8, S. 890–908.

Sahay, B.S. (2003), Understanding trust in supply chain relationships, in: Industrial Management & Data Systems, 103, 2003, 8, S. 553–563.

Sandberg, E. (2007). Logistics collaboration in supply chains: practice vs. theory, in: International Journal of Logistics Management, 18, 2007, 2, S. 274–293.

Sandig, C. (1971), Grundriß der Beschaffung, in: Geist, M. (Hrsg.), Vom Markt des Betriebes zur Betriebswirtschaftspolitik: Bedarf, Beschaffung, Absatz, Stuttgart 1971, S. 82–113.

Schade, C., Schott, E. (1993), Instrumente des Kontraktgütermarketing, in: DBW, 53, 1993, 4, S. 491–511.

Scheer, A.-W. (1994), Wirtschaftsinformatik. Referenzmodelle für industrielle Geschäftsprozesse, 4. Aufl., Berlin et al. 1994.

Scheer, A.-W./Borowsky, R. (1999), Supply Chain Management: Die Antwort auf neue Logistikanforderungen, in: Kopfer, H. v./Bierwirth, C. (Hrsg.), Logistik Management – Intelligente I+K Technologien, Berlin 1999, S. 3–14.

Schinzer, H. (1999), Supply Chain Management, in: WISU – Das Wirtschaftsstudium, 28, 1999, 6, S. 857–863.

Schmid, S./Grosche, P. (2008), Management internationaler Wertschöpfung in der Automobilindustrie: Strategie, Struktur und Kultur, Bertelsmann Stiftung, Gütersloh 2008.

Schnetzler, M./Nölle, A./Hasenfuss, K./Iliev, N./Ziegenbein, A. (2006), Supply Chain Management und Unternehmenserfolg – Trends und Herausforderungen. Zürich/Hannover, 2006.

Schögel, M./Sauer, A./Schmidt, I. (2004), Multi-Channel-Management: Vielfalt in der Distribution, in: Merx, O./Bachem, C. (Hrsg.), Multichannel-Marketing-Handbuch, Berlin et al. 2004, S. 1–27.

Schoemaker, P.J. (1990), Strategy, complexity and economic rent, in: Management Science, 36, 1990, October, S. 1178–1192.

Schönsleben, P./Alard, R. (2003), Von der Beschaffung hin zum Supply Chain Management, in: Thexis, 20, 2003, 3, S. 2–4.

Schönsleben, P./Hieber, R. (2002), Gestaltung von effizienten Wertschöpfungspartnerschaften im Supply Chain Management, in: Busch, A./Dangelmeier, W. (Hrsg.), Integriertes Supply Chain Management: Theorie und Praxis effektiver unternehmensübergreifender Geschäftsprozess, Wiesbaden 2002, S. 45–62.

Schönsleben, P./Nienhaus, J./Schnetzler, M./Sennheiser, A./Weidemann, M. (2003), SCM – Stand und Entwicklungstendenzen in Europa, in: Supply Chain Management, 3, 2003, 1, S. 19–27.

Schrank, R. (2002), Neukonzeption des Performance Measurements – Der GOPE Ansatz, Mannheim 2002.

Schreyögg, G./Steinmann, H. (1985), Strategische Kontrolle, in: ZfbF, 37, 1985, 5, S. 391–410.

Schreyögg, G./Sydow, J./Koch, J. (2003), Organisatorische Pfade – Von der Pfadabhängigkeit zur Pfadkreation? in: Schreyögg, G./Sydow, J. (Hrsg.), Managementforschung 13, Wiesbaden 2003, S. 257–294.

Schüerhoff, V. (2006), Vom individuellen zum organisationalen Lernen, Wiesbaden 2006.

Schulz Thun, F. von/Ruppel, J./Stratmann, R. (2001), Miteinander reden: Kommunikationspsychologie für Führungskräfte, Reinbek 2001.

Schwaner, J. (1996), Integration von Kunden und Lieferanten: Analyse langfristiger Geschäftsbeziehungen auf Businessmärkten, Wiesbaden 1996.

Schweitzer, M. (2004), Gegenstand und Methoden der Betriebswirtschaftslehre, in: Bea, F. X./Friedl, B./Schweitzer, M. (Hrsg.), Allgemeine Betriebswirtschaftslehre, Band 1, 8. Aufl., Stuttgart 2004, S. 23–82.

Seidenschwarz, W./Niemand, S. (1994), Zuliefererintegration im marktorientierten Zielkostenmanagement, in: Controlling, 6, 1994, 5, S. 262–271.

Seifert, D. (2002), Efficent Consumer Response as the Origin of CPFR, in: Seifert, D. (Hrsg.), Collaborative Planning, Forecasting and Replenishment, Bonn 2002, S. 15–38.

Selladurai, R.S. (2004), Mass Customization in Operations Management: Oxymoron or Reality?, in: Omega, 32, 2004, 4, S. 295–300.

Senge, P.M. (2006), Die fünfte Disziplin. Kunst und Praxis der lernenden Organisation, 10. Aufl., Stuttgart 2006.

Sharifi, H./Ismail, H.S./Reid, I. (2006), Achieving agility in supply chain through simultaneous „design of" and „design for" supply chain", in: Journal of Manufacturing Technology Management, 17, 2006, 8, S. 1078–1098.

Shill, R. L./McArthur, D. N. (1992), Redefining the Strategic Competitive Unit: Towards a New Global Marketing Paradigm?, in: IMR, 9, 1992, 3, S. 5–24.

Sieben, G. (1993), Unternehmensbewertung, in: Handwörterbuch der Betriebswirtschaft, 5. Aufl., 1993, S. 4315–4331.

Sieben, G./Zapf, B. (1981), Unternehmensbewertung als Grundlage unternehmerischer Entscheidungen: Bericht des Arbeitskreises „Unternehmensbewertung im Rahmen der unternehmerischen Zielsetzung". Deutsche Gesellschaft für Betriebswirtschaft, Schmalenbach 1981.

Siebert, H. (1991), Ökonomische Analyse von Unternehmensnetzwerken, in: Staehle, W.H./Sydow, J./Gruyter de, W. (Hrsg.), Managementforschung, Berlin und New York 1991, S. 291–311.

Siebert, H. (2001), Ökonomische Analyse von Unternehmensnetzwerken, in: Sydow, J. (Hrsg.), Management von Netzwerkorganisationen: Beiträge aus der „Managementforschung", 2. Aufl., Wiesbaden 2001, S. 7–27.

Siegwart, H. (2006), Kennzahlen für die Unternehmensführung, 6. Aufl., Bern 2006.

Siepermann, C./Vockeroth, J. (2009), Empfehlung zur Empfehlung einer Risiko-Balanced Scorecard für die Beschaffung, in: Bogaschewsky, R./Eßig, M./Lasch, R./Stölzle, W. (Hrsg.), Supply Management Research, Wiesbaden 2009, S. 69–101.

Simchi-Levi, D./Kaminsky, P./Simchi-Levi, E. (2004), Managing the supply chain – The definitive guide for the business professional, New York 2004.

Sinn, H.-W. (2005), Basarökonomie Deutschland: Exportweltmeister oder Schlusslicht?, in: Ifo Schnelldienst, 58, 2005, 6, S. 3–42.

Sjurts, I. (2000), Kollektive Unternehmensstrategie, Wiesbaden 2000.

Skjøtt-Larsen, T. (1999), Interorganisational Relations from a Supply Chain Management Point of View, in: Logistikmanagement, 1, 1999, 2, S. 96–108.

Skjøtt-Larsen, T. (2000). Third party logistics-from an interorganizational point of view. International Journal of Physical Distribution & Logistics Management, 30, 2000, 1/2, S. 112–127.

Song, N./Platts, K./Bance, D. (2007), Total acquisition cost of overseas outsourcing/sourcing: a framework and a case study, in: Journal of Manufacturing Technology Management, 18, 2007, 7, S. 858–875.

Specht, D./Hellmich, K. (2000), Management der Zulieferbeziehungen in dynamischen Produktionsnetzen, in: Wildemann, H. (Hrsg.), Supply Chain Management, München 2000, S. 89–116.

Spekman, R.E./Kamauff, J./Spear, J. (1999), Towards More Effective Sourcing and Supplier Management, in: European Journal of Purchasing & Supply Management, 5, 1999, 2, S. 103–116.

Spence, M. (1976), Informational Aspects of Market Structure: An Introduction, in: Quarterly Journal of Economics, 90, 1976, 4, S. 591–597.

Spens, K.M./Bask, A.H. (2002), Developing a Framework for Supply Chain Management, in: International Journal of Logistics Management, 13, 2002, 1, S. 73–88.

Spremann, K. (1988), Reputation, Garantie, Information, in: ZfB, 58, 1988, 5/6, S. 613–629.

Spremann, K. (1990), Asymmetrische Information, in: ZfB, 60, 1990, 5/6, S. 561–586.

Srivastava, R.K./Shervani, T.A./Fahey, L. (1999), Marketing, Business Processes, and Shareholder Value: An Organizationally Embedded View of Marketing Activities and the Discipline of Marketing, in: Journal of Marketing, 63, 1999, S. 168–179.

Staehle, W.H. (1999), Management: eine verhaltenswissenschaftliche Perspektive, überabeitet von P. Conrad und J. Sydow, 8. Aufl., München 1999.

Stadtler, H. (2005), Supply Chain Management: An Overview, in: Stadtler, H./Kilger, C. (Hrsg.), Supply Chain Management and Advanced Planning: Concepts, Models, Software and Case Studies, 3. Aufl., Berlin et al. 2002, S. 9–35.

Stalk, G. (2006), The costly secrets of China sourcing, in: Harvard Business Review, 84, 2006, 2, S. 64–66.

Steiner, M./Tebroke, H.-J. (1998), Sharholder-Value-Konzept für Management von Unternehmen im dynamischen Umfeld, in: Berndt, R. (Hrsg.), Unternehmen im Wandel, Berlin 1998, S. 319–332.

Steinmann, H./Schreyögg, G. (2000), Management. Grundlagen der Unternehmensführung. Konzepte – Funktionen – Fallstudien, 5. Aufl., Wiesbaden 2000.

Steven, M. (2002), Integration der Planung, in: Küpper, H.U./Wagenhofer, A. (Hrsg.), Handwörterbuch Unternehmensrechnung und Controlling, 4. Aufl., Stuttgart 2002, S. 749–758.

Steven, M./Krüger, R. (2003), Category Logistics, in: Marketing ZFP, 25, 2003, 3, S. 201–212.

Steven, M./Pollmeier I. (2008), Aufgaben von Controllingsystemen zur Koordination von Supply Chains, in: Becker, J./Knackstedt, R./Pfeiffer, D. (Hrsg.), Wertschöpfungsnetzwerke, Heidelberg 2008, S. 49–64.

Stölzle, W. (1999), Industrial Relationships, München et al. 1999.

Stölzle, W. (2000), Beziehungsmanagement: Konzeptverständnis und Implikationen für die Beschaffung, in: Hildebrandt, H./Koppelmann, U. (Hrsg.), Beziehungsmanagement mit Lieferanten: Konzepte, Instrumente, Erfolgsnachweise, Stuttgart 2000, S. 1–23.

Stölzle, W. (2002), Supply Chain Controlling und Performance Management – Konzeptionelle Herausforderungen für das Supply Chain Management, in: Logistik Management, 4, 2002, 3, S. 10–21.

Stölzle, W./Gareis, K. (2002), Konzepte der Beschaffungslogistik: Anforderungen und Gestaltungsalternativen, in: Hahn, D./Kaufmann, L. (Hrsg.), Handbuch Industrielles Beschaffungsmanagement: Internationale Konzepte, innovative Instrumente, aktuelle Praxisbeispiele, 2. Aufl., Wiesbaden 2002, S. 401–423.

Stölzle, W./Halsband, E. (2005), Das Supply Chain Operations Reference (SCOR) -Modell, in: Controlling, 17, 2005, 8/9, S. 541–543.

Stölzle, W./Heusler, K.F. (2003), Supplier Relationship Management: Ein Konzept gewinnt Konturen, in: Supply Chain Management, 3, 2003, 1, S. 3–17.

Stölzle, W./Heusler, K.F./Karrer, M. (2001), Die Integration der Balanced Scorecard in das Supply Chain Management-Konzept, in: Logistik Management, 3, 2001, 2/3, S. 73–85.

Stölzle, W./Heusler, K.F./Karrer, M. (2004), Erfolgsfaktor Bestandsmanagement – Konzept, Anwendung und Perspektiven, Zürich 2004.

Stölzle, W./Karrer, M. (2004), Finanzielle Performance von Logistikkooperationen – Anforderungen und Messkonzepte, in: Pfohl, H.C. (Hrsg.), Erfolgsfaktor Kooperation in der Logistik, Berlin 2004, S. 167–194.

Storey, J./Emberson, C./Reade, D. (2005), The Barriers to Customer Responsive Supply Chain Management, in: International Journal of Operations & Production Management, 25, 2005, 3, S. 242–260.

Suchman, M.C. (1995), Managing legitimacy: strategic and institutional approaches, in: Academy of Management Review, 20, 1995, 7, S. 571–610.

Sucky, E./Pibernik, R. (2004), Zentrales und dezentrales Supply Chain Planning, in: WiSt Wirtschaftswissenschaftliches Studium, 1, 2004, S. 25–31.

Sundhoff, E./Pietsch, G. (1964), Die Lieferantenstruktur industrieller Großunternehmen, Göttingen 1964.

Supply Chain Council (SCC) (2005), Supply-chain operations reference-model SCOR version 7.0, 2005.

Svensson, G. (2003), The Bullwhip Effect in Intra-Organisational Echelons, in: International Journal of Physical Distribution & Logistics Management, 33, 2003, 2, S. 103–131.

Swift, C./Coe, B. J. (1994), Sourcing Preference Scale: Measuring Preferences of Purchasing Managers for Single Sourcing or Multiple Sourcing of Products, in: Industrial Marketing Management, 23, 1994, 2, S. 171–180.

Sydow, J. (1992), Strategische Netzwerke: Evolution und Organisation, Wiesbaden 1992.

Sydow, J. (1995), Strategische Netzwerke. Evolution und Organisation, Wiesbaden 1995.

Sydow, J. (2001), Management von Netzwerkorganisationen: Zum Stand der Dinge, in: Sydow, J. (Hrsg.), Management von Netzwerkorganisationen, 2. Aufl., Wiesbaden 2001, S. 293–339.

Sydow, J./Lerch, F. (2011), Netzwerkzeuge: zum reflexiven Umgang mit Methoden und Instrumenten des Netzwerkmanagements. In: ZFO, 80, 2011, 6, S. 372–378.

Sydow, J./Möllering, G. (2004), Produktion in Netzwerken – Make, Buy & Cooperate, München 2004.

Sydow, J./Möllering, G. (2006), Logistik in Netzwerkorganisationen – Dynamik verstehen, Wandel managen, in: Logistik Management, 8, 2006, 2, S. 7–14.

Sydow, J./Windeler A. (1994), Virtuelle Integration und Interorganisationsbeziehungen, in: Sydow, J./Windeler, A. (Hrsg.), Management interorganisationaler Beziehungen, Wiesbaden 1994, S. 279–314.

Szyperski, N./Klein, S. (1993), Informationslogistik und virtuelle Organisationen, in: Die Betriebswirtschaft, 53, 1993, 2, S. 187–208.

Tan, K.C. (2001), A Framework of Supply Chain Management Literature, in: European Journal of Purchasing & Supply Management, 7, 2001, 1, S. 39–48.

Tanaka, M. (1989), Cost planning and control systems in the design phase of a new product, in: Monden, Y./Sakurai, M. (Hrsg.), Japanese Management Accounting, Cambridge, Massachusetts 1989, S. 49–71.

Tarlatt, A. (2001), Implementierung von Strategien im Unternehmen, Wiesbaden 2001.

Tasnádi, A. (2004), Production in Advance versus Production to Order, in: Journal of Economic Behavior & Organization, 54, 2004, 2, S. 191–204.

Taylor, T.A./Plambeck, E.L. (2007), Supply chain relationships and contracts: The impact of repeated interaction on capacity investment and procurement, in: Management Science, 53, 2007, 10, S. 1577–1593.

Tempelmeier, H. (2005), Bestandsmanagement in Supply Chains, Norderstedt 2005.

ten Hompel, M./Meinhardt, M.-B./Lippmann, T. (2011), Cloud Computing für Logistik. Akzeptanz zur Nutzungsbereitschaft der Logistics Mall bei Anwendern und Anbietern, Stuttgart, 2011.

ten Hompel, M./Wolf, O./Daniluk, D./Rahn, J. (2012): Logistics Mall – Software aus der Steckdose, in: Stölzle, W./Lieb, T. (Hrsg.), Business Innovation in der Logistik. Berlin, Heidelberg [in Druck].

Terplan, K./Voigt, C. (2011), Cloud Computing. Heidelberg, u. a. 2011.

Theisen, P. (1970), Grundlagen einer Theorie der Beschaffungspolitik, Berlin 1970.

Thommen, J./Achleitner, K. (2003), Allgemeine Betriebswirtschaftslehre, 4. Aufl., Wiesbaden 2003.

Thonemann, U. (2005), Operations Management, München et al. 2005.

Tiberius, V.A./Reckenfelderbäumer, M. (2004), Die Schaltbrettunternehmung: Chancen und Risiken, Zürich, Singen 2004.

Töpfer, A. (2007), Betriebswirtschaftslehre. Anwendungs- und prozessorientierte Grundlagen, 2., überarb. Aufl., Berlin/Heidelberg 2007.

Trumpfheller, M./Hofmann, E. (2004), Supply chain relationship management, in: Pfohl, H.-C. (Hrsg.), Netzkompetenz in Supply Chains: Grundlagen und Umsetzung, Wiesbaden 2004, S. 67–91.

Tuominen, M./Rajala, A./Möller, K. (2004), Market-Driving versus Market-Driven: Divergent Roles of Market Orientation in Business Relationships, in: Industrial Marketing Management, 33, 2004, 3, S. 207–217.

Utermarck, J. (1996), Anwendung der Nutzwertanalyse im Beschaffungsbereich des Industriebetriebs, Northeim1996.

Utikal, H. (2001), Organisation industrieller Geschäftsbeziehungen. Strategie – Struktur – Effizienz, Wiesbaden 2001.

Vaidyanathan, G. (2005). A framework for evaluating third-party logistics. Communications of the ACM, 48, 2005, 1, 89–94.

van de Ven, A.H./Poole, M.S. (1988), Paradoxical requirements for a theory of organizational change, in: Quinn, R.E./Cameron, K.S. (Hrsg.), Paradox and transformation, Cambridge 1988, S. 19–63.

van de Ven, A.H./Poole, M.S. (1995), Explaining development and change in organizations, in: Academy of Management Review, 20, 1995, 3, S. 510–540.

van Hoek, R.I. (1998), Measuring the unmeasurable. Measuring and improving performance in the supply chain, in: Supply Chain Management – An International Journal, 3, 1998, 4, S. 187–192.

van Weele, A. (2010), Purchasing and Supply Chain Management, 5. Aufl., Andover, Hampshire 2010.

Veil, P. (2000), Change management – alles zu seiner Zeit. Der Erfolg von Change-Projekten steht und fällt mit dem richtigen Timing, in: io Management Zeitschrift, 69, 2000, 6, S. 48–55.

Vidal, C.J./Goetschalckx, M. (1997), Strategic Production-Distribution Models: A Critical Review with Emphasis on Global Supply Chain Models, in: European Journal of Operational Research, 98, 1997, S. 1–18.

Vokurka, R.J./Lummus, R.R. (2000), The role of just-in-time in supply chain management, in: International Journal of Logistics Management, 11, 2000, 1, S. 89–98.

Volkswagen AG (Hrsg., 1997), Konsortium Modular: Das Nutzfahrzeugwerk von VW do Brasil, Presseinformation, Wolfsburg 1997.

Voss, P. (2009), Beschaffung in China: Erfahrungen aus der Controlling-Perspektive, in: Zeitschrift für Controlling & Management, 53, 2009, 2, S. 100–104.

Wagner, S. (2002), Gestaltung von Beziehungsmustern in Supply Chains, in: Logistik Management, 4, 2002, 4, S. 71–88.

Wagner, S.M./Johnson, J.L. (2004), Configuring and Managing Strategic Supplier Portfolios, in: Industrial Marketing Management, 33, 2004, 8, S. 717–730.

Weber, J. (1995), Einführung in das Controlling, 6. Aufl., Stuttgart 1995.

Weber, J. (2002), Logistikkostenrechnung. Kosten- Leistungs- und Erlösinformationen zur erfolgsorientierten Steuerung der Logistik, Berlin 2002.

Weber, J./Bacher, A./Groll, M. (2002), Supply Chain Controlling, in: Busch, A./Dangelmaier, W. (Hrsg.), Integriertes Supply Chain Management: Theorie und Praxis effektiver unternehmensübergreifender Geschäftsprozesse, Wiesbaden 2002, S. 145–166.

Weber, J./Bacher, A./Groll, M. (2003), Balanced Scorecard – Eignung des Ansatzes für das Supply Chain Management, in: Bogaschwesky, R./Götze, U. (Hrsg.), Management und Controlling von Einkauf und Logistik, Gernsbach 2003, S. 307–329.

Weber, J., Dehler, M., Wertz, B. (2000), Supply Chain Management und Logistik, in: Wirtschaftswissenschaftliches Studium (WiSt), 29, 2000, 5, S. 264–269.

Weber, J./Wallenburg, C.M. (2010), Logistik- und Supply Chain Controlling, 6. Aufl., Stuttgart 2010.

Wehling, M./Borchert, S. (2002), Anreizkompatible Reorganisationen von Unternehmen in ECR-Wertschöpfungspartnerschaften, in: Möhlenbruch, D./Hartmann, M. (Hrsg.), Der Handel im Informationszeitalter, Wiesbaden 2002, S. 151–171.

Weiber, R. (Hrsg, 2000), Handbuch Electronic Business: Informationstechnologien – Electronic Commerce – Geschäftsprozesse, Wiesbaden 2000.

Weick, K.E. (1985), Der Prozeß des Organisierens, Frankfurt a. M. 1985.

Weiß, M. (1993), Planung der Fertigungstiefe: ein hierarchischer Ansatz, Wiesbaden 1993.

Welge, M.K./Al-Laham, A. (2001), Strategisches Management. Grundlagen – Prozess – Implementierung, 3. Aufl., Wiesbaden 2001.

Welter, F./Ammon, U./Trettin, L. (2004), Netzwerke und Gründungen von Unternehmen durch Frauen, Berlin 2004.

Werner, H. (1997), Relationales Beschaffungsverhalten: Ausprägungen und Determinanten, Wiesbaden 1997.

Werner, H. (2000a), Supply Chain Management: Partnerschaft zwischen Lieferant und Kunde (I), in: WISU – Das Wirtschaftsstudium, 29, 2000, 6, S. 813–817.

Werner, H. (2010), Supply Chain Management. Grundlagen, Strategien, Instrumente und Controlling, 4. Aufl., Wiesbaden 2010.

Wernerfelt, B. (1984), A resource-based view of the firm, in: Strategic Management Journal, 5, 1984, 2, S. 171–180.

Wiendahl, H.-P./Lutz, S. (2002), Management of Variable Production Networks, in: Possel-Doelken, F./Zheng, L. (Hrsg.), Strategic Production Networks, Berlin et al. 2002, S. 368–388.

Wildemann, H. (2000), Supply Chain Management, München 2000.

Wildemann, H. (2000), Von Just-In-Time zu Supply Chain Management. Supply Chain Management. TCW, München.

Wildemann, H. (2001), KANBAN-Produktionssteuerung: Leitfaden zum Einsatz von Karten und elektronischem KANBAN zur Einführung des Hol-Prinzips. TCW Transfer-Centrum für Produktions-Logistik und Technologie-Management GmbH, München.

Wilke, A. (2005), Multi-Channel-Marketing: Grundlagen, Anforderungen, Strategien, Berlin 2005.

Williamson, O.E. (1990), Die ökonomischen Institutionen des Kapitalismus: Unternehmen, Märkte, Kooperationen, Tübingen 1990.

Williamson, O.E. (1991), Comparative Economic Organization: The Analysis of Discrete Structural Alternatives, in: Administrative Science Quarterly, 36, 1991, 2, S. 269–296.

Williamson, O.E. (1991), Comparative Economic Organization: Vergleichende ökonomische Organisationstheorie: Die Analyse diskreter Strukturalternativen, in: Ordelheide, D./Rudolph, B./Büsselmann, E. (Hrsg.), Betriebswirtschaftslehre und ökonomische Theorie, Stuttgart 1991, S. 13–49.

Williamson, O.E. (1995), Transaction cost economics and organization theory, in: Williamson, O.E. (Hrsg.), Organization theory: From Chester Barnard to the present and beyond, New York 1995, S. 207–256.

Willke, H. (2001), Systemtheorie III: Steuerungstheorie. Grundzüge einer Theorie der Steuerung komplexer Sozialsysteme, 3. Aufl., Stuttgart 2001.

Winer, R.S. (2001), A Framework for Customer Relationship Management, in: California Management Review, 43, 2001, 4, S. 89–105.

Wittenberg, V. (2006), Controlling in jungen Unternehmen, Wiesbaden 2006.

Wittig, A. (2005), Management von Unternehmensnetzwerken. Eine Analyse der Steuerung und Koordination von Logistiknetzwerken, Wiesbaden 2005.

Wöhe, G. (2005), Einführung in die Allgemeine Betriebswirtschaftslehre, 22. Aufl., München 2005.

Wohlgemuth, O./Hess, T. (1999), Erfolgsbestimmung in Kooperationen: Entwicklungsstand und Perspektiven, in: Arbeitsberichte des Instituts für Wirtschaftsinformatik der Universität Göttingen, 6, Göttingen 1999.

Womack, J.P./Jones, D.T./Roos, D. (1990), The machine that changed the world. Rawson Associates, New York 1990.

Wright, v. G.H. (1974), Intentionalität und teleologische Erklärung, in: Wright, v. G.H. (Hrsg.), Erklären und Verstehen. Frankfurt a. M. 1974, S. 83–121.

Wrona, T. (1999), Globalisierung und Strategien der vertikalen Integration. Analyse – empirische Befunde – Gestaltungsoptionen, Wiesbaden 1999.

Wrona, T. (1999), Leistungstiefenstrategien und Wettbewerbsfähigkeit auf globalisierenden Märkten – Einige Thesen und empirische Befunde, Arbeitspapier des Lehrstuhls Organisation & Planung, Universität Duisburg-Essen, Essen 1999.

Wunderer, R./Grunwald, W. (1980), Führungslehre, Band 1: Grundlagen der Führung, Berlin u. a. 1980.

Wunderer, R./Küpers, W. (2003), Demotivation – Remotivation, München, Kriftel und Neuwied 2003.

Wycherley, I. (1999), Greening supply chains: the case of the Body Shop International, in: Business Strategy and the Environment, 8, 1999, 2, S. 120–127.

Wynstra, F./van Weele, A./Axelsson, B. (1998), The Role of Purchasing in New Product Development: A Summary of Four Years Research, in: Lamming, R. (Hrsg.), Supply Strategies: Concepts and Practice at the Leading Edge, Proceedings of the 7th Annual IPSERA conference, London, 1998, S. 545–555.

Yang, B./Burns, N.D./Backhouse, C.J. (2004), Postponement: A Review and an Integrated Framework, in: International Journal of Operations & Production Management, 24, 2004, 5, S. 468–487.

Zahn, E./Barth, T./Hertweck, A. (1998), Leitfaden zum Outsourcing von unternehmensnahen Dienstleistungen, Arbeitspapier IHK Region Stuttgart 1998.

Zahn, E./Foschiani, S./Tilebein, M. (2000), Wissen und Strategiekompetenz als Basis für die Wettbewerbsfähigkeit von Unternehmen, in: Hammann, P./Freiling, J. (Hrsg.), Die Ressourcen- und Kompetenzperspektive, Wiesbaden 2000, S. 47–68.

Zahn, E./Soehnle, K. (1996), Auswirkungen des Outsourcing von Dienstleistungen in der Region Stuttgart, Stuttgart 1996.

Zäpfel, G./Piekarz, B. (1996), Supply chain controlling. Interaktive und dynamische Regelung der Material- und Warenflüsse, Wien 1996.

Zeilinger, P. (1987): Just-In-Time. Ein ganzheitliches Konzept zur Erhöhung der Flexibilität und Minimierung der Bestände, in: Baumgarten, H. u. a. (Hrsg.): RKW-Handbuch Logistik. Kennziffer 5310. 12. Lieferung XI/87. Berlin 1987.

Zelewski, S. (1997), Elektronische Märkte zur Prozesskoordinierung in Produktionsnetzwerken, in: Wirtschaftsinformatik, 39, 1997, 3, S. 231–243.

Zeyer, U. (1996), Implemetierungsmanangement: Ein konzeptioneller Ansatz am Beispiel der Implementierung von Lean Management, München et al. 1996.

Zimmermann, K. (2003), Supply Chain Balanced Scorecard, Wiesbaden 2003.

Zinn, W./Bowersox, D.J. (1988), Planning Physical Distribution with the Principle of Postponement, in: Journal of business Logistics, 9, 1988, 2, S. 117–136.

Zotteri, G./Verganti, R. (2001), Multi-Level Approaches to Demand Management in Complex Environments: An Analytical Model, in: International Journal of Production Economics, 71, 2001, May, S. 221–233.

Stichwortverzeichnis